载人航天出版工程

总主编：周建平

总策划：邓宁丰

“十三五”国家重点出版物出版规划项目

航天器流体管理与控制

潘海林　李　永　庄保堂　丁凤林　等 编著

中国宇航出版社

·北京·

图书在版编目（CIP）数据

航天器流体管理与控制 / 潘海林等编著. -- 北京:
中国宇航出版社, 2020.5

ISBN 978-7-5159-1791-7

Ⅰ.①航… Ⅱ.①潘… Ⅲ.①航天器－推进剂－管理
②航天器－生活－流体－管理 Ⅳ.①V5

中国版本图书馆 CIP 数据核字(2020)第 084418 号

责任编辑　侯丽平　　　　**封面设计**　宇星文化

出版 发行	中国宇航出版社		
社　址	北京市阜成路 8 号	**邮　编**	100830
	(010)60286808		(010)68768548
网　址	www.caphbook.com		
经　销	新华书店		
发行部	(010)60286888		(010)68371900
	(010)60286887		(010)60286804(传真)
零售店	读者服务部		
	(010)68371105		
承　印	天津画中画印刷有限公司		
版　次	2020 年 5 月第 1 版		2020 年 5 月第 1 次印刷
规　格	880×1230	**开　本**	1/32
印　张	17.125　**彩　插**　15 面	**字　数**	493 千字
书　号	ISBN 978-7-5159-1791-7		
定　价	158.00 元		

本书如有印装质量问题，可与发行部联系调换

《航天器流体管理与控制》
编 委 会

《载人航天出版工程》总序

中国载人航天工程自1992年立项以来，已经走过了20多年的发展历程。经过载人航天工程全体研制人员的锐意创新、刻苦攻关、顽强拼搏，共发射了10艘神舟飞船和1个目标飞行器，完成了从无人飞行到载人飞行、从一人一天到多人多天、从舱内实验到出舱活动、从自动交会对接到人控交会对接、从单船飞行到组合体飞行等一系列技术跨越，拥有了可靠的载人天地往返运输的能力，实现了中华民族的千年飞天梦想，使中国成为世界上第三个独立掌握载人航天技术的国家。我国载人航天工程作为高科技领域最具代表性的科技实践活动之一，承载了中国人民期盼国家富强、民族复兴的伟大梦想，彰显了中华民族探索未知世界、发现科学真理的不懈追求，体现了不畏艰辛、大力协同的精神风貌。航天梦是中国梦的重要组成部分，载人航天事业的成就，充分展示了伟大的中国道路、中国精神、中国力量，坚定了全国各族人民实现中华民族伟大复兴中国梦的决心和信心。

载人航天工程是十分复杂的大系统工程，既有赖于国家的整体科学技术发展水平，也起到了影响、促进和推动着科学技术进步的重要作用。载人航天技术的发展，涉及系统工程管理，自动控制技术，计算机技术，动力技术，材料和结构技术，环控生保技术，通信、遥感及测控技术，以及天文学、物理学、化学、生命科学、力学、地球科学和空间科学等诸多科学技术领域。在我国综合国力不断增强的今天，载人航天工程对促进中国科学技术的发展起到了积极的推动作用，是中国建设创新型国家的标志性工程之一。

我国航天事业已经进入了承前启后、继往开来、加速发展的关键时期。我国载人航天工程已经完成了三步走战略的第一步和第二步第一阶段的研制和飞行任务，突破了载人天地往返、空间出舱和空间交会对接技术，建立了比较完善的载人航天研发技术体系，形成了完整配套的研制、生产、试验能力。现在，我们正在进行空间站工程的研制工作。2020年前后，我国将建造由20吨级舱段为基本模块构成的空间站，这将使我国载人航天工程进入一个新的发展阶段。建造具有中国特色和时代特征的中国空间站，和平开发和利用太空，为人类文明发展和进步做出新的贡献，是我们航天人肩负的责任和历史使命。要实现这一宏伟目标，无论是在科学技术方面，还是在工程组织方面，都对我们提出了新的挑战。

以图书为代表的文献资料既是载人航天工程的经验总结，也是后续任务研发的重要支撑。为了顺利实施这项国家重大科技工程，实现我国载人航天三步走的战略目标，我们必须充分总结实践成果，并充分借鉴国际同行的经验，形成具有系统性、前瞻性和实用性的，具有中国特色的理论与实践相结合的载人航天工程知识文献体系。

《载人航天出版工程》的编辑和出版就是要致力于建设这样的知识文献体系。书目的选择是在广泛听取参与我国载人航天工程的各专业领域的专家意见和建议的基础上确定的，其中专著内容涉及我国载人航天科研生产的最新技术成果，译著源于世界著名的出版机构，力图反映载人航天工程相关技术领域的当前水平和发展方向。

《载人航天出版工程》凝结了国内外载人航天专家学者的智慧和成果，具有较强的工程实用性和技术前瞻性，既可作为从事载人航天工程科研、生产、试验工作的参考用书，亦可供相关专业领域人员学习借鉴。期望这套丛书有助于载人航天工程的顺利实施，有利于中国航天事业的进一步发展，有益于航天科技领域的人才培养，为促进航天科技发展、建设创新型国家做出贡献。

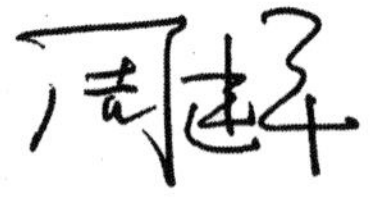

2013年10月

前　言

随着科学技术的发展和人们生活水平的提高，导航卫星、气象卫星等航天器与人类日常生活的关联日益紧密，已成为当今世界重要的基础设施。航天器可靠运行需要推进剂、热控介质、航天员饮用水等各类流体介质。航天器系统需要的流体，主要包括推进剂类流体、生命保障类流体、环境控制类流体、能源类流体和科学试验类流体五大类。其中，推进剂类流体在航天器推进系统应用中最为重要和普遍。液体推进剂，是航天器最重要的推进剂类型，具有效率高、响应快、寿命长的独特优势，对于大型航天器，液体推进剂重量约占整体重量的60%。对航天器流体的管理与控制，能让航天器发挥最大效能，关系到航天器的健康运行，是航天器的核心技术之一。世界航天强国均竞相发展微重力流体管理与控制技术。

为了让更多从事该领域研究的工作人员深入了解航天器流体的管理与控制技术，我们对工作中的相关技术和经验进行了总结和梳理，并调研了国内外相关文献。本书首先介绍了航天器流体管理技术的内涵，阐述了空间微重力流体的基本理论，然后介绍了常规推进剂的贮箱以及常规推进剂的传输和控制，并对国内外低温推进剂贮存和管理的研究及应用情况进行了详细介绍；此外，介绍了电推进推进剂（氙气）的供给和控制技术，并结合工程实践，详细阐述了氙气物理特性的相关理论和实践经验；同时，介绍了载人航天器生活用流体的国内外研究进展，并详细论述了我国空间站生活用流体的贮存和管理技术；最后，对航天器推进剂在轨加注的关键技术以及相关技术研究和验证情况进行了详细论述。本书在内容选取上力求新颖，同时融入了相关科研人员的研究成果，可为从事航天器流体管理与控制技术的广大科研和工程技术人员提供有价值的参考。

在本书编写过程中，袁利、黄献龙、梁俊、刘磊、孙水生等同志给予了悉心指导，在此表示感谢。北京控制工程研究所的多名科研人员参与了本书的编写工作。具体如下：第1章编写人员有林星荣、胡齐；第2章编写人员有丁凤林、姚灿、毕强；第3章编写人员有李永、陈磊、姚灿；第4章编写人员有潘海林、梁军强、宋涛、李宗良、刘锦涛、庄保堂；第5章编写人员有朱洪来、李永、潘海林；第6章编写人员有高俊、姚兆普、宋飞、陈涛、李永、武葱龙、汪旭东、马彦峰、李栋；第7章编写人员有庄保堂、周成、潘海林、李永、刘锦涛；第8章编写人员有潘海林、李永、刘锦涛、李文、庄保堂。本书审稿和统稿由潘海林、李永、庄保堂、丁凤林等人完成。中国宇航出版社对本书的出版给予了大力支持和帮助，在此深表感谢。

本书在编写过程中，参考了大量的图书和文献，在此谨向相关作者表示衷心的感谢。

本书涉及知识面较广，加之作者水平有限，疏漏和欠妥之处在所难免，敬请读者批评指正。

作　者

2020年2月于北京

目 录

第1章 概 论

1.1 航天器流体管理技术概述

航天器流体管理技术，是指为实现航天器系统的功能而对各种流体进行在轨有效管理所采用的技术。航天器系统需要的流体，主要包括推进剂类流体、生命保障类流体、环境控制类流体、能源类流体和科学试验类流体五大类。其中，推进剂类流体在航天器推进系统应用中最为重要和普遍。进行航天器流体管理及微重力试验技术研究，不仅可以解决航天器流体管理系统本身的技术难题，而且对于研发新型流体管理贮箱，提高航天器控制精度具有非常重要的技术支撑作用。

对于空间站、轨道机动飞行器（OMV）、轨道转移飞行器（OTV）、空间军事系统、应用卫星及科学有效载荷等，为了完成各自的使命任务，都需要对其进行流体管理。愈来愈多的空间活动业已证明，航天器流体管理与控制，已成为人类实现在空间快速扩展的关键技术。处于空间轨道的航天器流体，由于处于微重力、低温、真空等特殊环境，与在地面情况有很大不同，所以对其的管理要复杂得多。它所涉及的技术概念包括：推进剂重定位、推进剂剩余量、贮箱挤出效率、推进剂平衡排放、在轨流体补加、轨道流体管理操作、供给贮箱/接收贮箱、电推进推进剂等。

1.2 航天器流体管理的基本概念

1.2.1 推进剂重定位

由于贮箱内液体的晃动、飞溅等行为对航天器的姿态有很大影响，所以推进剂在贮箱内的定位是推进剂管理的基本问题。在发动机或推力器工作时，推进剂加注过程、排出过程、扰动后的定位过程均涉及对推进剂的定位。定位的目的是保证液体能够保持稳定状态，特别是在推进剂出口处，以便能够为发动机或推力器提供不夹气的推进剂。

对于任何依赖于发动机反复再启动的航天器来说，最重要的要求就是在微重力条件下能为发动机供应无夹气的推进剂。可反复再填充的蓄液器装置是利用控制系统点火或贮箱反向加速度，使容积内液体定位并覆盖贮箱液口。设计此类航天器要求正确估计液体定位所需要的时间，随时间而变的流体运动所产生的力，贮箱/发动机界面压力和质心的变化，以及挡板和贮箱的设计对晃动阻尼的影响。为此，必须深入开展液体重定位试验研究。

液体重定位试验将研究这种重定位的过程，采用的是缩比试验模型，用以模拟在 1 g 环境下航天器的推进剂存储以及贮箱的自由加速度。目标之一是找出一些经验公式，以计算定位时间、产生的力和气泡特性（它们是贮箱尺寸、初始推进剂方向和排液流量的函数）。另一个目标是通过拍摄的液体表面/气泡运动图像和速度剖面图，来评估和证实航天器流体贮存的方法。图 1－1 是马歇尔航天飞行中心液体重定位（LIRE）试验设备。

1.2.2 推进剂剩余量

推进剂剩余量是航天器贮箱内推进剂的剩余体积或质量，它通常通过对比在轨实际测量结果以及不同推进剂剩余量模型的计算结果，估算出贮箱内的推进剂剩余量。推进剂剩余量测量是航天器在轨管理的一个重要组成部分，通过对推进剂的精确测量能够有效管理航天器的工作寿命，因此提高推进剂的使用效率，获得显著的经济效益。

长寿命卫星中，推进剂的携带量是制约卫星寿命的主要因素，在额定寿命到来时，剩余推进剂可以使卫星延寿，大幅度提高卫星

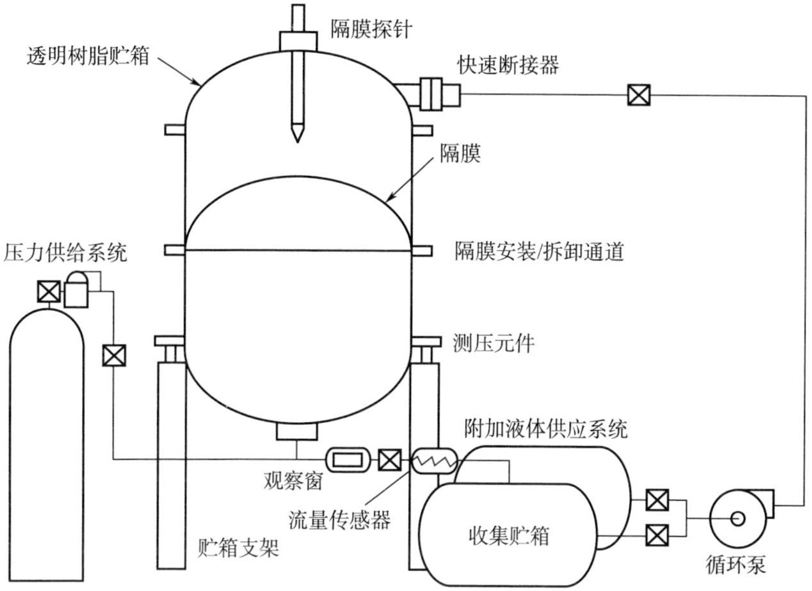

图1-1　液体重定位（LIRE）试验设备

的利用效率；部分或全部失效的卫星，推进剂往往过量消耗，需要依据推进剂剩余量确定控制策略，如降低卫星的控制精度，或放弃地球静止轨道卫星的位置保持控制以换取更长的抢救时间或工作时间。推进剂剩余量测量精度一直是卫星在轨管理的一项重要工作，特别是对于轨道资源有限的地球静止轨道通信卫星，将失效卫星和寿命到期卫星推离工作轨道，腾出宝贵的位置资源，具有重大的战略意义和经济价值。

随着航天器技术的发展和广泛应用，特别是长寿命卫星的投入使用，对航天器整体管理水平和卫星使用效率提出了越来越高的要求，在轨航天器寿命期间的管理和维护已成为迫切需要解决的问题。

1.2.3　贮箱挤出效率

贮箱挤出效率是指贮箱内排出流体量与贮箱总容积量之比。推进剂贮箱是航天器上的重要部件之一，它的作用是存储和管理推进剂，在规定的流量和加速度条件下，为发动机或推力器提供不夹气的推进剂。当前，大多数卫星推进系统所采用的都是液体推进剂，这些推进剂都是通过增压气体挤出供发动机产生推力。在微重力或无重力环境下，贮箱内的推进剂与增压气体处于混合悬浮状态，难以对其准确定位、有效分离和精确测量，因此，贮箱挤出效率是航天器流体管理能力的重要指标之一。

1.2.4 推进剂平衡排放

推进剂平衡排放是指采用贮箱对称分布的航天器推进系统中保证推进剂排放量一致，进而达到推进剂高效利用的目的，同时保证推进剂的质心处于航天器的中轴线上。采用并联贮箱的推进系统工作期间，并联的同种推进剂贮箱上下游的压力差异将直接影响两路贮箱的输出流量，进而导致并联贮箱内的推进剂排放不均衡，并使得航天器的质心发生变化，产生干扰力矩，导致推进剂过多消耗，卫星寿命缩短，严重时甚至可能导致航天器失控翻转，因此并联贮箱的平衡排放性能是推进系统的一个重要指标。

1.2.5 在轨流体补给

航天器在轨流体补给是指将流体通过特定装备从服务航天器传输至目标航天器的过程，它是航天器主要的在轨服务模式之一。通过补给推进剂，可延长航天器有效工作寿命、提高航天器经济效益。目前在轨或正在研制的卫星，其寿命主要取决于携带的用于轨道保持和姿态控制的推进剂量，一旦推进剂耗尽，便会失去控制能力，尽管卫星其他系统仍然完好。因此，推进剂的在轨补给是延长卫星寿命的有效途径之一。

对于具有推进剂在轨补给能力的航天器，一般来说包括以下几个方面的优势：降低发射质量，延长寿命，增强系统有效性、机动性以及对于偶然事件的恢复能力。推进剂在轨补给的效能大致与任务阶段有关，具体如下：

1）发射阶段：降低发射质量。无大推进剂负载的航天发射，可允许携带更多的其他载荷。

2）使命终了：增加系统有效性。特别是对于轨道低于2 000 km，并满足典型寿终处置准则的航天器来说，在轨推进剂补给可增加系统有效性。

3）寿命中期：延长寿命，增加系统有效性，能完成偶然事件推进剂补给，增加机动性。这种机动性或机动能力（可安排更多次的轨道推进），在使命改进方面的好处是：

- 增加覆盖性，增强不可预见性的处理能力；
- 增加整体布局效能。

在轨流体补给的用途包括以下几个方面：

1）为航天器姿态调整和位置保持提供所需要的推进剂；

2）为航天器有效载荷补充能源，如蓄电池溶液等；

3）为航天员补充生活用水和空气等；

4）为航天器补充所需要的其他流体，如氟里昂、氨水、甲醇和其他气体。

流体补给有三种方法可供选择：一是天地往返式，即航天器返回地球重新加注，然后再返回空间使用；二是系统置换法，即用航天飞机或货运飞船携带新的流体系统，在空间进行整体更换；三是直接再加注法，即在轨流体补给。这三种方法中，在轨流体补给最具吸引力。目前，美国、俄罗斯和欧洲均采用这种补给方式，其优点是可以对多种液体和气体再加注，可以进行不同加注量的多次补给，可通过加大贮箱容量来增加补给能力。

1.2.6 轨道流体管理操作

轨道流体管理操作包括地面操作和空间操作，后者又可细分为近地轨道操作、地球同步轨道操作和深空轨道操作。

地面操作包括地面填充，液体在轨供给/输送。对于近地轨道操作和地球同步轨道操作，包括地面填充，发射空载荷，液体在轨填充，较长时期的在轨存储和在轨道上为用户供液。对于深空轨道操作，一般是指低温液体的天基操作，首先由航天飞机或飞船携带装有在轨补给用低温液体的贮罐运送到近地轨道（空间站），再将贮罐中的低温液体转移到推进剂供应站，最后由推进剂供应站将低温液体供应天基用户（OTV），并执行使命供液。

1.2.7 供给贮箱与接收贮箱

在航天器流体补给中，供给贮箱和接收贮箱是一组非常重要的硬件。它们担负着航天器流体传输和补给的重要使命。图 1-2 表示流体从补给飞船到补给站的供给贮箱和接收贮箱布局。图 1-3 表示流体从补给站到天基轨道转移飞行器的供给贮箱和接收贮箱布局。

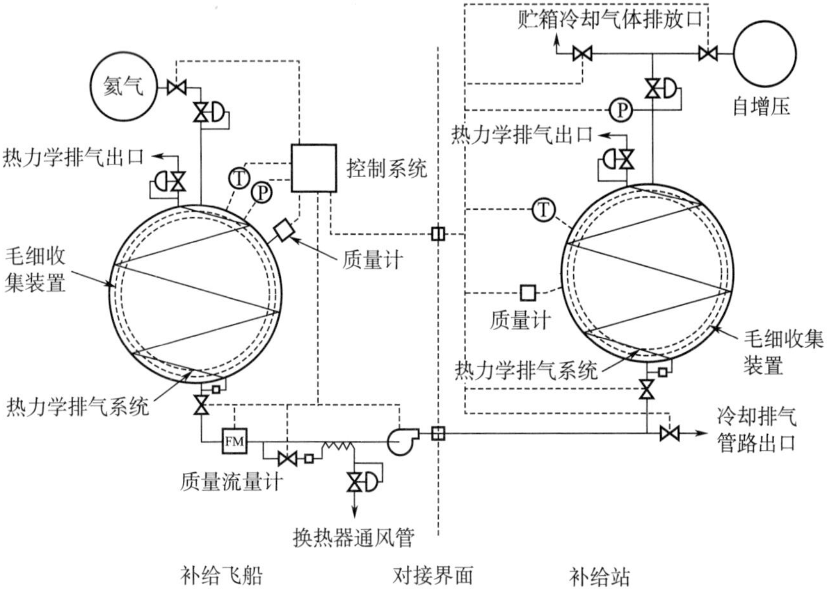

图 1-2 流体输送/再补给——从补给飞船到补给站

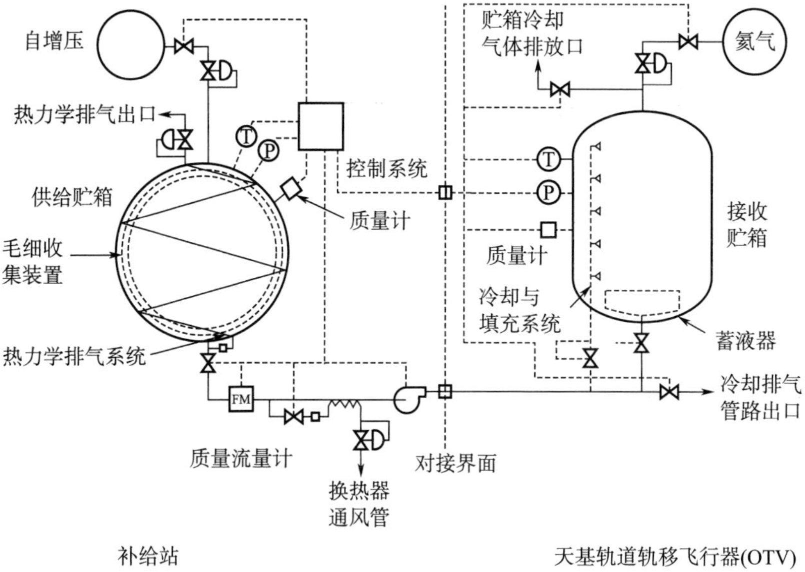

图 1-3　流体输送/再补给——从补给站到天基轨道转移飞行器

供给贮箱和接收贮箱主要作用是利用表面张力管理装置实现液/气分离并蓄留液体。根据飞行器的任务需求和贮箱的功能类型，供给贮箱通常可采用金属隔膜式或表面张力式，而接收贮箱一般都采用表面张力式。对于中低轨道航天器，要求具有大变轨机动、快速稳定、防止推进剂晃动和高精度的姿态控制能力，供给贮箱通常选择金属隔膜贮箱或具有防晃和可重复使用的板式表面张力贮箱。对于地球同步轨道航天器，供给贮箱和接收贮箱都可选择表面张力贮箱。

1.2.8　电推进推进剂

电推进系统通常采用氙气作为推进剂。氙气的元素符号是 Xe，位于第五周期零族。其为稀有气体，无色、无嗅、无味，能吸收 X 射线，在电场作用下能发出强烈的白光。在电推进系统中，需要一种能够将电能和机械能相互转化的媒介物质，氙气则是公认的工质。

用于卫星发射的离子发动机和离子浆推力器使用燃料氙气，氙气密度很大，约是空气的 4.5 倍，主要用作卫星的轨道位置保持和机动控制。在离子发动机磁腔的尾部，有一对分别带正电荷和负电荷的金属网，正电荷和氙离子产生的强大电磁推力把氙离子高速喷射出去，并因此产生反冲力推动飞行器向前运动。在航天器推进中，它的推力虽比化学燃料发动机要小得多，但表征其性能的主要指标是推进技术的比冲，也就是单位质量推进剂所产生的冲量大小。比冲越大，推进系统性能越高。对于同样的航天任务，电推进携带的推进剂约为化学推进剂的十分之一，甚至更少。这对于深空探测任务来说，电推进比化学推进更有优势。

由于氙气的物理特性，在加注过程中，最棘手的就是如何保证氙气的纯度，不论是制备氙气还是加注氙气，其纯度都需要保证。卫星推进系统中氙气浓度要求最低要达到 99.995%，其中水氧含量均不能超过 2×10^{-6}。一旦超过这个限值，容易造成电推力器阴极氧化，导致其寿命受损。在保证氙气源纯度的同时，还要保证加注前卫星电推进系统、地面加注系统的纯度满足要求。

1.3 空间低温流体管理的基本概念

1.3.1 低温推进剂

低温推进剂是在标准大气压力下，沸点低于 200 K 的液体燃料和氧化剂的总称，在地面和空间使用环境温度下不可贮存，只有在极低环境温度下才能在贮箱内长期保持液态。常温下为气体，必须在深冷或高压条件下才能液化，并贮存在用特殊材料制成的密闭优良的专用容器中，容器须采用可靠的保温绝热措施。燃料有液氢、深冷液体丙烷；氧化剂有液氧、液氟、二氟化氧等。以液氢、液氧配合使用最为广泛，液氢与液氟也可组成双元高能推进剂；液氧还可与肼、甲基肼、偏二甲肼、丙烷、煤油等组成双元液体推进剂。低温推进剂具有能量高、比推力大等特点。

液氧液氢推进剂是目前使用的比冲最高的液体推进剂，在大型运载火箭和航天飞行器上被广泛使用。液氟液氢推进剂在组合式化学推进剂中是比冲最高的液体推进剂，但是由于液氟的高毒性和高腐蚀性，使得它及氟氧化物和氟氯化物至今未能得到实际应用。由于液氧液氢推进剂不宜长期贮存，在地球环境条件下常处于沸腾状态，并有少量损失，因此一般在火箭发射前临时加注。低温推进剂属双元液体推进剂，氧化剂与燃料分开贮存，目前主要用于航天飞机和各种火箭，未来将应用于载人登月、深空探测等各类航天器。

1.3.2 空间低温系统

空间低温系统可分为以下四类，其中前三类已经有很多空间飞行应用，第四类空间飞行应用非常有限。

1）超临界系统。低温流体维持在临界点以上，以单相流体排出。

2）超流氦系统。工作在低压力下，利用热梯度通过多孔塞收集和转移流体。

3）固体低温冷却器系统。维持固体低温剂在升华区提供制冷。

4）亚临界（液气两相）系统。以近沸点低压贮存，需要特别的排气和液体排出子系统。

虽然低温流体超临界贮存在空间成功应用，但由于较高的压力和较重的贮箱而限于小系统，未来月球基地和火星探测等大型任务需要大量低温流体，以接近沸点的低压方式贮存具有很大的质量效率，所以发展亚临界低温流体技术非常关键。

1.3.3 低温流体管理技术

人类在空间站、月球、行星际空间开展活动需要使用推进、生命支撑、动力、热控、传感器冷却、科学试验和制造等低温液体，为了长期可靠地工作，需要具有在微重力空间环境下能够提供热控、流体管理、增压、排气、流体转移、再补给能力的低温流体贮存和转移综合系统。

低温流体管理（CFM）这一术语被 NASA 及其合作者大量使用，用来包含在空间处理亚临界低温流体（而不是超流氦）的全部技术。换句话说，低温流体管理技术一般处理空间亚临界低温流体的贮存、供应和转移。

1.3.4 低重力环境下的低温流体管理

空间低重力环境对亚临界低温流体管理支撑技术和增强技术都将产生严重影响，低重力亚临界低温流体系统面临的三个最基本问题是：

（1）贮箱压力控制的排气而不排液问题

亚临界低温流体贮存时，贮箱的热泄漏或内部热源会不断产生蒸气，需要通过排气来保证贮箱内的压力在贮箱结构安全容许的范围内，低重力条件下气液位置的不确定性和气液混合现象，使得在空间实现排气而不排液变得非常困难，采用加速沉底方法可以实现气液分离，但需要消耗额外的推进剂并产生航天器运动状态变化。最好的解决办法是应用热力学排气系统，热力学排气系统设计为只排气而不排液系统，但需要依赖贮箱内低温流体有效的热转移实现压力控制。

（2）从贮箱中排出无蒸气单相液体的问题

低重力下液体位置不一定在液体出口，对非低温流体可以采用袋囊方法从贮箱排出液体，但对低温流体而言，既没有满足柔性要求的袋囊材料，也无法阻止蒸气在液端的产生。采用表面张力装置系统可能是最好的解决方法，虽然这类系统在可贮存推进系统获得成功应用，但对低温流体还没有进行飞行验证，例如，热泄漏转移到通道的能量在通道内产生蒸气，如果不排出这些蒸气，积累效应会造成筛网通道液气分离功能的失效。

（3）贮箱的冷却和加注问题

在低重力条件下加注低温贮箱的主要挑战来自大量蒸气产生、气液分布不确定和贮箱压力较低。沿用地面加注方法可能造成大量液体损失甚至航天器失控，加速沉底加注流量很小，需要很长时间，而且有些系统不容许加速。比较有效的方案选择就是所谓的不排气加注，实现在轨补给。

1.3.5 空间低温流体的用途

低温流体在空间系统中主要有五个方面的用途：

1）低温推进剂。液氢、液氧、液化甲烷是高效、无毒（低毒）推进剂组元，是未来许多航天任务，特别是深空探测任务的首选。

2）生命支撑。虽然现在的环境控制与生命保障系统（ECLSS）以高压气体方式或超临界方式贮存氧气和氮气，但亚临界贮存和补给仍然是未来技术发展的必然趋势。

3）电动力反应剂。液氢、液氧是产生电动力的安全高效反应剂。

4）热控和传感器冷却。宇宙背景探测、红外空间观测、地球观测都需要超流氦等低温流体作为冷却剂。

5）试验和制造。包括等效原理试验、临界点和三相点空间试验、超导磁设备材料加工等需要的超流氦等。

1.3.6 地面基和空间基低温系统

以应用系统初始装载低温流体的空间位置来划分，可以把所有的低温流体应用系统分为地面基系统和空间基系统两大类。地面基系统是指在地面完成低温流体加注后发射进入空间的所有系统，它包括了运载火箭、大多数卫星、下一代大载荷轨道机动飞行器（OMV）等一次性消耗的系统和诸如航天飞机、新型轨道转移飞行器（OTV）、补给液罐等可重复使用的系统。对这些系统的操作包括加注、发射、在轨供应和转移、返回地面和再次使用等。

空间基系统是指空载发射到空间并在轨道上实现低温流体初始加注的所有系统，空间基系统包括空间站、推进剂贮存液库（Depot）、回收再补给液罐、下一代可维修卫星、空间基 OMV、空间基 OTV、同步轨道液罐、月球及行星际航天器等。对这些系统的操作包括空载发射、在轨加注、长期贮存、供应用户、多次在轨补给等。

1.3.7 热力学排气系统

对于低温推进剂的长期贮存来说，要求进行间歇式排气，以消除在低温贮箱中连续产生的蒸气。由于蒸气和液体在空间微重力状态下位置的不确定分布，若采用将蒸气直接放空到空间的方式，将会损失大量的液体。解决这一问题的有效方法，就是采用热力学排气系统（TVS）。它是一种能在存储系统内极大改善能量管理，因而保证排出无液蒸气的装置。常用的方法是使用整体式的热交换器/混合器，它能消除流体的热分层现象并将分散的液体混合在一起，因而可改善压力控制条件，在保证按要求排出液体的同时，维持容器内流体压力稳定。图 1－4 是马歇尔航天飞行中心热力学排气系统试验结构。

1.3.8 泡沫材料/多层绝热

地基空间转移飞行器携带的低温推进剂补给液，将采用有独特绝热要求的可再用式低温存储模式。多层绝热（MLI）和泡沫材料组合（称之为泡沫材料/多层绝热），能最大限度减小各种压力环境下（如地面保持，航天飞机爬升和下降）低温剂的蒸发损失，从而提供极好的在轨性能。

为了评估泡沫材料/多层绝热这种组合对空间转移飞行器使命要求的适应性，必须通过一个绝热贮箱进行一系列的热性能试验来完成。

该绝热贮箱的操作条件如下：

1）稳态下的地面保持；

2）稳态下的在轨保持；

3）航天器爬升期间排液的传输；

4）航天器下降期间排液的传输。

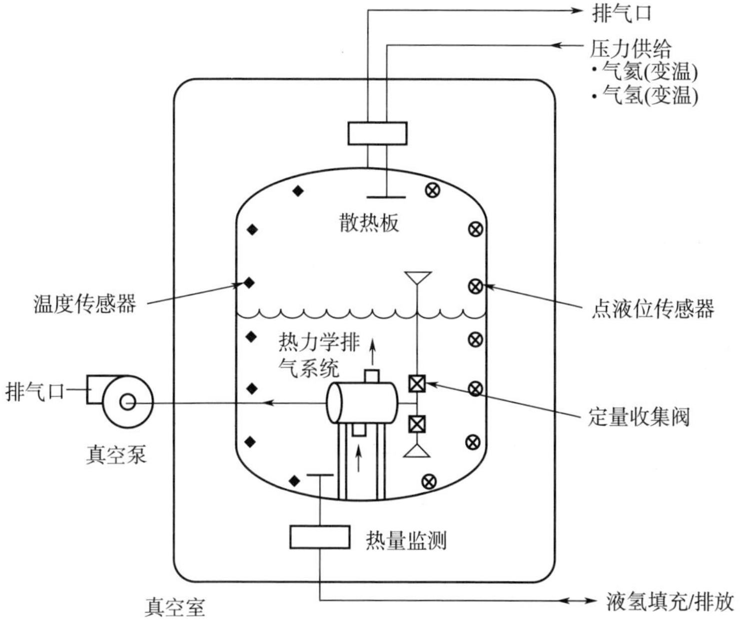

图 1-4 热力学排气系统试验结构

除了评估理论模型的试验结果外，还将评估整体绝热的再用性。其途径是建造一台缩比试验模型（采用多层绝热和泡沫材料组合绝热方式）并使用液氢制冷剂，在真空容器中进行试验。使用加热带和一定浓度范围的氮气来改变热条件，用以模拟上面所确定的四种操作条件。图 1-5 是马歇尔航天飞行中心的泡沫材料/多层绝热（FMLI）试验结构。

1.3.9 整体冷却/无排空填充

低温传输管路（CTL）试验，仅能检验整个传输操作的几个方面。而完整的过程还需要考虑贮箱冷却和低加速度填充，以及贮箱与管路耦合连接系统之间的同步流动控制问题。为此，必须进行贮箱与管路的整体冷却/无排空填充试验。

进行这种试验的设备是泡沫材料/多层绝热与低温传输管路的

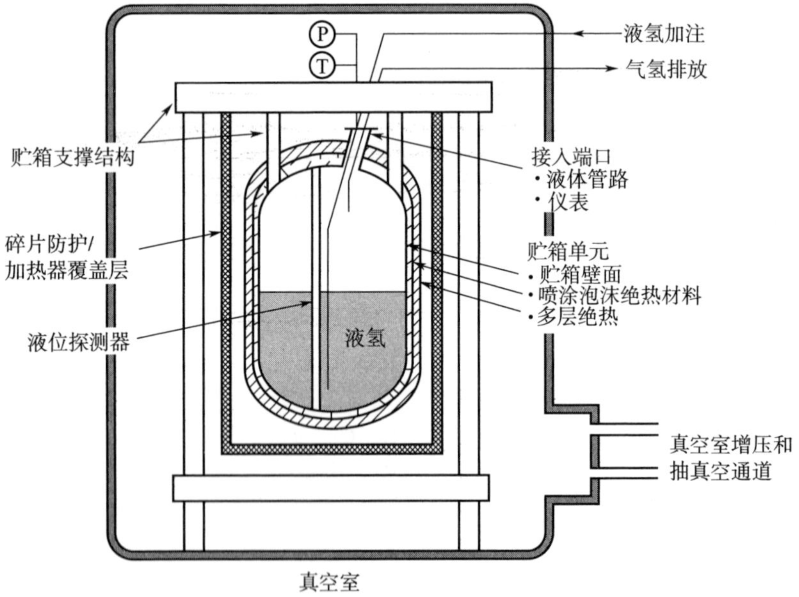

图 1-5　泡沫材料/多层绝热（FMLI）试验结构

组合系统。这种系统有利于完成整体冷却和无排空填充（ICNF）试验。就 ICNF 而言，控制贮箱放空口处的阀门对流量进行调节，以研究无排空填充和不同的预冷技术。为了确定每一阶段传输过程的最佳组合条件，需要研究几种不同的组合程序及结果。其目标是评价不同的初始系统温度和系统热流率对填充时间和总蒸发率的影响。

ICNF 试验要完成的程序类型包括：

1）填充/保持/排空：在这种情况下，小股液体间歇式地通过低温传输管路，进入到贮箱内，直至建立平衡温度为止。此后，填充液体流入该贮箱中并蓄积。这种操作是反复进行的，直到贮箱冷至足以使液体通过整个系统流动，而没有瞬时沸腾。

2）连续冷却/连续填充：在这种情况下，液氢将以不变的流率通过系统，直至系统冷至足以使液体流动。

图1－6是马歇尔航天飞行中心的整体冷却/无排空填充（ICNF）试验结构。

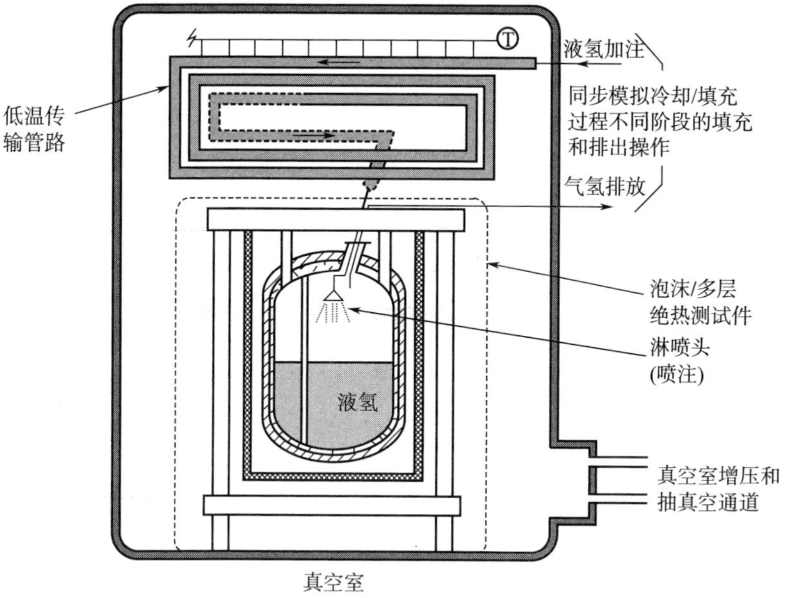

图1－6 整体冷却/无排空填充（ICNF）试验结构

1.3.10 低温传输管路

空间转移飞行器（STV）和其他先进飞船的在轨推进剂补给，要求在15～30 m的距离范围内进行制冷剂的传输。设计这些系统的目的是要最大限度缩短冷却这些管道所需要的时间，并使其为稳态下的液体流动做好准备。这对于缩短运转时间，降低传输过程中的冷剂损耗以及界定操作程序都是十分重要的。

进行低温传输管路地面模拟试验，对于改进空间低温系统冷却性能和降低较长管道的冷损具有重要意义。其有效方法是在管道内表面上喷涂一层聚四氟乙烯薄膜，这样，在初始传输阶段能承受液体沸腾和热传输。该项试验除了评价涂层管道的性能外，还将评估轻质复合材料管道的可行性，以最大限度地减小航天器和补给系统的总体质量。

该试验需要进行全尺寸管道试验，而这些管道的设计要能模拟空间转移飞行器和推进剂贮存设备所需连接的传输管路。有三种不同结构的低温传输管路将在真空容器中进行试验，试验中使用的制冷剂是液氢。每一次试验运转都将包括：

1）沿管道不同布点进行瞬态温度和压力测量；

2）测量作为时间函数的液体蒸发率；

3）确定管道压力的激增效应；

4）检查管道承受反复热循环时涂层粘结的牢固性；

5）试验数据与分析和计算模型进行比较；

6）测量传输过程对推进剂条件（即饱和温度和压力）的影响。

图 1－7 是马歇尔航天飞行中心的低温传输管路（CTL）试验结构。

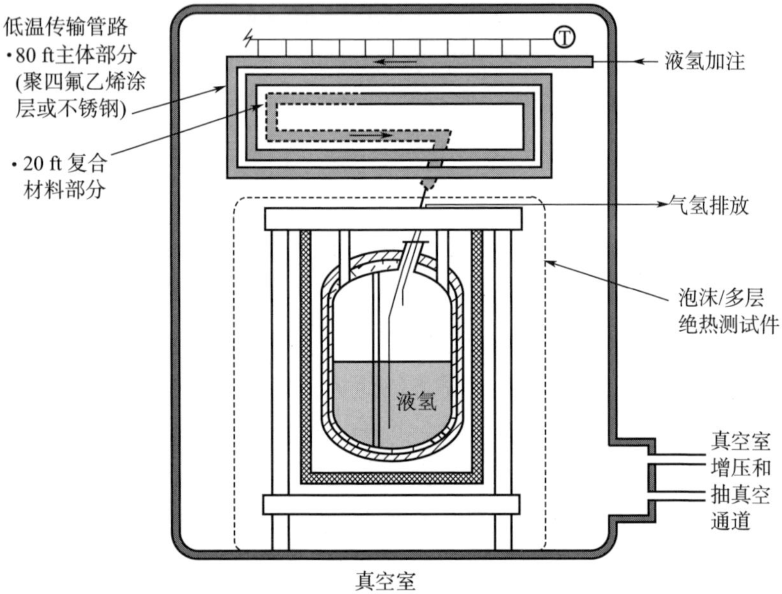

图 1－7　低温传输管路（CTL）试验结构

1.3.11 流体热分层现象

对于低温流体存储来说，当环境热量通过隔热层或其他热路进入低温容器时，器壁处的液体温度会高于液体内部的温度，从而引起流体热分层现象。在空间微重力条件下，由于对流的消失，流体热分层现象更加严重。出现热分层时，局部温升会造成整个容器压力升高，从而导致系统测试和控制仪表产生误差或失控。因此，深入开展流体热分层机理研究，研制出降低和消除热分层现象的有效装置，是低温流体存储研究的重要内容。

典型的降低和消除热分层现象的装置有两种。一种是双子星座飞船上使用的静态传导装置。它由多层同心铝球构成。该装置的加热器采用膜层式，膜系镀在铝球的外表面上。为使流体自由进出并减小质量，铝球上开有许多小孔。这样，利用铝的高热导率就能将加热器产生的热量迅速传递到容器内部各处，从而使容器内的流体温度趋于均匀。这种方法的优点是静态工作，无运动部件，安全可靠。缺点是质量较大，温度均匀度稍差。

另一种是阿波罗飞船上使用的热分层消散装置。加热器圆筒安装在靠近容器中心线的位置。圆筒的顶部和底部相对放置两只电机驱动的搅拌泵。加热器圆筒上还开有许多圆孔，电机启动后，两个搅拌泵迫使流体在容器内搅动，从而迅速使流体温度趋于平衡。这种方法对于消除热分层效果极好。缺点是增加了驱动电机，要消耗一定的能源。另外，由于存在运动部件，增加了不安全因素。例如，阿波罗 13 号飞船，就是由于一个热开关短路，烧毁了搅拌泵的引线绝缘层。后来，去掉了氧容器中的搅拌泵，使用了一台外路泵，最终解决了这一问题。

1.3.12 低温流体蓄液器

低温流体蓄液器是一种陷阱式液体捕获装置，它允许发动机在空间以相对较高的推力水平进行反复再充液。该装置利用液体和多孔筛网之间的毛细力，能在飞行器的整个漂移/再启动循环期间，维持一部分液体覆盖贮箱液口，从而保证任务期间向发动机供应无夹气的推进剂。它安装在与发动机供液管道相连接的贮箱的内部，其尺寸大小要能满足发动机运行所必需的推进剂。图 1-8 是马歇尔航天飞行中心的低温流体蓄液器结构。

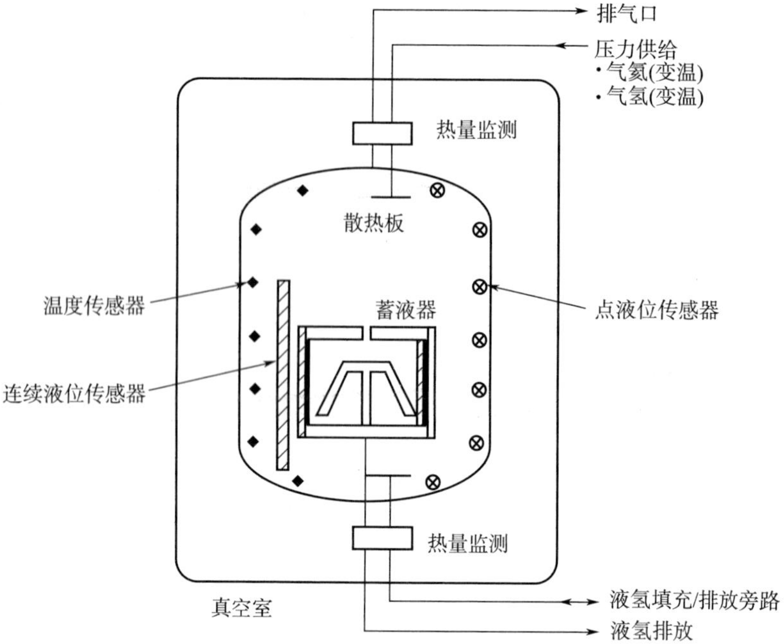

图 1-8　低温流体蓄液器结构

1.4　航天器在轨流体管理装置概述

1.4.1　推进剂贮箱概述

推进剂贮箱的作用是为液体推进系统贮存和供应符合使用要求的推进剂。推进系统工作时，推进剂的供应不能夹带增压气体且能够满足发动机的流量要求。目前经常使用的贮箱按照类型主要分为三类：离心式、隔膜式、表面张力式，其中应用最多是表面张力贮箱，具体分类情况如图1-9所示。

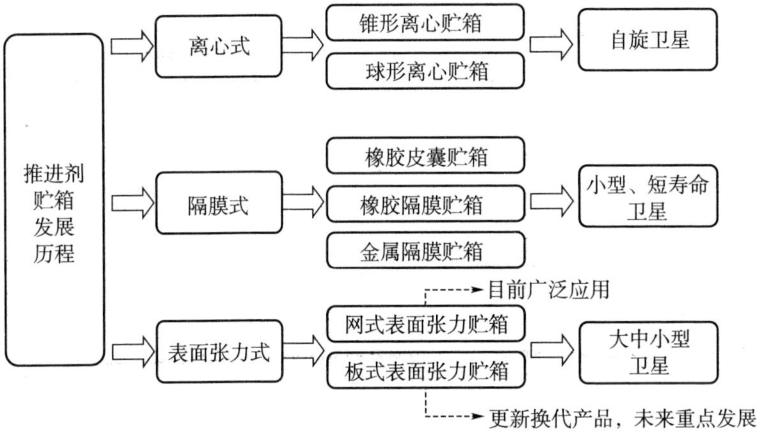

图1-9 推进剂贮箱分类

推进剂按照形态来分，可分为常规推进剂、低温推进剂，常规化学推进剂包括甲基肼、四氧化二氮等，低温推进剂通常指液氢、液氧。因此，贮箱又分为常规贮箱和低温贮箱。

此外，电推进系统通常采用氙气、氪气等惰性气体作为推进剂，在电场作用下高速喷出离子获取动量，用于航天器推进。氙气、氪气贮存容器，我们习惯称为氙气瓶或氪气瓶。

在航天器流体管理与控制领域，推进剂贮箱被经常使用，尤其是表面张力贮箱被广泛应用于航天器推进系统。因此，下面重点阐述表面张力贮箱及其管理装置。

1.4.2 表面张力贮箱及其管理装置

表面张力贮箱是利用表面张力原理对推进剂与增压气体进行有效分析，并实现推进剂的管理和控制。推进剂管理装置（PMD）是推进剂贮箱的核心部件，主要功能是对推进剂和增压气体进行管理，实现贮箱推进剂的无夹气排放。

表面张力贮箱是目前世界上使用最为广泛的推进剂贮箱，它分为网式和板式两种。第一代表面张力贮箱都是网式结构的，它利用液体的表面张力通过筛网来收集推进剂，同时阻止气体进入管路通道，其使用的推进剂管理装置称为网式推进剂管理装置；第二代表面张力贮箱是以板式结构为主的，它利用液体的表面张力通过导流叶片来驱动推进剂，对推进剂实行主动管理，其使用的推进剂管理装置称为板式推进剂管理装置。

推进剂管理装置是由一系列的流体管理元件组成的，从性能上可将推进剂管理装置的元件分为三大类：

1）控制类组件，如网屏、多孔金属板等；

2）导流类组件，如叶片、通道等；

3）阻尼类组件，如防晃板、旋涡抑制器、文氏管等。

通过多种表面张力元件组合就能达到不同的设计目标，满足各种要求，适应特定的飞行任务。

（1）网屏

网屏通常由一层或两层钛合金丝或不锈钢丝编织而成。用于分离气液界面，因材料不同和编织方法不同，可产生千帕级的毛细压差，用于静态蓄留液体和拦截液流中的气泡。通常用在收集类装置和出液口蓄留装置中。

（2）多孔薄金属板

多孔薄金属板采用激光或电子束对薄钛板进行打孔，做成多孔毛细元件。性能及使用基本和网屏相同，只是加工方法不同。

（3）收集器

收集器由网屏与隔板组成。其功能主要通过控制多层网屏中的液体自上而下排空实现。可用于轴向中等加速度及各向小加速度情况。具备网屏的特点，能够实现质心的控制，有利于飞行器整体的运动控制。

（4）导流叶片

不同的液体曲率半径产生不同的表面张力压差，驱使液体在微重力环境下流动，并达到在其几何形状下的平衡。在较小加速度与流量的条件下，采用叶片把贮箱内某一部位的液体运输到另一部位。传输方式通常是由叶片与叶片之间或者叶片和贮箱壁面之间形成二面角或者微小间隙，构成液流通道。由多个叶片组成一组液流通道，不同的角度下，抽吸、导向能力不同，叶片与叶片间夹角越小，抽吸能力越强。由于它具有抽吸液体能力，可用于组合成各种再填充结构，是再填充结构的基础，可应用于小流量、较小加速度情况。图 1 - 10 给出了常用叶片的截面形状。

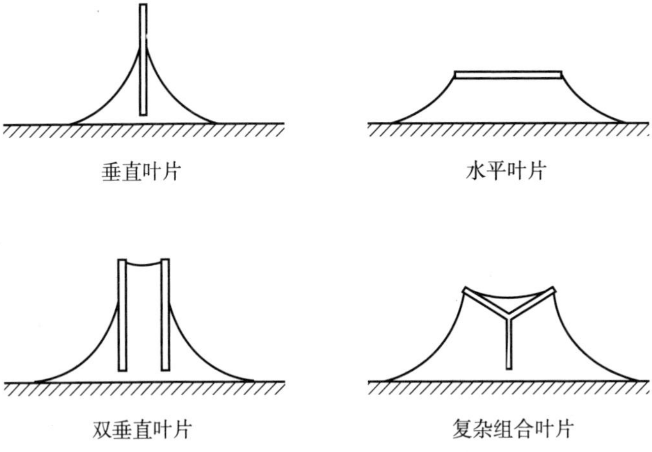

图 1 - 10　常用叶片的截面形状

（5）中心支柱

中心支柱是位于贮箱中心的结构，它可以提高结构强度，并增加液流通道，提高导流面积。常用中心支柱截面图如图 1 - 11 所示。

（6）集液通道

在向贮箱壁一侧有一排网屏窗口或整面均为网屏，并与金属板结合起来，分布在贮箱的内壁面，形成收集和导流为一体的通道结构。图 1 - 12 为集液通道装置工作时的一个示例。集液通道是不可再填充的，必须在开始前在集液通道内充满液体，把其中的气体全部排出，并一直保持到贮箱中液体耗尽为止。工作时，无论液池处

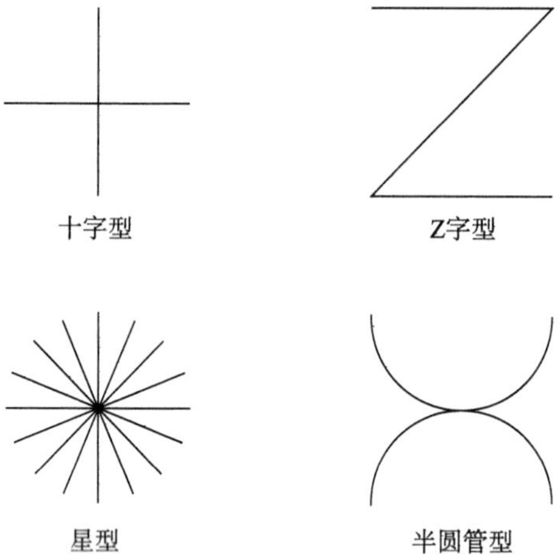

图 1－11　常用中心支柱横截面

于贮箱什么部位，它的某些部分都能与某一集液通道臂上的一个或几个窗口相接触。液体能够不夹带气体地通过集液通道流到出液口位置直到贮箱中的液体耗尽为止，这是因为液体由接触集液通道窗口进入，而所有的网屏窗口能够阻止气泡进入通道之中。此元件适用于流量和加速度都较大的场合。另外，因集液通道占有一定的体积，而在这一体积内的液体最后不能排出，因而排空效率较低，尤其对于小贮箱，排空效率仅仅只有 98%。

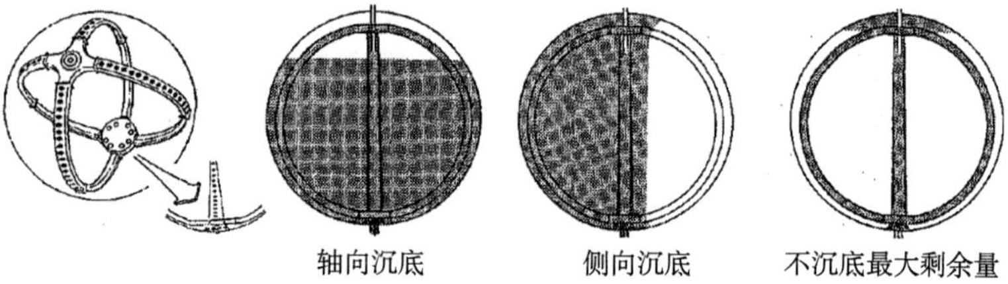

图 1－12　集液通道结构及工作时液池位置

（7）集液海绵体

集液海绵体又叫蓄液器，它由一组折叠的或呈辐射状的扇形金属片组成。多孔通道内固有的汇集通道使液体形成液束，与叶片式结构原理相同，这些液束把液体抽向金属多孔材料组成的中心区，而将气体挤走。集液海绵体可应用在中等加速度下和静态蓄留液体。由于具有吸液排气的功能，可重新填充，常与叶片、集液通道或收集器联用，是构成可重新填充贮箱的基本元件，常用作出液口蓄留装置。由于是一组金属片，重量相对于网屏较大。常用的集液海绵体形状如图 1－13 所示。

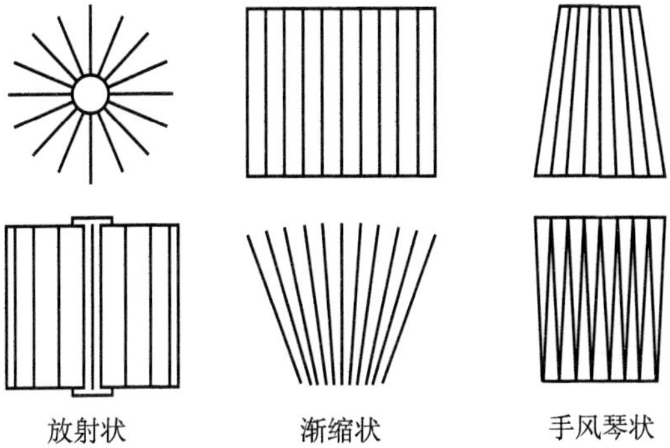

图 1－13　常用的集液海绵体形状

（9）贮液槽

贮液槽是由网屏、叶片、金属多孔材料、收集器组合而成的专用于出液口处的毛细组件。具有收集器的功能，在大加速度下蓄留液体，也可像金属多孔材料一样重新填充液体，用来在垂直于中心轴方向的大加速度下蓄留液体，重新填充液体主要靠叶片与贮箱之间所形成的毛细液束的流动实现。大部分贮液槽可重新填充，只有极少数不可重新填充。可保证在任何时刻向发动机传输定量的无气推进剂。

（10）气泡陷阱

它是一种封闭结构，内有 2～3 层网屏用以阻隔推进剂中混入的气体。陷阱有可重复填充式和不可重复填充式两种。在发射时，增压气体可能渗入到管道内部，为了防止排出夹气推进剂，要求在排出口处有气泡陷阱。

表面张力贮箱的发展方向是采用全钛结构，极小化毛细元件面积，并根据贮箱任务采用最简单的组件组合。根据不同的设计要求，选择不同的表面张力元件，用最安全、最简单的元件达到设计目标。

1.5 航天器流体管理技术的发展历程及趋势

国际上网式表面张力贮箱的应用最早可追溯到 20 世纪 70 年代，在此之前普遍采用的是隔膜贮箱，当时为了满足卫星的长寿命需求，研制了全金属结构的推进剂贮箱，之后网式表面张力贮箱就成了一段时期贮箱产品的主流形式。随着网式表面张力贮箱的应用，人们逐渐认识到这类贮箱的一些不足，同时，对微重力下的流动机理有了深入的研究，在这种背景下，人们开始研制一种更先进的推进剂贮箱，即板式表面张力贮箱，20 世纪 90 年代以后，这类贮箱逐渐成为卫星推进剂贮箱的主流。

通过板式推进剂管理装置（PMD）为航天器提供不夹气推进剂的实践也是从 20 世纪 70 年代开始的。1975 年美国国家航空航天局为进行海盗计划发射了海盗号探测器。海盗号探测器贮箱是世界上第一个用于飞行的板式表面张力贮箱，其推进剂管理装置的主体是一个蓄液器，同时还使用了增压/排气管及安装帽等附属组件，蓄液器的叶片安装在中空的中心支撑筒上，叶片数为 8 个，所用推进剂为一甲基肼和四氧化二氮，其结构如图 1 - 14 所示。海盗号探测器试验验证了蓄液器蓄留液体的能力，同时也提供了一种贮箱直接排气的手段。

1987 年，美国休斯太空通信（HSC）公司推出了 HS - 601 航天器架构，这是该公司最成功的地球静止轨道卫星平台。该卫星平台所用贮箱外形是一个直径为 0.89 m 的球壳，其推进剂管理装置以板式结构为主，包括 4 个正交放置导流叶片、蓄液器、陷阱、管状收集器和毛细网窗口。该贮箱属于从筛网式向板式过渡的类型，每个平台使用四个这种贮箱，向卫星发动机提供不夹气的甲肼燃料

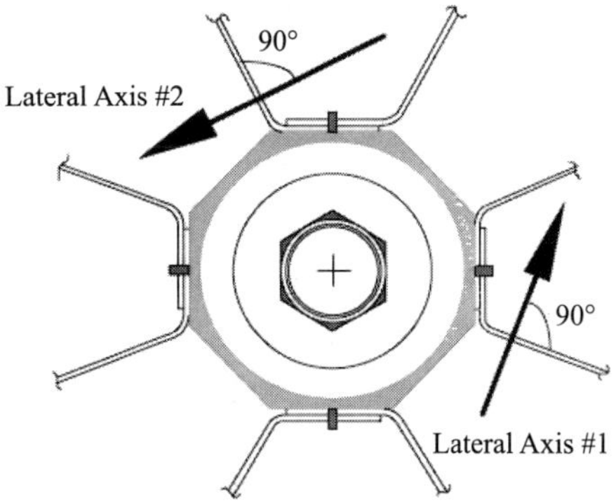

图 1－14　海盗号探测器贮箱 PMD 结构

(MMH) 和四氧化二氮氧化剂 (NTO)。变轨发动机工作时卫星处于慢自旋状态，加上有向下的加速度，贮箱内推进剂自动沉底；维持南北位姿时使用蓄液器和陷阱内的推进剂，在工作间隙，蓄液器通过导流叶片充液。1996 年，该公司对 HS－601 进行优化研制了 HS－601HP，该型号结构和 HS－601 十分相似，根据流量需求在 HS－601 基础上增加了 1.18 m 的圆柱段结构，相应地在 PMD 上增加了导流叶片的长度，其余没有变化。

1996 年 5 月由洛克希德·马丁公司和刘易斯研究中心共同主持的 VTRE (Vented Tank Resupply Experiment) 项目对板式 PMD 设计进行了进一步的研究，如图 1－15 所示。试验研究中采用了两种贮箱结构，一种是直径为 35.6 cm 的球形贮箱，另一种是直径为 31.8 cm、圆柱段长度为 40.6 cm 的胶囊形贮箱，两种贮箱容积相同。PMD 采用 12 个与外壁正交的导流叶片和 12 个与中心支柱相连的蓄液叶片。其主要目的是为了研究板式贮箱 PMD 性能极限（蓄留液体情况下最大传输速度和排挤不夹气液体时的最大排挤速度），以及当发动机点火造成加速度超过允许极限后 PMD 功能的恢复情况。为确保试验介质与贮箱内所存储推进剂性能最接近，试验使用的模拟介质是 113 号制冷剂。为了便于拍摄，贮箱壳体和 PMD 都采用透明有机玻璃制成，介质中添加了红色的染色剂。试验结果表明，该贮箱的最大传输速度可以达到 172 mL/s。发动机点火后推进剂恢复稳定传输的时间为30 s，PMD 的湿润恢复能力比预期要快。试验为推进剂贮箱的设计及改进提供了重要依据。

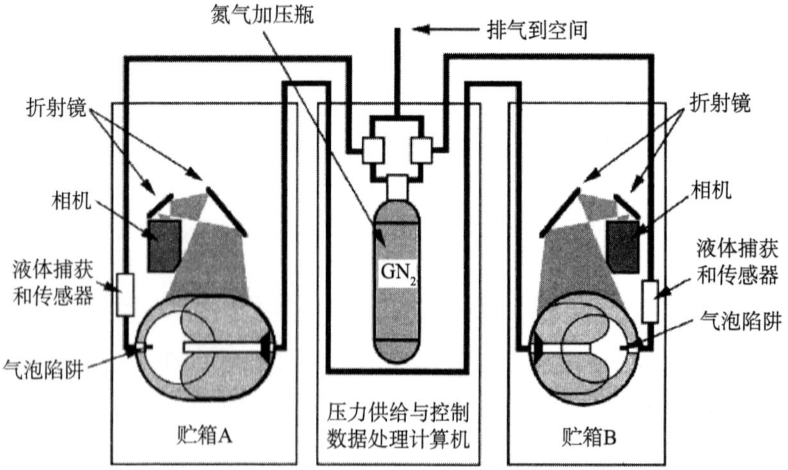

图 1-15　VTRE 布局

1999 年 8 月，S. H. Collicott 在 NASA 约翰逊航天中心 KC-135 飞机上进行了 PMD 叶片减重对比试验。试验中通过比较两种减重叶片和原始实心叶片对贮箱内液体的控制能力，验证了叶片减重的可行性。两种叶片的减重比例分别为 20%和 50%，分别通过打孔和挖空实现。两种减重叶片结构如图 1-16 所示。试验结果表明，使用穿孔面积为 20%的导流叶片，贮箱排液性能很好，能够满足使用要求。而使用穿孔面积为 50%的导流叶片，贮箱排液性能相对较差。这为贮箱的优化设计和减重提供了一条新途径。

除了进行了大量的在轨和地面试验外，国外同样对 PMD 的设计进行了理论和数值方面的研究。在理论方面，M. M. Weislogel 和 S. H. Collicott 给出了微重力下内角处毛细流动的理论公式，对板式贮箱内液体的重定位流动进行了分析，对板式 PMD 的设计提供了理

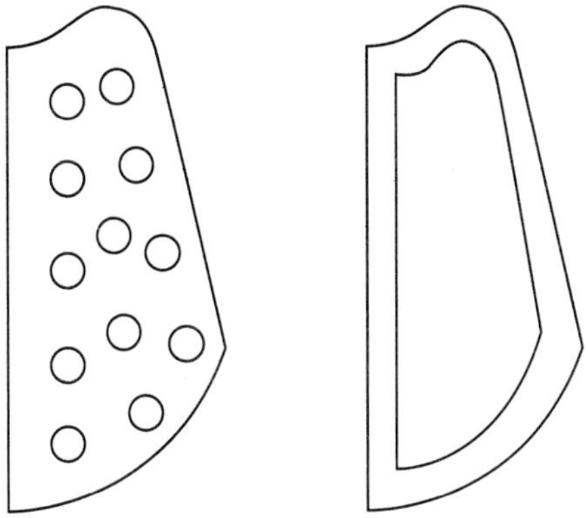

图 1-16　两种减重叶片结构

论指导。在数值方面，D. E. Jaekle 先后对推进剂管理装置中的导流叶片、蓄液器、陷阱、沟槽和廊道等部件，在微重力环境下利用表面张力传输推进剂的机理进行了分析，为第二代表面张力贮箱的设计和分析奠定了基础。在对导流叶片驱动能力进行计算时使用双步 LAX - Wendroff 数值求解方法对控制方程进行离散，模拟了在轨运行阶段发动机点火和熄灭两种非定常状态下导流叶片上推进剂传输过程，得到了从发动机点火到推进剂稳定传输的时间，为板式贮箱的设计提供了计算依据。1992 年，M. F. Fisher，G. R. Schmidt 等人通过 Flow3D 软件对马歇尔航天飞行中心为土星 S - 4B 开发的落塔试验模型进行数值模拟，准确地预测了贮箱内液体晃动现象，验证了 Flow3D 软件的准确性。2002 年，S. H. Collicott 使用 Surface Evolver 对 VTRE 项目中板式贮箱内液体在微重力环境下的流动进行了三维数值模拟，得到了流体传输过程中的三维界面分布情况，验证了 Surface Evolver 可作为贮箱 PMD 设计的一种手段。

国内针对卫星应用中的微重力流体管理研究主要是围绕着卫星推进剂贮箱在微重力水平条件下的静平衡与重定位问题展开的。其中，研究者对板式贮箱内导流叶片传输性能进行了研究，分别对定常流与非定常流进行了数值分析，给出了两种流动状态下导流叶片上液带的分布规律。清华大学采用最小能量法对自由液面的平衡状态进行了数值计算。航天 702 所给出了推进剂试验中的相关相似准则。北京控制工程研究所针对全管理圆柱形表面张力贮箱进行了缩比模型的落塔试验，研究了推进剂的重定位过程，验证了表面张力贮箱的在轨性能，以及航天器推力器突然启动和关机对推进剂管理装置性能的影响。

大容量网式推进剂贮箱均采用半管理技术，在微重力环境下仅能够对贮箱下半舱约 30％的推进剂进行管理。通过构建板式导流装置与壁面最优夹角结构优化技术，能够实现定向流体传输；板式推进剂全管理装置，可实现任意位置推进剂向贮箱出口的定向传输，能够实现对推进剂的全管理，贮箱推进剂挤出效率达到 99.85％。新型大容量板式管理装置如图 1－17 所示。

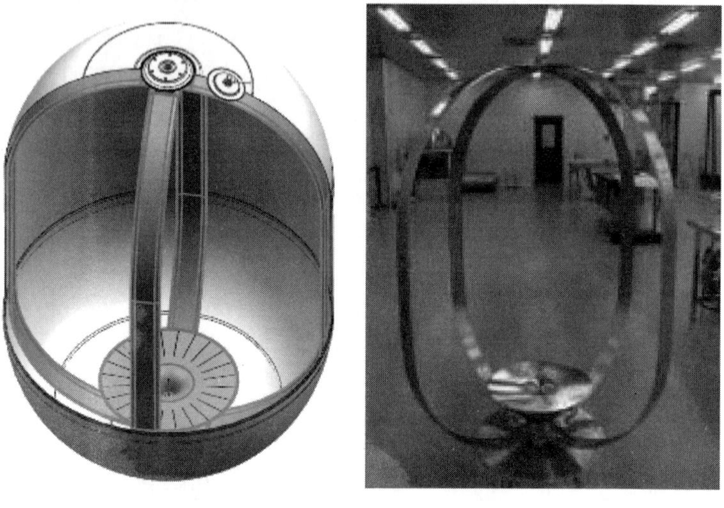

图 1－17　新型大容量板式管理装置

根据国内外航天器流体管理技术的研究情况，可以看出航天器流体管理技术的未来走向和发展趋势。

1）从航天器流体输运技术方案和在轨流体空间管理技术的远景

应用来看，流体的在轨加注和补给显然比液体贮箱的整体置换更具经济性、灵活性、适应性和有效性。因而得到了愈来愈多的关注。然而，由于航天器流体所处的空间环境（例如微重力、真空、低温等）比地面条件复杂得多，因而需要研究、探索和解决的技术难题和关键技术较多。

2）在未来轨道转移飞行器和载人飞船的发展中，低温流体管理（CFM）在推进系统的设计和操作中扮演着一个极其重要的角色，它代表着航天器流体管理的一项关键技术。马歇尔航天飞行中心从1988年开始低温流体管理规划，目前已取得很大进展，下一步将向实际应用迈进。

3）卫星推进剂在轨补给及重构技术，可实现在轨卫星的推进剂补充，延长卫星的工作寿命，增强卫星的机动和在轨生存能力，这在军事上具有重要的战略意义，是航天器流体管理技术的一个发展方向。

4）随着深空探测技术的发展，对低温推进系统的需求日趋强烈，低温推进剂存储与管理以及低温贮箱技术，是航天器流体管理技术的一个重要发展方向。

5）2019年10月，美国诺斯罗普·格鲁门公司及其全资子公司空间后勤公司在高度为35 786 km的轨道上成功完成任务延寿飞行器1号（MEV－1）与国际通信卫星901（IS－901）的首次在轨对接，为后者提供寿命延续服务。

第2章 空间流体的基础理论

2.1 空间微重力流体流动理论

2.1.1 微重力流体概述

微重力流体科学是流体力学与空间材料、空间生物技术、燃烧学交叉的新兴学科，研究微重力环境中流体的流动、迁移，热量、质量输运和相变等基本规律，还有物理化学问题和低温问题，这些都是微重力流体科学的基础和核心。随着空间技术的进步，空间科学迅速发展，空间飞行器在轨道自由飞行时，其间处于微重力状态，在地面重力作用下常见的浮力对流、静压不均匀和沉降等现象都极大地减弱。因此，利用微重力条件可以得到在地面条件下难于得到的高质量生物制品和新材料。但是，在微重力环境中许多在地面上的次级效应，例如，在自由面上温度或浓度分布不均匀形成的表面张力驱动对流、相变对流等与自由面或界面有关的现象将变得很重要，会出现一些在地面上尚未见到的新现象。空间应用和流体力学基础研究的需要促进了微重力流体科学的发展。

在地球大气层以外的空间中，有许多地球上难以获得或无法获得的环境，例如很大的典型尺度、极高的真空度、丰富的粒子和波辐射、多种多样的电场和磁场位形、极低的有效重力水平等。在这些极端条件下，包含着大量有待探索的物理、化学和生物科学的规律，并由此形成了一批前沿学科。这些新兴学科的发展除具有理论的重要性外，又往往孕育着新型的空间高技术产业。微重力科学正是空间科学中蓬勃发展的这类新领域，它研究在微弱重力环境中的物质运动规律，特别是传质、传热，以及临界点和广义相对论等物理学的规律。引力普适地作用于所有状态的物质，但它对流体的作用则更为复杂多变。因此，微重力流体科学在微重力科学中占有核心位置，越来越受到重视。

微重力科学的微重力代表一种受力环境，即在该环境中的有效重力水平极低。按照英文 Micro - gravity 的原意，微重力应指该环境中的重力水平为地球表面重力的 $10^{-3} \sim 10^{-5}$ 量级。目前许多广义的理解，也把微重力理解为微小重力，有时也有低重力之称。微重力科学就是研究微重力环境中的科学规律，它实际上是物理学、化学、生物科学等各学科在微重力环境这种特定条件下的延伸。微重力流体科学就是研究流体介质（液体、气体、等离子体）在微重力环境中运动规律的科学。微重力环境中地球重力场作用于地球表面及地球空间的物体上，使物体的地球引力与其他的力保持平衡。人们习惯于生活在地球重力环境中，能够理解地球重力的各种作用。在一个自由落体的系统中，可以造成一种“失重”状态。同样，把一个物体抛向天空，地球引力场与初始动量形成抛物线运动的离心力相抵消，也可以在运动物体的质心附近形成“失重”状态。当人们把空间飞行器发射到地球外层空间，并绕地球做周期转动时，地球引力与空间飞行器运动产生的离心力相平衡，在飞行器中造成“失重”环境。事实上，由于各种次级力的作用，绝对的“失重”环境是难于获得的，只能获得大体上的失重环境，即微小重力环境。所以，微重力环境是近地轨道飞行器存在的环境。随着人类的空间活动越来越频繁，必然要求进行微重力科学的研究。在载人空间活动日益活跃的今天，微重力研究就成为载人空间计划的主要内容。在一个局部运动坐标系中，重力可以被某种力所抵消，局部坐标系中的物体将受到一个有效重力的作用。一般而言，有效重力的原点、大小及方向都会发生变化。

2.1.2　微重力环境下毛细驱动方程

引入用以描述毛细力、重力和相对量级的无量纲参数邦德

(Bond) 数

$$B_0 = \frac{\Delta\rho g d^2}{\sigma} \tag{2-1}$$

式中 $\Delta\rho$，σ ——两流体相之间界面的密度差和表面张力；

g ——重力加速度；

d ——特征长度。

当 $B_0 \leqslant 1$，就说明系统的表面张力占主导地位，重力作用可以忽略。对于给定的液体，$\Delta\rho$ 和 σ 保持不变，g 和 d 的减小都可以使 $B_0 \leqslant 1$，比如地面上的微尺度系统和空间的微重力环境。然而，微重力环境中表面张力可以在大尺度范围仍起支配作用。

毛细流动可以定义为：在重力影响可以忽略的情况下，由液体的表面张力、容器几何形状以及液/固界面润湿性共同驱动的自发的界面流动现象。这种毛细流动是自然界和工业界许多传递过程的基础，比如地面上多孔介质中的微尺度流动以及空间液体推进剂贮箱中的大尺度毛细流动。

2.1.3 毛细压差驱动方程

在常重力环境下，控制推进剂的力主要是重力和惯性力，表面张力的作用很小，不予考虑。在微重力环境下，表面张力成为一种主导的控制力，由此引起的气液界面两侧的压差称为毛细压差。

按照流体力学的一般分析方法，从气液分界面取一微小单元 $ds \times ds$，由其受力平衡条件确定毛细压差 ΔP_σ，如图 2-1 所示。R_1 和 R_2 是微元中心处的曲率半径。取 ds 任意小时，作用在单元曲面每边的切向力等于 σds。将作用在线段 l_1 方向的力投影到包含 Z 轴和 l_1 线段的平面上。把力分解成垂直和水平分量，其水平分量彼此抵消，表面张力向下的分力 $2F_1 = 2\sigma ds\sin\alpha_1$，当 α 角很小时

$$\sin\alpha_1 = \frac{ds}{2R_1}, \sin\alpha_2 = \frac{ds}{2R_2}$$

所以，$2F_1 = \dfrac{\sigma ds \times ds}{R_1}$，同理 $2F_2 = \dfrac{\sigma ds \times ds}{R_2}$，作用在单元曲面 $ds \times$

ds 上向下的压差为

$$\Delta P_{\sigma}=\frac{2F_1+2F_2}{\mathrm{d}s\times\mathrm{d}s}=\sigma\left(\frac{1}{R_1}+\frac{1}{R_2}\right)\tag{2-2}$$

这就是气液界面的压差，即毛细压差。上述的公式也称为拉普拉斯（Laplace）公式，对于球形界面，$R_1=R_2$，$\Delta P_{\sigma}=\frac{2\sigma}{R_S}$，$R_S$ 为球形界面的曲率半径；对于宽度为 w 的细长窄缝，$R_1=\frac{w}{2}$，$R_2\gg R_1$，$\Delta P_{\sigma}=\frac{2\sigma}{w}$。

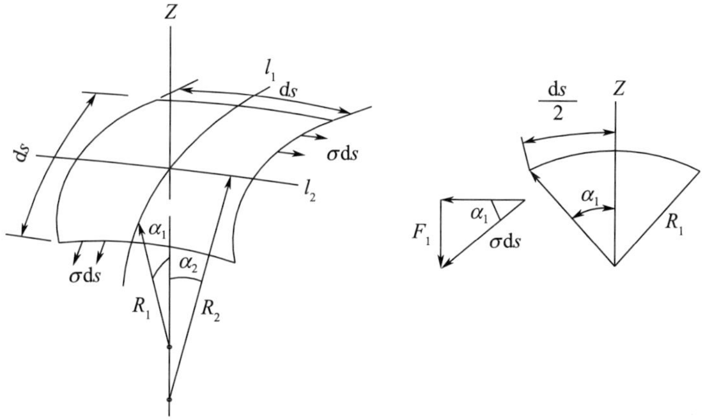

图 2－1　毛细压差的定义

2.1.4　表面张力驱动流动方程

接触角是气液界面与固体边界在接触点处气液界面切线方向与固体边界间的夹角，它是气体—液体—固体分子间作用力平衡的结果。如图 2－2 所示，当 $\theta<90°$，液体对该种材料是浸润性；当 $\theta>90°$，液体对该种材料是非浸润性。除了无水肼，多数推进剂与金属材料的接触角接近 0°。无水肼的接触角在 40°～50°之间。

在圆孔中，可求出球形界面的毛细压差与孔半径和接触角的关

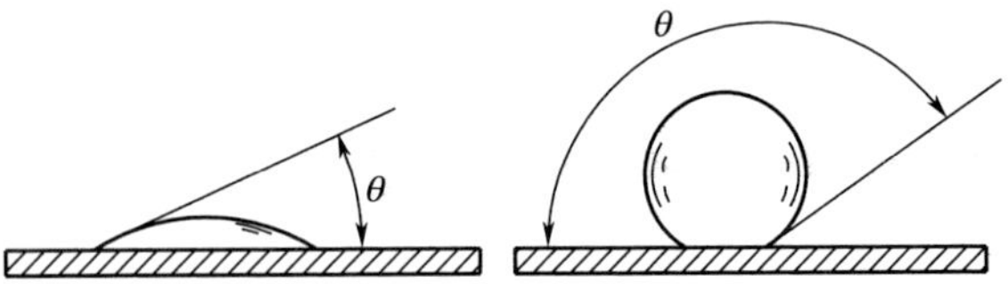

图 2-2 液体与固体界面的接触角

系。如图 2-3 所示，考虑 $R_S=\dfrac{R}{\cos\theta}$，则

$$\Delta P_{\sigma}=\frac{2\sigma}{R}\cos\theta \tag{2-3}$$

此式广泛应用于无水肼表面张力贮箱的设计中。

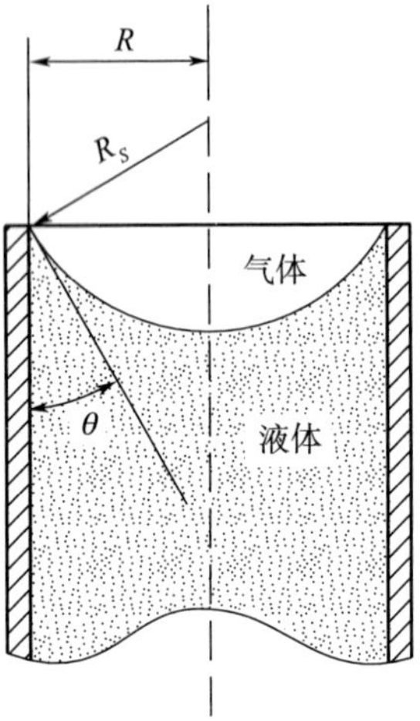

图 2-3 毛细压差与接触角的关系

气泡法同样会用在贮箱的设计中，作为衡量贮箱能力的重要参数。若液体的浸润性好，$\theta=0°$，毛细压差可定义为

$$\Delta P_{\sigma}=\frac{4\sigma}{D_{BP}} \tag{2-4}$$

式中 ΔP_{σ} ——气泡破裂点压力；

D_{BP} ——出现气泡破裂点的孔直径。

对于圆孔，D_{BP} 是孔的直径；对于编织的细网来说，D_{BP} 是毛细水力当量孔径。

气液交界面处的 ΔP_σ 也被称为毛细网的表面张力维持能力，只要界面两边的实际压差不超过 ΔP_σ，气体就不会穿过气液界面进入到液体中。即

$$\Delta P_\sigma \geqslant \sum \Delta P_i \tag{2-5}$$

式中　$\sum \Delta P_i$ ——推进剂贮箱管理装置的毛细压差。

微重力环境下，表面张力占主导地位，液体将向着结构曲率半径小的位置运动，这就是表面张力驱动流动。

考虑如图 2-4 所示的长角形结构。A 处的液体量大，其气液界面的主曲率半径 $R_A > R_B$。界面上 A 点和 B 点的压力为

$$P_A = P_0 - \Delta P_A \cdot \sigma$$

$$P_B = P_0 - \Delta P_B \cdot \sigma$$

两点的压差为

$$P_A - P_B = \Delta P_B \cdot \sigma - \Delta P_A \cdot \sigma = \sigma\left(\frac{1}{R_B} - \frac{1}{R_A}\right) > 0 \tag{2-6}$$

液体将由 A 点向 B 点流动。

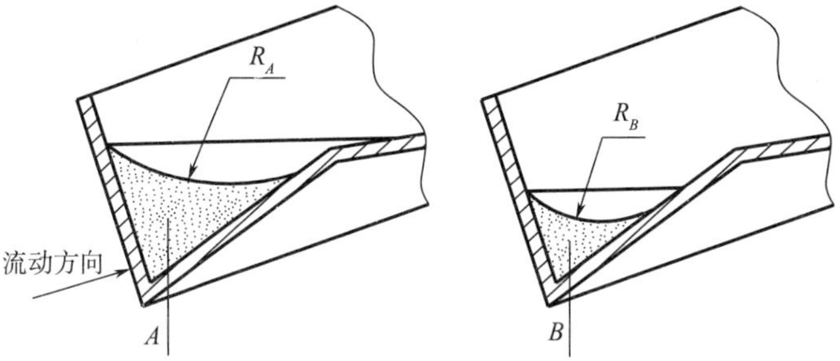

图 2-4　表面张力驱动流动

2.1.5　相似理论及其应用

在通过试验手段研究贮箱内流体运动特性时，由于试验条件限

制，往往需要对实际贮箱进行缩比建模。其中相似准则对确定试验方案，分析试验结果以及通过试验结果推导出实物在实际环境中的状态，确定设计是否满足工作要求，进而提出设计优化具有重要的指导作用。相似准则可以通过液体运动方程导出，当无法列出基本方程或方程的边界条件过于复杂时也可通过量纲分析方法导出。若要两个流动相似，需要满足的条件有几何相似、运动学相似和动力学相似。

几何相似要求实物和模型有相似的边界条件，所有对应的线性尺寸成比例，即

$$l_{i,m}=c_l l_{i,p} \quad i=1,2,3\cdots \tag{2-7}$$

式中 m ——模型；

p ——实物。

运动学相似即要求实物流动和模型流动的速度场相似，任意时刻流场中对应空间点处速度矢量对应成比例

$$V_{i,m}=c_v V_{i,p} \quad i=1,2,3\cdots \tag{2-8}$$

运动学相似还要求时间间隔相似，即对应的时间间隔成比例 c_t，因为 c_l 和 c_v 都是常数，所以 c_t 也是常数。

动力学相似要求模拟流动和实物流动在空间任意点上所受作用力矢量成比例，或者说描述流动现象的无量纲参数全部相等。但是在实际中是不可能做到的。这时往往只考虑在流动中起决定性作用的相似参数，忽略其余不重要的相似参数，这样问题就会得到很大简化。

微重力环境下，板式贮箱内部流体流动时受到的作用力主要有毛细力、重力和惯性力。如果满足动力学相似，则模型流动和实物流动对应在流体质点上的表面张力与其他各种力的比值应相等，即

$$\left(\frac{\rho a L^2}{\sigma}\right)_m=\left(\frac{\rho a L^2}{\sigma}\right)_p=B_0 \tag{2-9}$$

$$\left(\frac{\rho L v^2}{\sigma}\right)_m=\left(\frac{\rho L v^2}{\sigma}\right)_p=W_e \tag{2-10}$$

以上比值都为无量纲数，定义为邦德数 B_0 和韦伯数 W_e。原型在太空中时 B_0 是已知的，根据式（2－9），我们得到模拟试验中所需环境加速度

$$a_m=\left(\frac{\rho a L^2}{\sigma}\right)_p\left(\frac{\sigma}{\rho}\right)_m\frac{1}{L_m^2}=\frac{B_0\beta_m}{L_m^2} \tag{2-11}$$

或者根据现有的试验条件得到参考缩比系数 c_{l1}

$$c_{l1}=\frac{L_p}{L_m}=\left(\frac{\beta_p}{\beta_m}\frac{a_m}{a_p}\right)^{1/2} \tag{2-12}$$

其中，$\beta_m=\left(\frac{\sigma}{\rho}\right)_m$ 是模拟液体的参数，通常用分析纯试剂作为试验介质。

对于液体迁移问题（导流叶片传输和重定位问题），韦伯数 W_e 也是一个重要的相似参数。对式（2－10）进行量纲变化，得到含时间项的韦伯数

$$W_e=\frac{\rho L^3}{\sigma t^2} \tag{2-13}$$

根据两次流动韦伯数相等，我们可以得到实物流动中的液体流动到相应位置的时间

$$t_p=\sqrt{\frac{\rho_p L_p^3}{W_e\sigma_p}}=t_m\left(\frac{\beta_m}{\beta_p}\right)^{1/2}\left(\frac{L_p}{L_m}\right)^{3/2} \tag{2-14}$$

通过落塔试验几秒的有限时间可以反映实物流动中几十至几百秒的流动。

也可以通过太空中实际时间和试验提供时间得到参考缩比系数 c_{l2}

$$c_{l2}=\frac{L_p}{L_m}=\left(\frac{\beta_p}{\beta_m}\frac{t_p^2}{t_m^2}\right)^{1/3} \tag{2-15}$$

在此提到的试验中采用的模拟介质是无水乙醇。在轨进行空间试验时，有时也选用模拟介质氟－113，重定位时间在 150 s 左右，落塔试验时间按照 3.5 s 计算，表 2－1 给出了氟－113 的物性参数。

表 2-1 氟-113 的物性参数

	密度 ρ /(kg/m³)	粘性系数 υ /(m²/s)	表面张力系数 σ /(N/m)
氟-113	1.570×10^{3}	0.45×10^{-5}	18.8×10^{-3}

根据式（2-12）及试验数据，我们可以得到参考缩比尺寸 c_{l1}

$$c_{l1}=\left(\frac{\beta_p}{\beta_m}\frac{a_m}{a_p}\right)^{1/2}=\left(\frac{18.8\times10^{-3}\times0.793\times10^{3}}{1.57\times10^{3}\times22.03\times10^{-3}}\times\frac{5\times10^{-3}}{4\times10^{-5}}\right)^{1/2}\approx7.3$$

根据式（2-15）及试验数据，我们可以得到参考缩比尺寸 c_{l2}

$$c_{l2}=\left(\frac{\beta_p}{\beta_m}\frac{t_p^2}{t_m^2}\right)^{1/3}=\left(\frac{18.8\times10^{-3}\times0.793\times10^{3}}{1.57\times10^{3}\times22.03\times10^{-3}}\times\frac{150^2}{3.5^2}\right)^{1/3}\approx9.3$$

2.2 贮箱内推进剂流动理论

2.2.1 导流叶片驱动流体的定常流动

航天器在轨运行期间，根据发动机工作的状态，导流叶片对流体的传输可以分为定常和非定常两种情况，当发动机稳定工作时，导流叶片向出液口或蓄液器提供稳定的推进剂，此时的流动状态属于定常流动，而在发动机刚刚点火或者刚刚熄火阶段，导流叶片向出液口或蓄液器提供的推进剂是变化的，此时的流动状态是非定常流动。

在定常流动状态下，导流叶片向出液口或蓄液器提供稳定的流量，此时应满足如下的控制方程：

（1）连续方程

$$Q=Au\ \text{或}\ \mathrm{d}u=-\left(\frac{Q}{A^2}\right)\mathrm{d}A \tag{2-16}$$

（2）动量方程

$$-A\mathrm{d}p-\tau_w s\mathrm{d}x-a\rho A\mathrm{d}z=\rho Au\mathrm{d}u \tag{2-17}$$

式中 x ——导流叶片的长度坐标。

（3）状态方程

$$\mathrm{d}p=\sigma\left(\frac{1}{R^2}\right)\mathrm{d}R \tag{2-18}$$

将上述三个方程联立，可以得到

$$\frac{\mathrm{d}A}{\mathrm{d}x}=\left(\frac{A}{Q}\right)^{2}\left[\left(\frac{\sigma}{\rho}\right)\frac{A}{R^{2}}\ \frac{\mathrm{d}R}{\mathrm{d}x}+\frac{\tau_{w}s}{\rho}+a\ \frac{\mathrm{d}z}{\mathrm{d}x}A\right] \tag{2-19}$$

假定导流叶片上的流动为充分发展的层流流动，这样摩擦项可以被粗略地估计为

$$\frac{\tau_{w}s}{\rho}\cong 2vQ\left(\frac{s}{A}\right)^{2} \tag{2-20}$$

因此，可以得到

$$\frac{\mathrm{d}R}{\mathrm{d}x}=\frac{\left(\frac{2v}{Q}\right)s^{2}+\left(\frac{a}{Q^{2}}\ \frac{\mathrm{d}z}{\mathrm{d}x}\right)A^{3}}{\frac{\mathrm{d}A}{\mathrm{d}R}-\left(\frac{\sigma}{\rho}\right)\frac{1}{Q^{2}}\ \frac{A^{3}}{R^{2}}} \tag{2-21}$$

通过该方程，可以得到定常流动时，规定流量下液带曲率半径沿着导流叶片的分布情况。

在对定常流动方程进行求解时，将 $s\approx C_{S}R$ ，$A\approx C_{A}R^{2}$ 代入，同时，根据导流叶片的形状，可以得到 z 与 x 的关系，这样，就将定常流动方程化简成为 R 与 x 之间的微分方程形式。在求解时使用四阶龙格-库塔法，就可以得出 R 与 x 之间的关系。

下面使用该方法对一种板式表面张力贮箱中导流叶片上的流动进行定常计算。该板式贮箱是带柱段的球形贮箱，贮箱的 PMD 结构如图 2－5 所示。

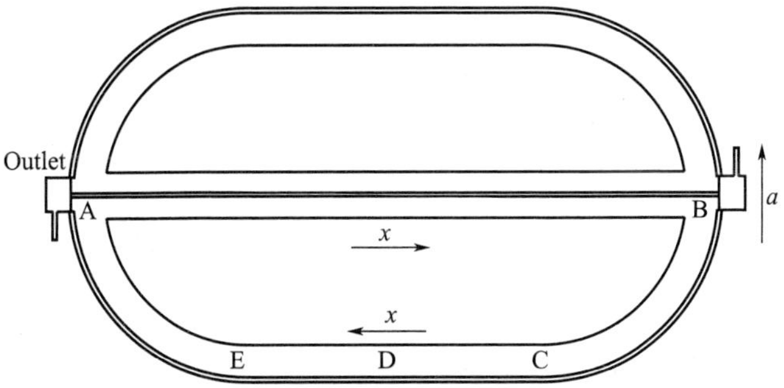

图 2－5　PMD 结构图

这个 PMD 由四组导流叶片组成，中心位置有支撑筋板，它与周围的导流叶片分别形成四个环形通道，出液口位置为 A。以底部的环形通道 ABCDEA 为例来说明，其中 AB 段为直段，长度为 114 cm，BC 段为四分之一圆，半径为 38 cm，CDE 段为直段，长度为 38 cm，D 为中点，EA 段为四分之一圆，半径为 38 cm，导流叶片宽度为 7.5 cm，导流叶片长度 x 的正方向为 A—B—C—D—E—A，A 点既是起点又是终点。当加速度方向向上时，推进剂沉底，在底部 D 点周围形成液池，按照贮箱的末期工作状态进行计算，此时只有一个导流叶片在传输液体，这样，液池中的推进剂可以沿着两条途径流到出口位置，这两条途径分别是：D—E—A 和 D—C—B—A。在向上的加速度为 0.000 5 g ，并满足总流量 Q 为 5 mL/s 时，计算导流叶片上液带的分布情况。

在计算时分别沿着两条传输途径，使用四阶龙格-库塔法对定常方程进行求解。这两条途径应该满足如下的边界条件：在 D 处和 A 处，两条路径所求得的 R 值应相等；两条路径出口处的流量之和应该等于总流量。

定常流动计算的结果如图 2-6 所示。

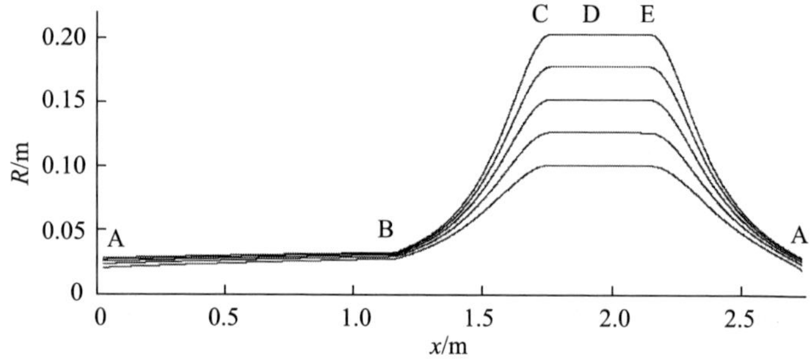

图 2-6 定常流动计算结果

从图 2-6 中可以看出，要实现该流量，液带沿着导流叶片的分布有一系列的组合，它是由 D 位置处的液带半径决定的。这说明贮箱内的推进剂在不同剩余量时都可以按规定的流量排出。对于每一种分布，位于液池位置的 CDE 区域液带半径都是最大的，在沿着两条路径传输时液带半径逐渐减小，这是因为流动过程中需要克服粘性力和静压力造成的。

2.2.2　导流叶片驱动流体的非定常流动

当发动机刚刚点火或熄火时，贮箱内流体的运动属于非稳态流动，非稳态是对导流叶片传输能力的重要考验，在这种状态下，导流叶片上液带的分布以及液带趋于稳定的时间是非常重要的参数，它决定了贮箱 PMD 的恢复能力。为了考察非稳态阶段导流叶片上的液体流动情况，需要对非定常流动机理进行研究。

对于导流叶片上的非定常流动，应满足如下的控制方程：

（1）连续方程

$$\frac{\partial A}{\partial t}+\frac{\partial}{\partial x}(Au)=0 \tag{2-22}$$

（2）动量方程

$$\frac{\partial u}{\partial t}+u\frac{\partial u}{\partial x}+\frac{1}{\rho}\frac{\partial p}{\partial x}+a\frac{\partial z}{\partial x}+\frac{4\tau_w}{\rho D_e}=0 \tag{2-23}$$

（3）状态方程

$$\frac{\partial p}{\partial x}=-\sigma\frac{\partial}{\partial x}\left(\frac{1}{R}\right) \tag{2-24}$$

同样，假定导流叶片上的流动为充分发展的层流流动，摩擦项可以按照式（2－20）粗略估计。将状态方程和摩擦项代入动量方程（2－23），可以得到

$$\frac{\partial u}{\partial t}=-\left[u\frac{\partial u}{\partial x}-\frac{\sigma}{\rho}\frac{\partial}{\partial x}\left(\frac{1}{R}\right)+a\frac{\partial z}{\partial x}+\frac{2vs^2}{A^2}u\right] \tag{2-25}$$

以上就是导流叶片上非定常流动的基本方程。对于上述非定常方程，可以使用双步 Lax－Wendroff 离散方法进行求解，这种方法具有二阶的时间精度和空间精度。

对于如下格式的非定常方程

$$\frac{\partial w}{\partial t}+\frac{\partial}{\partial x}f(w)=g(w) \tag{2-26}$$

使用双步 Lax - Wendroff 离散方法进行求解时，需要先求出预估步，然后将预估步得出的结果代入校正步，这样分两步进行计算，预估步和校正步的求解公式分别如下所示

$$w_{j+\frac{1}{2}}^{n+1}=\frac{w_{j+1}^{n}+w_{j}^{n}}{2}-\frac{\Delta t}{\Delta x}(f_{j+1}^{n}-f_{j}^{n})+\frac{\Delta t}{2}(g_{j}^{n}+g_{j+1}^{n})\tag{2-27}$$

$$w_{j}^{n+1}=-\frac{\Delta t}{2\Delta x}\left[\frac{(f_{j+1}^{n}-f_{j-1}^{n})}{2}+f_{j+\frac{1}{2}}^{n+1}-f_{j-\frac{1}{2}}^{n+1}\right]+w_{j}^{n}+\Delta t\cdot g_{j}^{n}\tag{2-28}$$

图 2 - 7 所示为双步 Lax - Wendroff 离散求解过程图，首先使用点 $(j-1,\ n)$ 和点 $(j,\ n)$ 处的 w，f，g 值求出点 $\left(j-\frac{1}{2},\ n+1\right)$ 处的 w 值，同样，使用点 $(j,\ n)$ 和点 $(j+1,\ n)$ 处的 w，f，g 值求出点 $\left(j+\frac{1}{2},\ n+1\right)$ 处的 w 值，进而求出点 $\left(j-\frac{1}{2},\ n+1\right)$ 和点 $\left(j+\frac{1}{2},\ n+1\right)$ 处的 f 值，这样得到预估步的结果；然后，使用点 $(j-1,\ n)$、点 $(j,\ n)$ 和点 $(j+1,\ n)$ 的 w，f，g 以及预估步中得到的点 $\left(j-\frac{1}{2},\ n+1\right)$ 和点 $\left(j+\frac{1}{2},\ n+1\right)$ 处的 w，f 值，求出点 $(j,\ n+1)$ 处的 w 值及 f，g 的值。在进行后续计算时需要补充边界条件来继续求解。

在对非定常流动方程求解时需要将连续方程和动量方程分别写成使用双步 Lax - Wendroff 离散方法求解的标准格式。对于连续方程，将面积 A 当作求解量，即满足该格式。对于动量方程，需要进行如下的变换：

由 $A=C_AR^2$，$s=C_SR$，得：$R=\sqrt{\frac{A}{C_A}}$，$s=C_S\sqrt{\frac{A}{C_A}}$，代入动量方程中，化简得

$$\frac{\partial u}{\partial t}+u\frac{\partial u}{\partial x}-\frac{\sigma}{\rho}\frac{\partial}{\partial x}\left(\sqrt{\frac{C_A}{A}}\right)+a\frac{\partial z}{\partial x}+2\upsilon u\frac{C_S^2}{C_AA}=0\tag{2-29}$$

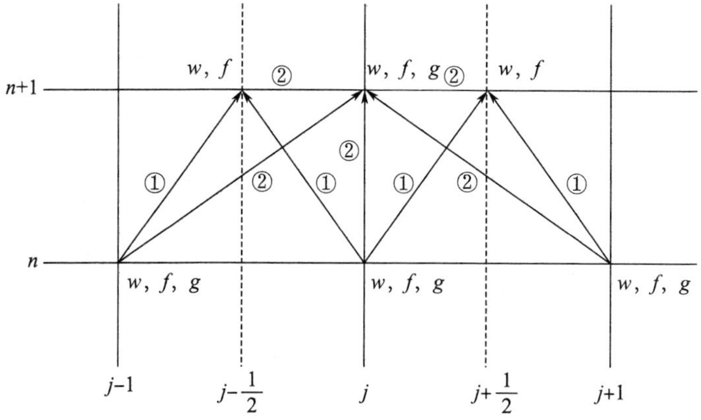

图 2-7　双步 Lax-Wendroff 离散求解过程图

整理成为式（2-26）所示的方程格式，即为

$$\frac{\partial u}{\partial t}+\frac{\partial}{\partial x}\underbrace{\left(\frac{1}{2}u^{2}-\frac{\sigma}{\rho}\sqrt{\frac{C_{A}}{A}}+az\right)}_{f(u)}=\underbrace{-2vu\frac{C_{S}^{2}}{C_{A}A}}_{g(u)} \tag{2-30}$$

这样就将连续方程和动量方程都写成了统一的形式，可以使用双步 Lax-Wendroff 离散方法对上述两个方程进行离散，得到不同时刻变量 u 和 A 的值。进而得到不同时刻导流叶片上液带的分布规律。

2.3 空间流体数值计算理论

2.3.1 基本控制方程

（1）系统与控制体

在流体力学中，系统是指某一确定流体质点集合的总体。系统以外的环境称为外界。分隔系统与外界的界面，称为系统的边界。系统通常是研究的对象，外界则用来区别于系统。系统将随系统内质点一起运动，系统内的质点始终包含在系统内，系统边界的形状和所围空间的大小可随运动而变化。系统与外界无质量交换，但可以有力的相互作用及能量（热和功）交换。

控制体是指在流体所在的空间中，以假想或真实流体边界包围，固定不动形状任意的空间体积。包围这个空间体积的边界面，称为控制面。控制体的形状与大小不变，并相对于某坐标系固定不动。控制体内的流体质点组成并非不变的。控制体既可通过控制面与外界有质量和能量交换，也可与控制体外的环境有力的相互作用。

（2）质量守恒方程

在流场中，流体通过控制面 A_1 流入控制体，同时也会通过另一部分控制面 A_2 流出控制体，在这期间控制体内部的流体质量也会发生变化。按照质量守恒定律，流入的质量与流出的质量之差，应该等于控制体内部流体质量的增量，由此可导出流体流动连续方程的积分形式为

$$\frac{\partial}{\partial t}\iiint_V \rho \mathrm{d}x\,\mathrm{d}y\,\mathrm{d}z + \iint_A \rho v \cdot n \mathrm{d}A = 0 \qquad (2-31)$$

式中 V ——控制体；

A ——控制面。

等式左边第一项表示控制体 V 内部质量的增量；第二项表示通过控制面流入控制体的净通量。

根据数学中的奥-高公式，在直角坐标系下可将其化为微分形式

$$\frac{\partial \rho}{\partial t} + u\frac{\partial(\rho u)}{\partial x} + v\frac{\partial(\rho v)}{\partial y} + w\frac{\partial(\rho w)}{\partial z} = 0 \qquad (2-32)$$

对于不可压缩均质流体，密度为常数，则有

$$\frac{\partial u}{\partial x} + \frac{\partial v}{\partial y} + \frac{\partial w}{\partial z} = 0$$

对于圆柱坐标系，其形式为

$$\frac{\partial \rho}{\partial t} + \frac{\rho v_r}{r} + \frac{\partial(\rho v_r)}{\partial r} + \frac{\partial(\rho v_\theta)}{r\partial \theta} + \frac{\partial(\rho v_z)}{\partial z} = 0$$

对于不可压缩均质流体，密度为常数，则有

$$\frac{v_r}{r} + \frac{\partial v_r}{\partial r} + \frac{\partial v_\theta}{r\partial \theta} + \frac{\partial v_z}{\partial z} = 0$$

（3）动量守恒方程（运动方程）

动量守恒是流体运动时应遵循的另一个普遍定律，描述为：在一给定的流体系统，其动量的时间变化率等于作用于其上的外力总和，其数学表达式即为动量守恒方程，也称为运动方程或 N－S 方程，其微分形式表达如下

$$\begin{cases}\rho \dfrac{\mathrm{d}u}{\mathrm{d}t}=\rho F_{bx}+\dfrac{\partial p_{xx}}{\partial x}+\dfrac{\partial p_{yx}}{\partial y}+\dfrac{\partial p_{zx}}{\partial z}\\ \rho \dfrac{\mathrm{d}v}{\mathrm{d}t}=\rho F_{by}+\dfrac{\partial p_{xy}}{\partial x}+\dfrac{\partial p_{yy}}{\partial y}+\dfrac{\partial p_{zy}}{\partial z}\\ \rho \dfrac{\mathrm{d}w}{\mathrm{d}t}=\rho F_{bz}+\dfrac{\partial p_{xz}}{\partial x}+\dfrac{\partial p_{yz}}{\partial y}+\dfrac{\partial p_{zz}}{\partial z}\end{cases} \tag{2-33}$$

式中　F_{bx}，F_{by}，F_{bz}——单位质量流体上的质量力在三个方向上的分量；

p——流体内应力张量的分量。

动量守恒方程在实际应用中有许多表达形式，其中比较常见的有如下几种。

①可压缩粘性流体的动量守恒方程

$$\begin{cases}\rho \dfrac{\mathrm{d}u}{\mathrm{d}t}=\rho f_x+\dfrac{\partial p}{\partial x}+\dfrac{\partial}{\partial x}\left\{\mu\left[2\dfrac{\partial u}{\partial x}-\dfrac{2}{3}\left(\dfrac{\partial u}{\partial x}+\dfrac{\partial v}{\partial y}+\dfrac{\partial w}{\partial z}\right)\right]\right\}+\\ \qquad\dfrac{\partial}{\partial y}\left[\mu\left(\dfrac{\partial u}{\partial y}+\dfrac{\partial v}{\partial x}\right)\right]+\dfrac{\partial}{\partial z}\left[\mu\left(\dfrac{\partial w}{\partial x}+\dfrac{\partial u}{\partial z}\right)\right]\\ \rho \dfrac{\mathrm{d}v}{\mathrm{d}t}=\rho f_y+\dfrac{\partial p}{\partial y}+\dfrac{\partial}{\partial y}\left\{\mu\left[2\dfrac{\partial v}{\partial y}-\dfrac{2}{3}\left(\dfrac{\partial u}{\partial x}+\dfrac{\partial v}{\partial y}+\dfrac{\partial w}{\partial z}\right)\right]\right\}+\\ \qquad\dfrac{\partial}{\partial z}\left[\mu\left(\dfrac{\partial v}{\partial z}+\dfrac{\partial w}{\partial y}\right)\right]+\dfrac{\partial}{\partial x}\left[\mu\left(\dfrac{\partial u}{\partial y}+\dfrac{\partial v}{\partial x}\right)\right]\\ \rho \dfrac{\mathrm{d}w}{\mathrm{d}t}=\rho f_z+\dfrac{\partial p}{\partial z}+\dfrac{\partial}{\partial z}\left\{\mu\left[2\dfrac{\partial w}{\partial z}-\dfrac{2}{3}\left(\dfrac{\partial u}{\partial x}+\dfrac{\partial v}{\partial y}+\dfrac{\partial w}{\partial z}\right)\right]\right\}+\\ \qquad\dfrac{\partial}{\partial x}\left[\mu\left(\dfrac{\partial w}{\partial x}+\dfrac{\partial u}{\partial z}\right)\right]+\dfrac{\partial}{\partial y}\left[\mu\left(\dfrac{\partial v}{\partial z}+\dfrac{\partial w}{\partial y}\right)\right]\end{cases}$$

（2－34）

②常粘性流体的动量守恒方程

$$\rho \frac{\mathrm{d}v}{\mathrm{d}t}=\rho F-\mathrm{grad}p+\frac{\mu}{3}\mathrm{grad}(\mathrm{div}v)+\mu \nabla^2 v \tag{2-35}$$

③常密度常粘性流体的动量守恒方程

$$\rho \frac{\mathrm{d}v}{\mathrm{d}t}=\rho F-\mathrm{grad}p+\mu \nabla^2 v \tag{2-36}$$

④无粘性流体的动量守恒方程（欧拉方程）

$$\rho \frac{\mathrm{d}v}{\mathrm{d}t}=\rho F-\mathrm{grad}p \tag{2-37}$$

⑤静力学方程

$$\rho F=\mathrm{grad}p \tag{2-38}$$

⑥相对运动方程

在非惯性参考系中的相对运动方程是研究像大气、海洋及旋转系统中流体运动所必须考虑的。由理论力学得知，绝对速度 v_a 为相对速度 v_r 及牵连速度 v_e 之和，即

$$v_a=v_r+v_e$$

其中，$v_e=v_0+\Omega\times r$，v_0 为运动系中的平动速度，Ω 是其转动角速度，r 为质点矢径。

而绝对加速度 a_a 为相对加速度 a_r、牵连加速度 a_e 及科氏加速度 a_c 之和，即

$$a_a=a_r+a_e+a_c$$

其中，$a_e=\frac{\mathrm{d}v_0}{\mathrm{d}t}+\frac{\mathrm{d}\Omega}{\mathrm{d}t}\times r+\Omega\times(\Omega\times r)$，$a_c=2\Omega\times v_r$。

将绝对加速度代入运动方程，即得到流体的相对运动方程

$$\rho \frac{\mathrm{d}v_r}{\mathrm{d}t}=\rho F_b+\mathrm{div}p-a_c-2\Omega v_r \tag{2-39}$$

（4）能量守恒方程

将热力学第一定律应用于流体运动，把各项用有关的流体物理量表示出来，即为能量方程，如下式所示

$$\frac{\partial}{\partial t}(\rho E)+\frac{\partial}{\partial x_i}[u_i(\rho E+p)]=\frac{\partial}{\partial x_i}\left[k_{\mathrm{eff}}\frac{\partial T}{\partial x_i}-\sum_{j'}h_{j'}J_{j'}+u_j\ (\tau_{ij})_{\mathrm{eff}}\right]+S_h \tag{2-40}$$

式中，$E=h-\dfrac{p}{\rho}+\dfrac{u_i^2}{2}$；$k_{\mathrm{eff}}$ 是有效热传导系数，$k_{\mathrm{eff}}=k+k_t$，其中 k_t 是湍流热传导系数，根据所使用的湍流模型来定义；$J_{j'}$ 是组分 j' 的扩散流量；S_h 包括了化学反应热以及其他用户定义的体积热源项；方程右边的前 3 项分别描述了热传导、组分扩散和粘性耗散带来的能量输运。

2.3.2　湍流模型

湍流是自然界广泛存在的流动现象。大气、海洋环境的流动，飞行器和船舰的绕流，叶轮、化学反应器、核反应器中的流体运动都是湍流。湍流流动的核心特征是其在物理上近乎于无穷多的尺度和数学上强烈的非线性，这使得人们无论是通过理论分析、试验研究还是计算机模拟来彻底认识湍流都非常困难。回顾计算流体力学的发展，特别是活跃的 20 世纪 80 年代，不仅提出和发展了一大批高精度、高分辨率的计算格式，从主控方程看相当成功地解决了欧拉方程的数值模拟，可以说欧拉方程数值模拟方法的精度已接近于它有效使用范围的极限；同时还发展了一大批有效的网格生成技术及相应的软件，具体实现了工程计算所需要的复杂外形的计算网格；且随着计算机的发展，无论从计算时间还是从计算费用考虑，欧拉方程都已能适用于各种实践所需。在此基础上，20 世纪 80 年代还进行了求解可压缩雷诺平均方程及其三维定态粘流流动的模拟。20 世纪 90 年代又开始一个非定常粘流流场模拟的新局面，这里所说的粘流流场具有高雷诺数、非定常、不稳定、剧烈分离流动的特点，显然需要继续探求更高精度的计算方法和更实用可靠的网格生成技术。但研究湍流机理，建立相应的模式，并进行适当的模拟仍是解决湍流问题的重要途径。

(1) 湍流模型分类

湍流流动模型很多，但大致可以归纳为以下 3 类。

第一类是湍流输运系数模型，即将速度脉动的二阶关联量表示成平均速度梯度与湍流粘性系数的乘积，用笛卡儿张量表示为

$$-\rho\overline{u'_iu'_j}=\mu_t\left(\frac{\partial u_i}{\partial x_j}+\frac{\partial u_j}{\partial x_i}\right)-\frac{2}{3}\rho k\delta_{ij} \tag{2-41}$$

模型的任务就是给出计算湍流粘性系数 μ_t 的方法。根据建立模型所需要的微分方程的数目，可以分为零方程模型（代数方程模型）、单方程模型和双方程模型。

第二类是抛弃了湍流输运系数的概念，直接建立湍流应力和其他二阶关联量的输运方程。

第三类是大涡模拟。前两类是以湍流的统计结构为基础，对所有涡旋进行统计平均。大涡模拟把湍流分成大尺度湍流和小尺度湍流，通过求解三维经过修正的 Navier - Stokes 方程（简称 N - S 方程），得到大涡旋的运动特性，而对小涡旋运动还采用上述的模型。

实际求解中，选用什么模型要根据具体问题的特点来决定。选择的一般原则是精度要高，应用简单，节省计算时间，同时也具有通用性。

基本的湍流模型包括：单方程（Spalart - Allmaras）模型、双方程模型（标准 $k-\varepsilon$ 模型、重整化群 $k-\varepsilon$ 模型、可实现 $k-\varepsilon$ 模型）及雷诺应力模型和大涡模拟，如图 2 - 8 所示。

(2) 平均量输运方程

雷诺平均就是把 Navier - Stokes 方程中的瞬时变量分解成平均量和脉动量两部分。对于速度，有

$$u_i=\overline{u_i}+u'_i$$

式中　$\overline{u_i}$，u'_i——平均速度和脉动速度（$i=1,2,3$）。

类似地，对于其他标量，也有

$$\phi=\overline{\phi}+\phi'$$

式中　ϕ——标量，如压力、能量、组分浓度等。

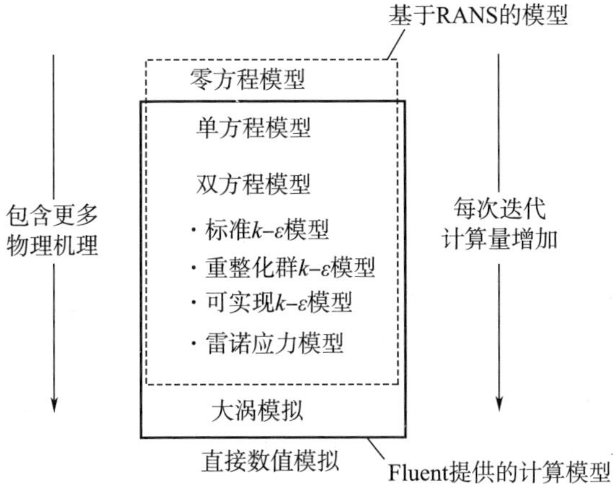

图 2-8　湍流模型

把上面的表达式代入瞬时的连续方程与动量方程，并取平均(去掉平均速度上的横线)，可以把连续方程与动量方程写成如下的笛卡儿坐标系下的张量形式

$$\frac{\partial\rho}{\partial t}+\frac{\partial}{\partial x_i}(\rho u_i)=0$$

$$\rho\frac{\mathrm{d}u_i}{\mathrm{d}t}=\frac{\partial p}{\partial x_i}+\frac{\partial}{\partial x_j}\left[\mu\left(\frac{\partial u_i}{\partial x_j}+\frac{\partial u_j}{\partial x_i}-\frac{2}{3}\delta_{ij}\frac{\partial u_l}{\partial x_l}\right)\right]+\frac{\partial}{\partial x_j}(-\rho\overline{u_i'u_j'}) \tag{2-42}$$

上面两个方程称为雷诺平均的 Navier - Stokes (RANS) 方程。它们和瞬时 Navier - Stokes 方程有相同的形式，只是速度或其他求解变量变成了时间平均量。额外多出来的项 $-\rho\overline{u_i'u_j'}$ 是雷诺应力，表示湍流的影响。

对于密度变化的流动过程，如燃烧问题，需要采用法夫雷(Favre) 平均才可以求解。法夫雷平均就是除了压力和密度本身以外，所有变量都用密度加权平均。变量的密度加权平均定义如下

$$\widetilde{\phi}=\overline{\rho\phi}/\overline{\rho}$$

式中，符号～表示密度加权平均，对应于密度加权平均值的脉动值用 ϕ'' 表示，有 $\phi=\widetilde{\phi}+\phi''$。显然，这种脉动值的简单平均值不为零，

但它的密度加权平均值等于零，即 $\overline{\phi''} \neq 0$，$\overline{\rho\phi''}=0$。

为了求解方程，必须模拟雷诺应力项以使方程封闭。通常的方法是应用 Boussinesq 假设，认为雷诺应力与平均速度梯度成正比，表达式如下

$$-\rho \overline{u_i' u_j'} = \mu_t \left(\frac{\partial u_i}{\partial x_j} + \frac{\partial u_j}{\partial x_i}\right) - \frac{2}{3}\left(\rho k + \mu_t \frac{\partial u_i}{\partial x_i}\right)\delta_{ij}$$

Boussinesq 假设被用于单方程模型和 $k-\varepsilon$ 双方程模型。这种近似方法的好处是，与求解湍流粘性系数有关的计算时间比较少。例如，在 Spalart - Allmaras 单方程模型中只需多求解一个表示湍流粘性的输运方程；在 $k-\varepsilon$ 双方程模型中只需多求解湍动能和耗散率两个方程，湍流粘性系数用湍动能 k 和耗散率 ε 的函数来描述。Boussinesq 假设的不足之处是假设 μ_t 是个各向同性标量，对于一些复杂流动，该条件并不是严格成立，所以具有应用局限性。

另外的近似方法是求解雷诺应力各分量的输运方程。这也需要额外再求解一个标量方程，通常是耗散率方程。这就意味着对于二维湍流流动问题，需要多求解 4 个输运方程，而三维湍流问题需要多求解 7 个方程，需要较多的计算时间，要求更大的计算机内存。

在很多情况下基于 Boussinesq 假设的模型很好用，而且计算量并不是很大。但是，如果湍流场各向异性很明显，如强旋流动以及应力取得的二次流等流动，求解 RSM 模型可以得到更好的结果。

(3) 常用湍流模型简介

①单方程（Spalart - Allmaras）模型

单方程模型求解变量是 $\tilde{v}$，表征出了近壁（粘性影响）区域以外的湍流运动粘性系数。$\tilde{v}$ 的输运方程为

$$\rho \frac{\mathrm{d}\tilde{v}}{\mathrm{d}t} = G_v + \frac{1}{\sigma_{\tilde{v}}}\left[\frac{\partial}{\partial x_j}\left\{(\mu + \rho\tilde{v})\frac{\partial \tilde{v}}{\partial x_j}\right\} + C_{b2}\left(\frac{\partial \tilde{v}}{\partial x_j}\right)\right] - Y_v \tag{2-43}$$

式中 G_v ——湍流粘性产生项；

Y_v ——由于壁面阻挡与粘性阻尼引起的湍流粘性的减小；

$\sigma_{\tilde{v}}$ ，C_{b2} ——常数；

v ——分子运动粘性系数。

湍流粘性系数 $\mu_t = \rho \tilde{v} f_{v1}$ ，其中，f_{v1} 是粘性阻尼函数，定义为 $f_{v1} = \dfrac{\chi^3}{\chi^3 + C_{v1}{}^3}$ ，$\chi \equiv \dfrac{\tilde{v}}{v}$ 。而湍流粘性产生项 G_v 模拟为 $G_v = C_{b1}\rho\tilde{S}\tilde{v}$ ，其中 $\tilde{S} \equiv S + \dfrac{\tilde{v}}{k^2 d^2} f_{v2}$ ，$f_{v2} = 1 - \dfrac{\chi}{1 + \chi f_{v1}}$ ，C_{b1} 和 k 是常数，d 是计算点到壁面的距离，$S \equiv \sqrt{2\Omega_{ij}\Omega_{ij}}$ ，$\Omega_{ij} = \dfrac{1}{2}\left(\dfrac{\partial u_j}{\partial x_i} - \dfrac{\partial u_i}{\partial x_j}\right)$ 。在 Fluent 软件中，考虑到平均应变率对湍流产生也起到很大作用，$S \equiv |\Omega_{ij}| + C_{\text{prod}} \min(0,\ |S_{ij}| - |\Omega_{ij}|)$ ，其中，$C_{\text{prod}} = 2.0$，$|\Omega_{ij}| \equiv \sqrt{2\Omega_{ij}\Omega_{ij}}$ ，$|S_{ij}| \equiv \sqrt{2S_{ij}S_{ij}}$ ，平均应变率 $S_{ij} = \dfrac{1}{2}\left(\dfrac{\partial u_j}{\partial x_i} + \dfrac{\partial u_i}{\partial x_j}\right)$ 。

在涡量超过应变率的计算区域计算出来的涡旋粘性系数变小。这适合涡流靠近涡旋中心的区域，那里只有“单纯”的旋转，湍流受到抑制。包含应变张量的影响更能体现旋转对湍流的影响。忽略了平均应变，估计的涡旋粘性系数产生项偏高。

湍流粘性系数减少项 Y_v 为 $Y_v = C_{w1}\rho f_w \left(\dfrac{\tilde{v}}{d}\right)^2$，其中，$f_w = g\left(\dfrac{1 + C_{w3}^6}{g_6 + C_{w3}^6}\right)^{1/6}$ ，$g = r + C_{w2}(r^6 - r)$ ，$r \equiv \dfrac{\tilde{v}}{\tilde{S}k^2 d^2}$ ，C_{w1} 、C_{w2} 、C_{w3} 是常数，在计算 r 时用到的 $\tilde{S}$ 受平均应变率的影响。

上面的模型常数在 Fluent 软件中默认值为 $C_{b1} = 0.1335$，$C_{b2} = 0.622$，$\sigma_{\tilde{v}} = 2/3$，$C_{v1} = 7.1$，$C_{w1} = C_{b1}/k^2 + (1 + C_{b2})/\sigma_{\tilde{v}}$ ，$C_{w2} = 0.3$，$C_{w3} = 2.0$，$k = 0.41$。

②标准 $k-\varepsilon$ 模型

标准 $k-\varepsilon$ 模型需要求解湍动能与耗散率方程。湍动能输运方程是通过精确的方程推导得到的，但耗散率方程是通过物理推理、数学上模拟相似原形方程得到的。该模型假设流动为完全湍流，分子粘性的影响可以忽略。因此，标准 $k-\varepsilon$ 模型只适合完全湍流的流动过程模拟。标准 $k-\varepsilon$ 模型的湍动能和耗散率方程为如下形式

$$\rho\frac{\mathrm{d}k}{\mathrm{d}t}=\frac{\partial}{\partial x_i}\left[\left(\mu+\frac{\mu_t}{\sigma_k}\right)\frac{\partial k}{\partial x_i}\right]+G_k+G_b-\rho\varepsilon-Y_M \tag{2-44}$$

$$\rho\frac{\mathrm{d}\varepsilon}{\mathrm{d}t}=\frac{\partial}{\partial x_i}\left[\left(\mu+\frac{\mu_t}{\sigma_\varepsilon}\right)\frac{\partial \varepsilon}{\partial x_i}\right]+C_{1\varepsilon}\frac{\varepsilon}{k}(G_k+C_{3\varepsilon}G_b)-C_{2\varepsilon}\rho\frac{\varepsilon^2}{k} \tag{2-45}$$

式中 G_k ——由于平均速度梯度引起的湍动能产生项；

G_b ——由于浮力影响引起的湍动能产生项；

Y_M ——可压缩湍流脉动膨胀对总的耗散率的影响。

湍流粘性系数 $\mu_t=\rho C_\mu\dfrac{k^2}{\varepsilon}$。

通常，作为默认值常数，$C_{1\varepsilon}=1.44$，$C_{2\varepsilon}=1.92$，$C_{3\varepsilon}=0.09$，湍动能 k 与耗散率 ε 的湍流普朗特数分别为 $\sigma_k=1.0$，$\sigma_\varepsilon=1.3$。

③重整化群 $k-\varepsilon$ 模型

重整化群 $k-\varepsilon$ 模型是对瞬时的 Navier - Stokes 方程用重整化群的数学方法推导出来的模型。模型中的常数与标准 $k-\varepsilon$ 模型不同，而且方程中也出现了新的函数或者项。其湍动能与耗散率方程与标准 $k-\varepsilon$ 模型有相似的形式

$$\rho\frac{\mathrm{d}k}{\mathrm{d}t}=\frac{\partial}{\partial x_i}\left[(\alpha_k\mu_{\mathrm{eff}})\frac{\partial k}{\partial x_i}\right]+G_k+G_b-\rho\varepsilon-Y_M \tag{2-46}$$

$$\rho\frac{\mathrm{d}\varepsilon}{\mathrm{d}t}=\frac{\partial}{\partial x_i}\left[(\alpha_\varepsilon\mu_{\mathrm{eff}})\frac{\partial \varepsilon}{\partial x_i}\right]+C_{1\varepsilon}\frac{\varepsilon}{k}(G_k+C_{3\varepsilon}G_b)-C_{2\varepsilon}\rho\frac{\varepsilon^2}{k}-R \tag{2-47}$$

式中 G_k ——由于平均速度梯度引起的湍动能产生项；

G_b ——由于浮力影响引起的湍动能产生项；

Y_M ——可压缩湍流脉动膨胀对总的耗散率的影响，这些参数与标准 $k-\varepsilon$ 模型中的相同；

α_k，α_ε ——湍动能 k 和耗散率 ε 的有效湍流普朗特数的倒数。

湍流粘性系数计算公式为 $d\left(\frac{\rho^2 k}{\sqrt{\varepsilon\mu}}\right)=1.72\frac{\tilde{v}}{\sqrt{\tilde{v}^3-1-C_v}}d\tilde{v}$，其中，$\tilde{v}=\mu_{\text{eff}}/\mu$，$C_v\approx 100$。对于前面方程的积分，可以精确到有效雷诺数（涡旋尺度）对湍流输运的影响，这有助于处理低雷诺数和近壁流动问题的模拟。对于高雷诺数，$\mu_t=\rho C_\mu\frac{k^2}{\varepsilon}$，$C_\mu=0.0845$。这个结果非常有意思，和标准 $k-\varepsilon$ 模型的半经验推导给出的常数 $C_\mu=0.09$ 非常近似。在 Fluent 中，如果是默认设置，用重整化群 $k-\varepsilon$ 模型时是针对的高雷诺数流动问题。如果对低雷诺数问题进行数值模拟，必须进行相应的设置。

④可实现 $k-\varepsilon$ 模型

可实现 $k-\varepsilon$ 模型的湍动能和耗散率方程为

$$\rho\frac{dk}{dt}=\frac{\partial}{\partial x_i}\left[\left(\mu+\frac{\mu_t}{\sigma_k}\right)\frac{\partial k}{\partial x_i}\right]+G_k+G_b-\rho\varepsilon-Y_M \tag{2-48}$$

$$\rho\frac{d\varepsilon}{dt}=\frac{\partial}{\partial x_i}\left[\left(\mu+\frac{\mu_t}{\sigma_\varepsilon}\right)\frac{\partial\varepsilon}{\partial x_i}\right]+\rho C_1 S\varepsilon-\rho C_2\frac{\varepsilon^2}{k+\sqrt{v\varepsilon}}+C_{1\varepsilon}\frac{\varepsilon}{k}C_{3\varepsilon}G_b \tag{2-49}$$

其中

$$C_1=\max\left[0.43,\frac{\eta}{\eta+5}\right],\ \eta=Sk/\varepsilon$$

式中　G_k ——由于平均速度梯度引起的湍动能产生项；

G_b ——由于浮力影响引起的湍动能产生项；

Y_M ——可压缩湍流脉动膨胀对总的耗散率的影响；

C_1，C_2——常数；

σ_k，σ_ε ——湍动能与耗散率的湍流普朗特数。

在 Fluent 中，作为默认值常数，$C_{1\varepsilon}=1.44$，$C_2=1.9$，$\sigma_k=1.0$，$\sigma_\varepsilon=1.2$。

该模型的湍流粘性系数与标准 $k-\varepsilon$ 模型相同。不同的是，粘性系数中的 C_μ 不是常数，而是通过公式 $C_\mu=\frac{1}{A_0+A_S\frac{U^*K}{\varepsilon}}$ 计算得到的，其中，$U^* = \sqrt{S_{ij}S_{ij} + \widetilde{\Omega}_{ij}\widetilde{\Omega}_{ij}}$ ，$\widetilde{\Omega}_{ij} = \Omega_{ij} - 2\varepsilon_{ijk}\omega_k$ ，$\Omega_{ij} = \overline{\Omega}_{ij} + 2\varepsilon_{ijk}\omega_k$ ，$\widetilde{\Omega}_{ij}$ 表示在角速度 ω_k 旋转参考系下的平均旋转张量率。模型常数 $A_0 = 4.04$，$A_s = \sqrt{6}\cos\phi$，$\phi = \frac{1}{3}\arccos(\sqrt{6}W)$，式中 $W = \frac{S_{ij}S_{jk}S_{ki}}{\widetilde{S}}$ ，$\widetilde{S} \equiv \sqrt{S_{ij}S_{ij}}$ ，$S_{ij} = \frac{1}{2}\left(\frac{\partial u_j}{\partial x_i} + \frac{\partial u_i}{\partial x_j}\right)$ 。从这些式子中发现，C_μ 是平均应变率与旋度的函数。在平衡边界层惯性底层，可以得到 $C_\mu = 0.09$，与标准 $k-\varepsilon$ 模型中采用的常数一样。

该模型适合的流动类型比较广泛，包括有旋均匀剪切流、自由流（射流和混合层）、腔道流动和边界层流动，对以上流动过程模拟结果都比标准 $k-\varepsilon$ 模型的结果好，特别是可实现 $k-\varepsilon$ 模型在对圆口射流和平板射流模拟中，能给出较好的射流扩张角。

双方程模型中，无论是标准 $k-\varepsilon$ 模型、重整化群 $k-\varepsilon$ 模型还是可实现 $k-\varepsilon$ 模型，三个模型有类似的形式，即都有 k 和 ε 的输运方程，它们的区别在于：1）计算湍流粘性的方法不同；2）控制湍流扩散的湍流普朗特数不同；3）ε 方程中的产生项和 G_k 关系不同。但都包含了相同的表示由于平均速度梯度引起的湍动能产生项 G_k ，表示由于浮力影响引起的湍动能产生项 G_b ，表示可压缩湍流脉动膨胀对总的耗散率的影响 Y_M 。

湍动能产生项

$$G_k = -\rho\overline{u_i'u_j'}\frac{\partial u_j}{\partial x_i} \tag{2-50}$$

$$G_b = \beta g_i\frac{\mu_t}{Pr_t}\frac{\partial T}{\partial x_i} \tag{2-51}$$

式中，Pr_t 是能量的湍流普朗特数，对于可实现 $k-\varepsilon$ 模型，默认设置值为 0.85；对于重整化群 $k-\varepsilon$ 模型，$Pr_t = 1/\alpha$ ，$\alpha = 1/Pr_t = k/\mu C_p$ 。热膨胀系数 $\beta = -\frac{1}{\rho}\left(\frac{\partial\rho}{\partial T}\right)_p$ ，对于理想气体，浮力引起的湍动能产生项变为

$$G_b = -g_i \frac{\mu_t}{\rho Pr_t} \frac{\partial \rho}{\partial x_i} \tag{2-52}$$

⑤雷诺应力模型

雷诺应力模型（RSM）是求解雷诺应力张量的各个分量的输运方程。具体形式为

$$\frac{\partial}{\partial t}(\rho \overline{u_i u_j}) + \frac{\partial}{\partial x_k}(\rho U_k \overline{u_i u_j}) = -\frac{\partial}{\partial x_k}[\rho \overline{u_i u_j u_k} + \overline{p(\delta_{kj} u_i + \delta_{ik} u_j)}] + \frac{\partial}{\partial x_k}\left(\mu \frac{\partial}{\partial x_k} \overline{u_i u_j}\right) - \rho\left(\overline{u_i u_k} \frac{\partial U_j}{\partial x_k} + \overline{u_j u_k} \frac{\partial U_i}{\partial x_k}\right) - \rho\beta(g_i \overline{u_j \theta} + g_j \overline{u_i \theta}) + p\left(\frac{\partial u_i}{\partial x_j} + \frac{\partial u_j}{\partial x_i}\right) - 2\mu \overline{\frac{\partial u_i}{\partial x_k} \frac{\partial u_j}{\partial x_k}} - 2\rho\Omega_k (\overline{u_j u_m} \varepsilon_{ikm} + \overline{u_i u_m} \varepsilon_{jkm}) \tag{2-53}$$

式中，左边的第二项是对流项 C_{ij} ，右边第一项是湍流扩散项 D_{ij}^T ，第二项是分子扩散项 D_{ij}^L ，第三项是应力产生项 P_{ij} ，第四项是浮力产生项 G_{ij} ，第五项是压力应变项 ϕ_{ij} ，第六项是耗散项 ε_{ij} ，第七项系统旋转产生项 F_{ij} 。

在式（2－53）中，C_{ij} 、D_{ij}^L 、P_{ij} 、F_{ij} 不需要模拟，而 D_{ij}^T 、G_{ij} 、ϕ_{ij} 、ε_{ij} 需要模拟以封闭方程。下面简单对几个需要模拟项进行模拟。

D_{ij}^T 可以用 Delay 和 Harlow 的梯度扩散模型来模拟，但这个模型会导致数值不稳定，在 Fluent 中是采用标量湍流扩散模型

$$D_{ij}^T = \frac{\partial}{\partial x_k}\left(\frac{\mu_t}{\sigma_k} \frac{\partial \overline{u_i u_j}}{\partial x_k}\right) \tag{2-54}$$

式中，湍流粘性系数用 $\mu_t = \rho C_\mu \dfrac{k^2}{\varepsilon}$ 来计算，根据 Lien 和 Leschziner，$\sigma_k = 0.82$，这和标准 $k-\varepsilon$ 模型中选取 1.0 有所不同。

压力应变项 ϕ_{ij} 可以分解为三项，即

$$\phi_{ij} = \phi_{ij,1} + \phi_{ij,2} + \phi_{ij}^w \tag{2-55}$$

式中 $\phi_{ij,1}$，$\phi_{ij,2}$，ϕ_{ij}^{w}——慢速项、快速项和壁面反射项。

浮力引起的产生项 G_{ij} 模拟为

$$G_{ij}=\beta\frac{\mu_t}{Pr_t}\left(g_i\frac{\partial T}{\partial x_j}+g_j\frac{\partial T}{\partial x_i}\right) \tag{2-56}$$

耗散张量 ε_{ij} 模拟为

$$\varepsilon_{ij}=\frac{2}{3}\delta_{ij}(\rho\varepsilon+Y_M) \tag{2-57}$$

式中，$Y_M=2\rho\varepsilon M_t^2$，$M_t$ 是马赫数；标量耗散率 ε 用标准 $k-\varepsilon$ 模型中采用的耗散率输运方程求解。

⑥大涡模拟（LES）

湍流中包含了不同时间与长度尺度的涡旋。最大长度尺度通常为平均流动的特征长度尺度。最小尺度为 Komogrov 尺度。LES 的基本假设是：1）动量、能量、质量及其他标量主要由大涡输运；2）流动的几何和边界条件决定了大涡的特性，而流动特性主要在大涡中体现；3）小尺度涡旋受几何和边界条件影响较小，并且各向同性，大涡模拟过程中，直接求解大涡，小尺度涡旋可先过滤掉，然后用统一的模型进行模拟，从而使得网格要求比 DNS 低。

LES 的控制方程是对 Navier - Stokes 方程在波数空间或者物理空间进行过滤得到的。过滤的过程是去掉比过滤宽度或者给定物理宽度小的涡旋，从而得到大涡旋的控制方程

$$\frac{\partial\rho}{\partial t}+u\frac{\partial\rho\bar{u}_i}{\partial x_i}=0 \tag{2-58}$$

$$\frac{\partial}{\partial t}(\rho\bar{u}_i)+\frac{\partial}{\partial x_j}(\rho\,\overline{u_iu_j})=\frac{\partial}{\partial x_j}\left(\mu\frac{\partial\bar{u}_i}{\partial x_j}\right)-\frac{\partial\bar{p}}{\partial x_j}-\frac{\partial\tau_{ij}}{\partial x_j} \tag{2-59}$$

式中，τ_{ij} 为亚网格应力，$\tau_{ij}=\rho\,\overline{u_iu_j}-\rho\bar{u}_i\cdot\bar{u}_j$。

很明显，上述方程与雷诺平均方程很相似，只不过大涡模拟中的变量是过滤过的量，而非时间平均量，并且湍流应力也不同。

2.3.3 初始条件和边界条件

计算流体动力学（CFD）分析中，初始条件和边界条件的正确

设置是关键的一步。现有的 CFD 软件都提供了现成的各种类型的边界条件，这里对有关的初始条件和边界条件做一般讨论。

（1）初始条件

顾名思义，初始条件就是计算初始给定的参数，即 $t=t_0$ 时给出各未知量的函数分布，如

$$\begin{cases} u=u(x,y,z,t_0)=u_0(x,y,z) \\ v=v(x,y,z,t_0)=v_0(x,y,z) \\ w=w(x,y,z,t_0)=w_0(x,y,z) \\ p=p(x,y,z,t_0)=p_0(x,y,z) \\ \rho=\rho(x,y,z,t_0)=\rho_0(x,y,z) \\ T=T(x,y,z,t_0)=T_0(x,y,z) \end{cases} \tag{2-60}$$

很明显，当流体运动定常时，无初始条件问题。

（2）边界条件

所谓边界条件就是流体力学方程组在求解域的边界上，流体物理量应满足的条件。例如，流体被固壁所限，流体将不应有穿过固壁的速度分量；在水面这个边界上，大气压强认为是常数（一般在距离不大的范围内）；在流体与外界无热传导的边界上，流体与边界之间无温差，等等。由于各种具体问题不同，边界条件千差万别，但一般要求恰当：1）保持在物理上是正确的；2）在数学上不多不少，刚好能用来确定微积分方程中的积分常数，而不是矛盾的或有随意性。

通常流体边界分为流固分界面和流流（液液、液气）分界面，下面分别讨论。

①流固分界面边界条件

飞机、船舶在空气及水中运动时的流固分界面，水在岸边及底部的流固分界面，均属这一类。一般而言，流体在固体边界上的速度依流体有无粘性而定。对于粘性流体，流体将粘附于固体表面（无滑移），即

$$v\big|_F=v\big|_S$$

式中 $v|_F$ ——流体速度；

$v|_S$ ——固壁面相应点的速度。

在流固边界面上，流体在一点的速度等于固体在该点的速度。对于无粘性流体，流体可沿界面滑移，即有速度的切向分量，但不能离开界面，也就是流体的法向速度分量等于固体的法向速度分量，即

$$v_n|_F = v_n|_S$$

另外，也可视所给条件，给出无温差条件

$$T|_F = T|_S$$

式中 $T|_F$ ——流体温度；

$T|_S$ ——固壁面相应点的温度。

②液液分界面边界条件

密度不同的两种液体的分界面就属于这一类。一般而言，对分界面两侧的液体情况经常给出的条件是

$$v_1 = v_2, T_1 = T_2, p_1 = p_2 \tag{2-61}$$

对应力及传导热情况给出的条件是

$$\tau = \mu_1 \frac{\partial u}{\partial n}\Big|_1 = \mu_2 \frac{\partial u}{\partial n}\Big|_2$$

$$Q = k_1 \frac{\partial T}{\partial n}\Big|_1 = k_2 \frac{\partial T}{\partial n}\Big|_2$$

③液气分界面边界条件

液气分界面最典型的是水与大气的分界面，即自由面。由于自由面本身是运动和变形的，而且其形状常常也是一个需要求解的未知函数，因此就有一个自由面的运动学条件问题。设自由面方程为

$$F(x, y, z, t) = 0 \tag{2-62}$$

并假定在自由面上的流体质点始终保持在自由面上，则流体质点在自由面上一点的法向速度，应该等于自由面本身在这一点的法向速度。经过一系列推导，得到自由液面运动学条件

$$\frac{\partial F}{\partial t} + v \cdot \nabla F = 0 \tag{2-63}$$

如果要考虑液气边界上的表面张力，则在界面两侧，两种介质的压强差与表面张力有如下关系

$$p_2 - p_1 = \sigma\left(\frac{1}{R_1} + \frac{1}{R_2}\right) \tag{2-64}$$

这就是自由面上的动力学条件。当不考虑表面张力时，有

$$p = p_a$$

式中　p_a——大气压强。

④无限远的条件

对于流体力学中的很多问题，流体域是无限远的。例如，飞机在空中飞行时，流体是无界的。如果将坐标系取在运动物体上，这时无限远处的边界条件为

$$u = u_\infty,\ p = p_\infty \tag{2-65}$$

其中，下标 ∞ 表示无穷远处的值。

2.3.4　仿真算法

基于 VOF 方法对微重力的物理过程进行介绍。

VOF 方法是一种求解气液两相流动和自由表面流动的算法。它最早是由美国 Los Alamos 实验室开发用于处理含有自由面的二维粘性流体的数值计算方法。该方法通过引入流体体积组分 α 函数及其控制方程来表示混合流体的密度并跟踪自由面的位置。若设 α 为液相的体积组分，当网格中的体积组分 $\alpha=1$ 时，表示该网格内完全是液体；当网格中的体积组分 $\alpha=0$ 时，表示网格中完全是气体；当 $0<\alpha<1$ 时，表示网格中含有气液界面。

在 VOF 方法中，有两个关键问题需要解决，一个是对气液交界面的重构问题，另一个是交界面随着时间的推进问题。以两相流动为例，当在某一网格内体积组分 $0<\alpha<1$ 时，说明这个网格含有气液界面，界面重构就是指如何确定界面在网格中的位置。一般来说，VOF 模型中界面重构的方法有两大类：分段常数界面构造法（Piecewise Constant Interface Construction，PCIC）和分段线性界

面构造法（Piecewise Linear Interface Construction，PLIC）。其中PCIC方法构造精度较低；而PLIC方法是后来发展的，构造精度较高。交界面处的时间推进方法有两种，它们是算子分裂算法和算子不分裂算法，算子分裂算法是将界面从一个时刻到另一个时刻的输运过程看作界面分别在不同方向运动的合成；算子不分裂算法是直接根据网格中流体的状态和速度，判断下一个时刻流体到达的位置，直接得到下一个时刻各个网格内的流体分布。

（1）VOF模型的基本方程

注入流动的控制方程由基本控制方程和体积分数输运方程构成。在由气相和液相组成的整个流场（主场）中求解统一的连续方程和动量方程，得到的速度场由各相流体共同决定。主场采用无重力作用、不可压流动的Navier - Stokes方程

$$\nabla \cdot V = 0$$

$$\frac{\partial \rho V}{\partial t} + \nabla \cdot (\rho V V) = -\nabla p + F_s + \nabla \cdot [\mu(\nabla V + \nabla V^{\mathrm{T}})] \tag{2-66}$$

式中 V，p ——主场速度和压力；

t ——时间；

F_s ——表征表面张力的体积力项；

ρ，μ ——主场的密度和粘度。

根据当地的液相体积分数 α_l 值求出

$$\rho = \alpha_l \rho_l + (1 - \alpha_l)\rho_v$$

$$\mu = \alpha_l \mu_l + (1 - \alpha_l)\mu_v$$

式中 下标 l、v ——代表液相和气相；

α_l ——液相在控制单元中的体积分数。

体积分数满足输运方程

$$\frac{\partial \alpha_l}{\partial t} + V \cdot \nabla \alpha_l = 0 \tag{2-67}$$

（2）控制方程的求解方法

采用有限体积法离散控制方程。有限体积法是从描述流动的守恒型控制方程出发，对它在控制体积上做积分。用有限体积法导出的离散方程可以保证具有守恒性，对区域形状的适应性好。

求解定常流动微分控制方程之前，必须对每个控制体的微分控制方程积分，再将控制方程在各个面上进行离散处理，从而把控制方程写为代数方程的形式并进行计算。

（3）界面的时间推进

随着时间推进，流体流动引起界面变化，流体体积分数 α_l 分布改变。VOF 方法需要计算新时刻的 α_l 值。实现界面时间推进有两种方法：一种是算子分裂算法，另一种是算子不分裂算法。分裂推进算法将界面从一个时刻向另一个时刻输运，看作界面分别在不同方向运动的合成，在实际运算时，体积组分按照不同坐标分别进行时间推进，每个方向推进完成后都需要进行界面重构，所有方向的推进都完成后，得到最后的界面。而算子不分裂算法是根据网格中流体的速度和体积组分的分布，得到下一个时刻流体到达的位置，通过计算该时刻的流体流量，直接对该网格内的界面进行重构。分裂算法需要经过几次重构，不分裂算法则只需要一次重构。

一般认为算子分裂算法的时间精度较差，不分裂算法的时间精度较高。

另外，也有采用分段线性界面构造法（PLIC）的不分裂算法。三维计算域中的 PLIC 不分裂算法远比二维的要复杂得多。

（4）PISO 压力校正算法

在应用 VOF 模型进行非定常流动计算时，使用的是 PISO 压力校正算法。与 SIMPLE 算法相比，PISO 算法可以提高收敛速度。在计算过程中，PISO 方法首先取定初值，然后逐步增加时间步长进行计算，具体的计算步骤分为三步：预测步、第一校正步以及其他校正步。对于非定常流，每次计算完成后把上一时刻的结果作为下一时刻的初值重复计算。

2.3.5　仿真结果处理

以板式贮箱为例，采用 VOF 方法计算微重力条件下液体的重定位和质心分布情况，具体举例如下：

计算的重力加速度为 9.8×10^{-4} m/s^2，初始的推进剂容量占整个体积的 10%。通过数值仿真，得到的重定位过程如图 2-9 和图 2-10 所示。从图中可以看出，板式表面张力贮箱内装有 10%的推进剂时，导流叶片部分淹没；在微重力环境下，液体受到表面张力作用的驱动，沿导流叶片壁面爬升，最终可到达支撑管顶端；气液界面稳定后，在导流叶片之间形成了凹形液面；导流叶片上的气液界面比导流叶片之间的气液界面要高；在导流叶片与球形壁面结合处的气液界面比导流叶片之间的气液界面要高。

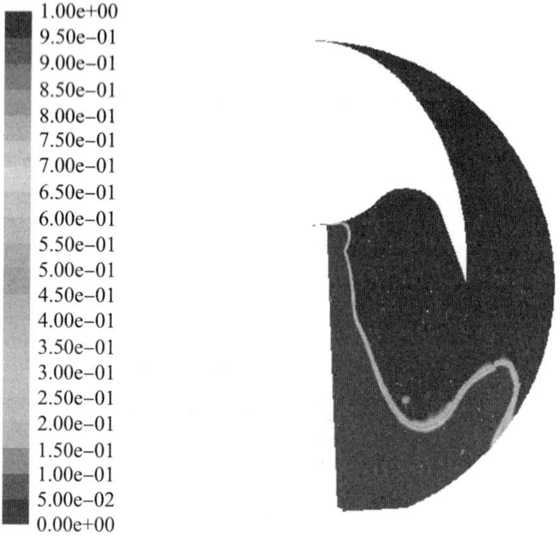

图 2-9　两相三维分布图（见彩插）

不同时刻沿导流叶片表面液体的体积组分分布如图 2-11 所示。

微重力下贮箱内液面位置沿两类不同导流叶片 Z 方向的变化如图 2-12 所示。

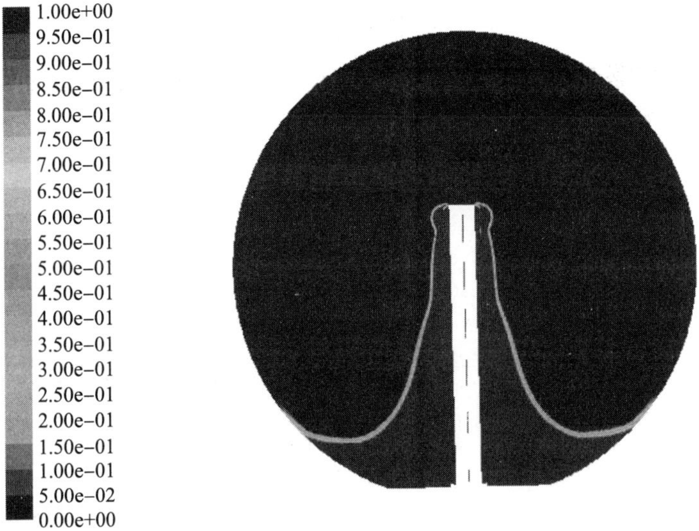

图 2-10　中间界面的两相分布图（见彩插）

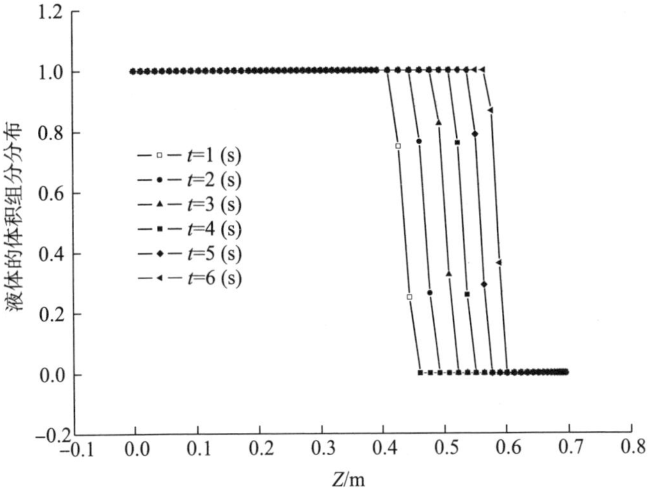

图 2-11　不同时刻沿导流叶片表面液体的体积组分分布

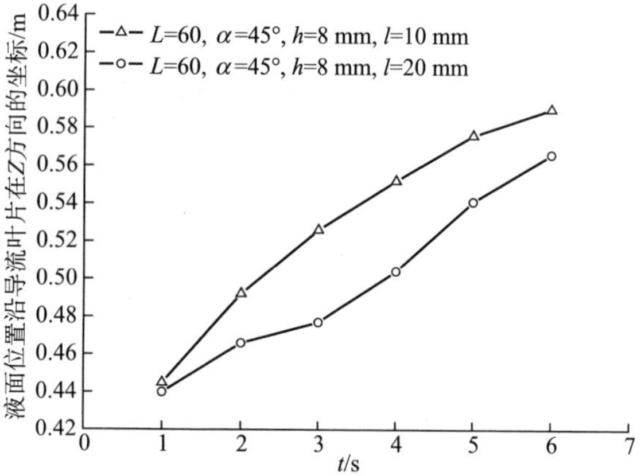

图 2-12 贮箱内液面位置沿 Z 方向的变化

2.4 低温流体空化理论

低温流体空化问题是一种温度接近饱和温度的流体空化问题，与常温流体空化的不同主要在于热力学效应的影响程度不同。本节重点针对低温流体空化问题，考虑低温流体的热力学效应，阐述低温流体空化模型理论。

2.4.1 基本控制方程

基于均质平衡流理论，假设整个流场是由液相和气相两相组成的单一混合介质流场，并通过密度场和体积分数的变化来描述空间中相的分布，各相流体具有相同的流场压力和速度等参数，即满足同一组控制方程。流场满足基于 Favre 平均 N-S 方程的质量守恒方程、动量守恒方程和能量守恒方程，通过求解混合物的连续方程和动量方程，获得混合介质在流场中的密度、速度场和压力场的变化。

（1）连续方程

$$\frac{\partial \rho_m}{\partial t}+\frac{\partial(\rho_m u_j)}{\partial x_j}=0 \tag{2-68}$$

（2）动量方程

$$\frac{\partial}{\partial t}(\rho_m u_i)+\frac{\partial(\rho_m u_i u_j)}{\partial x_j}=\frac{\partial p}{\partial x_i}+\nabla \tau_{ij}+s \tag{2-69}$$

粘性剪切应力

$$\tau_{ij}=\mu_{\text{eff}}\left[(\frac{\partial u_i}{\partial x_j}+\frac{\partial u_j}{\partial x_i})-\frac{2}{3}\delta_{ij}\frac{\partial u_k}{\partial x_k}\right] \tag{2-70}$$

混合物的密度

$$\rho_m=\rho_l \alpha_l+\rho_v(1-\alpha_l) \tag{2-71}$$

式中　α ——体积分数；

μ_{eff} ——有效粘度，$\mu_{\text{eff}}=\mu_m+\mu_t$；

μ_m ——混合粘度；

μ_t ——湍动粘度；

δ_{ij} ——Kronecker 符号（当 $i=j$ 时，$\delta_{ij}=1$，当 $i \neq j$ 时，$\delta_{ij}=0$）；

S ——由体积力产生或用户定义的源项；

下标 m，l 和 v ——混合相、液相和气相。

（3）能量方程

$$\frac{\partial(\rho_m C_p T)}{\partial t}+\frac{\partial}{\partial x_j}(\rho_m u_j C_p T)=\nabla\cdot(k_{\text{eff}}\nabla T)+S_E \tag{2-72}$$

$$S_E=\frac{\partial(\rho_m f_v L)}{\partial t}-\frac{\partial(\rho_m u_j f_v L)}{\partial x_j} \tag{2-73}$$

式中　C_p ——定压比热；

T ——温度；

k_{eff} ——有效热导率，$k_{\text{eff}}=k_m+k_t=\frac{\mu_m C_p}{Pr_m}+\frac{\mu_t C_p}{Pr_t}$；

Pr ——普朗特数；

f_v ——气相质量分数，$f_v=\frac{\rho_v \alpha_v}{\rho_m}$；

L ——汽化潜热；

S_E ——空化引起的流场能量的改变，其大小等于气液间质量交换量与汽化潜热的乘积。

2.4.2　空化模型

随着对空化现象认识的进一步深入，越来越多的学者开始针对不同的空化现象开展相应的试验、理论和数值研究，并发展出用于描述不同空化过程的数学模型。

本书对下面几种典型的空化模型进行介绍。

（1）Singhal 模型

Singhal 空化模型是比较早的一种空化模型，也是目前应用较为广泛的空化模型之一。在该模型中，蒸气相的质量分数 f_v 被作为输运方程的变量，蒸发项和凝结项都表示为压强的函数。同时，该模型还考虑了非凝结气体和表面张力，具体形式如式（2－74）所示

$$\frac{\partial(\rho_v f_v)}{\partial t}+\nabla\cdot(\rho_v f_v u_v)=\nabla\cdot(\gamma\nabla f_v)+R_e-R_c \quad (2-74)$$

$$\text{当 } p\leqslant p_v\text{ ，}R_e=C_{\text{vap}}\frac{V_{ch}}{\sigma}\rho_l\rho_v\sqrt{\frac{2[p_v(T)-p]}{3\rho_l}}(1-f_v-f_g)$$

$$\text{当 } p>p_v\text{ ，}R_c=C_{\text{cond}}\frac{V_{ch}}{\sigma}\rho_l\rho_v\sqrt{\frac{2[p-p_v(T)]}{3\rho_l}}f_v$$

式中　ρ_m ——混合相密度；

ρ_l ——液相的密度；

ρ_v ——气相的密度；

f_v ——蒸气质量分数；

f_g ——凝结气体质量分数；

u_v ——气相速度；

γ ——扩散系数；

p_v ——特定温度条件下液体的汽化压强；

V_{ch} ——表示气相的特征速度；

C_{vap}，C_{cond} ——经验常数，取值分别为 0.02 和 0.01。

（2）Zwart 模型

Zwart 空化模型主要建立了关于蒸气相体积分数的输运方程，方程右端 R_e 和 R_c 分别表示蒸气的生成和凝结的源项。蒸气体积分数输运方程和源项的具体形式如下

$$\frac{\partial(\rho_v\alpha_v)}{\partial t}+\nabla\cdot(\rho_v\alpha_v u_v)=R_e-R_c \tag{2-75}$$

$$当\ p\leqslant p_v,R_e=F_{\mathrm{vap}}\frac{3\alpha_{\mathrm{nuc}}(1-\alpha_v)\rho_v}{R_B}\sqrt{\frac{2[p_v(T)-p]}{3\rho_l}}$$

$$当\ p>p_v,R_c=F_{\mathrm{cond}}\frac{3\alpha_v\rho_v}{R_B}\sqrt{\frac{2[p_v(T)-p]}{3\rho_l}}$$

式中　R_B ——气泡半径，取值为 10^{-6} m；

α_{nuc} ——非凝结气体体积分数，取值为 5×10^{-4}；

F_{vap} ——蒸发系数，取值为 510；

F_{cond} ——凝结系数，取值为 0.01。

在 Zwart 空化模型的基础上，可增加蒸发系数和凝结系数的影响，给出适合低温流体空化的推荐系数。

（3）Schnerr - Sauer 模型

Schnerr - Sauer 空化模型也是建立了基于蒸气相的输运方程，但表示汽化和凝结过程的源项的具体形式有一定的差别。蒸气相体积分数控制方程和源项具体形式分别为

$$\frac{\partial(\rho_v\alpha_v)}{\partial t}+\nabla\cdot(\rho_v\alpha_v u_v)=R_e-R_c \tag{2-76}$$

$$当\ p\leqslant p_v,R_e=F_{\mathrm{vap}}\frac{3\alpha_{\mathrm{nuc}}(1-\alpha_v)\rho_v}{R_B}\sqrt{\frac{2[p_v(T)-p]}{3\rho_l}}$$

$$当\ p>p_v,R_c=F\frac{\rho_v\rho_l}{\rho}\alpha(1-\alpha)\frac{3}{R_B}\sqrt{\frac{2[p-p_v(T)]}{3\rho_l}}$$

式中，$R_B=\left(\frac{\alpha}{1-\alpha}\frac{3}{4\pi}\frac{1}{n}\right)^{\frac{1}{3}}$，$\alpha=\frac{n_b\frac{4}{3}\pi R_B^3}{1+n_b\frac{4}{3}\pi R_B^3}$。

上述三种空化模型都是基于等温假设推导得到的，忽略了温度空泡的影响。对于常温水的空化情况，这种假设是可以接受的。相比常温水，液氮等低温流体的物性参数对温度敏感度非常高。由空化引起的热力学效应将影响空泡的生成和发展，需要在空化模型中考虑温度对质量传输过程的影响。

可在 Zwart 模型的基础上加入热力学效应项，给出修正的空化模型。推导过程如下：

假设：

1）汽泡为球形；

2）远场压强和温度均匀恒定；

3）汽泡内的压强和温度总是均匀的；

4）汽泡的增长或溃灭为准平衡过程，不考虑液体的压缩性，液体密度恒定；

5）液体动力粘度恒定。

基于 Rayleigh - Plesset 气（汽）泡动力学方程

$$\frac{p_B(t)-p_\infty(t)}{\rho_l}=R\frac{\mathrm{d}^2R}{\mathrm{d}t^2}+\frac{3}{2}\left(\frac{\mathrm{d}R}{\mathrm{d}t}\right)^2+\frac{4\nu_l\mathrm{d}R}{R\mathrm{d}t}+\frac{2\sigma}{\rho_lR} \tag{2-77}$$

式中 p_B ——泡内压强；

p_∞ ——远场压强；

R ——气泡半径；

ρ_l ——液体密度；

σ ——液体表面张力。

由于低温液体的纯净度比水要高，忽略气泡内杂质气体的影响，故 $p_B(t)=p_v(T_B)$。

$$\frac{p_v(T_\infty)-p_\infty(t)}{\rho_l}+\frac{p_v(T_B)-p_v(T_\infty)}{\rho_l}=R\frac{\mathrm{d}^2R}{\mathrm{d}t^2}+\frac{3}{2}\left(\frac{\mathrm{d}R}{\mathrm{d}t}\right)^2+\frac{4\nu_l\,\mathrm{d}R}{R\mathrm{d}t}+\frac{2\sigma}{\rho_l R} \tag{2-78}$$

方程（2-78）第一项表示驱动力项，第二项表示热力学项，第三项表示惯性项，第四项表示空泡体积变化项，第五项表示粘性项，第六项表示液体表面张力项。考虑热力学项，当温度变化较小时，进行泰勒展开，取一阶近似

$$\frac{p_v(T_B)-p_v(T_\infty)}{\rho_l}=\frac{1}{\rho_l}\frac{\mathrm{d}p_v}{\mathrm{d}T}(T_B-T_\infty)=\frac{p_v(T_\infty)L(T_\infty)}{\rho_l T_\infty}(T_B-T_\infty) \tag{2-79}$$

泡内温度 T_B 和远场液体温度 T_∞ 主要影响气泡动态过程。首先要求热扩散方程

$$\frac{\partial T}{\partial t}+\frac{\partial R}{\partial t}\left(\frac{R}{r}\right)^2\frac{\partial T}{\partial r}=\frac{\alpha_L}{r^2}\frac{\partial}{\partial r}\left(r^2\frac{\partial T}{\partial r}\right) \tag{2-80}$$

式中　α_L ——液体热扩散率。

其次要求气泡能量平衡，界面来自液体的热量为

$$4\pi R^2 k\left(\frac{\partial T}{\partial r}\right)_{r=R}=\rho_v L\frac{\mathrm{d}}{\mathrm{d}t}\left(\frac{4}{3}\pi R^3\right) \tag{2-81}$$

式中　k ——液体热导率。

假设这些热量全部用于液体的蒸发，气体质量生成率引起的气泡体积增长率为

$$\frac{\mathrm{d}R}{\mathrm{d}t}=\frac{k}{\rho_v L}\left(\frac{\partial T}{\partial r}\right)_{r=R} \tag{2-82}$$

其中，$\left(\frac{\partial T}{\partial r}\right)_{r=R}$ 和 T_B-T_∞ 相关，由于热扩散方程的非线性，没有解析解。采用 Plesset 和 Zwick 给出的一个有效逼近，热边界层厚度 δ_T 为

$$R\delta_T\approx(T_\infty-T_B)/\left(\frac{\partial T}{\partial r}\right)_{r=R} \tag{2-83}$$

$$T_\infty-T_B=C\frac{\rho_v L}{\rho_l C_p\alpha_l^{0.5}} \tag{2-84}$$

将上式代入公式（2-82）得

$$\frac{\mathrm{d}R}{\mathrm{d}t}=-C\sqrt{\frac{k}{\rho_l C_p}} \tag{2-85}$$

式中 C ——经验系数。

再考虑方程（2-78）的第一项驱动力项，该项是气泡生长或溃灭的主要因素

$$\frac{p_v(T_\infty)-p_\infty(t)}{\rho_l}=\frac{3}{2}\left(\frac{\partial R}{\partial t}\right)^2 \tag{2-86}$$

气泡体积变化率表示为

$$\frac{\mathrm{d}V}{\mathrm{d}t}=\frac{\mathrm{d}}{\mathrm{d}t}\left(\frac{4}{3}\pi R^3\right)=4\pi R^2\sqrt{\frac{2}{3}\frac{p_v(T)-p}{\rho_l}} \tag{2-87}$$

气泡质量变化率表示为

$$\frac{\mathrm{d}m}{\mathrm{d}t}=\rho_v\frac{\mathrm{d}V}{\mathrm{d}t}=4\pi R^2\rho_v\sqrt{\frac{2}{3}\frac{p_v(T)-p}{\rho_l}} \tag{2-88}$$

假设单位控制体内有 N 个气泡，则体积分数 α_v 表示为

$$\alpha_v=VN=\frac{4}{3}\pi R^3 N \tag{2-89}$$

则单位控制体的质量变化率

$$\dot{m}=N\frac{\mathrm{d}m}{\mathrm{d}t}=\frac{3\alpha_v\rho_v}{R}\sqrt{\frac{2}{3}\frac{p_v(T)-p}{\rho_l}} \tag{2-90}$$

该公式表示气泡的生长（蒸发）过程，同理推广到凝结过程，但由于蒸发和凝结的发生速率不同，通常，凝结过程慢于蒸发过程。采用不同的经验系数区分两个过程。经验系数的表达形式参考 Zwart 空化模型。若进一步做简化假设，不考虑粘性项、表面张力项和二次项，则得到考虑热力学效应后改进的空化模型

$$\dot{m}=C_{\text{vap}}\frac{3\alpha_{\text{nuc}}(1-\alpha_v)\rho_v}{R_B}\left[\sqrt{\frac{2}{3}\frac{p-p_v(T)}{\rho_l}}-\sqrt{\frac{k}{\rho_l C_p}}\right],\ p>p_v \tag{2-91}$$

$$\dot{m}=C_{\text{cond}}\frac{3\alpha_{v}\rho_{v}}{R_{B}}\left[\sqrt{\frac{2}{3}\frac{p_{v}(T)-p}{\rho_{l}}}-\sqrt{\frac{k}{\rho_{l}C_{p}}}\right],p\leqslant p_{v} \tag{2-92}$$

以上空化模型中汽化压强 $p_{v}(T)$ 均为温度的函数。

第 3 章　航天器常规推进剂贮存

推进剂贮箱是航天器上最重要的部件之一，它的作用是存储和管理推进剂，在规定的流量和加速度条件下，为发动机或推力器提供不夹气的推进剂，其核心部件是推进剂管理装置（PMD）。表面张力贮箱是目前世界上使用最为广泛的推进剂贮箱，它分为网式和板式两种。第一代表面张力贮箱都是网式结构的，它利用液体的表面张力通过筛网来收集推进剂，同时阻止气体进入管路通道。第二代表面张力贮箱是以板式结构为主的，它利用液体的表面张力通过导流叶片来驱动推进剂，对推进剂实行管理。

我国于 20 世纪 80 年代开始应用网式表面张力贮箱（属于第一代表面张力贮箱），这种贮箱曾经为我国的卫星事业做出了重要贡献。从 2016 年开始，研制了第二代表面张力贮箱——板式表面张力贮箱，这种类型的贮箱可以对推进剂实行全管理，具有容积可扩展、结构简单、重量小、工艺简单、可靠性高、加注速度快、可防晃的优势。本章介绍了国内外贮箱的应用和发展情况，并对两类贮箱的设计原理进行了介绍，重点论述了板式表面张力贮箱的设计方法，并对网式表面张力贮箱的流阻特性计算方法进行阐述，最后对可用于地面验证贮箱推进剂管理能力的微重力落塔试验进行了详细论述。

3.1　航天器推进剂贮箱的应用与发展

我国卫星曾经使用的贮箱有离心贮箱、隔膜贮箱、表面张力贮箱，在 20 世纪 70—80 年代离心贮箱主要应用于返回式卫星，而隔膜贮箱主要应用于探月工程、深空探测等，这两类贮箱属于早期产品，奠定了我国航天器流体管理的技术基础。随着航天事业的发展，表面张力贮箱开始大量应用，也是目前应用最广泛的贮箱产品，因此，下面重点对两类表面张力贮箱进行阐述。

3.1.1 网式表面张力贮箱的应用

目前的网式表面张力贮箱几乎可以应用在各种需要进行流体管理的环境下，大体上可以分为四个主要方面：同步轨道通信卫星、中低轨道航天器、星际探索航天器和小卫星。用在同步轨道通信卫星上的表面张力贮箱容积都比较大，三轴稳定控制时所需贮箱的功能都差不多，远地点入轨要消耗掉大多数推进剂，实际需要控制和管理的推进剂并不多。传统上这类贮箱常设计成隔舱形式以减少推进剂的管理量，近来随着技术的进步和对重量的控制，常采用网式结构或板网混合结构。中低轨道的航天器种类繁多、功能各异，但大多要求对推进剂进行全管理以适应轨道调整、姿态控制、阻力补偿等控制要求。在此类航天器上肼系统占很大比例，这为表面张力贮箱的应用提供了非常好的环境。行星际探索航天器也常选用结构简单、可靠性高的肼系统，飞行时间长、推力小（即加速度小）是其任务特点，网式贮箱的应用环境也非常好。小卫星在近几年来的发展势头很猛，由于卫星的重量比较小，相对来讲加速度就比较大，板式贮箱和网式贮箱都可以采用，由于技术成熟度的原因，常采用全管理的网式贮箱。为了对网式表面张力贮箱的应用有具体的了解，下面选几种典型的网式表面张力贮箱作介绍。

（1）法国网式表面张力贮箱

法国从 20 世纪 70 年代就开始研究表面张力贮箱，先后研制成功了伞状 PMD 的 RETS18 贮箱和长廊式 PMD 的 MC38 贮箱，第一次在轨应用的是 1986 年 2 月发射的 SPOT1 的贮箱，随后该贮箱又应用于 SPOT2～SPOT5、Helios 1A、1B、2A、2B，Metop 1、2、3 及 ERS－2，1983 年 SEP 开始为欧洲新的地球静止轨道卫星平台 EUROSTAR 研制 257 L 蓄液器式贮箱，先后用在 Telecom 2A、2B、2C、2D，Hispasat 等通信卫星，1996 年由马特拉·马可尼对原贮箱进行了重新设计，容积增大了一倍，命名为 EUROSTAR 2000+贮箱，加工也改到了英国的 DOWTY 公司（见图 3－1）。表 3－1 所示为法国表面张力贮箱。

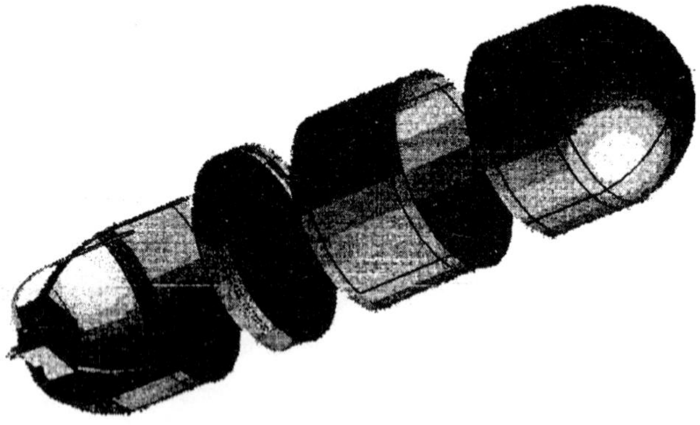

图 3－1　EUROSTAR 2000+贮箱

表 3－1　法国表面张力贮箱

贮箱名称	尺寸/mm	容积/L	净重/kg	PMD 类型	推进剂	爆破压力/MPa
小卫星	404×580	44	5	导流板	无水肼	4.4
SPOT	400×1 040	110	14.2	收集器	无水肼	4.4
EUROSTAR	600×1 160	257	14.3	隔舱、蓄液器	MON	3.54
EUROSTAR 2000+	600×1 448	393	16	隔舱、蓄液器	MON	4.5
LSTT	920×1 320	673	40.0	收集器	MON	4.4

（2）东方红四号卫星表面张力贮箱

东方红四号是中国研制的通信卫星平台，采用统一双组元推进系统，卫星总质量为 5 100 kg，设计寿命 15 年。推进剂贮箱结构质量约为 58 kg，由推进剂管理装置、上下半球、圆柱段和安装裙构成，其中圆柱段高度可根据推进剂的需要调整，安装有 32 个支撑耳片。贮箱外壳和内部推进剂管理装置采用钛合金加工，毛细表面张力材料采用不锈钢金属网，其外形如图 3-2 所示。推进剂管理装置（PMD）将贮箱分为上下两舱，上舱为转移轨道用推进剂，下舱为卫星定点后轨道维持和姿态控制用推进剂，贮箱容积为 1 407 L，下舱容积为 360 L。贮箱的径向直径为 1 247 mm，柱段的高度为 340 mm，柱段高度可根据不同的平台任务和推进剂装填量变化。贮箱中的 80%推进剂用于转移轨道的变轨，20%推进剂用在定点以后的南北位置保持、东西位置保持及姿态控制。

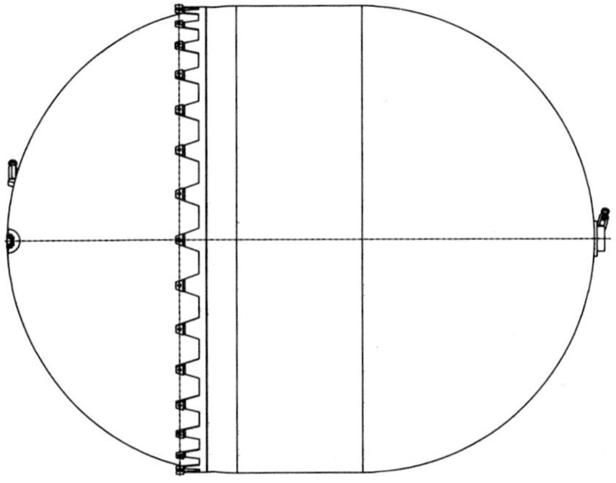

图 3-2　东方红四号卫星表面张力贮箱

贮箱主要技术参数见表 3-2。

表 3-2　东方红四号卫星表面张力贮箱技术参数

序号	参数名称	单位	技术指标
1	质量	kg	58
2	容积	L	1 407
3	填充比	—	56%～95%
4	挤出效率	—	99.5%
5	阻尼系数	—	0.1%

续表

序号	参数名称	单位	技术指标
6	流量	dm^3/s	远地点时 0.09,姿轨控时 0.012
7	氦漏率	Pa · L/s	$<1\times10^{-4}$
8	可靠度	—	≥0.999
9	工作寿命	a	18
10	储存寿命	a	5
11	工作压力	MPa	最大 1.75
12	验证压力	MPa	≥1.25×1.75
13	爆破压力	MPa	≥1.5×1.75
14	材料	—	除不锈钢网外全是钛合金

（3）INTELSAT Ⅶ卫星表面张力贮箱

INTELSAT Ⅶ卫星表面张力贮箱是美国 Synergy 公司为劳拉公司设计的，它的功能与 Sinosat 卫星及其他通信卫星的贮箱都差不多。贮箱结构为球形，推进剂出口不在贮箱的底部轴线上而在底部靠上一点的位置，这主要是结构安装的需要。PMD 由四条带筛网窗口的通道和气泡陷阱构成（见图 3-3），只有通道的下半部有毛细网，通道上半部为开口。气泡陷阱的容积为 9.38 L，直径和高都是 22.9 cm，它的功能除了提供远地点点火所需的推进剂、捕获和截留进入通道内的气体外，还有在卫星寿命末期依靠其储存的推进剂完成一些特定功能。

该贮箱的气泡陷阱较复杂（见图 3-4），筒体底部有激光打孔的窗口，提供贮箱内推进剂进入的通道，陷阱内的锥/筒组件是由两层支板中间夹金属网所构成的的毛细元件，提供气泡陷阱内的气液隔离，最里边的出口组件也有由激光打孔的窗口，保证最终的推进剂无气排放。该贮箱还有一显著特点是部分 PMD 采用了钛合金毛细网，尽管钛合金网的泡破点值还不高，但作为在大型表面张力贮箱上的应用尝试其意义还是非同寻常的。

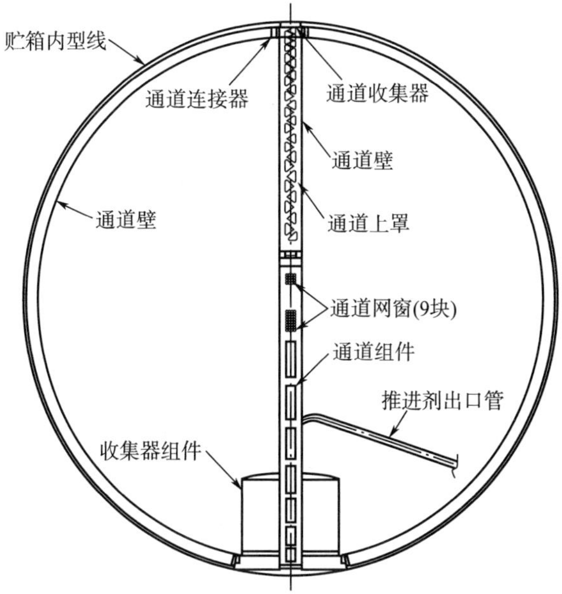

图 3－3　INTELSAT Ⅶ卫星表面张力贮箱

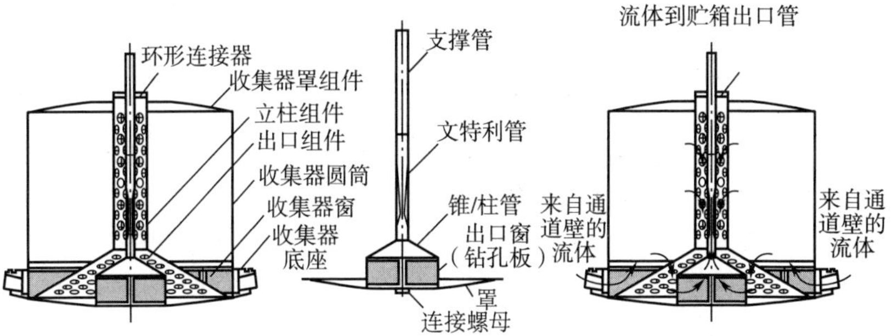

图 3－4　INTELSAT Ⅶ卫星表面张力贮箱气泡陷阱

3.1.2　板式表面张力贮箱的发展

目前，国际上主流的航天器贮箱是板式表面张力贮箱，它利用液体表面张力在导流叶片上形成的压差来驱动推进剂，为发动机提供不夹气的推进剂。板式表面张力贮箱的管理装置主要是由导流叶片和蓄液器等板式组件构成的，它们和附属部件联合作用可以在微重力环境下对推进剂实行有效管理，但是，在地面（1 g ）环境中，无法对其性能进行充分验证，因此，板式贮箱的设计首先是通过计算分析来验证部件的性能，然后通过微重力试验对计算结果和贮箱部分性能进行试验验证，最后要通过搭载试验来完成贮箱全部性能的验证。

3.1.2.1 板式表面张力贮箱在试验研究方面的发展

板式表面张力贮箱的研究是从 20 世纪 70 年代开始的，曾进行了众多试验研究，其中最为重要的是两次板式贮箱性能验证的空间搭载试验，它们由美国的研究机构完成，分别是 FARE2 项目和 VTRE 项目，这两次空间搭载试验为板式贮箱的在轨使用提供了重要依据。此外，美国的普渡大学对导流叶片的结构进行了优化设计，并完成了相关的飞行试验。

（1）FARE2 项目

FARE2（Fluid Acquisition and Resupply Experiment）项目是由马歇尔航天飞行中心空间推进部门管理，马丁·玛丽埃塔公司为承包商来完成，其主要研究目的是：板式贮箱的在轨挤出性能、板式贮箱在微重力环境下液体的定位和静动特性、板式贮箱的在轨排气加注性能。为了保证试验安全，使用去离子水作为试验介质，其中添加了氚 X－100 来调节表面张力系数，同时添加防泡剂来阻止泡沫发生，并使用少量碘酒来抑制细菌繁殖，介质中还添加了蓝色的染色剂以便于拍摄。

试验结果表明板式贮箱 PMD 在空间微重力下具有非常好的挤出性能，挤出效率达到 98％以上，微重力下填充比可以达到 95％以上，该试验同时验证了晃动分析数学模型。图 3－5 所示为排液的不同阶段贮箱内推进剂的分布情况。从图中可以看出，在排液末期，仅有少量推进剂残留在导流叶片中心轴附近，其他区域的推进剂全部被排出。

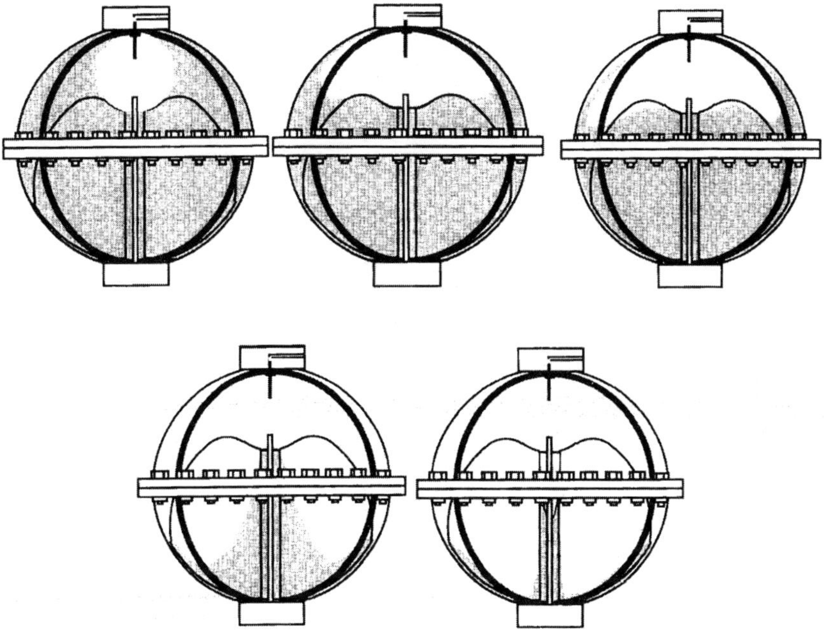

图 3-5　FARE2 项目中贮箱的排液过程

(2) VTRE 项目

VTRE（The Vented Tank Resupply Experiment）项目是 1996 年 5 月由洛克希德·马丁公司和刘易斯研究中心共同主持的，其主要研究目标是：板式贮箱的性能极限（最大传输速度）；球形和柱形板式贮箱在轨加注时推进剂的定位；不同加注流量下排气加注的填充比；当加速度超过 PMD 维持能力后 PMD 功能的恢复情况。试验所使用的球形板式贮箱及其 PMD 如图 3-6 所示。为了便于拍摄，贮箱壳体和 PMD 都使用有机玻璃材料制作。

试验使用的模拟介质是 F113，这种介质与贮箱内所存储的推进剂性能最接近，同时由于它在室温下的蒸气压远高于水，可以模拟低温流体。介质中添加了红色的染色剂以便于拍摄。

试验结果表明，该贮箱的最大传输速度可以达到 172 mL/s。发

图 3-6　VTRE 项目中的贮箱和 PMD

动机点火后推进剂恢复稳定传输的时间为 30 s，PMD 的湿润恢复能力比预期的要快。试验为推进剂贮箱的设计及改进提供了非常重要的依据。

（3）导流叶片优化的试验研究

为了进一步减小贮箱推进剂管理装置的重量，人们又对导流叶片的结构做了修改，其中最著名的是普渡大学的 Steven H. Collicot 在 2000 年提出的在导流叶片上穿孔的概念，并使用飞行试验对这种方法做了验证。在试验时，使用了两种不同类型的穿孔导流叶片，一种导流叶片的穿孔面积占导流叶片总面积的 20%，另一种为 50%。

试验使用的模型贮箱尺寸为原型贮箱的 1/30，试验介质为丙二醇，通过 NASA KC-135 试验飞机进行搭载。试验结果表明，使用穿孔面积为 20%的导流叶片，贮箱排液性能很好，能够满足使用要求；而使用穿孔面积为 50%的导流叶片，贮箱排液性能相对较差。这个试验为今后导流叶片的优化设计提出了一个好的方向，为贮箱的减重提供了一条途径。

3.1.2.2　板式表面张力贮箱在理论研究方面的发展

相对于网式贮箱，板式贮箱对具体飞行任务的依赖性更强。板式表面张力贮箱由于使用了板式结构，因此不能像筛网式贮箱那样可以进行地面验证试验，初期的设计主要依赖于对管理装置性能的数值模拟，然后才进行微重力环境下的试验验证。因此，板式贮箱的设计更加依赖于数值模拟，有关方面的研究也得到广泛开展。

对于板式贮箱，设计时首先考虑导流叶片位置和数量，要保证在导流叶片附近形成液池而不能在两板间形成液池，之后是考虑导流叶片的结构形式及高度，例如，是否需要中心支撑柱及中心柱的结构形式，最后进行详细的结构和工艺设计。

对于带可重复填充蓄液器的板式贮箱，还应考虑蓄液器的蓄液量、蓄液器的零重力填充时间、蓄液器金属片的方位和间隙填角、金属片的开孔比率及蓄液器相对其他部件的位置等。要保证蓄液器填充时其内部的气泡能被彻底排出，蓄液器蓄满液体时不发生滴流和泄漏。

流体计算在板式贮箱的设计中占有重要的地位，这是因为板式贮箱的性能无法在地面验证。因此也有人说“网式贮箱是试出来的，板式贮箱是算出来的”。

20 世纪 90 年代，D. E. Jaekle 先后对板式推进剂管理装置中导流叶片、蓄液器、陷阱、沟槽和廊道等部件，在微重力环境下利用表面张力传输推进剂的机理进行了分析，给出了微重力下表面张力驱动流体的基本方程，并对这些方程进行初步求解，得到了一维和两维的计算结果，为板式表面张力贮箱的设计和分析奠定了基础。在对板式贮箱导流叶片驱动能力进行计算时，使用双步 LAX - Wendroff 数值求解方法对控制方程进行离散，模拟了在轨运行阶段发动机点火和熄灭两种非定常状态下导流叶片上推进剂传输的过程，得到了从发动机点火到推进剂稳定传输的时间，为板式贮箱的设计提供了计算依据。这些计算方法到今天仍具有一定的指导意义。图3 - 7 所示为 D. E. Jaekler 模拟的发动机点火后导流叶片上推进剂分布的结果。

随着计算机技术的发展，数值模拟在板式贮箱设计中的重要性变得更加明显，美国普渡大学的 Steven H. Collicot 于 1999 年对应用

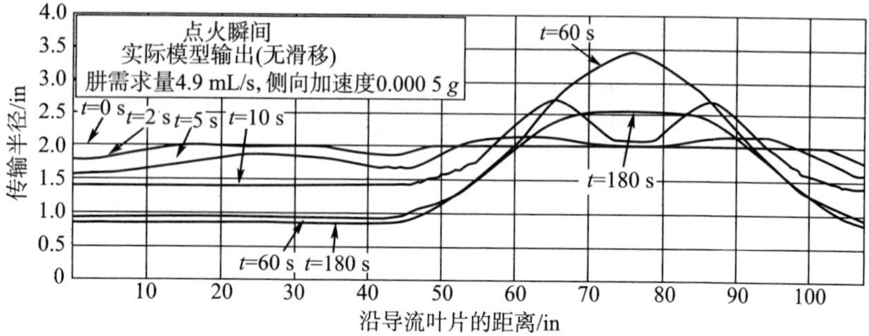

图 3-7　导流叶片上非定常流动的模拟结果

于板式贮箱内部流动计算的“界面推演”方法的收敛性进行了研究，研究指出对于邦德数较小的贮箱内的流动，该方法比较容易收敛，另外结构对称的模型在使用该方法时效果更好。IMAI Ryoji 等人在 2002 年对板式表面张力贮箱在微重力环境下的流动做了三维数值模拟。在计算时，也使用了“界面推演”的方法，得到了流体传输过程中的三维界面分布情况，不过对紧贴导流叶片位置处流体行为的模拟还不是很充分。

3.1.2.3　板式表面张力贮箱的应用

目前，航天器用贮箱的主要生产厂商所生产的大容量贮箱主要是板式表面张力贮箱，这其中最重要的厂商为美国的 PSI 公司、德国的 EDS 公司。这些公司所生产的板式表面张力贮箱已经逐渐取代网式表面张力贮箱成为大型地球静止轨道卫星平台的主流产品。图 3-8 所示为各种典型的板式部件。

对于国际上主要卫星平台所使用的以板式结构为主的表面张力贮箱，下面分别进行介绍。

（1）板式贮箱在海盗号探测器上的应用

海盗号探测器为一火星探测器，其推进系统的功能包括在长达 12 个月的飞行过程中进行中途轨道校正、火星轨道的捕获和轨道器姿态的调整。所用推进剂为甲基肼和四氧化二氮，推进剂贮箱为板

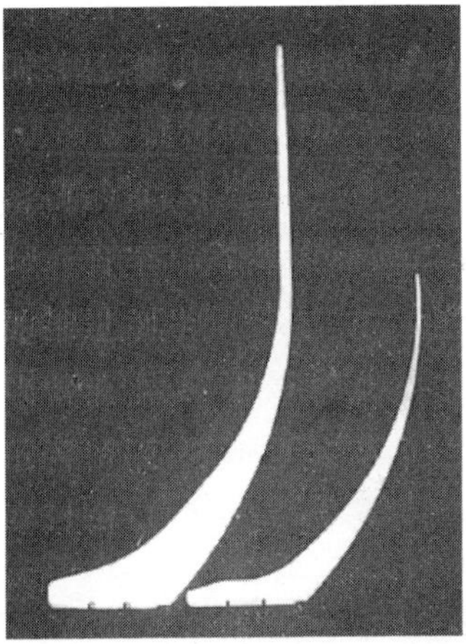

(a) 导流叶片1

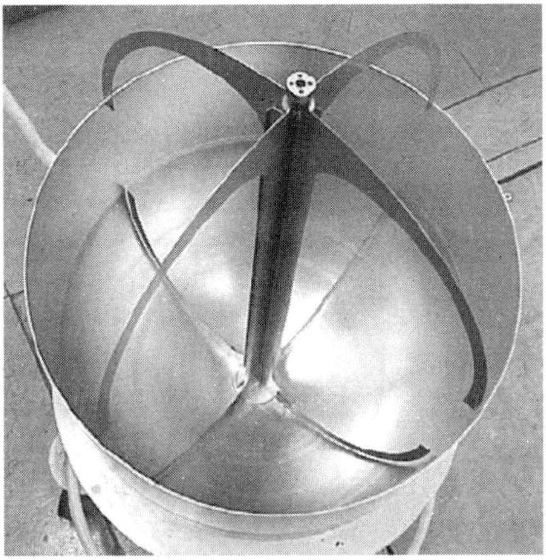

(b) 导流叶片2

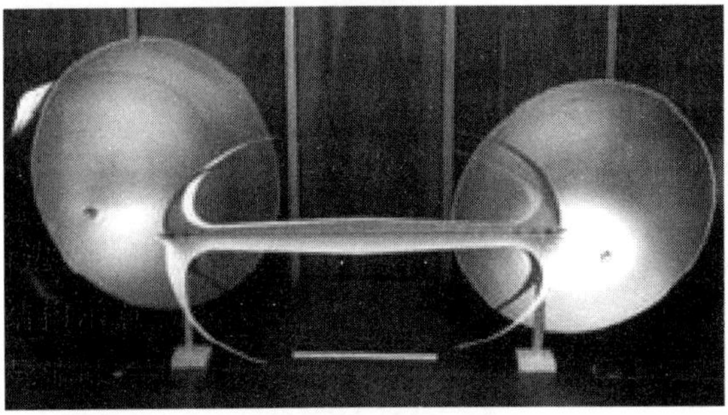

(c) 导流叶片3

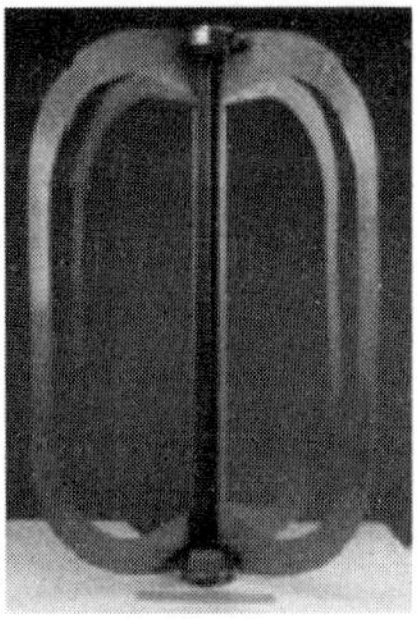

(d) 导流叶片4

(e) 蓄液器1

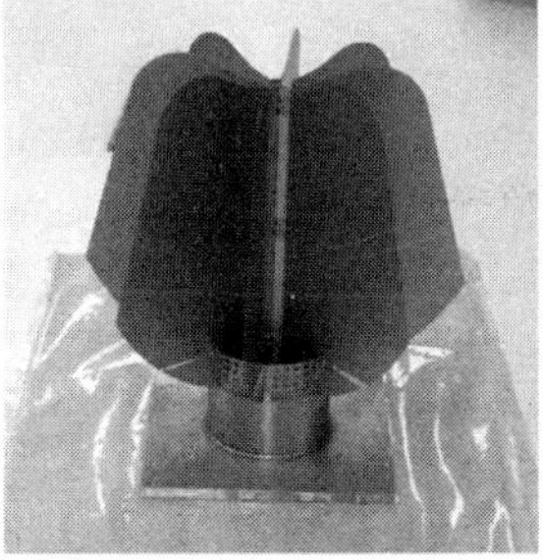

(f) 蓄液器2

图 3-8　各种典型的板式部件

(g) 蓄液器3

(h) 蓄液器4

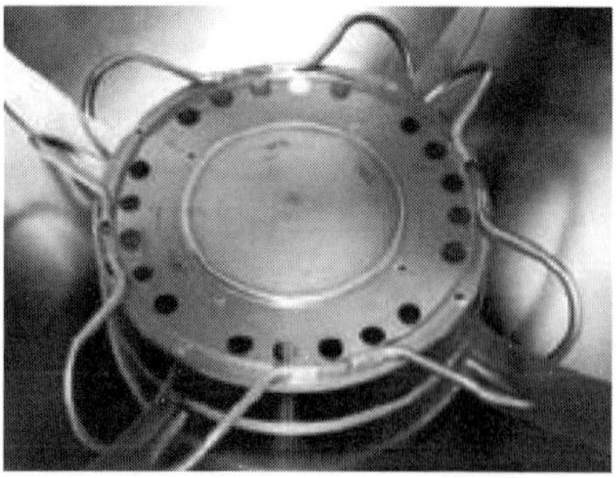

(i) 板式PMD1

(j) 板式PMD2

图 3-8 各种典型的板式部件（续）

式结构，管理装置由灯笼形导流叶片组件、导流叶片、增压/放气管及底部简易收集组件构成（见图 3-9）。12 块导流叶片安装在中心支撑柱上，中心柱内有管路通向出液口，管路内有一鳍板用于排出管内的气泡。从气口沿贮箱壁延伸到液口的导流叶片提供了液体流动的通道。增压/放气管比较长，端部有流体旋涡发生器，它将保证增压气体直接进入气体团中而尽可能减小对周围液体的扰动。底部简易收集组件中有液体池，来自导流叶片组件和中心柱内的推进剂首先汇集到此，然后经过开孔的隔板排出贮箱，隔板上共有 478 个 ϕ 2.5 mm 的小孔，依靠表面张力截留气体。PMD 除了做到推进剂的无气排放外，还要使推进剂尽可能定位在 PMD 中心柱周围。海盗号探测器贮箱技术参数见表 3-3。

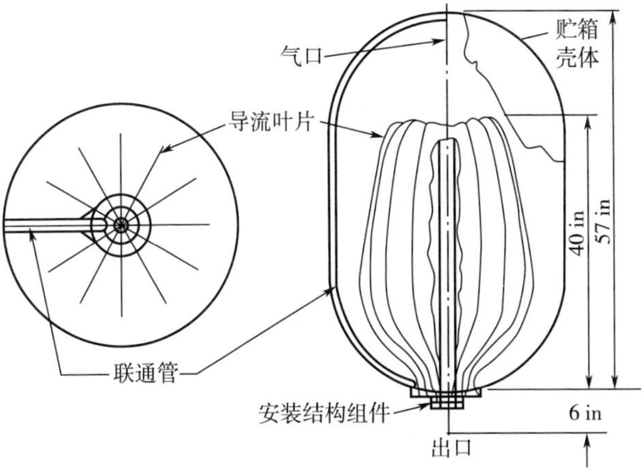

图 3-9　海盗号探测器表面张力贮箱

表 3-3　海盗号探测器贮箱技术参数

序号	参数名称	单位	技术指标
1	尺寸	mm	ϕ 927×1448
2	PMD 质量	kg	6.8
3	最小填充比		6.1%(MMH),11%(NTO)
4	挤出效率	—	>99%
5	流量	kg/s	0.19(MMH),0.29(NTO)
6	点火次数	—	12～35
7	点火间隔	d	1～320
8	每次启动推进剂量	kg	5.89(MMH),8.52(NTO)
9	漂移加速度	g	1×10^{-7}
10	轨道器点火	g	0.04～0.15
11	增压方式	—	恒压
12	发射时压力	MPa	0.7(294 K)
13	工作压力	MPa	1.7
14	材料	—	钛合金

研制过程中对可能出现的各种流体状态都进行了试验验证，如气泡的定位、气泡的稳定性、增压过程对气泡的扰动、推进剂重定位、推进剂迁移及洁净度对接触角的影响等，微重力试验是以缩比玻璃模型和相似准则为基础通过落塔进行的。海盗号探测器贮箱是世界上第一个飞行的板式贮箱，已经成为表面张力贮箱的经典之作，现在众多板式贮箱无不受益于它的成功。

(2) 板式贮箱在 HS-601 平台上的应用

HS-601 平台是波音公司（原休斯公司）最成功的地球静止轨道卫星平台，最早应用于 1987 年。其贮箱为球形，推进剂管理装置以板式结构为主，包括导流叶片、蓄液器、陷阱、管状收集器和毛细网窗口，属于从筛网式向板式过渡的表面张力贮箱类型，每个卫星平台使用四个贮箱。其工作模式包括卫星变轨时的大流量工作方式和轨道保持及姿控时的小流量工作方式。变轨发动机工作时卫星处于慢自旋状态，加上有向下的加速度，推进剂自动沉底；轨控南北位保持工作时使用蓄液器和陷阱内的推进剂，在工作间隙蓄液器通过导流叶片充液；当陷阱外液体全部消耗尽时，通过管状收集器为发动机提供推进剂，直到陷阱内的推进剂排空。HS-601 平台贮箱的主要技术参数如表 3-4 所示。

表 3-4 HS-601 平台贮箱的主要技术参数

序号	参数名称	单位	技术指标
1	质量	kg	13.1
2	容积	L	368
3	直径	mm	ϕ 889
4	挤出效率	—	>99.5%
5	在轨寿命	a	15
6	工作压力	MPa	1.79
7	验证压力	MPa	2.24
8	爆破压力	MPa	2.69

1996 年，该公司对 HS－601 平台进行了改进，形成 HS－601HP，HS－601HP 型贮箱增加了中间柱段，柱段长度为 290 mm，而且内部的四个导流叶片的长度也相应加长，以便于对柱段的推进剂进行管理，同时扩大了蓄液器的体积，使蓄液能力有所增强，此外还扩大了底舱入口的大小，来满足更大流量的要求。扩展后的贮箱容积为 534.4 L，在轨工作寿命可以达到 20 年。改进前后的贮箱结构如图3－10 所示。

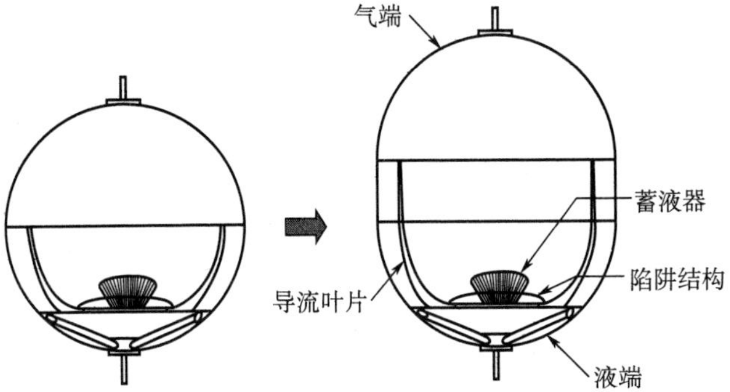

图 3－10　HS－601 和 HS－601HP 平台贮箱结构

(3) 板式贮箱在 Sinosat 卫星上的应用

Sinosat 卫星是中德合资的一颗通信卫星，采用 SPACEBUS 3000 卫星平台的统一双组元推进系统，卫星总质量为 2 800 kg，设计寿命为 15 年。其推进剂贮箱是 SPACEBUS 系列的一个改进型，由管理装置、上下卡西尼半球、圆柱段和安装裙构成，其中圆柱段高度可根据推进剂的需要调整，安装有 24 个支撑耳片。Sinosat 卫星贮箱技术参数见表 3－5。该贮箱曾用在下列卫星上：Artemis、Arabsat、Eutelsat、Agila、Thaicom－3、Sirius 及 Sinosat。

表 3－5　Sinosat 卫星贮箱技术参数

序号	参数名称	单位	技术指标
1	质量	kg	36～48

续表

序号	参数名称	单位	技术指标
2	容积	L	700～1108
3	填充比	—	50%～95%
4	挤出效率	—	99.5%
5	阻尼系数	—	0.1%
6	流量	dm^3/s	远地点时0.07,姿轨控时0.012
7	氦漏率	cm^3/s	$<1\times10^{-6}$
8	可靠度	—	≥0.999
9	工作寿命	a	16
10	储存寿命	a	5
11	工作压力	MPa	最大1.93
12	验证压力	MPa	≥1.25×1.93
13	爆破压力	MPa	≥1.5×1.93
14	材料	—	不锈钢网、钛合金

该贮箱的PMD为可填充蓄液池＋导流叶片＋收集器结构（见图3-11），底部有通过筛网蓄留的结构，是一个筛网蓄留和导流叶片结合的表面张力贮箱。导流叶片从液体出口处延伸到气口，这既是结构上的需要，同时也是为了将气口处残留的推进剂由表面张力驱动到出口处的功能上的需要。预先充满的蓄液池提供了远地点点火所需的初始推进剂，随后持续的变轨工作使推进剂始终覆盖液体出口，并消耗掉80%以上的推进剂。

每次位置保持和姿态控制所需的推进剂由蓄液器提供，在推进系统工作间隙表面张力驱动推进剂填满蓄液器。液体以三种途径排出贮箱：直接从蓄液池通过底部的筛网进入出口池、蓄液池内的推进剂通过管路进入底收集器再进入出口池，以及蓄液池外的液体通过底收集器直接进入出口池。蓄液池的再填充路径有两条：推进剂从出口池经过其顶部的筛网进入蓄液池、推进剂通过底部的收集器再通过管路进入蓄液器的上部。

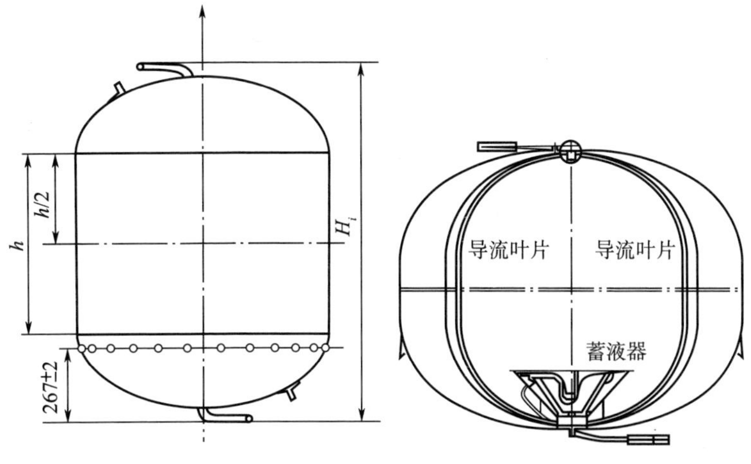

(a) 外形图　　(b) 内部结构简图

图 3－11 Sinosat 卫星表面张力贮箱

(4) 板式贮箱在 STAR－2 卫星上的应用

1999 年美国 PSI 公司为轨道科学公司 STAR－2 卫星的双模式推进系统研制了板式表面张力贮箱。该氧化剂贮箱的 PMD 由带金属片的蓄液器、立管、底槽、孔板窗口和出口组成，没有毛细网，为全焊接钛合金结构。它是当前表面张力贮箱的代表。STAR－2 卫星的氧化剂贮箱结构如图 3－12 所示。

STAR－2 卫星氧化剂贮箱的主要技术参数见表 3－6。

(5) 板式贮箱在 A2100 卫星平台上的应用

洛克希德·马丁公司 A2100 卫星平台的推进剂贮箱是目前世界上容积最大的表面张力贮箱，贮箱的高度达到了 3 353 mm，容积达到 1 920 L，为长圆柱形结构，PMD 为双端锚型结构，底部有气泡陷阱。该贮箱的结构如图 3－13 所示。卫星轨道机动时先进行推进剂沉底，在日常姿控工作时，依靠 PMD 供给推进剂，它兼顾了轨道机动和姿控两种工作模式，且结构简单，中心的支撑柱同时具有增强贮箱弯曲刚度的作用。

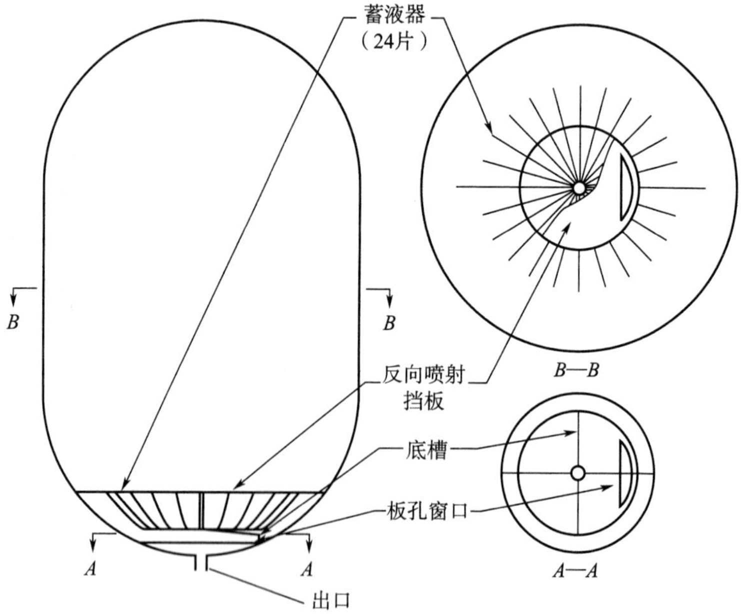

图 3-12 STAR-2 卫星氧化剂贮箱结构

表 3-6 STAR-2 卫星氧化剂贮箱的主要技术参数

序号	参数名称	单位	技术指标
1	质量	kg	9
2	容积	L	159
3	挤出效率	—	>99.6%
4	尺寸	mm	ϕ 539.75×881.13
5	在轨寿命	a	15
6	工作压力	MPa	2.0
7	验证压力	MPa	2.6
8	爆破压力	MPa	3.1

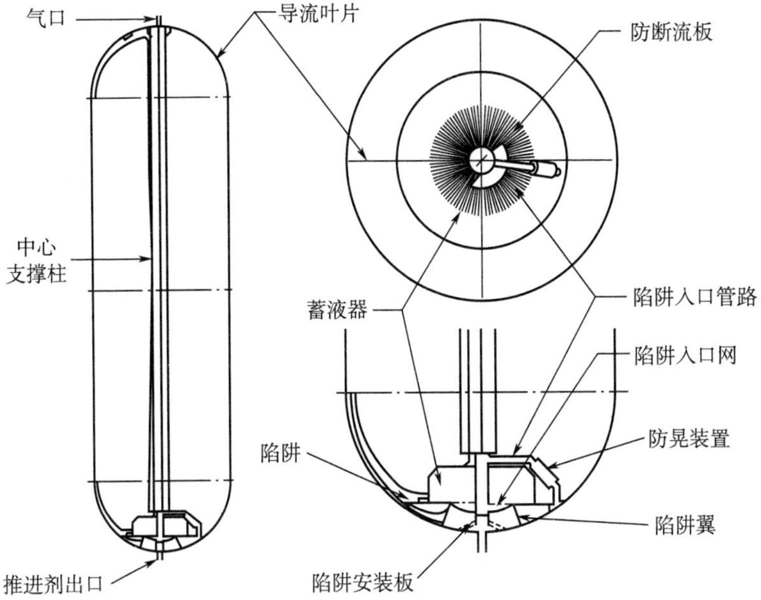

图 3-13　A2100 推进剂贮箱结构

表 3-7 所示为该贮箱的主要技术参数。

表 3-7　A2100 贮箱的主要技术参数

序号	参数名称	单位	技术指标
1	质量	kg	93.98
2	容积	L	1 920
3	挤出效率	—	>99.7%
4	尺寸	mm	ϕ 897×3 353
5	在轨寿命	a	15
6	工作压力	MPa	2.0
7	验证压力	MPa	2.6
8	爆破压力	MPa	3.1

（6）板式贮箱在 ETS-Ⅷ卫星上的应用

2001 年，PSI 公司在总结前面的成功设计的基础上，为日本的 ETS-Ⅷ卫星设计了板式表面张力贮箱。这种贮箱重量小，结构简单，加工容易，可靠性高。贮箱的直径为 ϕ 1 242 mm，高 1 608 mm，柱段长 360 mm，容积为 1 435 L，质量仅为 45 kg。PMD 由四条导流叶片和一个蓄液器/气泡陷阱组件构成，导流叶片从底部延伸到柱段的顶部。这个贮箱是 PSI 公司直径最大的贮箱，其结构如图 3-14 所示。每颗卫星上使用两个这种贮箱。

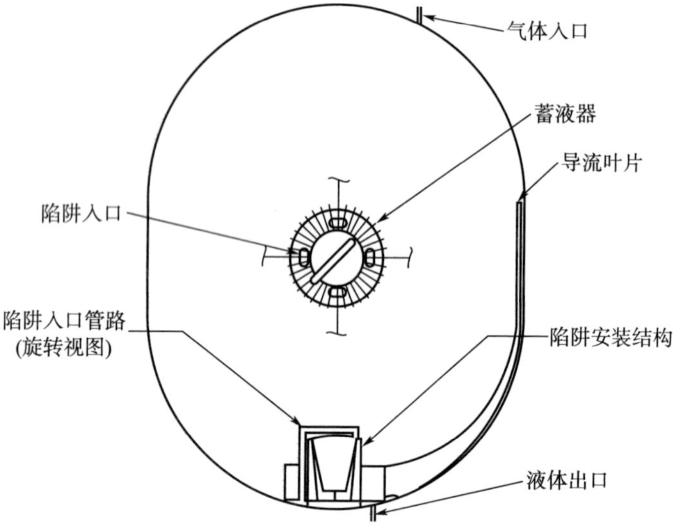

图 3-14 ETS-Ⅷ推进剂贮箱结构

表 3-8 所示为该贮箱的主要技术参数。

表 3-8 ETS-Ⅷ贮箱的主要技术参数

序号	参数名称	单位	技术指标
1	质量	kg	45
2	容积	L	1435
3	挤出效率	—	＞99.5%

续表

序号	参数名称	单位	技术指标
4	尺寸	mm	ϕ 1 247.1×1 607.8
5	在轨寿命	a	15
6	工作压力	MPa	1.7
7	验证压力	MPa	2.1
8	爆破压力	MPa	2.6

除此之外，目前欧洲所使用的大容量贮箱基本上也是板式表面张力贮箱，德国 EDS 公司设计了容积从 700 L 到 1 207 L 的板式表面张力贮箱，应用在 Artemis、Arabsat 2、Cesasat、Eutelsat W24、Arabsat BSS、Thaicom 3、Sinosat、Sirius、Stentor、Hispasat 等卫星上，这些贮箱都是由导流叶片和蓄液器组成的，全部为标准通用部件，采用全管理方式。另外，德国 EDS 公司还专门为无水肼单组元系统研制了纯导流叶片式 PMD 贮箱，结构重量和制造成本更低，容积为 104 L、质量为 6.4 kg，用于美国的 Globalstar 卫星上。法国 SEP 公司从 1983 年开始为欧洲的地球静止轨道卫星平台 EUROSTAR 研制 257 L 蓄液器式贮箱，先后用在 Telecom 2A/2B/2C/2D，Hispasat 等通信卫星上，1996 年由马特拉·马可尼公司对原贮箱进行了重新设计，体积增大了一倍，命名为 EUROSTAR 2000+贮箱，由英国的 DOWTY 公司承担加工。SPACEBUS 4000 所使用的表面张力贮箱也是板式的，它的管理装置由导流叶片和蓄液器组成，对整个贮箱的推进剂实行全管理。

从国际上看，板式表面张力贮箱已经成为航天器推进剂贮箱产品的主流，并具有如下的特点：

1）容积大于 500 L 的贮箱，其管理装置基本上都采用了板式 PMD，对于容积小于 400 L 的贮箱，也有很大比例采用了以导流叶片或蓄液器为代表的板式 PMD；

2）对板式表面张力贮箱的发展历程进行总结，可以发现最初应用的板式表面张力贮箱一般使用的是板网混合型的 PMD 结构，而随着板式结构的逐渐成熟，筛网的使用就逐渐减少，仅在气泡陷阱或贮箱出口等特殊部位使用。另外，导流叶片—蓄液器（含气泡陷阱）式的结构是大容量板式表面张力贮箱中最常用的板式 PMD 组合结构；

3）板式表面张力贮箱积累了越来越多的飞行经验，它在使用时充分体现了全管理、容量大、适应能力强和可靠性高的优点，已经成为国际上主要卫星平台应用的推进剂贮箱。

3.2 推进剂贮箱设计基础

3.2.1 网式表面张力贮箱设计原理

网式表面张力贮箱是通过毛细网的蓄留能力实现对液体的管理。图 3－15 就是最简单的网式表面张力贮箱的原理图，毛细网将容器分割成两个腔，只要满足一定条件，液体可以比较容易地进入到右腔，而气体就无法进入右面的腔体，直到左边的液体全部排空。实际的网式贮箱结构要复杂得多，液体的管理通过带网的 PMD 完成。PMD 通常由带毛细网的收集器、通道、气泡陷阱等构成。

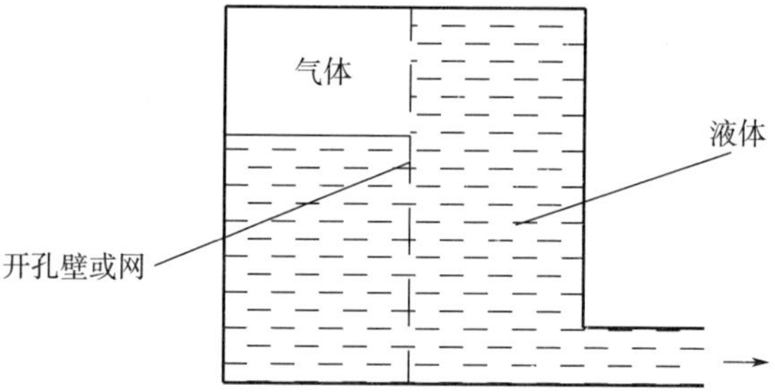

图 3－15　网式表面张力贮箱原理图

收集器的作用是收集分布在各处的推进剂，收集器的位置应该是液体静态分布或重定位后的位置。气泡陷阱的作用是截流与捕获进入 PMD 内的气体，这些气体可能是在加注或卫星发射时进入的，也可能是由于毛细网液膜瞬间失稳进入的。流体通道将所有的收集器与气泡陷阱连接起来，组成一个流体网络。所用的毛细网主要是斜纹编制网，网式表面张力贮箱能够适应绝大多数的飞行任务要求。目前网式贮箱所用的毛细网大多是不锈钢材料的，与钛合金焊接难度比较大，钛合金网受到钛金属成形难的影响，使得钛金属丝很难加工得很细，因此钛金属网的泡破点比较低，在网式贮箱中应用较少。

网式表面张力贮箱设计的输入参数是推进系统工作时的环境加速度、对推进剂的流量要求和推进剂挤出效率。设计时先根据管理装置对维持能力的要求选择毛细筛网，并根据推进剂在微重力和零重力下的空间分布确定管理装置的结构及收集器的分布。然后计算管理装置的各项阻力，最后计算管理装置的泡破点安全系数。

实际的管理装置阻力由五部分组成

$$\sum \Delta P_i = \Delta P_h + \Delta P_v + \Delta P_e + \Delta P_f + \Delta P_t \tag{3-1}$$

（1）液体的静压头损失 ΔP_h

$$\Delta P_h = \rho g H \tag{3-2}$$

式中　g ——加速度；

H ——液面高度。

（2）动压头损失 ΔP_v

$$\Delta P_v = \frac{1}{2}\rho V^2 \tag{3-3}$$

（3）液体通过筛网的压力损失 ΔP_e

$$\Delta P_e = A_1 \mu V_e + A_2 \rho V_e^2 \tag{3-4}$$

式中　μ ——液体的动力粘性系数；

V_e——Q/A（Q 为流量，A 为筛网面积）。

对于筛网 A_1 和 A_2 分别为

$$A_1 = \alpha B \theta_T \frac{a_s^2}{\varepsilon^2}$$

$$A_2 = \beta B \theta_T \frac{D}{\varepsilon^2}$$

式中　α ——层流流阻系数（8.61）；

B ——筛网厚度；

θ_T ——筛网厚度修正系数；

a_s ——单位体积筛网的表面积；

ε ——开孔因子；

β ——湍流流阻系数（0.52）；

D ——筛网平均直径。

（4）液体管理装置流动的摩擦阻力损失 ΔP_f

$$\Delta P_f = \frac{l_t \rho \lambda V^2}{2d} \tag{3-5}$$

式中　l_t ——通道长度；

d ——通道直径，对于方形通道是其当量直径 $\dfrac{2ab}{a+b}$，a、b 是矩形截面的边长；

V ——液体沿通道的流动速度；

λ ——摩擦阻力系数：$\lambda = 64/Re(Re \leqslant 2\ 300)$，$\lambda = 0.316\ 4\ Re^{-1/4}(2\ 300 < Re \leqslant 10^5)$；$Re = \dfrac{\rho V d}{\mu}$。

（5）瞬态压力损失 ΔP_t

ΔP_t 没有简单的表达式，一般取一个较保守的估算值。

一般来说，网式管理装置的泡破点安全系数应不小于3。泡破点安全系数的定义是

$$\eta = \frac{\Delta P_\sigma}{\sum \Delta P_i} \tag{3-6}$$

如果 η 不满足要求，则修改PMD的设计，再重复上述过程，直到满足设计要求。

3.2.2　板式表面张力贮箱设计原理

由于表面张力贮箱的工作环境是微重力环境，而地面的环境是常加速度1 g 环境，如何在地面验证其性能是贮箱设计的关键之一。

试验验证可分为两类：设计指标的验证和性能指标的验证。对于贮箱来说，设计指标主要就是挤出效率；性能指标则涉及贮箱能够适应的各种环境条件、非正常工作模式、贮箱完成额定工作的过程等，主要有：推进剂在工作环境下的静平衡状态、加速度矢量改变后液体的重定位过程及重定位时间、在周期性脉冲推力作用下贮箱内液体的晃动强度和稳定性、液体沿着导流叶片夹角的爬升、蓄液器的零重力填充及填充时间等。

板式表面张力贮箱的组成主要包括蓄液器和导流叶片，蓄液器和导流叶片的设计就成了板式表面张力贮箱设计的主要内容。

(1) 蓄液器的基本原理

蓄液器是利用推进剂表面张力形成的驱动力来蓄留液体的。为了说明蓄液器的工作原理，首先考察具有一定夹角的两个平板间蓄液的能力。图 3-16 所示为液体在两个具有一定夹角的平板间的分布情况，由于表面张力的作用，液体的上下两端形成两个大小不等的弧面，其半径分别为 R_{up} 和 R_{low}。

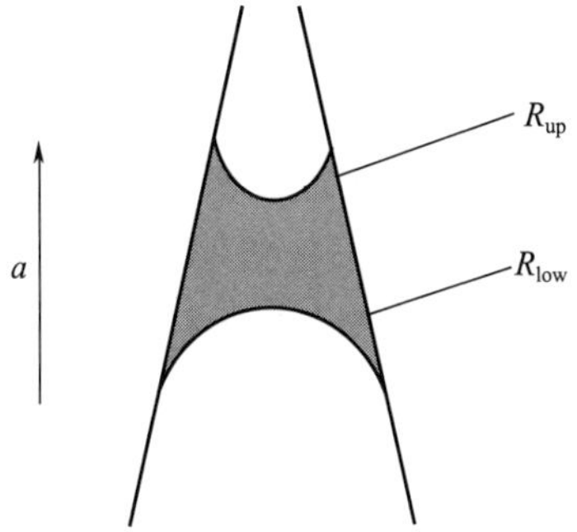

图 3-16　平板间液带分布示意图

这样就可以得到由表面张力之差所产生的驱动力的表达式

$$\Delta P_{st}=P_{low}-P_{up}=\left[P_{gas}-\sigma\left(\frac{1}{R_{low}}\right)\right]-\left[P_{gas}-\sigma\left(\frac{1}{R_{up}}\right)\right] \tag{3-7}$$

即

$$\Delta P_{st} = \sigma\left(\frac{1}{R_{up}} - \frac{1}{R_{low}}\right) \tag{3-8}$$

驱动力主要用来克服由微重力所产生的静压力，而动压力和粘性损失的值相对较小，可以忽略不计。液体的静压力可以表示为

$$\Delta P_{hydrostatic} = \rho a \Delta z \tag{3-9}$$

这样可以得到力平衡方程

$$\sigma\left(\frac{1}{R_{up}} - \frac{1}{R_{low}}\right) = \rho a (z_{up} - z_{low}) \tag{3-10}$$

蓄液器的工作原理与两个平板间的蓄液原理相同，也是利用上下液带半径之差来产生驱动力，以克服由微重力所产生的静压力。蓄液器中的叶片上都有小孔，以保证不同叶片间的推进剂是相通的，因此，任意叶片之间液带半径分布的关系可以使用上述公式来表示。图 3-17 所示为蓄液器工作原理示意图。

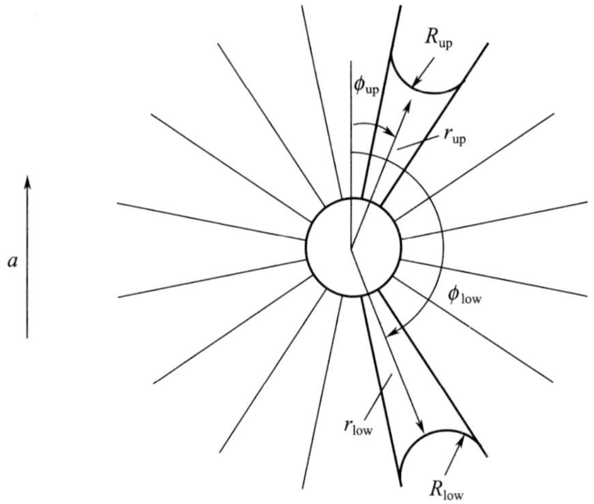

图 3-17　蓄液器工作原理示意图

从图中可以看出，$z_{up} = r_{up}\cos\phi_{up}$，$z_{low} = r_{low}\cos\phi_{low}$。使用该方程对蓄液器不同角度的液面分布进行求解，就可以得到整个蓄液器上液面的分布。使用该公式可以得到蓄液器的最大蓄液量、临界蓄

液量和推进剂残余量，具体的求解方法在后面给出。

（2）蓄液器临界加速度分析

在零重力加速度的情况下，即使蓄液器内部混有气泡，也会在表面张力的驱动之下从蓄液器内排出。但是在微重力加速度的情况下，所产生的静压力会抵消一部分表面张力的驱动力，当微重力加速度足够大时，两者将会完全抵消，这时气泡就不能从蓄液器中排出，从而导致有部分推进剂被气泡隔开，这会造成蓄液器断流和排液夹气失效，此时的微重力加速度就是临界加速度。

图3-18所示为蓄液器内部夹气情况示意图，对 S 区域的液体进行考察，要使该区域的推进剂向里运动，进而将气泡排出，其所受到表面张力的驱动力必须大于或等于静压力。此时应该满足

$$\sigma\left(\frac{1}{R_{\mathrm{up}}}-\frac{1}{R_{\mathrm{low}}}\right)\geqslant \rho a\left(z_{\mathrm{up}}-z_{\mathrm{low}}\right) \tag{3-11}$$

上述不等式也可以写成

$$\sigma\left(\frac{1}{R}-\frac{1}{R+\Delta R}\right)\geqslant \rho a\,\Delta z \tag{3-12}$$

化简得

$$\sigma\,\frac{\Delta R}{R^{2}}\geqslant \rho a\,\Delta z \tag{3-13}$$

当气泡非常接近蓄液器边缘时，ΔR 和 Δz 都是无限小量，此时，可以将上述公式写成

$$\sigma\,\frac{\mathrm{d}R}{R^{2}}\geqslant \rho a\,\mathrm{d}z \tag{3-14}$$

这样可以得到蓄液器的临界微重力加速度

$$a_{\mathrm{lim}}=\frac{\sigma}{\rho}\,\frac{\mathrm{d}R}{\mathrm{d}z}\,\frac{1}{R^{2}} \tag{3-15}$$

当蓄液器叶片夹角足够小时，$R\approx\dfrac{l}{2}$，代入上式得

$$a_{\mathrm{lim}}=\frac{\mathrm{d}l}{\mathrm{d}z}\,\frac{\sigma}{\rho}\,\frac{2}{l^{2}} \tag{3-16}$$

式中 l ——叶片的间距。

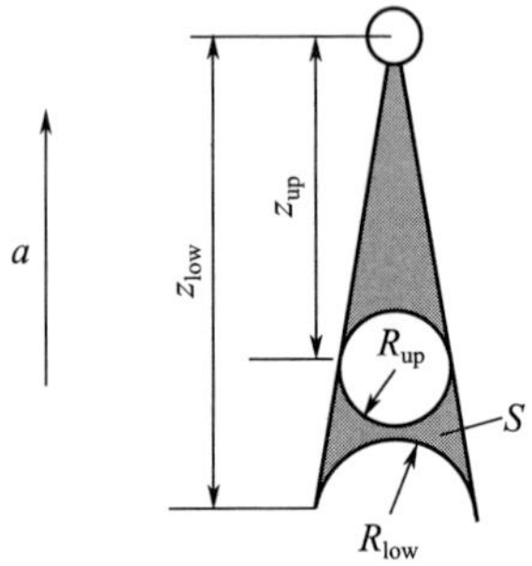

图 3-18 叶片间夹气状态示意图

根据以上的原理及蓄液器的基本公式，对一种典型的圆柱型蓄液器的性能进行计算分析。设蓄液器的外径 r_1 为 10 cm，内径 r_2 为 2.5 cm，高度 h 为 20 cm，叶片数 N 为 128 个，叶片厚度 t 为 0.2 mm。在 $+X$、$-X$、$+Y$ 和 $-Y$ 四个方向采用导流叶片为其进行充液，导流叶片距蓄液器外缘的间距为 2.5 cm，这样可以防止推进剂沿着导流叶片返流。该蓄液器的有效容积为 2.94 L。具体的设计如图 3-19 所示。按照推进剂为 NTO 情况进行计算，其表面张力系数 σ 为 2.6×10^{-2} N/m，密度 ρ 为 1.444×10^{3} kg/m^3，计算时设微重力加速度方向向上，其他状态的计算与之相同。

蓄液器所能承受的微重力加速度值是考察一个蓄液器性能最重要的参数，临界加速度的计算使用公式（3-16）。

对于叶片数为 N 的蓄液器，其叶片间距为 $l=2r\sin\dfrac{\pi}{N}-t$，同时 $z=r\cos\phi$，代入公式（3-16），得

$$a_{\lim}=4\frac{\sin\dfrac{\pi}{N}}{\cos\phi}\frac{\sigma}{\rho}\frac{1}{\left(2r\sin\dfrac{\pi}{N}-t\right)^2} \tag{3-17}$$

当 $r=r_1$，$\cos\phi=1$ 时，可以得到该蓄液器的临界加速度为：$a_{\lim}=0.008\,1\,g$。

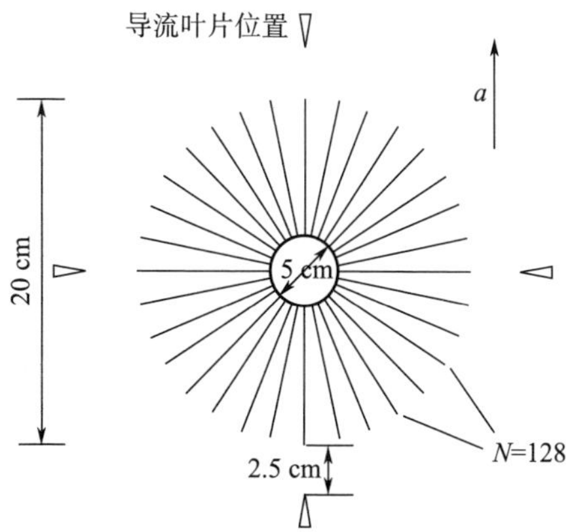

图 3－19　蓄液器基本结构示意图

（3）蓄液器的最大蓄留能力分析

通过求解基本方程（3－12），可以得到蓄液器的最大蓄液量。在求解时，要以其中某一位置的液带半径和高度为基准，这里定义为 R_0 和 z_0，这样就可以将方程（3－12）写成如下形式

$$\sigma \frac{1}{R} - \rho a z = \sigma \frac{1}{R_0} - \rho a z_0 \tag{3-18}$$

蓄液器最大蓄液能力计算可以分为两种情况，第一种情况是蓄液器单独使用，周围没有返流通道，此时蓄液器达到最大蓄留能力时的状态如图 3－20（a）所示。

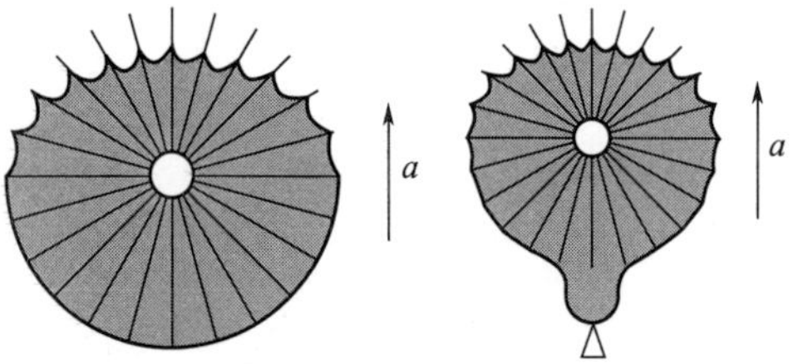

(a) 蓄液器单独使用　(b) 蓄液器与导流叶片联合使用

图 3－20　最大蓄留状态示意图

这时方程（3－18）受到如下条件的限制：

当 $r > r_1$ 时

$$R = r_1 \tag{3-19}$$

$$z = r_1 \cos\phi \tag{3-20}$$

第二种情况是蓄液器与导流叶片联合使用，这时蓄液器与导流叶片间有一定间隙，当液滴直径大于该间隙时，液体将蓄液器与导流叶片连通，形成返流通道，在反向加速度存在的情况下，蓄液器内的液体会沿着该通道泄漏。此时蓄液器达到最大蓄留能力时的状态如图 3－20（b）所示。因此，对于有间隙的情况，且当间隙的距离长度 L 满足如下条件时：$2r\sin\left(\frac{\pi}{N}\right) < L < r_1$，有

$$R = \frac{L}{2} \tag{3-21}$$

对于第二种情况，取 $\phi = \pi$ 时的半径和高度为基准，此时 $R_0 = r_1$ 和 $z_0 = -r_1$。在整个圆上对公式（3－18）进行求解，可以得到不同加速度时蓄液器上液体的分布情况以及所对应的最大蓄液体积。

（4）蓄液器的临界蓄留能力和液体残余量分析

蓄液器最保守情况下的蓄液量称为临界蓄液量，这种情况认为液体必须存在于蓄液器的叶片之间，不能附在叶片边缘，否则将视为泄漏。这种情况应满足如下条件：$r < r_1$，此时

$$R = r\sin\left(\frac{\pi}{N}\right) - \frac{t}{2} \tag{3-22}$$

$$z = r\cos\phi \tag{3-23}$$

同样取 $\phi = \pi$ 时的半径和高度为基准，此时 $z_0 = -R_0$。在整个圆上对公式（3－18）进行求解，可以得到不同加速度时蓄液器上液体的分布情况以及所对应的临界蓄液体积。

在微重力加速度存在的情况下，当蓄液器内蓄留的液体被排空时，液面深度最小的部位将首先暴露于气体中，这时如果再继续排液将会导致气体吸入，造成液体夹气。因此，将蓄液器刚好暴露于气体时的蓄液器的容积剩余量称为液体残余量。

对于上述情况，蓄液器的上方最先暴露于气体中，此时，取 $\phi=0$，得到

$$R_0=r_2\sin\left(\frac{\pi}{N}\right)-\frac{t}{2} \tag{3-24}$$

$z_0=-r_2$，以此为基准，在整个圆上对公式（3-18）进行求解，可以得到不同加速度下蓄液器排空时液体的残余量。

3.3　大型板式表面张力贮箱设计与仿真

3.3.1　贮箱设计总体方案

所设计的板式表面张力贮箱的主体结构为封头加圆柱段结构，上下两端为半球形、半椭球等形状。板式贮箱主要由贮箱壳体和板式 PMD 两部分组成，贮箱结构示意图如图 3-21 所示，整个贮箱为全焊接结构。贮箱壳体全部为钛合金材料，主要包括上下两个半球和中间圆柱段，采用桁架式安装结构方式实现贮箱安装与固定。板式 PMD 是板式贮箱的核心，全部为钛合金材料。板式 PMD 利用推进剂的表面张力，通过板式部件组成的推进剂管理装置来实现液体的传输和蓄留，同时实现气液分离，为推力器提供不夹气的推进剂。板式 PMD 在上下两端与贮箱壳体焊接固定。

3.3.2　板式 PMD 设计方案

3.3.2.1　总体设计方案

该大型板式表面张力贮箱 PMD 采用一个整体布置型蓄液器和四个导流叶片组成的板式结构，以实现对推进剂进行全管理。四个导流叶片布置在 $+X$、$-X$、$+Y$、$-Y$ 四个方向上，起到传输推进剂的作用。蓄液器由内外两个锥体包裹而成，位于贮箱下方出口处，在不同的工作环境下，蓄液器都能够起到蓄液作用，该板式 PMD 的导流叶片-蓄液器组合方案结构图如图 3-22 所示。

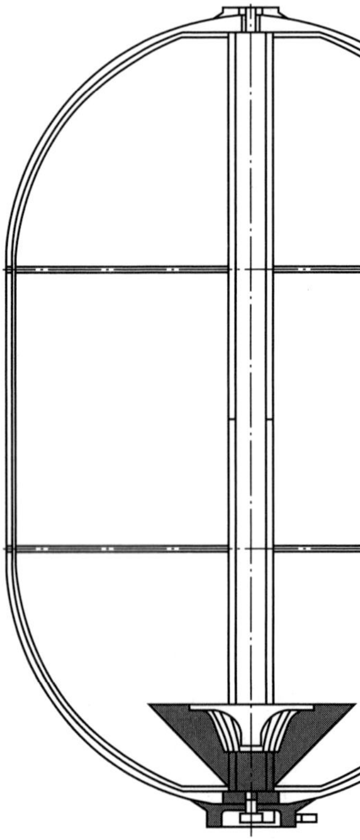

图 3 - 21　板式表面张力贮箱结构示意图

在选定整体布置型的板式 PMD 设计方案后，对其所使用的各主要管理装置部件结构进行设计，主要包括导流叶片和蓄液器的结构设计方案。

3.3.2.2　导流叶片结构设计方案

对导流叶片进行结构设计时，首先，选择导流叶片的截面样式，不同导流叶片截面样式，其传输能力和液体残留量存在很大差异。该贮箱选择截面样式为水平式的导流叶片，同时对导流叶片进行优化改进，即折边处理，导流叶片结构示意图如图 3 - 23 所示，改进后既加强了导流叶片的结构强度又提高了导流叶片的传输能力。其

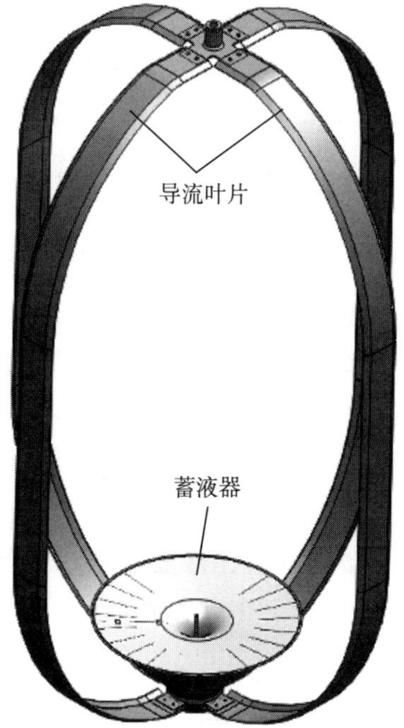

图 3 - 22　大型板式贮箱 PMD 结构示意图

次，选择导流叶片的布置位置和数量，导流叶片的布置位置和数量决定了贮箱内推进剂是否能够被完全管理，合理的布置位置应该保证贮箱内任意部位的推进剂都可以沿着导流叶片传输到蓄液器。该贮箱采用四个导流叶片，分别布置在与四个象限方向均成 45°的方向位置上。

图 3 - 23　导流叶片结构示意图

3.3.2.3 蓄液器结构设计方案

对蓄液器进行结构设计时，考虑到不同类型蓄液器所适应的工作环境不同，选择具有较强适应能力的整体布置型蓄液器，其结构由内外两个完整的锥体包裹而成，外锥体有圆弧形折边，将其置于贮箱下方出口处，通过内外锥之间的夹角以及外锥与壁面间的夹角来蓄留推进剂。同时，为了在短时间内完成从蓄液器外液池给蓄液器内填充液体确保蓄液器内液体蓄留充足，在蓄液器内放置一个由24片大的蓄液叶片和蓄液器支柱构成的小型蓄液器，这样也可以保证在轨寿命期间液体均直接蓄留在蓄液器筛网处，直至贮箱内液体排空，可确保在任何工况、任何时候都能够可靠地、无气泡地进行液体蓄留与排挤。该板式PMD蓄液器结构示意图如图3-24所示，主要由内外锥体、小型蓄液器、蓄液器网片组件、窗口网片组件、导气管以及导气管固定块等零部件组成。

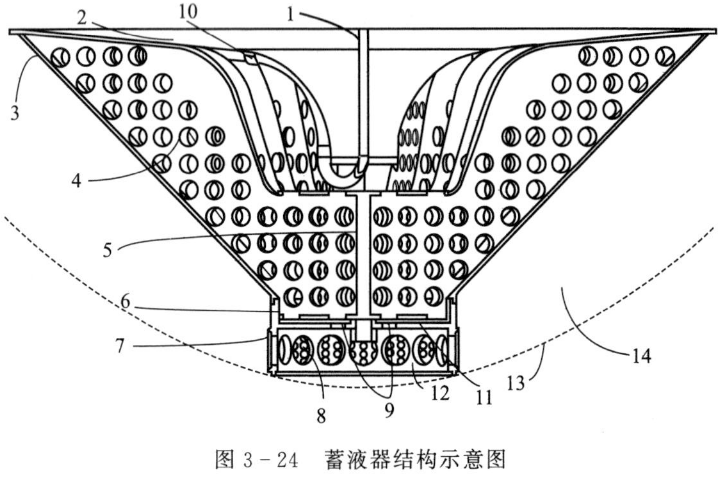

图3-24 蓄液器结构示意图

1—导气管；2—盖板；3—外壳；4—叶片；5—支柱；6—底座；7—通道窗口压板；8—通道窗口网片；9—蓄液器网片；10—固定块；11—蓄液器网片压板；12—液池；13—贮箱内壁面；14—形成的夹角空间

由图3-24可以看出，由内锥体、外锥体和蓄液器底座构成蓄液器整个结构框架，小型蓄液器位于蓄液器内腔，同时导气管通过导气管固定块与内锥体固定。在进行贮箱地面加注推进剂时，蓄液器内尖角区域的气体可以通过导气管顺利排出。

在轨时，当蓄液器进行排液时，在蓄液器尖角区域内蓄留的推进剂可通过蓄液器叶片导流至小型蓄液器下蓄液器网片区域，直至蓄液器内推进剂基本排空。在此过程中，蓄液器外部区域的推进剂也可以通过窗口网片为贮箱出液口提供不夹气的推进剂。当蓄液器无需排液时，由于小型蓄液器及蓄液器尖角区域具有很强的蓄留液体能力，因此利用表面张力驱动蓄液器外部区域的推进剂穿过窗口网片和蓄液器网片通过蓄液叶片迅速地往小型蓄液器和蓄液器尖角区域充液，直至蓄液器内基本充满推进剂。因此，蓄液器就这样反复循环地在轨正常工作。

3.3.3　导流叶片传输性能分析

3.3.3.1　分析内容

为了获得更好的导流传输能力，常常对导流叶片采取折边处理，导流叶片平板部分靠近贮箱内壁面，导流叶片在贮箱内的结构示意图如图 3－25 所示。图中，L 为导流叶片宽度，h、α 分别为导流叶片的折边高度与角度，c 为导流叶片至贮箱内壁的间隙距离。

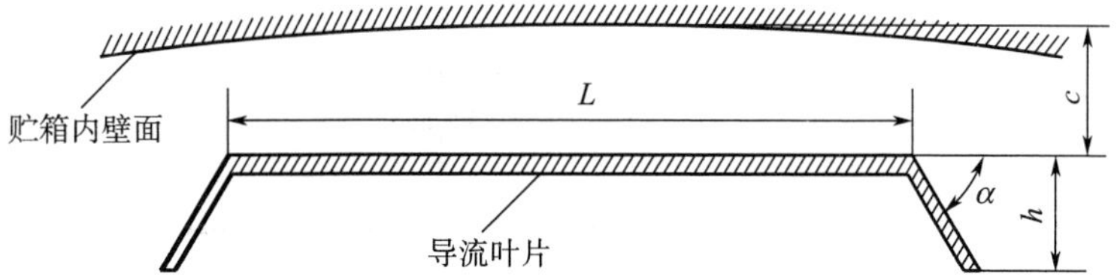

图 3－25　导流叶片在贮箱内的结构示意图

可以针对上述 4 个关键设计参数，提出多种导流叶片方案，开展导流叶片结构分析，主要包括：1）导流叶片结构参数优化，提出导流叶片的优选方案；2）导流叶片的优选方案传输性能分析。

3.3.3.2　结构参数优化计算

设定推进剂填充量为15%，选取南北位置保持工况，首先给定 $1\times10^{-3}g$ 的加速度，液体重定位后，再次施加 $1\times10^{-6}g$ 的加速度，通过该过程计算，评价不同参数组合的导流叶片模型，给出最佳方案。

（1）计算模型

导流叶片属于狭长结构，在其法向的尺度（尤其是折边高度）远小于沿贮箱壁面的展向尺度。根据大型板式贮箱的导流叶片及其折边的结构，考虑贮箱内部流体的流动特点，建立了贮箱整体结构三维模型，并且进行了网格划分，如图3-26所示。

数值计算采用的液相介质为NTO，密度为1 444 kg/m³（20 ℃），粘性系数为 4.2×10^{-4} Pa·s，表面张力系数为26 dyn/cm，气相介质为氦气。

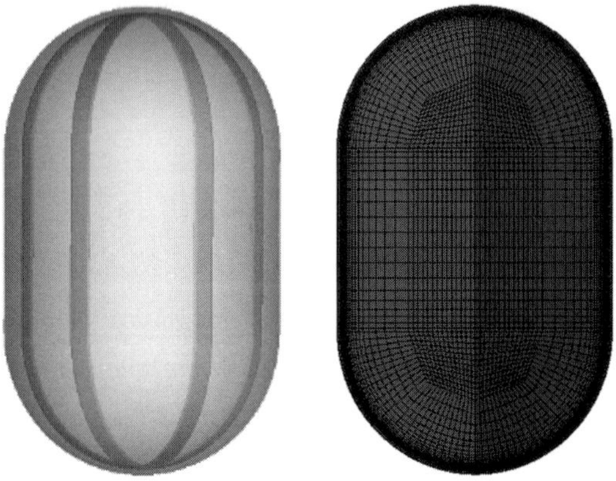

（a）三维简化模型　　（b）网格结构

图3-26　带导流叶片的贮箱三维简化模型及网格结构

（2）计算结果及分析

在图3-27中，给出了不同导流叶片在重定位过程结束之后30 s的推进剂在贮箱中的传输情况。

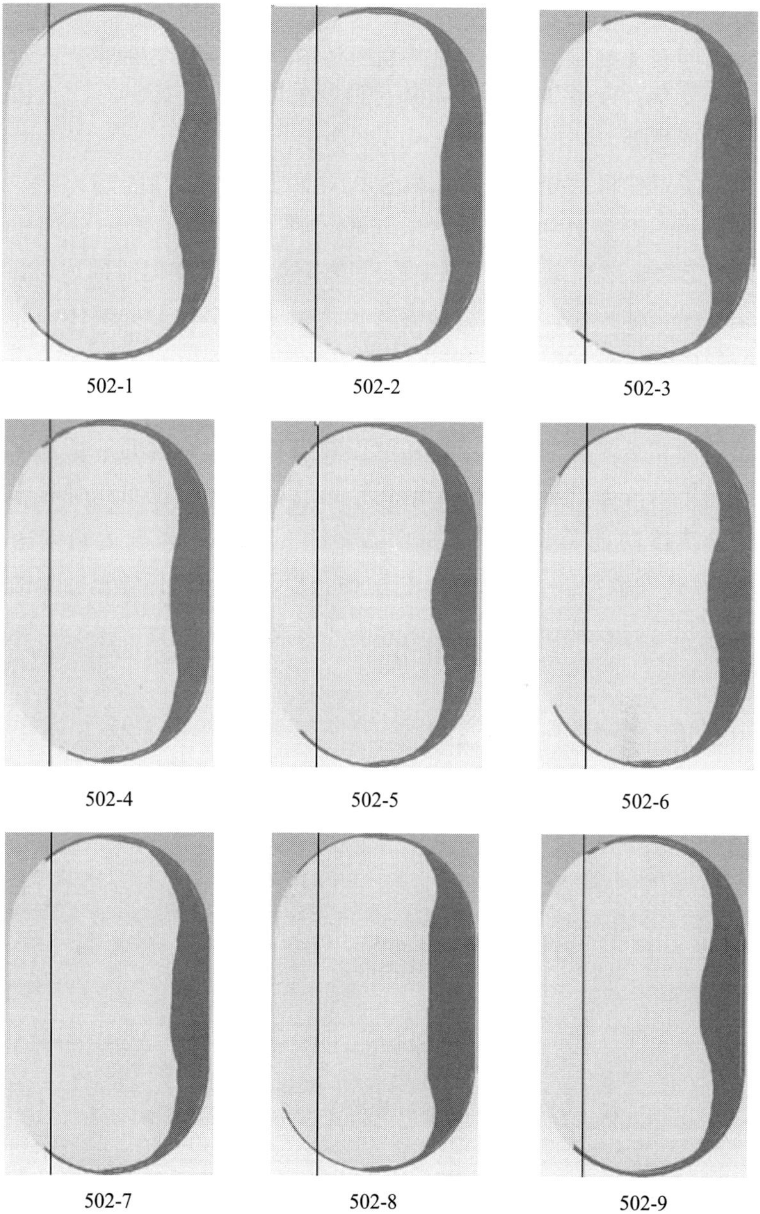

图 3－27　$1\times10^{-6}g$ 加速度工况下传输 30 s 时气液分布

根据图 3-27，在 $1\times10^{-6}g$ 加速度下，液体继续沿导流叶片传输，不同的导流叶片结构参数导致不同的传输效率。根据 30 s 时刻的气液分布，方案 502-8 中液体传播距离最远，方案 502-2 中液体传播距离最近。

为了定量得到导流叶片结构参数对推进剂传输性能的影响，便于对比每一组参数的影响大小，选取贮箱内液体沿 X 方向的质心（X_c）变化规律作为衡量推进剂传输速率的参数。相同时间内，X 方向质心变化越大，代表着沿导流叶片传输了越多质量的液体，即导流叶片的性能越好。

在图 3-28 中，L' 为导流叶片平板宽度相对于贮箱圆柱半径的值。由计算结果可知，当保持其他设计参数相同而增大平板宽度 L 时，贮箱内液面沿导流叶片传输的质心位移越大，说明此时导流叶片传输液体的能力越强。依据图 3-29 的结果，当折边角度较小（其他设计参数相同）时，由于折边的长度增大，使得导流叶片的导流表面积增大，则导流叶片输送液体的能力也增强。

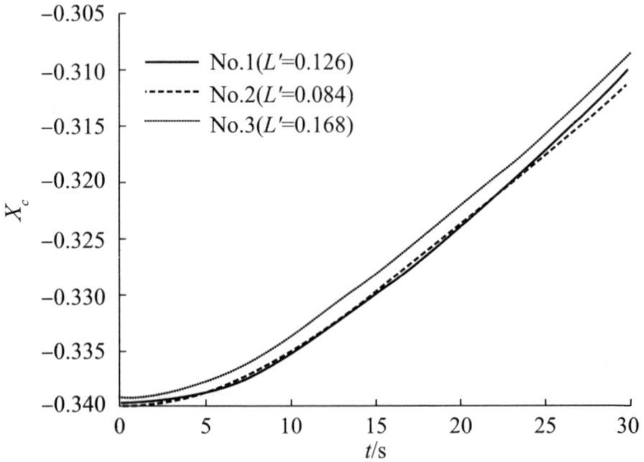

图 3-28　不同导流叶片平板宽度下质心的变化

在图 3-30 中，h' 为导流叶片折边高度相对于贮箱圆柱半径的比值。由计算结果可知，当折边高度较大（其他设计参数相同）时，由于导流叶片的导流表面积增大，则导流叶片输送液体的能力也增强。

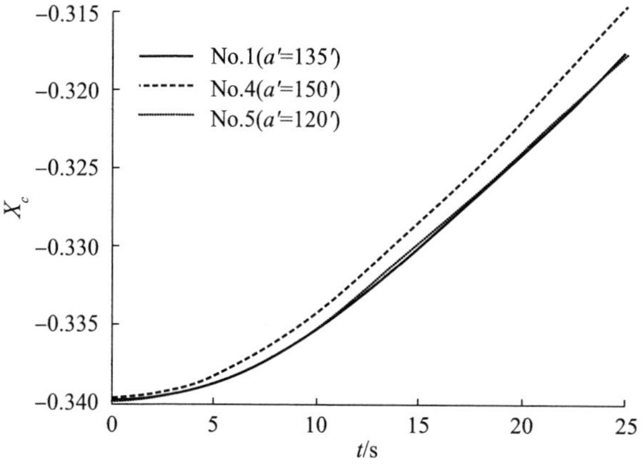

图 3-29　不同导流叶片折边角度下质心的变化

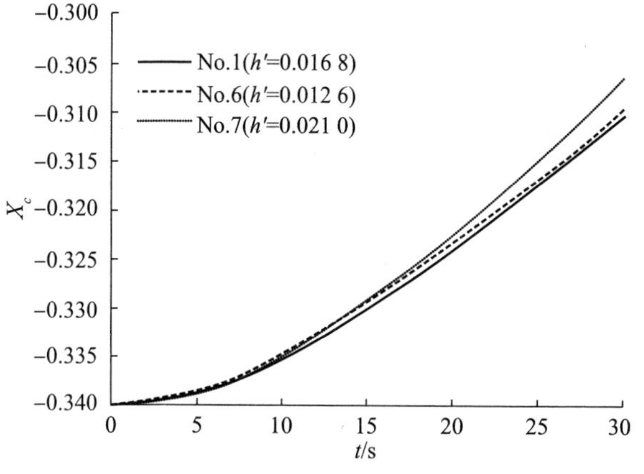

图 3-30　不同折边高度下质心的变化

在图 3-31 中，c' 为导流叶片与贮箱内壁的间隙值与贮箱圆柱半径的比值。由计算结果可知，随着间隙距离的增加，导流面积有所增加，贮箱内液体质心变化增大。但是当间隙距离较小时，质心变化幅度较大，当间隙距离增加时，质心变化幅度不明显，质心变化曲线基本重合。所以，对于一个特定尺寸的贮箱，存在一个最佳的设计间隙。进一步分析可知，导流叶片与贮箱内壁面的间隙对推进剂沿导流叶片表面运动的覆盖位置存在较大的影响。

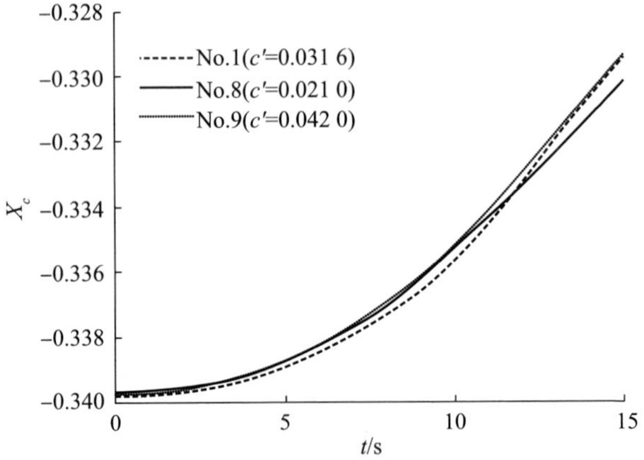

图 3-31　不同间隙下质心的变化

根据推进剂沿导流叶片流动性能分析的结果，获得不同导流叶片结构参数作用效果的影响规律，结合航天器对贮箱整体质量以及贮箱的加工安装要求，经相关因素的分析和比较，可确定大型板式表面张力贮箱导流叶片的结构参数优选方案。

3.3.3.3　导流叶片的优选方案传输性能计算分析

设定推进剂填充量为 1%，选取南北位置保持工况，加速度大小为 $1\times10^{-3}g$，计算分析导流叶片所能达到的最大传输速度和传输时间。

（1）计算模型

为简化计算，建立模型时选取 1/2 导流叶片，模型有延长折边，如图 3-32 所示。采用六面体网格，建立的导流叶片网格模型及推进剂初始填充状况如图 3-33 所示。

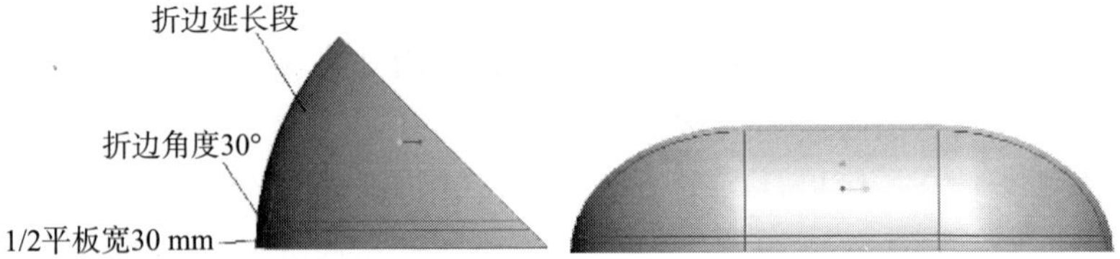

图 3-32　简化导流叶片几何模型

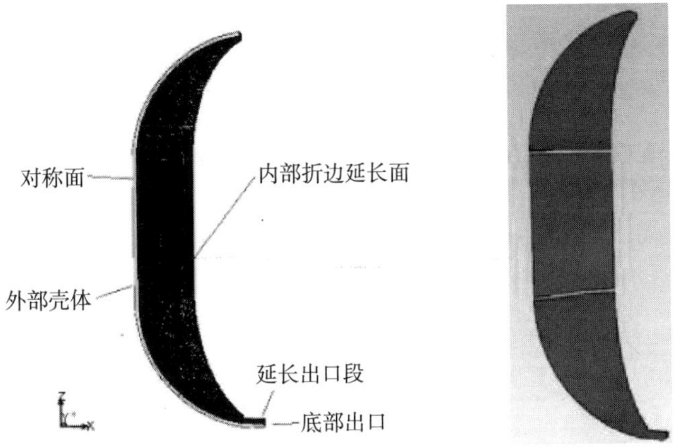

(a) 网格模型　　(b) 初始填充状况

图 3 - 33　计算模型

(2) 计算结果及分析

在南北位置保持工况下，沿 $-X$ 方向给定加速度大小为 $1\times10^{-3}g$，55 s 后液面基本达到稳态，液体分布如图 3 - 34 所示。

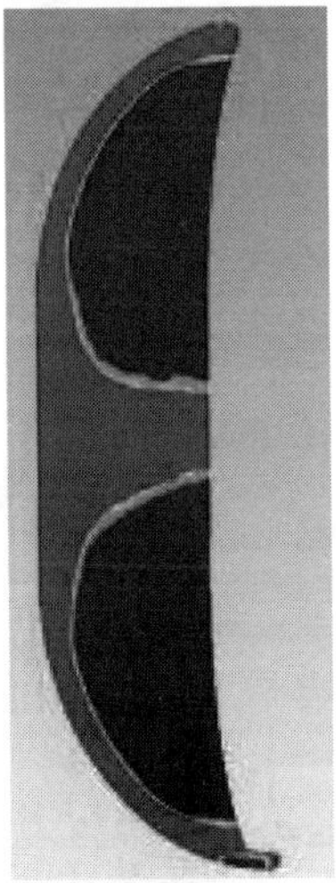

图 3 - 34　南北位置保持工况下液体稳态分布

当导流叶片底部出口传输流量为 12 mL/s（1/2 导流叶片）时，在导流叶片液体传输通道未断流情况下，不同时刻的液体分布如图 3－35 所示。

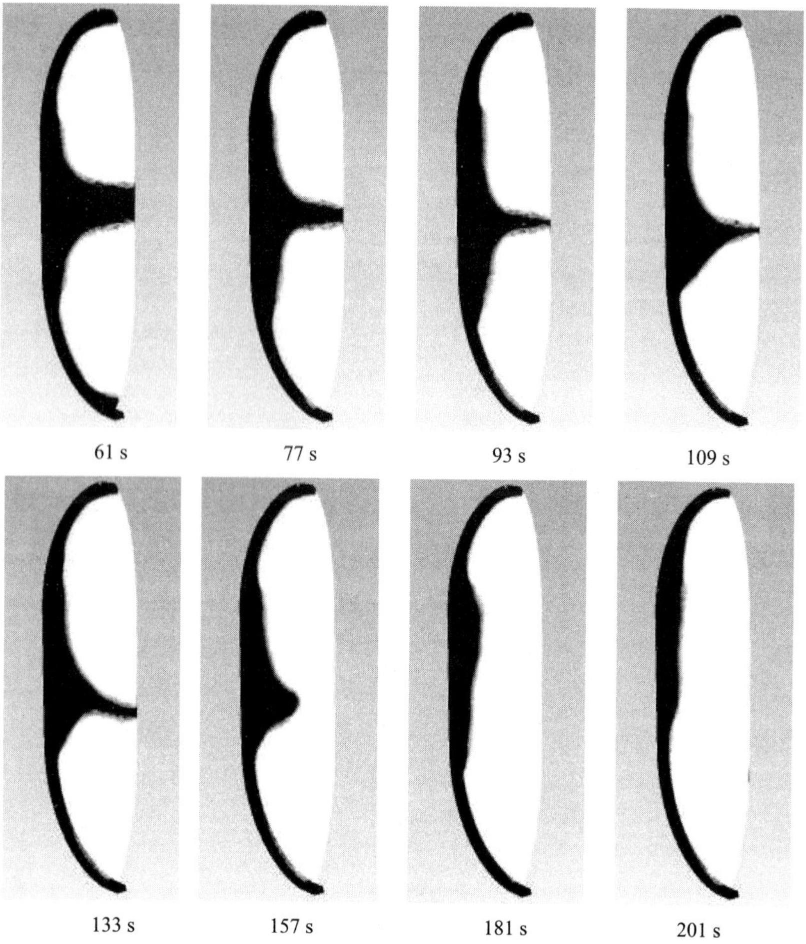

图 3－35　南北位置保持工况下导流叶片传输性能（1/2 导流叶片）

从计算结果可以看出，单个导流叶片在南北位置保持工况下能够以 24 mL/s 的流量实现长时间稳定地输送推进剂。

3.3.3.4　推进剂沿单支导流叶片的流动仿真分析

板式表面张力贮箱对推进剂的管理性能首先是通过数值模拟来进行的，数值模拟是板式部件设计的依据，同时也为微重力试验提供了指导，它在板式表面张力贮箱研制过程中起着非常关键的作用。

下面介绍微重力环境下平行导流叶片流体迁移过程的数值模拟。为了与试验进行对比，模型参数与落塔试验模型保持一致，三维模型如图 3 - 36 所示。

图 3 - 36　平行导流叶片三维模型图

采用全结构化网格，叶片间隙处进行网格细化，考虑边界层影响，叶片厚度方向亦进行网格细化，总网格数为 393 008 个，网格模型如图 3 - 37 所示。

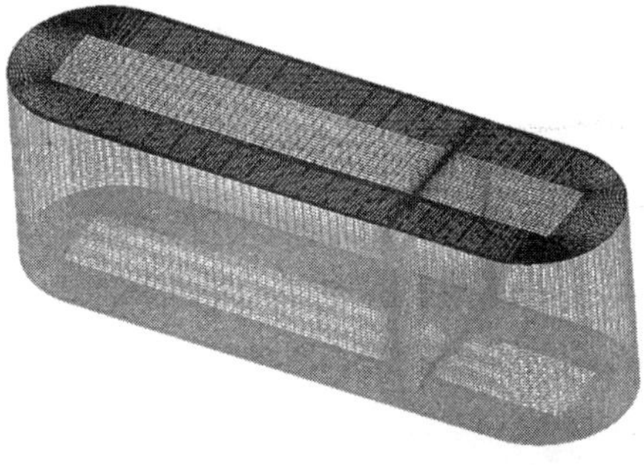

图 3 - 37　导流叶片流体传输性能计算网格模型

采用 VOF 模型对导流叶片液体传输过程中自由表面流动进行预测，VOF 方法的核心是数值求解方程体积组分 f 的输运方程

$$f=\frac{V_n}{\sum_n V_n} \tag{3-25}$$

式中　V_n ——流体体积。

在每一个网格单元上各个单相的体积组分之和为 1。对于两相流，设 $f=1$ 表示该单元中全部是液体，$f=0$ 表示该单元中全部是气体，而 f 介于 0 和 1 之间表示该单元中含有自由液面。液体体积组分 f 应满足方程

$$\frac{\partial(f\rho_l)}{\partial t}+\nabla(f\rho_l V_l)=S_f+m_{gl}-m_{lg} \tag{3-26}$$

式中　V_l ——液体的速度；

ρ_l ——液体的密度；

m_{gl} ，m_{lg} ——气体到液体的质量传输和液体到气体的质量传输；

S_f ——质量传输源项。

对于混合流体，其动量方程为

$$\frac{\partial}{\partial t}\rho u_j+\frac{\partial}{\partial x_i}\rho u_i u_j=-\frac{\partial p}{\partial x_j}+\mu\frac{\partial}{\partial x_i}\left(\frac{\partial u_i}{\partial x_j}+\frac{\partial u_j}{\partial x_i}\right)+\rho g_j \tag{3-27}$$

由于表面张力作用，其中

$$\frac{\partial p}{\partial x_j}=-\sigma\frac{\partial}{\partial x_j}\left(\frac{1}{R}\right) \tag{3-28}$$

则混合流体的动量方程变为

$$\frac{\partial}{\partial t}\rho u_j+\frac{\partial}{\partial x_i}\rho u_i u_j=\sigma\frac{\partial}{\partial x_j}\left(\frac{1}{R}\right)+\mu\frac{\partial}{\partial x_i}\left(\frac{\partial u_i}{\partial x_j}+\frac{\partial u_j}{\partial x_i}\right)+\rho g_j \tag{3-29}$$

在每一个新的时间步，首先求解体积分数输运方程，然后利用得到的体积分数求解主流场的密度和粘度，再进行主流场的控制方程的求解。压力项的离散采用 Body Force Weighted 方法离散，动量项采用 QUICK 方法离散，体积分数项采用 Geo - Construct 方法离

散，压力速度的耦合采用 PISO 方法。

各种固体壁面采用无滑移边界条件，并选择恒定的壁面接触角。气液两相分别为氦气和无水乙醇。采用 VOF 多相模型进行非稳态计算时，时间步长为 0.002 s。数值计算结果如图 3-38 所示。

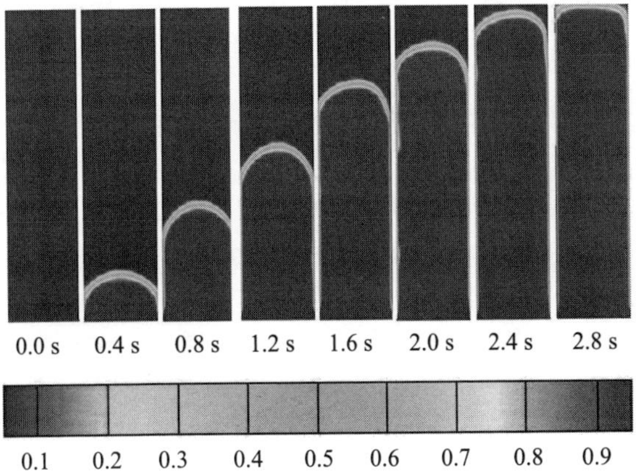

图 3-38　Model 1 中液体传输过程的数值计算结果

数值计算结果表明，液体沿导流叶片的传输总时间为 2.8 s。落舱释放后，表面张力起主要作用，液体沿着导流叶片爬升，气液分界面向气体方向弯曲。

3.3.4　蓄液器蓄液性能分析

3.3.4.1　计算分析模型

该蓄液器内部容积为 6.7 L，其主要由内外锥体包裹而成，位于板式贮箱出液口处，而且在其内部布置一个小型蓄液器，该小型蓄液器是由 24 个导流叶片组成的辐射状楔形结构，如图 3-39 所示。该新型蓄液器在空间微重力环境下能够蓄留充足推进剂，以及为贮箱出液口排挤出充足且不夹气的推进剂。

通过建立流动分析的计算模型，采用结构化网格来划分模型的计算网格，对靠近壁面处网格进一步细分加密，1/12 蓄液器的网格

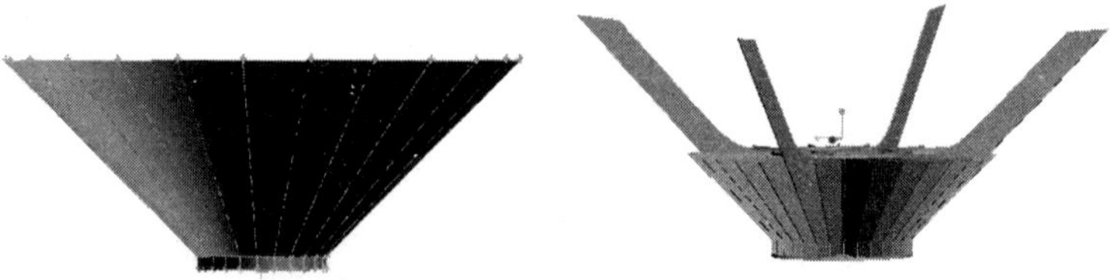

(a) 实体图 (b) 内部结构

图 3-39 蓄液器结构示意图

计算模型如图 3-40 所示。采用 VOF 两相流动模型，通过数值计算可以得到在微重力环境下蓄液器内液体蓄留分布情况以及蓄液器蓄液和排液过程。

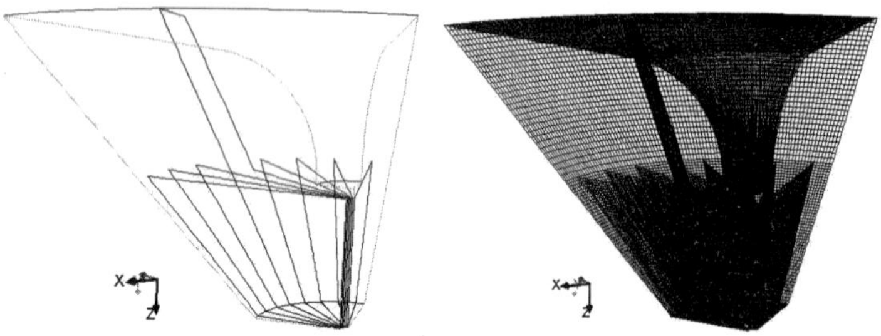

(a) 1/12计算模型 (b) 1/12网格模型

图 3-40 蓄液器网格计算模型

3.3.4.2 蓄液器内液体蓄留分布情况计算结果

图 3-41（a）给出零重力环境下蓄液器内不同液体容积时液体分布情况，图 3-41（b）给出反向工况（加速度大小为 $6\times10^{-4}g$）下蓄液器内不同液体容积时液体分布情况，图 3-41（c）给出南北位置保持工况（加速度大小为 $7.5\times10^{-4}g$）下蓄液器内不同液体容积时液体分布情况（图中深色部分为液体，浅色部分为气体）。从图中可以看出，在表面张力驱动下该蓄液器内实现气液界面有效分离，液体主要蓄留在小型蓄液器底部和蓄液器上部分锥角区域，两部分

液体区域通过导流叶片连通，气体主要聚集在蓄液器顶部出口区域，而且在小型蓄液器叶片作用下，即使在不同空间环境下，蓄液器内液体分布状态变化比较小，该计算分析结果达到设计预想的效果。与 SPACEBUS 平台用蓄液器相比，此型蓄液器具有更好的液体蓄留与管理能力。

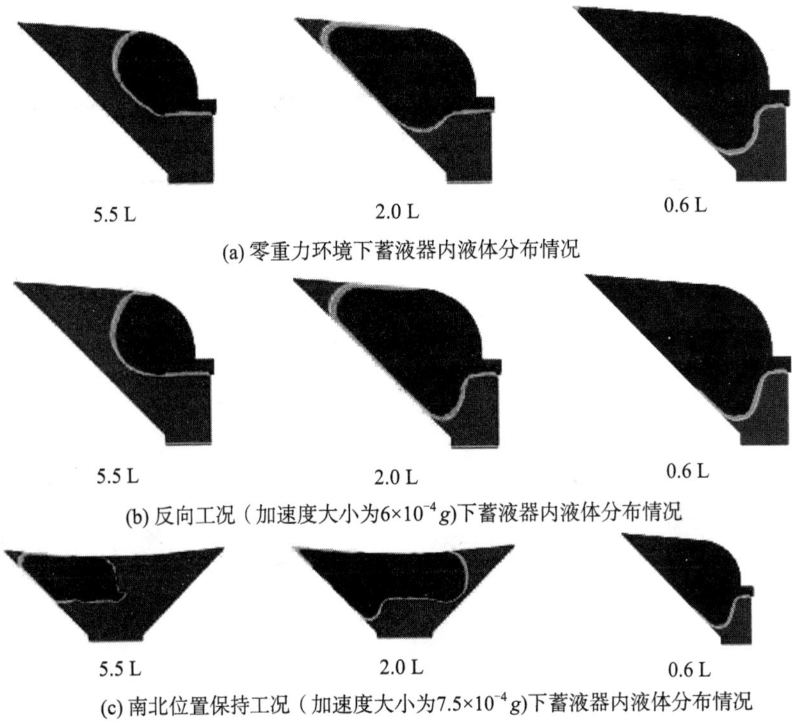

图 3-41　蓄液器内不同液体容积时液体分布情况（见彩插）

从计算结果可以看出，液体剩余较少时，也就是蓄液器排放液体过程的最后阶段，零重力、反向工况和南北位置保持工况对推进剂的分布没有明显影响。同时分析认为 $7.5\times10^{-4}g$ 侧向加速度对排液的时间（相对于在零重力条件下）影响很小。

3.3.4.3 蓄液器蓄液过程和排液过程计算结果

蓄液器在空间环境下的主要工作模式为不断循环地进行蓄液和排液，以实现其流体蓄留与管理功能。图 3-42 给出在零重力环境下蓄液器内液体蓄液过程（图中深色部分为液体，浅色部分为气体）。从图中可以看出，在不到 80 s 时间内整个蓄液器内部能够基本充满液体，在蓄液过程初始阶段，在表面张力作用下液体迅速将小型蓄液器底部间隙较小区域充满，之后在表面张力驱动下液体沿着导流叶片流向蓄液器上部分锥角区域，并迅速将该区域充填满，气腔不断往中间缩小，气体由顶部出口挤出，在整个蓄液过程中气液分离界面清晰稳定，蓄液速度快，液体平均填充速率不低于 100 mL/s，在蓄液过程末期填充速率仍不低于 12 mL/s。

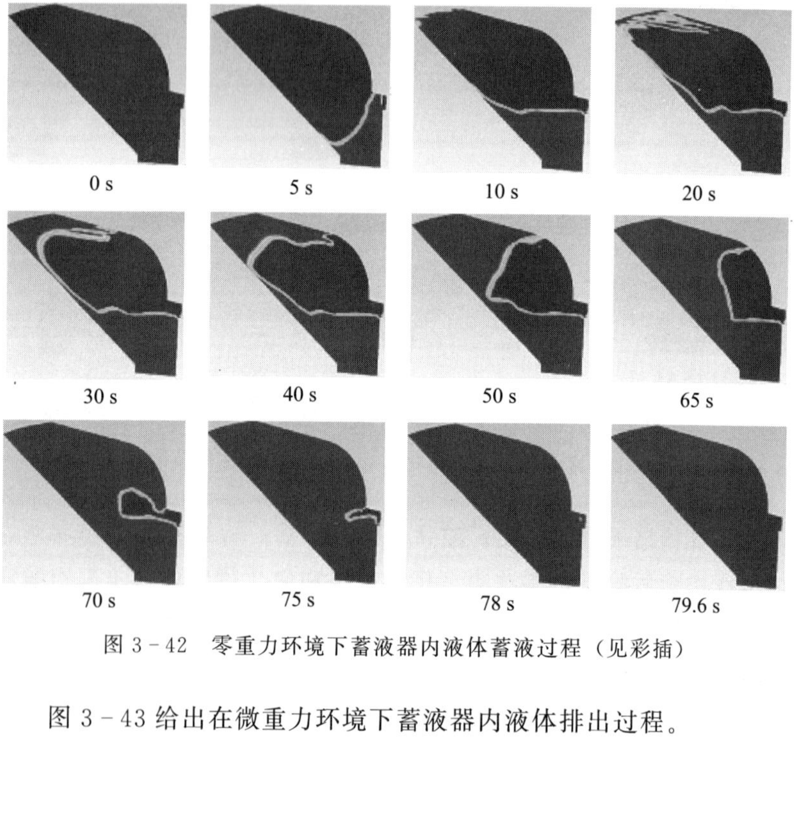

图 3-42 零重力环境下蓄液器内液体蓄液过程（见彩插）

图 3-43 给出在微重力环境下蓄液器内液体排出过程。

从图中可以看出，在设定排液速度不低于 12 mL/s 条件下整个蓄液器内部液体能够基本排空。在排液过程初始阶段排液速度达到 60 mL/s，蓄留在蓄液器上部分锥角区域的液体迅速减少，气腔不断往四周扩大，之后在排液速度达到 12 mL/s 时在表面张力驱动下液体沿着导流叶片流向小型蓄液器底部，在排液过程末期，导流叶片出现断流，少量液体蓄留在蓄液器上部分锥角区域，但在小型蓄液器底部蓄留的液体仍可按照规定排液速度进行排放，直到基本排空为止。在整个排液过程中气液分离界面清晰稳定，可计算排出不夹气的液体容积（即有效蓄液量）。

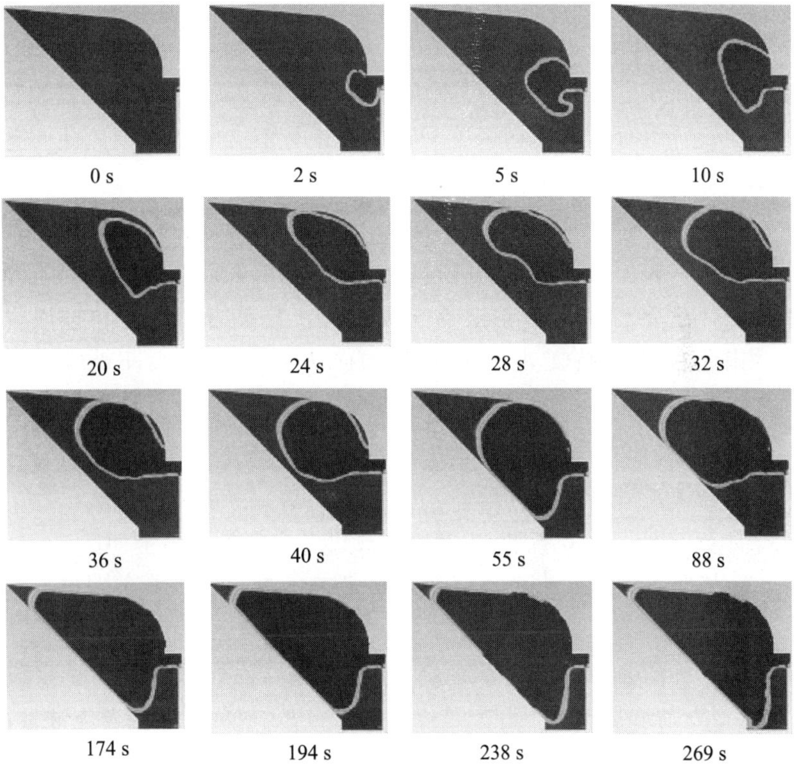

图 3-43　微重力环境下蓄液器内液体排出过程（见彩插）

根据上述蓄液器蓄液性能分析的计算结果，可得出如下结论：

1）板式蓄液器具有更好的流体蓄留与管理能力，气液界面分离定位清晰，有效蓄液量大，蓄液速度快；

2）在该蓄液器蓄液过程，在零重力工况下，充液过程耗时不到 80 s 即将蓄液器内充满液体；

3）在该蓄液器排液过程，在微重力工况（$7.5\times10^{-4}g$ 侧向加速度）下，在排液流量达到 12 mL/s 情况下蓄液器总的排液量较大，仅在蓄液器上部分尖角处蓄留少量的残液。

3.3.5 导流叶片和蓄液器联合作用性能分析

（1）分析内容

导流叶片与蓄液器间联合作用即组成板式 PMD，由于板式贮箱实际在轨应用时，需要在微重力环境下进行不夹气的排液，此时蓄液器内部推进剂向外排放，同时需要通过导流叶片为蓄液器充液，故板式 PMD 必须具有良好的充液和排液性能。

因此，需要对 0.5％、1％和 5％等各类推进剂剩余量情况，开展了液体重定位过程（蓄液器充液过程，零重力工况）和排液过程（南北位置保持工况，加速度方向为 Y 正向，大小为 $7.5\times10^{-4}g$）的数值计算。在此仅对 0.5％推进剂剩余量时计算结果进行阐述。

（2）计算结果与分析

首先，进行填充率 0.5％液体重定位过程计算，结果如图 3－44 所示。从图中可以看出，液体在表面张力作用下迅速填充满小型蓄液器，并沿着导流叶片向上传输，从蓄液器填充速率曲线（如图 3－45 所示）可以看出，初始充液流量迅速增大至 140 mL/s。重定位 3 s 后，充液流量迅速下降，可以计算出在 8 s 时间内蓄液器充液量，在 8 s 之后蓄液器内基本不充液。

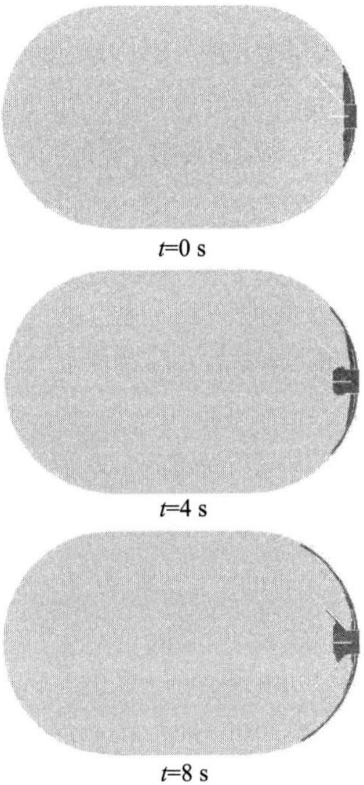

图 3-44　0.5%填充率重定位过程不同时刻气液分布

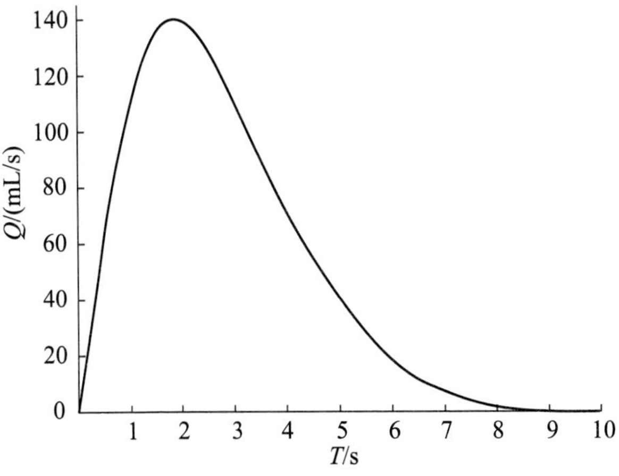

图 3-45　0.5%填充率重定位过程中蓄液器填充速率曲线

之后，进行填充率 0.5% 排液过程计算，选取南北位置保持工况，加速度大小为 $7.5\times10^{-4}g$，出口处给定排液流量为 12 mL/s。结果如图 3-46 所示。从图中可以看出，在排液 35 s 之后，贮箱内残余一定量液体体积，蓄液器内和导流叶片均未出现断流情况，因此，可以推测在此微重力环境下贮箱推进剂剩余量，从而可推测出该板式贮箱的挤出效率。

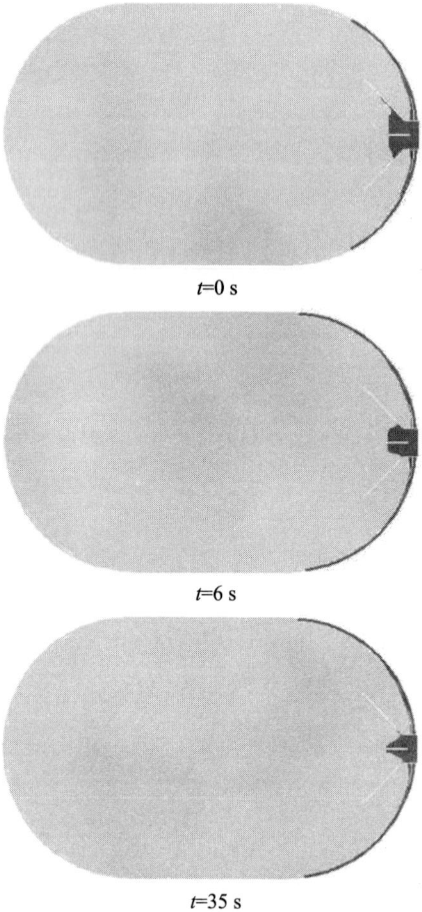

图 3-46　0.5% 填充率排液过程不同时刻气液分布

3.4　大容量网式表面张力贮箱流阻特性计算仿真

推进剂管理装置（PMD）是表面张力贮箱的核心部件。对贮箱内部的流阻分布情况进行计算具有非常重要的意义。首先，通过对贮箱内部的流阻分布进行计算，可以为整个推进系统的流阻分析提供依据；其次，贮箱内部流阻分布的计算是并联贮箱平衡排放研究的基础，它能够为贮箱筛选提供参考，同时能够找出对流阻影响最大的部位，以便在加工过程中对其一致性进行严格控制。

针对一种部分管理的大容量表面张力贮箱的内部流阻情况进行计算，通过建立贮箱管理装置内部流阻分布的数学模型，对各部位的流动情况进行详细分析。管理装置上的流阻分布不仅与其结构密切相关，而且与流量的大小，以及淹没收集器的数量密切相关，因此，要全面了解管理装置的流阻分布需要对不同淹没情况和不同流量条件下的流阻分布进行分析。下面针对各种状态下、不同流量条件下管理装置内各部分流阻进行了全面分析，得到各种状态下管理装置流阻分布随着总流量的变化关系。

3.4.1　贮箱管理装置流阻计算模型

3.4.1.1　管理装置结构

推进剂管理装置的基本结构如图 3 - 47 所示。贮箱采用隔舱结构，通过网式推进剂管理装置对下舱推进剂进行管理。管理装置有四个流动通道，每个通道有三个网式收集器，通道末端与气泡陷阱相连，推进剂从通道上的收集器进入管理装置，由气泡陷阱出口排出贮箱。

图 3 - 47 中，每个流动通道分为三段，具体情况如下：通道 0 分为 01、02、03 段，通道 1 分为 11、12、13 段，通道 2 分为 21、22、23 段，通道 3 分为 31、32、33 段。其中，通道 0 的 01、02 段与 03 段不连通，流体经过 02 段后直接从顶端进入气泡陷阱，而 03

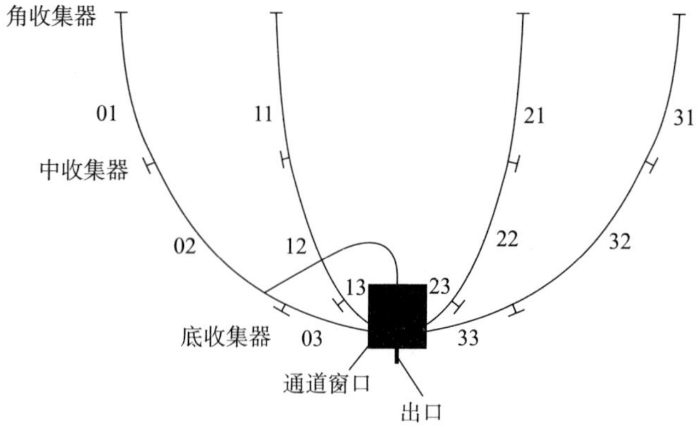

图 3-47　推进剂管理装置的基本结构

段的流体则通过陷阱下方的通道窗口流入气泡陷阱。其他通道中各段都是连通的，并由通道窗口进入气泡陷阱。

3.4.1.2　不同流阻的计算模型

管理装置上的流阻主要由如下几部分组成：

ΔP_F—— 沿程阻力损失；

ΔP_v—— 动压头损失；

ΔP_h—— 静压头损失；

ΔP_e—— 收集器的压力损失；

ΔP_T、ΔP_M、ΔP_L ——各部位过网的压力损失。

由于在微重力环境下流体静压头很小，且在地面环境下该部分压差并没有损失掉，仍然能够转化利用，因此，在该计算中不计入损失。

通道 0 和通道 1 中各段的流阻分布如表 3-9 所示，由于通道 2、3 上的流阻分布与通道 1 的完全相同，因此没有在表中列出。

表 3－9　通道 0 和通道 1 中各段的流阻分布

通道	分段	流阻	说明
通道 0	01 段	ΔP_{e01}	角收集器过网流阻
		ΔP_{v01}	01 段动压头损失
		ΔP_{F01}	01 段沿程阻力损失
	02 段	ΔP_{e02}	中收集器过网流阻
		ΔP_{v02}	02 段动压头损失
		ΔP_{F02}	02 段沿程阻力损失
		ΔP_{T02}	陷阱顶端过网损失
	03 段	ΔP_{e03}	底收集器过网流阻
		ΔP_{v03}	03 段动压头损失
		ΔP_{F03}	03 段沿程阻力损失
		ΔP_{L03}	03 段通道窗口过网损失
通道 1	11 段	ΔP_{e11}	角收集器过网流阻
		ΔP_{v11}	11 段动压头损失
		ΔP_{F11}	11 段沿程阻力损失
	12 段	ΔP_{e12}	中收集器过网流阻
		ΔP_{v12}	12 段动压头损失
		ΔP_{F12}	12 段沿程阻力损失
	13 段	ΔP_{e13}	底收集器过网流阻
		ΔP_{v13}	13 段动压头损失
		ΔP_{F13}	13 段沿程阻力损失
		ΔP_{L13}	13 段通道窗口过网损失
出口		ΔP_{M4}	陷阱底端过网损失
		ΔP_{F4}	出口通道流阻
		ΔP_{v4}	出口通道动压头损失

各种流阻的求解方法如下：

(1) 收集器过网损失 ΔP_e

$$\Delta P_e = A_1 \mu V_e = A_1 \mu Q_e / A_e$$

式中　A_1——过网损失系数，与筛网的规格有关；

Q_e ——通过筛网的流量；

A_e ——角收集器面积；

μ ——粘性系数。

（2）动压头损失 ΔP_v

$$\Delta P_v = \rho v^2/2$$

式中　ρ ——密度；

v ——流速。

（3）通道窗口过网损失 ΔP_L

$$\Delta P_L = A_1\mu V_e = A_1\mu Q_L/A_L$$

式中　Q_L，A_L ——通道窗口筛网流量和过流面积。

（4）陷阱顶端过网损失 ΔP_T

$$\Delta P_T = A_1\mu V_e = A_1\mu Q_T/A_T$$

式中　Q_T，A_T ——陷阱顶端筛网流量和过流面积。

（5）陷阱底端过网损失 ΔP_M

$$\Delta P_M = A_1\mu V_e = A_1\mu Q_M/A_M$$

式中　Q_M，A_M ——陷阱底端筛网流量和过流面积。

（6）沿程阻力损失 ΔP_F

$$\Delta P_F = l_t\rho\lambda v^2/2d$$

式中　l_t ——通道长；

d ——通道直径；

λ ——摩擦阻力系数：$\lambda = 64/Re(Re \leqslant 2\ 300)$，$\lambda = 0.316\ 4\ Re^{-1/4}(2\ 300 < Re \leqslant 10^5)$。

3.4.1.3　管网流量压力分布关系

为了对管理装置上的流阻分布进行全面计算，需要知道各段的压力流量分布关系。对于不同的淹没状态，管理装置内的流量和压力分布是不同的，下面分五种情况进行讨论。

（1）三种收集器都淹没的情况

在这种工况下，流量和压力满足如下关系：

①流量关系

由连续性条件得

$$Q_{01}+Q_{02}+Q_{03}=Q_0$$

$$Q_{11}+Q_{12}+Q_{13}=Q_1$$

$$Q_{21}+Q_{22}+Q_{23}=Q_2$$

$$Q_{31}+Q_{32}+Q_{33}=Q_3$$

$$Q=Q_0+Q_1+Q_2+Q_3$$

式中，Q_{01}、Q_{02}、Q_{03}、Q_{11}、Q_{12}、Q_{13}、Q_{21}、Q_{22}、Q_{23}、Q_{31}、Q_{32}、Q_{33} 分别为各段入口流量，Q_0、Q_1、Q_2、Q_3 为各通道总流量，Q 为贮箱总流量。

②压力关系

由于每个节点上的压力可以用两种方式表示，这两种表示方式所得到的节点压力是相同的，因此可以得到管网内的压力分布关系。设贮箱气垫的压力为 P_A，气泡陷阱腔体内的压力为 P_B，贮箱出口处的压力为 P_C，由于静压力没有损失，且在微重力环境下可以忽略不计，因此，在该计算中没有考虑静压力项。在地面情况下，在此计算的基础上将静压头加上就可以得到各位置在地面情况下的实际压差。

具体关系如下：

01 段出口位置

$$P_{01}=P_A-(\Delta P_{e01}+\Delta P_{v01}+\Delta P_{F01})$$

$$P_{01}=P_A-\Delta P_{e02}$$

02，03 段出口位置

$$P_B=P_{01}-(\Delta P_{v02}+\Delta P_{F02}+\Delta P_{T02})$$

$$P_B=P_A-(\Delta P_{e03}+\Delta P_{v02}+\Delta P_{F03}+\Delta P_{L03})$$

11 段出口位置

$$P_{11}=P_A-(\Delta P_{e11}+\Delta P_{v11}+\Delta P_{F11})$$

$$P_{11}=P_A-\Delta P_{e12}$$

12 段出口位置

$$P_{12}=P_{11}-(\Delta P_{v12}+\Delta P_{F12})$$

$$P_{12}=P_{A}-\Delta P_{e13}$$

13 段出口位置

$$P_{B}=P_{12}-(\Delta P_{v13}+\Delta P_{F13}+\Delta P_{T03})$$

通道 2，3 上的压力分布关系与通道 1 相同。

通用出口位置

$$P_{C}=P_{B}-(\Delta P_{M4}+\Delta P_{F4}+\Delta P_{v4})$$

以上就是推进剂管理装置内的压力流量关系，将各部分流阻的计算公式代入上述关系式，就可以得到流阻随流量的变化关系。

（2）中收集器和角收集器都淹没的情况

在这种情况下流量、压力满足如下的关系：

①流量关系

$$Q_{01}+Q_{02}=Q_{0}$$

$$Q_{11}+Q_{12}=Q_{1}$$

$$Q_{21}+Q_{22}=Q_{2}$$

$$Q_{31}+Q_{32}=Q_{3}$$

$$Q=Q_{0}+Q_{1}+Q_{2}+Q_{3}$$

②压力关系

01 段出口位置

$$P_{01}=P_{A}-(\Delta P_{e01}+\Delta P_{v01}+\Delta P_{F01})$$

$$P_{01}=P_{A}-\Delta P_{e02}$$

02，03 段出口位置

$$P_{B}=P_{01}-(\Delta P_{v02}+\Delta P_{F02}+\Delta P_{T02})$$

11 段出口位置

$$P_{11}=P_{A}-(\Delta P_{e11}+\Delta P_{v11}+\Delta P_{F11})$$

$$P_{11}=P_{A}-\Delta P_{e12}$$

12 段出口位置

$$P_{12}=P_{11}-(\Delta P_{v12}+\Delta P_{F12})$$

13 段出口位置

$$P_B = P_{12} - (\Delta P_{F13} + \Delta P_{T03})$$

通道 2，3 上的压力分布关系与通道 1 相同。

通用出口位置，有

$$P_C = P_B - (\Delta P_{M4} + \Delta P_{F4} + \Delta P_{v4})$$

(3) 只有角收集器淹没的情况

在这种情况下流量、压力满足如下的关系：

①流量关系

$$Q_{01} = Q_0$$

$$Q_{11} = Q_1$$

$$Q_{21} = Q_2$$

$$Q_{31} = Q_3$$

$$Q = Q_0 + Q_1 + Q_2 + Q_3$$

②压力关系

01 段出口位置

$$P_{01} = P_A - (\Delta P_{e01} + \Delta P_{v01} + \Delta P_{F01})$$

02，03 段出口位置

$$P_B = P_{01} - (\Delta P_{F02} + \Delta P_{T02})$$

11 段出口位置

$$P_{11} = P_A - (\Delta P_{e11} + \Delta P_{v11} + \Delta P_{F11})$$

12 段出口位置

$$P_{12} = P_{11} - \Delta P_{F12}$$

13 段出口位置

$$P_B = P_{12} - (\Delta P_{F13} + \Delta P_{T03})$$

通道 2，3 上的压力分布关系与通道 1 相同。

通用出口位置

$$P_C = P_B - (\Delta P_{M4} + \Delta P_{F4} + \Delta P_{v4})$$

(4) 只有通道 0 角收集器淹没的情况

在这种情况下流量、压力满足如下的关系：

①流量关系

$$Q_{01}=Q_0$$

$$Q=Q_0$$

②压力关系

01 段出口位置

$$P_{01}=P_A-(\Delta P_{e01}+\Delta P_{v01}+\Delta P_{F01})$$

02，03 段出口位置

$$P_B=P_{01}-(\Delta P_{F02}+\Delta P_{T02})$$

通用出口位置

$$P_C=P_B-(\Delta P_{M4}+\Delta P_{F4}+\Delta P_{v4})$$

（5）只有通道 1 角收集器淹没的情况

在这种情况下流量、压力满足如下的关系：

①流量关系

$$Q_{11}=Q_1$$

$$Q=Q_1$$

②压力关系

11 段出口位置

$$P_{11}=P_A-(\Delta P_{e11}+\Delta P_{v11}+\Delta P_{F11})$$

12 段出口位置

$$P_{12}=P_{11}-\Delta P_{F12}$$

13 段出口位置

$$P_B=P_{12}-(\Delta P_{F13}+\Delta P_{T03})$$

通用出口位置

$$P_C=P_B-(\Delta P_{M4}+\Delta P_{F4}+\Delta P_{v4})$$

3.4.2 计算结果分析

根据以上五种管网的流量和压力分布关系，对五种情况下的流量、压力分布进行了计算，通过迭代求解，得到了任意流量下管理装置上各个部位的流阻分布情况，具体计算结果如下。

3.4.2.1　三种收集器都淹没的情况

图 3-48 所示为三种收集器都淹没时，贮箱内总的压差损失 $\Delta P(\Delta P = P_C - P_A)$ 与贮箱总流量 Q 、通道 0 的流量 Q_0 和通道 1 的流量 Q_1 的关系。

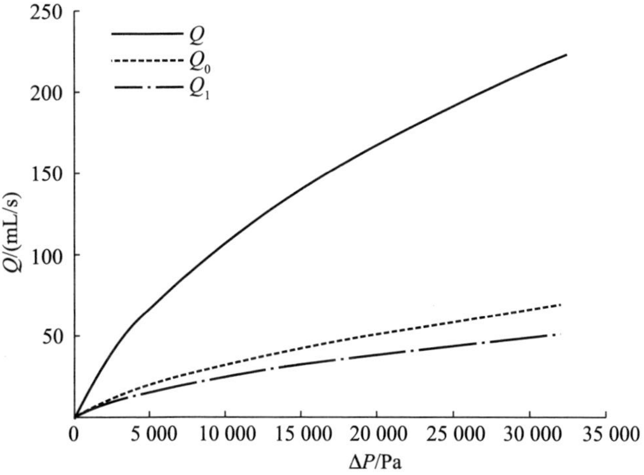

图 3-48　ΔP 与 Q、Q_0、Q_1 的关系

从图 3-48 中可以查得在这种情况下不同流量时贮箱内的总压力损失，也可以得到各个通道流量的分布情况。从图中可以看出，在三个收集器都淹没时，通道 0 的流量略大于通道 1 的流量。

为了全面了解整个推进剂管理装置内的流阻分布，表 3-10 列出了该种状态下流量为 80 mL/s 时管理装置各部位流阻损失分布，此时对应轨控发动机点火时的工况。

表 3-10　流量为 80 mL/s 时的流阻损失分布

位置	流阻类型	压差损失/Pa
通道 01	P_{e01}	609.9
	P_{v01}	6.1
	P_{F01}	51.2

续表

位置	流阻类型	压差损失/Pa
通道 02	P_{e02}	1 277.1
	P_{v02}	26.9
	P_{F02}	231.5
	P_{T02}	397.3
通道 03	P_{e03}	653.3
	P_{v03}	7.1
	P_{F03}	8.2
	P_{L03}	654.5
通道 11	P_{e11}	447.3
	P_{v11}	3.31
	P_{F11}	37.5
通道 12	P_{e12}	935.5
	P_{v12}	14.5
	P_{F12}	107.1
通道 13	P_{e13}	1 545.2
	P_{v13}	39.4
	P_{F13}	19.5
	P_{L13}	1 548.0
出口	P_{M4}	2 042.8
	P_{v4}	2 477.0
	P_{F4}	529.8
总压差损失	ΔP	6 372.6

从表 3－10 中可以看出，在各个通道内的流阻损失中，过网损失最大，它包括收集器的过网损失、陷阱顶端过网损失和通道窗口的过网损失，其数值远大于动压头损失和沿程损失；另外，在出口处由于流量很大，动压头损失很高，陷阱底端筛网的过网损失也很大。为了保证贮箱流阻一致，在进行贮箱加工时必须对这些关键部

位进行重点关注。

表 3 - 11 列出了流量为 80 mL/s 时各个通道和分支的流量分布。从表中可以看出，通道 0 的流量比通道 1 的流量要大，而在每个通道内部，各个分支的入口流量并没有非常悬殊的差异，只是距出口位置最远端的角收集器入口流量稍小一些。

表 3 - 11　流量为 80 mL/s 时各个通道和分支的流量

通道	分支	流量/(mL/s)
$Q_0=23.54$	Q_{01}	7.44
	Q_{02}	8.13
	Q_{03}	7.97
$Q_1=18.84$	Q_{11}	5.45
	Q_{12}	5.95
	Q_{13}	7.43

3.4.2.2　中收集器和角收集器都淹没的情况

当下舱推进剂已经使用了一部分，下舱处于不完全充满状态时，会出现只有中收集器和角收集器被淹没的情况。这种情况下的计算结果如下。

图 3 - 49 所示为中收集器和角收集器都淹没时，贮箱内总的压差损失 ΔP 与贮箱总流量 Q、通道 0 的流量 Q_0 和通道 1 的流量 Q_1 的关系。通过该图可以查得在这种情况下不同流量时贮箱内总的压力损失，也可以得到各个通道流量的分布情况。从图中可以看出，在这种情况下，通道 0 的流量也是略大于通道 1 的流量，而且相对于第一种状态，二者差别更大。

为了全面了解整个推进剂管理装置内的流阻分布，表 3 - 12 列出了该种状态下流量为 20 mL/s 时管理装置各部位的流阻损失分布，它对应姿控推力器工作时的工况。

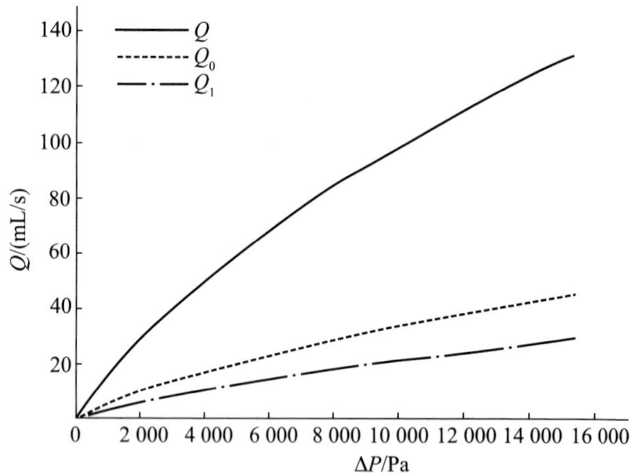

图 3-49　ΔP 与 Q、Q_0、Q_1 的关系

表 3-12　流量为 20 mL/s 时的流阻损失分布

位置	流阻类型	压差损失/Pa
通道 01	P_{e01}	277.6
	P_{v01}	1.3
	P_{F01}	23.3
通道 02	P_{e02}	579.7
	P_{v02}	5.6
	P_{F02}	105.1
	P_{T02}	180.3
通道 11	P_{e11}	171.7
	P_{v11}	0.5
	P_{F11}	14.4
通道 12	P_{e12}	358.2
	P_{v12}	2.12
	P_{F12}	45.5
	P_{T12}	358.9

续表

位置	流阻类型	压差损失/Pa
出口	P_{M4}	514.7
	P_{v4}	157.2
	P_{F4}	41.4
总压差损失	ΔP	1 306.3

从表3-12中可以看出，在这种状态下，流阻损失还是主要集中在过网损失和出口损失上，而动压头损失和沿程损失所占的比例都比较小。要保持该流速排液，管理装置的总压差损失仅为1 306.3 Pa。

表3-13列出了流量为20 mL/s时各个通道和分支的流量分布。从表中可以看出，通道0的流量远大于通道1的流量，而在每个通道内部，各个分支的入口流量差别不大，只是距出口位置最远端的角收集器入口流量稍小一些。

表3-13　流量为20 mL/s时各个通道和分支的流量分布

通道	分支	流量/(mL/s)
$Q_0=7.07$	Q_{01}	3.38
	Q_{02}	3.68
$Q_1=4.37$	Q_{11}	2.09
	Q_{12}	2.27

3.4.2.3　只有角收集器淹没的情况

当下舱内的推进剂剩余量较小时，会出现只有角收集器淹没的情况。这种情况下的计算结果如下。

图3-50所示为只有角收集器淹没时，贮箱内总的压差损失ΔP与贮箱总流量Q、通道0的流量Q_0和通道1的流量Q_1的关系。通过该图可以查得在这种情况下不同流量时贮箱内总的压力损失，也可以得到各个通道流量的分布情况。由于在该种情况下，每个通道仅有一个分支，因此将各个分支的流量也一并表示出来。

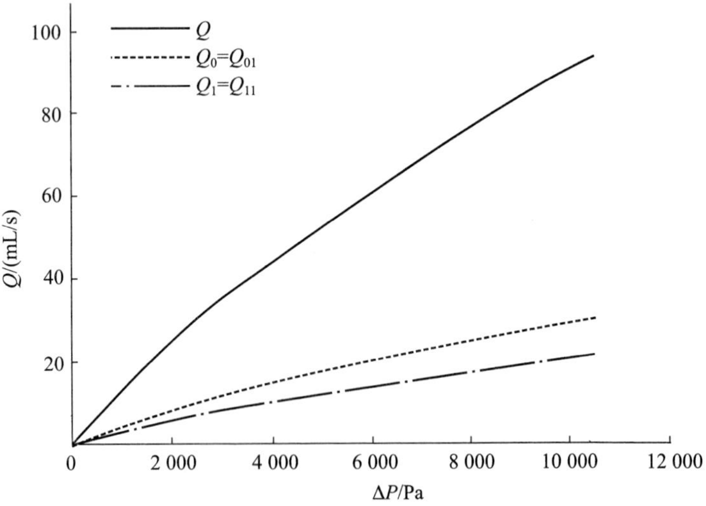

图 3-50　ΔP 与 Q、Q_0、Q_1 的关系

从图 3-50 中可以看出，在这种情况下，通道 0 的流量也是略大于通道 1 的流量，这与前面两种状态是一致的。

为了全面了解整个推进剂管理装置内的流阻分布，表 3-14 列出了该种状态下流量为 20 mL/s 时管理装置各部位流阻损失分布的情况，它对应姿控推力器工作时的工况。

表 3-14　流量为 20 mL/s 时的流阻损失分布

位置	流阻类型	压差损失/Pa
通道 01	P_{e01}	535.0
	P_{v01}	4.72
	P_{F01}	141.9
	P_{T01}	166.5
通道 11	P_{e11}	371.1
	P_{v11}	2.27
	P_{F11}	103.1
	P_{T11}	371.7

续表

位置	流阻类型	压差损失/Pa
出口	P_{M4}	512.8
	P_{v4}	156.1
	P_{F4}	41.2
总压差损失	ΔP	1 558.1

从表 3－14 中可以看出，该种状态下，起主导作用的流阻损失还是过网损失，不过由于流动通道的加长，通道上的沿程阻力损失所占的比例有所提高。从总压差损失来看，这种状态下的总压差损失为 1 558.1 Pa，比第二种状态的损失要大，这与流动通道加长有关。

表 3－15 列出了流量为 20 mL/s 时各个通道的流量分布。从表中可以看出，通道 0 的流量要大于通道 1 的流量，这与前两种状态是一致的。

表 3－15　流量为 20 mL/s 时各个通道的流量分布

通道	流量/(mL/s)
$Q_0=Q_{01}$	6.52
$Q_1=Q_{11}$	4.52

3.4.2.4　只有通道 0 角收集器淹没的情况

当下舱内的推进剂剩余量极少时，推进剂会集中在一个通道的角收集器附近，因此会出现只有一个通道进行排液的情况。这里先计算仅通道 0（放气通道）角收集器淹没的情况，计算结果如下。

图 3－51 所示为仅通道 0（放气通道）角收集器淹没时，贮箱内总的压差损失 ΔP 与贮箱总流量 Q(即通道 0 的流量 Q_0，同时也是分支 01 的流量 Q_{01}）的关系。通过该图可以查得在这种情况下不同流量时贮箱内总的压力损失。

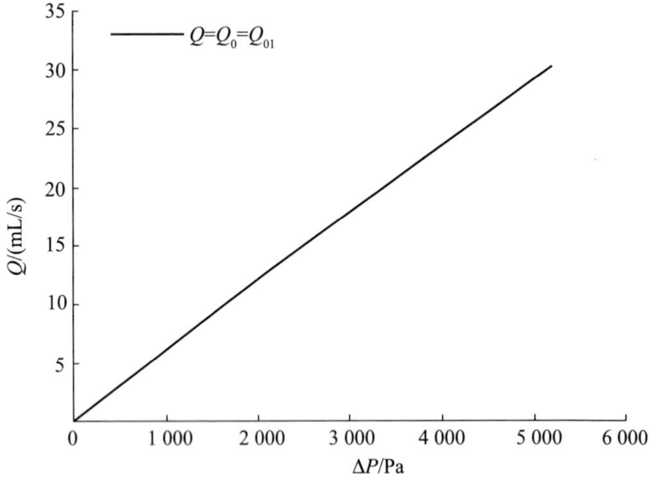

图 3-51　ΔP 与 Q 的关系

从图 3-51 中可以看出，在这种情况下，流量范围为 0～35 mL/s 时，贮箱流阻与流量基本上呈线性关系。

为了全面了解整个推进剂管理装置内的流阻分布，表 3-16 列出了该种状态下流量为 20 mL/s 时管理装置各部位流阻损失分布的情况，它对应着 10 N 推力器工作时的状态。

表 3-16　流量为 20 mL/s 时的流阻损失分布

位置	流阻类型	压差损失/Pa
通道 01	P_{e01}	1 640.9
	P_{v01}	44.5
	P_{F01}	435.2
	P_{T01}	510.5
出口	P_{M4}	510.5
	P_{v4}	154.7
	P_{F4}	41.1
总压差损失	ΔP	3 337.3

从表 3-16 中可以看出，该种状态下，起主导作用的流阻损失还是过网损失，通道上的沿程阻力损失所占的比例也很高。总压差损失为 3 337.3 Pa，要远大于四个角收集器都淹没的状态。

3.4.2.5　只有通道 1 角收集器淹没的情况

这种状态对应于最后淹没的角收集器是通道 1（非放气通道）时的情况，具体计算结果如下。

图 3-52 所示为仅通道 1（非放气通道）角收集器淹没时，贮箱内总的压差损失 ΔP 与贮箱总流量 Q（即通道 1 的流量 Q_1，同时也是分支 11 的流量 Q_{11}）的关系。通过该图可以查得在这种情况下不同流量时贮箱内总的压力损失。

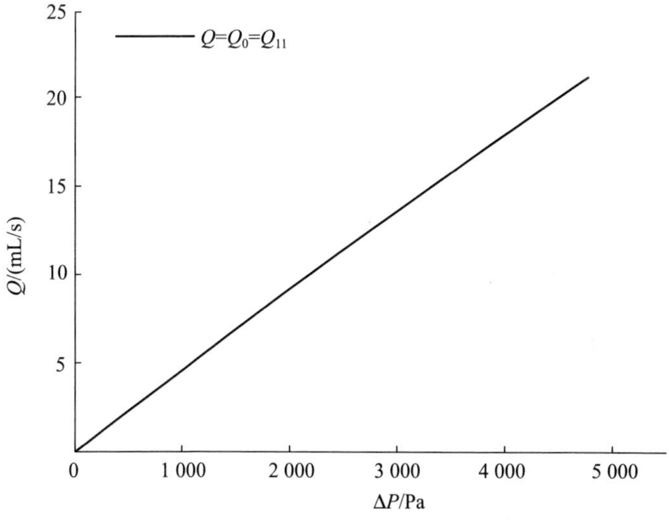

图 3-52　ΔP 与 Q 的关系

从图 3-52 中可以看出，在这种情况下，流量范围为 0～25 mL/s 时，贮箱流阻与流量基本上呈线性关系。

为了全面了解整个推进剂管理装置内的流阻分布，表 3-17 列出了该种状态下流量为 20 mL/s 时管理装置各部位流阻损失分布，它对应姿控推力器工作时的工况。

表 3-17　流量为 20 mL/s 时的流阻损失分布

位置	流阻类型	压差损失/Pa
通道 11	P_{e11}	1 648.2
	P_{v11}	44.9
	P_{F11}	457.9
	P_{T11}	1 651.1
出口通道	P_{M4}	512.8
	P_{v4}	156.1
	P_{F4}	41.2
总压差损失	ΔP	4 512.1

从表 3-17 中可以看出，在这种状态下，起主导作用的流阻损失还是过网损失，通道上的沿程阻力损失所占的比例也很高。总压差损失为 4 512.1 Pa，要远大于第三种和第四种状态时的流阻。

3.5　推进剂贮箱管理性能的微重力试验

空间流体管理微重力试验技术，是指利用微重力试验平台对空间流体管理系统的在轨流体管理能力进行试验验证的技术。空间流体管理微重力试验验证主要分为两种，一种是地面微重力试验验证，一种是在轨飞行试验验证。地面微重力试验验证采取的手段有：落塔试验、中性浮力试验、落管试验、探空火箭搭载、飞机抛物线试验以及低重力气球释放，它们都可以提供短暂的微重力环境。落塔试验能提供的微重力时间较短，但可以提供重力加速度相对较小的微重力环境，因此，可以进行时间周期要求较短的性能验证试验，而抛物线飞行试验所提供的微重力时间比落塔试验要长，但微重力加速度相对较大，适用于对微重力加速度值要求不太高的试验；在轨飞行试验验证通过卫星、航天飞机和国际空间站实施。在轨飞行试验验证能够提供较高的微重力水平和较长的微重力时间，是空间流体管理技术在轨验证的最有效手段，但该验证技术造价昂贵。

进行微重力科学试验有多种途径，常用的有落塔、做抛物线飞行的飞机、探空火箭、空间实验室、航天飞机以及空间站等设施（见图 3－53）。这些设施各有特点和应用范围，彼此不能取代，可相互补充，组成一套较为完整的体系，能够承担各种类型的试验任务。与其他各种设施相比，落塔虽然有微重力时间较短的不足之处，但是却具有微重力水平高，费用低，试验机会多，使用频率高（每天两次或更多次试验），能够使用较精密的测量仪器，便于人为干预等明显的优点，使得落塔成为进行微重力科学试验的最主要的设施。

3.5.1　微重力落塔试验的基本原理和特点

微重力落塔试验方法是在微重力塔中执行自由落体运动，从而能产生微重力试验环境的一种方法。整个试验系统由内外两部分构成，内部主要是内层试验舱和外层隔离舱，外部主要为塔体和对下落舱的操作装置、释放机构、减速机构、提升机构及抽真空装置等。

微重力落塔试验系统示意图如图 3－54 所示，为中科院国家微重力实验室百米落塔，百米落塔自由落体试验设施提供的微重力时间约为 3.5 s，微重力加速度接近 $10^{-5}g$ 。这套设施由试验舱组件、减速回收系统、释放系统、控制系统、测量系统以及辅助设施组成。

自由落体是利用几何高度，使落舱系统自由下落来获得微重力条件。由于空气的阻力，落舱内的残余重力水平一般可达到 $10^{-2}g$ 。为了提高微重力的水平，往往将落舱系统置于真空之中，这时可以达到 $(10^{-5}\sim10^{-6})g$ 。自由落体所能够提供的微重力时间取决于自由落体的高度 h ，即

$$\tau_{\mu}=(2h/g)^{1/2} \tag{3-30}$$

简易的落塔设施中的落舱直接在空气中下落，微重力水平差。改进的设施采用双舱装置，即试验舱在一个外舱之中做相对运动下降，外舱受到较大的空气阻力，内舱受到较小的阻力，使试验舱内

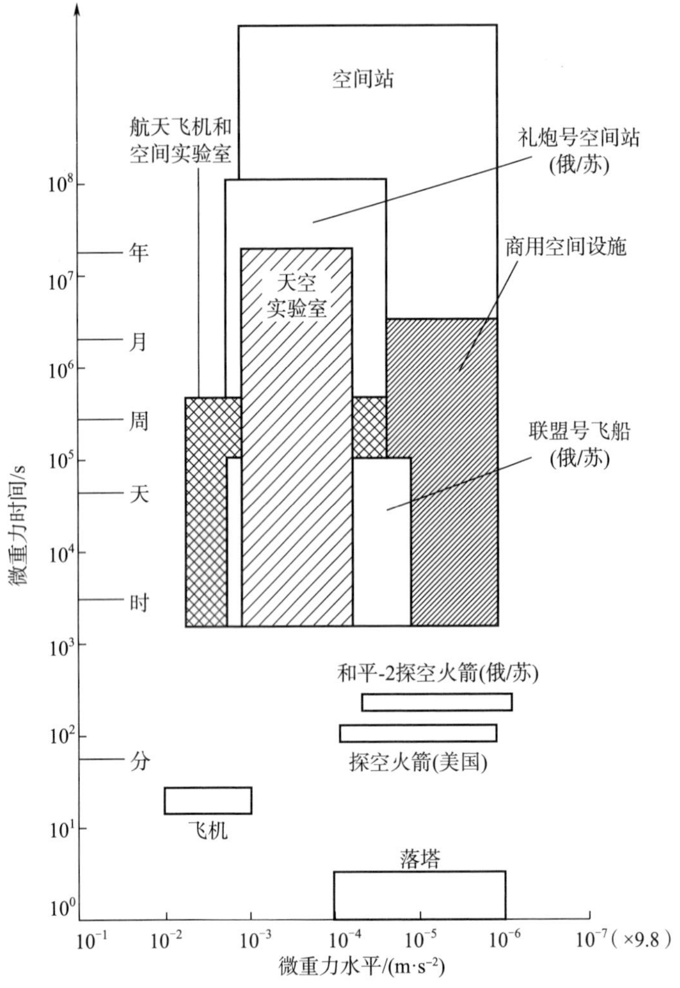

图 3-53　微重力试验设施特征时间和微重力水平

的微重力水平达到 $10^{-3}g$ 左右。比较好的落塔（井）设施都使落舱在真空中下落，一种办法是在双舱装置的外舱和内舱之间抽真空，使内舱（试验舱）在真空中下落；另一种采用单舱在整个抽真空的套管中下落。较好的落塔（井）设施要求能提供 $10^{-6}g$ 的微重力水平。

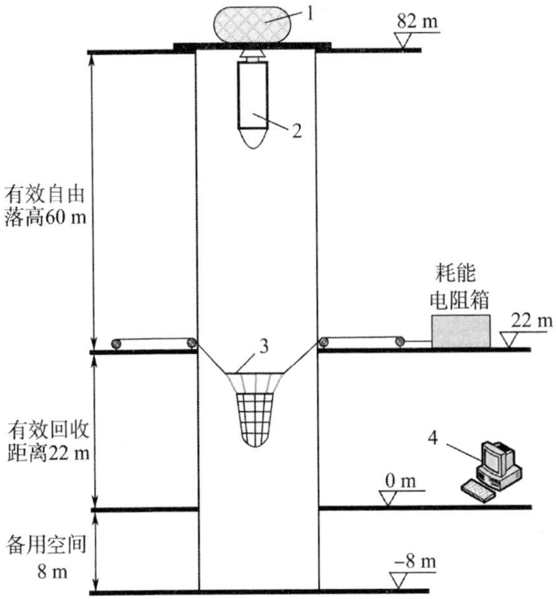

图 3－54　微重力落塔试验系统示意图

1—释放系统；2—试验舱组件；3—减速回收系统；4—控制系统

落塔法的优点是空间微重力环境的模拟精度较高，加速度测量数据显示具有 $10^{-4}g$ 甚至更优的微重力水平，且安全可靠、可重复利用，可以进行三维空间的微重力试验。因此，落塔主要用于典型的要求 2～5 s 自由下落时间的微重力或低重力试验。

落塔法的缺点是不仅造价昂贵，且飞行器的尺寸受到限制，通用性差，更为关键的是单次微重力试验时间过短，从而造成对于飞行器的各种设备的性能指标无法较好考核，因而影响了其应用。由于微重力落塔可以提供重力加速度相对较低的微重力环境，试验费用较低，通常使用缩比模型便可以弥补微重力试验时间短的缺陷，因此微重力落塔成为最常用的空间流体微重力试验手段。

落塔微重力试验的成本相对低，是一种理想的研究设施，特别是对于探测试验。

3.5.2 微重力落塔试验的关键技术

1）内外舱间径向间距的选取。首先内舱必须有足够的安装试验装置、数据的测量及记录装置、视频监测装置、舱载计算机装置、无线传输装置以及电源等有效载荷的空间。同时，为了尽量减小外舱下落时受到的气动阻力，外舱的特征截面积要力所能及地尽量小。但是内外舱在自由下落时由多种不能完全消除的干扰所引起的下落姿态的侧斜，可能造成在自由下落过程中内舱提前和外舱内壁面侧碰，缩短了微重力时间，并影响试验舱组件进入减速回收网袋的姿态。因此，内外舱间径向既要留有足够的安全间距，同时此径向间距也要力所能及地尽量小。

2）内外舱间轴向距离的选取。实验时，外舱在大气中下落受气动阻力的作用，下落速度相对慢一些。内舱是在真空环境中，以很小的相对速度下落，受到的气动阻力很小，因而绝对下落速度就比外舱快。所以内外舱间必须留有足够的轴向距离，以确保在试验舱进入减速回收过程前内舱不碰到外舱下底板。从减速回收过程的角度来考虑，这个轴向距离又不能留得太长，而是要求在自由下落过程结束时，内舱正好座落在外舱下底板上，内外舱作为一个整体进入减速回收过程。这样，既可以充分地利用内舱自由下落高度，得到可能的最长的微重力时间，又能避免在外舱已经减速后，内舱再落到外舱下底板上而引起冲撞造成较大的冲击过载。

3）内外舱质心与其几何对称轴的偏心率的控制。如果舱体的质心不在其几何对称轴线上，这种质心的偏心会造成在舱体被释放的瞬间受到一个初始干扰力矩，从而导致舱体自由下落时侧斜，所以舱体质心的偏心率必须严格控制。

4）外舱质心的位置应尽量靠近舱体底部，以确保在外舱下落姿态出现侧斜时，舱体受到的气动阻力的合力和舱体的重力组合的结果起到恢复舱体正直姿态的作用。

3.5.3　微重力落塔试验技术应用情况

早在 20 世纪 60 年代，随着美国载人航天计划的实施，NASA 在刘易斯研究中心（Lewis Research Center，LeRC，现改称格伦研究中心）相继建立了两座落塔。一座“零重力研究设施”是大型的落井设施，深入地下 155 m，能够提供 5.1 s 微重力时间，微重力水平为（10^{-5}～10^{-6}）g，平均减速过载为 35 g ，峰值过载 65 g 。另一座落塔是简易型的设施，塔高 30.5 m，能提供 2.2 s 微重力时间，微重力水平为 $10^{-4}g$ ，减速过载为（15～30）g ，这座落塔承担了大量的试验任务，平时每天进行 6～8 次试验，试验任务繁忙时每天可进行 12 次试验。随着世界范围内空间计划和微重力科学与应用的快速发展，日本于 20 世纪 80 年代末、90 年代初相继建立了两座微重力试验设施。一座是世界上最大的微重力落井设施(JAMIC)，深入地下 710 m，能提供 10 s 微重力时间，微重力水平为 $10^{-5}g$ ，减速过载小于 10 g 。另一座微重力落井设施深入地下 150 m，能提供 4.5 s 微重力时间，微重力水平为 $10^{-5}g$ ，减速过载小于 10 g 。德国也于 20 世纪 80 年代末、90 年代初在不来梅州建立了一座落塔，塔高 145.5 m，能提供 4.7 s 微重力时间，微重力水平为（10^{-5}～10^{-6}）g，平均减速过载为 25 g ，峰值过载为 50 g 。

据了解，俄罗斯/苏联在发展空间计划时也建立了大型落塔（井）设施，但未见公开资料报导。此外，美国的一些大学和研究院（所）内还有多座微重力时间 1 s 的小型微重力试验设施。

目前，美国、日本、德国等都建立了微重力落塔，能够实现 10^{-4}～10^{-5}量级的微重力环境。

图 3-55 为日本的 JAMIC，该落塔是建立在一个高 710 m 的竖井中，自由落体高度达到 490 m，是世界上第一个具备 10 s 以上微重力环境时间的落塔，最大负载 500 kg，每天最多可以进行 3 次落塔微重力模拟试验。

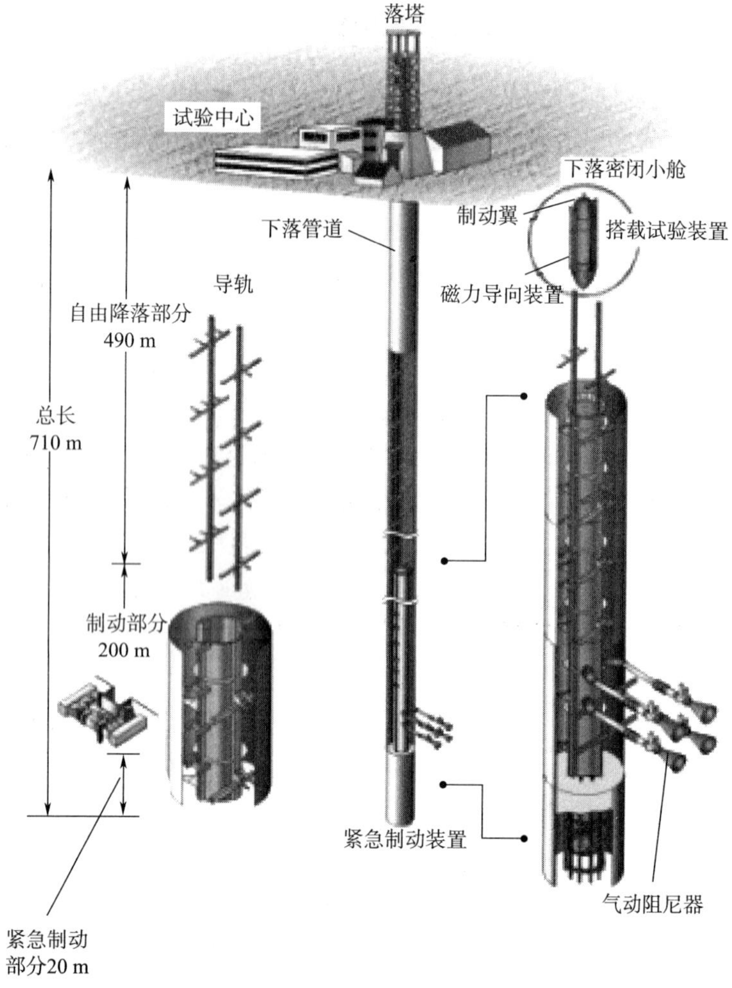

图 3-55　日本的 JAMIC

刘易斯研究中心有两个落塔，分别能提供 2.2 s 和 5.1 s 的微重力试验时间。图 3-56 为该研究中心的微重力落塔装置。

目前世界主要的落塔（井）设施如表 3-18 所示。

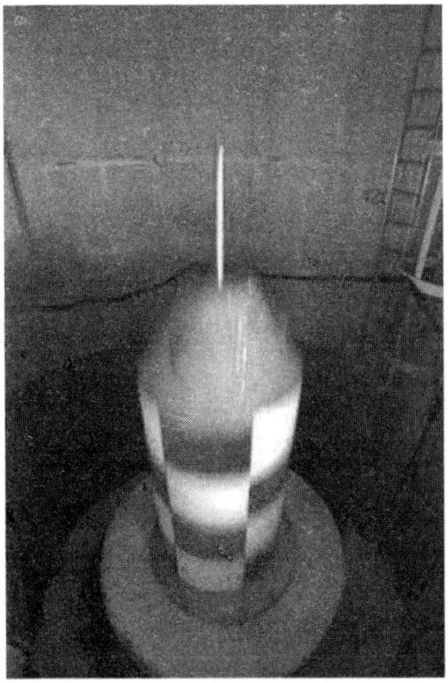

图 3-56　LeRC 的落塔

表 3-18　世界主要的落塔（井）设施

单位	地点	高度	微重力水平	微重力时间/s
日本微重力中心	北海道砂川	710	$10^{-5}g$	10
美国马歇尔航天飞行中心	亨茨维尔	150	$10^{-5}g$	4.5
美国刘易斯研究中心	克利夫兰	155	$10^{-5}\sim10^{-6}g$	5.1
日本微重力实验室	土岐	150	$10^{-5}g$	4.5
德国不来梅微重力中心	不来梅州	145.5	$10^{-5}\sim10^{-6}g$	4.7
中国科学院力学研究所	北京	100	$10^{-5}g$	～4
中国科学院工程热物理研究所	北京	25	$10^{-3}g$	2.2
美国刘易斯研究中心	克利夫兰	30.5	$10^{-4}g$	2.2

美国马丁·马丽埃塔公司的 J. Tegart 和 N. T. Wright 等人在 1983 年研究了微重力环境下两块平行开孔板间的流动情况，得到了泡破点、压降、浸润性等参数，验证了它们在液体蓄留和阻止气体进入方面的能力。该项研究对于后来蓄液器的设计具有一定的指导

作用。图 3-57 所示为试验所使用的模型，图 3-58 所示为泡破点测量试验结果。

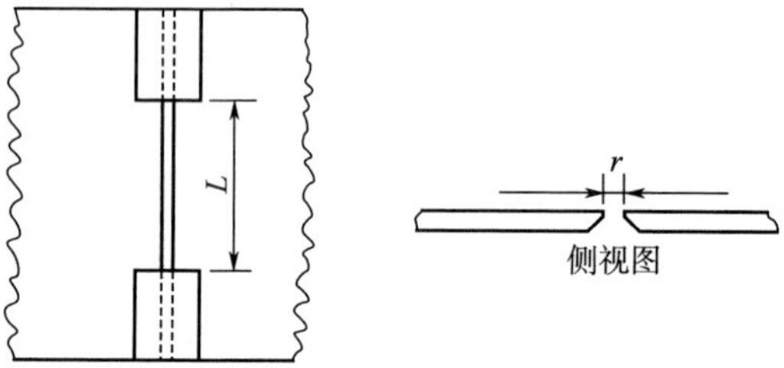

图 3-57　开孔平板试验模型

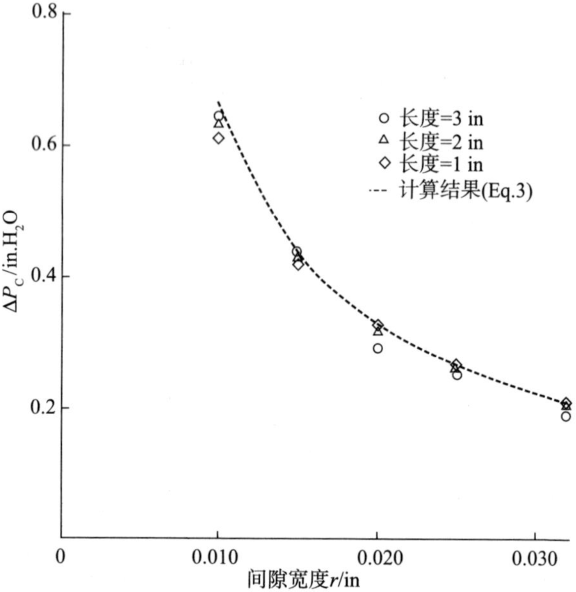

图 3-58　开孔平板泡破点测量试验结果

注：in. H_2O 表示英寸水柱，为压力单位。

美国福特宇航公司的 T. P. Yeh 在 1987 年对组合的板式结构性能进行了研究，通过微重力落塔试验研究了其对流体管理的综合性能，包括流体在微重力作用下验证板式部件的爬升能力，以及液体在重定位过程中板式部件抑制液体晃动的能力，试验在 Santa Clara 大学的落塔上进行，该落塔的高度为 90 英尺，如图 3-59 所示。

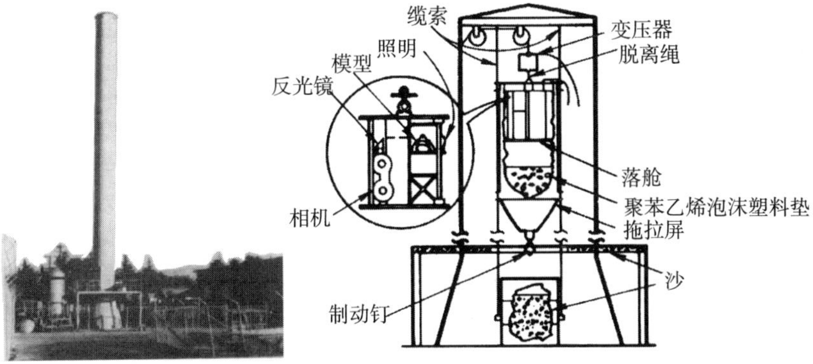

(a) 微重力落塔　　(b) 试验装置

图 3-59　Santa Clara 大学的落塔

图 3-60 所示为计算结果与落塔试验结果的对比情况。试验结果与计算所得到的推进剂定位情况非常相近，这对计算结果的准确性进行了验证。

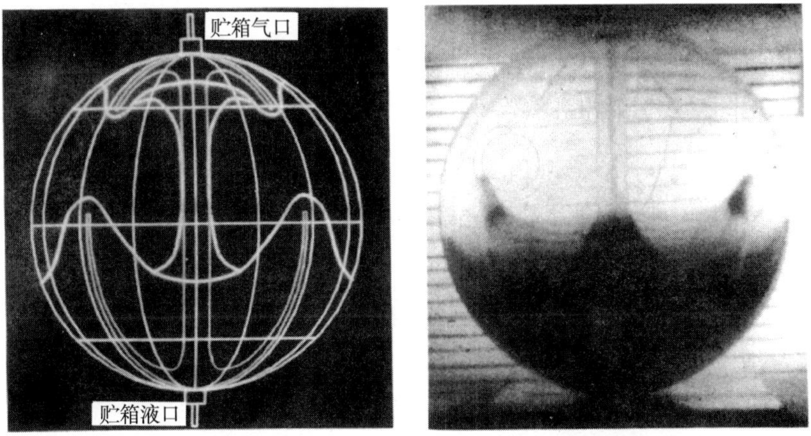

(a) CAD计算结果　　(b) 落塔试验结果

图 3-60　计算结果与落塔试验结果的对比情况

莱特航空发展中心的 M. K. Reagan 和 W. J. Bowman 在 1994 年研究了沟槽状板式部件在微重力环境下的流动传输机理，通过落塔试验得到了不同时刻流体在沟槽内的三维分布，并以此得到传输速度，同时研究了温度对沟槽内流动的影响。图 3－61 所示为试验所使用的板式沟槽结构。图 3－62 所示为试验所测的液面高度与计算结果对比。

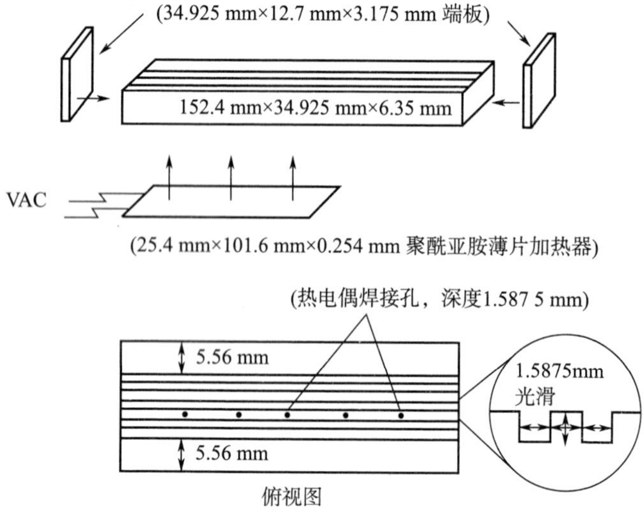

图 3－61 试验所使用的板式沟槽结构

德国不来梅大学的 M. Strange 在 2000 年进行了不同微重力加速度下两个平行平板间液体在表面张力作用下定位的试验研究工作，得到了邦德数与液带宽度的关系，并得到了液带破裂时的极限加速度值。不来梅大学的 De Lazzer 在 2003 年研究了零重力状态下两个平行板间的流体极限传输速度，以及影响传输速度的主要因素。图 3－63 所示为试验所用落塔装置。图 3－64 所示为落塔试验结果，从三个视图反映了在侧向加速度情况下推进剂沿着两个平行平板的传输情况。这个试验结果可以应用于与壁面平行布置的导流叶片的设计。

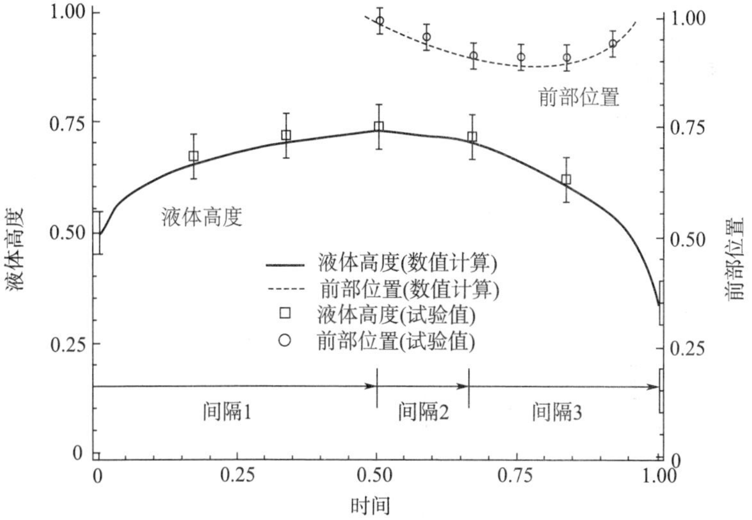

图3-62 计算结果与落塔试验结果的对比情况

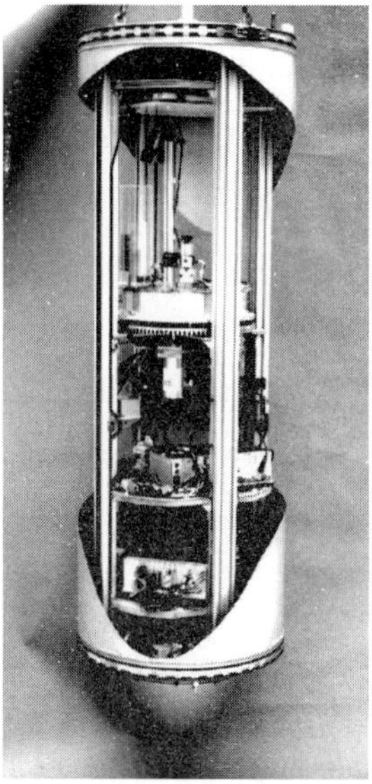

图3-63 落塔试验装置

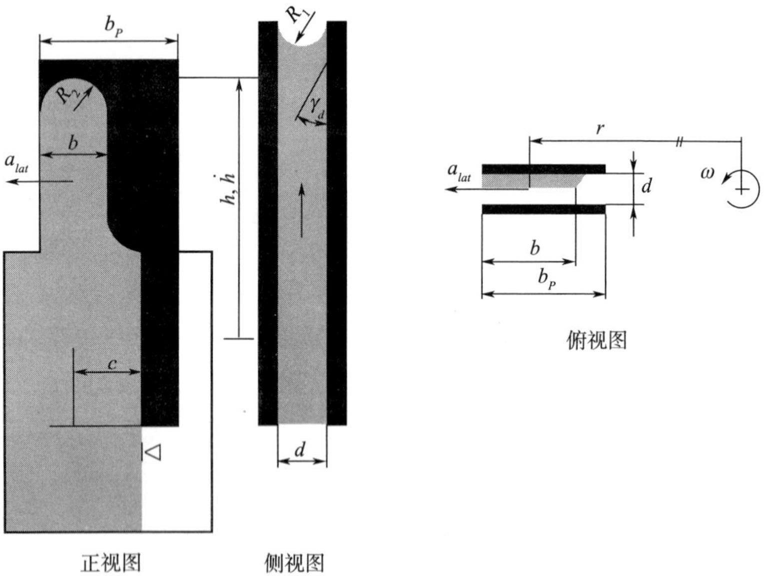

图 3-64　**落塔试验结果**

Weislogel M. M 在 2001 年研究了导流叶片的弯曲半径对表面张力驱动流体性能的影响，结果表明不同的弯曲半径的导流叶片对其与贮箱壁面间的湿润性能影响不大，但是它们之间的间隙会对重新湿润能力产生很强的阻碍作用。图 3-65 所示为弯曲半径对临界接触角的影响情况。

普渡大学的 Yongkang Chen 和 Steven H. Collicott 在 2004 年对圆柱形容器板壁间的表面张力驱动流体进行了落塔试验研究，得到了间隙等几何参数、接触角、流体粘性、粗糙度、板的厚度以及板的倾斜角对驱动速度的影响，并对界面轮廓线在时间和空间上的分布规律进行了深入研究。图 3-66 所示为试验模型，导流叶片与壁面间的间隙是可调的。图 3-67 所示为微重力环境下不同间隙时液体沿着导流叶片爬升的情况，对四种不同间隙的试验结果进行了对比。

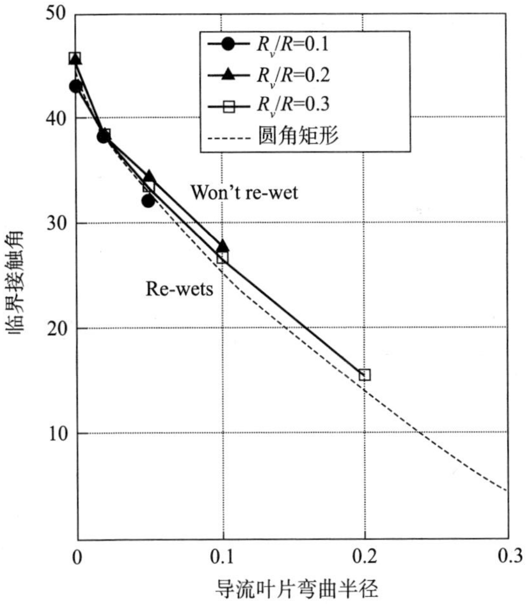

图 3-65　弯曲半径对临界接触角的影响情况

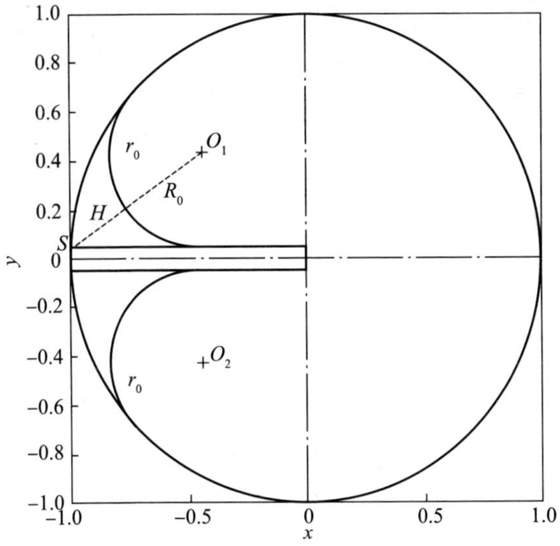

图 3-66　间隙可调的试验模型

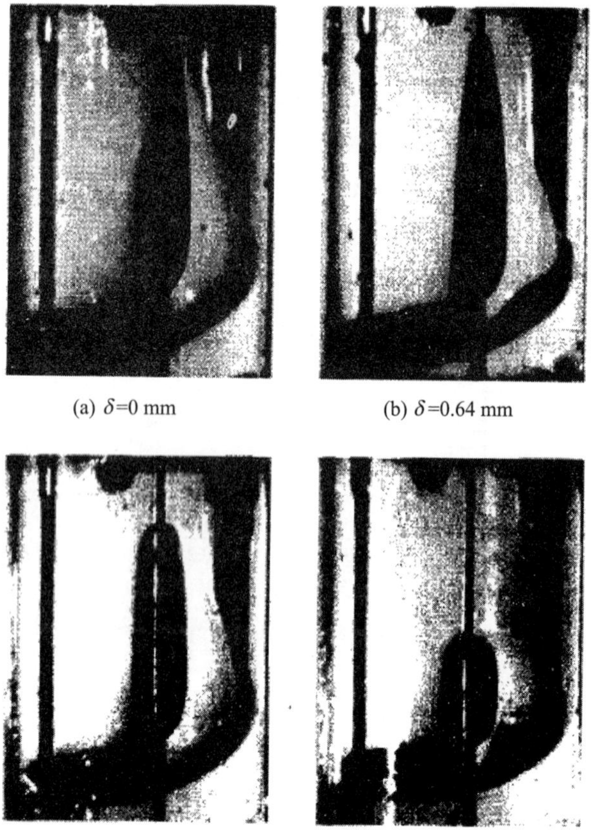

(a) δ=0 mm　　(b) δ=0.64 mm

(c) δ=1.27 mm　　(d) δ=2.54 mm

图 3-67　四种不同间隙的试验结果

在国家 863 计划的支持和安排下，中国科学院力学研究所于 2003 年建成国家微重力实验室百米落塔，它是我国发展载人航天、开发利用外层空间计划中进行微重力科学试验的重要地基设施。与美、德、日等国的同类设施相比，我国的这座落塔在技术性能上达到先进水平，并具有自己的特色，如图 3-68 所示。其主要组成部分有试验舱组件、减速回收系统和释放系统，这些组件和系统都展现了其先进性和创新性，显示了我国在这个领域内的实力。

图 3 - 68　中国科学院力学研究所百米落塔

中国科学院百米塔的试验舱为内外舱间抽真空的双层套舱结构，如图 3 - 69 所示。试验时外舱在大气中下落，设计时选取了轴对称的气动外形，以尽量减小下落时舱体承受的气动阻力。在减速回收过程中试验舱组件要承受较大的冲击力。内舱中装有试验装置，试验时内舱在外舱内真空环境中随外舱一起自由下落，内外舱间相对速度很小（<1 m/s）。真空环境和很小的相对速度这两点有效地减小了内舱自由下落时受到的气动阻力，从而确保内舱中的试验装置达到 $10^{-5}g$ 甚至更优的微重力水平。这种内外舱间抽真空的轻型双层套舱结构在国际上是首次使用。

国际上，德国不来梅落塔和美国 NASA LeRC 的零重力研究设施均采用降低介质（气体）密度的方法（单舱在真空钢管内下落）。德国不来梅落塔的真空钢管内径 3.5 m，高 110 m，再加上安置减速

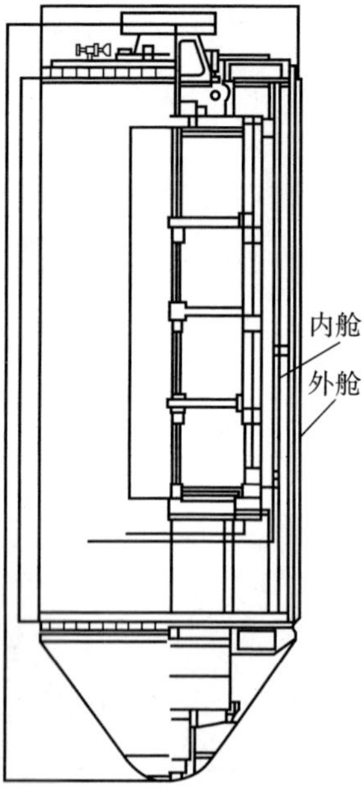

图 3-69　试验舱结构

回收筒的工作室，需要抽真空的容积达 1 700 m^3。配置了 18 台真空泵组，抽速为 32 000 m^3/h（约 9 000 L/s），需抽真空 2.5 h，真空钢管内可达 1 Pa 的真空度。这样，试验舱（单舱）在 1 Pa 的真空环境中下落可以达到（10^{-5}～10^{-6}）g 的微重力水平。美国 NASA LeRC 零重力研究设施真空钢管的内径 6.1 m，高 145 m，配置了更大抽速的真空泵组。而中国科学院百米落塔则同时采用了降低介质（气体）密度和舱在介质（气体）中相对运动的方法，这样将更有效地减小试验舱下落时受到的气动阻力。采用内外舱间抽真空的双层套舱结构，试验时内舱也是在真空环境中下落，只是这个真空环境（外舱）随内舱一起下落。需要抽真空的容积（内外舱间的空间）仅 1 m^3，只需配置一套抽速为 8 L/s 的小型真空泵组，20 min 就可抽到所要求的真空度。这样不仅大幅度地降低了固定设备的投资费用，而且还可节省大量的正常运行和维修费用。

德国不来梅落塔和美国 NASA LeRC 零重力研究设施试验舱均是单舱结构，下落时舱体速度以 1 g 的加速度迅速增加，在自由下落终止时试验舱的速度将分别达到 46 m/s 和 51 m/s。由于试验舱下落时受到的气动阻力与舱的相对速度的平方成正比，为了要获得（10^{-5}～10^{-6}）g 的微重力水平，必须将真空钢管内的压力抽到较高的真空度（1～10 Pa）。

日本 JAMIC 的落舱也是双层套舱，内外舱间抽真空 10 Pa，但其使用的是重型结构，落舱总质量达 5 000 kg。而我国百米落塔的的落舱却是轻型、薄壁结构，总质量仅为 600～630 kg。

我国百米落塔建成以来，进行了大量微重力试验，包括微重力池沸腾传热试验研究，获得了稳定的微重力沸腾图像和传热数据。初步分析表明在壁面过热度较低时，微重力条件下过冷核态沸腾的传热效率比常重力约高 10%，而在壁面过热度较高时，微重力条件下过冷双膜态过渡沸腾的传热效率比常重力约低 20%。

我国百米落塔还进行了多项试验，为返回式卫星空间搭载试验做了充分准备，以验证空间搭载试验设备的功能和确定空间试验参数，多次进行了“微重力下层流粉尘火焰传播试验”和“火焰与流动相互作用试验”。这套试验设施现在每日可进行 2 次试验，如果等待试验的项目较多，在适当延长工作时间的情况下，有能力每日进行 4 次试验。百米落塔自由落体试验设施承担着我国微重力科学与应用计划中重要的微重力试验任务。

利用该落塔可进行在轨加注过程微重力落塔试验。微重力落塔模型试验系统由缩比试验模型、试验支架、照明装置、图像采集装置、自锁阀、氮气瓶和气路控制台等组件构成，可以进行板式贮箱板式部件、贮箱内流体行为以及加注过程流动特性的试验验证。当进行在轨加注落塔试验时须连接自锁阀、氮气瓶和气路控制台等部件。试验采用无水乙醇作为推进剂的模拟液，使用氮气作为压缩气体，能够实现模拟液加注、排放和贮存等功能。模型试验系统如图 3-70 所示。

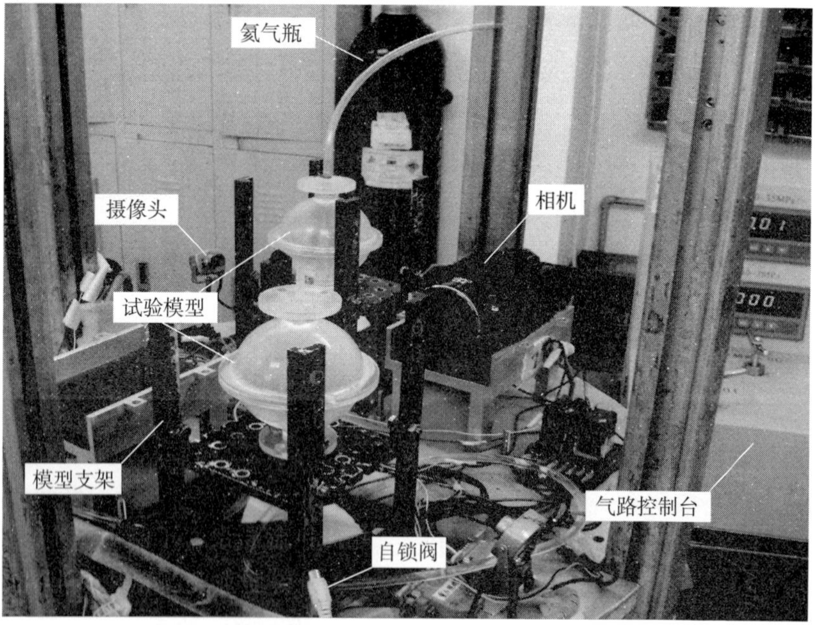

图 3-70 落塔试验用模型试验系统

通过落塔试验获得液体沿着导流叶片的传输特性。图 3-71 为液体沿导流叶片的微重力传输过程的落塔试验结果，落舱下落之前(0 s 时刻)，润湿的无水乙醇在导流叶片与液槽内壁面之间形成了向上弯曲的凸形液面，液面曲率半径较大，呈扁平状。这是由于导流叶片与液槽内壁面之间的尺度较小，而表面张力和静压力同时起作用造成的。当落舱释放后，重力加速度水平突然减小至 $10^{-5}g$ 左右，静压作用力几乎消失，表面张力起主要作用，液体沿着导流叶片爬升，气液分界面曲率半径相对于 1 g 时较小。

通过搭建的在轨加注试验系统，能够开展板式贮箱模型的在轨加注微重力落塔试验，并获得整个加注过程加注贮箱及被加注贮箱的液体传输特性和液面重定位过程的试验记录。图 3-72 所示为加注前加注贮箱与被加注贮箱微重力平衡过程。

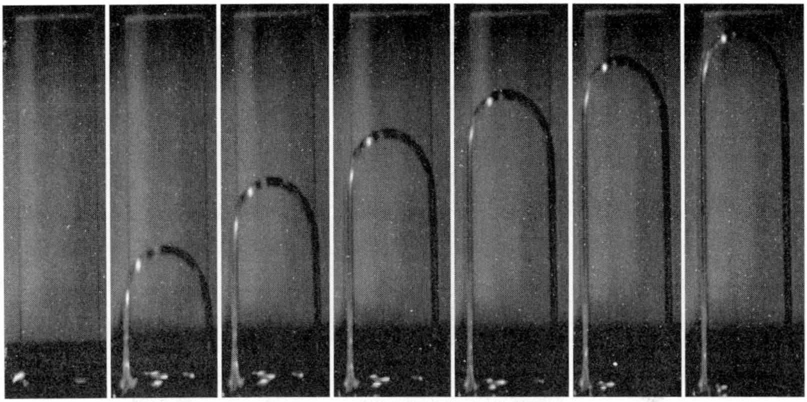

图 3-71　液体沿导流叶片的微重力传输过程的落塔试验

在微重力环境下，液体在表面张力作用驱动下，沿导流叶片内角和叶片与贮箱夹角区域迅速爬升，沿叶片内角爬升速度较快，这是由于内角处曲率半径较小造成的。0.6 s 时液体沿着叶片内角爬升到中间支撑管顶端，1.2 s 时气液界面趋于稳定。气液界面稳定后，在叶片之间形成了凹形液面；液体主要聚集在贮箱底端和导流叶片周围，叶片起到蓄流液体的作用。加注前加注贮箱和被加注贮箱的液面重定位过程类似，液体分布规律相同。

微重力落塔试验有着广泛的应用基础，与其他各种设施相比，虽然有微重力时间较短的不足之处，但是却具有微重力水平高，费用低，试验机会多，使用频率高，能够使用较精密的测量仪器，便于人为干预等明显的优点。因此，在航天器空间流体管理装置研制初期，可利用落塔缩比模型进行微重力落塔试验，对空间流体的管理能力进行试验验证。

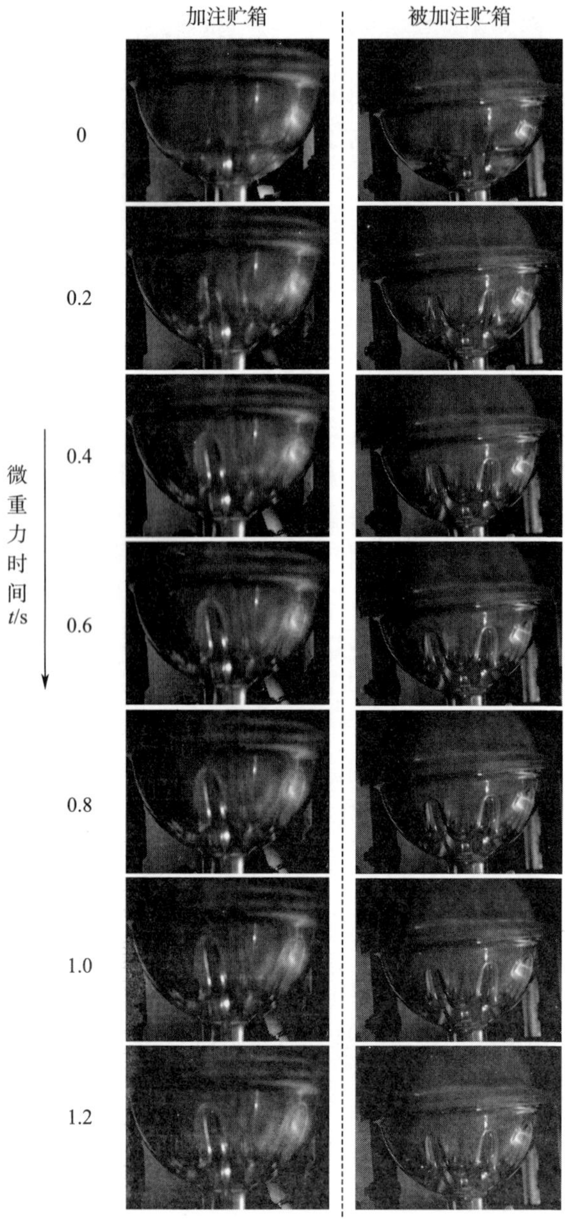

图 3-72　加注前加注贮箱与被加注贮箱微重力平衡过程

第 4 章　航天器常规推进剂传输与控制

推进剂的传输与控制是指采用各类阀门元件、动力部件、测量元件以及流体管路来实现推进剂的定向输送与控制，推进剂流量的高精度测量，贮箱内推进剂剩余量的测量等。

在航天器研制领域，对现代大容量、长寿命商业通信卫星，液体推进剂快耗尽时的准确测量和预报特别重要，因为这不仅关系到新的替换卫星的准备和发射，还关系到现役卫星最大效益的发挥，而且也关系到能否利用最少的剩余推进剂把寿终卫星推出关键轨道，为替换卫星清理出空间轨道资源。因此，准确评估卫星推进剂剩余量，能够延长卫星使用寿命。

对于桁架式卫星，采用四个贮箱，两两并联排放，如果两个贮箱和管理装置存在差异，就可能会导致在推进剂排放过程中其中一个贮箱的推进剂排放量大于另一个贮箱的推进剂排放量，若排放量的差异较大，将会造成如下问题：一个贮箱推进剂先耗尽，导致增压气体进入发动机，另一个贮箱剩余的推进剂就成为死质量，无法充分利用推进剂；由于推进剂排放量不均衡，导致卫星的质心发生偏移，形成干扰力矩，造成额外的推进剂消耗，会对整星寿命造成影响；若不平衡排放差异很大，会导致卫星在变轨过程中由于干扰力矩过大而失去控制能力，对整星安全造成致命影响。

本章重点介绍航天器常规推进剂的平衡排放、推进剂混合比调节、推进剂流量和剩余量测量、泵压传输等推进剂传输与控制技术。

4.1　推进剂高精度平衡排放

典型的推进系统原理图如图 4－1 所示。同类贮箱的上下游通过自锁阀连接，控制其开关可以实现气路和液路的联通。氧路和燃路分别配置一条独立系统旁路，同时各贮箱分别配置高精度压力传感器，可实现对各贮箱内气体压力的实时高精度测量。

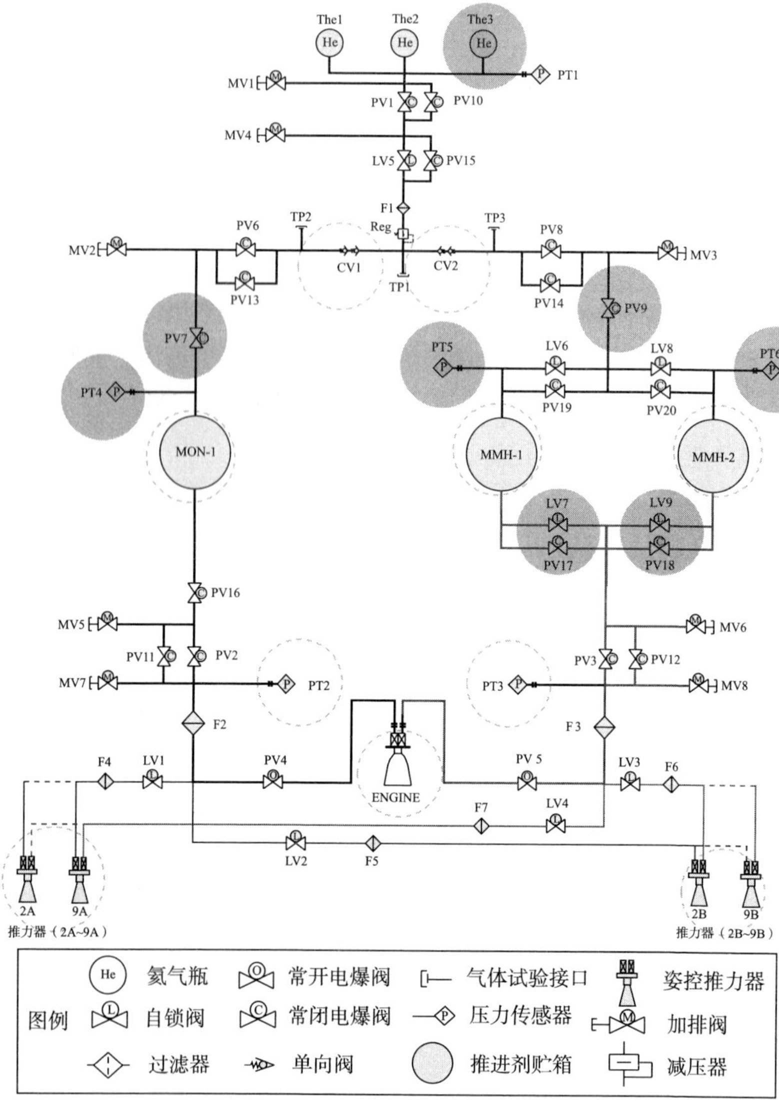

图 4-1 典型的推进系统原理图

造成并联贮箱不平衡排放的原因可以归结为三点：

1）贮箱 PMD 自身的流阻特性存在差异；

2）贮箱内部的初始气体压力存在差异；

3）并联贮箱温度控制的差异。

每个贮箱 PMD 在加工完成后，都存在一定的流阻差异，如果上下游压差不一致，则会由于贮箱 PMD 流阻的差异造成贮箱流量不同，进而导致贮箱的不均衡排放。

每个贮箱都采取了温控措施，但是贮箱的温度控制存在一定差异，当贮箱内的气体处于封闭状态时，会导致贮箱内的气体压力不一致，这同样会造成贮箱排放的不一致。

4.1.1　贮箱平衡排放控制措施

针对造成贮箱不平衡排放的各种原因，分别采取如下的控制措施，以保证贮箱并联平衡排放指标的实现。

（1）严格控制贮箱 PMD 流阻的一致性

在贮箱 PMD 加工过程中，对造成流阻差异的主要部件——收集器进行筛选、配对，在 PMD 装配过程中从工艺上保证装配的一致性，两两并联的贮箱 PMD 流阻尽量保持一致。

（2）减小并联平衡排放贮箱温度差异

通过与热控系统协调，对两并联排放贮箱的温度控制提出严格的要求，以减小由于温度的差异而造成贮箱内气垫压力的差异。通过协调，卫星第一次变轨任务开始前，热控系统可以将并联平衡排放贮箱的温度差异控制在 3 ℃以内（变轨阶段）。所采取的热控措施如下：

1）贮箱安装点位置垫隔热垫圈。

2）四贮箱 $-Z$ 段（中板以下部分）包覆多层隔热组件。

3）贮箱表面包覆多层隔热组件。

每个贮箱均设置 1 主 1 备两路跟踪加热器（主份的控温阈值为 15～20 ℃，备份的控温阈值为 10～20 ℃）跟踪控制四个贮箱的温度。两个燃箱分别与氧箱构成两个跟踪控温回路，执行该程序的判据是某箱的温度高于控温阈值上限且两箱的温差大于 2 ℃。控制规律为加热低温贮箱。

系统中并联燃料贮箱液口间无阀门控制，假设贮箱初始填充比为 96%，贮箱初始温度为 20 ℃，各贮箱间温度差异被控制在 3 ℃以内，则第一次变轨前，并联贮箱由于贮箱气垫压力不同造成的不平衡质量控制在一个较小的范围内。

4.1.2 系统管路流阻控制措施

化学推进系统简化了贮箱下游的自锁阀，消除了由于自锁阀阀口流阻不一致造成的液路管路流阻差异，有利于并联贮箱的平衡排放。由于管路的一致性易于控制，通过合理的管路布局，可以有效地消除由于管路流阻差异所造成的不平衡排放。在管路布局中，要严格遵守对称的布局原则。

4.1.3 并联平衡排放仿真分析

贮箱上游自锁阀采用气路大流量自锁阀，阀口最小通径 2 mm，是该自锁阀流阻差异的主要来源。阀口加工公差一般为±0.03 mm，因此，认为阀口最小通径加工误差小于 0.05 mm。仿真中，将燃路的两个并联贮箱上游气路大流量自锁阀通径分别改为 2.05 mm 和 1.95 mm，观察 490 N 发动机连续工作 9 600 s 时并联贮箱推进剂剩余量的变化情况。

通过仿真计算可获得在该工况下并联的两个燃料贮箱推进剂剩余量变化情况。由此得到在 490 N 发动机连续工作 9 600 s 后，燃料贮箱剩余量和不平衡排放数值。

4.1.4 平衡排放主动调节措施

为了保证两个燃料贮箱之间推进剂剩余量的均衡，在两个燃料贮箱的气口各增加 1 个高压大流量自锁阀。星箭分离前，高压大流量自锁阀保持初始状态为关闭状态，避免燃料在两贮箱之间流动。

在 490 N 发动机点火之前，需要对推进剂贮箱进行沉底，在推进剂沉底之前，高压大流量自锁阀始终保持关闭状态，在推进剂沉底时，同时打开两路自锁阀，给贮箱供气，使 490 N 发动机工作在恒压模式下。490 N 点火结束后，断开气路，随后关闭高压大流量自锁阀。

在发动机点火间隙，可通过卫星干扰力矩判断燃料的平衡排放情况。若贮箱的排放量差异较大，可在下一次 490 N 发动机点火前单独开启某路自锁阀，使用单个贮箱提供推进剂，在沉底阶段通过 10 N 推力器消耗单个贮箱内燃料的方式减小两个贮箱内燃料填充量的差异。

4.2　推进剂混合比调节

4.2.1　主动调控过程分析

为了对推进剂混合比进行控制，需对系统进行针对性设计。造成系统流阻差异的主要因素包括：单向阀动态压差、贮箱流阻差异、液路管路流阻差异。混合比控制措施如下：

1）气路选用膜片式单向阀，可有效降低气路流阻差异；

2）液路管路中自锁阀根据流阻试验结果进行配对，同时管路布局时确保氧、燃管路长度满足一定流阻关系，确保液路管路流阻一致。

从 490 N 发动机第 4 次点火过程中的混合比调节控制可以看出，通过关闭一侧贮箱的气口自锁阀，能够有效调节混合比。但是若氧、燃贮箱压差过大，490 N 发动机长时间工作在非正常工况时，对其寿命有影响。因此，当发现混合比偏离较大时，需要在后续变轨过程中对系统混合比进行持续调节。调节策略有两种：

1）前 3 次较长时间的变轨过程中，通过对一种推进剂贮箱的气口自锁阀进行多次开关，控制氧燃压差在一定范围内，从而确保

490 N 发动机混合比在合理范围内，不影响发动机正常工作；

2）后 3 次较短时间的变轨过程中，可采用落压方式，提前调节好氧燃压差，在整个落压过程中，氧燃压差基本维持不变。

下面举例说明：第 1 次变轨过程中 490 N 发动机混合比偏离到 1.63，因此在第 2 次变轨，开始进行混合比调节，通过开关燃箱气口自锁阀，控制氧燃贮箱压力差在 0.02～0.05 MPa 之间，具体如图 4－2 所示。整个变轨过程中需要开关燃箱气口自锁阀各 10 次，最终氧燃压差均值在 0.032 MPa，这样可将本次变轨的 490 N 发动机混合比调节到 1.665。前 2 次变轨的总混合比为 1.647。

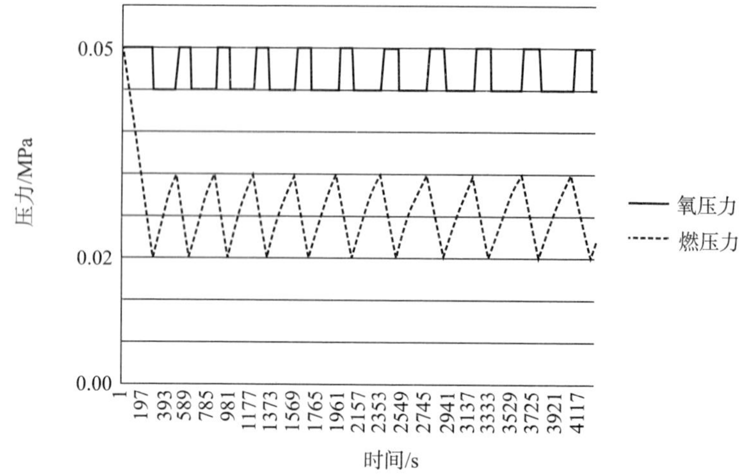

图 4－2　第 2 次变轨燃箱压力调节

第 3 次变轨可以不进行混合比调节，那么这次变轨的混合比仍为 1.63。然后第 4、5、6 这三次变轨过程中，由于变轨时间段可以采用落压模式进行，在变轨前调节氧燃压差为 0.045 MPa，这样可以保证变轨期间的混合比为 1.677。根据计算，第 3 次变轨贮箱压力下降 0.13 MPa，第 4 次变轨贮箱压力下降 0.15 MPa，第 5 次变轨贮箱压力下降 0.1 MPa，均在正常工作范围内。

最终 6 次变轨的消耗量和混合比见表 4－1，总的混合比可调节到 1.65。

表 4-1 6 次变轨混合比调节情况

变轨次数	氧化剂消耗量	燃料消耗量	混合比
第 1 次变轨	487.70	299.20	1.63
第 2 次变轨	449.18	269.77	1.665
第 3 次变轨	511.75	313.95	1.63
第 4 次变轨	157.92	94.13	1.677
第 5 次变轨	195.57	116.58	1.677
第 6 次变轨	145.14	86.51	1.677
合计	1 947.26	1 180.14	1.65

4.2.2 推进剂贮供调控实例

某推进剂贮供系统及原理图如图 4-3 和图 4-4 所示。

图 4-3 某推进剂贮供系统

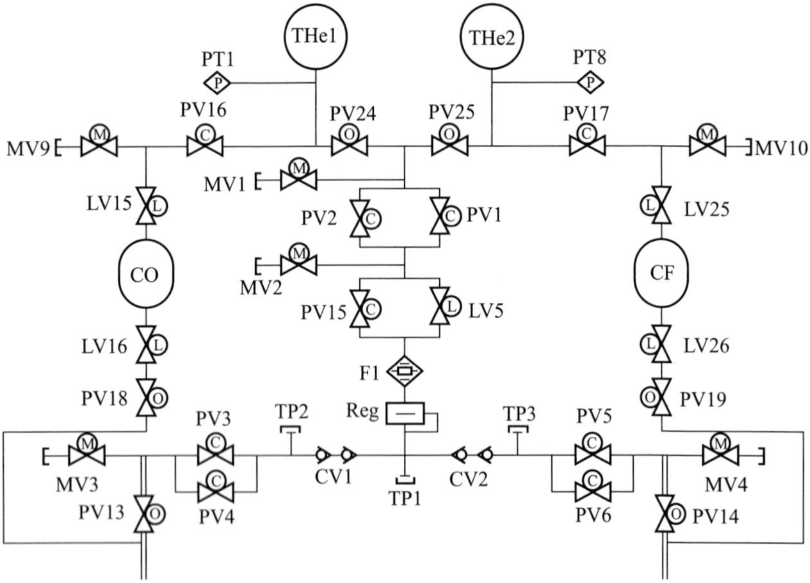

图 4-4　某推进剂贮供系统原理图

（1）地面测试

××卫星的热试星进行了 5 次地面点火试验。通过地面试验，可以得到每个贮箱内推进剂的消耗情况，从而得到平衡排放指标。各次点火推进剂消耗曲线如图 4-5 所示。

在点火结束后，对剩余推进剂进行了排出，每个贮箱的剩余推进剂都进行了称重，分别计算出氧化剂与燃料的消耗量，根据消耗量结果计算出不平衡排放量和不平衡排放率，见表 4-2。

综合分析，通过地面热试星试验，可以得到××卫星并联贮箱的平衡排放精度优于 0.5%。

（2）在轨飞行验证

2016 年 12 月，××卫星推进系统经过 5 次远地点点火，将卫星送入地球同步轨道。通过卫星控制分系统的干扰力矩计算方法（精度<1%），可以得到卫星四个贮箱的平衡排放状况。

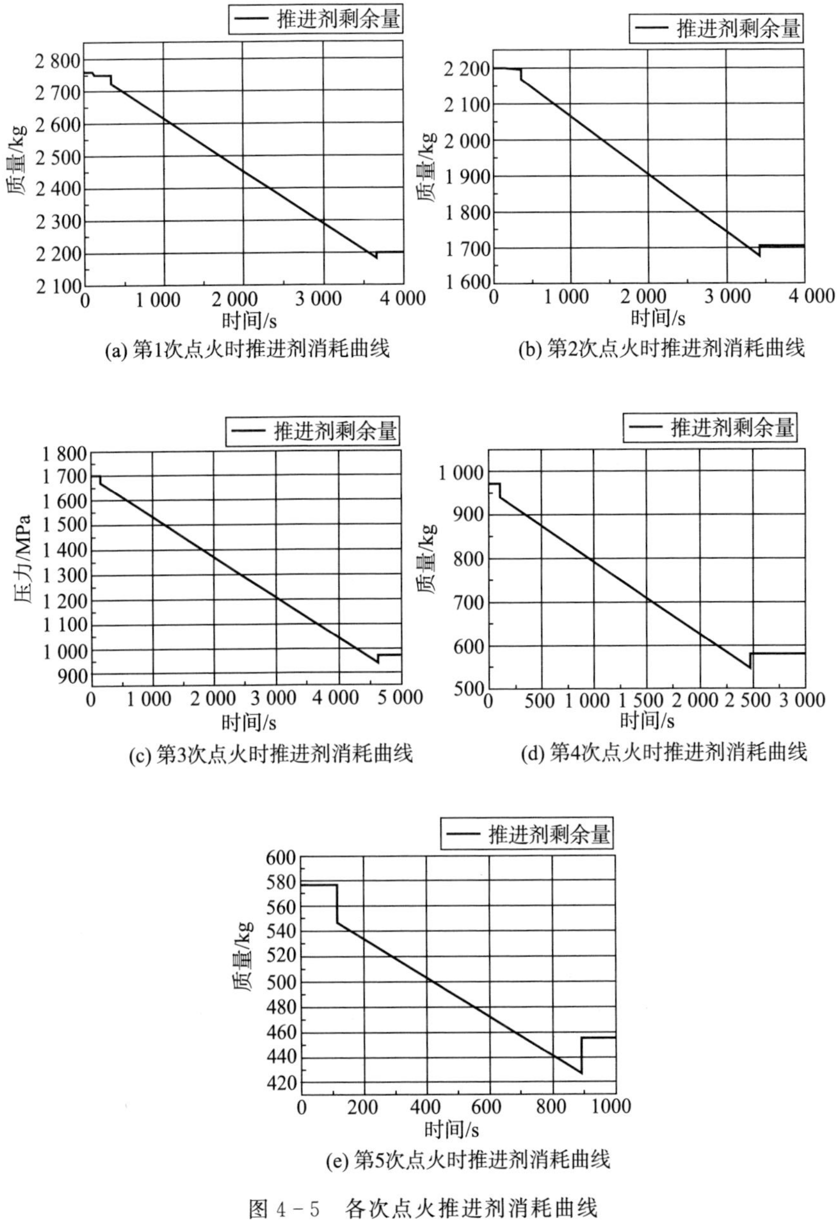

图 4－5　各次点火推进剂消耗曲线

表 4-2 ××卫星热试车过程中平衡排放试验结果

序号	项目	燃料贮箱 A	燃料贮箱 B	氧化剂贮箱 A	氧化剂贮箱 B
1	加注量	524.4 kg	524.4 kg	866.058 kg	866.058 kg
2	排出质量	53.1 kg	48.2 kg	97 kg	99.9 kg
3	不平衡排放量	4.9 kg		2.9 kg	
4	不平衡排放率	0.467%		0.168%	

利用第 5 次点火过程中卫星的控制力矩可以得到卫星的干扰力矩，而干扰力矩的主要来源是 490 N 发动机的干扰力矩。490 N 发动机的干扰力矩主要是由于卫星的质心发生变化，导致产生干扰力矩。通过下列公式可以计算得到干扰力矩

$$T_{di}=2\times\frac{\mathrm{sign}(M_i)\times T_{ci}\times\left(\frac{T_1}{2}\right)}{\ln\left(1+\frac{\exp\left(\frac{T_1}{2}\right)-1}{|M_i|-0.21}\right)}$$

式中 T_{di} ——卫星受到的干扰力矩；

M_i ——卫星控制器输出力矩；

T_1——卫星姿控推力器输出的脉冲力矩；

T_{ci} ——卫星的控制力矩。

利用干扰力矩可以反算得到卫星的实际质心情况。结合初始的贮箱装填量，可以得到卫星变轨过程中的推进剂消耗情况，即并联贮箱的平衡排放情况。

第 5 次点火过程中，卫星的姿态参数如图 4-6 所示，卫星三轴控制力矩如图 4-7 所示，490 N 发动机的干扰力矩如图 4-8 所示。

经计算，得到 5 次变轨后四个贮箱内推进剂的剩余量情况和平衡排放情况，如表 4-3 所示。

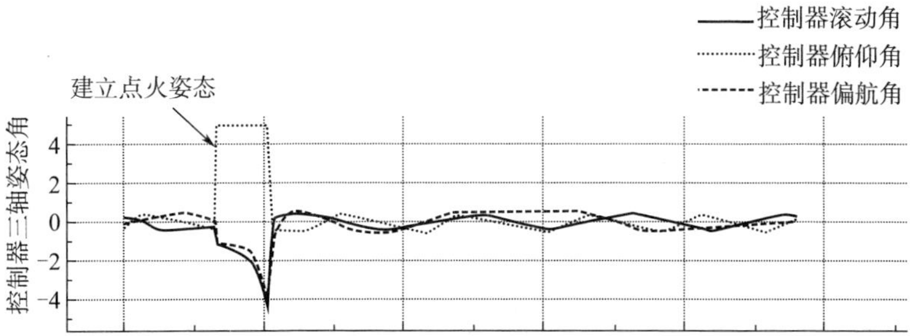

图 4-6　第 5 次点火过程中卫星的姿态参数

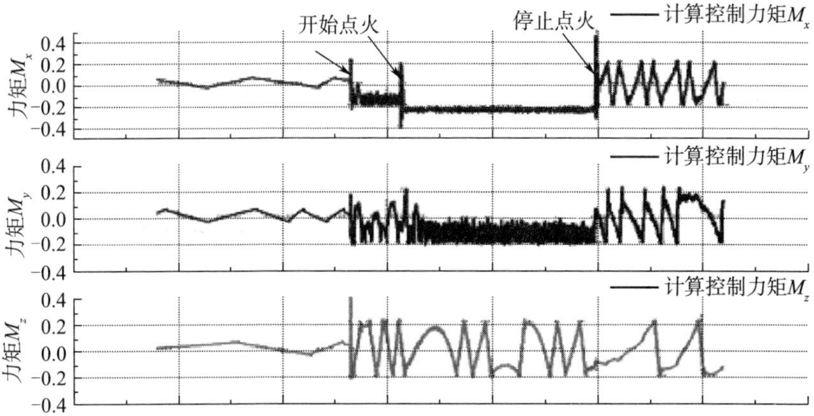

图 4-7　第 5 次点火过程中卫星三轴控制力矩

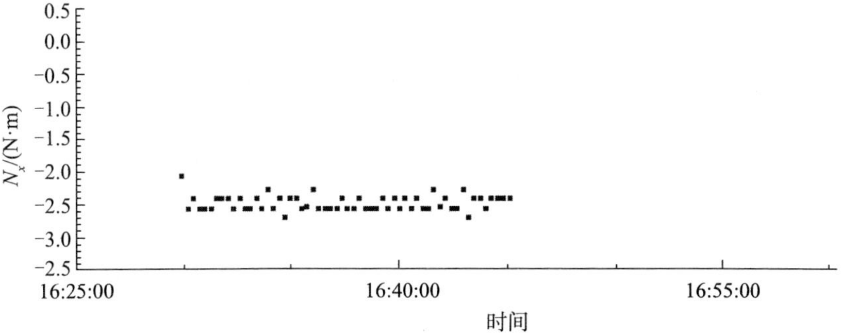

图 4-8　第 5 次点火过程中 490 N 发动机的干扰力矩

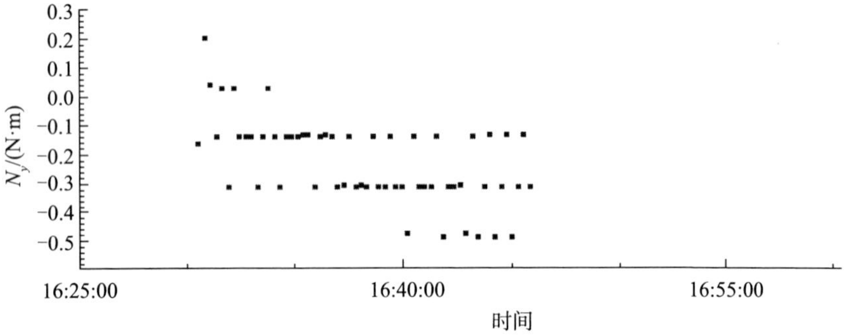

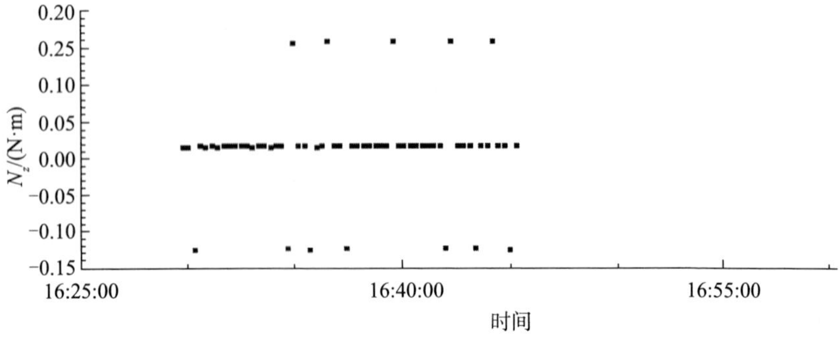

图 4-8 第 5 次点火过程中 490 N 发动机的干扰力矩（续）

表 4-3 ××卫星在轨推进剂消耗及平衡排放结果

序号	项目	燃料贮箱 A	燃料贮箱 B	氧化剂贮箱 A	氧化剂贮箱 B
1	加注量	583.3 kg	590.7 kg	956 kg	957.6 kg
2	5 次变轨过程排放量	460 kg	465.6 kg	750.7 kg	741.5 kg
3	不平衡排放量	5.6 kg		9.2 kg	
4	不平衡排放率	0.48%		0.48%	

××卫星并联贮箱在轨平衡排放控制精度为 0.48%。

4.3　推进剂流量和剩余量测量

由于微重力环境下，推进剂和增压气体处于掺混状态，推进剂剩余量预估的难度大，通常采用的 PVT 法对推进剂剩余量进行预估，寿命误差为±6 个月。由于预估精度低，导致卫星可能提前离轨，降低了卫星的使用效率。还有的卫星，由于推进剂精度预测不准确，比预期提前耗尽，无法离轨，导致宝贵的轨位资源被浪费。某卫星进行推进剂钝化时，发现尚有大量推进剂剩余，减少了大约半年的在轨服务时间，造成了巨大的浪费。

卫星在轨推进剂消耗量的精确测量是一项技术难题，基于小管径声场和流场耦合的高精度流量方法，通过适应空间环境的小管径、低流速超声波流量计，能够实现推进剂流量和剩余量的高精度测量，流量测量精度能够达到±0.21%FS，剩余量测量精度达到±0.34%。

4.3.1　基于超声波小管径的高精度流量测量

4.3.1.1　压电式超声波探头的原理与结构

超声换能器指的是在超声波频率范围内将交变的电信号转换为声信号或者将外界声场中的声信号转变为电信号的能量转换器件。常见的换能器有压电换能器、磁致伸缩换能器、机械换能器、电磁换能器、静电换能器、热声换能器、光声换能器等。目前，在流体测量领域，主要使用的是压电换能器。以换能器为主要元件组装成具有超声波发射、接收功能的器件，称为超声波探头。超声波流量计常使用收发一体式的探头。

压电换能器中的压电晶片具有压电效应，当超声波探头接收到超声波时，发生正压电效应，声能转化为电能，并将电信号输出到电路中；当电压信号施加到压电晶片上时，发生逆压电效应，电能转化为声能（机械能），此时超声波探头向外界发出超声波。目前，工业上常用的压电晶片材料有钛酸钡（$BaTiO_3$）、锆钛酸铅（$PbZrTiO_3$）、钛酸铅（$PbTiO_3$）等。

压电晶片的特性通常可以用一系列参数来描述，常见的参数有压电应变常数、压电电压常数、介电常数、机电耦合系数、机械品质因子、频率常数、居里温度等。

压电式超声波探头的结构如图 4－9 所示，由外壳、压电晶片、电极、匹配层及背衬组成。压电晶片两侧的电极通电后，压电晶片在晶片厚度方向做振动，产生纵波，即超声波。通常压电晶片的厚度大约为压电晶片振动的半波长，如 2 MHz 的 PZT 压电陶瓷晶片的厚度为 0.95 mm，2 MHz 的 1—3 型压电复合材料的晶片厚度为 0.7 mm。匹配层主要起到保护探头晶片的作用。背衬通常包括压电晶片背面粘结的阻尼块和吸声材料。阻尼块对压电晶片的振动起到阻尼作用，使得晶片起振后尽快停下来，从而减小脉冲宽度，提高分辨率。吸声材料可以吸收压电晶片向其背面发射的超声波，并可以减小噪声。

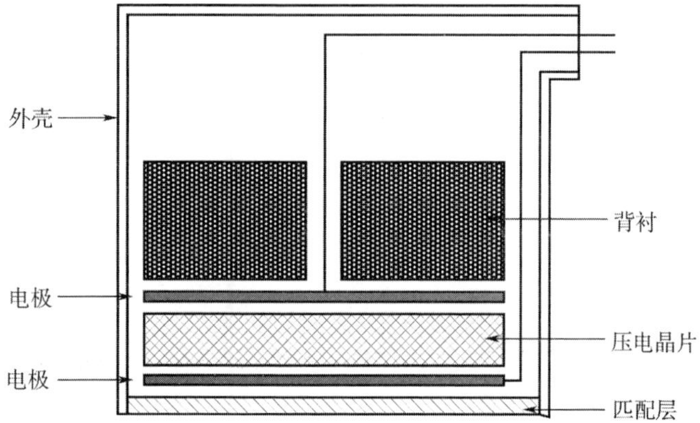

图 4－9 压电式超声波探头结构

图 4－10 是三种小直径、高频压电式超声波探头，用于进行两相流的测量研究。三款探头的工作频率、压电晶片材料以及匹配层材料均有所不同。

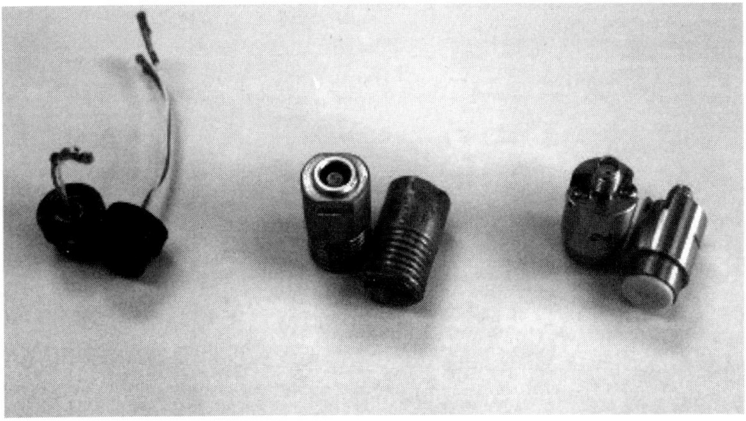

图 4-10　三种压电式超声波探头

4.3.1.2　超声波在液体中的传播特性

无论是利用超声波检测气泡，还是用来测量流体的流量，研究超声波在流体中的传播规律是很重要的。本节分别介绍超声波探头的声场特性，以及超声波在介质中，特别是在小管径管道中的传播特性。

(1) 超声波探头的声场特性

超声波探头的声场特性，主要指的是超声波在介质中的声压分布和声场的指向性。本文使用了工程中常见的圆柱形超声波探头，由于具有对称性，因此圆柱形超声波探头声场的声压分布较为简单，目前已经被研究得比较透彻。圆柱形超声波探头的能量主要集中在轴线附近（称为主瓣声束），工业领域中往往利用这部分能量来检测介质中的气泡、缝隙等。

根据惠更斯原理，任何声源均可视为无数单一声源的集合，因此，声场内某一点的声压可以看作是声源表面上所有点辐射到该点声压的叠加。圆柱形超声波探头轴线上的声压计算公式为

$$P = 2P_0 \sin\left[\frac{\pi}{\lambda}\left(\sqrt{R_s^2 + a^2} - a\right)\right] \tag{4-1}$$

式中 P ——声压的幅值，定义为某点的瞬时压强与无超声波声场时的静态压强 P_0 的差值；

λ ——超声波的波长（频率为 1 MHz 的超声波，在 25 ℃室温下，波长约为 1.497 mm）；

R_s ——探头的半径；

a ——该点与探头中心的距离。

可以看出，沿着超声波探头的轴线方向，声压的分布较为复杂。工程上常通过近场长度 N 来衡量探头轴线上的声压分布。N 定义为最后一个声压极大值出现的位置与探头中心之间的距离，其计算公式为

$$N=\frac{D^2}{4\lambda}-\frac{\lambda}{4} \tag{4-2}$$

式中 D ——探头的直径；

λ ——波长。

由式（4－2）可知，沿探头轴线，在距离小于 N 的长度上变化时，声压会出现数个局域极大值和极小值，这是由于探头表面的各个单一点源辐射到轴线上同一点的声波具有相位差，从而发生波的干涉效应造成的。当距离大于近场距离 N 时，声压的幅值会随着距离的增大呈现单调递减。

图 4－11 给出了直径为 10 mm，工作频率为 1 MHz 的超声波探头轴线上的声压分布，对于圆柱形超声波探头，当探头直径为 10 mm 时，N 约为 16.6 mm。可以看出，在 N 以内，有 2 个极大值和 3 个极小值，最大声压为 $2P_0$， 最小声压为 0。当距离大于 N 后，探头轴线上的声压便随着距离增加单调减小，不再有起伏波动。

除了声压分布，声场的指向性也是声场的重要特性之一，它直接反映了声场中能量的集中程度以及声场的几何边界。

超声波本身具有很强的指向性，工程中，常用指向角 θ 来衡量这一特性。指向角指的是主瓣声束的轴线与相邻的副瓣声束的切线之间的夹角（如图 4－12 所示），通常也被称为半扩散角，其计算公式为

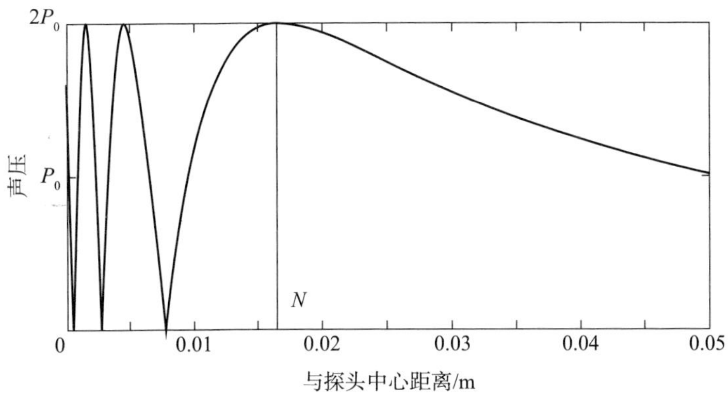

图 4－11　圆柱形超声波探头声场轴上的声压分布曲线

$$\theta = \sin^{-1} 1.22 \frac{\lambda}{D} \tag{4-3}$$

式中　λ ——波长；

D ——探头的直径。

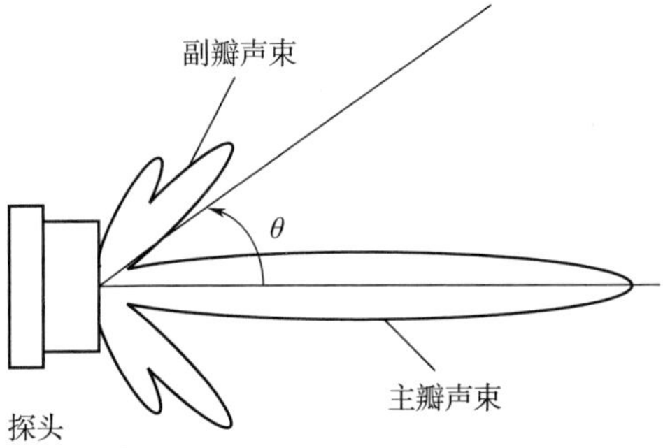

图 4－12　声场指向角示意图

当 D 为 10 mm 时，θ 约为 8.47°。探头的指向角越大，指向性越差，声能越分散，检测灵敏度越低，这对超声波检测来说是不利的。根据式（4－3），增大发射频率（减小波长），增大探头晶片尺寸，均可以减小探头的指向角，改善声场的指向性。

（2）超声波在真实介质中的传播与损失

在实际应用中，对于不均匀的非理想介质，由于介质本身的吸收、声传播过程中波阵面的扩展及各种不均匀的散射等原因，超声波在传播过程中，传播方向上的声压值还会进一步减弱，传播损失 TL 定量地描述了超声波传播一定距离后声强度的衰减，它定义为

$$TL = 10\lg \frac{I_1}{I_r} \tag{4-4}$$

式中 I_1——离声源等效中心 1 m 处的声强度；

I_r——距离声源 r 处的声强度。

该式定义的传播损失 TL 值总为正。

传播损失可以视为声能扩展和衰减所引起的损失之和。声能扩展损失指的是超声波传播过程中声强随着距离的增加而有规律地减弱。在均匀介质中，超声波呈球面向外界扩展，扩展损失与距离的平方成正比。在非均匀介质中，声能的扩展损失主要呈现柱面扩展的特点，这主要是由于非均匀介质中存在着折射和界面反射，此时扩展损失与距离成正比。

声能的衰减损失包括吸收损失、散射损失和声能泄漏。吸收损失主要是指介质中的粘滞、热传导等现象导致声能的衰减，在声能被吸收的过程中，往往伴随着声能转化为热能这一过程。声能的吸收损失是构成衰减损失的最主要部分。此外，对于多相流介质，液体中存在的固体、气体颗粒，会造成超声波的散射损失。当介质不均匀时，超声波穿越不同密度的介质时，也会发生散射和折射，导致声能衰减。

除了介质的因素外，声能的损失还与超声波的频率有关。通常情况下，声能的损失随着超声波频率的增加而迅速增大。考虑频率因素，有

$$TL = n10\lg r + \alpha r \tag{4-5}$$

式中 n——传播因子，其值与超声波的传播方式有关，若以球面

波扩展传播，n 取值为 2，若以柱面波方式扩展传播，n 取值为 1；

r ——超声波传播的距离；

α ——吸收系数，通常与超声波的频率有关。

（3）超声波在小管径管道中的传播

本节主要讨论利用超声波方法检测小管径管道中两相流的参数。对于超声波而言，管道中的两相流以及管壁一起构成了复杂的传播媒介。对于小管径管道而言，超声波探头的布局通常有两种方式，一种如图 4－13（a）所示，探头贴着管道外壁安装，另一种如图 4－13（b）所示，探头安装在管道两端，此时对管道的结构有特殊要求，通常是 π 型管路或者 90°直角形管路。

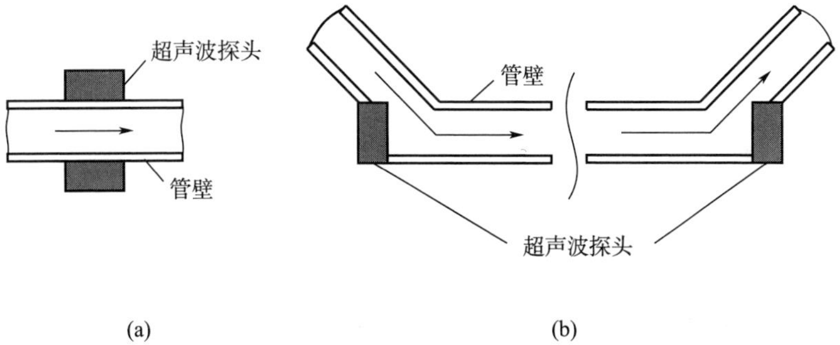

图 4－13　小管径管道常见的两种探头布局方式

图 4－14 示意了一对直径为 10 mm 的超声波探头置于管道外侧时，管道内声场大概的分布情况。前文提到，在超声波探头的轴线附近，也就是超声波的主瓣声束上，超声波声压最高，沿着轴线方向声场衰减较慢，而在轴线两侧声场呈现快速振荡衰减的趋势。由于声场的能量主要集中在探头的轴线附近，在进行两相流中的气泡检测时，希望气泡也能够位于探头的轴线上。

对于小管径管道，如果两个探头的距离过近，小于近场长度 N，可能出现接收探头的信号幅值非常弱的情况（接收探头刚好位于发射探头声压极小值的位置上）。为了避免这种情况，将两对探头

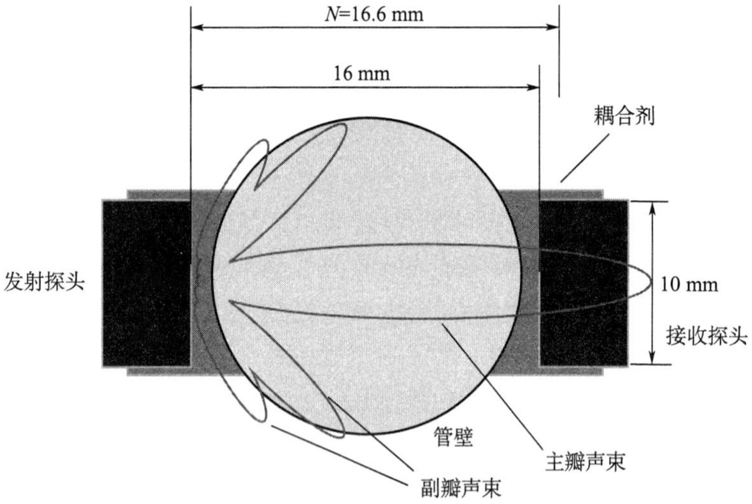

图 4－14　探头位于管道外壁时声场分布情况

之间的距离设定为大于等于近场长度 N。对于内径为 10 mm 的小管径管道而言，为了保证探头之间的距离大于等于近场长度，在探头频率一定的条件下，根据式（4－2），应当选择小直径的超声波探头。此外，在不同介质之间的分界面上，如果超声波的入射方向与分界面不垂直，通常会引起波形转换，产生横波和蓝姆波。

图 4－15 显示了超声波探头安装在管道两端时超声波的传播情况。在这种条件下，超声波不仅可以通过管道中的液体传播到接收探头上，还可以通过管壁传输一部分能量。由于声速在固体中的传播速度更高，因此接收探头会接收到两部分信号，首先是幅值比较小的通过管壁传播的信号，这部分信号属于噪声，然后是幅值比较大的通过液体传播的有用信号。液体中传播的超声波类型为纵波，而通过管壁传播的超声波类型可能有纵波、横波和蓝姆波。对于这种探头安装在管道两端的方式，探头间的距离一般大于近场长度，因此，探头之间的距离越远，接收的声强越小。

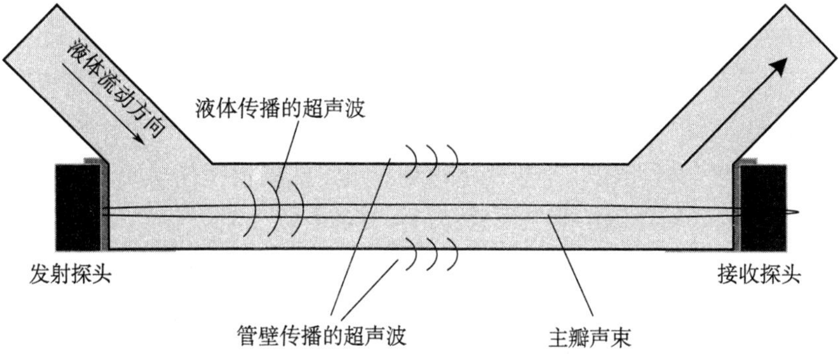

图 4-15　探头位于管道两端时超声波传播情况

4.3.1.3　推进剂中气泡对于超声波传播特性的影响

(1) 气泡对超声波幅值的影响

推进剂中气泡的存在对超声波有着强烈的散射和吸收作用，因此会造成超声波能量的衰减。

由于推进剂的声阻抗和气体的声阻抗数值相差很大，当超声波入射到气泡表面时会产生强烈的散射。气泡对超声波的散射作用，可以认为是在入射波的激励下，气泡作为次级声源辐射而引起的，此时，气泡壁面做径向脉动而辐射出球面波；气泡对超声波的吸收作用是由于推进剂的粘滞性和热传导共同造成的。当气泡壁振动时，由于推进剂的粘性阻力作用，部分声能将变为推进剂分子的无规则热运动。同时，在气泡变形过程中，气泡内气体的温度将发生变化，气体与推进剂发生热传导作用，部分声能转化为热能而耗散。一般采用耗散功率来衡量气泡对超声波的衰减作用。推进剂中单个气泡的耗散功率 W 被定义为单位时间内气泡对入射超声波声强 I 的损耗。耗散功率可以写为

$$W = W_s + W_{vis} + W_{th} \tag{4-6}$$

式中，W_s 为散射功率；W_{vis} 为粘性损耗功率，有

$$W_{vis} = W_s \frac{\beta_{vis}}{\beta_{rad}} \tag{4-7}$$

W_{th} 为热传导损耗功率，有

$$W_{th}=W_s\frac{\beta_{th}}{\beta_{rad}} \tag{4-8}$$

其中，W_{vis} 和 W_{th} 之和，通常被称为吸收功率；β_{rad} 为气泡散射阻尼；β_{vis} 为气泡粘性阻尼；β_{th} 为气泡热传导阻尼。粘性损耗功率 W_{vis} 和热传导损耗功率 W_{th} 反映了气泡对超声波的吸收作用。

散射功率 W_s 的定义为：当入射声强为 I 时，单位时间内气泡造成的超声波声强损失，它反映了气泡对超声波的散射作用。

散射功率 W_s 的计算公式为

$$W_s=\frac{4\pi R_0^2 I}{\beta^2+\left(\frac{\omega_0^2}{\omega^2}-1\right)^2}\frac{\left[\frac{\sin(kR)}{kR}\right]^2}{1+(kR)^2} \tag{4-9}$$

式中，R_0 为气泡半径；I 为入射波的声强；ω_0 为气泡谐振角频率；ω 为入射波角频率；β 为气泡耗散阻尼，有

$$\beta=\beta_{rad}+\beta_{vis}+\beta_{th} \tag{4-10}$$

通常施加在发射探头上的电压幅值是固定的，这样会有入射超声波声强、频率和其他环境条件基本不变时，理论上气泡对超声波的耗散程度仅与气泡的半径有关。

除了气泡对超声波有衰减作用之外，管道中的水、管壁和耦合剂都会造成信号的衰减，当声场中含有气泡时，有以下关系

$$E_e=E_w+E_p+E_b+E_r \tag{4-11}$$

式中 E_e ——发射信号的能量；

E_r ——接收信号的能量；

E_p ——管壁、耦合剂损耗的能量；

E_b ——气泡损耗的能量；

E_w ——在水中损耗的能量。

假设声场中没有气泡，于是

$$E_e=E_w+E_p+E_r' \tag{4-12}$$

因此，有

$$\Delta E_r = E_b \tag{4-13}$$

即在其他条件不变的情况下，E_w 和 E_p 保持不变，没有气泡时接收信号能量 E'_r 和有气泡时接收信号能量 E_r 之间的差值 ΔE_r 就等于气泡损耗的能量。

（2）气泡对超声波传播速度的影响

超声波的声速是介质的一个重要声学参数，反映了该介质的声学特性。在纯净的液体中，声速与液体的密度、温度等参数有关。但是，当液体中含有气泡时，声速变化的情况较为复杂。研究发现，当气泡溶解于推进剂中时，它对声速没有影响（即使溶解于推进剂中的气体达到饱和状态也是如此）；当气体以气泡的形态存在于推进剂中时，含气泡的推进剂声速将会发生复杂的变化。其中气泡的共振频率和入射超声波频率之间的关系对声速的影响最为明显。

推进剂中的气泡在入射超声波的照射下，将发生受迫振动，气泡的共振频率 f_0 由下式给出

$$f_0 = \frac{1}{2\pi a}\sqrt{\frac{3\gamma p_0}{\rho}} \tag{4-14}$$

式中　a ——气泡半径；

γ ——气体的定压比热与定容比热之间的比值；

p_0——气泡内部空气的压强；

ρ ——液体的密度。

在室温条件下，当气泡位于推进剂液面附近时

$$f_0 = 0.33/a \tag{4-15}$$

式中，f_0 的单位为 kHz；a 的单位为 cm。可见，在超声波频率确定的条件下气泡的共振频率主要取决于气泡的半径。

含气泡的推进剂声速和超声波频率以及气泡共振频率的关系可以归结为以下几点。

1）当超声波频率远小于气泡的共振频率时，可以利用混合液体理论来解释含气泡的推进剂介质中的声速变小现象。根据这个理论，通过推进剂和气体的压缩率与密度可以确定声速。在一定条件下，

含气泡水介质中的声速 c 为

$$c=c_0\left(\frac{1}{1+2.5\times10^4\beta}\right)^{\frac{1}{2}} \tag{4-16}$$

式中 c_0——声波在不含气泡水介质中的速度；

β——气体的体积分数。

在这种情况下，即使气泡的体积分数很小，如 0.01%时，声速值也会降为无气泡时声速值的一半。这意味着很少量的气泡就可以使得声速值显著地减小。

2）当入射声波频率远高于半径最小的气泡的共振频率时，两种声速的关系为

$$c^{-2}=c_0^{-2}-\frac{4\pi na}{(2\pi f)^2} \tag{4-17}$$

式中 a——气泡半径；

n——单位体积中含有的气泡数目；

f——入射超声波的频率。

当气泡浓度很小时，式（4-17）中第二项可以忽略不计，有

$$c\approx c_0 \tag{4-18}$$

例如，如果推进剂中存在半径为 1 mm 的气泡，共振频率约为 3.3 kHz，如果超声波的频率为 1 MHz，那么超声波在推进剂中的传播速度可以按照式（4-17）来计算。在这种条件下，如果气泡体积分数很小，声速的变化可以忽略不计。

3）当入射声波的频率接近气泡的共振频率时，随着声波频率的变化，声速也将发生剧烈的变化。

图 4-16 是在包含了气泡共振频率的一个很宽的频率范围内，通过试验测得的含气泡的推进剂声速曲线，推进剂中所含的气泡的直径大多集中在 0.11 mm 左右，占体积的 0.02%。可以看出，当入射声波的频率等于气泡共振频率（60 kHz）时，声速和无气泡时的声速接近，但是当声波频率改变时，声速也会发生较大的变化。

如果气泡直径进一步减小，气泡的共振频率将接近入射超声波频率，此时声速的变化更加复杂，只能通过试验来进行测量。

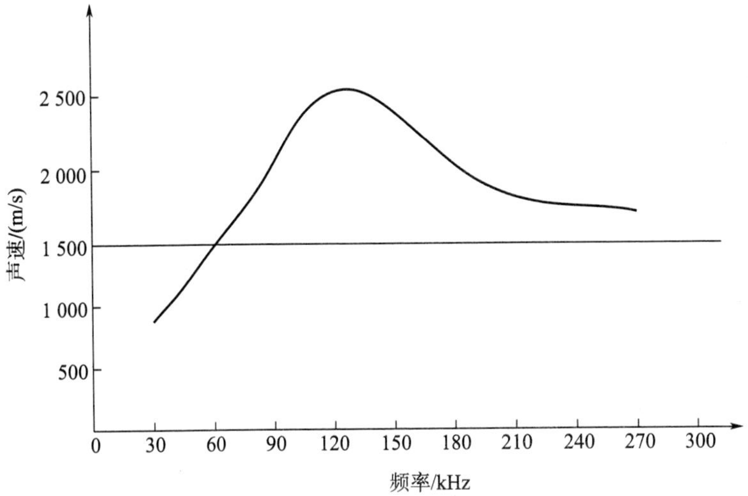

图 4-16　含气泡的推进剂中声速与超声波频率之间的关系

4.3.1.4　基于改进的时域相关法的高精度流量测量

传统的时域相关法的测量原理主要基于随机过程中的相关理论。当两相流在管道内流动时，其内部存在着与流动状况有关的流动信号（如压力波动、噪声、温度、导电性、速度等，这些信号也被称为流体内部的“随机干扰”），由于这些流动信号具有一定的统计特性，因此常常被用来检测两相流的一些特征参数。时域相关法测量流速就是利用流体内部自然产生的这些随机流动信号，将流体的流动速度的测量转化为流体通过相距一定距离的两个截面的时间间隔的测量。

传统的时域相关法测量流速多是被动的方法，国外学者的研究表明，这种利用相关法测量出的速度值并不等于液相的速度，也不等于气相的速度，而是对应于两相流中自然存在的运动波或者空隙率波的传播速度。

对气液两相流而言，推进剂中气泡对于超声波信号有着较强的衰减作用。当气液两相流流经管道的上下游时，如果有 1 对超声波探头分别发射和接收超声波信号，那么接收到的信号中包含着气泡信息，这些信息反映了流经上下游的同一小段流体域特殊的声学特征，而且接收信号中受到同一流体域影响的部分具有一定的相似性。因此，超声波时域相关法是一种主动的方法。

时域相关法中，需要对接收信号 S'_1 和 S'_2 做相关运算。但是，传统的时域相关法存在以下两个问题。

第一，超声波探头的频率为 1 MHz，那么根据采样定理，对于该信号的采样频率至少是 2 MHz 以上，才能保证信号不失真。在实际研究中发现，如果计算 $R_{S'_1S'_2}$，然后搜寻 $R_{S'_1S'_2}$ 的最大值，会导致计算量非常大。当采样频率为 50 MHz 时，1 s 内就可以记录 50 M 个数据点。通常情况下，都是选取一定大小的窗口，在一路信号中固定窗口长度，另一路信号中设置相同长度的窗口并每次向后滑动 1 个数据来计算两组信号的相关值。如果直接计算这两组信号的相关值，然后求出最大值，计算量是相当可观的。由于流量测量通常要求较高的实时性，在相关计算上耗费大量的时间显然是不实际的。

第二，对于接收探头上采集的信号，即使由于气泡的原因导致超声波信号衰减，实际上在每个发射周期内脉冲串的波形是相似的。因此，如果采用窗口滑动的办法计算相关值，当运算的窗口长度取得比较小时（例如窗口长度为一个发射周期），那么相关运算的结果很可能获得一系列极大值，而不是最大值。

为了解决上述问题，可采用一种减小运算量的计算方法，即不对原始信号 S'_1 和 S'_2 进行互相关计算，而是先对 S'_1 和 S'_2 进行处理，提取出 S'_1 和 S'_2 中能反映两相流流体域声学特征的部分，也就是先对 S'_1 和 S'_2 进行 2 次采样，然后对 2 次采样后的信号进行互相关运算，这样就有效地减少了相关运算的计算量。

时域相关法测量流速的主要问题在于测量出的流体域速度不等同于流体的平均流速，造成这种现象的原因主要是两相流在管道的横截面上也存在着速度分布，如图 4－17 所示。两相流流型复杂多变且流动过程中气相与液相之间的滑移现象也会使得相关法测速变得异常复杂。所以，建立流体域速度与实际两相流流动速度之间准确、有效的关联是需要重点关注的内容。

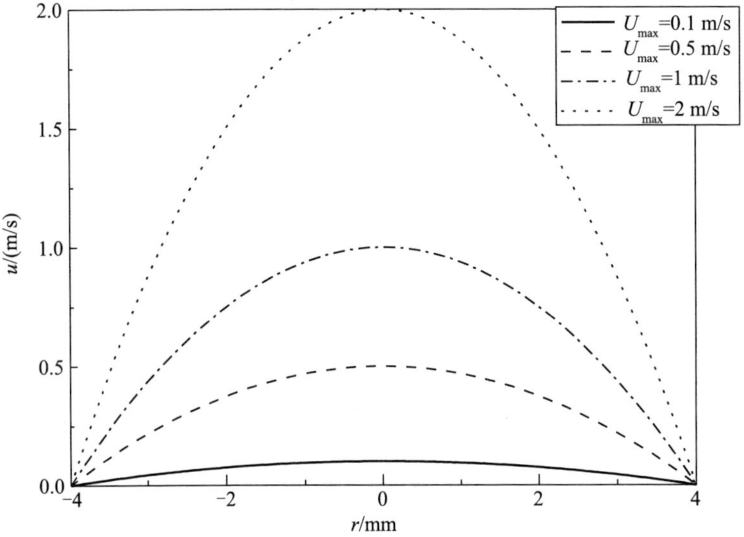

图 4－17　边界效应影响下的速度分布

对于时域相关法而言，测量出的相关速度（也就是本书所提到的流体域速度）与检测系统自身特性、流体特性及流体流动状态有关。当管道中只有液体时，在管道内，流速在管道截面上的分布根据流体力学公式可以写为式（4－19）（层流条件）和式（4－20）（紊流条件）

$$V(r)=\left(1-\frac{1}{R^2}r^2\right)V_{\max} \tag{4-19}$$

$$V(r)=\left(1-\frac{r}{R}\right)^{\frac{1}{n}}V_{\max} \tag{4-20}$$

式中　R ——管道半径；

r ——相对管道中心的距离；

V_{max} ——圆管横截面中心处最大流速。

对于流量为 Q ，管道截面为 S 的流体，其截面平均速度 $\overline{V}_s$ 可由式（4－21）获得

$$\overline{V}_s = \frac{Q}{S} = \frac{1}{\pi R^2}\int_0^R 2\pi r V(r)\mathrm{d}r \tag{4-21}$$

进而，有

$$\overline{V}_s = \frac{1}{\pi R^2}\int_0^R 2\pi r \left(1-\frac{r}{R}\right)^{\frac{1}{n}} V_{max}\mathrm{d}r = V_{max}\frac{2n^2}{(n+1)(2n+1)} \tag{4-22}$$

对于单相流流量计而言，测量出 V_{max} 后，再利用式（4－22），即可算出流量。式（4－22）在实际应用中，只要选择合适的 n 值，计算出的理论流速值和实际测量值之间符合程度很好，仅在圆管中心处略有偏差。指数 n 值通常通过试验确定。表 4－4 为通过试验获得的结果。

表 4－4　圆管紊流雷诺数 Re 与指数 n 对照表

Re	n
2.56×10^4	7.0
2.06×10^5	8.0
7.00×10^5	9.0
3.07×10^6	9.9

在实际测量中，超声波穿过流体到达管道另外一侧的探头，因此时域相关法计算出的结果可以视为沿着管道一条直径上的线平均速度。这里假设沿着超声波传播方向的那条管道直径上存在着少量气泡，并且假设气泡体积可以忽略，同时这些气泡与液体之间没有速度滑移，气泡也不会影响到管道内液体的流速分布。在上述假设条件下，这条直径上存在着一个线平均流速 $\overline{V_D}$ ，将线平均流速沿着直径积分，然后在整个管道截面上积分，就获得了两相流的流量。

根据这一思想，推导出一条直径上的线平均速度计算公式为

$$\overline{V_D}=\frac{\int_0^R V(r)\mathrm{d}r}{R}=V_{\max}\frac{n}{n+1} \tag{4-23}$$

在上述条件下，时域相关法测出的速度值等于线平均速度 $\overline{V_D}$ 。面平均速度与线平均速度之比，就是流速修正系数 K ，有 $K=\frac{2n}{2n+1}$ 。此时两相流的流量计算公式为

$$Q=S\,\overline{V_D}\,\frac{2n}{2n+1} \tag{4-24}$$

4.3.2　超声波流量计

超声波流量计实物如图 4－18 所示。

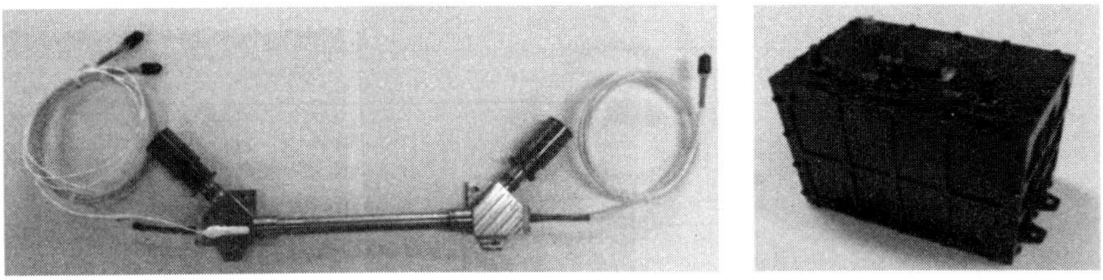

图 4－18　超声波流量计实物

为了实现推进剂流量精确测量，为推进系统过程控制提供实时数据支持，通常使用高精度超声波流量计。

超声波流量计由测量组件、线路盒和附属电缆组成，测量组件包含测量管路、超声换能器和测温热敏电阻组成。测量管路由两端斜钛管、管座和中直管组成，两端斜钛管通过焊接与推进系统主管路连接；管座实现斜管、中直管连接，也是超声换能器的定位安装腔；中直管是超声波传播的主要通道。

超声换能器为超声波产生和检测的传感器，是超声波流量计的核心部件之一，超声换能器为收发合置型，能够实现超声波的双向激励接收。

线路盒为超声波流量计的控制器，控制激励超声波和对接收到的信号进行处理，得到推进剂的流量信息。

推进系统工作时，接通超声波流量计线路盒的电源，流量计开始工作。通过激励 A 端超声换能器发出超声波，通过 A 端钛管壁、推进剂、B 端钛管壁传播后由 B 端超声换能器转换成电信号，经处理电路后得到信号 1，再由 B 端超声换能器发出超声波后由 A 端超声换能器接收，经处理电路后得到信号 2。经过一系列计算后得到管路中推进剂的质量流量，将数据发送给在轨控制单元。

4.3.2.1　测量管路设计

π 型超声波流量计的结构设计如图 4－19 所示。

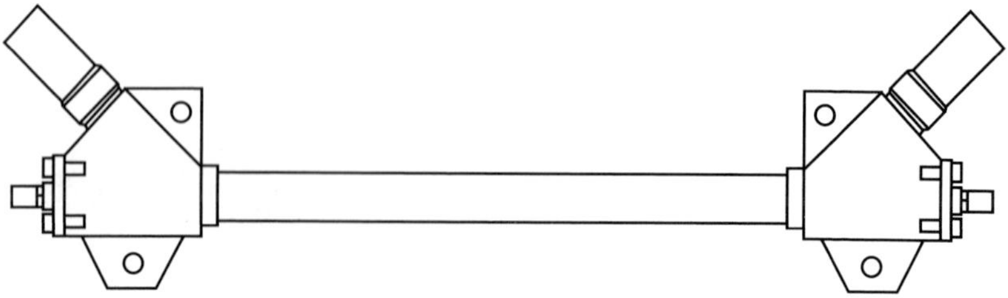

图 4－19　π 型超声波流量计的结构设计

为了实现推进系统小流量高精度测量，设计了如图 4－20 所示的超声波流量计测量管路。测量管路整体以焊接的形式接入航天器推进系统内部。推进剂由入口进入测量管路，经上游管座后，进入测量直管段，然后经下游管路后接入推进系统其他部分。

测量管路提供超声换能器安装腔和热敏电阻安装面。超声换能器通常需要耦合剂才能和测量管路获得比较好的声学接触，然而耦合剂带来了在轨真空环境下泄漏和材料相容性等风险。为此设计内置一体式超声换能器安装方式（见图 4－20），超声换能器直接通过环氧胶粘贴在管座内腔中，较通常的超声换能器少了一层换能器外壳，不仅避免了换能器和管座的机械配合问题，还提高了超声波信号接收强度。

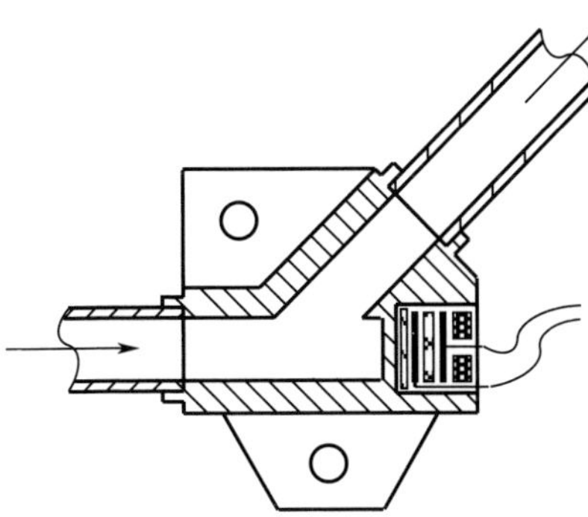

图 4 - 20　测量管路

通过对上下游管路与测量管路的四种不同接口形式（直角型、45°锐角型、直线型和圆弧型）进行 CFD 流场仿真，如图 4 - 21 所示，其中直线型为换能器内置，其余 3 种接口均为换能器外置。管路内流体介质为推进剂模拟液，管壁材料设置为钛合金。对比流场可以看出 45°锐角型的管路内部流速分布比较均匀，而且容易加工，因此采用这种管路构型设计超声波流量计。

对 45°锐角型的管路进行了气泡驱离仿真，从图 4 - 22 可以看出，如果管路内存在气泡，短时间内即可驱离出去，不会存留在管路内壁换声面，不会对超声传播造成衰减。

4.3.2.2　超声换能器设计

超声波流量计关键组件之一为超声换能器，在发射阶段将激励电信号转换成超声波，穿越管壁后加载液体流动信息至接收端；接收阶段将超声波信号转换成微弱的电信号。

压电陶瓷具有压电性强、性能稳定的特点（见图 4 - 23），在声学换能器和传感器中应用广泛。压电陶瓷种类繁多，其中常用的锆钛酸铅主要有 PZT - 4，由于传感器的驱动材料采用 PZT - 4，其声阻抗为 22.1 Mrayls。为了实现良好的声匹配，辐射端采用声阻抗为 21.6 Mrayls 的钛合金薄膜，薄膜与压电陶瓷之间采用高声阻抗的粘结剂进行粘结，从而实现声波的良好透射。

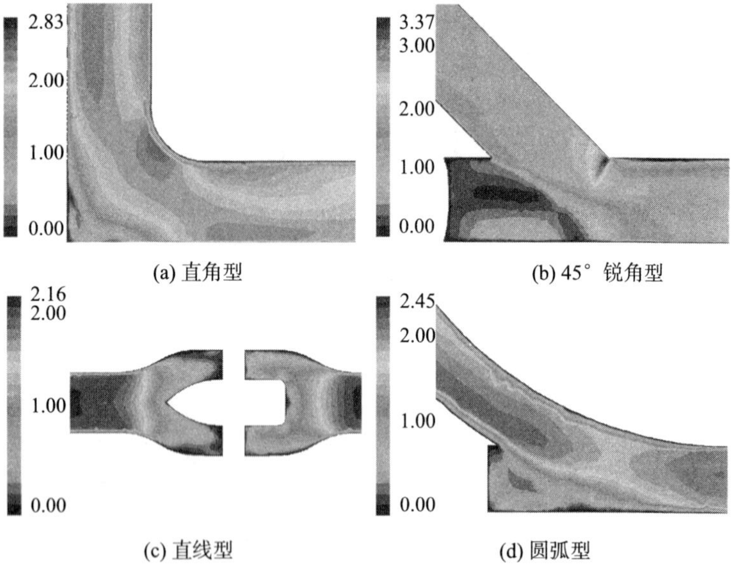

图 4-21 管路流场仿真（见彩插）

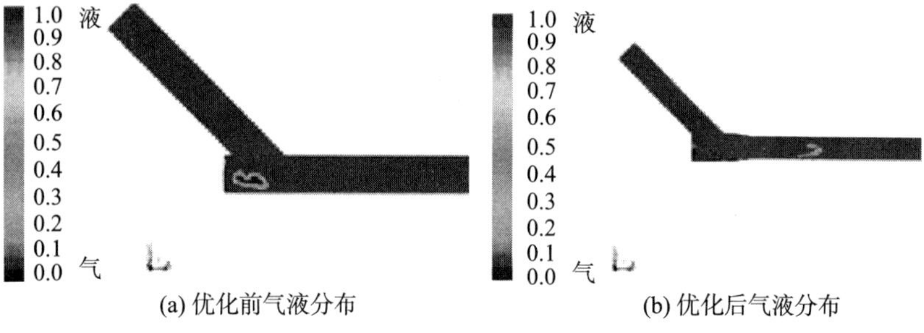

图 4-22 管路气泡驱离仿真（见彩插）

超声传感器中，背衬材料主要起吸声及支撑作用。在传感器设计过程中，根据对传感器脉冲响应时间短的要求，需要硬性背衬材料，最终选择环氧树脂+玻璃微珠的背衬材料组合，玻璃微珠的尺寸根据计算进行选择。图 4-24 为压电圆片及其与不同匹配材料电导曲线对比。

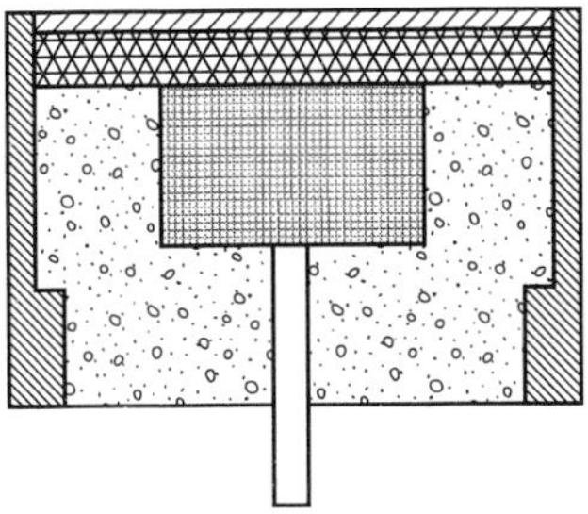
(a)压电陶瓷传感器结构

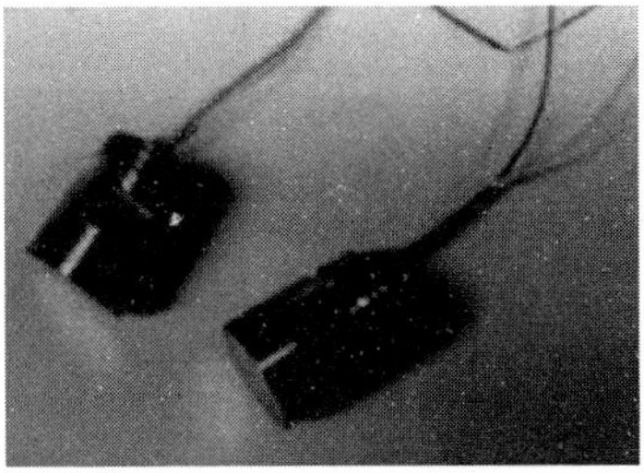
(b)压电陶瓷传感器实物

图 4－23 压电陶瓷传感器

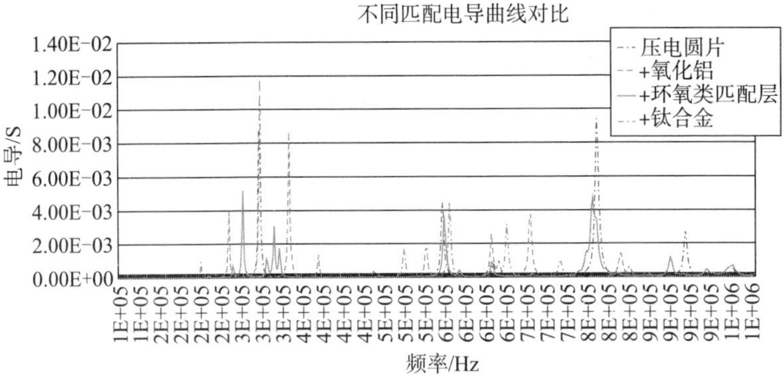

图 4－24 压电圆片及其与不同匹配材料电导曲线对比（见彩插）

4.3.2.3 线路盒设计

超声波流量计线路盒包括以下三部分：

1）主控模块。实现前端信号采集控制、信号数据处理、流量计算、遥测数据打包、数据发送等功能。

2）超声激励接收处理模块。实现超声激励、接收信号放大滤波检测以及激励、接收信号切换等功能。

3）二次电源模块。将一次电源＋28 V 变换为二次电源＋5 V 和±12 V。

线路盒原理框图如图 4－25 所示。

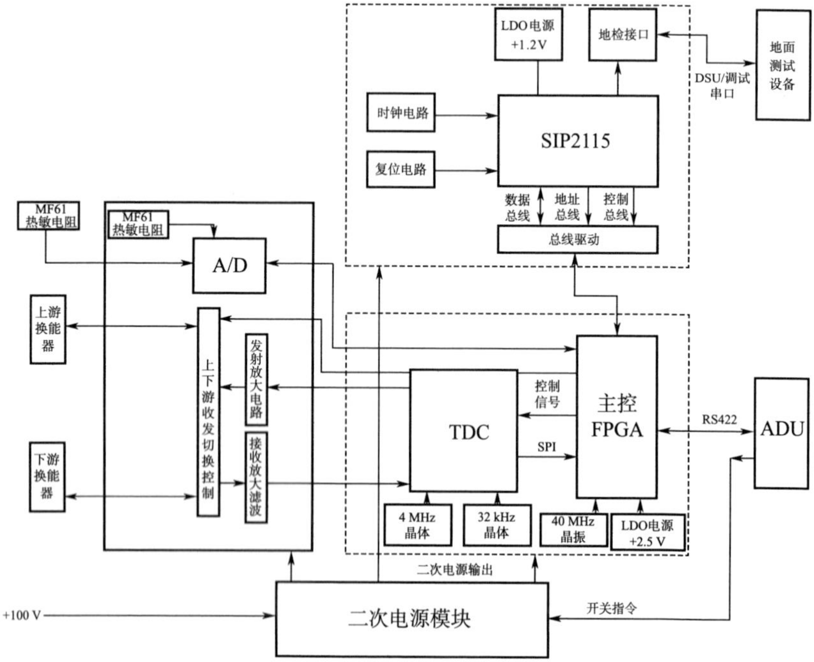

图 4-25　线路盒原理框图

数据运算滤波模块主要完成与上位机串行通信、对高精度时间测量模块的 SPI 数据传输和负责下位机整体协调控制等。

高精度时间测量模块是测量超声波传播时间的基准，对于整个测量系统至关重要。通过采用基于 FPGA 内部的进位链作为基本延时单位开发的高精度 TDC 模块，能够实现两通道 ps 级的时间测量。

4.3.3　卫星推进剂剩余量测量试验验证

为了对超声波流量计性能进行测试，设计了地面真实推进剂的测试系统，如图 4-26 所示，由氦气贮供设备、推进剂贮罐、超声波流量计、标准流量计、流量调节阀、电磁阀、测控系统等组成。

对超声波流量计进行了整个流量段内性能测试，测量精度如表 4-5 所示，全流量范围内测量精度优于±0.21%FS。

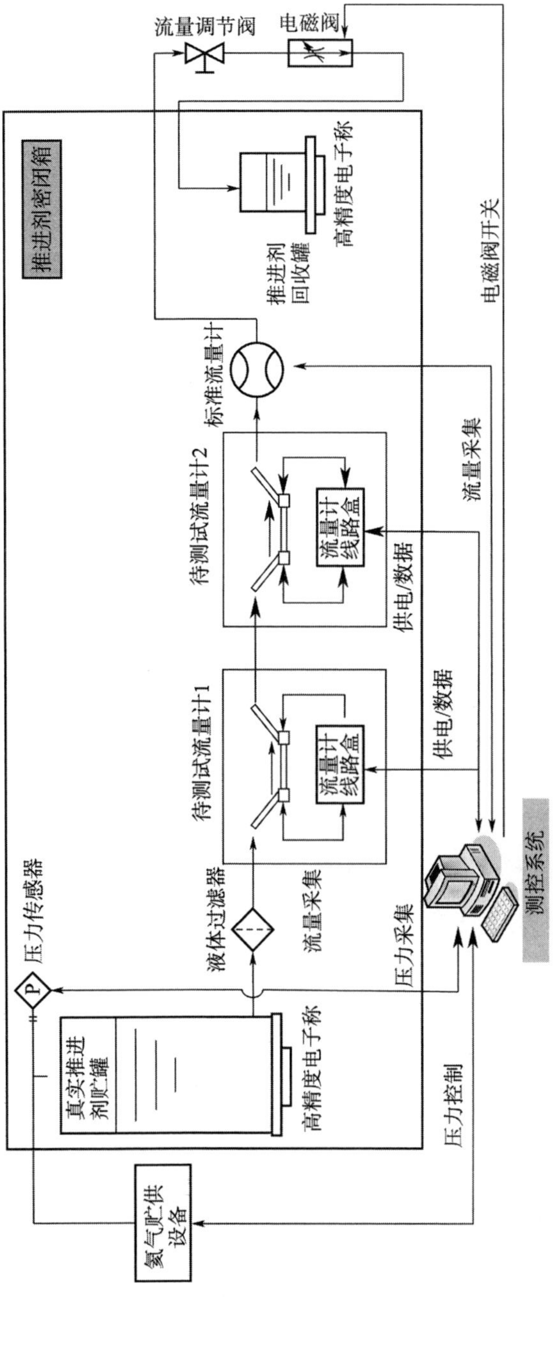

图 4－26　超声波流量计地面试验系统

表 4-5 超声波流量计测量精度

示值流量/(g/s)	实际流量/(g/s)	示值误差/%	重复性/%
12.422	12.395	0.20	0.05
26.209	26.159	0.21	0.06
51.269	51.4197	−0.20	0.10
80.126	80.2077	−0.08	0.10
104.476	104.218	0.17	0.08
124.309	124.344	0.09	0.10

地面点火试验能够更加真实地反映超声波流量计的性能，下面对地面点火试验过程进行阐述。测量组件以焊接方法接入化学推进分系统管路系统中，线路盒安装在整星舱内，如图 4-27 所示。

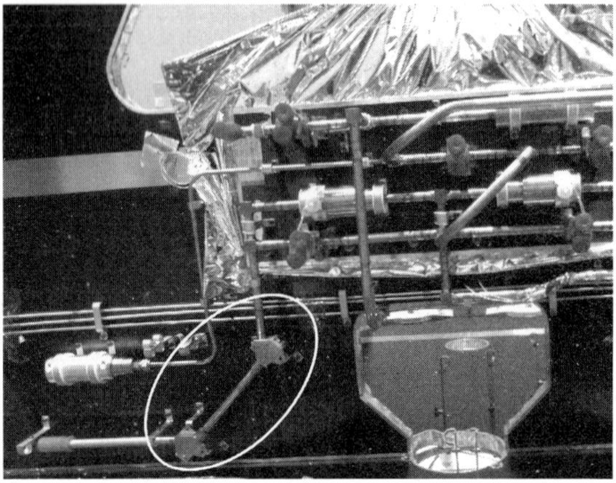

图 4-27 超声波流量计卫星总装图

推进分系统整星级地面点火试验共配套超声波流量计 4 台，其中 2 台用于四氧化二氮试验，2 台用于甲基肼试验。采用桁架式推进系统，有 2 个氧化剂贮箱、2 个燃料贮箱，并联呈对称布局，在每个贮箱下游主管路，串联了超声波流量计，贮箱安装在称重台上，配套了 0.01%精度的高精度电子称。化学推进分系统按照在轨远地点发动机点火工况进行地面真实点火，过程为：

1）打开其中一分支贮箱下游自锁阀；

2）先使用背地板 4 台 10 N 推力器点火进行推进剂沉底操作；

3）打开另一分支贮箱下游自锁阀；

4）启动 490 N 发动机进行远地点点火，同时 10 N 推力器脉冲点火参与姿态控制；

5）点火一定时长后关机。

在化学推进分系统点火之前，对超声波流量计进行加电，持续对推进剂流量进行实时采集，一次变轨前沉底和变轨工作典型的氧化剂流量测量曲线如图 4－28 所示。

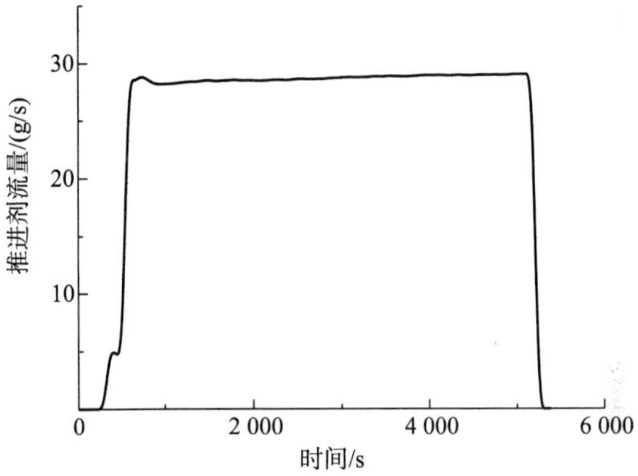

图 4－28　超声波流量计对氧化剂流量实时测量

从氧化剂流量测量曲线可以看出，在沉底模式时，由于使用了单份的贮箱供给氧化剂，超声波流量计流量测量数据反映了 4 台 10 N 推力器的氧化剂流量总和。在变轨发动机点火模式时，两个贮箱并联供给氧化剂，每个超声波流量计数据反映了 490 N 发动机和参与姿控 10 N 推力器的氧化剂流量的一半。

化学推进分系统共进行了 6 次点火试验，对每次点火试验期间超声波流量计测量流量与电子称换算流量进行对比，见表 4－6，从表可看出，超声波流量计测量精度达到了±0.21％FS，基于该技术的推进剂剩余量测量精度达到±0.34％（见表 4－7）。

表 4-6　推进剂流量测量数据

点火	氧化剂 A 流量			氧化剂 B 流量			燃料 A 流量			燃料 B 流量		
	电子称计算流量/(g/s)	超声波流量计测量流量/(g/s)	精度/(%FS)	电子称计算流量/(g/s)	超声波流量计测量流量/(g/s)	精度/(%FS)	电子称计算流量/(g/s)	超声波流量计测量流量/(g/s)	精度/(%FS)	电子称计算流量/(g/s)	超声波流量计测量流量/(g/s)	精度/(%FS)
第 1 次	51.273	51.473	0.16	52.136	52.286	0.12	31.176	31.094	−0.11	31.008	30.903	−0.14
第 2 次	51.908	51.746	−0.13	53.137	53.325	0.15	31.613	31.726	0.15	31.636	31.756	0.16
第 3 次	52.145	52.370	0.18	52.941	52.741	−0.16	31.904	32.039	0.18	31.658	31.561	−0.13
第 4 次	52.608	52.796	0.15	54.438	54.563	0.1	31.775	31.670	−0.14	31.944	31.809	−0.18
第 5 次	51.3	51.138	−0.13	51.699	51.874	0.14	31.316	31.241	−0.1	31.369	31.512	0.19
第 6 次	48.645	48.795	0.12	48.882	48.695	−0.15	29.776	29.904	0.17	29.641	29.746	0.14

表 4－7　推进剂剩余量测量数据

点火	氧化剂 A 流量		氧化剂 B 流量		燃料 A 流量		燃料 B 流量	
	超声波流量计累计消耗量/kg	超声波流量计计算剩余量/kg	超声波流量计累计消耗量/kg	超声波流量计计算剩余量/kg	超声波流量计累计消耗量/kg	超声波流量计计算剩余量/kg	超声波流量计累计消耗量/kg	超声波流量计计算剩余量/kg
第 1 次	245.800	881.650	248.023	878.877	147.959	528.541	145.951	529.999
第 2 次	221.209	660.441	226.804	652.073	135.633	392.908	134.662	395.337
第 3 次	256.484	403.957	257.220	394.853	156.863	236.045	154.523	240.814
第 4 次	77.957	326.000	79.035	315.818	47.745	188.300	46.950	193.864
第 5 次	96.344	229.656	97.031	218.787	58.958	129.342	59.369	134.495
第 6 次	72.321	157.335	71.874	146.913	44.338	85.004	43.905	90.590
电子称测量剩余量/kg	160.650		143.050		87.250		88.450	
超声波流量计剩余量计算精度/%	－0.294		0.34		－0.332		0.317	

4.4 空间微型泵推进剂稳定传输

航天器推进剂在轨补给，需要动力设备完成推进剂的传输，泵作为动力的核心，能够完成此项任务。空间微型泵采用轨动密封结构、动密封润滑介质容易对推进剂造成污染，且高速低比转速泵易发生空蚀现象，通过建立大曲率流动非线性部分时均化理论模型，以及建立适用于液浮支撑的楔形端面叶轮设计方法，能够实现空间微泵高效、无污染和在轨长期稳定可靠运转。

4.4.1 基于磁驱动和液浮叶轮的低振动零泄漏空间微泵

航天器推进系统的特点是小流量、高扬程，因此需要低比转速泵。基于磁驱动以及轴承自润滑技术的微型泵，能够解决低比转速离心泵工作效率低、机械密封存在泄漏以及轴承润滑油或润滑脂对输送介质的污染问题。本节重点介绍基于磁驱动和液浮叶轮的空间微型泵结构、原理、水力模型等。

本节所介绍的空间微型泵通过两个重要的技术路线来解决空间微泵的可靠性和效率问题，首先是通过磁力驱动和屏蔽式结构取消旋转动密封，实现泵的无泄漏输送，保证密封可靠性；其次是通过悬浮式叶轮结构，在保证极小的定转子间隙来减小泵内泄漏的同时，保证定子与转子不发生碰摩，提升了转子的可靠性和泵的容积效率。

（1）无泄漏空间微泵总体结构原理

对于空间微泵的无泄漏运转的实现，有两种基本结构形式，即屏蔽式结构和磁力驱动结构。第一种结构形式如图 4－29 所示，该结构采用电机一体化结构，主体结构由泵头、屏蔽电机和上盖组成，从泵头下端进口吸入的液体通过低比转速叶轮增压后从泵室排出，泵室排出的液体经过电机定转子间隙后最终从上盖的出口排出。为防止被输送介质对电机的影响，电机定子内圈设置有屏蔽套，电机转子采用永磁转子。

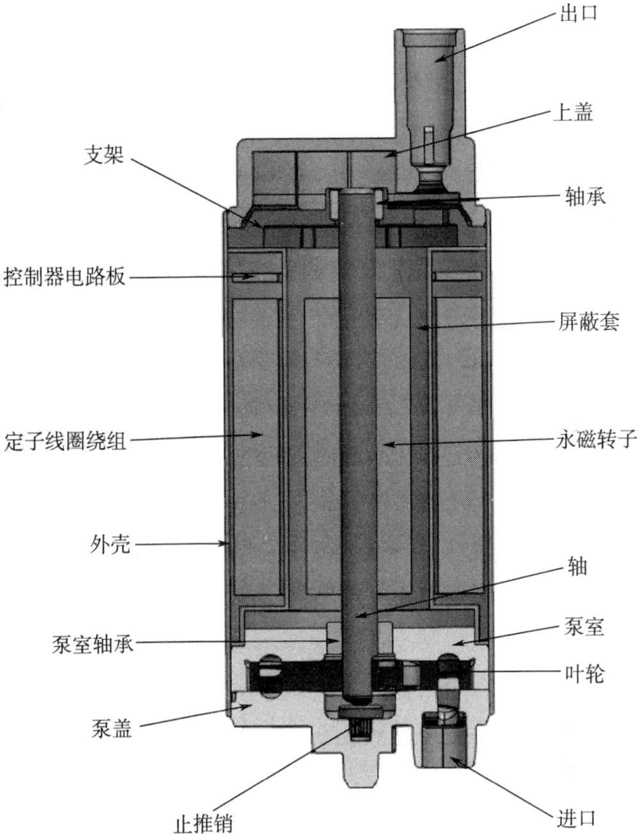

图 4 - 29　屏蔽式空间微泵结构示意图

第二种无泄漏空间微泵结构形式如图 4 - 30 所示，该泵为一种磁力驱动泵，其泵头和第一种微泵采用同样的结构，但泵头和电机不采用一体化结构。该泵中，泵轴和电机轴之间的扭矩采用非接触的磁力联轴器传递，磁力联轴器之间设置有隔离套。

第一种结构采用屏蔽电机形式，通过电机定转子的保护使介质可经过电机定转子间隙后排出，由该方式取消泵的旋转动密封并实现电机定转子的液体冷却；第二种结构采用磁力联轴器形式，由隔离套将输送介质隔离，并通过电机轴和泵轴间的磁力联轴器实现扭矩的非接触传递，从而取消旋转动密封结构。

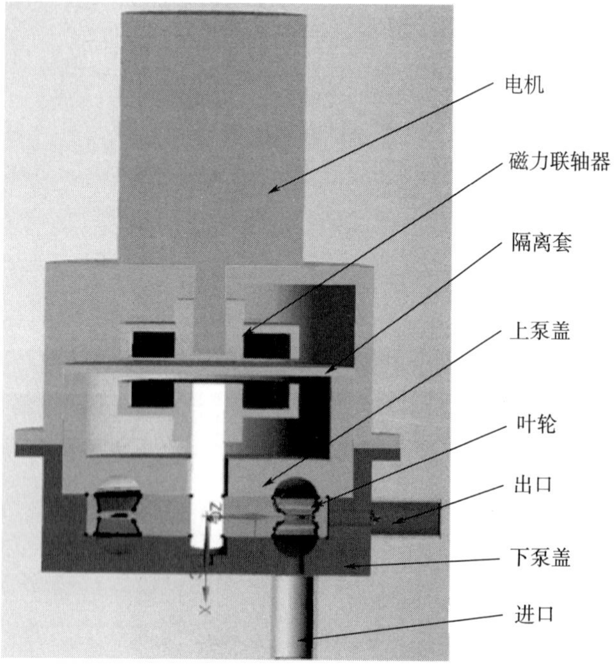

图 4－30　磁力驱动式空间微泵结构示意图

（2）液浮叶轮微泵结构原理

屏蔽式微泵或磁力驱动式微泵都采用了悬浮式叶轮结构，整个泵头由泵室、泵盖及叶轮三个部件组成，其组合结构如图 4－31 所示。悬浮式叶轮微泵的泵头中，叶轮悬浮在上下泵盖中间。由于采用悬浮式叶轮结构，在安装过程中无须控制叶轮和泵盖之间的间隙，而是在确定上下泵盖之间总间隙的基础上，叶轮在高速旋转状态下悬浮在上下两个泵盖之间。从图 4－31 可以看到，为了更好地保证叶轮悬浮并具有稳定性，在叶轮上下两端的盘面上均布置有楔形结构及平衡孔，以获得更大的支撑力，而叶轮与泵盖的上下间隙则在叶轮的重量、间隙的支撑力共同作用下自由调整。间隙支撑力主要来自于叶轮盘面的压差作用和楔形结构在高速旋转条件下的动压效应。此外，上下泵盖均在流道的进口和出口之间设置了阻隔，该阻隔面间隙的大小和长度对微泵的容积效率、压力脉动、间隙的支撑力同时产生影响。

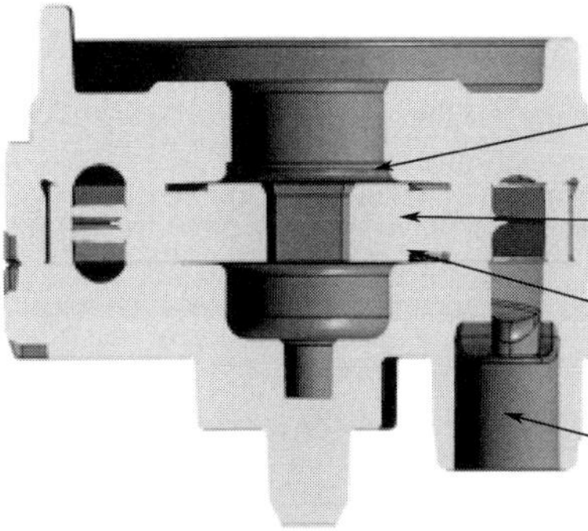

图 4-31　悬浮叶轮微泵的泵头结构

（3）旋涡式液浮叶轮微泵振动控制思路

对于磁力驱动式或屏蔽式结构的空间微泵，振动噪声源主要包括泵头和电机两部分，此前国内外对于微泵的振动噪声性能研究相对较少，部分研究也多停留在结构改进等工程应用的层面上，对其理论机理和低噪声设计方法的研究还欠深入，难以满足空间微泵对振动噪声性能日益提高的要求。已有研究表明，微泵的振动噪声源很重要的一部分就是由旋涡式微泵内部流体压力脉动诱发所导致的，压力脉动和叶轮激励力的大小很大程度上决定了微泵的振动性能。虽然国内外学者对离心泵的压力脉动和振动性能研究相对较多，但是对于很多比转速极低的空间微泵并不适用。为了更好地适应小流量、低比转速的空间流体增压和输送需求，采用悬浮式的旋涡式微泵结构。基于该悬浮式旋涡叶轮结构，从源头上降低微型泵的振动噪声，通过分析压力脉动产生机理，提出压力脉动控制方案，能够提升空间微型泵效率和降低振动噪声等。

4.4.2 考虑雷诺应力非线性效应的空间微泵水力优化

4.4.2.1 非线性部分时均化模型

基于时均形式的连续方程和雷诺时均 Navier - Stokes 方程

$$\frac{\partial \rho}{\partial t}+\frac{\partial(\rho u_j)}{\partial x_j}=0 \tag{4-25}$$

$$\frac{\partial(\rho u_i)}{\partial t}+\frac{\partial(\rho u_i u_j)}{\partial x_j}=\rho f_i-\frac{\partial p}{\partial x_i}+\frac{\partial}{\partial x_j}\left[(\mu+\mu_t)\left(\frac{\partial u_i}{\partial x_j}+\frac{\partial u_j}{\partial x_i}-\frac{2}{3}\frac{\partial u_k}{\partial x_k}\delta_{ij}\right)\right] \tag{4-26}$$

式中 u_i——i 方向的速度；

f_i——i 方向的受力；

p——压力；

μ——层流粘性系数；

μ_t——湍流粘性系数。

RNG k -ε 模型的 k 方程和 ε 方程

$$\frac{\partial(\rho k)}{\partial t}+\frac{\partial(\rho u_j k)}{\partial x_j}=\frac{\partial}{\partial x_j}\left[\alpha_k(\mu+\mu_t)\frac{\partial k}{\partial x_j}\right]+P_k-\rho\varepsilon \tag{4-27}$$

$$\frac{\partial(\rho\varepsilon)}{\partial t}+\frac{\partial(\rho u_j\varepsilon)}{\partial x_j}=\frac{\partial}{\partial x_j}[\alpha_\varepsilon(\mu+\mu_t)\frac{\partial\varepsilon}{\partial x_j}]+C_{\varepsilon 1}^{*}P_k\frac{\varepsilon}{k}-C_{\varepsilon 2}^{*}\rho\frac{\varepsilon^2}{k} \tag{4-28}$$

其中

$$\mu_t=\rho C_\mu\frac{k^2}{\varepsilon} \tag{4-29}$$

$$C_{\varepsilon 1}^{*}=C_{\varepsilon 1}-\frac{\eta(1-\eta/\eta_0)}{1+\beta\eta^3} \tag{4-30}$$

$$S_{ij}=\frac{1}{2}\left(\frac{\partial u_i}{\partial x_j}+\frac{\partial u_j}{\partial x_i}\right) \tag{4-31}$$

$$\eta=(2S_{ij}\cdot S_{ij})^{\frac{1}{2}}\frac{k}{\varepsilon} \tag{4-32}$$

式中，$C_\mu=0.0845$，$\alpha_k=\alpha_\varepsilon=1.39$，$C_{\varepsilon1}=1.42$，$C_{\varepsilon2}=1.68$，$\eta_0=4.377$，$\beta=0.012$。

RANS 模型与相应的 PANS 模型之间存在的关系如下

$$f_k=\frac{k_u}{k} \tag{4-33}$$

$$\varepsilon_k=\frac{\varepsilon_u}{\varepsilon} \tag{4-34}$$

RANS 模型中由平均速度梯度引起的湍动能的产生项 P_k 与 PANS 模型中 P_{ku} 存在以下关系

$$P_k=\frac{1}{f_k}(P_{ku}-\varepsilon_u)+\frac{\varepsilon_u}{f_\varepsilon} \tag{4-35}$$

将 f_k，P_k，ε_k 代入式（4-27）和式（4-28）中，最终可以求得基于 RNG $k-\varepsilon$ 模型的 PANS 模型，其表达式为

$$\frac{\partial(\rho k_u)}{\partial t}+\frac{\partial(\rho u_j k_u)}{\partial x_j}=\frac{\partial}{\partial x_j}\left[\alpha_k\left(\mu+\frac{\mu_t}{\sigma_{ku}}\right)\frac{\partial k_u}{\partial x_j}\right]+P_{ku}-\rho\varepsilon_u \tag{4-36}$$

$$\frac{\partial(\rho\varepsilon_u)}{\partial t}+\frac{\partial(\rho u_j\varepsilon_u)}{\partial x_j}=\frac{\partial}{\partial x_j}\left[\alpha_k\left(\mu+\frac{\mu_t}{\sigma_{ku}}\right)\frac{\partial k_u}{\partial x_j}\right]+C_{\varepsilon1}^*P_{ku}\frac{\varepsilon_u}{k_u}-C_{\varepsilon2}^*\rho\frac{\varepsilon_u^2}{k_u} \tag{4-37}$$

进一步可得出

$$\mu_u=\rho C_\mu\frac{k_u^2}{\varepsilon_u} \tag{4-38}$$

$$\sigma_{ku}=\frac{f_k^2}{f_\varepsilon},\sigma_{\varepsilon u}=\frac{f_k^2}{f_\varepsilon} \tag{4-39}$$

$$C_{\varepsilon2}^*=C_{\varepsilon1}^*+\frac{f_k}{f_\varepsilon}(C_{\varepsilon2}-C_{\varepsilon1}^*) \tag{4-40}$$

$$\eta=(2S_{ij}\cdot S_{ij})^{\frac{1}{2}}\frac{k_u}{\varepsilon_u}\frac{f_\varepsilon}{f_k} \tag{4-41}$$

$$S_{ij}=\frac{1}{2}\left(\frac{\partial u_i}{\partial x_j}+\frac{\partial u_j}{\partial x_i}\right) \tag{4-42}$$

$C_{\varepsilon1}^*$ 如式（4-30）所示。

模型常数仍然采用 RNG 模型中的数值，分别为 $C_\mu = 0.0845$，$\alpha_k = \alpha_\varepsilon = 1.39$，$C_{\varepsilon 1} = 1.42$，$C_{\varepsilon 2} = 1.68$，$\eta_0 = 4.377$，$\beta = 0.012$。

剪切应力非线性化的采用 Ehrhard（1999）提出的非线性湍流模型，其中 P_k 方程为

$$P_k = -\rho \overline{u'_i u'_j} \frac{\partial u_j}{\partial x_j} \tag{4-43}$$

剪切应力为

$$\tau = -\rho \overline{u'_i u'_j} \tag{4-44}$$

剪切应力非线性化的最终模型为

$$\begin{aligned}\overline{u'_i u'_j} = & \frac{2}{3}k\delta_{ij} - 2C_{\mu P}\nu^2 T S_{ij} + C_1 C_{\mu P}\nu^2 T^2\left(S_{ik}S_{kj} - \frac{1}{2}S_{kl}S_{kl}\delta_{ij}\right) + \\ & C_2 C_{\mu ke}\nu^2 T^2(\Omega_{ik}S_{kj} - \Omega_{jk}S_{ki}) + C_3 C_{\mu P}\nu^2 T^2(\Omega_{ik}\Omega_{jk} - \Omega_{lk}\Omega_{lk}\delta_{ij}) + \\ & C_4 C_{\mu ke}\nu^2 T^3(S_{kl}\Omega_{lj} - S_{kj}\Omega_{li}) + C_5 C_{\mu P}\nu^2 T^3 S_{ij}S_{kl}S_{kl} + C_6 C_{\mu P}\nu^2 T^3 S_{ij}\Omega_{kl}\Omega_{kl}\end{aligned} \tag{4-45}$$

$$C_{\mu P} = \min\left(\frac{1}{0.9S^{1.4} + 0.4\Omega^{1.4} + 3.5}, 0.15\right) \tag{4-46}$$

$$\Omega_{ij} = \frac{1}{2}\left(\frac{\partial u_i}{\partial x_j} - \frac{\partial u_j}{\partial x_i}\right) \tag{4-47}$$

$$S = \frac{k}{\varepsilon}\sqrt{2S_{ij}S_{ij}} \tag{4-48}$$

$$\Omega = \frac{k}{\varepsilon}\sqrt{2\Omega_{ij}\Omega_{ij}} \tag{4-49}$$

式中，$C_{\mu ke} = \beta \frac{k^2}{\varepsilon}$，$C_1 = -0.2$，$C_2 = 0.4$，$C_3 = 2.0 - \exp[-(S - \Omega)^2]$，$C_4 = -32C_{\mu P}^2$，$C_5 = -16.0C_{\mu P}^2$，$C_6 = 16.0C_{\mu P}^2$，$T$ 为湍流时间尺度，ν 为湍流速度尺度。

4.4.2.2 模型验证

为了验证非线性 PANS 模型的对流场的精确捕捉能力，可采用三种水力模型进行验证，分别是：二维 NACA0015 水翼翼型，三维 90°弯管以及低比转速离心泵。非线性 PANS 模型的实现是基于

Fluent 软件操作平台，通过 User Define Function（UDF）建立两个标量 k_u 和 ε_u 的输运方程，通过修改方程的扩散系数、源项等建立非线性 PANS 模型计算平台。本节将非线性 PANS 模型计算结果与 RNG $k-\varepsilon$ 方程结果进行对比，验证非线性 PANS 模型对流动预测的有效性。

计算时采用压力求解器，压力和速度的耦合采用 Couple 方法计算，动量方程和新建两个标量 k_u 和 ε_u 的离散采用二阶迎风格式，模型的常数均选用 RNG $k-\varepsilon$ 模型的常数值，$f_k=0.2$，$f_\varepsilon=1$。

对于模型验证时采用的三种水力模型均进行结构化网格划分，并对网格进行网格无关性验证。计算过程中根据压力梯度和速度梯度设置网格自适应的加密方法，使采用的网格满足对捕捉复杂流场的计算要求。计算时采用大型工作站——DELL 计算服务器 C6100。工作站的配置如下：12 个 CPU 主频为 3.4 GHz，内存为 64 GB，硬盘容量为 24 TB。计算模型达到收敛的迭代步数均小于 2 000，计算的收敛残差小于 0.000 1。

计算时三种模型的计算结果均通过试验数据进行验证，对比分析非线性 PANS 模型计算结果的有效性。二维 NACA0015 水翼翼型用来验证对高压力梯度区域的预测能力；三维弯管水力模型用来验证新建湍流模型对大曲率流动的预测能力；三维低比转速离心泵内流场计算用来验证新建湍流模型对涡轮机械内部复杂流动的捕捉和预测能力。

(1) 二维 NACA0015 水翼翼型验证

二维 NACA0015 水翼翼型的计算区域按照 Cervone 来设置，计算区域为 120 mm×500 mm。计算时进口速度 $u_0=8$ m/s，试验时测试通道的雷诺数保持为 5×10^5，计算的 NACA0015 翼型攻角为 8°，翼型计算区域局部图如图 4－32 所示。计算区域采用结构化网格，翼型压力面和吸力面约有 12 层边界层，设置第一层边界层厚度为 0.01 mm，以保证压力面和吸力面近壁区的 $y^+<1$，局部计算区域的网格结构如图 4－33 所示。

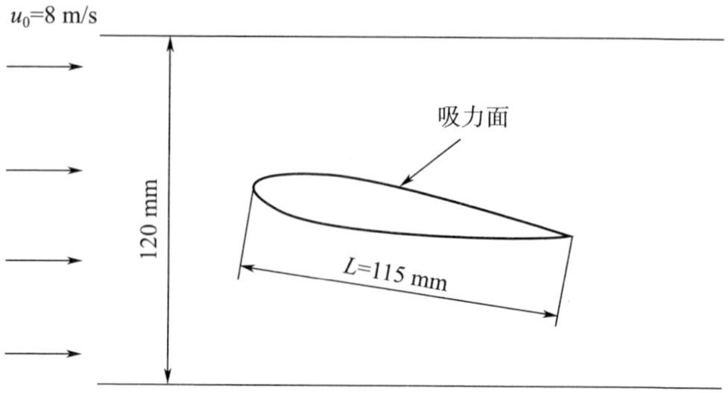

图 4-32 NACA0015 计算区域局部图

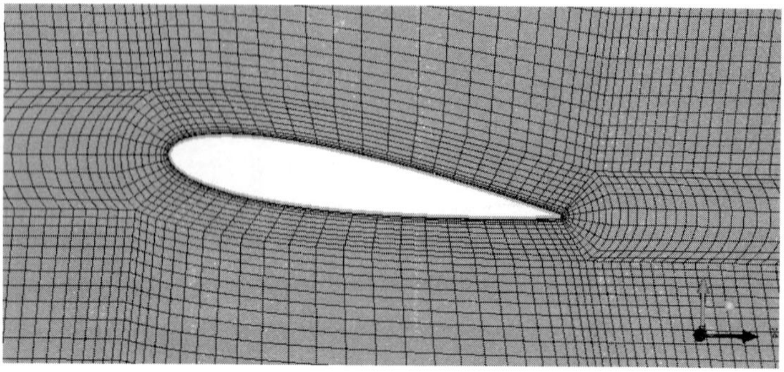

图 4-33 NACA0015 计算区域网格结构

计算时使用增强壁面处理（Enhanced wall treatment）来计算近壁区的流动，分别采用 RNG $k-\varepsilon$ 和新建的非线性 PANS 模型进行预测，对比吸力面的压力系数以及翼型周围的压力分布规律。压力系数的计算采用式（4-50）

$$C_p = \frac{p - p_f}{\rho u_0^2 / 2} \tag{4-50}$$

式中 p_f ——参考压力。

NACA0015 翼型吸力面压力系数分布如图 4-34 所示，由图中可以看出，采用 PANS 模型计算的翼型吸力面压力系数与试验值非常吻合，而 RNG $k-\varepsilon$ 计算的结果对于吸力面最低压力区域的预测存在较大偏差，特别是压力梯度变化较大的区域附近 RNG k -ε 模型计算结果不能正确地反映翼型表面的压力分布。新建的非线性 PANS 模型可以有效地预测压力梯度较大的流动。

NACA0015 翼型附近的压力分布如图 4 - 35 所示，PANS 计算的高压区域大小比 RNG k -ε 模型计算结果大（如图中 5 000 Pa 等值线的不同）。吸力面的低压区分布规律也有较大区别。

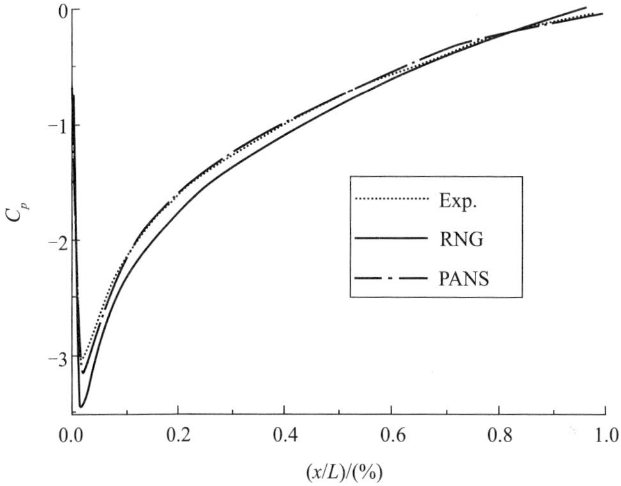

图 4 - 34　NACA0015 翼型吸力面压力系数分布

（2）三维弯管流动验证

涡轮机械特别是混流式机组的水力模型的轴面流道在一定程度上可以近似为 90°弯管，因此湍流模型 90°弯管内部流动预测能力验证更具代表性。基于 Kim 和 Patel 试验中采用的试验模型建立三维弯管水力计算区域。Kim 和 Patel 针对三维 90°弯管进行了大量的试验，运用压力传感器以及热线测速技术对三维弯管内部流场进行了详细捕捉和测量。本文采用 RNG k -ε 和新建的非线性 PANS 模型分别对三维 90°弯管内部流动进行预测，并与试验结果进行对比，验证模型的有效性。

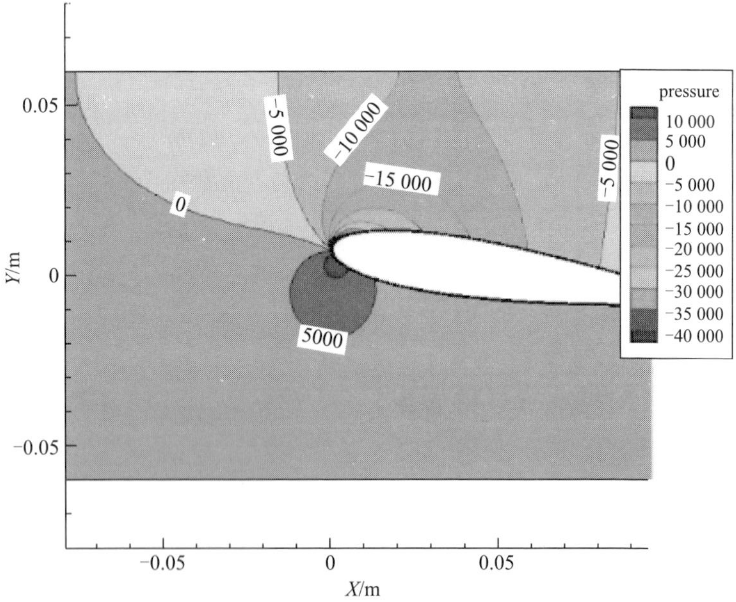

(a)RNG k-ε

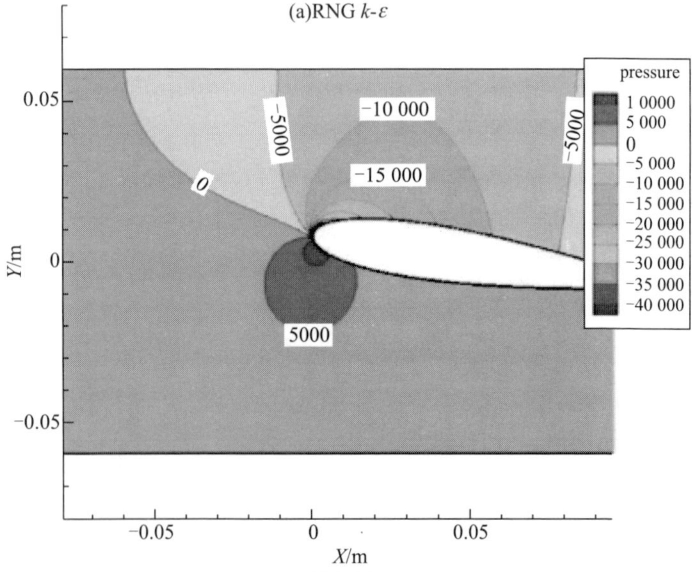

(b)PANS

图 4-35 NACA0015 翼型附近的压力分布（见彩插）

三维 90°弯管结构如图 4-36 所示，此结构的厚度 $H=0.203$ m，弯管宽度为 $6H$，内侧弯管直径为 0.608 m，计算时延长进口管段长度至 $4.5H$，出口管段长度为 $30H$。进口流速为 $u_m=16$ m/s，雷诺数为 $Re=u_mH/v=224\ 000$。对比弯管在 45°位置处距离壁面 $0.062\ 5H$ 处的三维流场信息，分析改进的非线性 PANS 模型对大曲率流动的预测能力。

三维 90°弯管的水力计算区域采用 ICEM 软件进行划分，网格单元数为 344×138×132，网格局部示意图如图 4-37 所示。近壁区采用 12 层边界层网格以使近壁区的 $y^+<1$。计算时提取测量线上的三个方向的流速信息，并与试验结果进行对比，同时与 RNG $k-\varepsilon$ 模型计算结果进行比较，评估新建的非线性 PANS 湍流模型对大曲率流动的预测能力。

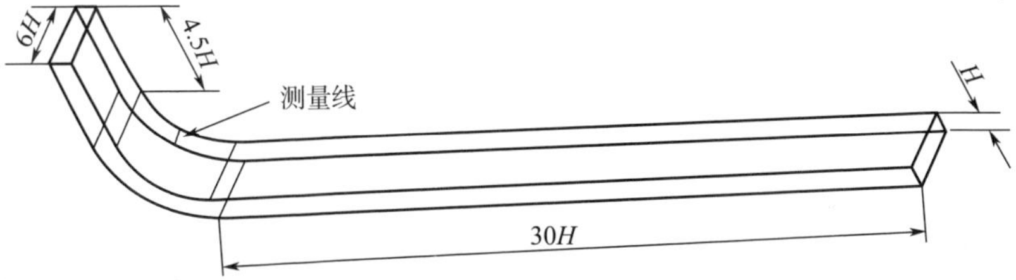

图 4-36　三维 90°弯管结构图

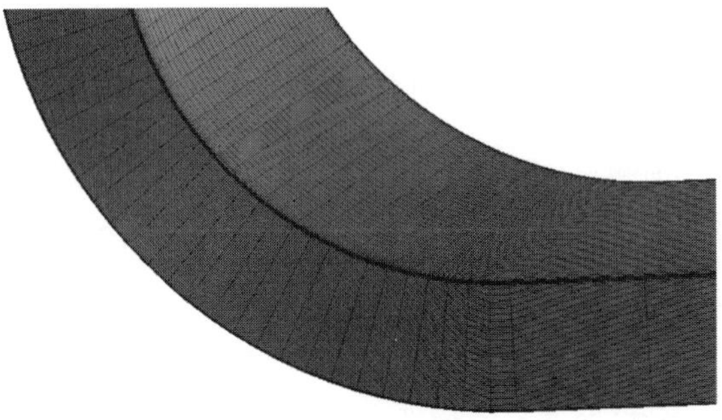

图 4-37　三维 90°弯管网格局部示意图

数值模拟后分别提取测量线上的轴向速度、横向速度（垂直于测量线沿流动方向）以及纵向速度（平行于测量线），并将速度通过 u/u_m 无量纲化处理。记 h 为测量线上任意一点到弯管凹侧的垂直距离。

图 4-38 为测量线上横向速度分布，RNG $k-\varepsilon$ 模型预测的结果整体偏大，特别是在靠近凹侧和凸侧的近壁区，误差相对于试验值较大。改进的非线性 PANS 湍流模型在近壁区的预测结果与试验值吻合较好，说明 PANS 模型对近壁区流动的动量损失描述得更加准确。但是，PANS 模型在 $0.15 < h/H < 0.45$ 的区域存在一定的误差。

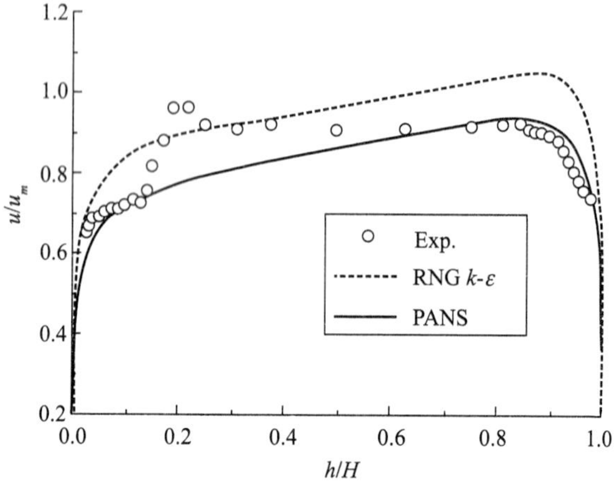

图 4-38　测量线上横向速度分布

图 4-39 为测量线上纵向速度分布，RNG $k-\varepsilon$ 模型预测的纵向速度绝对值在远离近壁区的位置整体偏小，PANS 模型获得的纵向速度与试验值比较吻合，特别是在湍动能得到有效控制的凸面预测误差较小，在凹面附近由于湍动能较大，速度波动相对值较大，PANS 模型在靠近凹面处纵向速度存在误差。

图 4-40 为测量线上轴向速度分布，RNG $k-\varepsilon$ 模型和 PANS 模型在靠近凹面处横向速度的最大值均高于试验值，但是 PANS 湍流

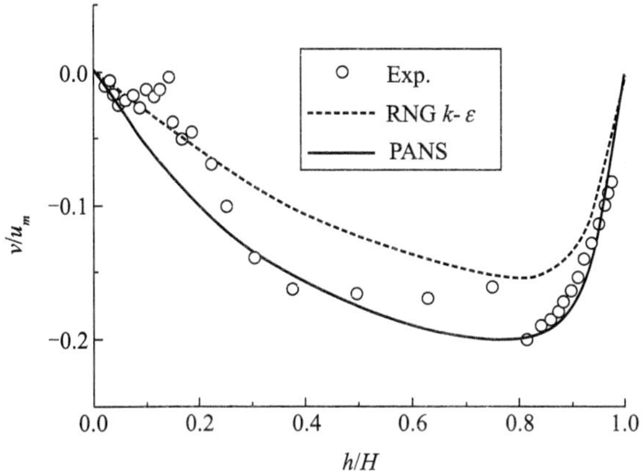

图 4－39　测量线上纵向速度分布

模型的值更接近试验值。PANS 湍流模型预测的结果在测量线的中间部分出现负方向的速度，这与试验值一致，而 RNG $k-\varepsilon$ 模型无法预测这一流动现象，说明 PANS 湍流模型对于二次流的预测更加准确。

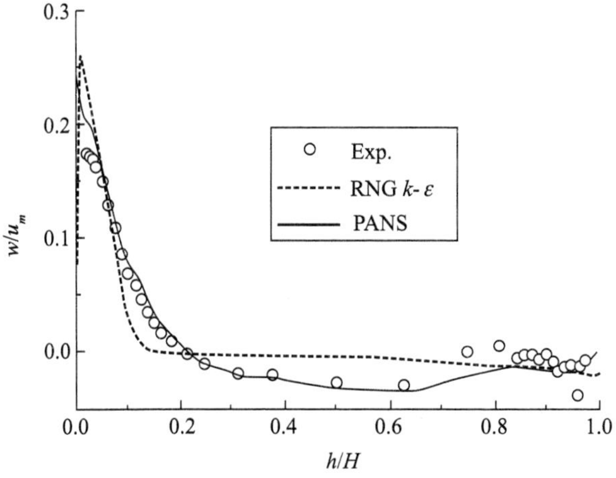

图 4－40　测量线上轴向速度分布

综上所述，新建的非线性 PANS 模型对大曲率流动具有较好的预测能力，在对二次流的预测上也优于 RNG $k-\varepsilon$ 模型。

(3) 低比转速离心泵验证

为了验证新建的非线性 PANS 湍流模型对涡轮机械内部复杂流动的预测能力，本节基于 Pedersen 低比转速离心泵循环回路试验建立仿真模型。Pedersen 所用的循环回路测试系统如图 4-41 所示，流体在筒体、管道与泵之间循环，这是一个闭式循环回路，通过改变筛板的孔径和打孔数量即可改变离心泵的运行条件。Pedersen 通过 Particle Image Velocimetry（PIV）试验获得了位于测试平面的速度场数据，基于这一试验结果验证新建 PANS 湍流模型的预测能力。

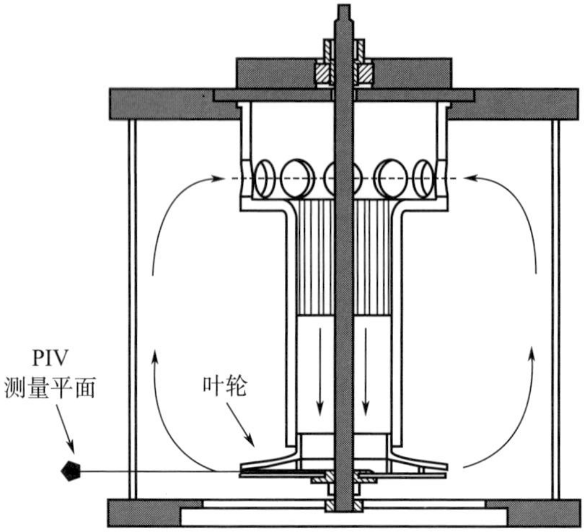

图 4-41　Pedersen 的低比转速离心泵循环回路测试系统

Pedersen 试验过程中采用的离心泵模型的几何参数如表 4-8 所示，基于离心泵的几何参数建立低比转速离心泵的水力模型，整个循环回路以及离心泵转轮的水力模型如图 4-42 所示。

表 4-8　低比转速离心泵模型几何参数

几何参数		几何参数	
转轮进口直径 D_{in} /mm	71.0	叶片数 Z_p	6
转轮出口直径 D_{out} /mm	190.0	叶片厚度 t_p /mm	3.0
转轮进口宽度 b_{in} /mm	13.8	进口安放角 β_1 /(°)	19.7
转轮出口宽度 b_{out} /mm	5.8	出口安放角 β_2 /(°)	18.4
叶片型线半径 R_b /mm	70.0	比转速 N_s	16.3

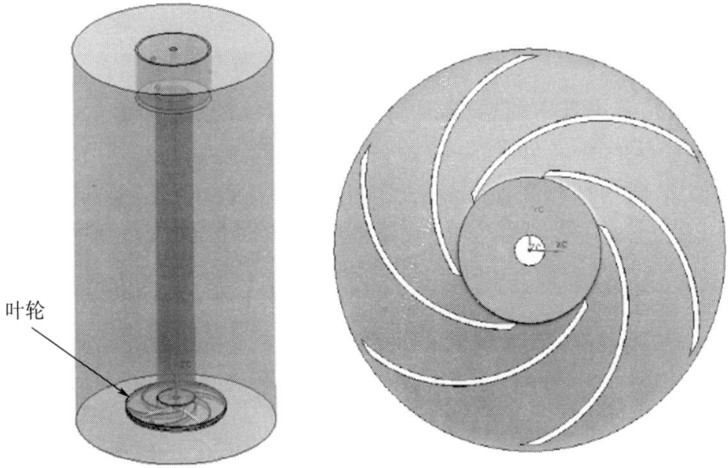

图 4-42　低比转速离心泵循环回路及转轮的水力模型

低比转速离心泵循环转轮的水力模型网格采用 ICEM 软件进行划分，使用结构化六面体单元离散计算区域，通过网格无关性验证后最终选取叶轮的网格单元数为 1 799 964，整个循环回路网格总数为 5 217 684。叶轮网格局部示意图如图 4-43 所示。

计算过程中，由于该系统是一个循环的闭式回路，因此不需给定进出口边界条件，叶轮的旋转区域采用 Moving Reference Frame（MRF）来计算，旋转部件与静止部件之间采用 interface 来完成数据交换，采用 Enhanced wall treatment 来计算近壁区的流动。

PANS 湍流模型和 RNG $k-\varepsilon$ 湍流模型计算的结果如表 4-9 所

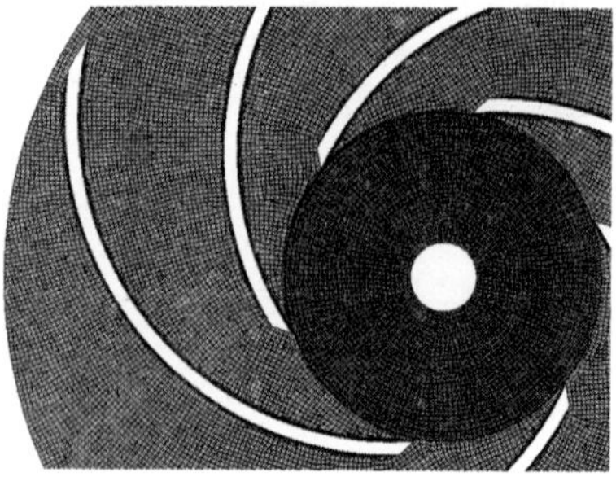

图 4 - 43 叶轮网格局部示意图

示。其中，q_d 为该离心泵的设计流量，q_v 为计算工况点的流量，H_p 为泵的扬程。由表中数据可以看出，RNG $k-\varepsilon$ 模型和 PANS 模型在设计工况点的外特性均与试验值接近。当该泵运行在小流量时，RNG $k-\varepsilon$ 模型预测的误差较大，而 PANS 模型计算结果与试验值相吻合。

表 4 - 9 低比转速离心泵的性能

	$q_v/q_d=1$		$q_v/q_d=0.25$	
	H_p /m	q_v /(L/s)	H_p /m	q_v /(L/s)
试验	1.75	3.06	2.4	0.76
PANS	1.77	3.08	2.42	0.78
RNG $k-\varepsilon$	1.77	3.09	2.32	0.70

为了深入研究 RNG $k-\varepsilon$ 模型与非线性 PANS 模型外特性预测结果的不同，提取 PIV 测试平面的流线图，与 PIV 试验获得的速度矢量图进行对比。该低比转速离心泵在设计流量运行时，试验结果表明转轮内不存在回流现象，内部流场如图 4 - 44 所示。RNG $k-\varepsilon$ 模型在叶轮的一个流道内进口的压力面出现局部回流，其预测的内部流动周期性不明显，由于回流区域小，回流引起的动量损失不足以导致外特性的改变，因此 RNG $k-\varepsilon$ 模型预测设计流量的结果与试验值相近。非线性 PANS 模型不仅能很好地捕捉叶轮内部的周期性流动，而且速度分布与试验值吻合。

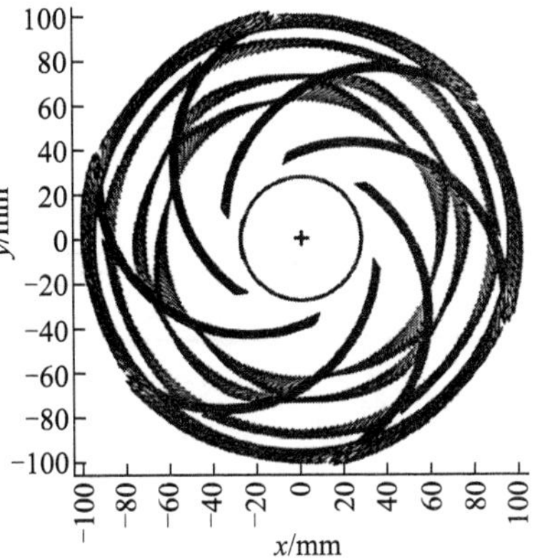

(a) PIV试验结果

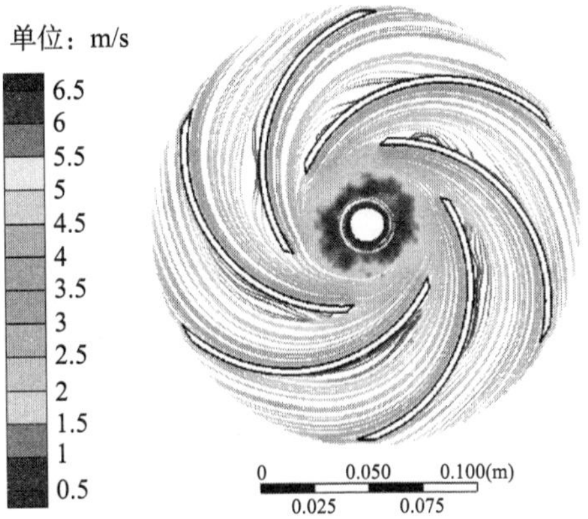

(b) RNG k-ε

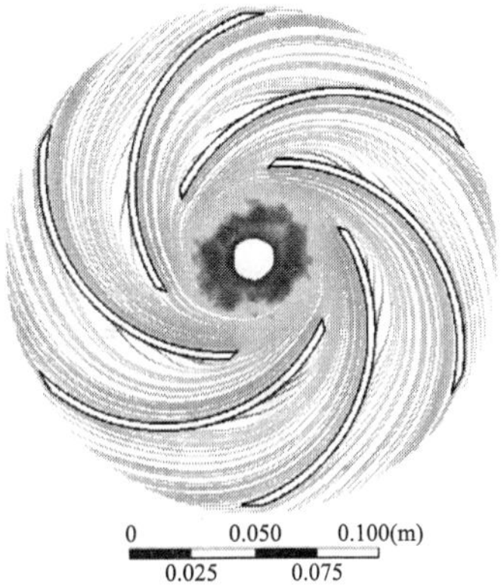

(c) 非线性PANS

图 4－44　设计流量下叶轮内部流场

当离心泵运行在小流量 $q_v/q_d=0.25$ 时，叶轮内部 PIV 测试平面的流场如图 4－45 所示，由 PIV 测试结果可以看出，在小流量下叶轮内部流场也呈周期性分布，并且每隔一个流道会出现大尺度的回流以及二次流现象。RNG $k-\varepsilon$ 模型预测结果与试验结果差别较大，而 PANS 模型可以较好地捕捉试验发现的周期性分布规律。这是由于新建的非线性 PANS 模型对于剪切应力的求解是基于非线性格式获得的，对于流动的捕捉更加接近实际，而 RNG $k-\varepsilon$ 模型是基于线性格式求解的，在离心泵小流量工况，机组内部流动复杂，流动的非线性特征更加明显，线性湍流模型难以准确预测各种尺度的复杂流动。

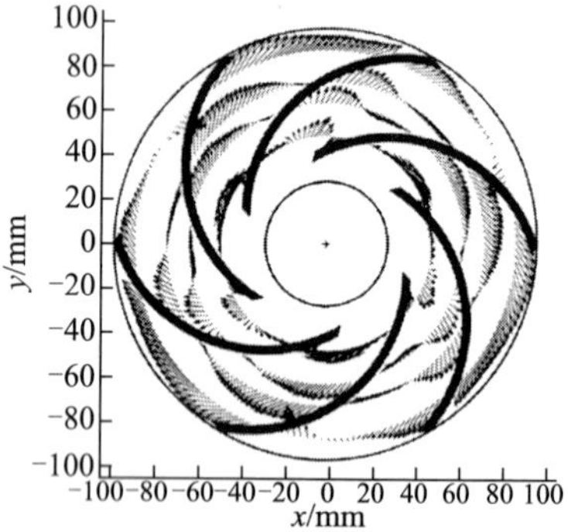

(a)PIV试验结果

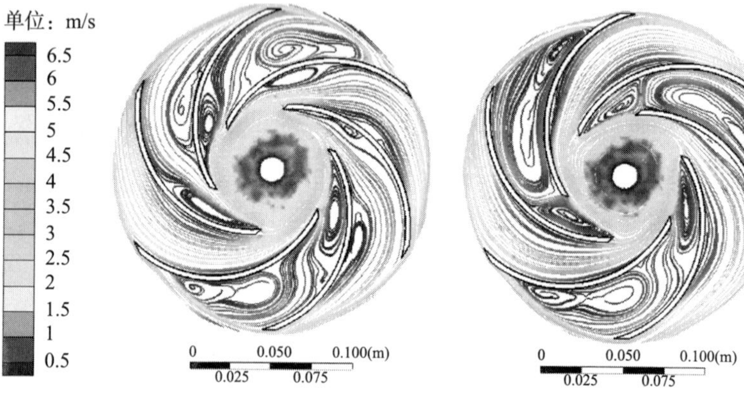

(b)RNG k-ε　　(c)非线性PANS

图 4-45　$q_v/q_d=0.25$ 时叶轮内部流场

综上所述，新建的非线性 PANS 湍流模型可以较好地捕捉大曲率回流以及二次流等复杂流动，基于 RNG $k-\varepsilon$ 模型建立的非线性 PANS 模型可以应用到推进剂在轨传输过程中复杂流动的数值模拟中。

现有的 RANS 湍流模型大都是基于线性格式求解剪切应力以获得流场信息。对于低比转速空间微泵，特别是处于偏工况运行的叶轮机械，机组内部存在强旋流和大曲率流动，现有 RANS 模型难以捕捉各种尺度的流动。本节为了实现对复杂流动的准确预测，考虑对湍流粘度的修正，基于 RNG $k-\varepsilon$ 模型建立新的 PANS 湍流模型，同时考虑剪切应力的非线性特征，基于 Ehrhard 提出的非线性湍流模型，考虑大曲率回流等对各向异性的影响，建立了基于剪切应力非线性求解格式的 PANS 湍流模型。新建的非线性 PANS 模型通过二维 NACA0015 水翼翼型、三维弯管以及低比转速离心泵内部流动及外特性进行验证，并与 RNG $k-\varepsilon$ 模型进行对比。新建的非线性 PANS 模型无论是对于外特性还是内流场的捕捉都与试验结果更加吻合，新模型能够解决低比转速空间微泵的水力优化。

第5章 航天器低温推进剂贮存和管理

5.1 低温推进剂贮存和管理概述

为了促进人类向更宽更广的深空领域推进和发展，月球及火星等载人深空探测任务是未来航天发展的必然趋势，实现载人登月任务推进剂需选用高能推进剂，如液氧、煤油、液氢和液态甲烷，高能推进剂等低温液体的长期贮存、推进剂管理是载人登月等深空探测任务的关键技术。

分析表明，若要使用传统的推进剂贮存系统完成当前展望的月球探测任务，在近地轨道就需要超过250 t的初始质量。对于同样的探测任务，若使用液氢/液氧推进系统，在近地轨道其质量可减少45%，质量降低为140 t。

低温推进剂由于其比冲高、无毒无污染，是载人登月、火星探测和更远距离深空探测的首选推进剂。随着航天技术的进一步发展，不论是远程载人飞行，还是建立空间站、中继站，以及深空探测，都对低温推进剂提出了需求。低温推进剂长期在轨贮存与管理技术是未来航天任务发展的重要支撑技术之一。常规推进剂和低温推进剂特性比较如表5-1所示。

表5-1 常规推进剂和低温推进剂特性比较

	N_2O_4+MMH	液氧+煤油	液氧+甲烷	液氢+液氧
类型	常规	低温	低温	低温
推进剂比冲/s	310	360	360	440
点火特性	自燃	需点火	需点火	需点火

续表

	N_2O_4＋MMH	液氧＋煤油	液氧＋甲烷	液氢＋液氧
贮存性	空间防冻	低温贮存	低温贮存	低温贮存
毒性	有	无	无	无

低温推进剂的物理化学性能不同于常温推进剂，低温液体不同程度地存在热分层现象，直接影响推进剂的蒸发和贮箱内部的压力变化，推进剂自蒸发和氦气增压也综合影响贮箱的内压变化，导致微重力下低温液体在贮箱中的流体行为非常复杂，低温推进剂对 PMD 要求更加严格，因此对 PMD 的控制类组件、导流类组件和阻尼类组件必须合理优化设计才能保证低温推进剂的有效管理。由于航天有效载荷的要求，贮箱金属承压壳体采用薄壁设计，根据贮箱强度、刚度、动力学、热力学的综合技术要求，对贮箱壳体结构及安装界面进行合理优化设计才能保证贮箱正常完成任务。

航天器在空间飞行时受到太阳辐射、地球红外辐射、行星反照、黑背景等空间热环境的影响，这为长时间在轨低温推进系统的设计带来了难题。为了保证低温贮箱的在轨运行安全，同时考虑到运行效率和成本，必须采取高效的绝热措施将低温贮箱的蒸发量控制在合理的指标之下。

由于在贮存方面存在困难，目前液氢/液氧主要用在火箭的末级发动机。但是低温推进剂沸点低，空间环境中恶劣的热环境会引起低温推进剂的大量蒸发，这样就不得不通过对贮箱进行绝热、防辐射、有效的热交换和合理的压力控制，将蒸发量控制在一定的范围。图 5－1 给出了不同航天任务中低温液氢的贮存时间与方式，当贮存时间在 1 年以内时，采用被动隔热手段；贮存时间达 1 年以上时，采用被动隔热和主动制冷相结合的方式。

目前的载人登月及其他任务都需要采用低温推进剂的空间飞行器长时间在轨工作。但低温推进剂沸点低，空间恶劣的热环境和微重力环境会造成推进剂大量蒸发损耗及推进剂的漂浮，存在两相流，

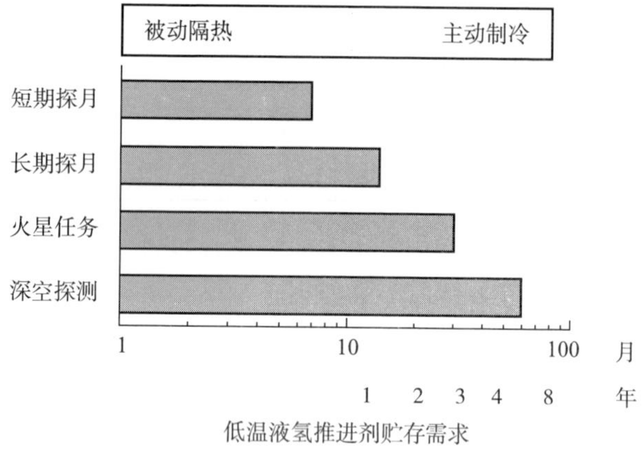

图 5-1 低温液氢贮存时间与方式比对图

从而给推进剂贮存和管理都带来很大困难，需要研究低温推进剂的长期在轨贮存与管理技术。

5.2 低温推进剂贮箱结构与材料

5.2.1 低温贮箱结构

低温推进系统所用容器包括压力容器和推进剂贮箱，其中低温推进剂贮箱作为低温推进系统中所占重量和体积最大的部件，是飞行器减小自重和体积的主要对象。推进剂贮箱用于贮运液氧、液氢、液态甲烷等，主要特点是体积大、承载压力低，相比压力容器，贮箱的工作压力一般不会超过 1 MPa。

轻质、平滑的贮箱结构对低温流体管理至关重要。正交或三角等网格结构贮箱上充当散热片的内部突出物使低温贮存和贮箱增压更加复杂。厚壁贮箱不仅降低了任务效能，同时也在贮箱壁上提供了大量热容，使低温流体管理难度加剧。薄壁单体式贮箱提供了合理的解决方案，满足贮箱的结构性需求并能以高效、轻量的方式进行低温贮存和管理。采用适当设计，一个轻质贮箱可以可靠地依靠被动热控技术支持超过 6 个月的任务。

图 5－2 为不同长径比的恒定 100 L 容积贮箱，表 5－2 为不同长径比贮箱几何尺寸比较。

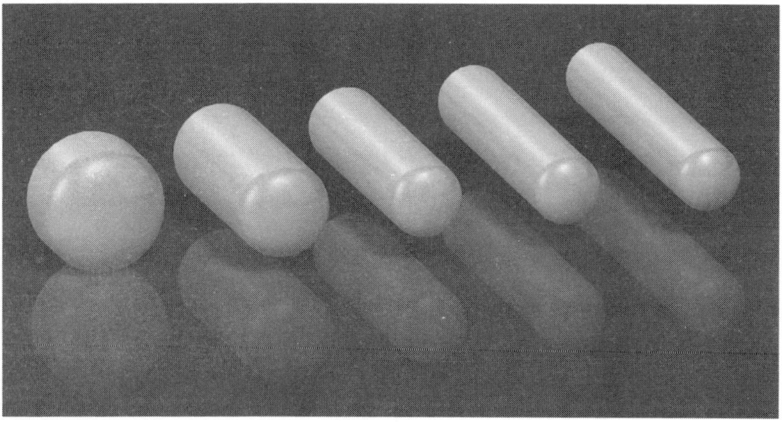

图 5－2　恒定 100 L 容积贮箱（不同长径比）

表 5－2　贮箱几何尺寸比较

贮箱	长径比	长/cm	直径/cm	表面积* /m^2 头部	表面积* /m^2 桶部	表面积* /m^2 合计
A	0.88	49.53	55.88	0.677	0.388	1.065
B	3	106.68	35.56	0.294	1.021	1.315
C	4	128.27	32.26	0.251	1.176	1.427
D	5	149.86	29.72	0.221	1.292	1.513
E	6	167.64	27.94	0.201	1.398	1.599

注：* 假定壁厚为 5.08 mm。

低温贮箱连接支撑结构是低温贮箱与其他系统的连接部段，对于低温轨道转移级，连接支撑结构包括液氢贮箱与仪器舱的连接结构、液氧贮箱与发动机舱的连接结构以及两贮箱之间的箱间段。由于低温液氢贮箱和液氧贮箱之间存在温度差，贮箱连接支撑结构长期在轨时会向温度更低的液氢贮箱持续传递热量。为了减少通过贮箱连接支撑结构的导热量，通常采用热导率低的材料及减小构件的横截面面积等方法减少机械构件的漏热。国外贮箱连接结构设计形式多采用杆系或桁架式结构。杆系结构形式及计算结果见表 5-3。

表 5-3 杆系结构形式及计算结果

参数	V 型 10 杆	V 型 20 杆	X 型 16 杆	X 型 24 杆
结构形式	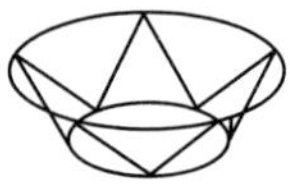		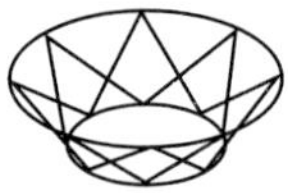	
拉伸最大应力/MPa	322	283	123	257
压缩最大应力/MPa	175	153	66.7	139
屈曲因子	1.5	1.5	1.5	1.5

在低温贮箱箱间段结构设计上，经过对壳段结构和杆状结构的对比分析，以及对杆状结构 V 型连接形式和 X 型连接形式的对比分析，综合考虑强度性能和导热性能，较为理想的方案是 V 型 20 杆结构。

低温贮箱间的连接支撑结构也是贮箱漏热的主要原因之一，甚至占有相当大的比重。被动在轨非连接支撑结构（Passive Orbital Disconnect Strut，PODS）技术源于地球重力探测器-B 任务，结构如图 5-3 所示。在低温推进剂长期在轨贮存方面，PODS 技术同样意义重大。在空间的自由飞行阶段，由于重力较小，热和力通过小直径的复合材料管和较长的路径传递。在发射上升阶段，热和力通过较粗的复合材料管和较短的路径传递。通过应用 PODS，系统通过支撑结构的漏热减少了 90%。

该项技术是低温推进剂长期在轨贮存所采用的、最基本的被动热防护技术之一。

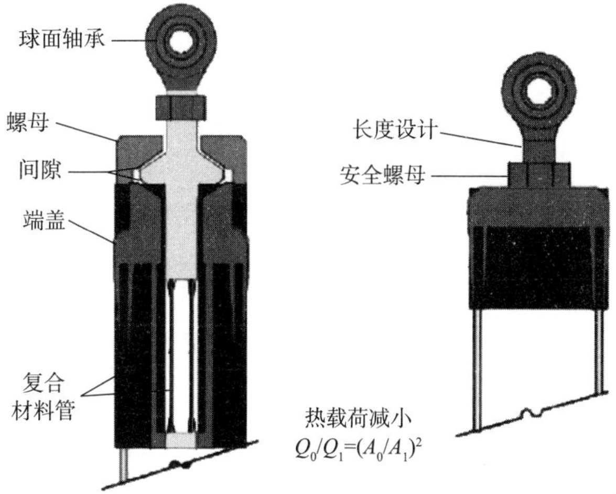

图 5-3　被动在轨非连接支撑结构示意图

5.2.2　低温贮箱材料

低温贮箱的工作阶段包括地面段、上升段以及在轨段，与外界的热量交换方式有导热、对流和热辐射。纤维增强的复合材料在结构上对于压力容器最为有效，因为有可能根据主应力的方向和大小来引导合适的纤维量。然而，内部压力相对较低的大尺寸低温贮箱仍存在某些具体问题，可能需要一种（有可能是金属）衬层，因此需要克服结构困难。更先进的“无衬层”碳纤维复合材料（CFRP）贮箱目前正在调研中。

美国麦道公司曾对铝合金与碳纤维复合材料贮箱进行了重量对比，结果如图 5-4 所示，复合材料贮箱相比金属贮箱减重可以达到 20%～40%，具有十分明显的减重优势。正是由于复合材料容器在减重方面的优势明显，因此其成为了航天飞行器低温推进系统重点研发的方向。

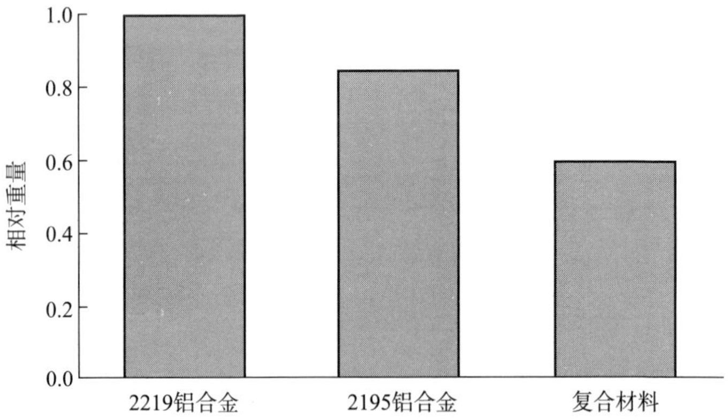

图 5-4 铝合金与碳纤维复合材料液氧贮箱相对重量比较

5.2.3 应用于运载火箭低温贮箱的绝热材料

应用于运载火箭低温贮箱上的组合绝热材料需要具备以下几个重要特性：1）绝热性能优良；2）发射质量小；3）制备、加工简单，维修方便，且制备和保养的成本较低；4）与航天器其他结构的相容性好；5）能够尽量在全天候条件下保证绝热性能的完整；6）质量可靠并有可重复使用的潜力。此外，由于低温贮箱在加注和发射过程中可能会受到压缩、热胀、撞击或振动等作用，并会伴随尺寸的变化，因此要求绝热结构具有一定的变形能力，以与贮箱保持较好的结合状态。

目前低温贮箱绝热材料一般选择泡沫材料和多层绝热（MLI）材料。泡沫材料在常压下热导率低，在火箭加注和起飞阶段起主要热防护作用，MLI 在超高真空条件下具有较低的热导率，因此泡沫材料和 MLI 是目前航天隔热材料研究的主要方向。MLI 将在 5.3 节详述。组合绝热材料主要是将泡沫材料和 MLI 进行组合形成的新型材料，适于低温推进剂长期在轨贮存应用。其主要形式包括泡沫＋MLI 形式和泡沫＋MLI＋泡沫的形式，如图 5-5 所示。

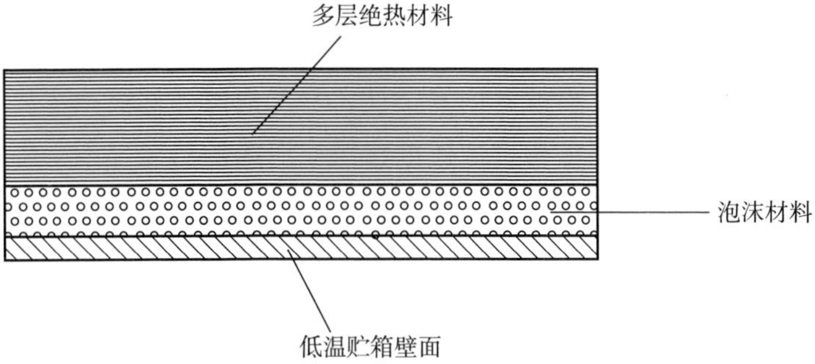

图 5-5　泡沫+MLI 的形式

常见的低温推进剂贮箱的隔热结构包括内部绝热结构、外部绝热结构和外部吹除结构等，如图 5-6 所示。

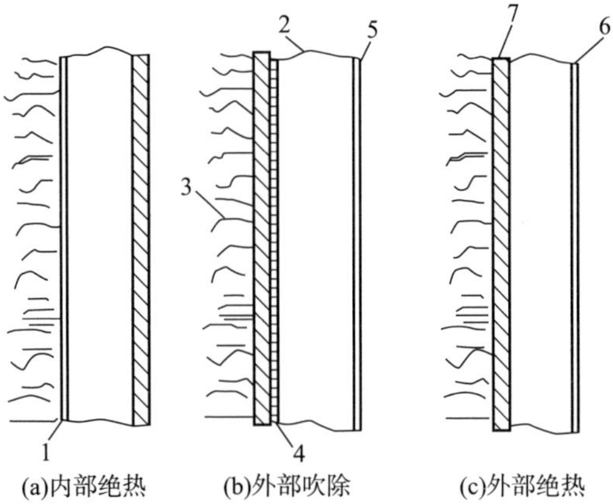

图 5-6　常见的低温推进剂贮箱隔热结构

1—屏蔽层；2—泡沫隔热；3—液氢；4—氦气吹除；5—防护层；6—屏蔽层；7—箱壁

采用外部绝热结构的火箭型号较多，主要型号见表 5-4。外部绝热结构主要分为两种：氦气吹除泡沫外部隔热和密封泡沫外部隔热。氦气吹除泡沫外部隔热的主要原理是在箱壁与隔热系统间用超低温氦气（−269 ℃）进行吹除，防止真空抽吸生成液化空气。优点在于不必过于关注体系的密封性，可克服低温抽吸、着火和爆炸的危险；缺点在于氦气吹除隔热层的热导率较高，为得到相同的隔热性能，需采用较厚的泡沫，从而导致系统的质量增加。另外，引入氦气吹除会增加发射准备的复杂性。密封泡沫外部隔热主要是采用具有密封层的泡沫结构，这样可在保证泡沫的热导率不下降的同时阻止空气的低温抽吸。该系统的主要优点是质量小、应用简便、热导率低；而缺点在于易损伤、现场修复困难、密封性能要求较高。

表 5-4 部分运载器液氢贮箱绝热结构形式

序号	型号	绝热结构形式	
		圆柱段	前后底
1	半人马座 D1-A	可抛弃氦吹除外绝热板	
2	土星 S-Ⅳ、S-ⅣB	三向增强聚氨酯泡沫塑料内部绝热	
3	土星 VS-Ⅱ	喷涂聚氨酯泡沫塑料	
4	航天飞机外贮箱	喷涂聚异氰脲酸酯泡沫 CPR488	前底喷涂聚氨酯泡沫 BX250，后底喷涂聚异氰脲酸酯泡沫 NCFI22-65
5	能源号	喷涂泡沫塑料，两层，层间密封，表面加固	
6	质子号	喷涂泡沫塑料，表面密封	
7	H-Ⅰ第二级	喷涂聚氨酯泡沫	多层镀铝聚酯薄膜
8	H-Ⅱ第一级	喷涂聚异氰脲酸酯泡沫塑料，厚约 25 mm	
9	阿里安 1～4	粘贴聚氯乙烯泡沫塑料	泡沫绝热，外包镀铝聚酯薄膜
10	阿里安 5	改进的阿里安 1～4 第三级液氢绝热结构	
11	宇宙神Ⅱ/半人马座 D1-A	粘贴闭孔聚氯乙烯泡沫塑料板	

续表

序号	型号	绝热结构形式	
		圆柱段	前后底
12	半人马座 D1-T	镀铝聚酯薄膜和聚酯纤维斯克林布组成的多层屏蔽绝热	前底覆盖 46 层镀铝聚酯薄膜，后底覆盖镀铝尼龙织物叠层
13	X33	粘贴 PMI（聚甲基丙烯酰亚胺）泡沫塑料，可重复使用	

5.2.4 复合材料低温贮箱的应用实例

5.2.4.1 麦道公司的复合材料液氢贮箱

在相关计划的支持下，美国开展了在轻型液氢、液氧贮箱等方面的研究工作，并已取得突破性进展。1987 年，美国 Delta 和 DC-X/DC-XA 系列航天器的生产厂家麦道宇航公司开始针对国家空天飞机（NASP）以及单级入轨（SSTO）火箭计划开展碳纤维/环氧树脂复合材料液氢贮箱的研究工作，由于液氢贮箱的体积较液氧贮箱的体积更大，从减小重量、减小体积的角度考虑效果更突出。麦道公司针对复合材料液氢贮箱的研究首先放在了复合材料体系的性能上，主要进行了氢分子渗透性和复合材料的低温力学性能（液氢沸点：−253 ℃）两大方向的攻关。他们针对几种玻璃纤维和碳纤维的复合材料冷热循环前后的渗透性和力学性能进行了对比分析。

麦道公司测试的材料体系包括玻璃纤维以及 IM7、IM6、AS4、T300 等碳纤维，树脂体系包括 PI、PEEK、PMI、环氧、PC 等。渗透性测试温度从室温到−179 ℃，热循环温度为从室温到−269 ℃，循环 150 次。通过对比冷热循环前后的渗透性发现，玻璃纤维树脂基复合材料的抗渗透性能要弱于碳纤维，而且几个复合材料体系均可满足压力/温度循环后不渗透的要求。对不同材料体系进行的力学性能测试条件包括常温和−269℃温度下的拉伸强度，以及冷热及机械循环后的拉伸强度测试，循环次数为 150 次。

经过对材料体系的充分研究后，麦道公司于 20 世纪 90 年代中期成功制备出无内衬结构的复合材料液氢贮箱，如图 5-7 所示。随后不久，麦道公司与 NASA 便开始共同合作开展液氧贮箱复合材料可行性的研究工作，并对一些材料的液氧相容性进行了研究。

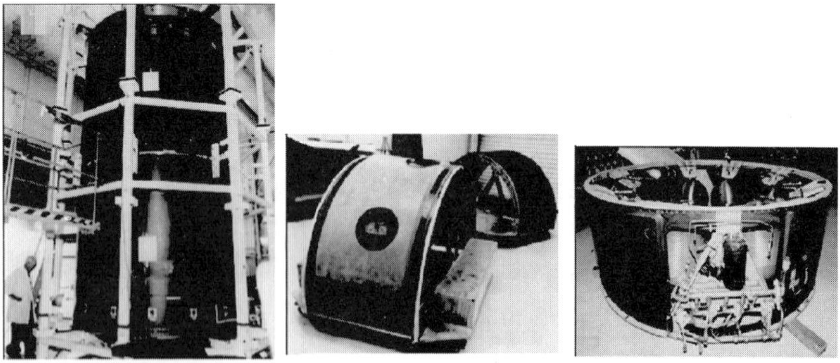

(a)液氢贮箱　　(b)贮箱壳体　　(c)贮箱连接段

图 5-7　DC-XA 计划中的航天器液氢贮箱及贮箱连接段

5.2.4.2　美国空军研究实验室的产品

美国空军研究实验室（AFRL）负责空军科学和技术方案的规划和执行，由其组建的威尔逊公司负责根据空军装备需求进行各类复合材料容器的开发。美国空军研究实验室下属的空间飞行器研究室（AFRL/VS）将可重复使用飞行器作为未来重点发展方向，与 NASA 合作正在进行的重大研究项目包括 X-37、X-40、X-53、HTV-3X、YAL-1A、战术卫星计划，其中 X-37B 可重复使用无人航天飞行器已经制造了 2 个小型的全复合材料液氢贮箱、液氧贮箱试验件，并对两个贮箱进行了泄漏、压力循环测试。在第一次测试时发现贮箱有大面积的泄漏问题，随后对泄漏点进行了修复，在随后的测试中通过光谱仪检测发现仍然存在微小的泄漏点。他们总结结果后认为，主要原因可能是在固化过程中砂质芯模的损伤所导致。随后他们又对全复合材料液氧贮箱进行了测试，将贮箱加注液氧后在振动实验台上进行剧烈的振动测试，测试结果并未发生贮箱爆燃，而且振动测试后的贮箱并未发生明显的泄漏。测试的成功使得 AFRL 认为发展低温复合材料贮箱可行。

之后威尔逊公司采用韧性环氧/氰酸酯作为基体树脂，采用湿法缠绕工艺制备了复合材料液氧贮箱。液氧贮箱的主要问题在于液氧是强助燃剂，当受到冲击、摩擦时，液氧容易与材料发生爆炸燃烧，为此美国制定了材料与液氧的安全使用评价标准。标准规定，如果材料与液氧接触后能够保证在正常使用过程中不发生爆燃，则称之为液氧相容，此标准也称之为液氧相容性标准。由上可知制备液氧贮箱的材料必须具备与液氧完全相容的特性。威尔逊公司通过研究发现氰酸酯作为一种耐高温的高性能树脂，具备良好的液氧相容性，并以此方案制备了全复合材料液氧贮箱，贮箱直径为 1.2 m，长为 1.8 m，壁厚为 2.0～2.6 mm，工作压力为 0.69 MPa。他们开发的复合材料贮箱制备示意图如图 5－8 所示。

图 5－8　威尔逊公司全复合材料贮箱制备示意图

5.2.4.3　洛马公司的产品

洛马公司是美国航天飞机外贮箱的制造商，在航天飞机低温贮箱制造领域已经有 25 年的历史，具有丰富的低温贮箱制造经验。洛马公司在国内外最早发布过应用于具体型号的全复合材料低温贮箱的报道。洛马公司为 X－33 设计制造了复合材料液氢贮箱，并为 X－

34 制造了液氧贮箱。同时洛马公司还针对此两款可重复使用飞行器设计了贮箱及压力容器配套的低温供给管线系统，均采用了全复合材料设计。相比航天飞机大型外贮箱，这两款贮箱为小型贮箱，设计上为非承载结构，为了保证飞行期间容器结构的稳定性，贮箱工作压力大于 0.5 MPa。

洛马公司首先制备了缩比尺寸的液氢贮箱，并仿照服役条件进行了低温压力循环测试，在贮箱充满液氢的条件下进行了 13 个压力循环测试，测试后对贮箱进行切片，并观测层合板之间的微裂纹密度，用以对贮箱损伤进行评价。通过测试结果发现，复合材料完全可以满足高应变条件下对液氢的密封要求。随后为 X－33 设计并制备了双叶型液氢贮箱。液氢贮箱的桶身段采用铺放成型，封头为手工铺设，然后与桶身粘结固化成型。随后对贮箱进行了 78 次高低温循环测试，结果并未发现泄漏，但在最后 X－33 地面测试时发生了泄漏，因此终止了 X－33 的计划。分析结果发现，主要是由于粘结结构在经过多次高低温循环后容易产生缺陷，因此导致液氢的泄漏。

2004 年洛马公司宣布成功研制出碳纤维全复合材料液氧贮箱（如图 5－9 所示），这被认为是液氧贮箱研究领域的革命性进展。此贮箱采用无内衬的全复合材料结构设计，复合材料层即屏蔽层。洛马公司从最初的复合材料入手，开发出了专门用于液氧贮箱的环氧树脂，此树脂具有优良的液氧相容性、耐低温性、防渗透性等特点。

此贮箱循环充液氧 52 次未出现任何泄漏、开裂等问题，并且通过了模拟实际使用状态的测试。相关资料显示，该复合材料贮箱采用碳纤维通过缠绕工艺制备而成，直径为 1.2 m，长度为 2.7 m，贮箱的总质量为 225 kg，较金属贮箱质量减小了 18％。洛马公司碳纤维全复合材料液氧贮箱的成功开发使复合材料低温贮箱走向应用阶段。

图 5-9　洛马公司的复合材料液氧贮箱外观

5.2.4.4　波音公司的产品

2013 年 7 月波音公司为 NASA 制备的低温贮箱（如图 5-10 所示）在马歇尔航天飞行中心进行了液氢灌充测试，贮箱直径为 2.4 m，是波音公司在 2012 年制造完成并提供给 NASA 进行测试的，测试包括在 −253 ℃、0.1 MPa 压力下进行 20 个循环。这个贮箱测试成功后，波音公司计划制造直径为 5.5 m 的大型低温贮箱，可作为大型运载火箭的液氢贮箱。

5.2.5　复合材料贮箱演示验证项目

美国已经有若干个研究项目制造并试验过复合材料液氢贮箱，包括 DC-XA（约 1994 年），X-33（约 1999 年）和“空间发射倡议”（SLI）复合材料低温贮箱计划（约 2006 年）。

1996 年麦道公司在 DC-XA 亚轨道飞行器中首次采用了全复合材料液氢贮箱，该贮箱采用常规圆柱体结构，直径为 2.4 m，长度

图 5－10　波音公司的复合材料低温贮箱

为 4.8 m，采用了 IM7 碳纤维布和 8552 环氧树脂预浸带铺放制成。贮箱壳段和箱底通过 FM300 胶膜用叉形环连接在一起，不用螺纹以避免液氢泄漏，该贮箱已经通过了飞行试验。1996 年洛马公司为美国 X－33 飞行器研制了碳纤维/环氧树脂复合材料液氢贮箱，与过去的圆柱形完全不同，该贮箱前端采用双裂叶球体，中间为双裂叶锥体，后端为球体。贮箱长 8.8 m，底部宽 5.5 m，可以贮存 22.7 t 液氢燃料。每个液氢贮箱由 4 个长 6.7 m、1/4 圆直径的碳纤维/环氧壳段与前后叉形环、3 个 2 m 直径的半球形顶盖粘结在一起。贮箱采用了蜂窝夹层结构，夹层的两个面板为碳纤维/环氧树脂复合材料（IM7/977－2），芯材为芳香聚酰胺-酚醛蜂窝（KorexTM＋3－pcf），其结构如图 5－11 所示。1999 年，X－33 试飞 2 小时，发现贮箱壁粘结层发生脱落，试验最终以失败而告终。

2011 年，NASA 与 ATK 公司、波音公司和诺格公司联合开展了复合材料低温贮箱技术演示验证（CCTD）项目，目标是设计并建

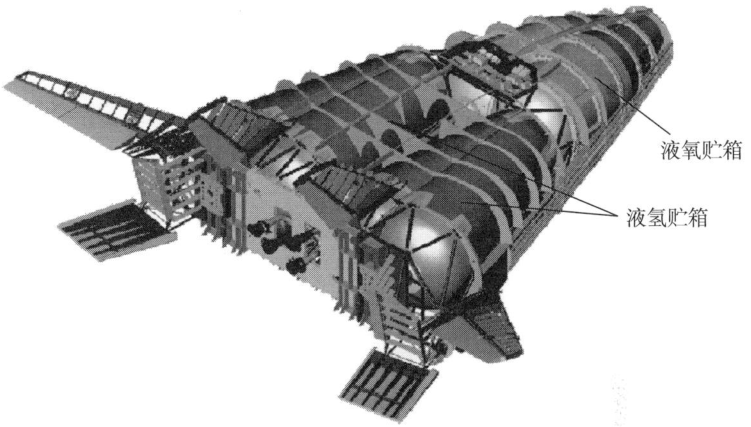

图 5 - 11　X - 33 飞行器复合材料液氢贮箱

造 ϕ 10 m 复合材料液氢低温贮箱，相较于目前最先进的铝制低温贮箱技术可节约 30%重量和 25%成本。装载量、长度和容积都以阿瑞斯Ⅴ号火箭地球出发级上的 10 m 直径液氢贮箱为基础。NASA 团队制定了铝合金低温贮箱概念方案，用于与三个整体尺寸相同的工业 IM7/977 - 2 复合材料方案做比较：波音公司的瓦楞芯材方案、洛马公司的外部加筋结构方案和诺格公司的蜂窝夹心结构方案。与金属低温贮箱相比，这三个复合材料概念方案都超过了 CCTD 项目所期望的 30%的减重预期，具体结构重量与减重效果如表 5 - 5 所示。

表 5 - 5　复合材料贮箱重量特性

序号	方案	质量/kg	减重/%
1	2195 铝锂合金贮箱方案	4 955	—
2	波音公司复合材料夹芯方案	3 037	38.7
3	洛马公司复合材料外部加筋方案	2 981	39.8
4	诺格蜂窝夹心方案	2 836	42.8

NASA 在 CCTD 第二阶段选定了波音公司制造的 5.5 m 直径验证试验贮箱。这个贮箱无衬层，使用薄板作为阻渗透层，采用可排气、可吹扫的夹层结构，以及实施结构健康监测以保障损伤容限。

在2.4 m先导样箱初步完工之后，围绕分段工具心轴建造了5 m直径的贮箱并于2014年在NASA MSFC进行了测试。这个波音公司贮箱通过了一系列含有可接受渗液的低温液氢的充排测试。实现了NASA设定的相对铝制贮箱减重35%的目标。

已制造的CCTD项目贮箱使用固化型石墨/环氧材料和工艺实现了大尺寸（直径高达10 m）低温贮箱的制造，使用薄板预浸材料最大程度减少液氢通过贮箱壁的渗透。这两个贮箱都是在波音公司使用自动铺丝技术制造的。5.5 m直径贮箱上包括有效承受轴向载荷并允许氢气吹扫的有凹槽的堆芯裙筒。

CCTD项目第二阶段达到了其演示验证25%～30%减重设计的主要目标，并追溯到8.4 m直径上面级液氢贮箱。合同开始后30个月内完成了两个全复合材料低温贮箱的设计、建造和测试工作。两个贮箱都成功地经受了液态氢的循环压力测试，5.5 m直径低温贮箱同时也接受了飞行载荷测试。

5.3 低温推进剂长期在轨贮存关键技术

5.3.1 低温推进剂长期在轨贮存的技术难点和需求

低温液体长期贮存技术地面上已经相对成熟，但是面对空间微重力、复杂外热流、各种辐射和粒子的空间环境条件，以及低功耗、重量小的严格要求，使得低温推进剂的长期在轨贮存具有极大的技术挑战性，面临的主要技术难点包括：

（1）微重力环境下气液位置不确定

空间微重力条件下贮箱内气液存在状态和位置不确定，受加速度水平、贮箱尺寸、瞬态过程等因素影响很大，从而使得贮箱卸压阀的位置设计困难，微重力条件下气液界面为曲面，瞬态加速后气液混合长时间不会消除，在空间实现排气而不排液的贮箱压力控制变得非常困难。

（2）复杂空间热环境

飞行器在空间会受到太阳辐射、行星红外辐射、行星反照辐射、黑背景等空间热环境的影响。直接暴露在太阳辐射之下，使得推进剂贮箱正对太阳面以及背对太阳面所接受的太阳辐射强度差别大，极易造成贮箱内低温推进剂的温度不均匀，不利于低温推进剂的长期贮存。

（3）热分层现象

低温推进剂贮箱内的热分层来自两部分。一是在地面停放阶段和上升段，由于整流罩内气体对流加热和气动加热等原因，在自然对流的作用下，贮箱近壁面区域的热流体沿壁面向上运动形成热分层。二是空间飞行阶段，微重力下，对流显著减弱，非均匀热源、热瞬态能够产生严重的热分层。热分层现象直接影响低温推进剂的蒸发，使得贮箱压力升高。

（4）天基与地基

现有的航天器是由地面发射升空，则相应的低温推进剂贮存系统对地基和天基环境都要适应。地基贮存系统需要考虑地面热环境和发射环境的影响，要考虑能够承受发射较大加速度力学载荷；而天基贮存系统要考虑空间恶劣环境的影响。

（5）贮存任务周期影响

空间低温推进剂贮存系统的任务周期从几小时、几天到几个月甚至几年。对数天的短期任务可能不需要排气，用良好的被动热防护和消除热分层就可以满足需求；对数月到一年的中期任务，不仅需要进行排气压力控制，而且应当在被动热防护和排气之间进行质量优化折中；对数年甚至数十年的长期任务，采用被动热防护技术和排气技术可能根本无法满足使命需求，必须与能够从贮箱转移出热量的主动热防护技术相结合，因此要根据不同的任务需要，采用不同的低温推进剂蒸发控制方案。

（6）运载能力限制

由于运载能力的限制，推进剂在轨贮存系统对本身重量有严格的要求，必须采用轻质且绝热性能良好的材料，同时要在满足贮箱容积的基础上尽量减小贮箱的表面积以减少漏热。

（7）低功耗要求

由于规模的限制，航天器的能源很有限，低温推进剂在轨贮存系统尽量采用无功耗的被动技术，选用低功耗的单机设备。

低温推进剂在轨贮存与管理系统需要具备四项功能：

1）绝热功能：阻隔外界进入低温贮箱的热量，使得外界进入低温贮箱的总漏热量有效降低；

2）压力控制功能：将低温贮箱内部压力控制在合理范围，既要避免贮箱内部压力过低，满足不了发动机入口压力的要求，同时又要避免贮箱内部压力过高，破坏贮箱结构；

3）推进剂管理功能：实现低温推进剂在轨管理，在发动机再启动前提供不含气泡的推进剂；

4）热量转移及制冷功能：转移低温贮箱的热量并对低温贮箱进行制冷。

根据低温推进剂在轨贮存与管理系统的功能需求，通用型在轨贮存与管理系统可分为绝热子系统、压力控制子系统、推进剂管理子系统、热量转移及制冷子系统等四个部分。值得提出的是，对于低温推进剂在轨贮存与管理系统的四个子系统，第一个、第二个、第三个子系统是必需的，第四个子系统非必需。第四个子系统适用于对低温推进剂在轨蒸发率要求高的任务，如任务周期更长的载人火星探测任务。

长时间的空间探索任务有更高的质量要求，同时维持任务所必需的推进剂体积更大，主动制冷系统结合使用多层绝热等被动热控技术可实现低温推进剂的减蒸发和零蒸发，可减小推进剂贮存的总质量。两者都可使低温贮存效率提高，这最近被确定为 NASA 未来长时间任务的主要减重来源。如图 5－12 所示，当考虑理论载人火星探索任务的可能减重来源时，减少蒸发量是所有类别中具有最高潜力的来源。

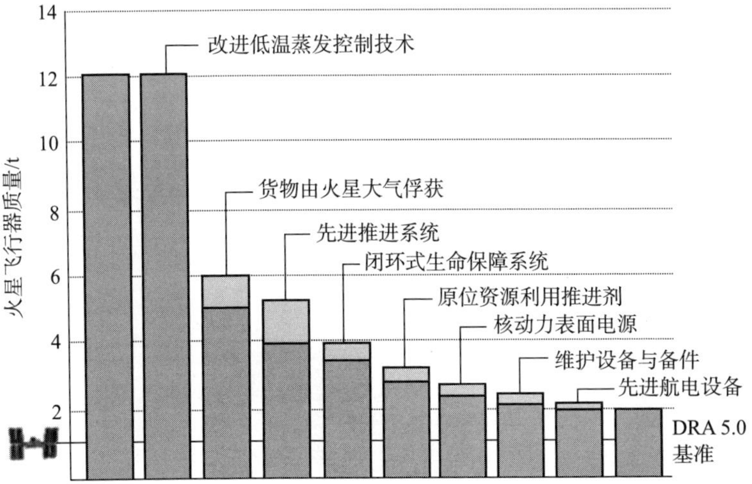

图 5－12　理论载人火星探索任务中可能的减重来源

低温贮箱绝热技术的核心目的，是尽可能减少或者排出外界传入贮箱内部的热量，减少低温推进剂的蒸发损失。应用于液氧/液氢在轨贮存的绝热技术可以分为两类，一类是被动绝热技术，如：多层绝热结构、喷涂泡沫绝热结构（Spray On Foam Insulation，SOFI）、蒸气冷却屏绝热和被动在轨非连接支撑结构等，另一类为主动绝热技术，将低温制冷机与推进剂贮箱连接，直接将环境漏热泵送出去，大幅降低低温推进剂的蒸发，甚至实现贮箱的零蒸发贮存。其中，被动绝热技术为主动绝热技术的基础和前提。

5.3.2　被动低温绝热技术

采用低温推进系统的关键问题是解决低温推进剂在轨蒸发量控制问题，通常可采用被动控制和主动控制两类技术。经研究，对于飞行任务周期不大于 45 天的载人登月任务，以采用被动控制方案为宜。

5.3.2.1　航天器表面热防护材料选择

在设计中，应考虑热防护材料在实际表面上涂覆的工艺性、经济性等多方面问题。而且由于在航天器发射前要经历一系列的运输、储存，在漫长的发射准备工作中其表面涂覆材料很可能磨损，导致其热防护性能下降。在被动热防护技术中，几种常用的防护材料有：

1）聚酰亚胺，镀铝。吸收率 $\alpha=0.380$，辐射率 $\varepsilon=0.670$，吸收辐射比 $\alpha/\varepsilon=0.567$。这是一种新型温控带涂层技术。温控带是一面带有压敏胶的涂层，由基体薄膜、真空沉积层、压敏胶构成。本材料的基体薄膜为聚酰亚胺，聚酰亚胺综合性能极佳，并能满足航天器性能要求，真空沉积层为特殊镀铝层。

2）聚酰亚胺，镀铝氧化层。吸收率 $\alpha=0.120$，辐射率 $\varepsilon=0.200$，吸收辐射比 $\alpha/\varepsilon=0.600$。温控带涂层，基体薄膜为聚酰亚胺，真空沉积层为氧化铝。

3）聚酰亚胺，镀硅氧化层。吸收率 $\alpha=0.110$，辐射率 $\varepsilon=0.330$，吸收辐射比 $\alpha/\varepsilon=0.333$。温控带涂层，基体薄膜为聚酰亚胺，真空沉积层为氧化硅。压敏胶为橡胶。

5.3.2.2 多层绝热结构

被动控制技术通常采用多层绝热（MLI）结构，即在贮箱外壁包覆多层绝热层，在多层结构间加设气冷屏结构，在低温贮箱与登月舱主结构之间采用最小化热穿透结构设计，以此来大幅减少辐射传热和结构漏热而达到高效绝热的目的。这种方案具有效率高、质量小、预冷快、加工制造容易的优点，适用于短期空间任务。MLI与泡沫材料相结合的复合结构形式，隔热性能好，质量小，是空间应用的最佳选择，复合结构中的泡沫主要用于地面及发射阶段的隔热，而外层的 MLI 则用于空间飞行阶段。

MLI 由于其在真空条件下优良的隔热效果，目前已经在各种航天器上得到了广泛的应用。为了进一步增强 MLI 的隔热性能，降低隔热材料的自重，NASA 通过对 MLI 结构的优化，形成了变密度多层绝热（VDMLI）结构，隔热材料靠近低温贮箱外表面的区域，层间厚度大，密度低，隔热材料外层层间厚度小，密度大，如图 5 - 13 所示。相关试验表明贮箱采用 VDMLI 作为隔热材料后，推进剂蒸发量比采用传统的 MLI 降低了 58%，且隔热材料质量减小了 41%。

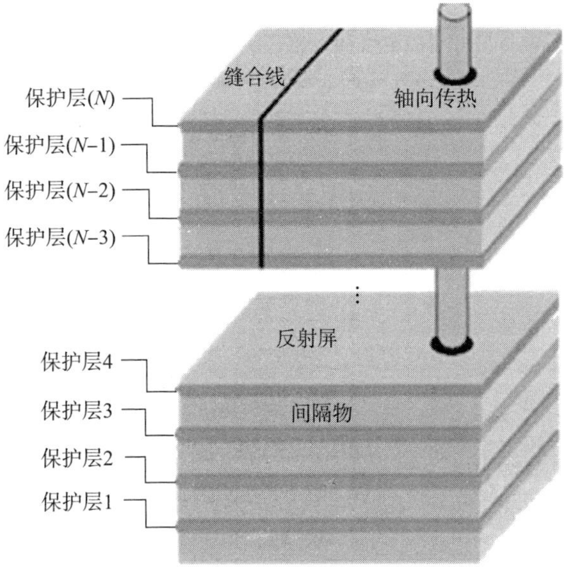

图 5－13　多层绝热结构示意图

在高真空绝热系统中，气体对流换热和导热量极小，系统高低温间换热途径主要为热辐射，因此采用多层绝热可以有效地降低辐射传热，其等效导热系数可以达到 10^{-6} W/（m·K）量级，在低温贮箱绝热中具有极为广泛的应用。

多层绝热系统中需要同时对气体导热、气体对流换热、辐射传热和固体导热进行控制，其中气体导热和气体对流换热主要取决于系统真空度，如图 5－14 所示。

该项技术是低温推进剂长期在轨贮存必须采用的，是最基本的被动热防护技术之一。

5.3.2.3　多层绝热材料

辐射传热和固体导热由多层材料及其布置方式决定。

用于辐射屏的材料主要有两类：一类是低发射率的金属箔，如铝箔、铜箔、金箔、镍箔、钼箔和不锈钢箔等；另一类是表面蒸镀

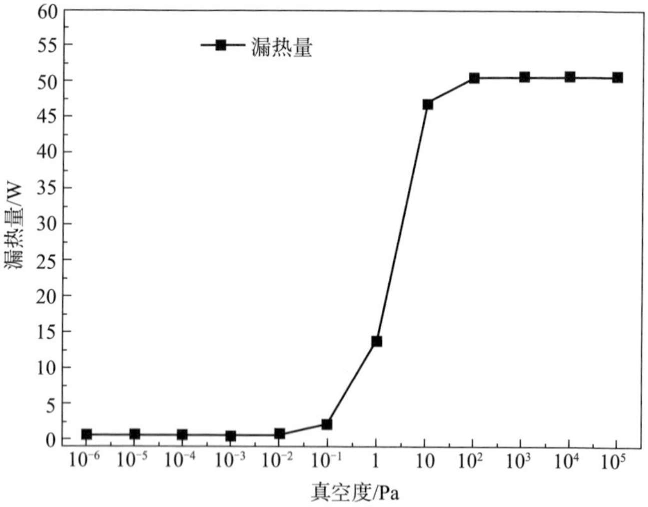

图 5-14 有效漏热量随真空度变化

金属层的塑料薄膜，如蒸镀有金或铝的聚酯薄膜或聚酰亚胺薄膜等。铝箔和镀铝聚酯薄膜是应用最多的两种防辐射屏材料，其共同特点是成本低、生产工艺成熟、表面发射率低。铝箔与镀铝聚酯薄膜的特点在于：铝箔的隔热性能比镀铝聚酯薄膜的好 1～2.5 倍，但铝箔抗撕强度较差，厚度至少要 25～125 μm 才能使用。

用于间隔层的材料主要有：疏松纤维、纤维布、网状织物（尼龙网、涤纶网）、泡沫塑料以及玻璃微珠等。网状织物网厚一般为 75～600 μm，网孔尺寸一般为 1.5～6.4 mm，由于尺寸稳定性好、质量小、放气率低和易于抽真空等优点，得到了广泛的应用。下面详细介绍多层绝热材料对多层性能的影响。

（1）多层绝热材料中的间隔物

间隔物对多层绝热材料的主要作用是防止辐射屏的接触，以及其本身的隔热作用和对辐射波的吸收和散射。在多层绝热中，通过固体传热的热阻可以认为是间隔层到辐射屏界面上的热阻和间隔层本身的热阻之和。试验指出，用微米纤维制成的玻璃纤维纸材料的热阻比辐射屏到间隔层界面的热阻大，也即间隔物的热阻起主导作用，所以应减小间隔物对辐射屏的接触面，而不仅仅是增大间隔物的厚度。

根据固体导热理论，点接触或者线接触的热阻远大于连续介质的热阻，所以在间隔物材料的应用中，经常加工成纤维结构、网孔结构或者压皱结构。多层绝热材料也可根据分隔辐射屏的间隔物的类型进行分类，如线接触绝热材料、点接触绝热材料等。

1）线接触绝热材料。当两表面非受力自然接触时，在接触点处对热流的热阻相对较高。对于纤维毡，当纤维平行排列时，热流才可以经过各个纤维到达相邻辐射屏，这样的材料才是有效的绝热材料。纤维越细，单位厚度纤维毡对热流的热阻越大。任何与热流方向不垂直的纤维，都会在纤维毡上形成热短路。非粘结的纤维毡，其绝热性能比粘结的纤维毡好。但是，非粘结纤维毡的抗拉强度有限，且难于操作。纤维是部分粘结或缝合的纤维毡可以提高抗拉强度，且不影响其绝热性能。

2）点接触绝热材料。另一种分隔相邻辐射屏的方法是在辐射屏表面放置颗粒。若单个粒子的特征尺寸远小于辐射屏上两粒子间的距离，那么可认为辐射屏间是点接触。如图 5 - 15（a）所示，两辐射屏间放有小颗粒球体。确定球与球之间的距离最大值，其上限取决于辐射屏的重力作用（可引起直接接触）。如图 5 - 15（b）所示，相邻辐射屏间的点接触依靠在绝热材料上压纹来实现。要使颗粒相互独立是不实际的，因为球体不会保持在同一位置。如图 5 - 15（c）所示，球体网阵可由筛网近似，其结点为小球，由线固定，线的厚度是结点的一半且与两辐射屏均不接触，只是为了保持球体不动。

（2）多层绝热材料中的表观真空度

关于气体导热对多层绝热性能的影响可从两个方面来讨论：1）表观真空度（即与绝热空间相连的真空计读数）对绝热性能的影响；2）绝热层内部气体压强对导热的影响，因为绝热层内的残余气体压强不可能等于绝热空间的表观压力值。

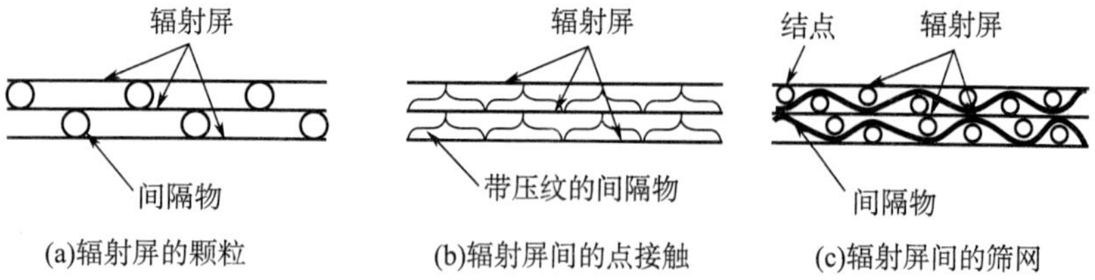

图 5－15　点接触绝热材料示例

通常情况下，当多层绝热材料外侧的压强达到某值（10^{-3} Pa）以下时，多层绝热材料的有效导热系数趋于某一恒定值，要确定或测量绝热层内空间的气体压强是极其不容易的。在 20 世纪 60 年代中期，人们还以为多层绝热的层间气体压力和真空夹层的表观压力相等，但事实却是层间气体压力远高于真空夹层压力。研究结果表明在多层较厚时，如 10 mm，层密度为 2.8 层/mm。通过气体传入的热量占总热量的 74%。特别是在实际应用中，由于缠绕的多层绝热之间的环形窄缝通导能力非常小，抽空时，内层气体难以排出，加上材料不断放气，使得层间气体的实际压力远高于真实夹层的表观压力。一些试验发现，NRC－2（辐射屏为镀铝涤纶薄膜，无间隔物）绝热内部的压强比外部大 10～50 倍，且最小压强仅为 1×10^{-1} Pa，总传热量是估算的辐射传热的 60 倍。但是，从通常的试验中可以得到，铝箔的辐射屏构成的多层绝热材料的表观热导率比镀铝的涤纶薄膜小，这可能是由于铝箔的反射性能比镀铝层好，但毫无疑问，塑料膜的放气要比金属膜大。目前，通常采用开孔来减小层间的压力。

（3）多层中的层密度与松紧度

定性地讲，辐射换热反比于辐射层数，而固体导热与绝热材料的致密度呈线性关系。换句话说，当多层材料的厚度一定时，如果辐射层的层数增加，则辐射传热减小，热传导导热增加，具体的变化规律如图 5－16 中的 K_{rad} 和 K_{scond} 所示。

根据这种变化关系，在绝热层厚度确定的前提下，选取合适的

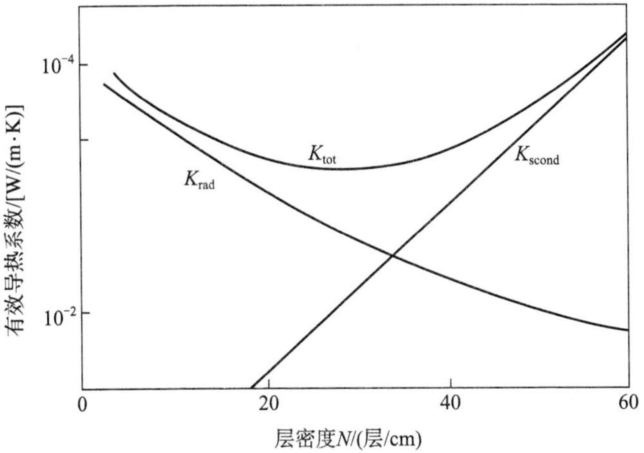

图 5 - 16　有效导热系数与层密度之间的关系

层密度，可以使多层材料的绝热性能达到最优效果。如图 5 - 16 所示，当层数从 1 层增加到 60 层的过程中，多层材料的有效导热系数先减后增。这里所讲的层密度还是均匀的层密度。

对于辐射层总层数一定的情况，理论上来说，辐射换热的大小基本上为恒定值。而热传导导热（针对选定的某种形式的间隔物材料）的大小则随层密度减小而变小。总体上，也就是说层密度越小，多层材料的绝热性能就越好。但是鉴于过小的层密度必定会引发多层材料的脱落或者松散，除非引入支撑结构，但是支撑结构本身又会引入额外的热传导导热，因此层密度也不能设置得过小。

（4）多层的总层数

在多层绝热中，辐射层的总层数是影响多层材料绝热性能的一个非常直接的因素。通常来说，在其他条件（层密度、热边界温度、真空环境等参数）一定的情况下，辐射层数量越多，则辐射热流越小，多层材料的绝热性能也就越好。图 5 - 17 和图 5 - 18 也很好地说明了这一点，根据图中的曲线，流过多层绝热的热流密度基本反比于多层材料的总层数。值得注意的是，如果多层材料的层数过大，则可能会导致较大的流动阻力，从而影响多层材料内部的层间真空度，并最终影响多层材料的绝热性能。

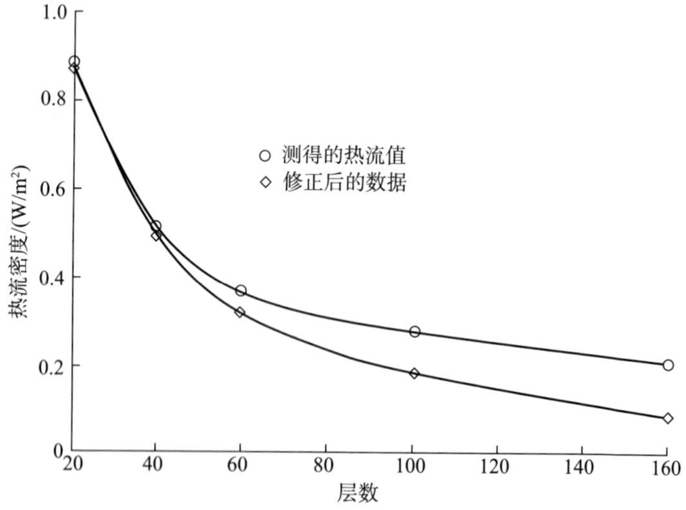

图 5－17　单位面积热流与层数之间的关系

（5）热边界温度

对于冷边界温度为 20 K 和 77 K 的多层绝热应用，热导率和热边界温度的函数关系如图 5－19 所示。可以看出，多层绝热的表观热导率与温度关系密切。这是因为在多层绝热中热辐射仍是主要的传热途径，而辐射热流与热、冷边界温度的四次方之差成正比，同时绝热材料中间隔物的热传导导热也随热边界温度的升高而增大，所以热壁温度对总热流的影响特别大。当热壁温度从 300 K 降为77 K 时，热导率值将降为原来的 4.6%。反之，若热壁温度不变，冷壁温度由 77 K 降为 20 K 时，其热导率降低了 18%；冷壁温度降为 4 K 时，其热导率降低了 22%，故冷壁温度的影响并不显著。

5.3.2.4　变密度多层绝热结构

多层绝热结构中的漏热主要有三方面：辐射漏热、气体导热和

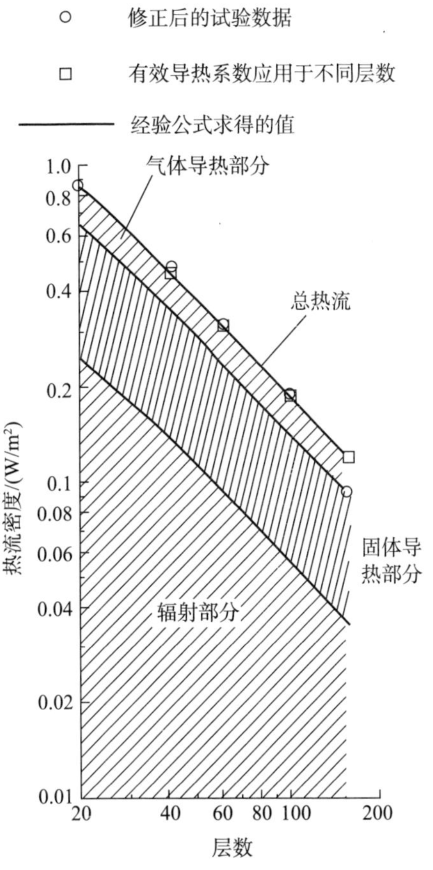

图 5-18　单位面积热流与层数之间的关系

结构导热，三者所占比例与温度和层数的关系如图 5-20 所示。

三种漏热形式在绝热层不同位置处所占的比例有所不同，总的来说，在靠近冷壁面的位置固体导热比较大，气体导热与辐射漏热都较小；而在靠近热壁面的位置，辐射漏热损失比较大，结构导热和气体导热比较小。

为了有效地增强多层绝热结构的绝热性能，在靠近冷壁面的位置减小层密度（增加间隔层）以减小固体导热，而在绝热层靠近热

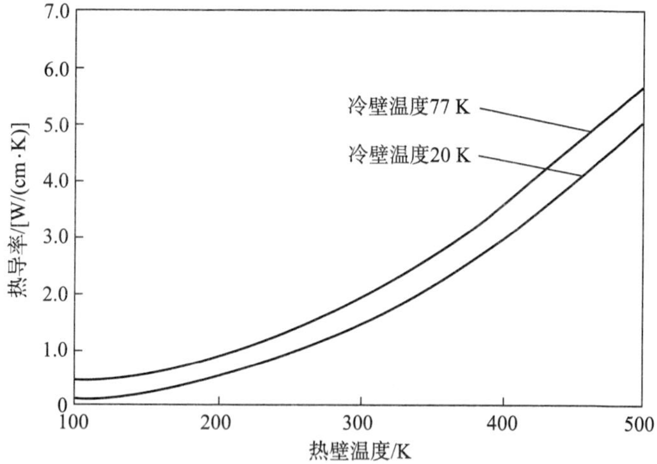

图 5-19　热导率随热边界温度的变化关系

壁面的位置增加层密度（增加防辐射屏）以减小辐射漏热，这就是变密度多层绝热（VDMLI），这种配置在增强绝热效果的同时也有助于减轻绝热材料的重量，得到了广泛的应用。

一个典型的高真空变密度绝热结构如图 5-21 所示，该结构包覆在贮箱的外壁起到绝热的作用。发泡层一般采用双面镀铝聚酯膜、超细玻璃纤维棉等材料；中间区域由一定数量的辐射屏组成，辐射屏之间填充低热导率的间隔层（一般为纤维状或者网状低热导率材料），或者辐射屏进行压花加工，层层之间为点接触来降低漏热。中间区域又可分为 3 个不同密度区。在分析 MLI 材料的传热过程时，研究人员发现靠近贮箱表面的一侧传热以导热为主，而在靠近外侧的传热以辐射为主。为了进一步提高 MLI 材料的绝热性能，可以在靠近贮箱内侧采用低密度层数，而在外侧采用高密度层数。这种变密度分布同时可降低绝热层的质量，进一步减小飞行器负载。

通过计算，变密度多层绝热结构的绝热性能如表 5-6 所示。

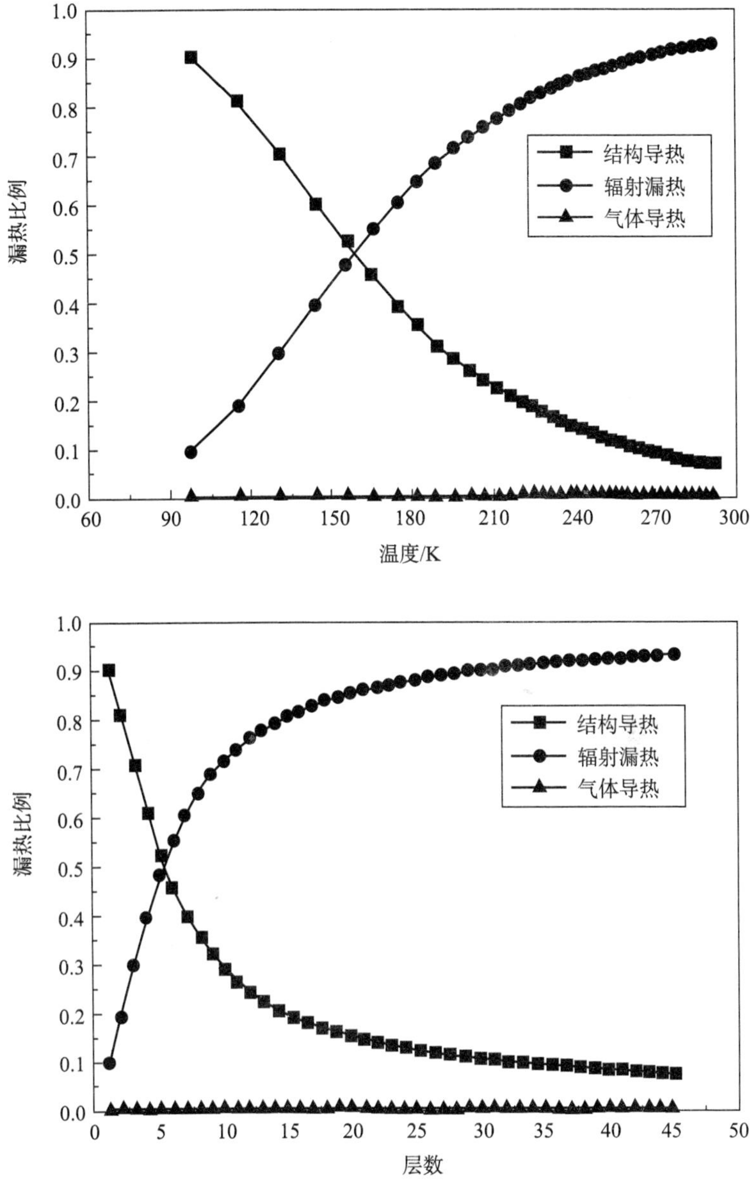

图 5－20　不同形式漏热比例随温度和层数的变化关系

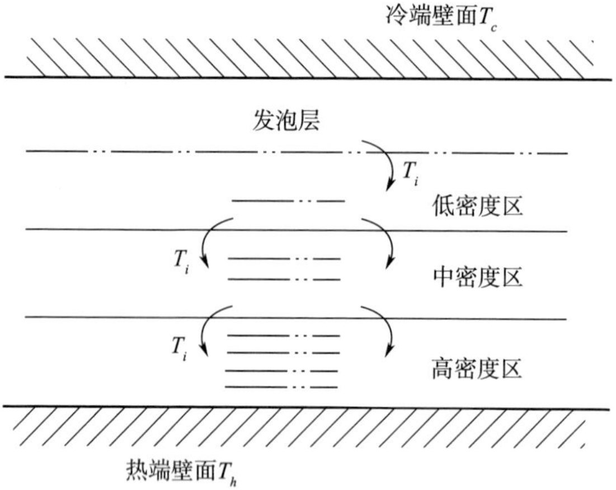

图 5－21 变密度多层绝热结构简图

表 5－6 变密度多层绝热结构的绝热性能

序号	低密度/cm^{-1}	中密度/cm^{-1}	高密度/cm^{-1}	漏热量/W	备注
1	10	10	10	0.376 6	均匀密度
2	5	10	15	0.372 5	1∶2∶3
3	5	10	20	0.392 4	1∶2∶4
4	20	20	20	0.603 1	均匀密度
5	15	20	25	0.566	3∶4∶5
6	10	20	30	0.530 5	1∶2∶3
7	10	20	40	0.427 2	1∶2∶4

5.3.2.5 多层材料的性能测试方法

测定热物性的方法可分成两大类：稳态法和非稳态法。在稳态法中，测定在一定温差下绝热材料试样界面上所建立的恒定热流，其值通常根据加热器的电功率或者在物质相变过程中释放（或吸收）的热量来确定。为了得到可靠的结果，需要利用保护装置以消除由于边界条件造成的附加热流。非稳态法也叫瞬态法，它是利用绝热材料的比热容数据和试样的密度来算热导率。应用非稳态法可以研究在宽广温度范围内对应于小温差时的热导率，与稳态法相比可以大幅度缩短测量时间。

但由于在测试过程中抽真空时间较长，通常样品已经达到了热平衡，再加上非稳态法精度不高，所以在多层材料绝热性能测试中较少采用非稳态法。

目前测量多层绝热材料主要的稳态试验方法有蒸发量热法和电输入法。蒸发量热法通过测量低温液体的蒸发量来确定通过绝热材料的热流，低温液体在一定温度和压强下的蒸发潜热是已知的。通常在测量表面的附近设有保护容器，保证只有来自样品的热流进入测量容器，保护容器充以同样的低温液体，并且保证温度与测量流体的温度近似一致。电输入法主要是测量稳态条件下消耗的电能，由于无须测量液体的蒸发量，因此不必对低温部分进行热保护。

（1）衡量多层绝热材料的性能指标

为了提高多层材料绝热性能测量的准确性，通常要记录材料的层数、层密度、边界温度和真空度等，以及试验测试中所用的方法是绝对测量方法还是相对测量方法。衡量多层材料绝热性能的优劣主要有以下指标：有效导热系数、热流密度、有效发射率与静态蒸发率。

有效导热系数（或称之为表观导热系数）有别于传统意义上所说的导热系数（其为材料属性的一种），是指在特定的冷热端边界温度和真空条件下，根据绝热测试样本总厚度的热流求解的导热系数［W/（m·K）］，显然，有效导热系数是固体导热、气体导热与热辐射的综合宏观表现。因而，多层材料有效导热系数的大小，受到所采用的材料、多层中的真空度、多层的层密度（松紧度）、多层的总层数（总厚度）、多层绝热物承受的机械负荷、边界温度等因素的影响。有效导热系数在低温产品的开发，低温绝热系统的比较，以及绝热系统初始阶段的热力性能评估的设计计算上非常重要（在多层绝热系统中，通常不推荐对有效导热系数进行缩放或者外推）。

热流密度是指在稳态条件下，绝热系统的平面垂直方向上通过单位面积的热流量（W/m^2）（通常计算不同形状的平均面积得到）。在某种情况下，热流密度比有效导热系数更适合用来表示材料的绝热性能。

有效发射率主要是把多层绝热材料当成整体，在已知温度边界条件下，通过多层绝热材料的热流密度推算多层绝热材料的发射率。国内一般较少使用这种方法来表示多层绝热材料的性能。

静态蒸发率定义为深冷储运设备在额定充满率下，静置达到热平衡后，24 小时内自然蒸发损失的深冷液体质量与内容器有效容积下深冷液体质量的百分比，单位为百分比每天（%/d），常用于描述低温容器的绝热性能，该指标除了与绝热材料有关，还与绝热材料的包敷方式以及对内容器的支撑等有关。

（2）圆柱形蒸发量热器

采用圆柱形蒸发量热器属于稳态法，当用作绝对测试时，即当测量胆被上下保护胆保护的情况下（上下保护胆的温度与测量胆一致），热量全部通过绝热材料从侧面进入测量胆，如图 5－22 所示。当用作相对测试时，则是对测量胆进行部分绝热，在测量胆的上下表面通过气凝胶绝热材料做保护。量热器装置设计为绝对或者相对测试主要取决于测试的需要。绝对测试方法适合能够提供标准的测试条件，适合比较不同类型材料的性能；对大量的样本、样本相似、质量控制测试或对比测试等，则适合使用比较简单的相对测试方法。

绝对测试方法的圆柱型蒸发量热器是一个圆柱型测试装置，用于测试绝热材料样本的绝对热力性能，如图 5－22 所示。量热器测量胆的直径为 167 mm，长度为 900 mm，可以测试样本厚度为 50 mm。测试胆的保护是通过上、下保护胆注入相同的低温液体，由于三个腔体端面温度相同，可以有效防止测量胆端面的传热。加热器是用来控制量热器的热边界温度，使用铜套筒可以使得测量更加方便，特别是对于多层绝热系统。量热器系统使用厚的不锈钢结构可以提高热力测试的稳定性和可重复性，这种结构可以避免一些问题，比如蒸发冷凝。根据测量胆低温液体的蒸发流量即可测试出包裹在其上绝热材料的性能。这种量热器使用范围最广，测量的精度高。

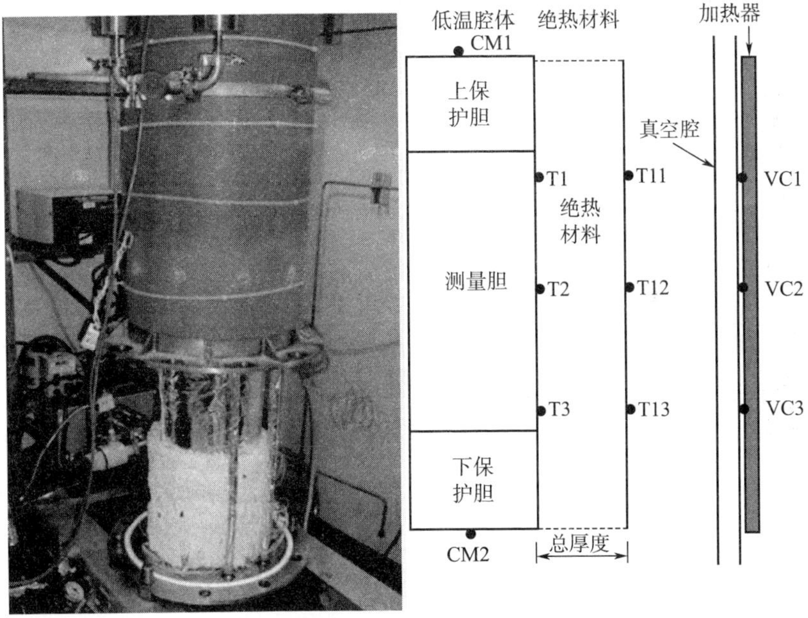

图 5-22　圆柱形蒸发量热器实物图和结构图（绝对测试方法）

相对测量方法的圆柱形蒸发量热器是用于测试绝热材料样本的相对热力性能，如图 5-23 所示。量热器测量胆直径为 132 mm，长度为 500 mm，可以测试样本厚度为 50 mm。整体通过气凝胶和辐射屏（或其他合适的高性能、稳定绝热系统）的组合为测量胆的端部提供了绝热保护。整个系统的装配安装及拆卸方便，并且可以安装到缠绕机上，这有利于多层绝热材料的缠绕包扎。这种量热器使用简便，适合比较材料的相对性能。

（3）平板蒸发量热器

平板蒸发量热器和上述圆柱形量热器相比，其可以提供更大的测量面积，适合精确测量具有压缩负载的多层绝热材料。平板蒸发量热器（相对测试方法）是平底的测试装置，其可以测量绝热测试

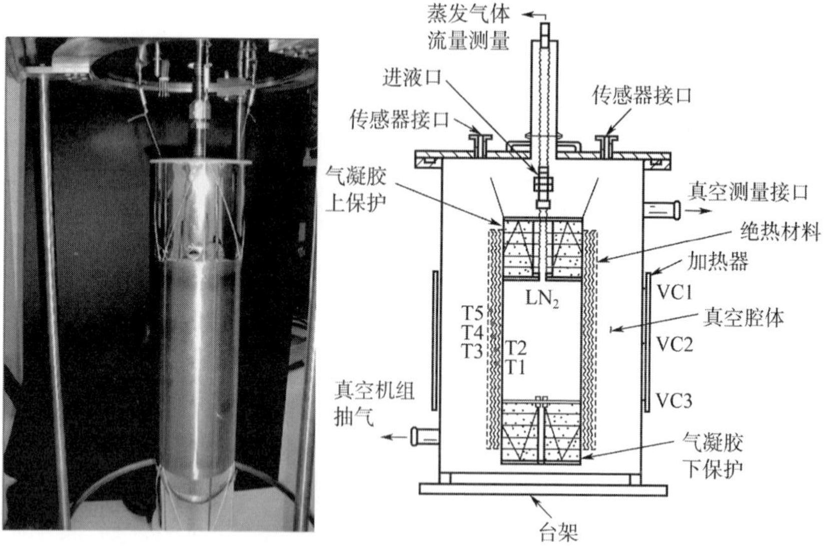

图 5-23　圆柱形蒸发量热器实物图和结构图（相对测试方法）

样本的相对热力性能，如图 5-24 所示。量热器可以测量直径为 200 mm，厚度为 30 mm 的测试样本。通过气凝胶和辐射屏对测量胆的边缘提供热力保护。这个量热器可以在很大范围内的材料和条件下使用。测量材料可以为硬质或软材料配置，可以使用或者不用压缩负载。

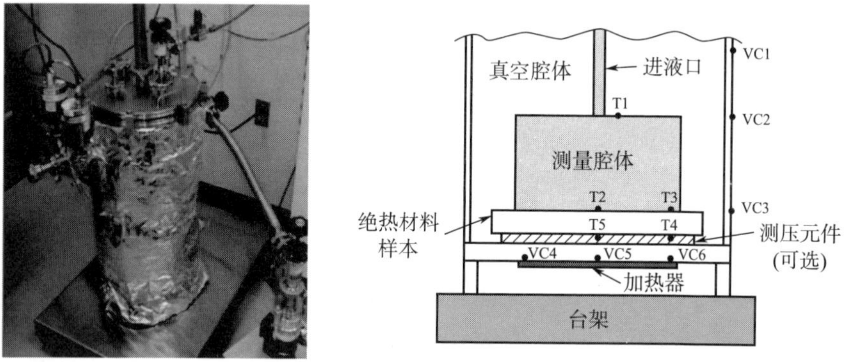

图 5-24　平板蒸发量热器简化原理图（相对测试方法）

（4）基于电功率的测试装置

基于电功率的低温测试装置包括一个由无氧高导电性铜板（通常 6 mm 厚）做成的等温样本箱，如图 5-25 所示。圆柱形腔体通过螺栓与底部平板相连，组成围绕样本的等温箱，样本上部再安放一块平板。柔性铜带（通常 40 目）与箱的顶部相连接以确保热平衡。样本的中心为等温铜板提供空间，其安装在两个样本之间。因此，除了沿着加热器导线传递的以外（加热器导线安装低温液体腔里面），所有热量都通过样本。图 5-25 中所示量热器测试样本的直径通常为 152 mm 或 203 mm，厚度为 50 mm；圆热板直径为 140 mm，厚度为 9 mm。

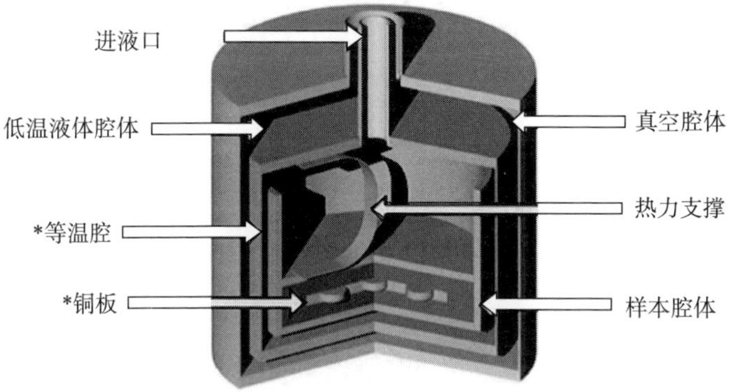

图 5-25　基于电功率的低温测试装置

这种布置容许样本腔温度变化，并且如果需要的话，可以使样本腔远高于包围着真空腔体的低温液体（液氮或者液氦）温度。

（5）基于制冷机的测试装置

基于制冷机的低温恒温装置主要部件是一个与制冷机系统相连接的测试腔体，如图 5-26 和图 5-27 所示。该方法的原理在于建立通过样本的轴向传热，通过在一对绝热样本内的加热板施加一个已知的热流密度，从而形成温度梯度。在冷板上的热槽是必要的，可以用来维持温度梯度。随后，当系统达到热平衡时，可以测量样本每面的温度，从而计算出材料的性能。

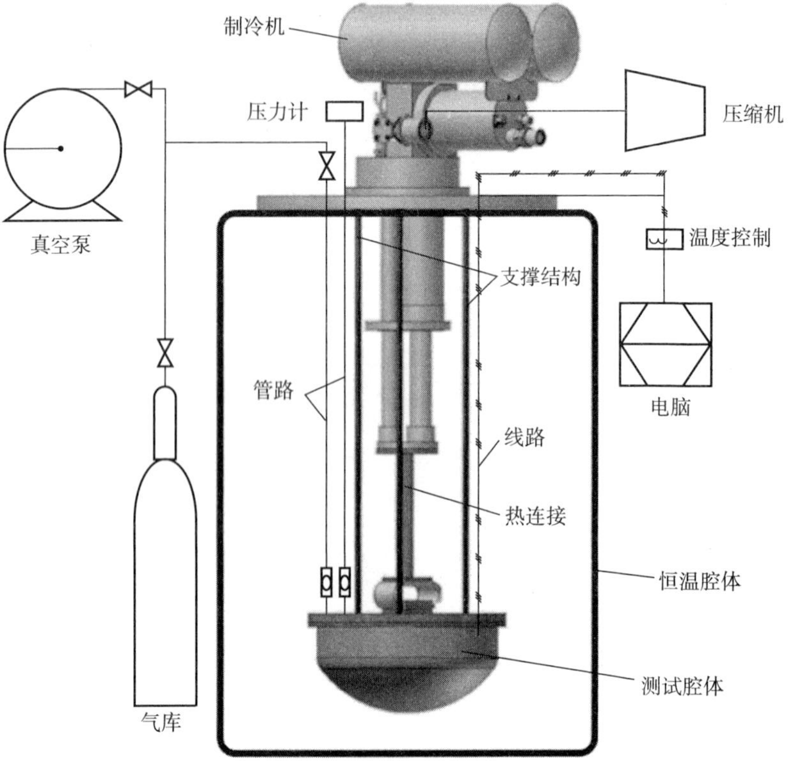

图 5 - 26　基于制冷机的低温恒温装置总体布置

5.3.2.7　被动在轨非连接支撑结构

贮箱置于真空舱内时，其必定要通过一定的连接方式来与真空舱进行连接。因此，通过连接杆的固体导热损失就会增加外部环境向贮箱的漏热，且支撑连接漏热在总漏热中占有较大的比重。为了减少通过连接杆的漏热，NASA 格伦研究中心开展了被动在轨非连接支撑结构（PODS）的研究，如图 5 - 28 所示。在发射上升阶段，热和力通过较粗和较短的复合材料管和路径传递；而在轨时，由于

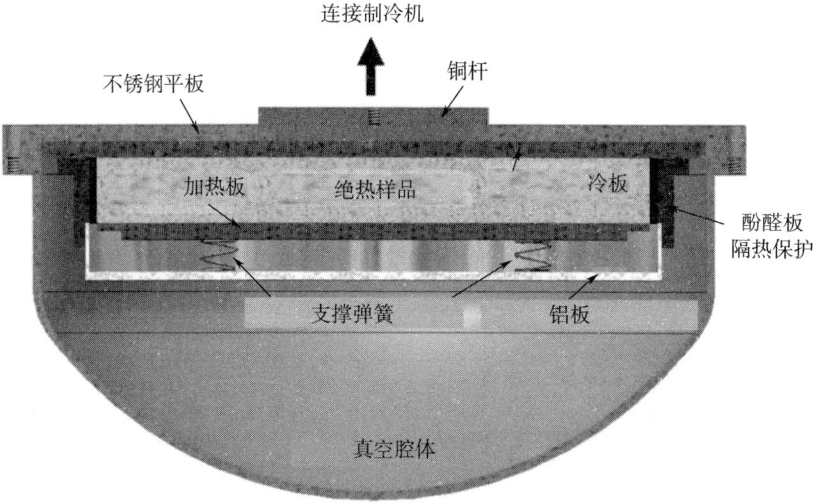

图 5-27　基于制冷机的量热器测试腔

作用力较小，热和力通过较小直径的复合材料管和较长的路径传递。通过应用 PODS 技术，在微重力下系统的漏热量减少了 90%，隔热效果较为明显。该结构已成功应用于 2004 年发射的地球重力探测器-B（Gravity Probe-B）上。

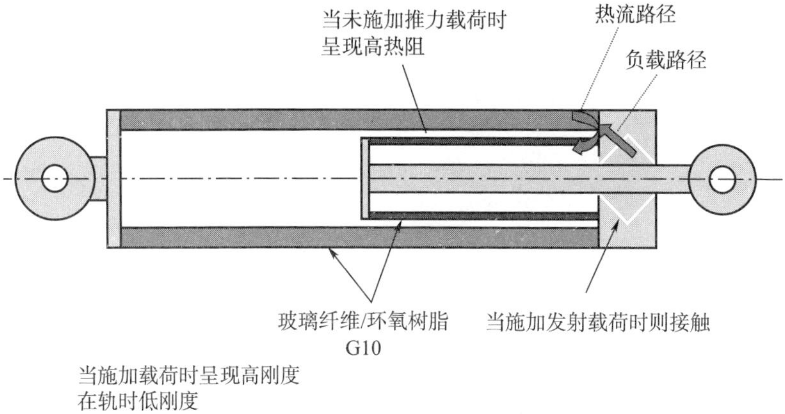

图 5-28　被动在轨非连接支撑结构

对于 PODS 结构的应用，其实际绝热性能受各部件材料的选用影响较大，有研究表明，当主体材料采用钛合金，在轨管和发射管均为 S-玻璃纤维/环氧树脂时，结构漏热较小，可达到 0.016 5 W。

PODS 技术是低温推进剂长期在轨贮存所采用的、最基本的被动热防护技术之一。

5.3.2.8　太阳防护罩

太阳防护罩可使大规模低温系统免受太阳和星球辐射的影响，从根源上最大程度地消除热源。研究表明，不论是单独使用太阳防护罩还是与 MLI 一起整合使用，都可以明显降低漏热。

低温推进剂贮箱太阳防护罩如图 5-29 所示。太阳防护罩应用需要解决太阳防护罩展开技术，并且对航天器的飞行姿态有约束要求，保证太阳防护罩能对空间外热流有效遮挡，该项技术要根据飞行任务要求选择性地采用，对于行星际间长时间转移飞行任务，采用太阳防护罩是很有利的，但是考虑太阳辐射的遮挡时，太阳防护罩的尺寸应设计得相对较小。

图 5-29　低温推进剂贮箱太阳防护罩

5.3.3　主动热控制技术

热转移技术的原理是：热交换器安装在低温推进剂贮箱内，制冷机与热交换器组合，从贮箱内移出进入贮箱的热量，并通过辐射器辐射到外界空间环境。该项技术为主动热控制技术，利用制冷机和贮箱耦合，把贮箱系统的漏热全部移出，可实现低温推进剂的零蒸发损失。一般来说，主动绝热技术都是以被动绝热为前提的。

由于液氢具有极低的沸点，被动控制无法做到完全绝热，零蒸发贮存只能依靠主动冷却。主动冷却系统以制冷机为主，以循环气体作为制冷机工作流体。对于液氢，尽管采用高性能的 20 K 制冷机冷却推进剂，但已经在轨验证的空间制冷机效率也只能达到 0.1%～0.2%，20 K 温区能效比为 500～1 000 W/W。减蒸发 RBO 系统工作原理如图 5 - 30 所示。

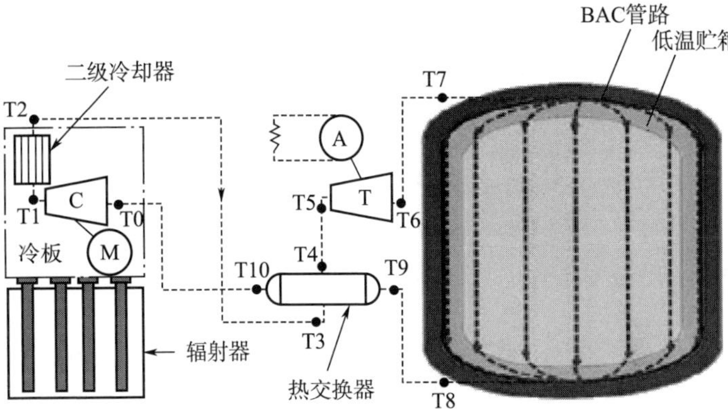

T0～T10—不同位置的节点温度

图 5 - 30　减蒸发 RBO 系统工作原理

由图 5 - 30 可知，从冷能利用的品质和效率来讲，相较于 20 K 温区的空间制冷机，采用更易于实现的 90 K 制冷机技术结合宽域冷却屏来冷却更高温度的贮箱外隔热层则更具有前景。主要原因在于采用 20 K 温区的制冷机时功率和质量消耗较大、效费比低，不仅需要超大面积的太阳能帆板为制冷机供电，而且还需要大型展开式辐射器为制冷机废热提供散热途径。而利用不同品质的冷量与系统功耗及质量消耗之间的非线性关系，采用主动制冷机通过制冷工质将冷量传输给宽域冷却管路，冷却相对较高温区的贮箱外绝热结构，以抵消或减小向贮箱内部的漏热，可实现液氢最小蒸发损耗。

此外，液氧沸点相对较高，液氢贮箱 90 K 宽域冷却出口工质可以继续用于冷却液氧贮箱，实现液氧零蒸发及冷量的综合利用（见图 5-31）。有研究表明，对比采用宽域冷却屏和直接对液氢采用主动制冷两种方式，同等条件下采用冷却屏后主动制冷系统质量和功耗可分别节省 60.63%和 64.32%左右。

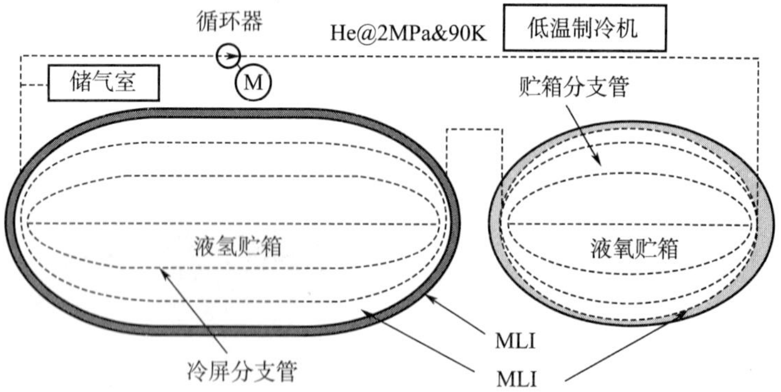

图 5-31　液氢/液氧贮箱采用宽域冷却屏冷量传输方式

然而，采用 90 K 制冷机结合宽域冷却屏仍然难以实现液氢零蒸发，对于未来更长时间、更远距离、更大规模的载人火星探索任务则难以满足任务需求。因此，NASA 正在研制 20W@20K 逆涡轮布雷顿循环制冷机，设计能效比为 60 W/W，且系统质量与输出冷量比值仅有 4.4 kg/W，期望在空间制冷技术上实现颠覆性变革，其三维模型如图 5-32 所示。

2014 年，为了验证主动热控系统的力、热综合性能，NASA 开发了两个试验平台并开展了试验，以满足对 MLI 和宽域冷却等热屏蔽系统的热性能和结构性能测试要求。其中，RBO 测试是为了对玻璃纤维增强复合材料、MLI 等隔热组件的热性能进行参数评估，振动声学样机（Vibro-Acoustic Test Article，VATA）是为了评估热控系统的力学性能，在各项测试中均采用相同的贮箱和热控措施及附属结构，以充分验证系统工作性能。

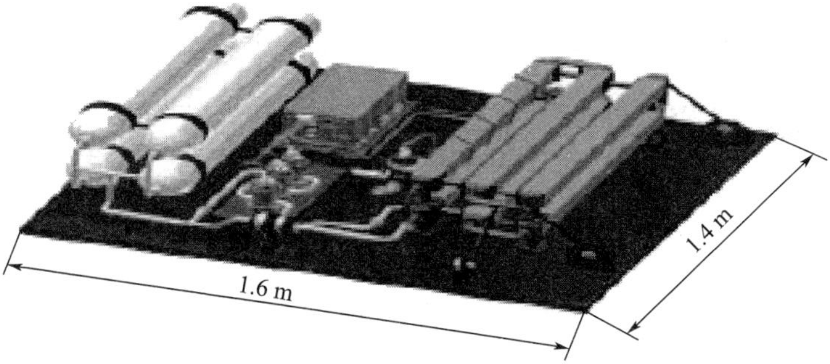

图 5 - 32　NASA 计划用于零蒸发的逆涡轮布雷顿制冷机模型

作为液氢长时间在轨贮存的被动和主动散热组件，MLI 和宽域冷却屏被安装在泡沫绝热结构的表面。该绝热系统材料从外至内依次为：层密度为 20 层/cm 的 30 单元标准密度 MLI；宽域冷却屏；层密度为 8 层/cm 的 30 单元低密度 MLI；泡沫绝热结构；贮箱金属壁面。针对不同推进剂种类和任务模式对热控制的需求，需要针对性地进行 MLI 的密度计算和层数设计，并通过粘结搭扣进行连接，以允许拆除和重新安装。

宽域冷却屏通过低热导率的聚合物支架与贮箱壁面实现热隔离，聚合物支架具有一定的强度和刚度。该方案限制了屏蔽件的振动，以承受火箭发射阶段的力学载荷，并通过振动声学样机试验，验证减蒸发 RBO 系统飞行状态所用支架的最小数量和最佳热设计，在满足力学性能的前提下尽可能减小通过支架的漏热量。

主动制冷机以循环气体作为工作流体。对于液氢推进剂，尽管高性能的 20 K 制冷机具有较高的应用前景，但制冷效率低，能量利用率低。可以采用更易于实现的 90 K 制冷机技术来冷却液氢贮箱外表及附属结构，切断传热路径，同样可以实现液氢减蒸发的目的。

为了在远离脉冲管冷头的位置实现冷却，在现有低温制冷机中加入了一个循环回路。流动回路中的气体被低温制冷机冷却，并被路由到需要冷却的远端。在每次压力循环过程中，该流动回路都通过从压缩机中抽出少量的氦气工质来运转。该气体通过一个簧片阀，将周期性流动转换为连续性流动。直流气流通过逆流式换热器，然后通过脉冲管冷头上的换热器将其冷却至 110 K 以下（适合液态甲烷或液氧）。然后气流持续数米到达推进剂贮箱，在那里它散去热量，再次通过换热器，通过第二个簧片阀，然后流回压缩机。该气流的平均压力近似于压缩机的平均压力，而压头驱动压力大约是压缩机交流压力幅值的两倍。换热器和远端管路的流动阻力通常很小，需要使用节流阀或毛细管来限制直流流量到最佳值（这是由整个系统的综合模型决定的）。用于低温冷却器的主要压缩机也起到了循环器的作用，如图 5 - 33 所示。这种方法也适用于仪器的远程冷却。由于推进剂贮箱被氦气中的焓变冷却，冷头和气体的温差就会导致性能损失。

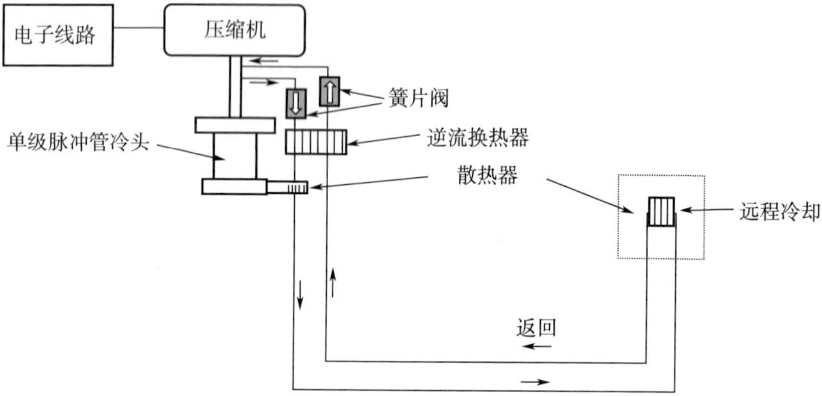

图 5 - 33　远程冷却法

5.3.3.1　低温制冷机冷却冷凝器技术

Plachta 等对真空腔内采用多层绝热与机械制冷结合实现液氢无损贮存进行了试验研究。试验装置如图 5 - 34 所示。液氢贮箱直径为 1.39 m，其中加注 90%的液氢。制冷机为两级的商用 GM 制冷机，其参数为第 1 级 20 W/35 K，第 2 级 17.5 W/18 K，布置于箱体顶部。第 1 级冷头连接铜叶片，通过冷却铜叶片来阻挡热量的进入；第 2 级冷头连接一个冷凝器，直接与箱内气枕接触，通过直接冷却气枕的方式来降低箱内压力。试验结果表明，无论是混合使用冷凝器和铜叶片，还是单独使用冷凝器，都可以实现液氢的零蒸发贮存，而前者的压力控制效率更高。对于该试验装置，当冷凝器与铜叶片共同作用时，制冷机能够及时带走贮箱漏热，控压效果良好；当仅启动冷凝器对气枕进行冷却降温时，制冷机也可以带走贮箱漏热，只是压降速度较慢。图 5－34 所示为采用低温制冷机进行主动绝热的液氢贮箱系统。

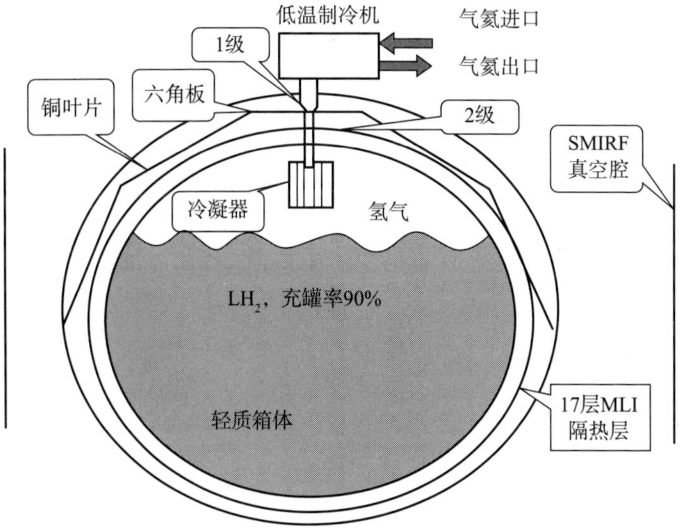

图 5－34　采用低温制冷机进行主动绝热的液氢贮箱系统

采用制冷机冷凝蒸气的相关参数如表 5－7 所示。

表 5－7　采用制冷机冷凝蒸气的相关参数

参数	数值
贮箱参数	球形铝罐，直径为 1.39 m，容积为 1.42 m^3，上端开口直径为 0.3 m
制冷机参数	两级 GM 制冷机，1st 20W@35K，2nd 17.5W@18K

续表

参数	数值
多层绝热	双面镀铝,17+17 层
罐体液氢充注量	90%
无制冷机	蒸发量 0.12 kg/h,~14.5 W
有制冷机	实现零蒸发,1 级带走 60%热量,二级带走 40%热量

采用制冷机与多层绝热结合的方案能够实现零蒸发，但是对于空间飞行的应用场合，在长寿命、低振动、小质量以及结构紧凑性等方面对制冷机有一定的要求。

5.3.3.2 低温制冷机直接冷却液氢技术

NASA 马歇尔航天飞行中心、艾姆斯研究中心以及格伦研究中心共同合作，在 MHTB 上采用一台可提供 30 W/20 K 冷量的 GB37 型低温制冷机，对容积为 18 m^3 的液氢贮箱开展了多种零蒸发试验研究。对于图 5－35 所示的测试系统，当箱内压力过高时，热力学排气系统开启，液氢在循环泵的作用下，先经低温制冷机降温，被冷却后的低温液氢再经喷雾棒喷射到气枕和液相区。分别对充罐率为 90%、50%、25%三种工况开展试验研究，结果表明，在低温制冷机直接冷却作用下，完全可以实现液氢的无损贮存。这也预示低温推进剂可由之前的几周、几个月的贮存达到目前长达几年的在轨无损贮存。

5.3.3.3 低温制冷机与圆盘喷头相结合技术

Ho 等人采用稳态计算流体动力学数值模拟技术对图 5－36 所示的低温制冷机＋喷射装置进行了相关研究。低温贮箱在外界漏热作用下，温度、压力逐渐升高，当压力升高至某一设定值时，从贮箱顶部引出部分流体，经过外置制冷机冷却降温后，再经喷射装置重新喷入贮箱内部，通过破坏贮箱内热分层以及带入冷量来实现低温流体的无损贮存。外置制冷机由太阳能发电驱动，所采用的喷射装置由一根圆管连接一个带有多个喷口的喷射圆盘组成。模拟结果表

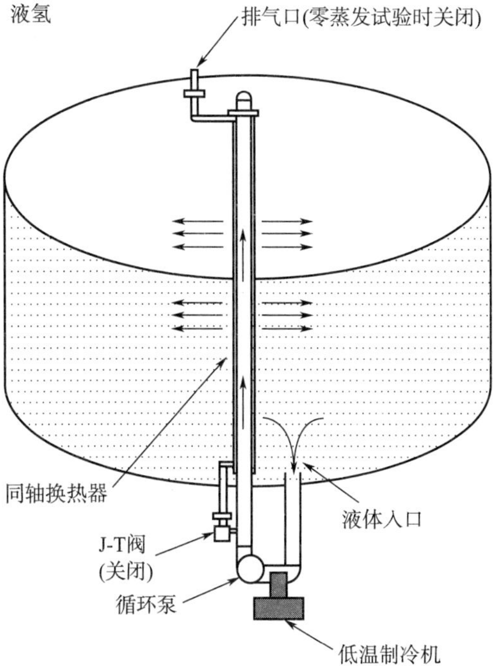

图 5-35　低温制冷机与喷杆结合的零蒸发系统示意图

明：增大入口管径、圆盘深入长度以及喷头间距可有效改善系统的热性能，实现箱体压力的迅速降低，达到低温推进剂无损贮存的要求。

5.3.3.4　低温制冷机与热管相结合技术

2004 年，美国格伦研究中心开展了空间飞行制冷机蒸发量控制的试验研究，采用一台制冷机与热管结合进行工作，该系统装置如图 5-37 所示。Ho 等人通过建立二维轴对称以及三维模型进行了相应的计算流体动力学研究。该系统将制冷机、热管以及喷管相结合，制冷机的冷量通过热管传至贮箱内部，喷管驱动箱内流体喷向热管冷头，将制冷机产冷量带到贮箱内部。两模型结果都表明：当增大喷管出流速度时，箱内流体最高温度下降，热分层明显消除，贮箱

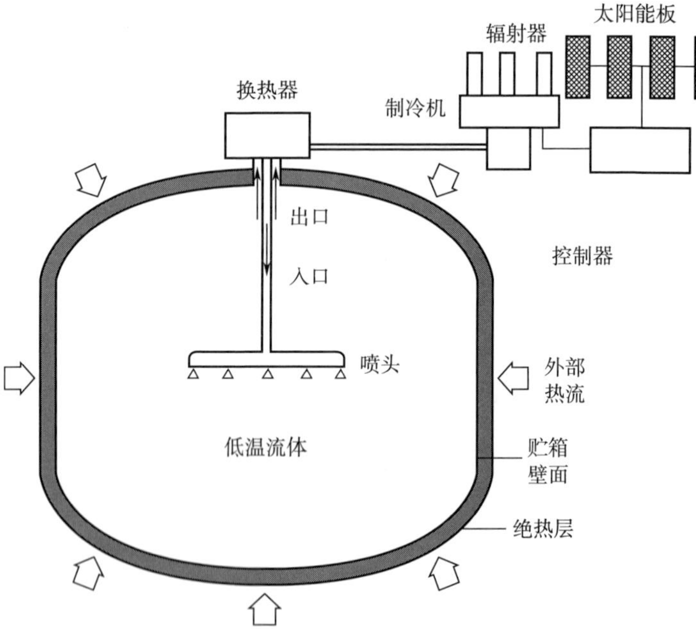

图 5-36　采用喷淋技术的零蒸发贮箱

压力得到有效控制。另外，喷管不仅可以布置在热管冷头的侧面，还可以布置在其正下方。

试验采用氮为工质，制冷机为 NASA 自主研发的高效能制冷机，在 95 K 有 10 W 制冷量。混合泵在 10 W 功率下扬程 1.5 m，流速为 33 L/min。热管蒸发段部分布置有大量的翅片，使其与箱体内的流体充分换热。并且在此套系统中，还布置了一个浸没式泵进行混流，用来破坏热分层。试验结果表明，冷头性能良好，热管表现出来的优良性能使得制冷机的安装可以更加远离贮箱；混合器增加的热量小于预期值；低温制冷机在散热温度 311 K、制冷温度 75 K、功率消耗 150 W 条件下成功转移出了 6.8 W 的热量，实现了压力和温度的控制。

图 5 - 37　制冷机与热管结合试验装置图

5.3.4　热力学排气系统技术

低温推进剂在输送管中过量汽化后，其蒸气会进入发动机涡轮泵，造成泵的汽蚀，进而会进入推力室，导致发动机不能正常工作。低温推进剂在输送管中是否形成“间歇泉”以及汽化量的大小，与输送管的绝热效果有关，因此必须对输送管进行有效绝热或有效制冷，以减少输送管中的汽化量，抑制管内“间歇泉”和两相流的发生。

为了实现低温推进剂从贮箱到发动机的液态供应，并维持发动机入口温度始终处于发动机工作允许的范围内，参考国外低温推进剂输送管路长期在轨热管理技术方案，采取的主要技术方案是在发动机入口处安装热力学排气系统（TVS）装置，如图 5 - 38 所示，实现低温推进剂管路的长时间在轨贮存，目标至少一年。TVS 主要有传统热力学排气系统与喷雾棒型热力学排气系统。喷雾棒型 TVS

由循环泵、套管式换热器、J－T 阀、喷雾棒组成，能够对低温贮箱在轨运行期间的压力进行有效控制，保证贮箱在轨安全运行。

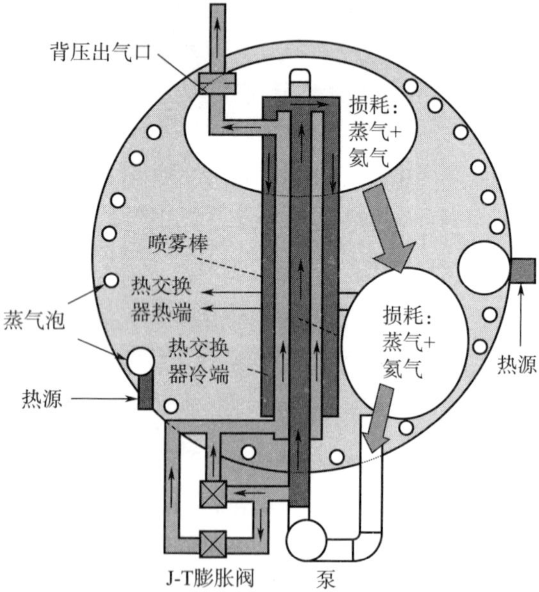

图 5－38　热力学排气系统装置图

Flachbart 等人对传统 TVS 与喷雾棒型 TVS 做了详细对比。传统 TVS 由于动力装置布置在贮箱内部，动力装置耗功产热部分或全部传给了低温流体，这对贮箱控压极为不利。再者，在气液位置不确定时，若要很好地消除贮箱内部热分层，对传统 TVS 挑战较大。不同于传统 TVS，喷雾棒型 TVS 用低温循环泵取代了混合器，用套管式换热器替代了紧凑式换热器。该系统仅依靠循环泵与喷雾棒就可实现液氢贮箱长达几天甚至几个星期的无损贮存。由于其循环泵、J－T 阀均布置在箱外，不仅方便维修，而且设备产热也未带入箱内。再者，节流后的低温流体通过贯穿于气枕与液相之间的喷雾棒径向喷射，所以无论气液界面位置如何，喷雾棒型 TVS 均能很好地消除贮箱内部热分层。

美国 MSFC 与 Flachbart 分别在 MHTB 上开展了一定漏热量情况下，充液率分别为 90%、50%、25%的液氢贮箱、液氧贮箱压力控制的试验研究。对于液氢贮箱，在漏热量为 19～54 W 时，喷雾棒型 TVS 可有效地将三种充液率不同的贮箱压力控制在 131～138 kPa 之间，控压效果明显。而对于液氧贮箱，试验中采用液氮代替液氧，并更换大的循环泵及 J－T 节流阀。试验结果表明，在贮箱总漏热为 400 W 的情况下，TVS 运行时，三种充液率不同的氧箱内流体温度变化可由 1.7～7.5 K 降低至 0.6～0.8 K，控压降温效果显著。

热力学排气系统由隔离阀门、孔板、TVS 管路等组成，其工作原理为：当推进剂温度达到指定温度后，隔离阀门打开，推进剂管路内的推进剂以低流速通过节流孔板，形成温度和压力降低的两相流。该两相流通过 TVS 管路与推进剂管路进行充分的热交换，使其全部变为蒸气，对推进剂管路内部低温推进剂产生制冷效应，热力学排气系统原理如图 5－39 所示。

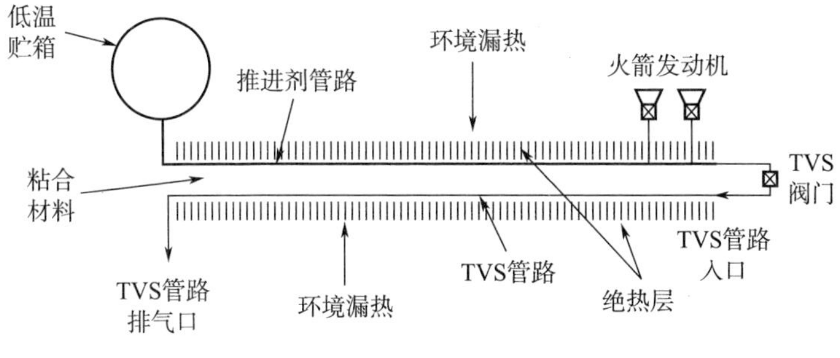

图 5－39　热力学排气系统原理图

5.3.5　热分层抑制技术

低温推进剂，尤其是液氢、液氧以及液态甲烷，由于其贮存温度较低，与外部环境温差较大，即使箱体绝热较好，漏热也会不可避免地进入低温贮箱。用于空间任务的低温推进剂在发射前长时间贮存在泡沫绝热贮箱中，在这段时间内，大量漏热通过绝热层进入贮箱中，使靠近贮箱表面的液体形成自然对流边界层。泄漏到贮箱中的热量使边界层的液体温度升高，导致热液态低温流体由于浮力作用从贮箱底部沿贮箱壁流动到液体-蒸气界面。靠近界面的热液积聚在液体的顶部形成热液区域。贮箱增压会产生额外的热进入贮箱，而增压会使大部分液体冷却，并提高液体-蒸气界面温度，这通过界面增加了轴向传导热通量。这一传导热通量也会通过进一步提高液体温度而影响热液区。采用高温增压气体的贮箱增压方式会在气隙对流和后续的贮箱壁传导过程中提高靠近界面的贮箱壁温度，这也增加了进入热液区的热流。随着加热时间的增加，热液区厚度随之增大，并产生了大体积液态低温流体的轴向温度梯度。这种液体温度的轴向梯度就称为热分层。典型低温推进剂贮箱中由于不同外部热源引起的热分层形成过程如图 5-40 所示。

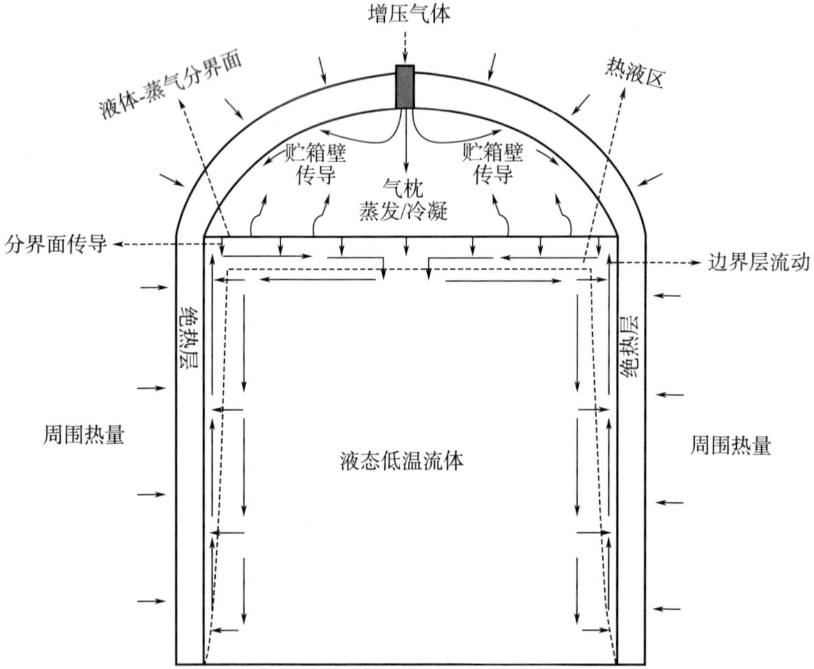

图 5-40　低温贮箱热分层现象原理图

液相热分层限制了系统容纳环境漏热的能力，导致贮箱压力过快升高。当热分层区高温流体通过泵时，还可能会引起泵的汽蚀。所以对于在轨运行的低温推进剂贮箱，由外部漏热造成的箱体热分层需引起足够重视。

目前来看，有关低温箱体分层增压的研究，研究人员主要采用了理论分析模型以及数值模拟方法进行研究。理论模型中，零维模型由于模型简单计算方便，应用较广泛。但该模型由于因素考虑不全面，限定性假设较粗糙，在预测箱体增压及温度场时往往与实际情况偏离较大；已有模型在一定范围内能够较好预测箱体增压过程。在已有的文献中，研究人员大都只针对某一特定重力水平下，研究了低温箱体的增压分层现象，并未考虑不同重力水平对该过程的影响。Panzarella 等人采用 Lump - Vapor 模型，对带有喷管驱动的大型低温贮箱在微重力条件下的压力控制进行了数值研究。尽管在微重力下，浮升力仍然能够驱动气枕到达贮箱顶端。但当喷口来流速度较小时，来流不能到达气枕表面，气枕压力没有明显降低；只有当来流速度足够大时，喷射流体才能有效冷却气枕，消除热分层，降低贮箱压力。Thornton 对带有预冷装置的喷射降压系统进行了研究。对于该系统，喷管出口流速对箱内物理场影响较大。喷口速度越大，回流液对箱内流场的扰动就越明显，低温流体就更容易到达气液界面，对气枕产生更大的冷却效应，贮箱压力也会迅速降低。

针对在轨运行低温液氧箱体，相关文献详细考虑了各种空间辐射热流的影响，数值研究了低温箱体内部气相形态变化以及箱内温度场分布。对不同重力水平进行 3 600 s 计算发现：当重力水平为 0 时，表面张力起主导作用，液相会逐渐包裹气相，并将气相挤出壁面。球形的气相在惯性力作用下向箱体的底部运动，运动过程中伴随着气泡形状的变化以及被液相撕裂出小气泡的现象。由于此时箱体内部没有自然对流，一段时间以后，箱体壁面流体会出现局部过热。当重力水平增加到 $10^{-6}g$ 时，表面张力作用仍较为明显。箱体内部物理场分布与重力水平为 0 工况大致相同。当重力水平增加到

$10^{-5}g$ 时，此时微重力影响与表面张力作用相当。具体表现为，在表面张力驱使下，液相已不能完全包裹气相，并且气相一直与箱体顶部接触，没有脱离壁面。当重力水平增加到 $10^{-4}g$ 时，箱体内部自然对流已十分明显，气相区大致呈带状，并且与箱体顶部壁面有较大的接触面积。当时间较短时，箱体壁面漏热可通过自然对流及时带入箱体内部。通过监测箱体内部气相压力得出：箱体压力随时间增长呈先降低后逐渐升高的趋势。重力越小，箱体压力也越小。另外，通过对比两不同边界设置发现，边界条件不仅影响气相运动状态，而且还直接影响壁面流体温度分布。

消除热分层的主要途径是流体混合技术，如图 5－41 所示。该技术通过泵把液体从贮箱抽出，再用喷嘴或喷管注回贮箱。注入液体带动贮箱内流体运动，消除热液体层，部分蒸气得以冷凝。通过试验和仿真，证明低温流体混合技术能显著消除贮箱内部的热分层并降低贮箱内部的压力，从而减小蒸发量。该项技术根据飞行任务周期选择性采用。

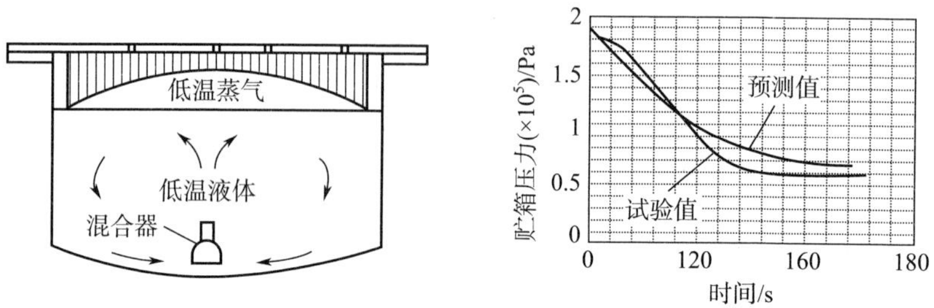

图 5－41　低温泵混合技术

5.3.6　其他蒸发量控制技术

5.3.6.1　零蒸发贮存

低温推进剂沸点低（常压下，液氢沸点约 20 K，液氧沸点约 90 K，液态甲烷沸点约 110 K），易受热蒸发造成贮箱内部压力上升。为了避免贮箱受到破坏，需将蒸发的气态低温推进剂排出箱外，这样就造成了推进剂的浪费、总比冲的减小；此外，在轨运行期间气液间的相对位置不易确定，有可能液体把气枕包裹在贮箱中心，若在贮箱设置排气阀有可能排出液体，造成低温推进剂的极大损失；排放气体所产生的反推力可能对贮箱的飞行轨迹及空间位置产生影响。

引起低温推进剂在轨蒸发的最主要因素是外界传入低温贮箱的热量。同时，在微重力环境下，贮箱内部压力、热量分布的不均匀性会加剧低温推进剂的蒸发。为降低低温推进剂在轨蒸发，需要减少外界进入低温贮箱的漏热或将低温贮箱的热量转移出去。

低温贮箱的日蒸发率控制是衡量低温推进剂蒸发量控制技术的关键指标，尤其对确定登月舱总体参数有较大影响。以“牵牛星”二级构型登月舱为例，假定登月舱总质量为45 t，下降级采用液氧/煤油低温推进系统，则下降级液氧日蒸发率与登月舱总质量的变化关系如图5-42所示。从图中可知液氧的日蒸发率若能减少0.1%，则地面可少加注约600 kg液氧，由此可见低温推进剂在轨蒸发量控制技术对提高登月舱总体性能指标的重要意义。

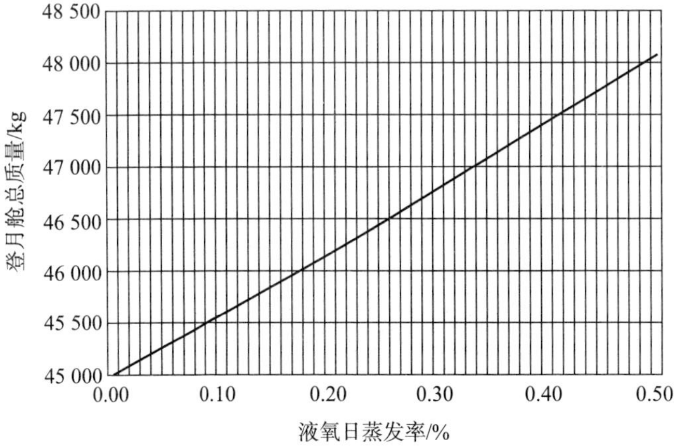

图5-42 低温液氧日蒸发率与登月舱总质量的变化关系

低温推进剂零蒸发贮存的概念是随着低温制冷机与绝热技术的发展提出来的。低温推进剂零蒸发贮存技术在航天器长期运行中较常规的排气方式有很大的优越性，其主要体现在低温推进剂的携带量与发射成本的收益上，在短期的贮存中，零蒸发系统因为需要额外增加主动冷却装置，较传统被动系统优势不大，但在贮存时间超过一定天数时（液氧是 1 周，液态甲烷是 2 周，液氢是 2 个月），零蒸发系统在低温推进剂携带量与发射成本收益上的优势会越来越大。

低温流体在长期贮存过程中不可避免会受到各种漏热带来的困扰。低温推进剂零蒸发贮存的实现是将被动绝热技术与主动制冷技术有机结合，通过低温制冷机将贮箱系统漏热完全补偿，以实现贮存过程中低温贮箱的压力控制和低温液体的零蒸发。图 5－43 是 NASA 描述的一个典型的零蒸发系统示意图，系统中主要包括低温制冷机、换热器、搅拌风扇以及多层绝热结构。低温制冷机为系统带走热量；多层绝热结构用来保证系统的漏热在制冷机最大制冷量之内；而搅拌风扇一方面用于消除贮箱内的热分层，控制压力水平，另一方面保证气泡在零重力环境下也处于换热器的位置，便于跟制冷机更有效地进行换热；另外在实际应用中，因为要保证制冷机的长期运行，需要增加太阳能采集系统。在实际运行中，当贮箱内压力上升到一个阈值时，搅拌风扇开启，用来打破热分层，从而控制压力，但搅拌混流的方式并不能快速降低压力，当仅靠搅拌风扇无法控制压力时，制冷机开启，对贮箱内低温推进剂进行冷却，从而达到对贮箱内压力真正的控制。在零蒸发技术的发展中，箱体内的混流装置逐渐出现了循环泵、喷嘴或喷杆等结构。而宽域冷却的提出，使箱内冷却与混流结构可以得到一定程度的简化，Plachta 等在试验中发现仅通过高效的宽域冷却系统就能够完全实现液氧的零蒸发贮存，以及液氢的低蒸发贮存。

低温推进剂零蒸发贮存系统分析是零蒸发系统设计与优化的重要部分，它包括针对各种不同任务要求，对零蒸发系统总质量、系统功耗等因素进行分析。一种简单的分析模型被用来进行这方面的

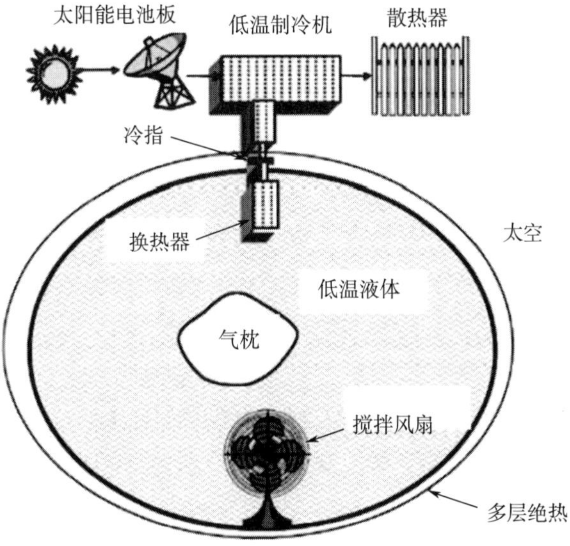

图 5-43　零蒸发系统示意图

初步分析，模型给出了一系列零蒸发系统中重要部分的质量及能耗评估，包括低温贮箱的体积与质量的关系、多层绝热结构的性能与质量的关系、蒸气冷却屏的质量，以及低温制冷机系统的冷却性能与质量及能耗的关系，如表 5-8 所示。

表 5-8　零蒸发系统各部分质量及能耗关系式

组成	质量及能耗关系式
多层绝热结构	0.017 1 kg/m²(一层金属箔和两层涤纶网)
蒸气冷却屏	2 kg/m²
低温制冷机质量/kg	$m = \alpha(T) Q_c C \beta(T)$, $\alpha(T) = 157\exp(-0.0533T)$, $\beta(T) = 0.009T + 0.1275$
低温制冷机功耗/W	$P = 3.966 + 14.58Q_c + 0.0038376Q_c^2$[@80 K] $P = 100.98 + 151.18Q_c + 0.87815Q_c^2$[@21K] $P = 160.97 + 210.30Q_c + 2.3809Q_c^2$[@16 K]
光伏发电系统	25 kg/kW
散热系统	10 kg/kW

Haberbusch 等通过上述模型对低温推进剂零蒸发贮存系统进行了分析。分析对象为球形液氢贮箱，贮箱外布置多层绝热与冷却屏，零蒸发系统模型如图 5-44 所示。零蒸发系统结构如图 5-45 所示。作者分三种情况（液氢贮存量 250 kg 和 4 000 kg，无外部冷却屏；液氢贮存量 250 kg，80 K 的外部冷却屏，21 K 的内部冷却屏；液氢贮存量 4 000 kg，80 K 的外部冷却屏，21 K 的内部冷却屏）讨论了多层绝热的层数以及内部冷却屏温度对目标零蒸发系统质量与能耗的影响。结果表明：1）对于同时使用内部冷却屏和外部冷却屏的情况，外部多层绝热达到 75 层时系统的质量最小；无论是大储液量（4 000 kg）还是小储液量（250 kg），系统能耗都会随着多层绝热层数的增加而降低，但当多层绝热超过 100 层时，系统能耗趋于不变，如图 5-46 所示；2）对于只使用内部冷却屏的情况，两种储液量在多层绝热层数为 150 层时系统质量达到最小；系统的能耗在大小储液量下有很大的区别，对于小储液量情况，系统能耗在多层绝热层数 150 层时达到最小，而对于大储液量情况，这个值要远大于 150 层，如图 5-47 所示。这些结论为零蒸发系统的优化设计提供了一定的理论指导。

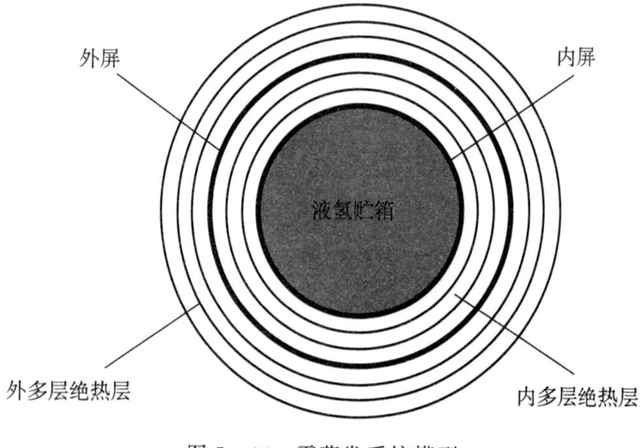

图 5-44　零蒸发系统模型

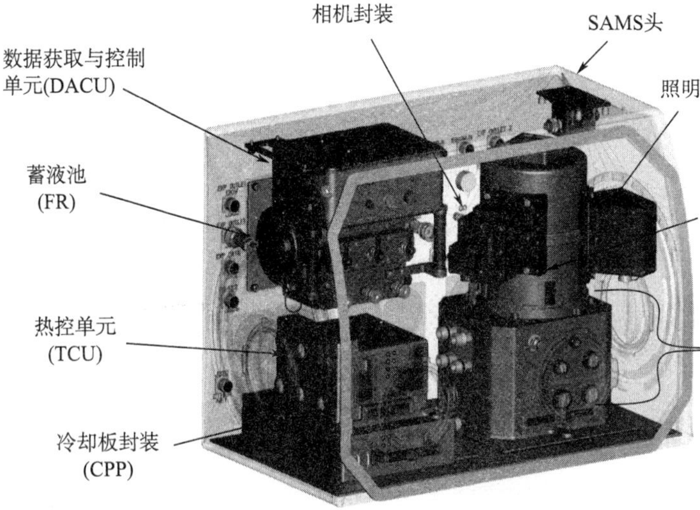

图 5 - 45　零蒸发系统结构

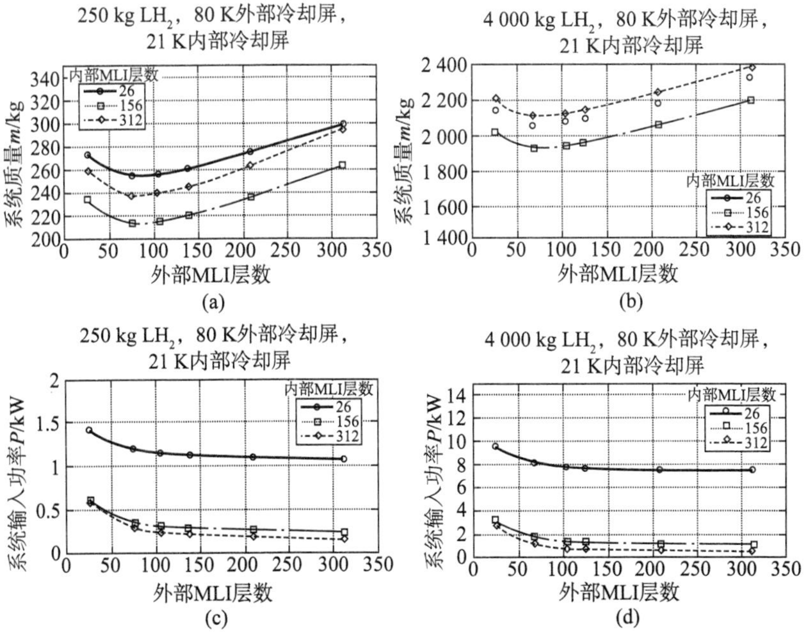

图 5 - 46　小储液量情况，不同内部 MLI 层数总质量随外部 MLI 层数的变化

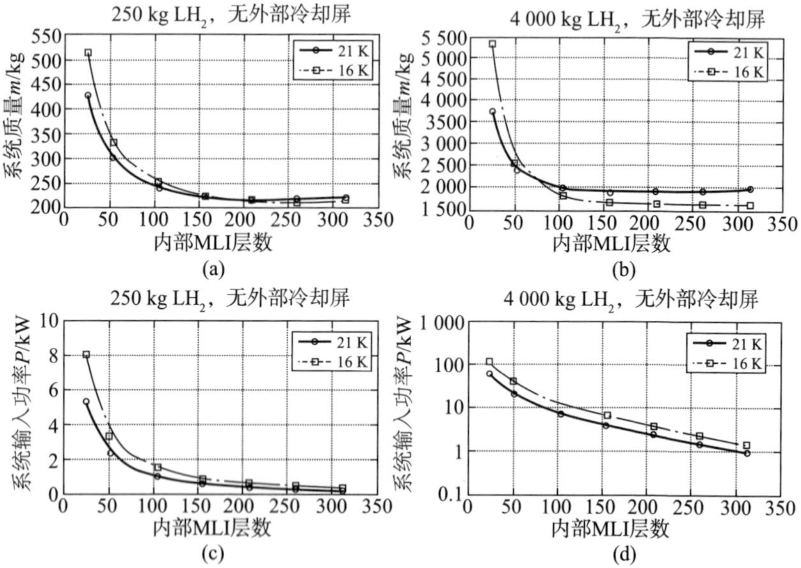

图 5-47　在只使用内部冷却屏的情况下，小储液量系统的质量与功耗随 MLI 层数的变化

液氧沸点相对较高，采用 90 K 的制冷机对贮箱壁面进行分布式冷却，可实现液氧的零蒸发。试验对贮箱外表降温速率进行测试，并对贮箱内的压力进行精确测量。试验分为两个工况，压力为 172 kPa，工作温度分别为 82 K 和 96 K。此外，试验还将对于留有 25％富裕能力的制冷机进行测试，以验证系统的压力响应。液氧零蒸发试验是 NASA 关于 CPST 演示验证的重要步骤和环节，能够充分验证采用主动冷却和宽域冷却技术的低温推进剂在轨蒸发量控制的能力，提升技术成熟度，将使 CPST 技术发展迈出关键一步，为 NASA 载人深空探测任务的发展提供重要保障。

5.3.6.2　蒸气冷却屏

蒸气冷却屏（VCS）技术是指将低温贮箱排放的推进剂蒸气流经包围贮箱的冷却屏，被外界加热，热量随气体被排出的系统。低温贮箱内推进剂蒸发后的气体，温度相对较低，经过蒸气冷却屏后，能够使其冷量进一步得到利用，在低温贮箱外围形成低温环境，降低贮箱表面温度，进而降低贮箱热漏率。

蒸气冷却屏将会明显增加飞行的质量，该项技术要根据飞行任务要求，对蒸气冷却屏引起的质量增加和推进剂节省量综合分析，选择性地采用。

独立的蒸气冷却屏绝热系统如图 5-48 所示，液氢贮箱和液氧贮箱独立地将各自排出的蒸气通过冷却屏加热后排出。

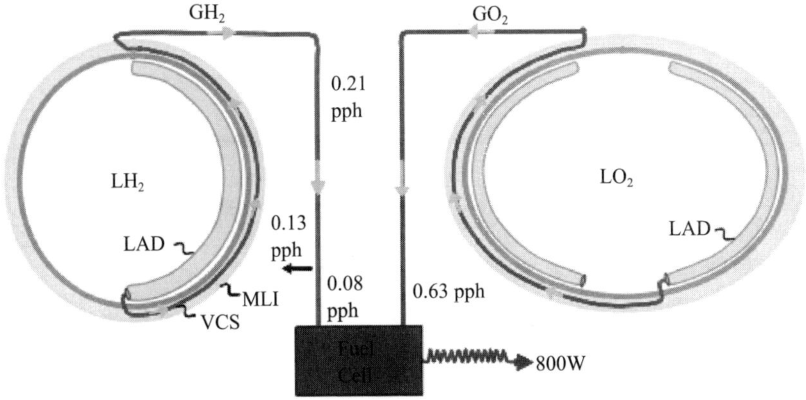

图 5-48　独立的蒸气冷却屏绝热系统

注：pph 为磅每小时（1 pph=0.454 kg/h）

集成的蒸气冷却屏绝热系统如图 5-49 所示，由于液氢汽化温度远低于液氧的汽化温度，因此将经过液氢贮箱冷却屏换热器的氢气再经液氧冷却屏换热器加热后排出。

集成的蒸气冷却屏绝热系统可以显著提高系统的绝热效率，减少液氧的蒸发损失。

5.3.6.3　宽域冷却

宽域冷却（BAC）概念首先由 NASA 格伦研究中心在 2005 年提出，他们认为在贮箱外包一个气体冷却屏，能大大减少贮箱内低温流体的蒸发量。冷却屏设计衍生自结合热力学排气系统使用的蒸

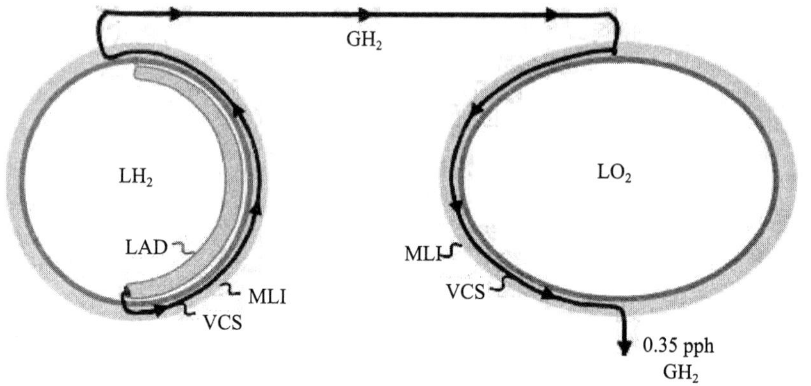

图 5-49 集成的蒸气冷却屏绝热系统

气冷却屏。气体以 90 K 通过宽距排列的冷却管循环，冷却管与内嵌在 MLI 内部的箔片屏相连，如图 5-50 所示。宽域冷却不仅提供了大面积的分布式冷却，还能提供局部穿透的冷却。虽然这种布置拦截了大部分来自环境的漏热，但它并没有为液氢贮箱提供零蒸发能力。

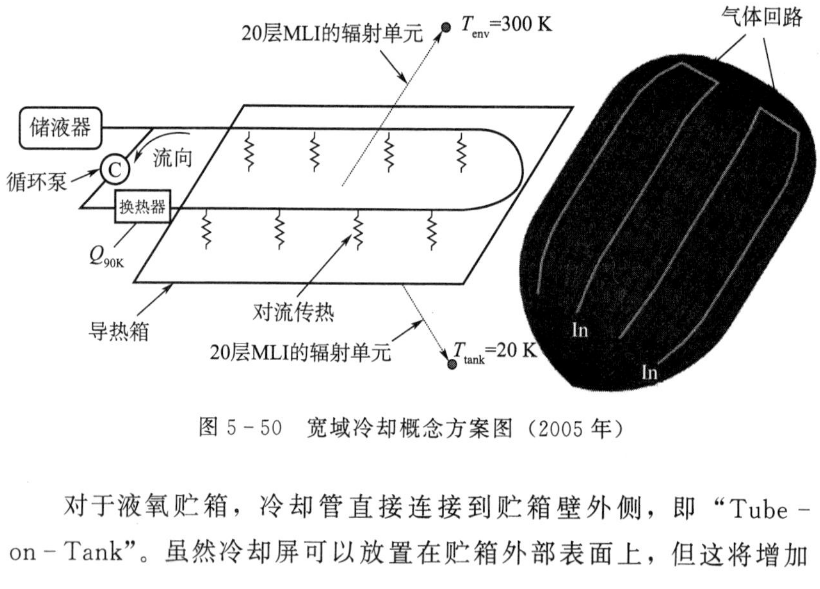

图 5-50 宽域冷却概念方案图（2005 年）

对于液氧贮箱，冷却管直接连接到贮箱壁外侧，即“Tube-on-Tank”。虽然冷却屏可以放置在贮箱外部表面上，但这将增加贮箱和冷却剂之间的温差。这就要求低温制冷机在低温下运行，而这将降低它的效率。冷却管也可以放在贮箱内部。由于液氧的正常沸点是 90 K，所以在 90 K 冷却可以截断所有的环境热量并为液氧贮箱提供零蒸发能力。

宽域冷却系统通常由低温制冷机、循环泵、冷却管网和散热系统组成。可使用各种类型的低温制冷机，如脉冲管、斯特林循环或逆涡轮布雷顿循环制冷机，但首选类型须可扩展到处理未来航天器应用中预期的大热负荷。循环器提供了定位远离推进剂贮箱的制冷机和散热器的能力，且循环器可以是风扇、泵或压缩机。散热系统通常包括散热器和流体回路，如环路热管（LHP），可把热量从低温热源输送到散热器。

用于冷却液氧和液氢贮箱的一种方法如图 5－51 所示。这一概念方案使用同一种冷却液来冷却液氧贮箱壁，之后冷却液氢贮箱 MLI 内部的箔片屏。该方法可实现液氧零蒸发和液氢减蒸发。

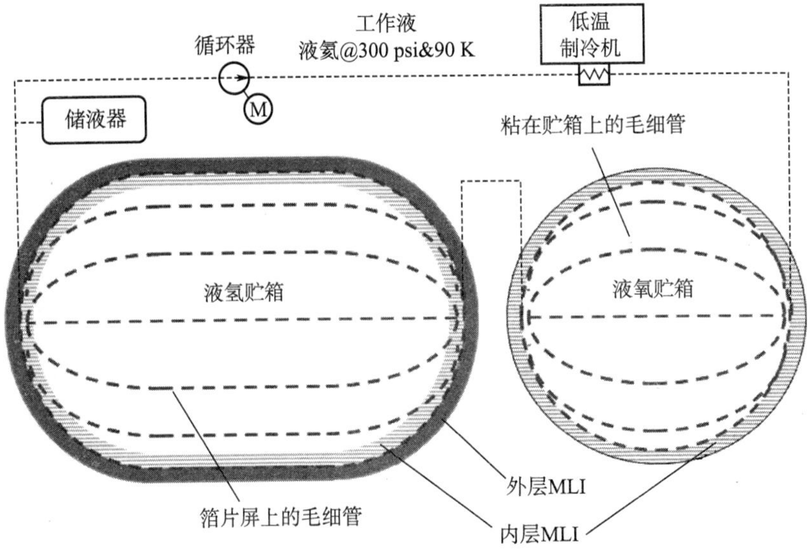

图 5－51　针对液氢贮箱和液氧贮箱并联安装的宽域冷却系统

实现液氢零蒸发的一种途径是使用 20 K 低温制冷机结合直接连在贮箱上的宽域冷却管路。Sierra Lobo 有限公司设计并建造了如图 5－52 所示的技术验证机，旨在以任意时间长度零蒸发贮存液氢。

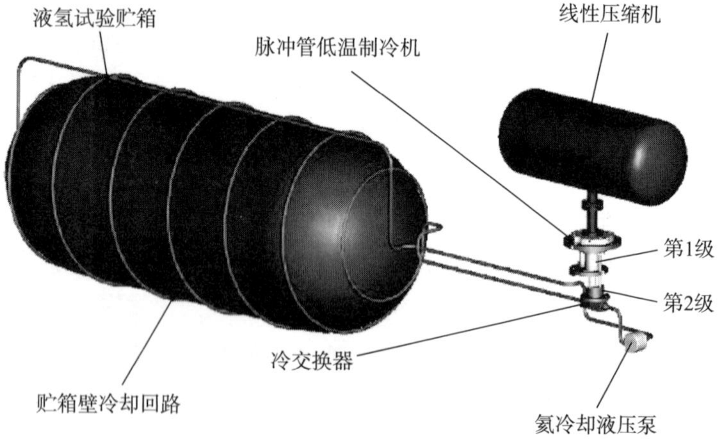

图 5－52　Sierra Lobo 有限公司的液氢零蒸发技术验证机

将上述两个概念方案结合起来，可以考虑分级循环方法，为液氧和液氢提供零蒸发。

液氧零蒸发宽域冷却初始概念方案如图 5－53 所示。这个概念方案包括通用循环器和通用低温制冷机。冷却液是压力为 30 MPa 的液氦，而冷却是在比液氧正常沸点低 5 K 的温度上进行的。尚未决定是将宽域冷却管路直接粘结在贮箱上还是粘结在包围贮箱的箔片屏上。

这种特殊设计要求在冷却液的低温下使用循环器。在这样的温度下，市面上几乎没有可供商业使用的循环器，因此 Feller 构想出另一种概念方案，即使用复热器将循环器与低温环境隔热，而循环器置于工作液的暖温中。

由于循环器功能可以并入低温制冷机中，认为选择独立于低温制冷机和其他部件的循环器是不可能的，因此需要选定包含低温制冷机、循环器、界面热交换器和复热器功能的冷却“分系统”。

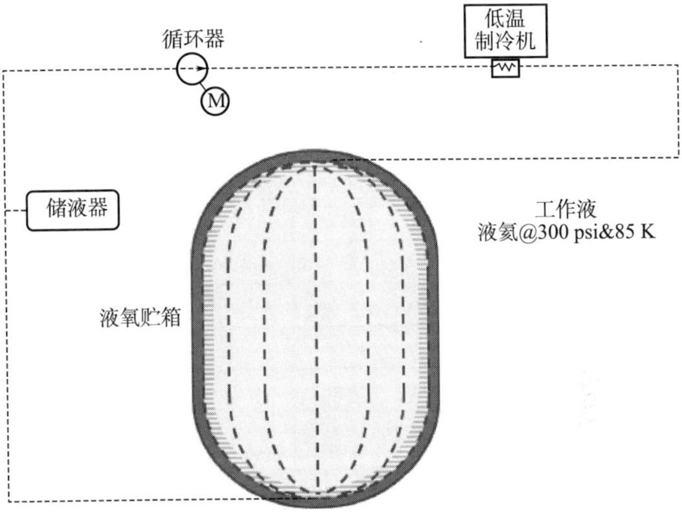

图 5－53　液氧零蒸发宽域冷却初始概念方案

表 5－9 显示了宽域冷却系统并入计算模型之前和之后的结果比较。类似的分析重复了三次，使用大量的输入数据来全方位测试模型。每次分析都显示出高度的一致性，表明结果在 5％的精确度范围内。

表 5－9　文献结果与无宽域冷却的模型输出比较

	变量	单位	变量符号	文献结果	模型输出	误差百分比
用例变量	负载温度	K	T_s	65	65	0.00％
	排热温度	K	T_{rei}	290	290	0.00％
	质量流速	g/s	$\dot{m}_{gas}$	1.2	1.2	0.00％
	入口压力	atm	p_0	1.1	1.1	0.00％
	压缩机转速	r/s	N_c	8 000	8 000	0.00％

续表

	变量	单位	变量符号	文献结果	模型输出	误差百分比
计算结果	压缩机入口温度	K	T_0	293.91	293.88	0.01%
	压缩机叶尖速度	m/s	u_c	383.02	383.02	0.00%
	压缩机比功	J/kg	$\hat{W}_c$	124 700	124 701	0.00%
	压缩机比速	rad	$N_{s,c}$	0.27	0.27	0.00%
	压缩机输入(轴)功率	W	P_c	149.64	149.64	0.00%
	压缩机出口温度	K	T_1	414.39	413.81	0.14%
	压缩机压力比	—	PR_c	1.73	1.72	0.58%
	压缩机出口压力	atm	p_1	1.91	1.89	1.05%
	二次冷却器/散热器出口温度	K	T_2	296.22	296.19	0.01%
	复热器高压入口温度	K	T_3	296.22	296.19	0.01%
	复热器低压入口温度	K	T_9	65.23	65.22	0.02%
	复热器低压出口温度	K	T_{10}	293.91	293.88	0.01%
	复热器高压出口温度	K	T_4	67.54	67.53	0.01%
	涡轮机入口压力	atm	p_5	1.87	1.86	0.53%
	涡轮机出口压力	atm	p_6	1.11	1.11	0.00%
	涡轮机压力比	—	PR_t	1.69	1.67	1.18%
	涡轮机传导漏热	W	Q_t	3.36	3.36	0.00%
	涡轮机入口温度	K	T_5	70.24	70.23	0.01%
	涡轮机出口温度	K	T_6	60.26	60.37	0.18%
	涡轮机整体效率	—	η_{te}	0.57	0.57	0.00%
	涡轮机输出到交流发电机功率	K	P_{te}	12.39	12.30	0.73%
	涡轮机叶片速度	m/s	u_{ce}	101.62	101.23	0.38%
	涡轮机转速	r/s	N_{te}	10188	10149	0.38%
	涡轮机比速	rad	$N_{s,te}$	0.82	0.82	0.00%
	冷负载入口温度	K	T_s	60.72	60.56	0.21%

续表

	变量	单位	变量符号	文献结果	模型输出	误差百分比
总结	制冷量	W	Q_{load}	5.32	5.50	3.38%
	总输入功率	W	P_{in}	207.83	207.83	0.00%
	制冷率	—	P_{in}/Q_{load}	39.1	37.8	3.32%
	总排热	W	Q_{out}	217.36	217.25	0.05%
	相对循环效率	—	η_{cycle}	8.85	9.16	3.50%

2014 年 NASA 格伦研究中心针对氢箱，仅采用宽域冷却系统进行了零蒸发试验尝试，如图 5-54 所示。贮箱采用 75 层多层绝热材料包裹，密度为 24 层/cm。宽域冷却系统的制冷机采用 15 W/90 K 的逆布雷顿循环制冷机，采用“Tube-on-Tank”布置，使用 10 根管径 6.4 mm 的换热管。宽域冷却管路布置于绝热结构之间的冷却屏上，采用传统的多层绝热与自支撑多层绝热结构（Self-Support MLI，SS-MLI）分别进行了试验研究。因为低温制冷机性能的制约，无法达到液氢的零蒸发，但两者分别有 48%和 45%蒸发量的减小。另外，试验结果表明 SS-MLI 较传统 MLI 绝热性能强 18%左右。

图 5-55 所示为液氧的零蒸发系统试验台。

5.3.7　低温推进剂贮箱先进部组件

美国 Creare 公司研制并演示了一种适用于低温液体的磁热效应泵（MCEP），利用磁热效应在增压室内部高效产生蒸气，推动液体排出，之后冷凝蒸气吸入液体。蒸气发生和冷凝过程都用一个简单而高能效的磁热泵完成。热增压效应将磁热效应泵的输入功耗降低到蒸气发生和冷凝所需热量的百分之十几以下。磁热效应泵的运行原理如下所述。

当一个磁场绝热地施加于磁热致冷材料（MRM）时，磁热致冷材料分子的磁力矩将与磁场对齐。因此磁熵降低。磁熵转化为热熵，冷冻剂加热升温。当磁场撤去时，磁力矩变为随机指向。因此磁热

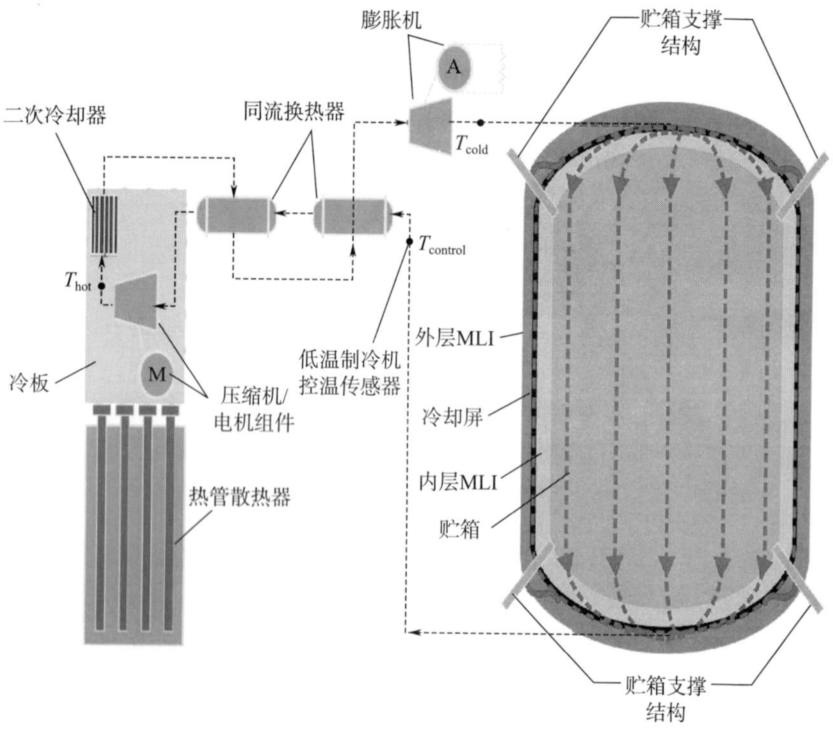

图 5-54　用于液氢贮箱试验的宽域冷却系统

致冷材料的磁熵升高，磁热致冷材料降温。磁热致冷材料的磁化和去磁化过程类似于气体的收缩和膨胀过程。如图 5-56（a）所示，采用卡诺循环的磁热效应泵的运行可分为 4 个阶段：1）在绝热部分磁化过程（状态 1 到 2）中，磁场增强到中间能级，磁热致冷材料绝热温度从 T_c 升温到 T_h；2）在等温磁化过程（状态 2 到 3）中，磁场增强到最大密度，而磁热致冷材料向吸热部件排放热量；3）在绝热部分去磁化过程（状态 3 到 4）中，磁场减弱为中间能级，冷冻剂从 T_h 降温到 T_c；4）在等温去磁化过程（状态 4 到 1）中，磁场减弱到最低，磁热致冷材料从其冷却目标中吸收热量。

图 5-56（b）展示了内部采用磁热效应泵的混合泵概念设计图。磁热致冷材料填充层和液体增压室都包络在泵的真空绝缘外壳内。

图 5-55　液氧的零蒸发系统试验台

围绕磁热致冷材料填充层的超导磁体提供了驱动内置磁热效应泵的磁场。真空绝缘外壳防止泵周围的推进剂直接接触泵内的液体，这会降低磁热效应泵引起的流体温度波动。对于要求单向性（DC）流体流动的应用，可使用一对止回阀整流，类似于传统活塞泵。对于推进剂混合应用，泵中的高速交流流体喷射足以混合贮箱中的流体，以防止热分层。在这种情况下，止回阀就完全不必要了，因此，泵也没有了活动零件。

磁热致冷材料填充层安装在泵的内部。使用带有小珠的填充层增强了磁热致冷材料与泵内流体之间的热交换。磁热致冷材料珠装在疏水多孔管中，管之间的空隙作为蒸气流动通道。疏水多孔管还阻止了泵内液体直接接触磁热致冷材料珠。使用一摞亲水滤片的微重力适用分相器仅允许液体进出增压室交换，防止泵内产生的蒸气流出。

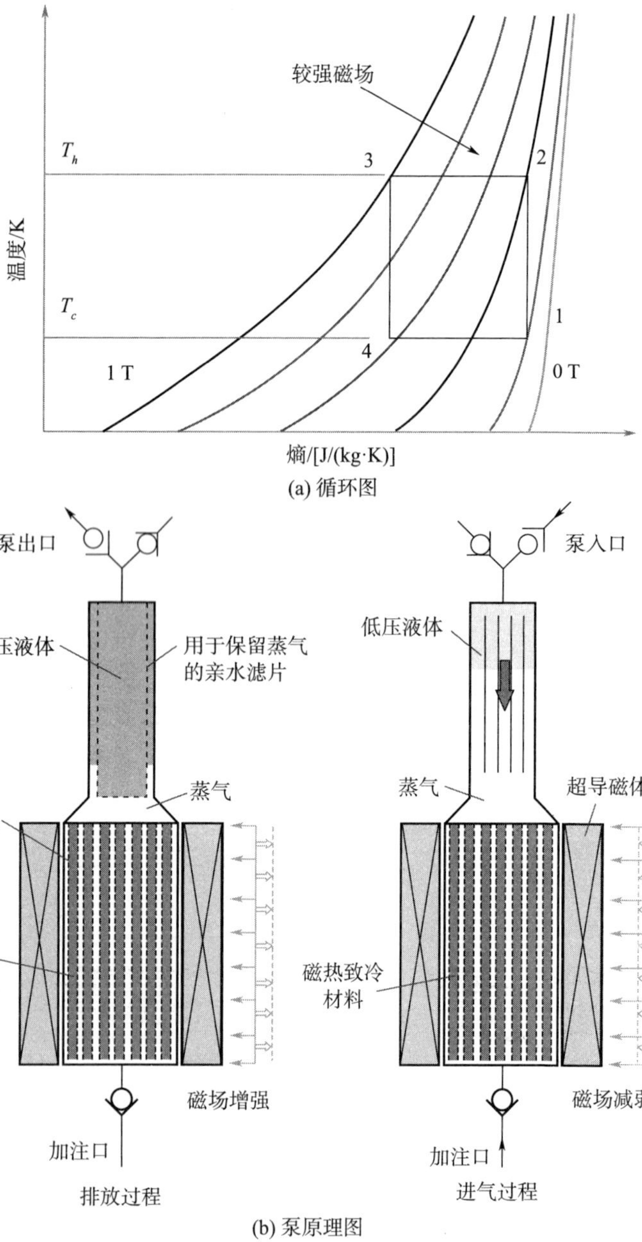

图 5-56　采用卡诺循环的磁热效应泵运行原理图（见彩插）

与磁热效应泵类似，磁热效应泵内的实际增压过程也可分为以下 4 个独立的主要阶段：1）明显加热阶段。阀门关闭，磁场逐渐增强，导致磁热致冷材料填充层和周围的流体温度升高，直到流体温度在目标排气压力下达到饱和温度。2）蒸发/排放阶段。排放阀开启，推进剂蒸气开始在磁热致冷材料珠表面产生。磁场继续增强，达到峰值，之后在本阶段结束时逐渐减弱。磁场导致磁热致冷材料温度首次升到流体排放饱和温度以上，之后回落到饱和温度。3）冷凝过程。排放阀关闭，磁场继续减弱，导致磁热致冷材料冷却，让泵内蒸气冷凝在磁热致冷材料填充层中，并降低增压室内的压力，直到内部压力降到吸入压力以下。4）冷凝/吸入阶段。进口阀开启，随着泵内蒸气冷凝得越来越多，液体被吸入增压室。在这一阶段，磁场继续减弱，达到最低值，之后开始上升，导致磁热致冷材料温度下降，之后回升到入口饱和温度。本阶段结束时，吸入阀关闭，完成一次增压循环。

图 5－57 所示为磁热效应液氮混合泵演示机及其关键部件构型。

5.3.8　方案组合选择

低温推进剂在轨贮存与管理的设计主要取决于飞行器的任务需求。针对不同任务周期需采用主被动相结合的不同绝热方式。同样，对于不同的任务和环境要求也需要不同的推进剂管理方式。综合分析任务需求和蒸发量控制技术特点，设计三种在轨贮存方案。

方案一由空间轻质变密度复合绝热材料、蒸气冷却屏和低温隔热支撑组成整个蒸发量控制装置，如图 5－58 所示。蒸气冷却屏利用贮箱内蒸发的冷蒸气对贮箱壁进行冷却，从而降低贮箱内外温差，减少复合多层材料的漏热。

方案二在方案一的基础上加入热力学排气系统，方案如图 5－59 所示。方案中设置的热力学排气系统主要由 J－T 膨胀阀、换热器、低温泵、安全阀等部件组成。在贮箱内设置喷射装置，定期喷射低温液体，扰乱热分层。方案中将 VDMLI、TVS 和 VCS 相结合，低

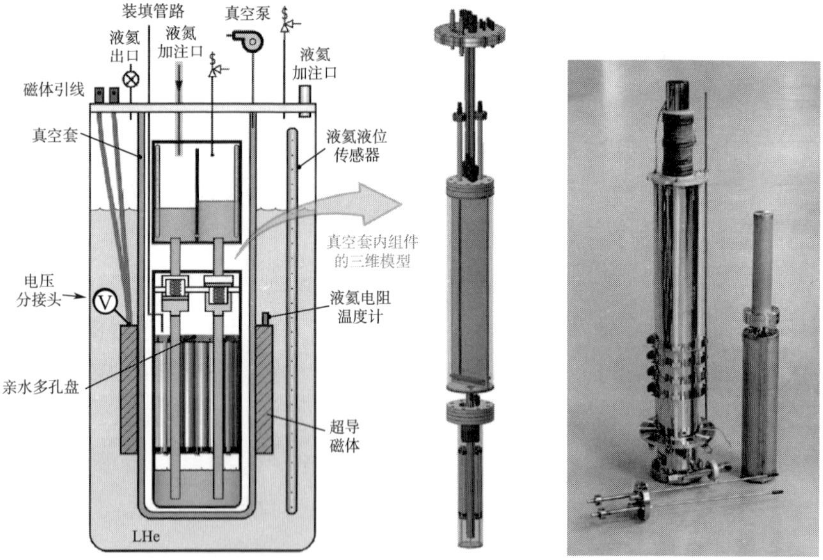

(a)整体构型(未按比例示出)　(b)泵CAD模型　(c)真空套和泵组件照片

图 5-57　磁热效应液氦混合泵演示机及其关键部件构型（见彩插）

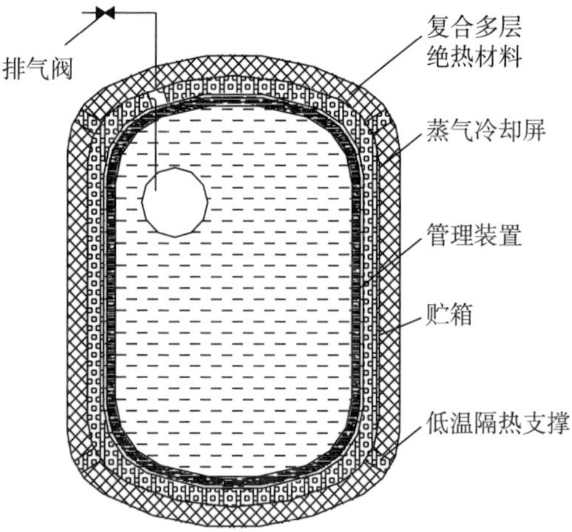

图 5-58　复合多层绝热材料＋蒸气冷却屏＋低温隔热支撑示意图

温贮箱内的低温液体由泵抽出进入 J－T 膨胀阀后形成温度和压力降低的两相流，该两相流导入与贮箱内液池或与贮箱壁连通的热交换器，温度较高的液池或贮箱壁热量通过热交换器转移到两相流中，使其全部变为蒸气，让 TVS 排出的气体经过 VCS，经过适当的设计，可以降低低温贮箱的漏热量。

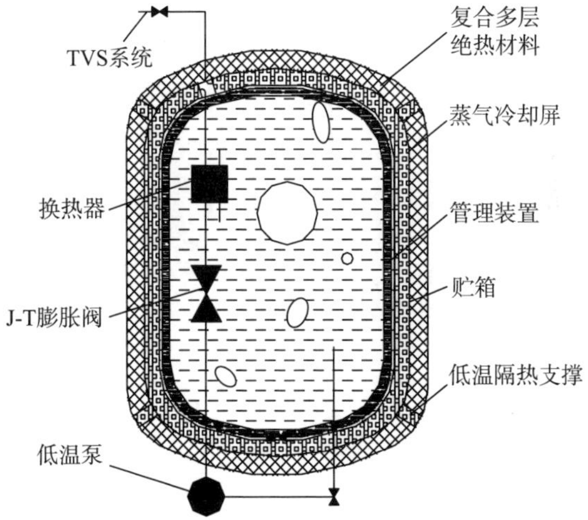

图 5－59　复合多层绝热材料＋蒸气冷却屏＋低温隔热支撑＋热力学排气系统示意图

方案三采用被动绝热与主动制冷相结合的方案，如图 5－60 所示。这种方案由低温制冷机、J－T 阀、低温泵以及喷嘴棒等部件组成。工作原理为：系统运行时，低温液体进入压力控制管路，低温制冷机将低温液体过冷，低温泵将过冷液体抽向喷雾棒换热器，通过喷雾棒将低温液体呈放射状喷入贮箱内部，从而抑制贮箱内液体的热分层，降低贮箱压力。当持续几天到数周之后，通过流体混合不能满足压力控制需要时，一部分低温液体被送到 J－T 阀，变成低温低压的两相流体，经过喷雾棒热交换器，变成气体被排出贮箱外部，最终达到有效消除液体热分层和控制贮箱压力的目的。

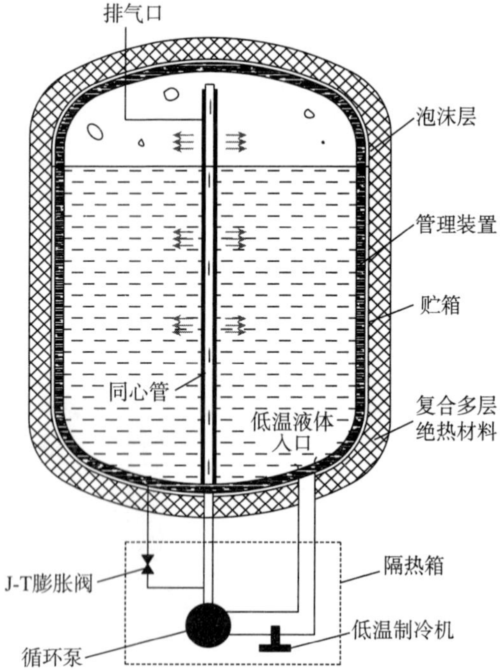

图 5-60 被动绝热与主动制冷相结合示意图

5.4 低温推进剂贮箱技术开发及试验案例

5.4.1 低温贮箱绝热系统地面验证测试装置搭建案例

对于低温推进剂在轨贮存所处的空间环境，地面模拟试验中需要模拟的主要有温度、压力等物理参数。对于压力，低轨道航天器所处的真空一般在 1×10^{-3} Pa 以下，试验时维持的真空要确保可以忽略传导漏热和对流漏热。对于温度，空间环境温度为 3～4 K，还有太阳和地球的辐射、地球的反照以及航天器不同部分间的换热，低温推进剂贮存的试验中确保模拟环境温度恒定。在轨贮存处于微重力条件下，贮箱内液体表面张力及壁面附着力导致气液界面位置难以确定。贮箱向阳面和背阳面温差较大，造成温度不均匀，进而产生热分层现象。

测试装置需可以模拟低温推进剂在轨贮存时的高真空和恒壁温条件，实现在设定真空度和环境温度条件下对不同工艺的绝热系统的总体绝热性能进行测试。通过对贮箱内液氮蒸发量进行测量，求得贮箱的总漏热量。同时，对绝热系统中不同位置的温度进行测量。测试装置示意图如图 5－61 所示，测试装置可分为贮箱及压力控制单元、环境模拟装置、温度补偿单元和测量单元等四大模块。在试验中，采用液氮作为模拟试验工质。

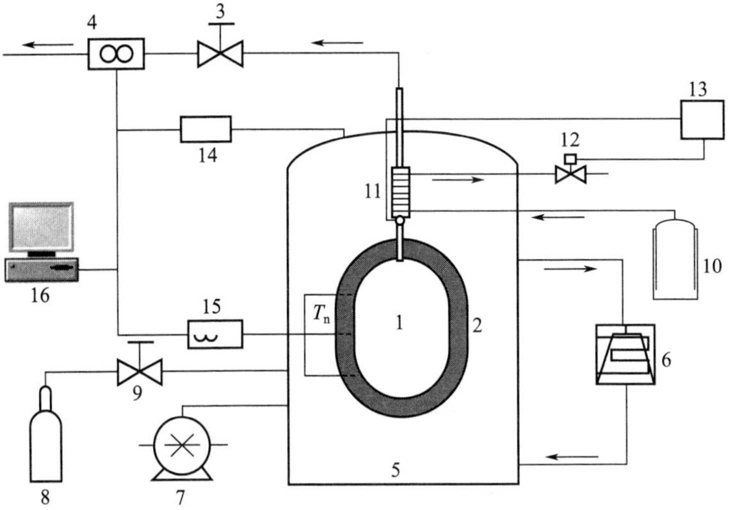

图 5－61　测试装置示意图

1—贮箱；2—绝热系统；3—背压阀；4—质量流量计；5—真空舱；6—水冷机组；7—真空机组；8—氮气瓶；9—针阀；10—液氮罐；11—温度补偿器；12—电磁阀；13—温控器；14—复合真空计；15—温度巡检仪；16—计算机

5.4.1.1　贮箱及压力控制单元

贮箱为铝制材质，椭球形，容积约为 55 L，表面积约为 0.7 m^2。贮箱通过颈管吊装在真空舱内，颈管处同时完成模拟工质液氮的加注及蒸发氮气的流出。为模拟低温推进剂在轨时的高压贮存状态，在贮箱出口管路上设置背压阀，可以使贮箱内压力稳定在 0.1～1 MPa 之间的设定值，从而测试推进剂在不同压力下的漏热量。液氮在不同饱和压力下的饱和温度不同，随着压力的升高，液氮的饱和温度不断升高。

5.4.1.2 环境模拟装置

环境模拟装置主要包括真空舱、水冷机组和真空机组。真空舱可实现对贮箱的支撑固定，维持试验所需的高真空和恒壁温条件。环境模拟装置中配备 1 台真空机组，其中分子泵的极限真空度可达 3×10^{-5} Pa。真空舱顶部通过一个针阀和高压氮气瓶连接，在抽真空过程中可对真空舱进行置换气，从而使真空舱内极限真空度低至 7.7×10^{-5} Pa。通过真空机组和氮气置换的配合，可使真空舱内真空度维持在设定值。

真空舱壁面夹层与水冷机组连接，以水作为冷却/加热工质时，可以实现 10～50 ℃之间的恒温控制。对水冷机组的控温效果进行了试验：设定温度为 20/30/40 ℃时，真空舱壁面不同位置的温度差异小于 0.1 ℃，24 h 内同一位置测得温度波动小于 0.3 ℃。

5.4.1.3 温度补偿单元

系统中设置液氮罐，其作用主要有两个，其一是往贮箱内加注模拟试验工质——液氮；其二是为吊装颈管处的温度补偿器提供低温工质。在贮箱颈管处设置一温度补偿器，使颈管处控温点的温度随贮箱壁面温度变化，可以有效屏蔽掉通过颈管的漏热。

温度补偿器的入口管路同液氮罐密封连接，其出口管路上设置电磁阀。取温度补偿器与贮箱连接颈管上部测温点的温度并对其进行控制，利用温控器控制温度补偿器出口电磁阀的开闭。其工作过程为：当测得温度高于设定温度时，电磁阀开启，液氮自液氮罐流入温度补偿器并使其降温；当测得温度低于设定温度时，电磁阀关闭，液氮停止流入温度补偿器，则温度补偿器自外吸热温度升高，至温度高于设定温度后，电磁阀再次开启，如此循环。由此实现整个温度补偿器的恒温控制。

5.4.1.4　测量单元

测试装置可实时监测系统中的真空度及壁面温度变化，可对贮箱蒸发排出气体流量和绝热系统不同位置的温度分布进行测量。贮箱出口管路上设置气体质量流量计，与流量积算仪连接，以测量贮箱内蒸发气体的瞬时流量和累积流量；真空舱上设置电阻规和电离规，以测量真空舱内真空度变化；在贮箱的绝热系统中不同位置布设 PT100 温度计，与温度巡检仪连接，以测量绝热系统中温度分布；在背压阀前后分别设置压力表，以测量贮箱内压力及气体通过背压阀后的压降。测量单元中主要仪器参数如表 5－10 所示。

表 5－10　测量单元中主要仪器参数

序号	仪器	精度	型号
1	质量流量计	±0.1%FS	D07－19BM
2	流量积算仪	±0.1%FS	D08－8CM
3	复合真空计	±10%FS	ZDF－11A1
4	铂电阻温度计	±0.1 K	PT100
5	温度巡检仪	±0.05%FS	KSLE/C－40RS2V0

5.4.2　历史上曾开展的技术开发及试验工作

5.4.2.1　“星座计划”低温贮箱结构设计

2005 年，NASA 局长迈克尔·格里芬公布了名为“星座计划”的载人重返月球计划。计划中的月球着陆器仍采用阿波罗飞船登月舱的设计理念，即由上升级和下降级组成。上升级是航天员完成登月使命后将他们送回月球轨道的乘员舱。下降级带有 4 条腿，通过火箭发动机实现降落操作。牵牛星登月舱上升级推进系统如图 5－62 所示。登月舱下降级采用液氧和液氢作为推进剂，上升级采用液氧和甲烷作为推进剂。

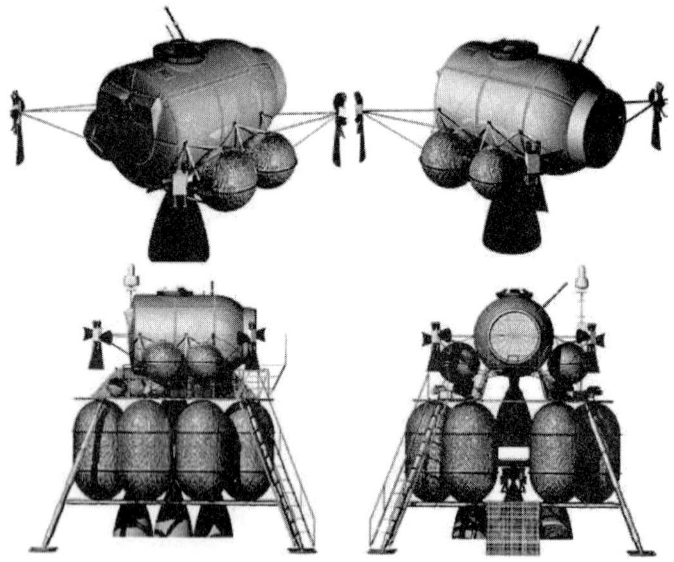

图 5-62　牵牛星登月舱上升级推进系统

原本计划在牵牛星下降级和阿瑞斯Ⅴ号火箭 EDS 上使用液氢和液氧推进系统。虽然在轨飞行持续时间相对较短（关于液氢贮存的经验是发射后<10 小时），但液氢/液氧上面级（半人马座、土星 S-IVB 和德尔它各级）飞行数据结合广泛的地面试验，为解决尤其与月球探索有关的低温流体管理技术问题提供了强大的技术数据库。同样地，热力学排气系统也拥有强大的历史技术基础。尽管如此，对于液氢在轨贮存和延长时间使用，依然存在需要解决的技术问题。

（1）液氢热力学排气系统焦尔—汤姆逊堵塞缓解

热力学排气系统的可靠运行被认为对维持低温液体处于适宜温度和压力以便有效贮存以及对发动机的合适的进口状态是至关重要的。进入低温贮箱的漏热会导致沸腾起泡和贮箱压力上升。虽然热力学排气系统不能消除漏热，但它可以控制贮箱压力，即使在低重力条件下蒸气的位置是未知的，而直接排气也会造成浪费。热力学排气系统采用焦尔-汤姆逊（J-T）阀门膨胀少量低温液体，一旦产生的蒸气在被排到舱外之前通过低温贮箱内热交换器的冷侧，就可有效地降低贮箱内的温度（和气枕压力）。

先前的试验调研表明，J－T 设备可能会被流动的液氢堵塞，当工作温度为 20.5～24.4 K 时。有人提出，堵塞是由正常的液氢供给中存在微量的亚稳态过冷液氢造成的。随着时间的推移，流体堵塞发生在孔口上堆积的固体氢上。这种堵塞对在低温压力控制系统中使用 J－T 设备的航天器推进系统构成了现实的威胁。由于 J－T 堵塞引起的热力学排气系统故障会阻止从推进剂向环境中散热，并会导致潜在的任务失败。所调研的堵塞缓解策略包括：在 J－T 设备上加装加热器，循环流动，可控的 J－T 针阀，设备冗余以及液氢过冷。

（2）液氢热控制

牵牛星/猎户座组合体奔月入轨及牵牛星月面下降所需要的液氢/液氧的使用，要求有低漏热、高确定性的 MLI。马歇尔航天飞行中心的多用途氢试验台（MHTB）上测试过一种创新性的 MLI，在 3.05 m 直径圆柱形贮箱上使用泡沫/MLI 组合。喷涂的泡沫与航天飞机外部推进剂贮箱上的泡沫相似。45 层 MLI 的创新特性包括可变的防辐射层密度，更大但更少的辐射屏孔眼用于排气，以及采用商业上的裹卷安装工艺，最终形成了几乎无缝的 MLI。轨道仿真试验表明，与之前最好的 MLI 相比，这个概念方案可以减少一半的漏热。此外，与氮气吹扫系统相比，泡沫基减少了地面的漏热，并且替代氮气对有效载荷舱进行吹扫。仿真航天飞机上升剖面的快速排空测试证明了结构的完整性和通风性。

尽管 MLI 历史数据库的评估尚未完成，但以下工作被认为是液氢在轨热控所需要的：1）将由于 MLI 制造和安装技术而造成的性能偏差降到最低；2）使提升通风性的分析模型标准化；3）确保覆盖层性能评估可以同时应用于大型（9.15 m 直径）和小型贮箱。贮箱 MLI 的漏热不确定性是多种因素的综合作用，例如 MLI 接缝和渗透，MLI 制造和安装技术差异，在低重力环境中的上升排气和“吹气”。

2010 年，一项为期两年的工作启动，目的是降低大尺寸液氢贮箱由 MLI 制造技术、安装和粘结方案造成的 MLI 性能不确定性。此项工作将会开展完整的 MLI 历史数据库评估，包括：MLI 技术的历史和概述，材料和制造技术，性能建模，测量，试验和最佳实践以及相关的应用和计划，并将进行详尽的液氢热量计评估以调研 MLI 层数、层密度及制造和安装技术对 MLI 漏热的影响。

(3) 液氢主动制冷

主动制冷是牵牛星登月舱下降级液氢零蒸发或减蒸发的一个备选方案。经过飞行认证的高效率低温制冷机有液氧温度（90 K）和液态甲烷温度（112 K）制冷机，但零蒸发系统所需的液氢温度（20 K）低温制冷机（5～20 W）目前还不存在。一种选择是利用 90 K 低温制冷机技术冷却气态氦，之后利用粘结到贮箱热屏蔽上的分布式冷却管路在整个贮箱的 MLI 中循环。低温流体管理项目已经证明了这种粘结到贮箱热屏蔽上的分布式冷却管路的热性能满足要求。吉福德-麦克马洪（Gifford - McMahon）低温制冷机为氦流提供了冷却。该测试验证了直接与贮箱热屏蔽相连的分布式冷却管路的宽域冷却性能。

5.4.2.2 “半人马座”低温试验平台系统概念

美国洛马公司提出了利用成本较低的“半人马座”上面级平台，开展低温推进系统的演示验证试验，并提出了“半人马座”低温试验平台系统概念，该系统由瓶状收集器、控制面板和收集器连接装置组成，如图 5－63 所示。

5.4.2.3 “起步计划”关键技术飞行验证

针对奥巴马新太空探索计划，NASA 制定了“起步计划”，将发射一系列航天器完成多项关键技术的空间演示验证任务，计划中于 2015 年发射的 FTD－2 航天器，飞行时间不少于 200 天，进行低温推进剂贮存和传输的演示验证，FTD－2 航天器的效果图如图 5－64 所示。

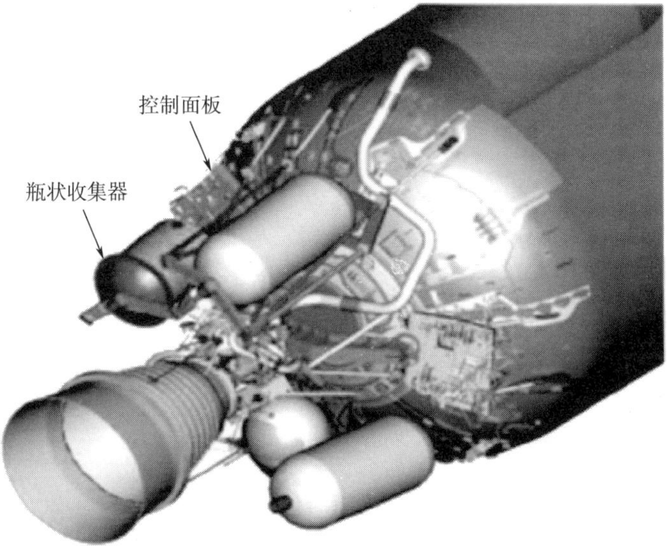

图 5－63　“半人马座”低温试验平台系统示意图

图 5－64　FTD－2 航天器的效果图

5.4.2.4　国际空间站零蒸发试验研究

NASA 格伦研究中心正在开展利用国际空间站进行低温推进剂零蒸发试验研究的策划和试验装置的设计工作，该项试验通过在国际空间站上安装小尺寸的试验装置（见图 5－65），研究微重力下低温贮箱压力变化情况和压力控制特性，考核在空间环境下，采用主动热转移和强迫混合技术实现低温推进剂零蒸发的实际效果。

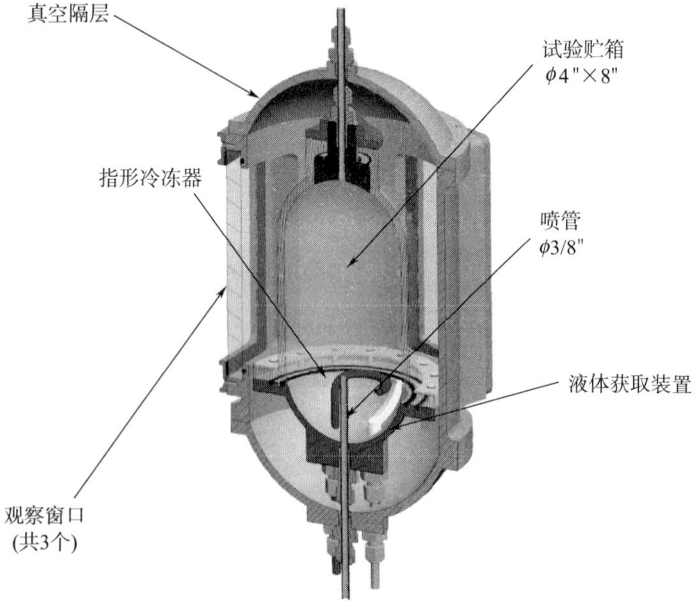

图 5－65　国际空间站零蒸发试验装置剖面图

5.4.3　目前正在开展的技术开发及试验工作

5.4.3.1　原位资源利用液化风险降低试验

1）用主动制冷和“Tube－on－tank”HTX 构型演示验证“类原位资源利用”推进剂液化；

2）马歇尔航天飞行中心和格伦研究中心分别进行了对液氮和液氧的测试（2017 财年到 2019 财年）；

3）全集成系统演示将在约翰逊航天中心（JSC）进行（2022 财年到 2023 财年）。

5.4.3.2　“低温在轨试验台”（CRYOTE）

NASA 对于低温流体长期在轨贮存和传输的研究开始于 20 世纪 60 年代末、70 年代初的“火星核动力飞行器”（Mars Nuclear Vehicle，MNV），NASA 和工业界都多次积极为这项太空中的技术开发与验证筹集资金。与此同时，对飞行候选技术进行了大量地面试验。这些试验虽然大部分都集中于部件层面，但近来也设想出多个部件的集成试验方案，其中一项尝试就是“低温在轨试验台”（CRYOTE）。作为 CRYOTE 技术演示验证概念方案的一部分，研制出集合了多项技术和多个部件的地面样机（GTA），包括降低向整个系统漏热的 MLI、降低样机结构热负荷的复合材料裙板、散掉通过 MLI 和结构传导的少量热的热力学排气系统，以及 Cryo－Tracker（Sierra Lobo，Inc.）液位指示计。虽然这项工作的远期目标是液氢测试，但受限于预算，在第一阶段首先完成了液氮测试。

CRYOTE 由联合发射联盟公司（ULA）构思，衍生自与 NASA 格伦研究中心合作完成的一项低成本低温飞行试验工作。早期的概念评估由 ULA 和创新工程解决方案（IES）公司在 2008 年初进行。随着关注度的增大，其他公司很快加入了合作。在合作伙伴中，Sierra Lobo 公司为地面样机提供了 Cryo－Tracker，喷气推进实验室（JPL）捐赠了剩余的具备飞行资格的钛罐作为收集瓶，NASA 肯尼迪航天中心资助了航空电子设备并设计、制造、安装了 MLI 绝热系统（制造和安装是与联合发射联盟公司共同完成的），而 IES 公司牵头了最初的设计工作，设计并协调了复合材料结构裙板的安装工作，并实施了首台样机的结构和流体系统组装。试验在 NASA 马歇尔航天飞行中心用液氮完成。

表 5－11 所示为 CRYOTE3 贮箱参数，图 5－66 所示为 CRYOTE3 贮箱地面样机。

表 5-11　CRYOTE3 贮箱参数

参数	值
材料	不锈钢
直径	3.05 m
长度	3.05 m
壁厚	0.048～0.061 cm
圆顶几何形状	1.38∶1 椭圆
表面积	30.52 m^2
容积	16.4 m^3
表面积/容积	1.66 m^{-1}
空载质量	136 kg
满载质量—氮	14 743 kg
满载质量—氧	20 859 kg
满载质量—氢	1 416 kg
压力额定值	60.7 psia(419 kPa)
结构界面	汽缸垫

图 5-66　CRYOTE3 贮箱地面样机

5.4.3.3 “演进式低温贮箱”(eCryo)

“演进式低温贮箱”（eCryo）项目由 NASA 格伦研究中心空间技术任务部管理和牵头，寻求在一些低温流体管理关键技术中弥合发展差距。eCryo 项目建立在 NASA 多个中心丰富的低温推进剂专业知识的基础之上，通过使用一系列增强型测试设备和新型测试设备，进一步使低温推进剂贮存和转移技术成熟，支持未来的各种空间飞行器和空间系统，包括空间发射系统（SLS）火箭。在 eCryo 项目下开发的技术将在近地轨道以远的空间飞行任务中发挥至关重要的作用。

为确保低温流体管理技术研发成熟，能够帮助实现 NASA 近期任务所需的能力，eCryo 正在应对四个重点领域：

1）分析工具：可以同时预测沉底和未沉底低温液体系统的蒸发、贮箱混合、增压和冷却现象的计算机代码的开发和验证；

2）多层绝热结构特性表征：在以“空间发射系统”上面级任务实施阶段为代表的条件和构型下，测试和分析 MLI 覆盖层以量化热性能（见图 5－67）；

3）基于蒸气的热截留：表征利用推进剂贮箱排出的蒸气截留通过结构要素进入贮箱的热量的潜在好处（见图 5－67）；

4）射频质量计量：定量分析射频质量计量系统的微重力性能和精度；射频质量计量是一种将在国际空间站上作为演示试验飞行的创新型低温贮箱推进剂定量测量技术（见图 5－68）。

eCryo 项目是 NASA“技术演示验证任务”计划的一部分，由 NASA 马歇尔航天飞行中心空间技术任务部管理。“技术演示验证任务”计划寻求弥合科学和工程挑战之间的鸿沟，以及克服这些挑战所需的技术创新，从而实现强大的、具有成本效益的新空间任务。

在 eCryo 项目中，首先建造了地面试验样机（见图 5－69），计划为研制真实飞行硬件提供地面测试（见图 5－70）。由于空间技术任务部重新制定了该项目的方向，因此没有建造真实飞行硬件。地面试验样机也因重新制定和成本/进度超支而失去了作用。工程研制

图 5－67　MLI 的缩尺表征测试以及基于蒸气的热截留概念方案

图 5－68　用于测量贮箱内液位的射频质量计量系统

样机利用了地面试验样机的硬件，其为真实飞行硬件提供了“可制造性证明”。图 5 - 71 所示为 eCryo 工程研制样机推进剂贮箱组件。

图 5 - 69　eCryo 地面试验样机

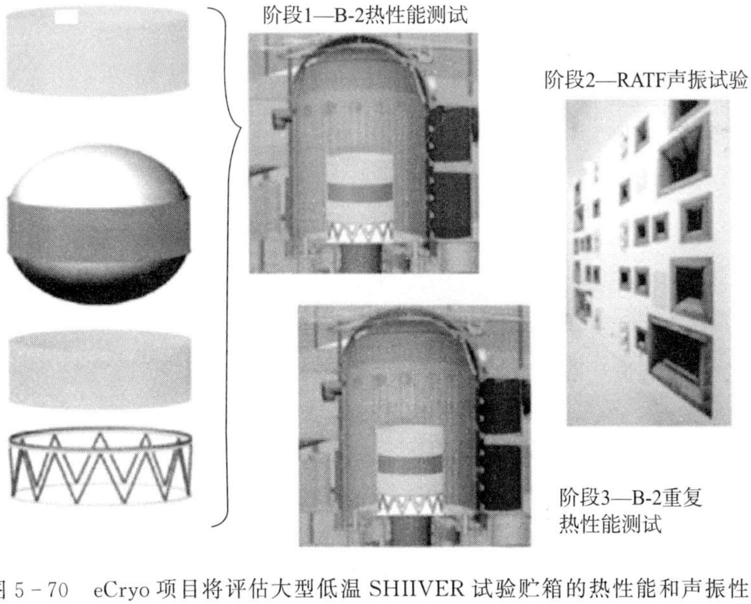

图 5 - 70　eCryo 项目将评估大型低温 SHIIVER 试验贮箱的热性能和声振性能（NASA/GRC）

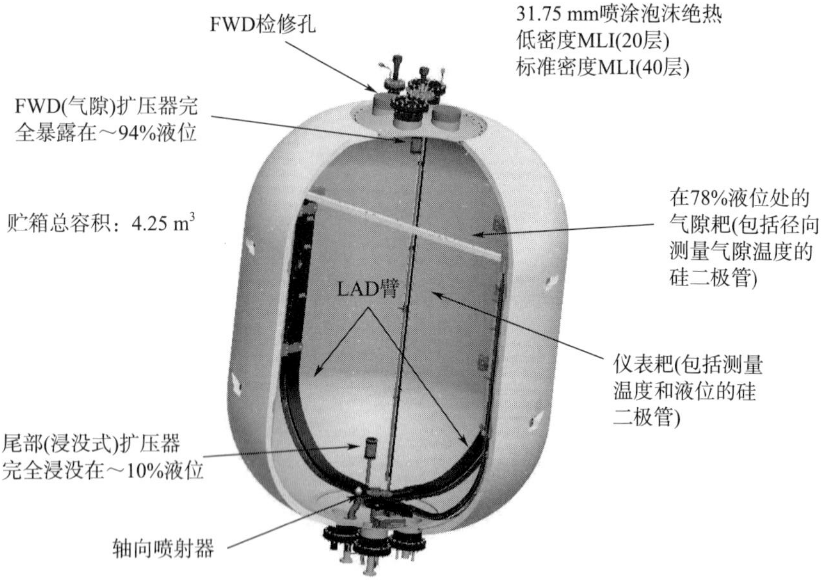

图 5-71　eCryo 工程研制样机推进剂贮箱组件

第6章　电推力器推进剂供给与控制

电推进系统大多用氙（Xe）、氪（Kr）和氩（Ar）等惰性气体作为推进剂，密度大，可以缩小贮箱体积，能够减小卫星干重。电推进比冲极高，在航天器上使用时，可以明显增加有效载荷，或延长使用寿命，或降低发射成本。氙气化学性能稳定、无毒、不易爆炸、不腐蚀贮箱和管路，氙气推进剂已成为现今世界上离子推力器使用最多的推进剂。氙气的物理特性非常特殊，常温下，氙气随压力和温度不同会存在气相、液相、超临界流体等状态，因此研究其特性是解决电推进应用的基础。本章将先对电推进系统、电推力器对推进剂流量控制要求进行简单介绍，重点介绍电推力器推进剂微流量供给与控制、电推力器推进剂物理特性理论与试验验证情况。

6.1　电推进系统概述

6.1.1　电推进概念、分类及特点

电推进是一种先进的空间推进技术，它把外部电能转化为推进剂的喷射动能产生推力，相对传统化学推进具有比冲高的显著特点。可以应用于航天器的姿态和轨道控制、轨道转移、深空探测主推进、无拖曳控制等任务。

按照电推进的工作原理，传统上把电推进分为电热式、静电式和电磁式三大类，每一类又包含数种不同的类别，如图6-1所示。其中，电热式推进是指利用电热方式提高推进剂能量并通过喷嘴加速产生推力。静电式推进是指利用静电场加速推进剂的方式产生推力。电磁式推进是指利用电磁场加速推进剂的方式产生推力。

- 电推进
  - 电热式推进
    - 电阻加热式发动机(EHT)
    - 微波等离子体发动机(MPT)
    - 电弧加热式发动机(ARCJET)
  - 静电式推进
    - 霍尔推力器(HET)
      - 稳态等离子体推力器(SPT)
      - 阳极层推力器(TAL)
    - 离子推力器(GIT)
      - 电子轰击式推力器
      - 射频电离式推力器
    - 场发射推力器(FEEP)
    - 胶体离子推力器(Colloid Thruster)
  - 电磁式推进
    - 脉冲等离子体推力器(PPT)
    - 磁等离子体动力学推力器(MPD)

图 6-1　电推进分类示意图

在各种电推进类型中，电热式推进系统简单、干重小，容易与单组元化学推进系统集成，20 世纪 90 年代开始在美国得到了大范围的应用，但其比冲较低（600 s 左右）。

电磁式推进中的脉冲等离子体电推进目前仅限用于小型航天器姿态控制任务，而具有大的推功比的磁等离子体电推进技术尚处于研发阶段，离成熟应用还有相当大的距离。

静电式推进是目前性能优势大、技术成熟度好、应用广泛的电推进类型，其中，离子电推进和霍尔电推进是两大主流产品。离子电推进的主要特点是比冲高、寿命长、效率较高、推力容易实现调节，霍尔电推进的主要特点是推功比大、工作电压较低、系统相对简单可靠、成本较低。因此，离子电推进更适合以长寿命、节省推进剂为主要目标的任务场合，霍尔电推进更适合在功率限制条件下需要大推力的任务场合。而场发射电推进和胶体离子电推进推力很小，发展方向主要应用于微小卫星。

一般而言，在地球同步轨道卫星位置保持任务中，电弧、离子和霍尔电推进都能满足任务要求，国外实际应用情况也是如此。对地球同步轨道卫星轨道转移任务，在额定功率条件下应用离子电推进可以节省更多的推进剂，应用霍尔或电弧电推进可以缩短轨道转移时间，实际选择应根据具体任务进行优化。在深空探测主推进任务中，大速度增量任务更适合应用离子电推进，中小速度增量任务霍尔电推进更适合，实际选择还应考虑运载、载荷、平台功率、平台成本等相关约束条件。在近地轨道任务中，电弧电推进的系统集成性能和综合性能最好，离子电推进适合无拖曳控制任务，霍尔电推进适合轨道机动任务。

6.1.2　电推进系统组成

电弧推进与单组元化学推进系统的集成性好，只需要在原有单组元推进系统的基础上增加电源处理单元和电弧加热推力器等少数部件即可。

这里以离子和霍尔电推进系统为例，给出电推进系统的基本组成，如图 6 - 2 所示，一般包括电推力器、推进剂贮供系统、电推进控制单元、电源处理单元，在需要调节推力矢量的场合，还包括推力矢量调节机构。电推力器产生推力，贮供系统为推力器工作保证供气条件，电源处理单元为推力器提供电气工作条件，电推进系统各单元在电推进控制单元的协调、控制下工作。实际航天器应用的电推进系统是配置了多台推力器及其他配套单机的复杂系统。

离子电推进系统的工作以离子推力器为核心，推力器的组成如图 6 - 3（a）所示，主要包括：1）主阴极，作为电子源向放电室发射电子；2）放电室，通过直流放电产生等离子体；3）栅极组件，用于引出、加速和聚焦束流离子；4）中和器，向离子束流发射电子，保持电中性。

霍尔电推进系统的工作以霍尔推力器为核心，推力器的组成如图 6 - 3（b）所示。1）阴极，作为电子源向放电室发射电子；2）放电室，是环形结构，离子产生和加速的主要部位；3）磁路，在放电

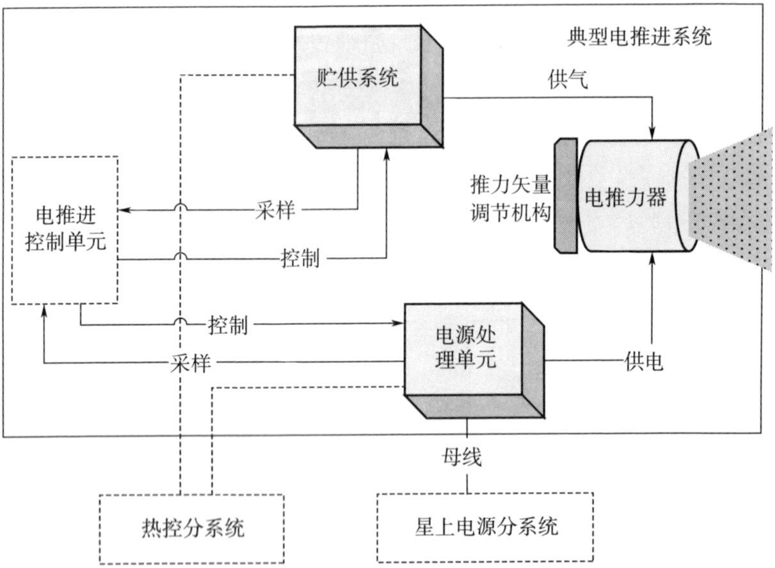

图 6-2　电推进系统基本组成

腔内形成以径向场为主的磁场，捕捉电子以提高气体电离效率，同时聚焦离子束；4）阳极，为空心环状结构，其额定工作电位为离子加速电压，侧壁有小孔，可匀化分配进入放电室的推进剂。

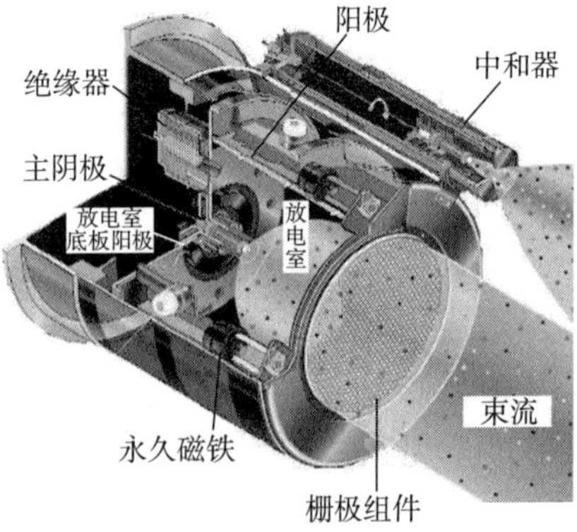

(a) 离子推力器

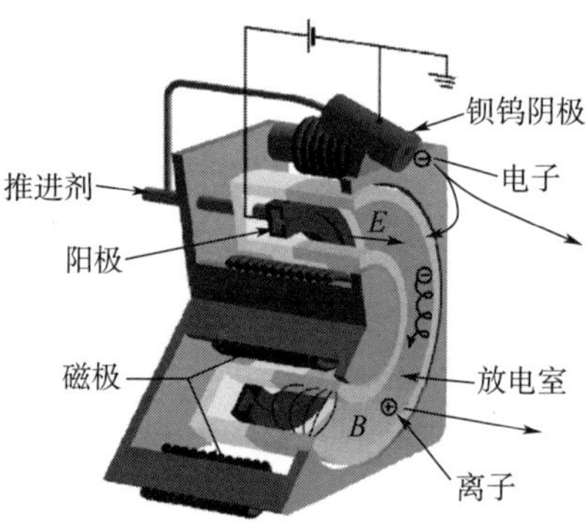

(b) 霍尔推力器

图 6-3　离子推力器和霍尔推力器结构和组成图

无论对于离子电推进系统还是霍尔电推进系统，氙气贮供系统都是其最重要的组成部分之一，贮供系统主要完成氙气的贮存和供给，实现对推进剂微小流量控制和高达 99.995%以上的纯度控制，主要包括贮箱或气瓶、阀门、压力传感器、节流器、过滤器、管路等部件。贮供系统本身较为复杂，包含的单机部件多，涉及的关键技术多、难度大，其重要性与电推力器相当。

6.1.3　电推进在航天器上的地位和作用

电推进作为先进的空间推进技术，具有比冲高、推力小、推力可调节等特点，在美国、俄罗斯、欧洲、日本等国家的航天器上已经获得了广泛应用，取得了显著的技术效益和经济效益。目前，国际上已经将是否采用电推进系统作为衡量地球同步轨道卫星平台先进性的重要标志。我国地球同步轨道卫星平台早期在国际上竞争力较弱，无电推进技术的支撑是一个重要原因。电推进技术是发展世界一流航天事业所必需的支撑技术，亟需加快发展速度。

地球同步轨道卫星应用电推进后，可显著降低推进剂装载量，在不增加卫星发射重量的情况下，可有效增加卫星载荷的承载能力，同时满足大型挠性可展开多波束天线姿态控制和指向误差精度的需求。

在深空探测任务中，航天器轨道机动需要的速度增量大，若采用传统的化学推进完成主推进任务，则航天器携带的推进剂量巨大。而采用电推进系统后，将使航天器在同样的有效载荷下的发射重量大大减小，同时探测同样目标的周期也将明显缩短。如对于 5 km/s 速度增量的任务，若采用比冲 315 s 的化学推进，推进剂重量占航天器发射重量的 80%以上，而采用比冲为 2 200 s 的电推进，推进剂重量不到航天器发射重量的 20%，带来的效益非常显著。

在近地轨道科学和地球观测任务航天器上，只有采用电推进才能实现大气阻尼补偿、超精细定向和高精度控制等。中低轨道航天器使用电推进可以显著增加有效载荷或延长寿命，带来可观的效益。

当前和未来我国电推进在航天器上的应用需求主要包括以下方面：

1）地球同步轨道卫星的位保、轨道转移、离轨、重定位、姿态控制等。

2）低轨道航天器轨道维持及轨道转移等。

3）行星际任务航天器的主推进、姿态控制等。

4）科学和地球观测任务航天器的超精细定向、轨道和姿态控制、阻尼补偿等。

6.2 电推进对微流量供给系统需求

6.2.1 离子推力器原理及流量控制需求

离子推力器属于静电式推力器的一种。离子推力器又细分为两种，即电子轰击式离子推力器和射频电离式推力器。其中电子轰击式离子推力器应用较广泛，其工作过程是：首先将推进剂在放电室中充分电离成等离子体状态，然后利用静电场使放电室内等离子体中的离子被加速后高速引出。因此，这类推力器具有很高的比冲。该种原理的推力器有过很多推进剂的选择方案。早期的这种离子推力器用汞（Hg）或铯（Cs）作为工质，现大多用氙、氪和氩等惰性气体。氙气化学性能稳定，在标准贮存压强下，其密度比水高 60%，所以可以缩小贮箱体积，从而减轻卫星干重。这种离子推力器比冲极高，可达到 30～35 kN · s/kg，是液体双组元推力器的 8～10 倍。只要有充足的电源，其比冲还可达到 50～100 kN · s/kg。由于比冲极高，所以在航天器上使用时，可以明显增加有效载荷，或延长使用寿命，或降低发射成本。由于这些优异特性，氙气推进剂已成为现今世界上离子推力器使用最多的推进剂。

氙离子推进系统由推力器本体（主要由考夫曼型离子源和中和器构成）、推进剂贮供子系统、供配电子系统和控制子系统四部分组成。

工作时，高压氙气瓶中的氙气经过常闭电爆阀、减压器、自锁阀、稳压器、过滤器、流量控制器、气体绝缘器后，一路进入中和器，另两路氙气流分别经过主空心阴极和与主进气口相连的环形气体分配器注入主放电室，氙气压力保持在 1.33 Pa。被预热的空心阴极发射少量电子，并在触持极点火电压的激励下产生放电，使少量氙气分子（单原子分子）电离。一小部分离子在阴极低电位吸引下被加速并轰击阴极，维持一定的电子发射温度，并在点火之后的较低电压下维持自持放电。电离产生的二次电子在电场和磁场的作用下被加速，围绕磁力线旋转前进，继续碰撞氙原子并使其电离，又产生新的二次电子，形成链式反应。这个链式反应迅速被扩展到整个放电室形成放电。由于磁场对放电室中等离子体的约束，使放电室中氙的电离率达 92%以上，放电室中的离子经栅极聚焦、加速后高速喷出去，产生推力。进入中和器的第三路氙气流也经过同样的电离过程，离子被中和器阴极收集，电子被主放电室喷射出来的离子束流形成的电场抽引出来，以等离子体桥形式与其中和。

图 6-4 所示为离子推力器结构示意图。

对于离子推力器来说，需为其提供三路不同流量，分别是：阳极、阴极及中和器。这三路的流量范围根据推力器结构、推力不同而不尽相同。下面是某离子推力器的流量范围（氙气）：

- 阳极：0.6～2.4 mg/s
- 阴极：0.25～0.36 mg/s
- 中和器：0.2～0.3 mg/s

因此，离子推力器的流量控制要求为：提供独立的三路氙气流量；流量在一定范围内可调。

6.2.2　霍尔推力器原理及流量控制要求

霍尔推力器（Hall Effect Thruster）属于静电式推进系统的一种，其工作原理是：气体（通常为氙气）通过阳极注入到环行通道

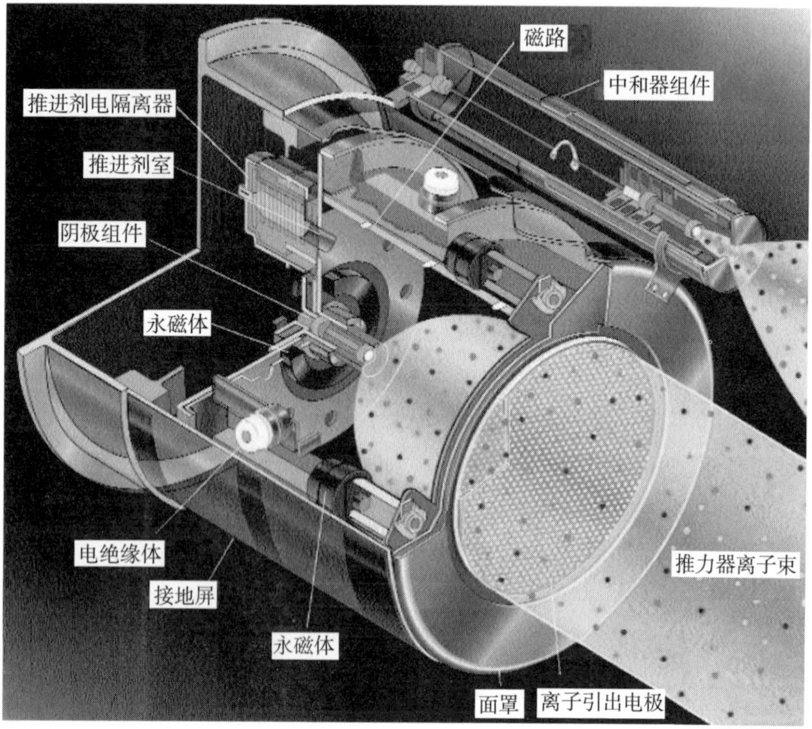

图 6-4　离子推力器结构示意图

中被中空阴极产生的电子电离，离子在负阴极静电场的作用下加速，在径向磁场的作用下只有轻微的偏转。但电子却被强烈磁化，被迫产生偏转漂移，而轴向的扩散却很慢（见图 6-5）。在加速通道中，离子和等离子体的运动速度远小于电子的运动速度，在电磁场作用下，电子沿径向的偏转运动远大于其沿轴向的扩散运动，径向电流密度远大于轴向电流密度，因此电子的运动构成了一个近似的环路，它相当于一个加速器使离子得以加速，也就是说离子是被等离子体中的电场加速的。离子在加速通道中的加速是准静电的，但等离子体的放电是半正弦的。因此这种离子推力器也称为稳态等离子体推力器（SPT）。其电子的径向电流密度与轴向电流密度成一定的比例关系。

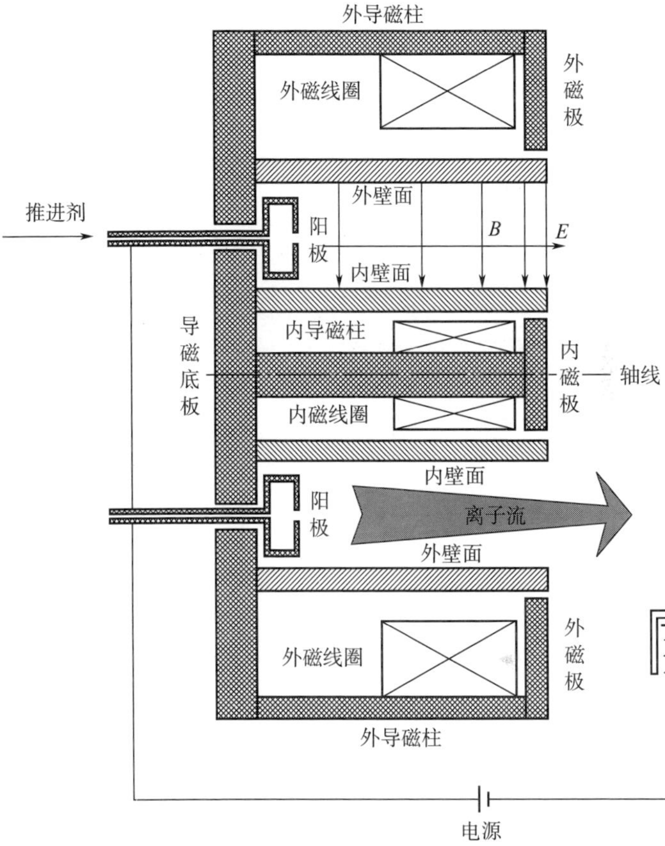

图 6-5　霍尔推力器工作原理

霍尔推力器在加速电压比传统离子推力器小一个数量级的情况下离子电流密度要高两个数量级。为确保获得无复合的离子流，要求气体密度较低，这也是霍尔推力器的体积要比同等功率的电弧推力器大的原因。不过相对离子推力器来讲，其结构还是要紧凑得多（见图 6-6）。

对霍尔推力器而言，由于没有中和器，因此需要单独对阴极和阳极提供两路流量，流量在一定范围内可调。

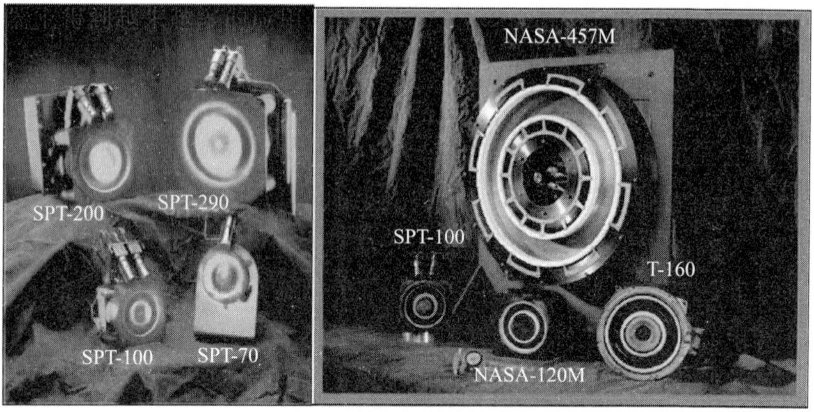

图 6-6 俄罗斯和 NASA 研制的霍尔推力器系列样机

6.2.3 场发射推力器原理及流量控制要求

20 世纪 70 年代开始，场发射电推进（Field Emission Electric Propulsion，FEEP）开始为人们所了解。这一概念由欧洲空间研究与技术中心（ESTEC）首先提出，随后欧洲的很多研究机构以发展南北位置保持任务（North-South Station Keeping，NSSK）为目标进行了 FEEP 研究。通过研究他们认为虽然 FEEP 质量消耗较小，但是由于其比功耗较大（约 60 mW/μN），而与离子和电弧推进相比没有竞争优势，80 年代末几乎被放弃。90 年代初由于人们对高性能推进系统的迫切需求，FEEP 重新引起人们的注意。FEEP 的应用领域大致有两类：一是阻力补偿和扰动补偿系统，二是星座的编队飞行和卫星簇的相对位置保持系统。过去几年中已有多个空间任务计划使用 FEEP 技术，如欧空局（ESA）的 LISA。

场发射推力器属于静电式推力器，采用高压静电场加速带电离子产生推力。典型的 FEEP 结构如图 6-7 所示，主要由发射器、加速器、中和器等组成。固体推进剂储存在发射器储腔中，工作时加热储腔，使推进剂液化，由于毛细作用使得推进剂流向发射器出口的狭缝。在发射器出口和吸极间施加高压电场（10^9 V/m）使金属离子化，在高压电场作用下离子克服表面张力脱离液体金属表面，由电场加速从吸极飞出（加速后离子速度大于 10^5 m/s），从而产生推力。中和器发射电子到离子喷射路径以中和离子。目前有缝口类和针尖类两种场发射推力器，缝口类具有较大的发射器面积，能够得到较高的推力水平，而针尖类只能通过外部或内部网格阵列才能得到更高的推力。

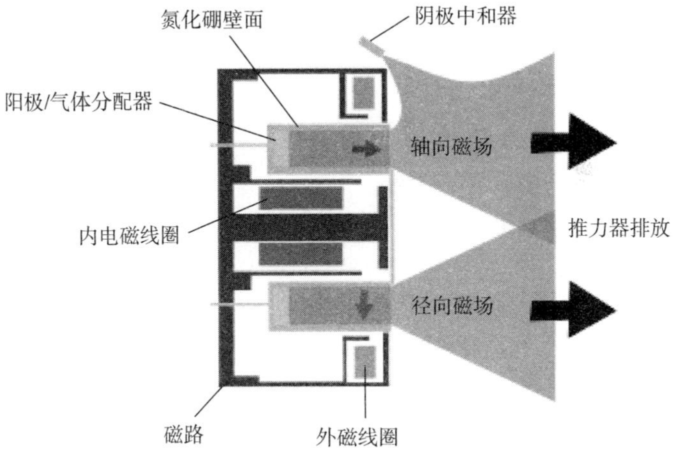

图 6-7　FEEP 结构原理示意图

场发射推力器的推力产生方式和离子推力器一样，都是利用静电场加速离子，与离子推力器以及霍尔推力器不一样的是其电离方式采用场致电离代替气体放电，从而使得其可以很方便地实现微型化和集成化。

场发射电推进系统的组成包括：1）推力器，每个推力器可能由几个发射器组成；2）中和器，用于中和发射器工作产生的电荷；3）电源控制单元，主要功能包括实施和监测推力器和中和器的初始化、提供推力器的高压电源和加热电源、实施和监测推力器的初始启动、根据推力需求命令控制推力器推力、为中和器供电和监测、提供诊断信息等。

场发射电推进系统中推力器的单个发射器推力为 0.5～100 μN，比冲为 8 000～12 000 s，电效率可达到 95%。

场发射推力器具有高比冲，可以有效减少推进剂质量。作为推进剂的 Cs 可以以液体状态贮存，不需要高压贮箱，可以大大减小贮箱的质量。需要调整推力时，该推力器可以很方便地通过调整电压和调整推力器个数来达到推力调节的目的。微射频离子推力器如图 6－8 所示。

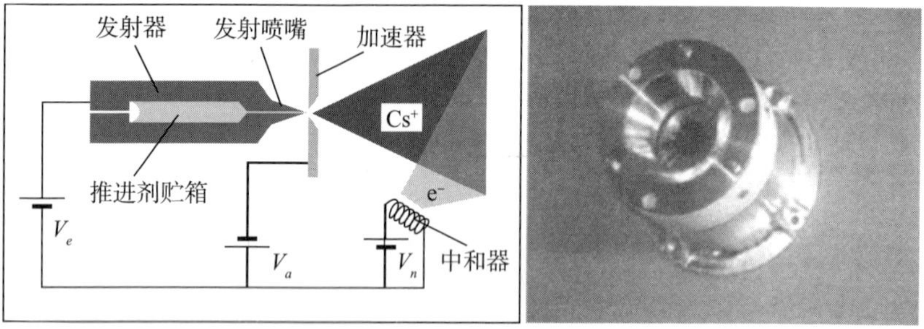

(a) 工作原理示意图　　(b) 实物图

图 6－8　微射频离子推力器

场发射推力器使用的是液态金属作为推进剂，通过增减电压即可控制流量的大小，因此可以通过对电压的控制来控制流量。

6.2.4　微流量控制原理

6.2.4.1　气体流量测量及控制原理

气体流量计算公式如下

$$G = C_d f_1 P_i \sqrt{\frac{2k}{RT(k-1)}} \times \sqrt{\left(\frac{P_e}{P_i}\right)^{\frac{2}{k}} - \left(\frac{P_e}{P_i}\right)^{\frac{k+1}{k}}} \text{（亚临界状态）} \tag{6-1}$$

$$G = C_d f_1 P_i \sqrt{\frac{2k}{RT(k+1)}} \times \left(\frac{2}{k+1}\right)^{\frac{1}{k-1}} \text{（超临界及临界状态）} \tag{6-2}$$

式中　G ——通过阀门的质量流量，kg/s；

C_d ——流量系数，根据流量系数试验曲线（气体）选取；

f_1——节流面积，m^2；

P_i——入口压力，Pa；

P_e——出口压力，Pa；

R——气体常数，J/（kg·K）；

T——绝对温度，K；

k——绝热指数。

从公式中可知，与流量相关的因素有节流面积、出入口压力、气体类型、温度、节流结构，而对于一个设计好的结构而言，节流结构已经固定，因此流量系数 C_d 变化不大。在一定压力、温度下，根据流量或压力反馈信号来控制节流面积就能得到较高精度流量。值得注意的是，除了结构因素，当流动特点发生变化时，如从连续流动到非连续流动，此时 C_d 变化较大。

换言之，气体流量的控制过程可以认为是一定结构在数个压力传感器、温度传感器、流量传感器的多传感器融合下的控制过程。

6.2.4.2　液体金属流量测量原理

使用液体金属推进剂的电推力器包括锂电弧推力器，锂-镓动态磁等离子体（MPD）推力器，铋霍尔推力器、汞、铯、铟金属静电推力器。能够精确控制并测量微小液体金属推进剂流量（10～100 mg/s）成为衡量推力器性能的一个必要数据。从 20 世纪 60 年代起，国外发展了多种测量液体金属流量的方法。采用的方法主要包括：1）液化气体流量计，其原理是将两个不同位置的温度和流量之间建立起联系；2）基于毛细效应的流量计，原理是基于毛细效应的压差进行测量；3）基于压差计的流量计，首先建立一个标准压力，然后标定通过不同流量时的压力差，得到目前的流量；4）利用电磁原理的流量计，利用液体金属推进剂带电的特性，进行流量测量。考虑到相容性、漏率等原因，多采用电磁原理的流量计进行测试。下面介绍电磁原理流量传感器。电磁原理流量传感器的工作原理如图 6－9 所示，它采用的是法拉第原理：当一个导体（在这里是导电的液体）往一个方向流动时，将产生一个磁场，其反电动势公式如下

$$E = -u \times B \tag{6-3}$$

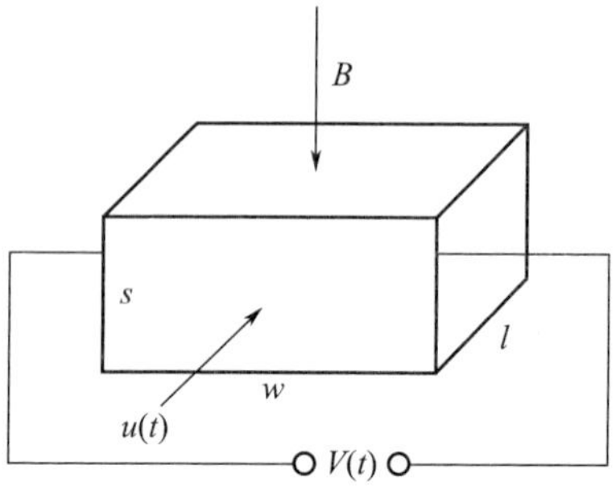

图 6－9　电磁原理流量传感器的工作原理

假设通过此空间的磁场与电场都是均匀的，那么图 6－9 中 w 两端的电压为

$$V = uBw \tag{6-4}$$

该电压是独立于流体区域的。在图 6－9 中，$u = \dot{m}/(\rho s w)$，这里 $\dot{m}$ 是指质量流量，ρ 是流体密度，s 是该通道高度。包含流量的电压表达式如下

$$V = \frac{B}{s}\frac{\dot{m}}{\rho} \tag{6-5}$$

用体积流量来替换其中的质量流量，则公式如下

$$V = \frac{B}{s}\dot{V} \tag{6-6}$$

参数 B/s 对电磁式的质量流量传感器而言是一个重要参数。输出电压就能线性对应流量的最终结果。

控制液体金属推进剂流量时，通过传感器值反馈的流量值，对电压进行相应的控制即可。在结构设计时，设计一定尺寸的流体通道，则可通过测量该通道的相关参数得到所需参数。

图 6－10 和图 6－11 为质量流量传感器的爆炸视图及实物图，由于其在卫星上用的尚少，国内外相关资料也较少。但是使用液体金属推进剂的电推力器作为一种很有竞争力的推进系统，随着技术的

成熟，将在有微牛级推力需求的航天器上得到越来越多的应用。

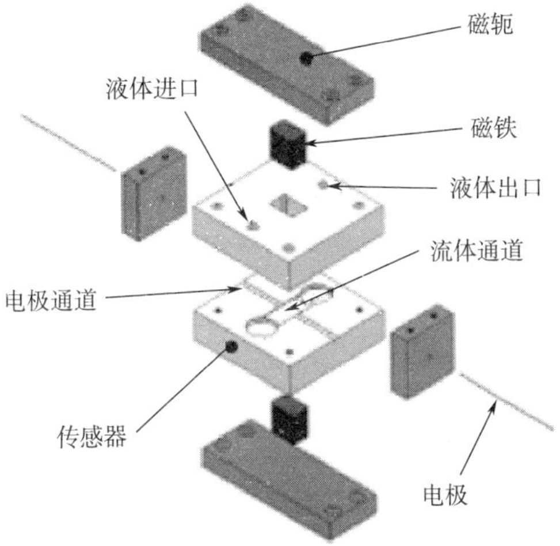

图 6-10　爆炸视图

图 6-11　实物图

6.3　高精度微流量供给与控制

大多数电推进系统都使用气体作为其推进剂，一般都选择氙气。电推进比冲很高，但是大多数电推进系统的体积比冲较低。究其原因，是因为供给贮箱与推力器之间的供给系统非常复杂，导致体积比冲很低。随着推进系统部组件技术及 MEMS 加工技术的成熟，微流量供给系统技术被逐步开发出来，极大地提高了电推进系统的系统性能。本节主要介绍微流量供给系统结构的发展，供给系统中压力调节模块、流量调节模块的发展、分类、优缺点及应用。

6.3.1 微流量供给系统结构的发展

场发射推力器的系统较简单，这里不对其系统结构进行讨论，主要讨论离子电推进系统和霍尔电推进系统。

国外对贮供系统的研究开始于 20 世纪 80—90 年代，已经经过 30 余年的发展。初期的结构布局延续传统大卫星的思路，重点从系统的安全性上考虑，后期则通过提高部组件可靠性，采用数个功能集为一体、一体化加工设计的方法来降低卫星质量、功耗等。对于电推进系统而言，不管是离子还是霍尔电推进系统，它们需要的推进剂都很少，其中，85%～90%供给阳极、10%供给阴极或中和器。氙气供给系统设计在贮箱以及推力器之间。通常来说，贮箱和加排阀不包括在供给系统之内。图 6－12 中所示为一个典型的供给系统框图。

高精度微流量氙气供给系统主要包括两个模块：压力调节模块及流量调节模块。随着推进技术的发展，也开发了各种原理的压力调节及流量调节模块。对于全电推平台微流量控制而言，由于其流量本身就较小，需要流量控制满足高精度的要求；传统化学推进系统上采用的压力调节模块虽然部组件少，结构简单，但基本都属于开环控制，在全寿命周期内精度较低，这不能满足全电推平台的高精度微流量控制要求。因此，各种类型的闭环控制方法、结构被逐步开发出来。同时，正由于全电推平台需要精确控制流量，供给系统逐步引入压力、温度、流量信息对推进剂进行反馈精确控制，从而达到精确控制推力的目的。传感器在其中起到的作用越来越大。多传感器融合的技术也得到了研究和发展。尤其是 MEMS 技术的兴

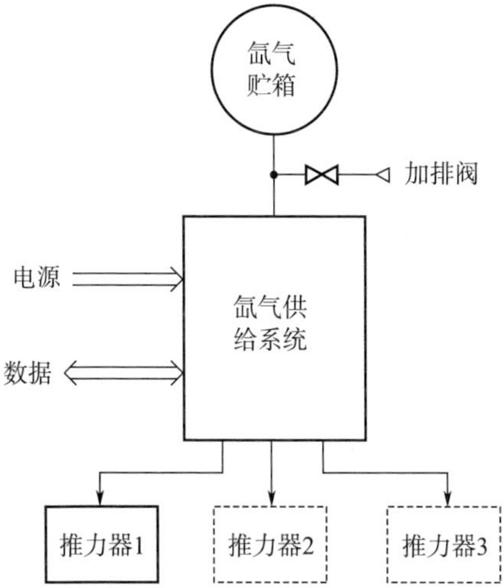

图 6－12　典型供给系统框图

起，氙气供给模块逐步实现了模块化、微型化，极大地提高了整个电推进系统的整体性能。总的来说，全电推流量贮供技术经过了以下几个阶段的发展：

1）机械式：以机械减压器结合流量控制器为主的贮供技术；

2）电子式：以 bang－bang 电子减压器结合流量控制器为主的贮供技术；

3）电子式：以比例式阀门技术为主的贮供技术；

4）MEMS 化：以比例式阀门为基础，融合 MEMS 加工技术、传感器技术的微型化贮供模块。

目前，国外具有代表性的贮供单元系统有美国的 NSTAR－XFS 系统（见图 6－13）、NEXT－XFS 系统（见图 6－14）、NEXT－AXFS 系统（见图 6－15）等，在上述系统中，NSTAR－XFS 系统是基于 bang－bang 电子减压器的第二代贮供单元系统，其输出流量恒定，NEXT－XFS 系统是基于比例调节技术的贮供单元系统，NEXT－AXFS 系统是完全的比例调节系统，相对于 NEXT－XFS 系统，其在系统重量、体积和控制精度方面都有了明显的提升。

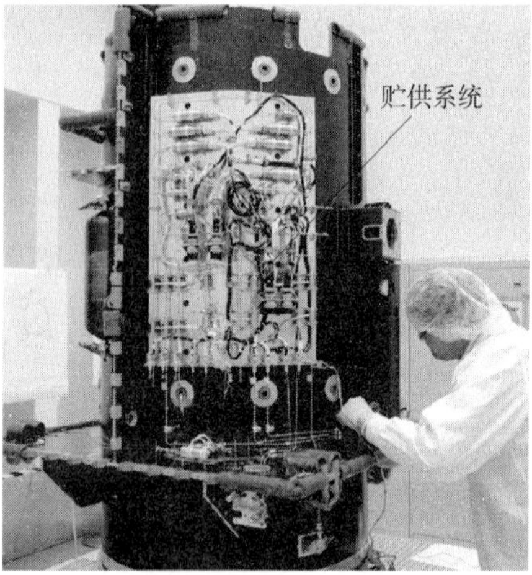

图 6 - 13　NSTAR - XFS bang - bang 贮供单元系统

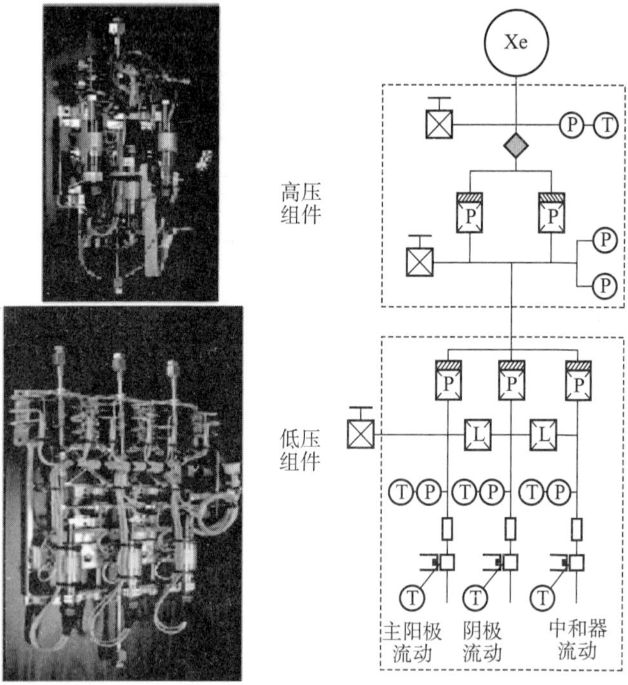

图 6 - 14　NEXT - XFS 比例式贮供单元系统

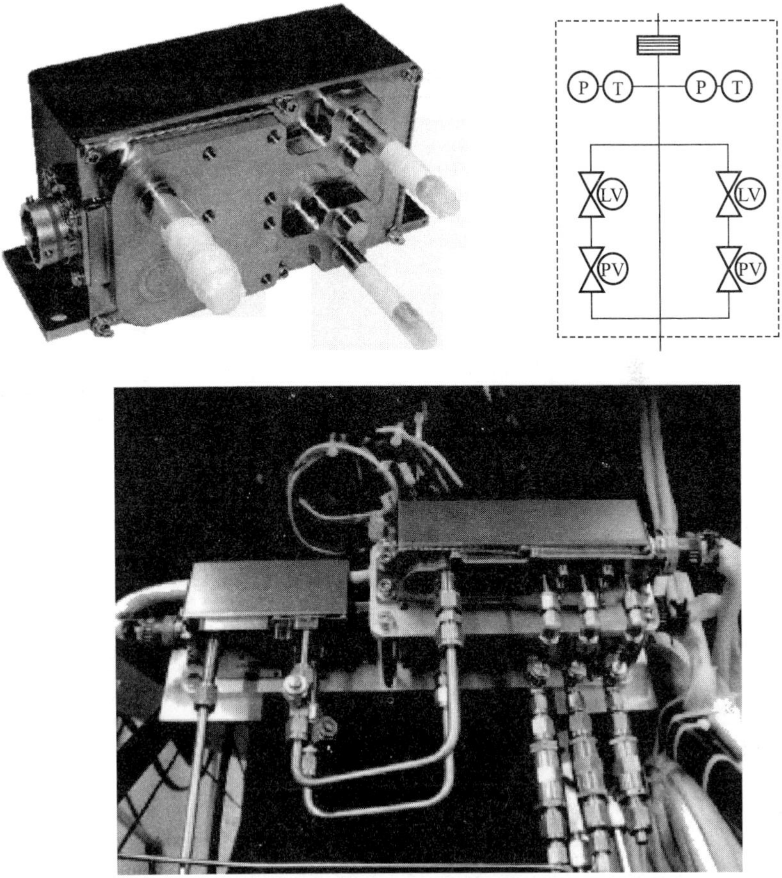

图 6－15　NEXT－AXFS 微型模块化贮供单元系统

国内对贮供单元系统的研究开始于 20 世纪 90 年代末期，历经 20 余年的发展，电推进系统在国内仅在 SJ－9A、DFB－3B、SJ－16 等卫星上进行了试验，其所使用的贮供系统由北京控制工程研究所负责研制。与国外的相关技术相比，我国在电推进贮供系统的研制还处于相对起步状态（见表 6－1 和表 6－2）。

表 6-1 我国贮供子系统研制及应用情况与国外产品对比

典型产品	国家	研制周期	首飞时间	设计手段	技术特征及验证情况	应用情况
NSTAR - XFS	美国	1993—1998 年	1998	试验、理论计算与数学仿真相结合	完成了在轨飞行试验，电子减压系统脉冲工作次数累计＞80 万次，在轨实现了微流量多阶梯水平控制，满足了不同推力阶梯任务需求，积累了丰富的在轨飞行经验	BOE702 卫星、DS-1、SMART-1 及 DAWN 等探测器
NEXT - XFS	美国	从 1996 年至今	未飞行	试验与仿真结合	贮供子系统压力与流量连续可调，可以满足空间连续变推力控制需求，同时在系统功耗、重量及体积方面均有大幅改善，目前完成了地面鉴定试验及点火试验	未飞行
NEXT - AXFS	美国	从 1998 年至今	未飞行	试验与仿真结合	贮供子系统压力与流量连续可调，关键单机基于比例调节设计，系统进一步集成小型化，体积、功耗、重量急剧降低，满足空间变推力、无拖曳控制任务需求，目前完成了地面首轮鉴定试验及点火联试	未飞行
XFS - 1	中国	从 2006 年至今	已飞行	以试验为主，辅以仿真计算	与 NSTAR - XFS 系统相似，压力采用 bang - bang 控制，微流量采用热节流方式，流量固定，在轨不可调，目前已经完成整星鉴定试验及地面点火联试	SJ-13 卫星

表6-2　我国贮供子系统与国外产品性质对比分析

典型产品	国家	质量/kg	安装体积/cm³	功耗/W	流量控制方式	流量控制精度
NSTAR-XFS	美国	11.4	1900	—	bang-bang控制结合热节流	±3%
NEXT-XFS	美国	5.0	1 654	7.9	比例连续控制结合热节流	±1%
NEXT-AXFS	美国	1.5	800	—	比例连续控制	±1%
Future-Plan	美国	0.75	110	—	比例连续控制	±1%
XFS-1	中国	<11	4 500	<40	bang-bang控制结合热节流	±5%

值得一提的是，随着微型模块化贮供单元系统设计、加工及装配技术的发展，使得该技术有着极强的适应性，图6-16就是适用于不同支路、不同可靠性要求的系统微流量控制模块框图。系统以压力信号为反馈信号，温度信号作为补偿。以单模块的贮供系统为例，系统包括一个过滤器、上游高压压力传感器及温度传感器、一个微型自锁阀、一个流量控制比例阀、一个低压压力传感器及温度传感器。对于两路流量控制的霍尔推力器、三路流量控制的离子推力器而言，根据具体需求能够很方便地进行模块设计。

图6-17就是一个使用微型模块化贮供单元系统完成的先进氙气供给系统框图。

6.3.2　压力调节模块

压力调节模块是电推进贮供系统中的关键模块，主要功能是把气瓶贮存的氙气压力调节到流量控制模块工作的额定压力，并维持其输出压力调节精度。从国外电推进系统应用的调压技术看，调压方式可分为两类：机械调压、电子调压。

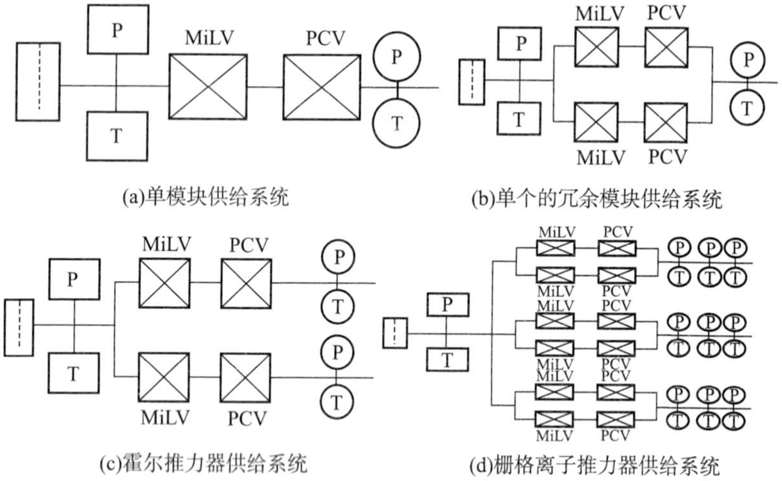

图 6-16　各类系统微流量控制模块框架

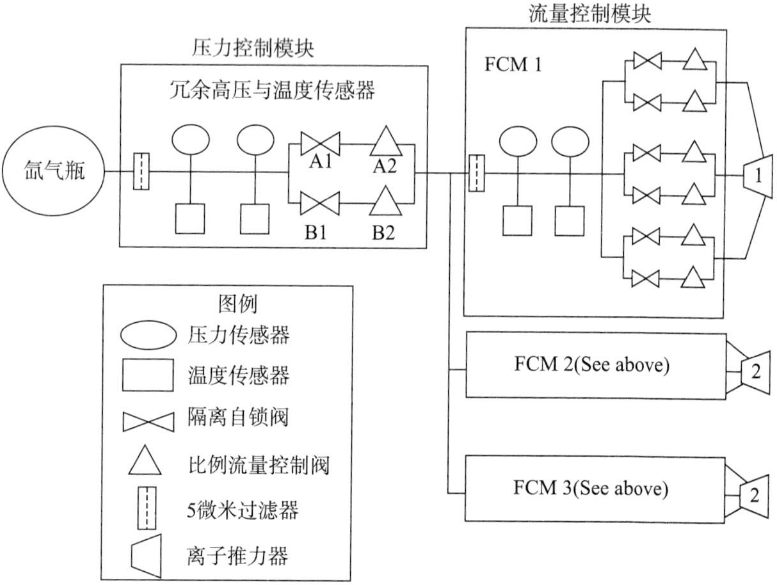

图 6-17　先进氙气供给系统框图

6.3.2.1　机械式调压方案

机械式调压方案的特点是模块部组件少、可靠性高、模块功耗小。

机械调压使用机械调压器（阀），采用该调压方式的电推进系统包括：BBS－601HP 和 BBS－702 平台的 XIPS 离子电推进系统、SPACEBUS－4000C 平台和 LS－1300S 平台的 PPS 霍尔电推进系统、GOCE 卫星的 T5 离子电推进系统。

图 6－18 为 GOCE 卫星的 T5 离子电推进系统贮供模块系统框图。GOCE 卫星上的氙气比例调节单元 PXFA 由荷兰布拉德福德工程公司（Bradford Engineering）研制，主要功能是对氙气的压力控制调节以及氙气的流量调节。其中压力调节的主要作用是将氙气罐中的高压氙气（0.5～12.5 MPa）调节为低压（0.25±0.005 MPa）。压力调节模块还包括氙气过滤装置、压力缓冲、隔离阀（实现阳极、中和器切换和流量的控制）、节流器（提供给 T5 离子推力器阴极和中和器）。流量调节模块则主要是根据推力器产生推力的范围进行调节（0.087～0.631 mg/s），流量变化的监控通过流量传感器来监控。

图 6－19 为 GOCE 贮供系统（不含贮存模块）模装图，图 6－20 为 GOCE 贮供系统（不含气瓶）实物图。

贮供子系统（单元、模块）的技术方案及主要技术指标为：

1）推进剂贮存压力：0.5～12.5 MPa。

2）配置方案：系统包括高压部分（除贮存模块外）都采用了主辅备份。

3）减压/稳压方案：该系统采用机械减压器，两个阴极以热节流器节流，控制所需的流量，阳极则采用比例流量控制技术，通过比例流量控制阀实现闭环控制和流量调节，从而实现推力可调。

4）流量供给单元（流量调节器）入口压力：0.25 MPa。

5）GOCE 贮供系统流量及精度要求见表 6－3。

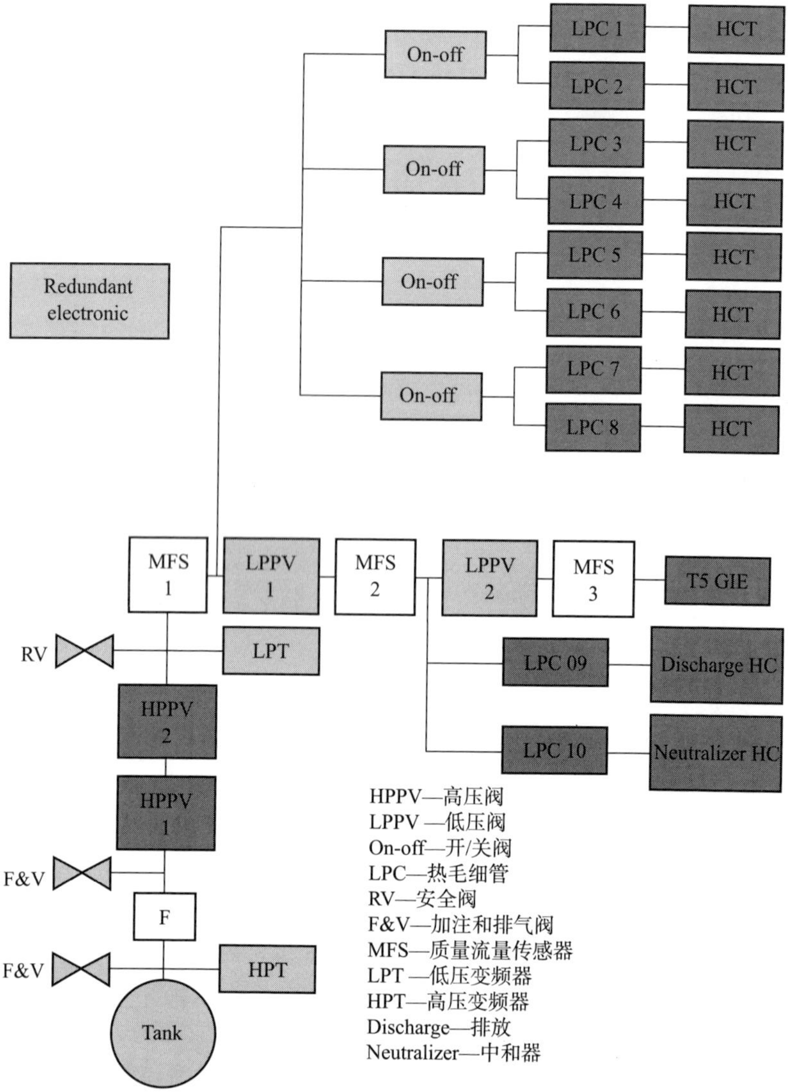

图 6-18　T5 离子电推进系统贮供模块系统框图

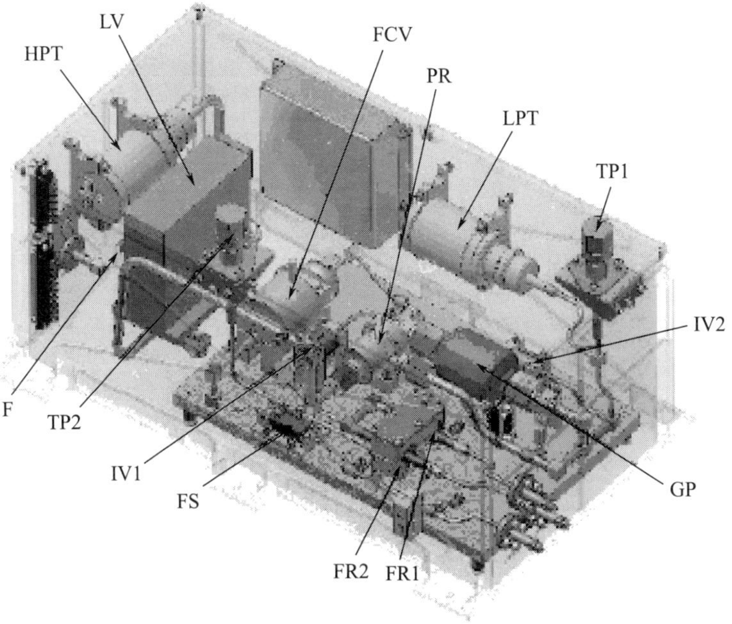

图 6-19　GOCE 贮供系统（不含贮存模块）模装图

表 6-3　GOCE 贮供系统流量及精度要求

放电室流量	(0.01～0.63)±5% mg/s
阴极流量 中和器流量	0.11±0.007 mg/s 0.041±0.006 mg/s

6）系统漏率：≤10^{-4} Pa·m^3/s（内漏、外漏）。

7）单支质量：7.5 kg。

8）工作温度：-10～+60 ℃。

9）非工作温度：-30～+60 ℃。

图 6-21 为 Marotta 公司研制的使用机械式减压阀的电推进系统中的供给管路，在 ESA 大型平台上用过。此系统通过机械式双级减压阀将压力调节至一定范围，下游则通过比例阀以及热节流流量控制器来控制各路流量。

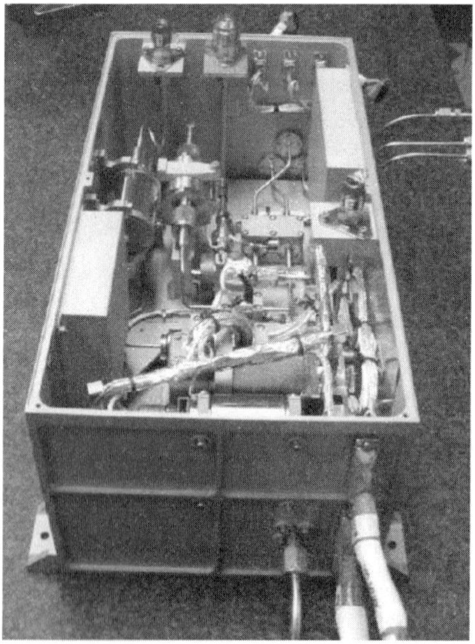

图 6 - 20 GOCE 贮供系统（不含气瓶）实物图

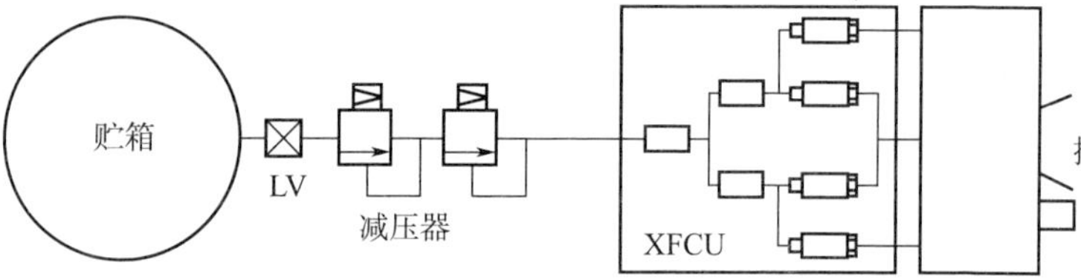

图 6 - 21 电推进系统中典型的供给管路

这种机械式减压阀的优点主要是设计简单。由于作为反馈平面的平板面积大，所以入口压力在一定范围内变化时可得到一个很精确的出口压力。它实现了高精度要求，成本却远低于现用新颖的 bang - bang 阀，且 bang - bang 阀需要高精度的反馈控制，同时消耗较高功率。其性能参数见表 6 - 4，其剖面图及三维模型如图 6 - 22 所示。

表 6-4　机械减压阀性能参数

参数名	值范围
入口压力范围	0.3～15 MPa(绝对值)
出口压力范围	0.7 MPa
入口验证压力	22.5 MPa
出口验证压力	1.05 MPa
入口爆破压力	37.5 MPa
出口爆破压力	1.75 MPa
公称压力(入口压力 150 个 bar)	0.25～0.3 MPa
定点精度	±500 Pa
锁定压力	<设定压力+0.03 MPa
压力误差	±0.01 MPa
流量	0～20 mg/s (氙气)
内漏率	$<1\times10^{-5}$ Pa·m^3/s(氙气)
外漏率	$<1\times10^{-7}$ Pa·m^3/s(氙气)
反应时间	<50 ms(锁定在公称输出范围)
工作介质	氙气,空气,GN_2,GHe,GAr,IPA
温度环境	−20～60 ℃(非工作状态);17～60 ℃(工作状态)
正弦振动	20 *g*
随机振动	37.5 *g* (均方根值)
冲击振动	5 000 *g* /2 500 Hz
质量	约 350 g

该机械式减压阀经过了性能测试、验证压力测试、卸压性能测试、内外漏率检测、热循环、生命周期和振动测试等。减压器功能测试系统框图及实物图如图 6-23 和图 6-24 所示。

图 6-25 为机械式减压压力性能测试，从图中可知，其性能满足要求。

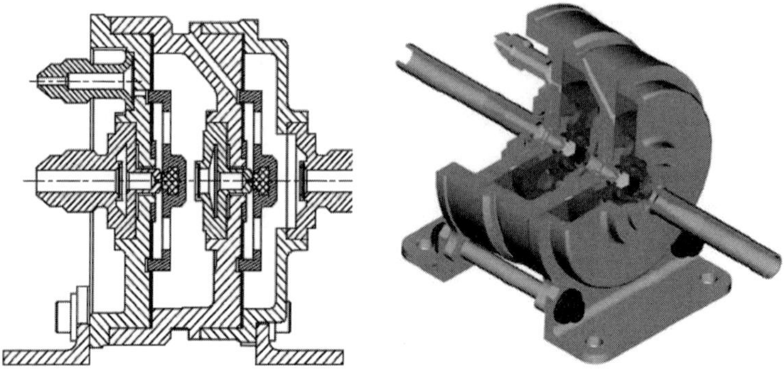

图 6-22　机械减压阀剖视图及三维模型

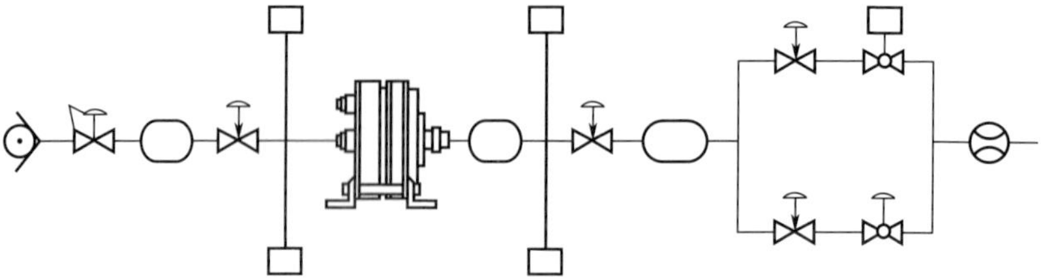

图 6-23　减压器功能测试系统框图

图 6-24　实物图

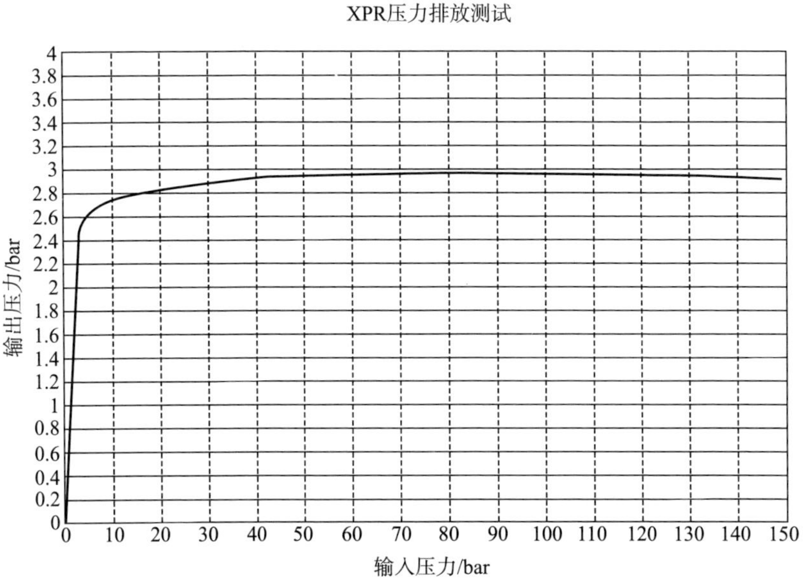

图 6-25　压力性能测试

6.3.2.2　电子调压方案

电子调压包括基于 bang-bang 系统的电子调压方案和基于比例阀的电子调压方案，其中采用 bang-bang 调节的电推进系统包括：EUROSTAR-3000 平台的 PPS 霍尔电推进系统、SMART-1 的 PPS-1350-G 霍尔电推进系统、Hayabusa 的微波离子电推进系统、DS-1 和 DAWN 的 NSTAR-30 离子电推进系统、ETS-VI 和 COMETS 卫星的离子电推进系统、ARTEMIS 卫星的离子电推进系统等。而采用比例调节阀的电推进系统包括：TacSat-2 卫星的 BHT-200 霍尔电推进系统、已经为通用公司完成鉴定的 BHT-4000 霍尔电推进系统、正在进行鉴定的 NEXT 离子电推进系统。

（1）基于 bang-bang 系统的电子调压方案

其中，EUROSTAR-3000 平台 PPS 霍尔电推进系统为 EADS Astrium 研发，应用 4 台 SPT100。减压/稳压方案：双路主备份的电磁阀与单路缓冲罐构成 bang-bang 系统，4 台监测压力传感器互为备份。

贮供子系统（单元、模块）的主要技术指标为：

1）推进剂携带量：根据需求，最多 300 kg；

2）存贮气瓶容积：根据需求选择 1～4 个，球形，有不同尺寸；

3）推进剂贮存压力：12 MPa；

4）流量供给单元（流量调节器）入口压力：(0.265±0.02) MPa；

5）系统漏率：不详；

6）流量精度：+7.6%，−11.0%。

7）阀门循环次数：66 600 次（验证 100 万次）。

SMART－1 系统的推力器为 PPS－1350－G 霍尔推力器，该系统也是采用 bang－bang 减压系统。图 6－26 为 SMART－1 贮供系统实物图。

图 6－26　SMART－1 贮供系统实物图

其贮供子系统的主要技术指标为：

1）推进剂携带量：82.5 kg，裕量 2%；

2）推进剂贮存压力：15 MPa；

3）减压/稳压方案：采用 bang－bang 压力调节单元；

4）缓冲罐容积：1 L；

5）流量供给单元（流量调节器）入口压力：0.2 MPa 左右。

美国的深空一号（DS－1）电推进贮供系统也采用了 bang－bang 电子减压技术。图 6－27 为深空一号贮供系统原理图。

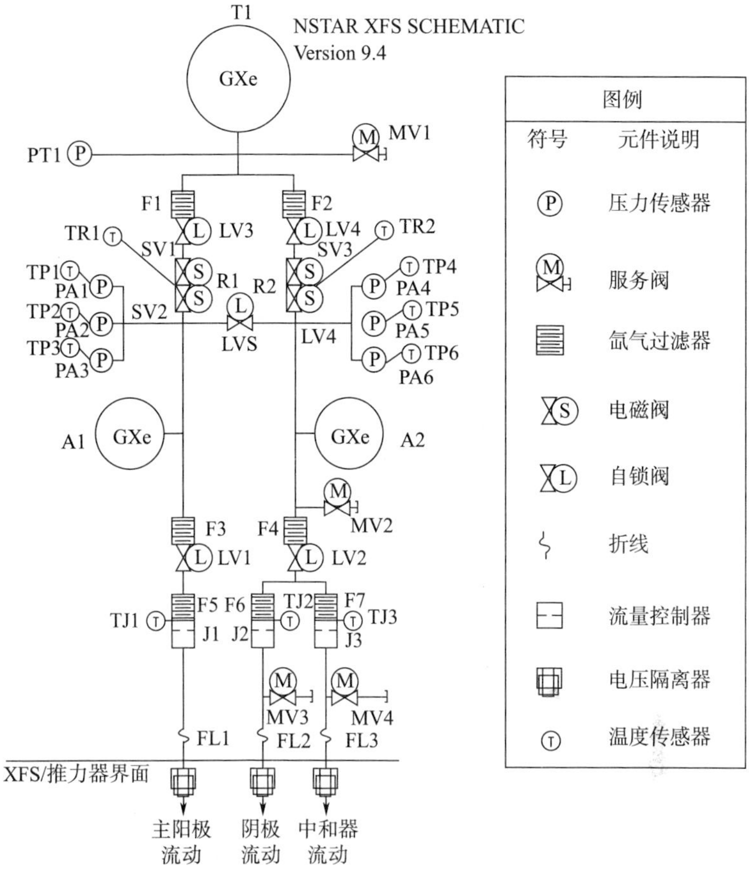

图 6－27　深空一号贮供系统原理图

其采用的减压/稳压方案：系统中出于对多级变推力调节的考虑（调节阳极流量），前级采用 bang－bang 对阴极和阳极分别控制。此方案控制方式灵活，可根据各推进剂供给通道的特点分别进行压力供给的调节，阳极供给压力精度可略低，而两个阴极（主阴极和中和器阴极）的压力供给精度则相对较高。代价是需要两个调节缓冲罐，使前级减压部分体积、重量增大，控制也较复杂。后级采用热式质量流量控制器的方法进行控制。

其主要技术指标为：

1）推进剂携带量：81.5 kg；

2）存贮气瓶容积：50 L；

3）推进剂贮存压力：7.58 MPa@21 ℃，8.4 MPa@25±5 ℃；

4）流量供给单元（流量调节器）入口压力：阳极为 0.276～0.683 MPa，阴极为 0.276～0.345 MPa；

5）流量控制器：多孔材料热节流器；

6）流量精度：±3%；

7）工作温度：20～50 ℃。

（2）基于比例阀的电子调压方案

随着部组件技术的发展，采用新材料、新原理研制出各类新型比例阀，从而大大地提高了系统性能，如基于磁致伸缩、压电材料等的比例阀。

图 6-28 所示是一个磁致伸缩阀及热式流量控制器，入口压力为 13.98 MPa，流量范围为 0～30 mg/s，理论精度可以达到 1.5%。但是该阀在重量和功耗上与其他的阀相比并没有明显优势，在后续的氙气供给系统中已经较少使用。

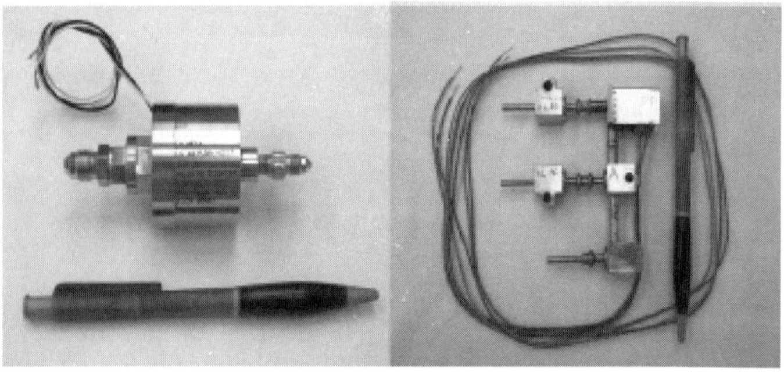

图 6-28　磁致伸缩阀及热式流量控制器

图 6-29 是 MOOG 公司开发的比例流量控制阀，该阀已经经过了飞行验证，通过入口压力和电流来控制其所需流量。低电流及小

行程使得其精度和 VACCO 公司的压电阀效果类似。其入口压力高达 15.158 MPa，出口压力至 275.6 kPa 左右，精度优于 1%。该阀通过一个闭环来精确控制流量。

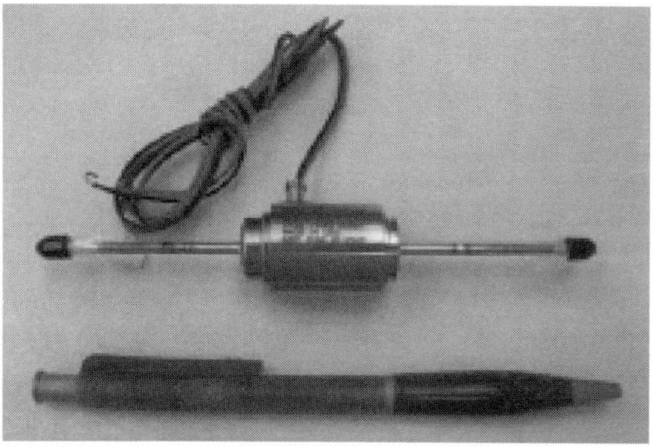

图 6-29　MOOG 公司的比例流量控制阀

压电阀是近年来发展比较快的一种新型阀门，是一种基于压电晶体的比例控制阀（见图 6-30 和图 6-31）。压电晶体的特性是在压力作用下会产生晶格变形输出电压，称为压电效应。压电效应具有逆反功能，即向压电晶体施加电压会产生相应的晶格变形，压电晶体产生相应的位移。压电晶体的逆压电效应，就是压电执行器工作的基本原理。

图 6-30　VACCO 公司研制的压电阀

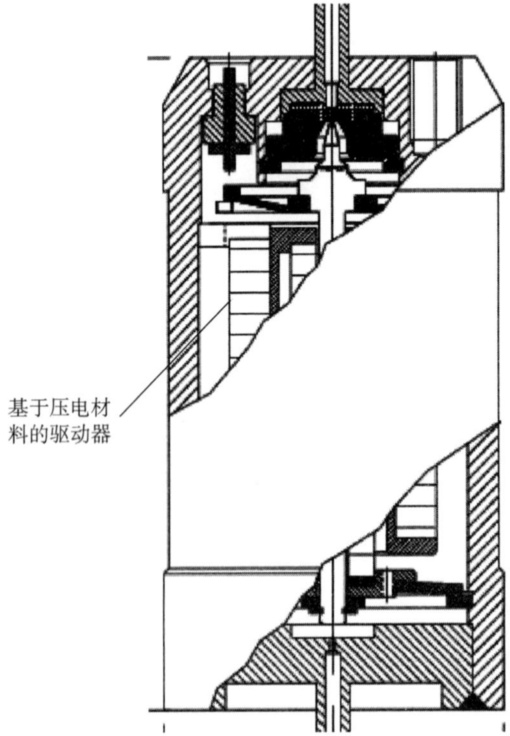

图 6-31　用于 GAIA 卫星的压电阀

1942 年，第一种压电陶瓷材料——钛酸钡先后在美国、苏联和日本制成。20 世纪 50 年代初，又一种性能大大优于钛酸钡的压电陶瓷材料——锆钛酸铅研制成功。从此，压电陶瓷材料的发展进入了新的阶段。压电陶瓷材料作为现代高智能材料是集化学、材料学、电子学、力学、压电学、控制学为一体的多学科综合的产物，越来越受人们的重视。尤其是近 10 年来，压电陶瓷材料无论是产品的制作工艺、压电陶瓷产品自身性能，还是产品应用领域都有很大的突破。利用压电陶瓷材料的逆压电特性研制、生产的压电驱动器，在精密控制中得到了广泛应用，涉及精密机械控制、高精密光学仪器控制、精密制导、航天航空等领域。由于压电陶瓷驱动器具有精度高、推力大、长时间工作稳定、功耗低等特性，所以，欧、美、日等国利用压电驱动器研发的阀门广泛应用于航天、航空领域。

由于压电材料输出力大、行程小，特别适合用于全电推压力控制系统。表 6－5 是国外典型比例控制阀的性能对比。

表 6－5　国外典型比例控制阀的性能对比

性能指标	MOOG 公司电磁比例阀			VACOO 公司压电比例阀	
	Model51－245A	Model51E339	Model51X362	HP RV	LP RV
工作介质	Xe、N_2	Xe、N_2	Xe、N_2	Xe、N_2	Xe、N_2
工作压力	6 MPa(Xe)	20 MPa(Xe)	6 MPa(Xe)	15 MPa(Xe)	0.5 MPa(Xe)
流量范围	6～20 mg/s (Xe)	0～30 mg/s (Xe)	0～100 mg/s (Xe)	0～100 mg/s (Xe)	0～50 mg/s (Xe)
爆破压力	15 MPa	50 MPa	15 MPa	60 MPa	2 MPa
工作电流/电压	75 mA～150 mA	75 mA～150 mA	75 mA～150 mA	0～150 V	0～150 V
内漏率	<8.3×10^{-4} scc/s(He) @6 MPa	<1×10^{-4} scc/s(He) @15 MPa	<1×10^{-4} scc/s(He) @6 MPa	<5×10^{-7} scc/s (He)@15 MPa	<5×10^{-7} scc/s (He)@0.5 MPa
外漏率	<1×10^{-6} scc/s(He) @6 MPa	<1×10^{-6} scc/s (He)@15 MPa	<1×10^{-6} scc/s (He)@6 MPa	<5×10^{-7} scc/s (He)@15 MPa	<5×10^{-7} scc/s (He)@0.5 MPa
响应时间	≤25 ms	≤20 ms	≤20 ms	≤100 ms	≤100 ms
工作温度	−8～+71 ℃	−10～+100 ℃	−8～+71 ℃	−30～+50 ℃	−30～+50 ℃
功耗	<1.5 W	<1.5 W	<1.5 W	<0.1 W	<0.1 W
质量	≤115 g	≤115 g	≤115 g	180 g	150 g

通过比对分析，可以看出 MOOG 公司和 VACOO 公司针对电推进系统均分别研制了高压和低压产品，流量覆盖范围较大，两家公司产品均表现出低功耗的技术特点，但 VACOO 公司的压电阀由于采用了压电晶体功能材料，在功耗方面有明显优势。

图 6-32 为 MOOG 公司为 200W 的霍尔推力器设计的一套微流量贮供系统，基于的就是前面提到的电磁比例阀。

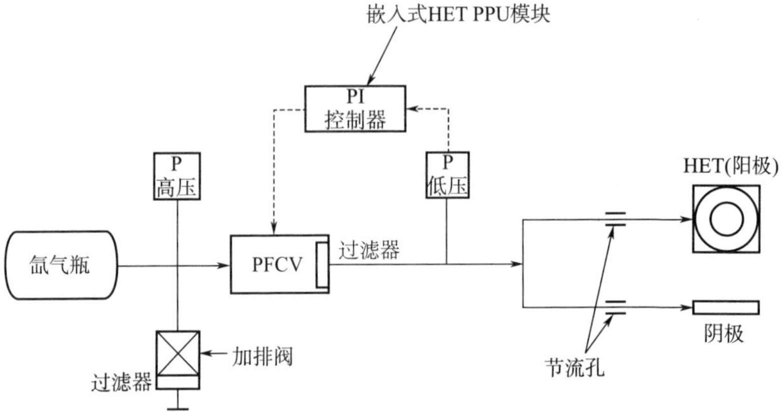

图 6-32　氙气供给系统框图

该系统的入口压力为 100～2 200 psi，出口压力为 5.25（1±1%）psi，其阳极流量为 0.882 mg/s，阴极流量为 0.071 mg/s，流量稳定控制时间<5 s，实物图如图 6-33 所示。

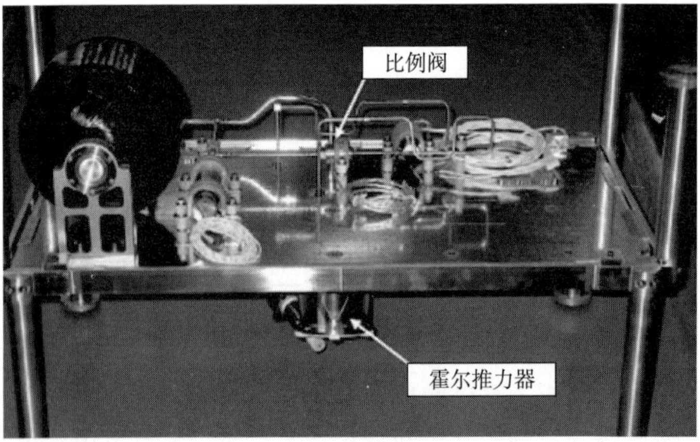

图 6-33　供给系统实物图

正是电磁或压电比例调节技术的成功实践，越来越多的电推进系统开始采用这类技术。继 DS-1 后，美国启动了 NEXT 计划。该计划的流量控制方案放弃了 bang-bang 压力调节方式，采用了比例流量控制阀（PFCV）的新方案，热节流器因已有相对高的成熟度，在计划中继续采用。新方案的贮供系统更加简化，即体积更小、重量更小、控制更简单，流量调节范围更大，从而使变推力调节范围更广，可靠性也更高。

图 6-34 为 NEXT 计划贮供系统原理图。

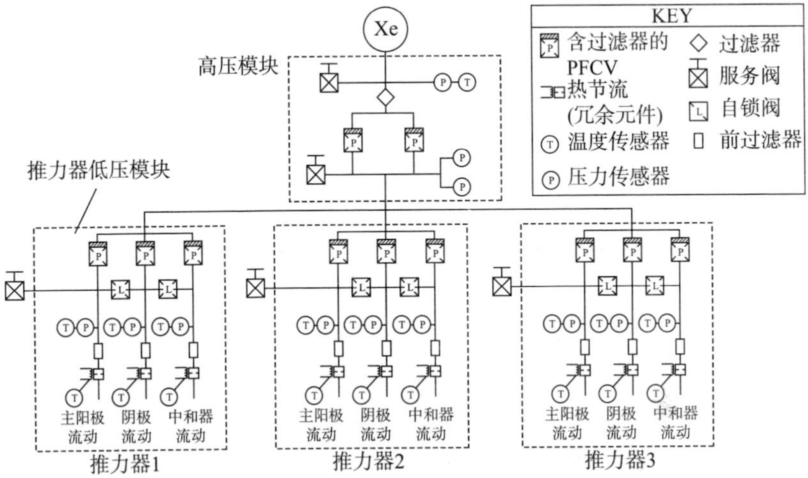

图 6-34 NEXT 计划贮供系统原理图

贮供子系统（单元、模块）的主要技术指标为：

1）推进剂携带量：不详；

2）存贮气瓶容积：不详；

3）推进剂贮存压力：超临界，10.34 MPa，25 ℃

4）减压/稳压方案：两级 PFCV 控制，第一级高压备份共用，第二级各推力器分别配置；

5）流量供给单元（流量调节器）入口压力：35～70 kPa；

6）流量精度：±3%；

7）流量控制器：多孔材料热节流器，功耗 18 W；

8）单支系统质量：9.2kg。

STSAT－3 卫星也采用比例阀进行压力和流量控制，该卫星是试验卫星，其任务之一就是对推力器进行性能测试和对霍尔推进系统在高真空环境下进行布局设计。电推进系统采用氙气作为推进剂。同样的，XFS 氙气供给系统有两个主要功能，一是在高压容器中贮存氙气，二是为推力器提供氙气，推力器由阴极、阳极组成。大多数的氙气供给系统需求类似，STSAT－3 卫星霍尔推力器要求见表 6－6。

表 6－6 STSAT－3 卫星霍尔推力器要求

参数名	要求
推力	>10 mN
比冲	>1 000 s
阳极效率	>30%
功率	200～300 W
质量流量	0.1～1.0 mg/s
流量精度	±5%

氙气贮存在超临界的状态，通过低压传送至推力器阳极和阴极（中和器），流量控制精度大约为±5%。在该系统中，流量是通过两个 MOOG 公司的比例流量控制阀实现的。比例阀可以在入口压力变化较大时进行大范围的氙气流量控制，整个比例控制模块包括两个比例阀和两个压力传感器及两个节流孔。

氙气贮箱由复合材料组成，内部采用的是铝合金。该贮箱贮存压力可以高达 150 bar，同时贮箱还备有一个 37.5 W 的加热器，稳定保持在 22～33 ℃之间，温度反馈通过测温计实现，从而保证氙气温度不会超过其临界温度 16.7 ℃。为了控制贮箱下游的流量波纹，采用了两级减压的方式进行流量控制，第一级将高压降至低压，第二级则采用流量控制器对流量进行控制，流量控制器将流量分为两个部分，比率大约为 1∶7。

图 6－35 所示为 STSAT－3 卫星推进系统框图，图 6－36 所示为 STSAT－3 卫星氙气供给系统实物图。

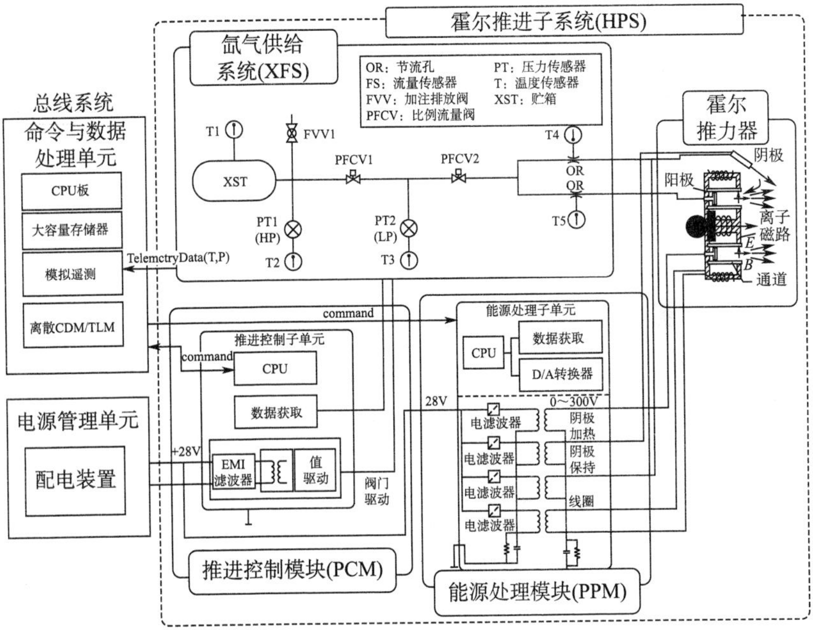

图 6－35　STSAT－3 卫星推进系统框图

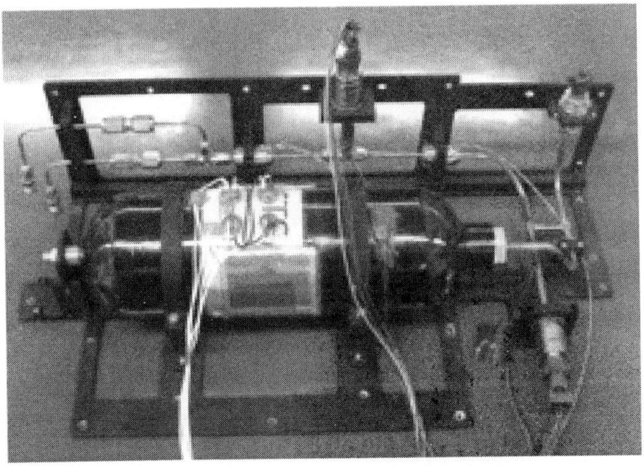

图 6－36　STSAT－3 卫星氙气供给系统实物图

近年来，随着 MEMS 技术的发展，通过将供给系统模块化、微型化，将大大降低整个系统的重量、体积及功耗，目前 VACCO 公司处于领先地位。图 6-37 是将各阀在模块中进行整体设计，主要通过扩散焊工艺，再结合电子束焊以及螺接方式，将整个模块连接在一起。该模块已经通过相关鉴定试验证明了其优异的性能。这也是未来美国 NASA 着重发展的技术。该模块的应用将大大降低系统的质量、功耗，也使得电推力器有可能用在更小体积的航天器上。

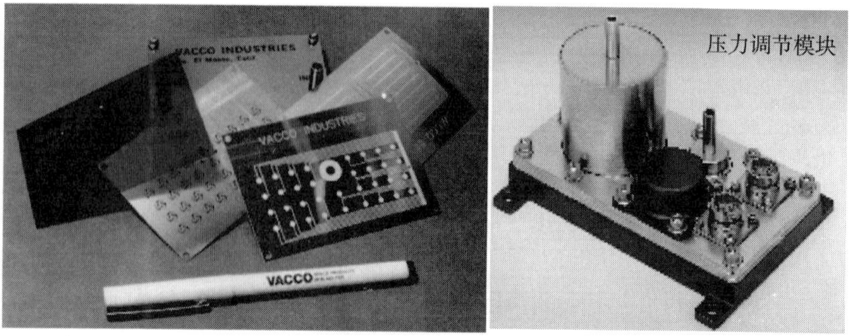

(a) 各层零部件　　(b) 模块示意图

图 6-37　VACCO 公司的模块示意图

6.3.2.3　其他调压方式

除了机械式调压以及电子调压方案外，还有一类组合式的调压方式。所谓组合调压方式就是采用机械调压器和电子调压器进行组合。其中：

1）机械调压器和 bang-bang 调节的组合主要在俄罗斯卫星的霍尔电推进系统上使用；

2）机械调压器和比例调节阀的组合在最新研制的 NASA 深空探测电推进系统中采用。

俄罗斯的航天器上较多采用了组合调压的方式，他们通过机械减压将高压降低至低压，然后再利用电子减压系统来精确调压。如在俄罗斯 EDB Fakel、NPO PM、NPC Elletrum、RIAME MAI 的

Potok、Lutch、Express、Gals、SESAT 等上，应用了 SPT－100、SPT－70。其贮供系统结构基本相同，区别在于因推力器不同、任务要求不同，所采用配置不同。如图 6－38 所示为 Gals 贮供系统结构图。

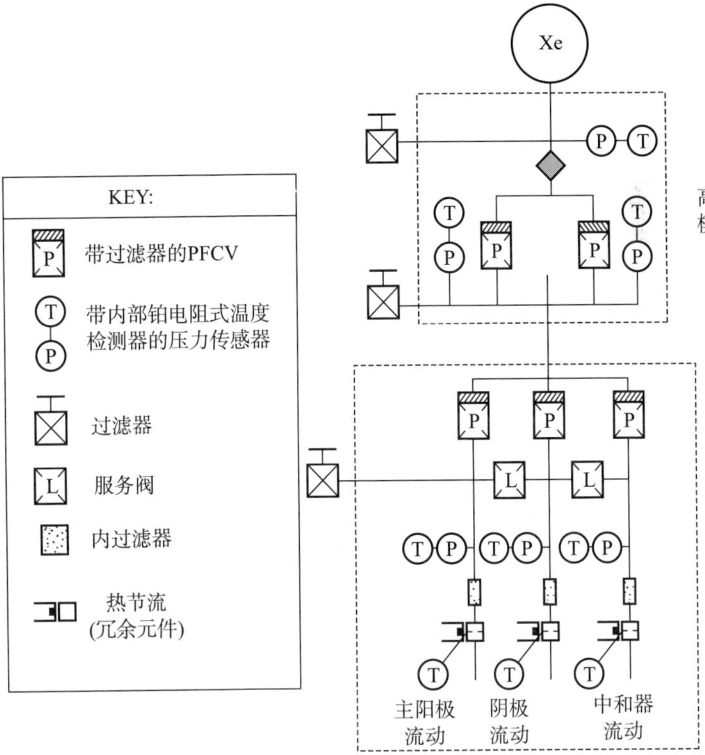

图 6－38　Gals 贮供系统结构图

Gals 贮供系统的主要技术指标为：

1）气瓶数量：根据氙气选择 1～4 个；

2）存贮气瓶容积：不详；

3）推进剂贮存压力：4.9～24.5 MPa；

4）减压/稳压方案：两级减压，第一级为机械减压器，降压至 0.44 MPa，第二级为机电调压装置（类似 bang－bang 系统）；

5）流量供给单元（流量调节器）入口压力：0.245 MPa；

6）节流器：经校准的孔板。

这类方案在增加一定系统重量的条件下，可以较好地降低电子减压器的压力调节难度。我国发射的 SJ－9B 卫星也采用此种方式。缺点是要增加额外的部组件，随着比例调节技术的成熟，该方案正在被更加先进的基于比例阀的压力调节方案所替代。

6.3.2.4 几种压力调节技术的比较

（1）各种压力调节技术的优缺点

①机械减压方案

机械减压贮供系统的主要优点是系统结构简单，无需控制系统参与压力的输出控制，但是相对于其优点，缺点更加突出，主要表现在：

1）压力输出波动大，受气源压力影响严重，精度低，通常为10％左右；

2）在轨减压输出压力不可调整；

3）减压比低，无法实现单级由高压到低压的减压输出，最大减压比只有 25～30；

4）系统重量大、体积大；

5）无法适应长寿命的要求。

由于机械减压贮供系统的上述缺点，使得在电推进贮供系统的发展过程中，逐渐被电子减压方案所代替。在目前的国际电推进系统的研制中，已经很少使用机械减压贮供方案。

②bang－bang 电子减压方案

相对于机械减压贮供方案，基于 bang－bang 的电子压力调节模块具有以下几方面的优点：

1）压力输出精度较高，其精度能达到约 5％；

2）减压输出在线可调，通过设定压力工作点，可以在轨调整缓冲罐内的压力值；

3）重量更小，通常而言比机械减压器重量减小一半以上；

4）减压比高，其减压比能做到 75 以上，因此，在电推进系统中，可以使用一级减压完成高压气体至低压气体的转换；

5）寿命长，可以保证系统达到 15 年以上的寿命。

相对于优点，bang - bang 电子减压系统也存在自身难以解决的缺点，主要包括以下几方面：

1）压力锯齿波动：由于自身的压力控制原理，使得压力输出呈锯齿状周期波动，导致系统流量输出也呈锯齿状波动，从而导致系统的流量输出精度不高，只能达到 5％左右的流量输出精度；

2）系统响应时间长：由于压力闭环控制需要缓冲罐，因此，不利于系统的小型化集成设计。同时，其系统响应速度也慢，不能较快地实现压力调节；虽然输出压力在线可调，但当需要提高系统的输出流量时，就需要调整系统的工作压力，但当需要减小系统的输出流量时，则无法迅速地降低系统的输出压力，从而无法迅速降低系统的流量。美国 NASA 主导的先进贮供系统研究中，也准备用更先进的基于比例阀的压力调节系统来替代 bang - bang 电子减压系统。

③比例调压方案

相对于机械减压贮供方案和 bang - bang 电子减压贮供方案，比例调压方案具有以下几方面的优点：

1）输出精度高，压力和流量输出精度能达到约 1％以下；

2）实现无级调压，可以通过下游压力传感器的反馈，随时对输出压力进行调整；

3）重量小，体积小，相对于 bang - bang 方式的电子减压系统，采用比例阀的贮供系统的重量只有其三分之一，安装面积下降至其二分之一左右。

图 6 - 39 所示为 NASA NEXT 高压组件及低压流量组件。

由于比例调压贮供系统的上述优点，目前各国都在进行相关技术的研发工作，美国 MOOG 公司和 VACCO 公司都完成了工程样机的研制，并经过了相关鉴定试验和系统点火试验。

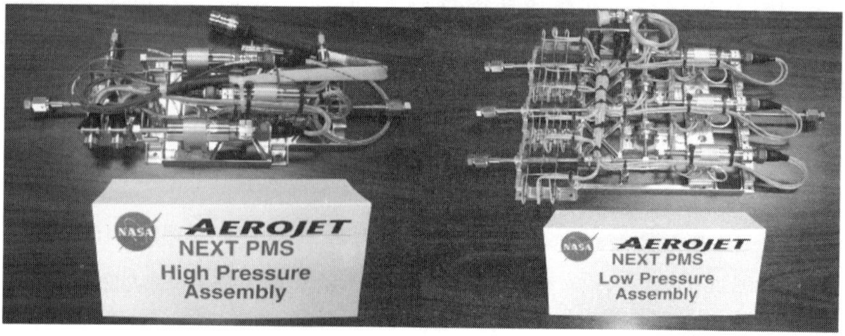

图 6-39 NASA NEXT 高压组件及低压流量组件

同时，在此基础上，VACCO 公司研发出一类基于扩散焊技术的微型模块化氙气供给系统。与传统的比例贮供系统相比，其所使用的阀门产品更小、系统集成度更高，从而大幅降低系统重量、体积和功耗（降低 70%～90%）。其典型系统方案及产品如图 6-40 所示。

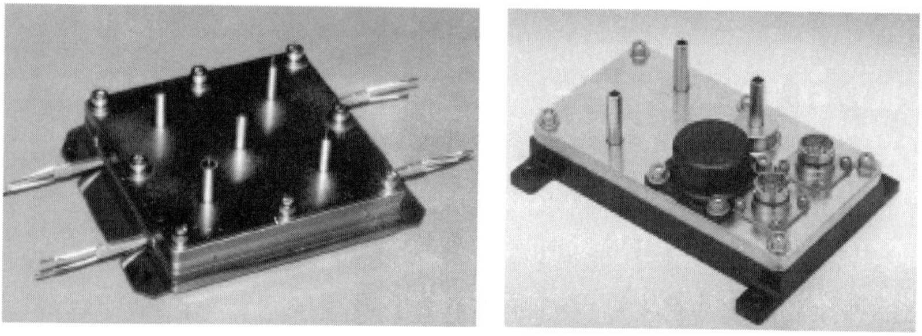

图 6-40 模块化的阀岛及流量控制器

目前，VACOO 已经完成了工程样机的研制工作，在其方案中，压力调节模块集成了 7 个产品，流量调节模块集成了 15 个产品，两个模块的总重量为 1.5 kg，安装体积仅为 800 cm^3。

（2）发展趋势

各贮供系统的主要技术指标如表 6-7 所示。

表 6－7　各贮供系统主要技术指标对比表

指标	机械减压	bang－bang 电子减压	比例减压	微型模块化产品
压力精度	10%	5%	1%	1%
流量精度	10%	5%	1%	1%
流量可调	否	微量调整	是	是
流量独立控制	否	否	是	是
功耗/W	—	<40	<10	<0.01
质量/kg	14	7.5	4	0.5～1.5
安装面积/cm^2	2 000	1 700	1 300	800

综合各种调压方式的优缺点以及全电推进平台的特点，再结合表 6－7 可知，比例调压贮供系统无论从系统输出流量的精度、流量控制的独立性还是从系统的体积、重量、功耗等方面，都具有十分明显的优势，因此，在电推进贮供系统的后续发展中，比例调压贮供方案和贮供系统的高密度集成将是未来发展趋势。因此，我国贮供系统的后续发展也应着眼于先进的比例调压贮供系统，开展新一代的贮供系统的研制。

6.3.3　流量调节模块

流量控制模块也是贮供系统的重要组成模块，处于压力调节模块的下游，为了保证流量调节精度以及保证贮箱中的推进剂尽可能地被使用，其入口压力一般有精度高以及压力较小的特点，压力一般在 0.1～0.5 MPa 范围内。

早期国内外使用最多的是热式质量流量控制方法，该方法原理简单。但是随着一些新的要求的出现，如快速响应性。热式质量流量控制方法的缺点凸显出来。随着技术的发展，流量控制模块与压力调节模块一样，也经历了类似的发展历程。总的来说分为三个阶段：

1）热式：以各类热式质量控制器为主要控制方法的质量限制器；

2）比例式：以比例式阀门技术为主的流量控制方式；

3）MEMS 化：以比例式阀门为基础，融合 MEMS 加工技术、传感器技术的微型化贮供模块。

6.3.3.1　基于热式质量控制器的流量控制方案

图 6－41 为 NASA 开发的一典型的流量控制模块，模块采用温度及压力作为反馈信号，使用热式质量流量控制器作为执行部件，对流量进行精确控制。其主要功能是向推力器提供三路满足额定流量要求的氙气推进剂。国外电推进系统普遍采用热式质量流量控制器进行输入压力闭环控制的方法来控制流量，热式质量流量控制器类型包括热节流器、节流器、流阻器及其组合。

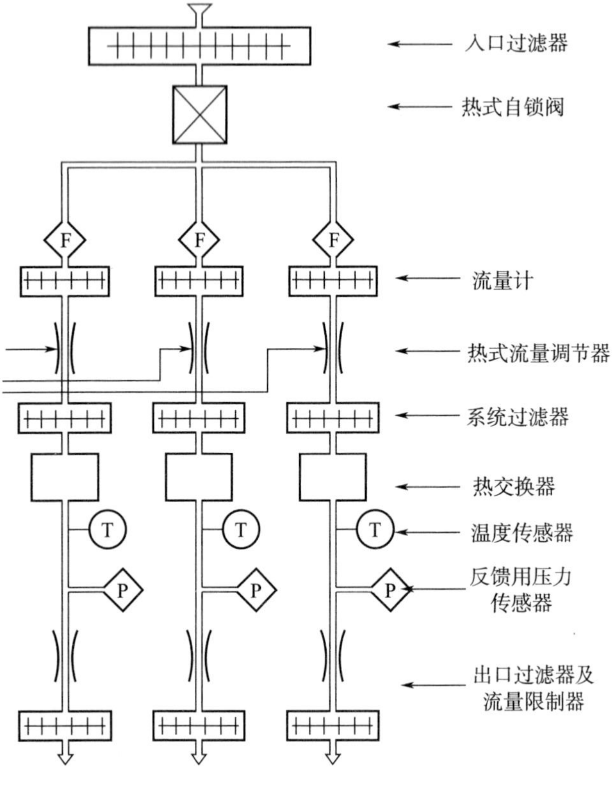

图 6－41　早期典型的氙气流量控制模块

图 6－42 所示为各种结构的热式流量控制器，控制器有多种结构形式，但它们的原理大都类似。在一定入口压力下，其温度可以影响控制器流阻的大小，从而控制流量的大小。

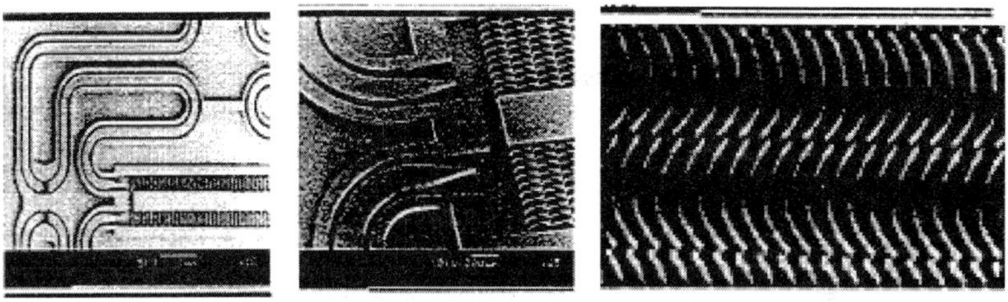

图 6－42　各种结构的热式流量控制器

随着技术的发展，国外也开始采用热式质量流量传感器进行流量反馈，以实现对流量更精确的控制。

目前用于航天的流量传感器类型有热式流量传感器、超声波流量传感器及电磁式流量传感器。超声波流量传感器适合于大流量的洁净气体或液体的测量，不适合于小流量测量；电磁式流量传感器适用于对导电液体的平均流速进行测量，不能测量气体、蒸汽和含有较大气泡的液体；热式流量传感器直接测量流体的质量流量，特别适用于小流量的气体测量，其测量精度、灵敏度较高，准确性较好。针对全电推平台测量流量范围小、精度高、响应快的特点，多选用热膜式质量流量传感器进行测量。热膜式质量流量传感器是利用热传导和热耗散的原理制作的。当有气体流过热敏电阻表面时，会带走一部分热量，引起电阻阻值的变化，这个变化量与气体的流速和温度有关。在流场中，由电流加热的敏感元件当处于热平衡状态时，其产生热量应等于耗散的热量，发热敏感元件的热量取决于焦耳定律，而流体流动所带走的热量取决于热耗散定律。当外界空气流速改变时，将从发热敏感元件上带走不同的热量，破坏热平衡，使发热敏感元件的温度发生改变，并引起电阻值的改变，通过检测发热敏感元件的电阻值，便可以实时检测敏感元件所在位置的气体流量。热膜式质量流量传感器敏感元件结构设计可选择两种方案，一种是传统上的以硅为基底的结构设计，另一种为将 MEMS 器件制作在柔性基底上。对于以硅为基底的结构设计，其精度及稳定性较好，但由于硅的热容较大，其动态响应不好，若要提高动态响应，则会加大工艺难度，器件的机械强度也很难得到保证。而以柔性聚合物为基底的敏感元件，具有良好的机械强度，能保证器件在折叠过程中不被损坏；柔性衬底本身热绝缘性好，不需要制作额外的热隔离腔体，能简化器件的结构和制作工艺，减小热惯性，加快热响应时间，但其精度及稳定性等不及以硅为基底的结构。

图 6－43 所示为一种热线式质量流量传感器。芯片的测试区是 30 mm×15 mm，但是实际的传感器长度为 400～800 μm，依靠桥式设计。同时，需要在热线传感器前和后都保证一定的长度以得到均衡的流量。中间的桥路为气流提供热，另外两路桥则测量加热丝前后的温度，通过一定的温度场和两者之间的温度差，就可以计算出流量。两个配对的热电阻可以联合起来作为一个惠斯顿单臂电桥，从而保证极小的温度差也能被测量出来。热式质量流量传感器分为热线式和热膜式。

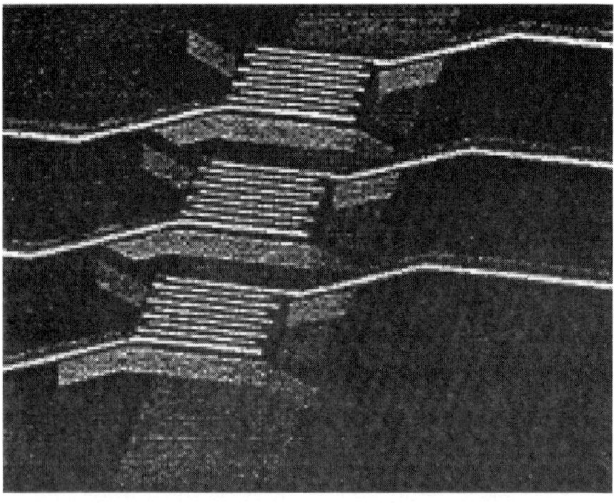

图 6－43　热线式质量流量传感器

6.3.3.2　基于比例阀的流量控制方案

如压力调节部分所述，比例控制阀也可以用于流量控制。图 6-44 是 MOOG 公司基于电磁比例控制阀的流量控制模块，采用的是 PFCV 阀及标准孔的方式对流量进行控制。

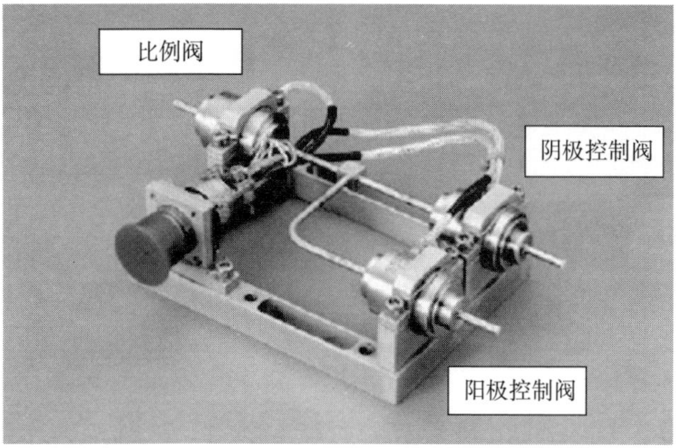

图 6-44　MOOG 公司流量控制模块

图 6-45 是 GAIA 卫星的贮控系统，它是氮气冷气推进系统，其流量控制范围从 μg/s～mg/s 量级。采用的是压电比例阀的方式对流量进行控制。

美国海军研究实验室也用 MOOG 公司与 VACCO 公司的阀门对电推进演示模块（EPDM）进行了相关研究。其分别采用的是 VACCO 公司的压电比例阀和 MOOG 公司的比例流量控制阀（PFCV），对压电阀的开环控制和闭环控制都进行了测试。测试了压电阀在 30、300、3 000 psi 压力下的性能，其电压是 0～150 V；对 PFCV 而言，测试了 20、200、2 000 psi 压力下的性能，电流在 0～120 mA 之间。由于压电阀或材料本身特性，其存在一定的迟滞特性，如图 6-46 所示。

采集了其开环特性后，又通过 PID 闭环控制方法，采用压力和流量作为反馈信号，测试了其闭环特性。通过反馈控制表明，阀门

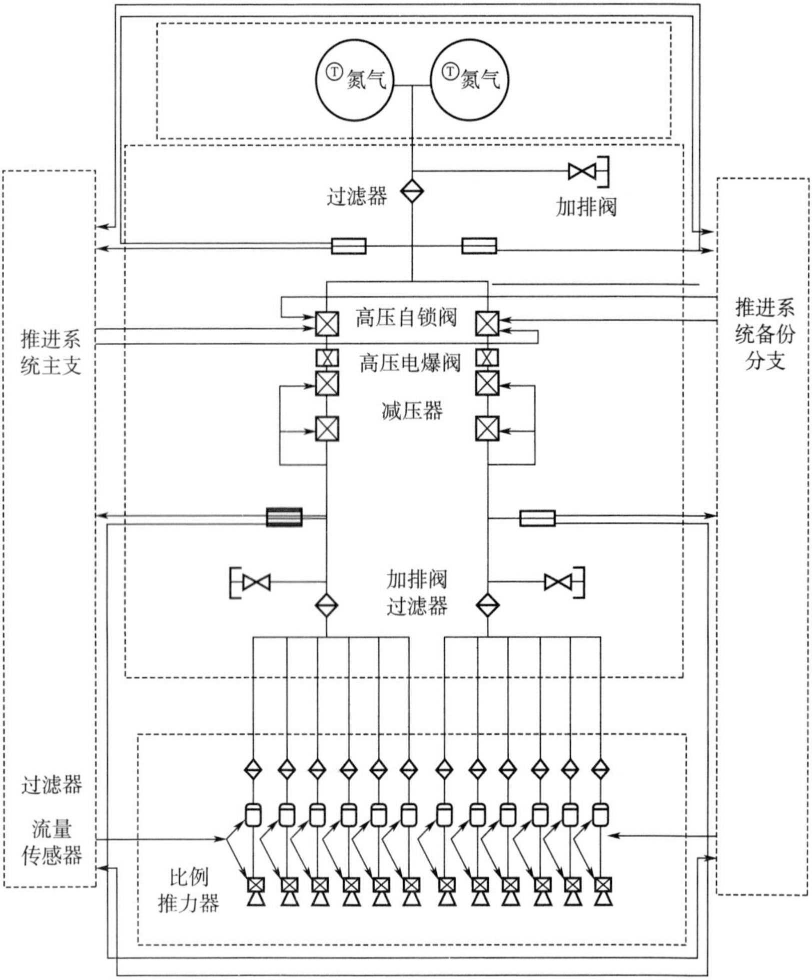

图 6-45　GAIA 卫星的贮控系统

和传感器之间的体积对控制的效果有着较大的影响，通过系统优化，其体积达到 2 cm^3，有效地减小了压力系统的反馈延时。

图 6-46 表明，压电阀不能单独在开环中稳定地使用，在同一电压处流量的变化表明，电压和流量的对应关系与初始加电压的位置或变化方向有关，偏差最大能够达到 100%。PFCV 也有类似的问

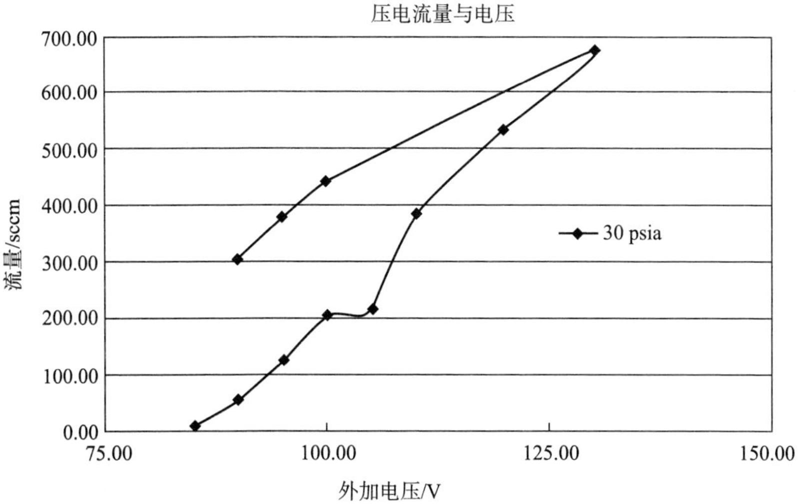

图 6－46　压电阀开环迟滞特性图

题（工作在同一电流、同一边界条件下）。此外，流量测试的一致性也不好。原因可能是阀门不能在不同的动态流体条件下，保持相同的阀芯开启位置。压电陶瓷晶体本身的蠕变特性也会导致性能不稳定。因此在开环的状态下使用电磁比例阀和压电阀都是不推荐的。

美国海军研究实验室还对模拟数字 PID 方法进行了控制，两个阀门都采用模拟数字 PID 控制方法（采用流量和压力作为反馈参数）。该系统由一个 MS150－6 PID150Y PID 控制器和一个信号放大器构成。PID 参数可以进行调节，上位机控制采用 LabView 界面，总线频率为 100 Hz，进程频率在 2 Hz，控制输出频率为 4 Hz。2 Hz 主要受限于数字电路的能力，PID 参数可以在 GUI 界面进行调节。闭环控制结果如图 6－47 所示。

图 6－48 显示了落压试验的结果，分别是采用压电阀及电磁比例阀控制的结果。可以看出，通过 PID 控制方法，在落压工作模式下，通过闭环控制方法，可以成功地稳定流量和出口压力，展示了极好的稳定性、快速响应性（有着极小的过冲）。

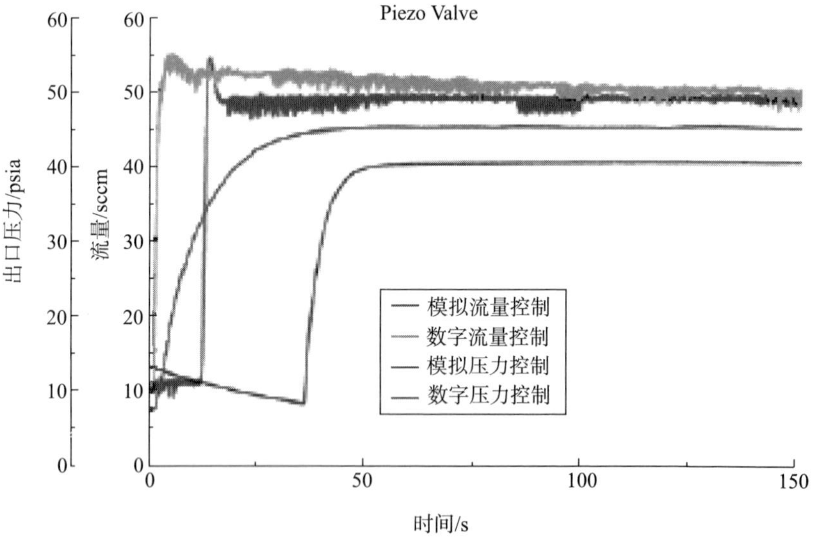

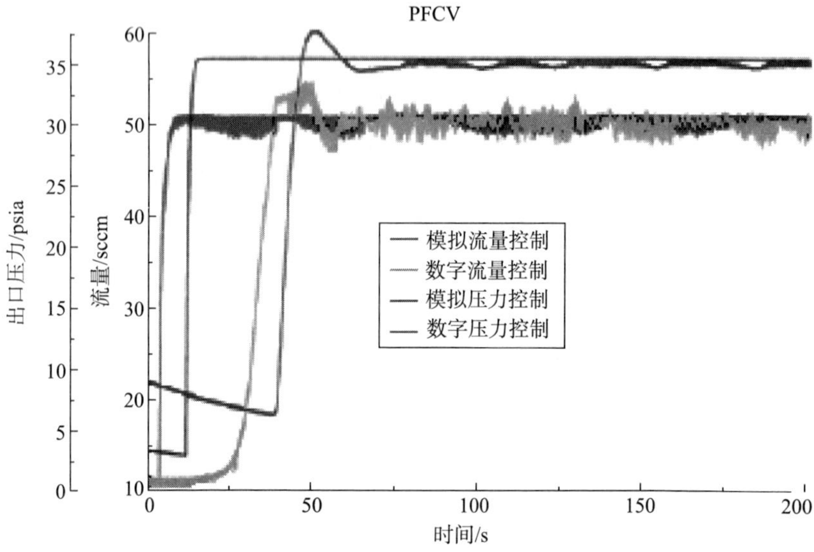

图 6-47　压电阀在 20.67 MPa 压力下及电磁比例阀在 13.78 MPa 压力下闭环控制结果（见彩插）

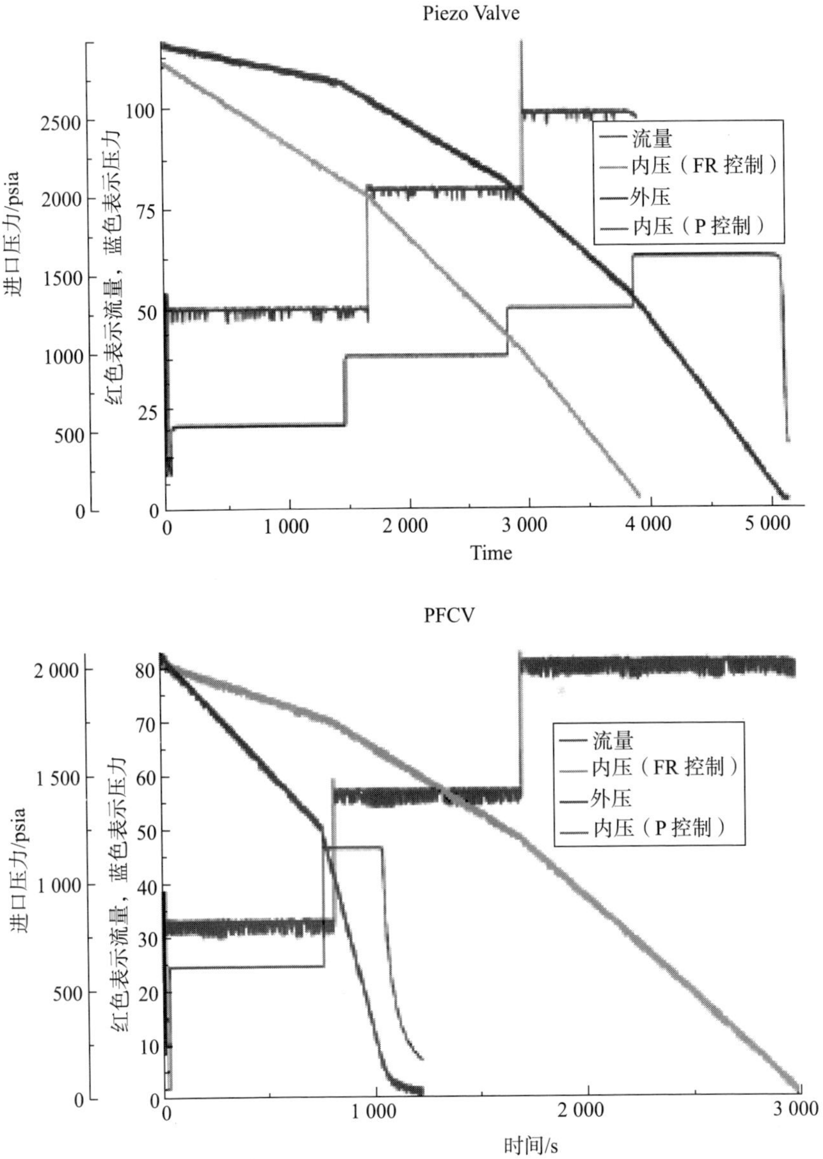

图 6－48　落压工作模式下的模拟闭环控制效果（见彩插）

两个阀在测试中都可以将精度控制在0.5%之内（忽略噪声信号）。数字式闭环控制效果较差，偏差达到5%，这是由于控制器和反馈控制方法造成的。该试验中所用的压电阀类似结构并没有经过飞行验证，而PFCV则经过了原理样机验证、鉴定试验验证及飞行试验验证。

从测试中看，基于电磁比例阀的流量控制方法可以很好地满足流量控制的要求，也能极大地降低系统的重量和体积。

国内在这方面尚处于起步阶段，较少有流量控制模块的报导。航天502所进行了基于电磁比例阀的流量控制器的研发，图6-49～图6-51是其控制曲线。在该流量控制模块中采用的是热式质量流量传感器对微流量信息进行采集和反馈。其流量控制范围是1～20 mg/s，控制精度为1%。

根据流量控制可知，如需更加精确的流量控制，则需优化系统，减小传感器与比例阀间的死体积；优化控制电路，采用更加快速的模拟PID控制电路等方法来实现电路控制；引入压力信号、温度信号进行多传感器的反馈补偿（见图6-52）。

6.3.3.3 微型流量控制模块

随着MEMS技术的发展，通过将供给系统模块化、微型化，将大大降低整个系统的重量、体积及功耗。图6-53所示是微型模块化的流量控制系统。

6.3.3.4 几种流量调节技术的比较

（1）各种流量调节技术的优缺点

①热式质量流量调节技术

其主要优点是结构简单，可以通过地面标定后，在天上进行开环控制，系统可靠性高，但是其缺点更加突出，主要表现在：1）流量输出精度较低；2）调整速度慢，尤其是需要将温度调低时，由于热传递的原因，温度下降速度不易控制，导致控制周期长；3）功耗大。

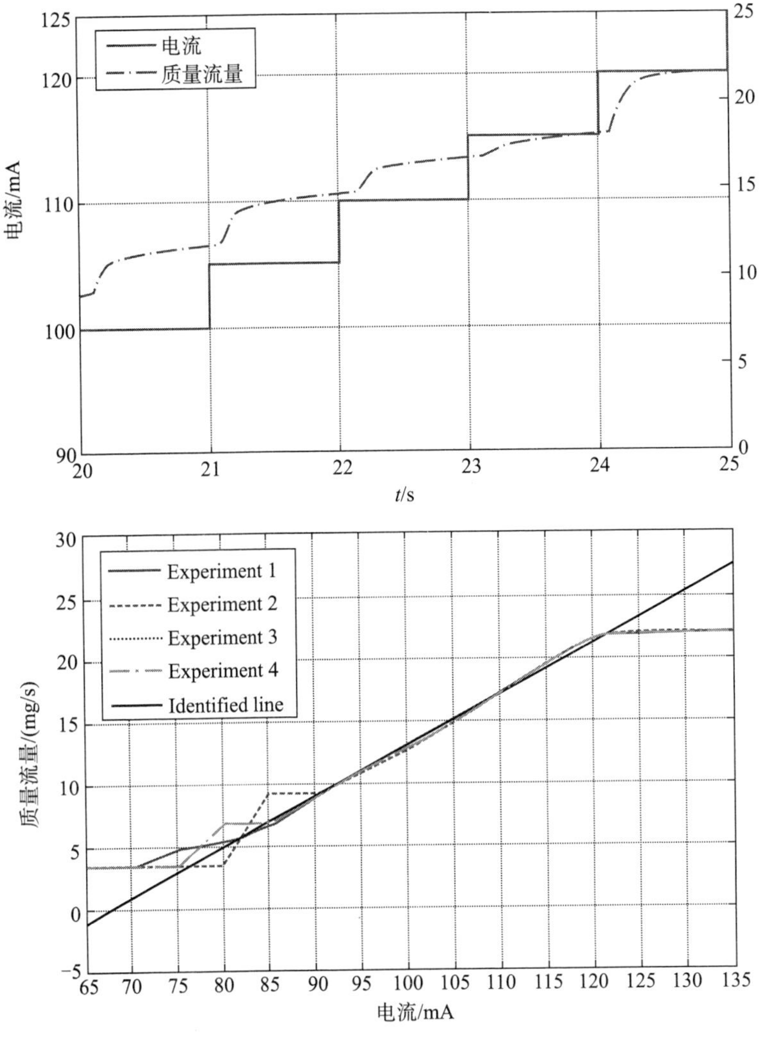

图 6－49　电流—流量递增曲线及其拟合曲线（见彩插）

正是由于上述缺点，使得在电推进贮供系统的发展过程中，热式质量流量调节逐渐被比例流量调节方案所代替。在未来有着高精度、快响应需求的流量调节应用中，已经很少使用此方案。

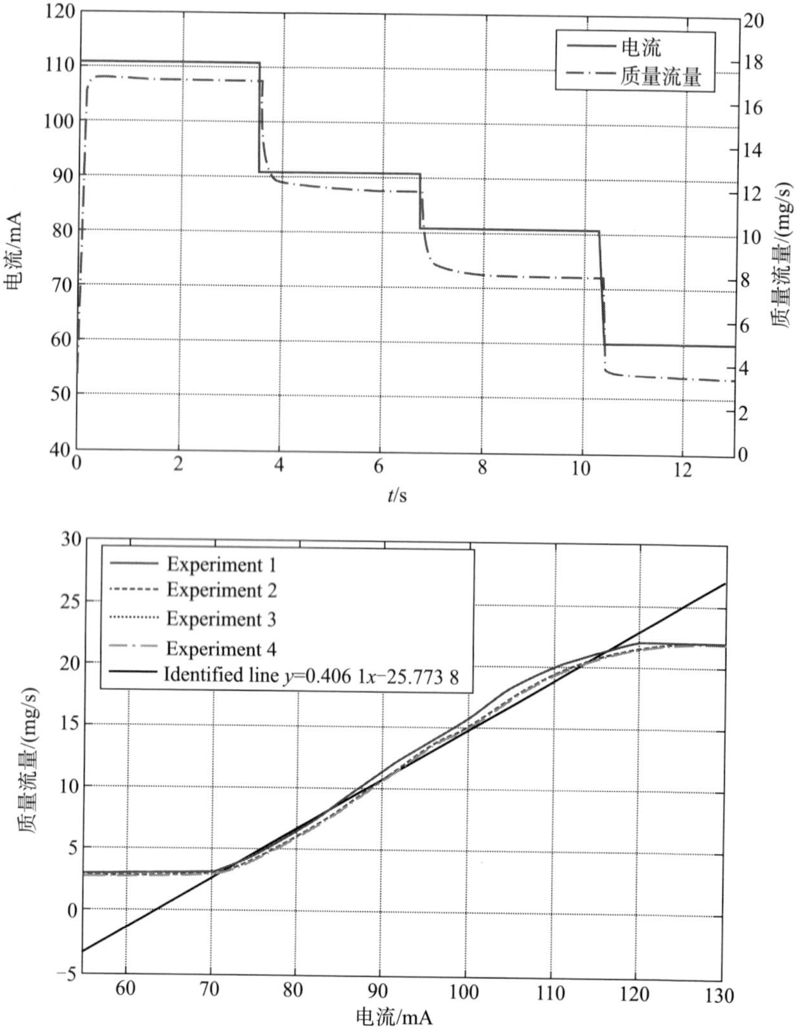

图 6－50　电流—流量递减曲线及其拟合曲线（见彩插）

②基于比例阀的流量控制方案

相对于热式质量流量调节方案，基于比例阀的流量控制方案具有以下几方面的优点：1）压力输出精度较高；2）响应速度快；3）重量更小；4）功耗低；5）寿命长，可以保证系统达到 15 年以

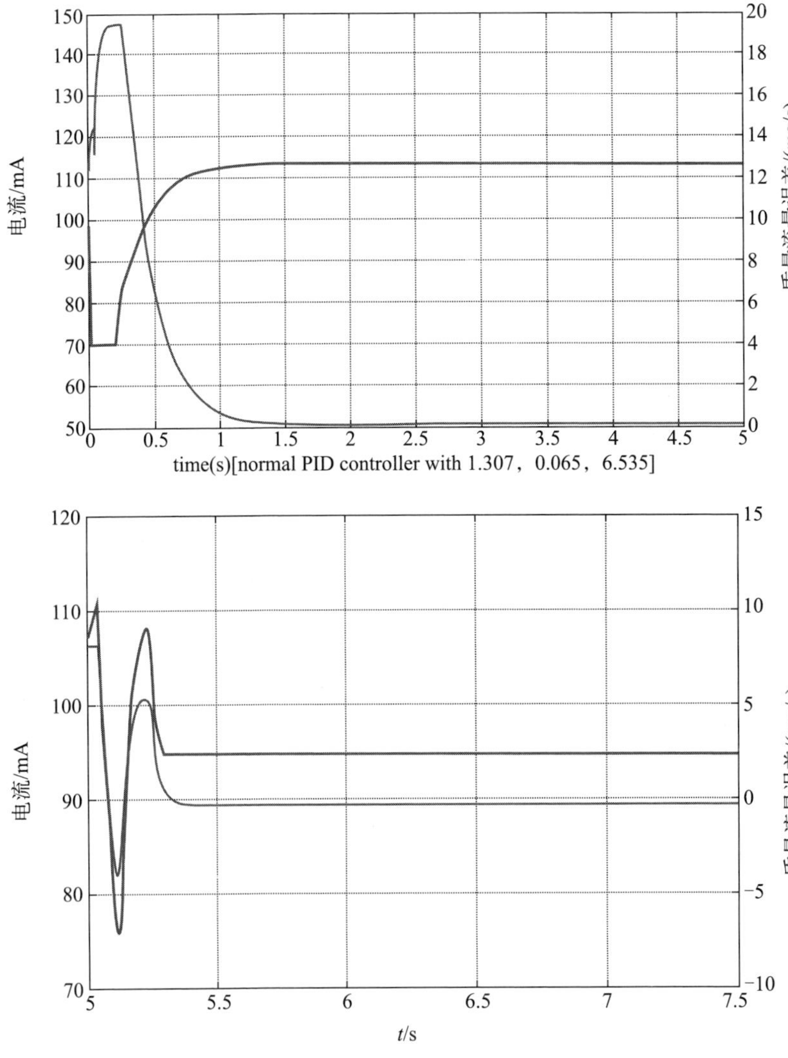

图 6－51　不同 PID 参数的调节效果（见彩插）

上的寿命。

基于比例阀的流量控制方案是目前主流发展的控制方案。

同时，在此基础上，VACCO 公司研发出一类基于扩散焊技术

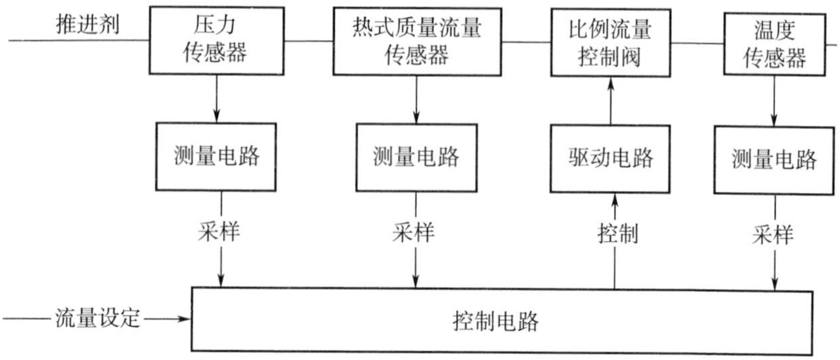

图 6-52　流量控制模块系统框图

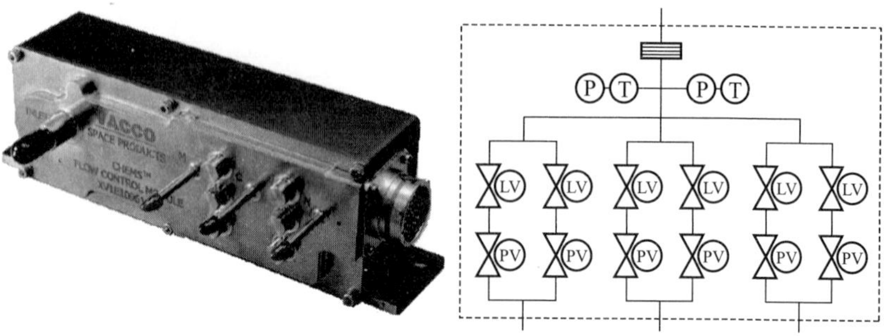

图 6-53　微型模块化的流量控制系统

的微型模块化氙气流量调节模块，降低了重量、功耗，提高了系统有效比冲，是未来发展的方向。

(2) 发展趋势

流量控制模块的技术发展水平与压力控制模块是同步的，比例式流量控制系统不论从系统输出流量的精度、流量控制的独立性还是从系统的体积、重量、功耗等方面，都具有十分明显的优势，因此，在电推进贮供系统的后续发展中，比例式贮供方案和贮供系统的高密度集成将是未来的发展趋势。

6.4　电推力器推进剂物理特性理论分析

相比常规化学推进系统，离子或霍尔电推进系统均采用氙气作为推进剂。氙气的物理特性非常特殊，其临界点为 289.77 K（16.6 ℃），5.841 MPa，氙气在此温度、压力之上转化为超临界流体。也就是说在常温下，氙气随压力和温度不同会存在气相、液相、超临界流体等状态。

由于电推进点火仅能在气态下进行，另外氙气在地面加注过程中也需要了解氙气的物理特性，下面介绍氙气压力、密度和温度的变化特性。

6.4.1　理论分析模型

氙气物理特性理论分析模型采用真实流体状态方程 BWR 方程，其具体表达形式为

$$P = \sum_{n=1}^{n=9} A_n(T) r^n + \sum_{n=10}^{n=15} A_n(T) r^{2n-17} e^{-r^2} \tag{6-7}$$

式中，15 个系数 A_n 的具体形式如表 6-8 所示，除了参数 r 外，与温度有关的函数共涉及 32 个拟合参数。

由于氙气为单原子物质，因此选用两参数对比态原理（CSP）对氙气的物理性质进行计算。

表 6-8　BWR 方程中系数项

$A_1 = R_U T$	$A_9 = N_{19} T^{-2}$
$A_2 = N_1 T + N_2 T^{1/2} + N_3 + N_4 T^{-1} + N_5 T^{-2}$	$A_{10} = N_{20} T^{-2} + N_{21} T^{-3}$
$A_3 = N_6 + N_7 + N_8 T^{-1} + N_9 T^{-2}$	$A_{11} = N_{22} T^{-2} + N_{23} T^{-4}$
$A_4 = N_{10} T + N_{11} + N_{12} T^{-1}$	$A_{12} = N_{24} T^{-2} + N_{25} T^{-3}$
$A_5 = N_{13}$	$A_{13} = N_{26} T^{-2} + N_{27} T^{-4}$
$A_6 = N_{14} T^{-1} + N_{15} T^{-2}$	$A_{14} = N_{28} T^{-2} + N_{29} T^{-3}$
$A_7 = N_{16} T^{-1}$	$A_{15} = N_{30} T^{-2} + N_{31} T^{-3} + N_{32} T^{-4}$
$A_8 = N_{17} T^{-1} + N_{18} T^{-2}$	

6.4.2 求解流程

由于球形对称非极性小分子物质（如 CH_4）以及单原子物质（如 Ar、Kr、Xe）都准确地遵循两参数对比态理论，本节基于两参数对比态原理，采用 CH_4 作为基准参考流体来计算 Xe 的物性。其中，CH_4 物性的计算采用 BWR 模型。

6.4.2.1 模型求解流程

采用对比态原理对 Xe 密度进行求解时，整个求解流程如图 6－54 所示。首先对 Xe 的温度、压力参数无量纲化处理后，采用对比态理论获得参考流体 CH_4 对应的参数，在此基础上，反求 BWR 方程得到 CH_4 的密度，再根据对比态理论求得 Xe 的密度。

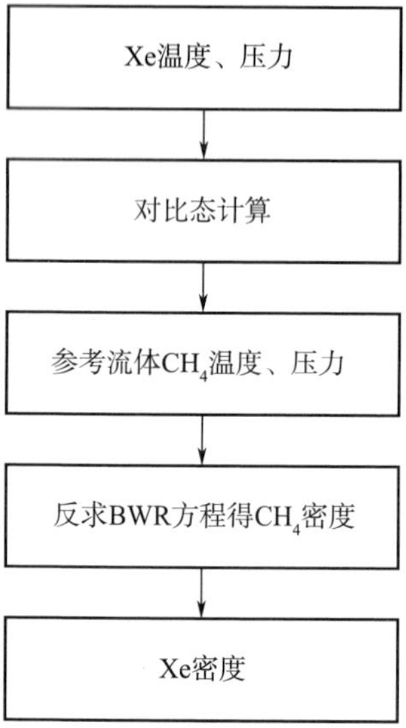

图 6－54　模型求解流程

在 BWR 方程中，密度项的最高次数为 13 次，在根据压力 P、温度 T 反求密度时，无法采用解析方法求解，必须采用数值方法来获得方程的根。该方程理论上最多可能存在 13 个数值解

$$f(T_0, r) = P_0 \tag{6-8}$$

在给定温度条件下，在气相区和液相区，压力都是密度的单调递增函数，有且仅有一个解。在两相区，方程存在两个实数解，分别对应饱和气相点和饱和液相点。

基于上述考虑，首先结合 CH_4 气化线对流体所属区域进行判别，获得密度求解区间[a，b]，进一步地，采用二分法对方程（6-8）进行求解。

6.4.2.2　CH_4 模型参数

CH_4 的 BWR 模型中对应的 32 个参数取值见表 6-9。采用该组参数取值对 CH_4 物性进行计算，最大误差不超过 1%。CH_4 的饱和点数据见表 6-10。

表 6-9　CH_4 状态方程中参数取值

$N_1 = -1.184\ 347\ 314\ 485E-2$	$N_{17} = 1.071\ 143\ 181\ 503E-5$
$N_2 = 7.540\ 377\ 272\ 657E-1$	$N_{18} = -9.290\ 851\ 745\ 353E-3$
$N_3 = -1.225\ 769\ 717\ 554E+1$	$N_{19} = 1.610\ 140\ 169\ 312E-4$
$N_4 = 6.260\ 681\ 393\ 432E+2$	$N_{20} = 3.469\ 830\ 970\ 789E+4$
$N_5 = -3.490\ 654\ 409\ 121E+4$	$N_{21} = -1.370\ 878\ 559\ 048E+6$
$N_6 = 5.301\ 046\ 385\ 532E-4$	$N_{22} = 1.790\ 105\ 676\ 252E+2$
$N_7 = -2.875\ 764\ 479\ 978E-1$	$N_{23} = 1.615\ 880\ 743\ 238E+6$
$N_8 = 5.011\ 947\ 936\ 427E+1$	$N_{24} = 6.265\ 306\ 650\ 288E-1$
$N_9 = -2.821\ 562\ 800\ 903E+4$	$N_{25} = 1.820\ 173\ 769\ 533E+1$
$N_{10} = -2.064\ 957\ 753\ 744E-5$	$N_{26} = 1.449\ 888\ 505\ 811E-3$
$N_{11} = 1.285\ 951\ 844\ 828E-2$	$N_{27} = -3.159\ 999\ 123\ 798E+1$
$N_{12} = -1.106\ 266\ 656\ 726E+0$	$N_{28} = -5.290\ 335\ 668\ 451E-6$
$N_{13} = 3.060\ 813\ 353\ 408E-4$	$N_{29} = 1.694\ 350\ 244\ 152E-3$
$N_{14} = -3.174\ 982\ 181\ 302E-3$	$N_{30} = 8.612\ 049\ 038\ 886E-9$

续表

N_{15}=5.191 608 004 779E+0	N_{31}=−2.598 235 689 063E−6
N_{16}=−3.074 944 210 271E−4	N_{32}=3.153 374 374 912E−5

表 6-10　CH_4 饱和点数据

	温度/K	压力/MPa	液相密度/(kg/m^3)	气相密度/(kg/m^3)
1	100	0.034 376	438.89	0.674 57
2	102.5	0.044309	435.42	0.851 17
3	105	0.056 377	431.92	1.061 3
4	107.5	0.070 879	428.37	1.308 9
5	110	0.088 13	424.78	1.598 2
6	112.5	0.108 46	421.14	1.933 5
7	115	0.132 21	417.45	2.319 3
8	117.5	0.159 75	413.7	2.760 4
9	120	0.191 43	409.9	3.261 9
10	122.5	0.227 64	406.04	3.828 8
11	125	0.268 76	402.11	4.466 9
12	127.5	0.315 18	398.11	5.182
13	130	0.367 32	394.04	5.980 4
14	132.5	0.425 57	389.88	6.868 9
15	135	0.490 35	385.64	7.854 9
16	137.5	0.562 08	381.3	8.946 2
17	140	0.641 18	376.87	10.15 2
18	142.5	0.728 08	372.32	11.481
19	145	0.823 22	367.65	12.945
20	147.5	0.927 03	362.85	14.556
21	150	1.04	357.9	16.328

续表

	温度/K	压力/MPa	液相密度/（kg/m³）	气相密度/(kg/m³）
22	152.5	1.162 5	352.79	18.276
23	155	1.295	347.51	20.419
24	157.5	1.438	342.02	22.779
25	160	1.592 1	336.31	25.382
26	162.5	1.757 6	330.35	28.259
27	165	1.935 1	324.1	31.448
28	167.5	2.125 2	317.5	34.999
29	170	2.328 3	310.5	38.974
30	172.5	2.545 2	303.02	43.456
31	175	2.776 5	294.94	48.559
32	177.5	3.022 9	286.09	54.448
33	180	3.285 2	276.23	61.375
34	182.5	3.564 4	264.92	69.765
35	185	3.861 7	251.36	80.435
36	187.5	4.178 8	233.48	95.411
37	190	4.518 6	200.78	125.18

CH_4 的气化线见式（6－9）和图 6－55。对于给定的温度，可以得到该点下的饱和蒸气压。若流体压力高于该数值，则流体处于液态，反之处于气态。

$$
\begin{aligned}
&P(T)=P_1T^4+P_2T^3+P_3T+P_4;T<190.56\ \mathrm{K}\\
&P_1=1.383\mathrm{E}-8\\
&P_2=-3.04\mathrm{E}-6\\
&P_3=0.000\,265\,4\\
&P_4=0.466\,9
\end{aligned}
\tag{6-9}
$$

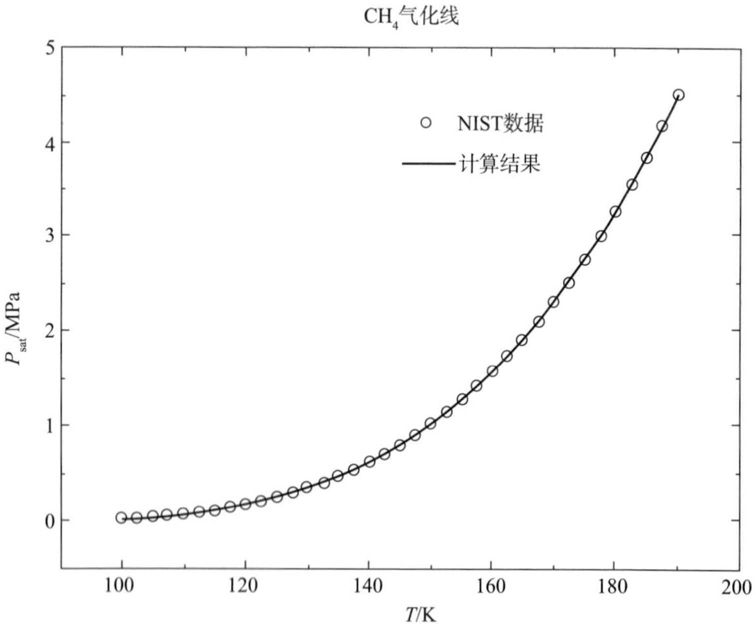

图 6-55 参考流体 CH_4 的气化线

6.4.3 理论计算结果

6.4.3.1 Xe 的饱和液线及饱和气线

采用理论模型计算得到的 Xe 气化线如图 6-56 所示，从图中可以看到 Xe 在饱和态或者气液混合态压力随温度的变化关系。对应的饱和液线和饱和气线分别如图 6-57 和图 6-58 所示。

NIST 数据库中 Xe 的饱和点数据如表 6-11 所示。将理论模型计算结果与 NIST 数据进行了对比，从图 6-56～图 6-58 可以看出，理论模型计算结果与 NIST 数据符合良好，饱和线上密度计算最大误差小于 0.1%，能很好地分辨 Xe 给定压力和温度下的物理状态。

在计算结果基础上拟合得到的气化线见式（6-10）

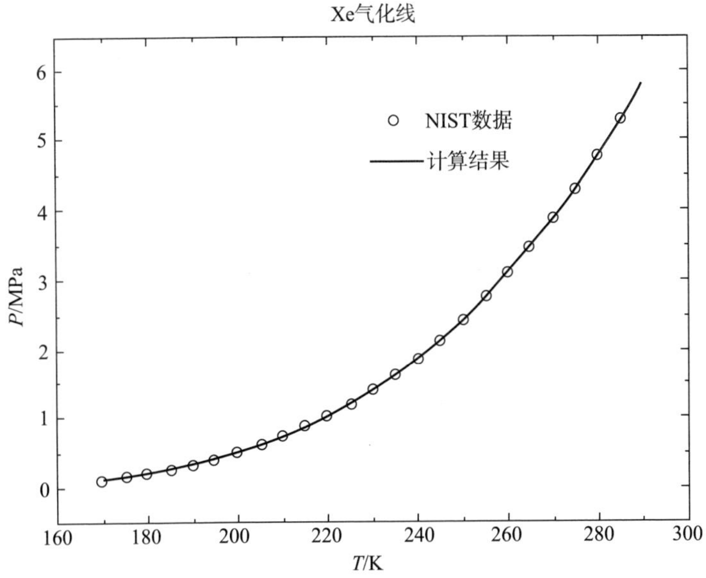

图 6-56　Xe 的气化线

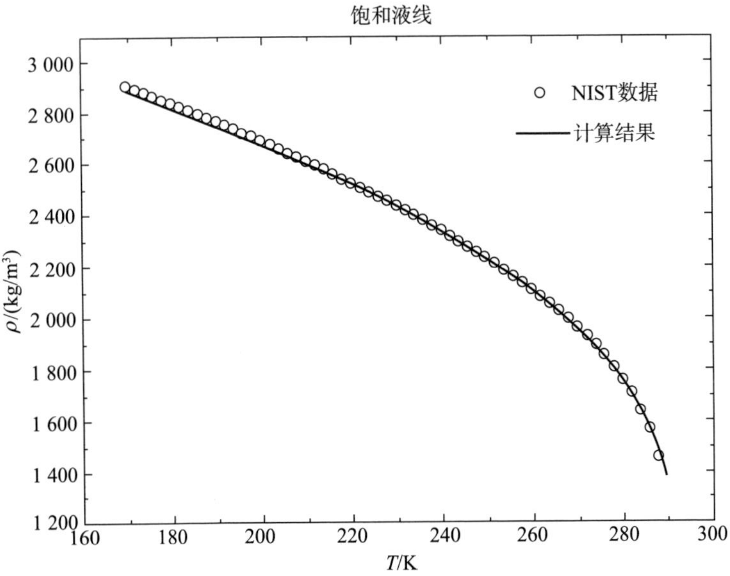

图 6-57　Xe 的饱和液线

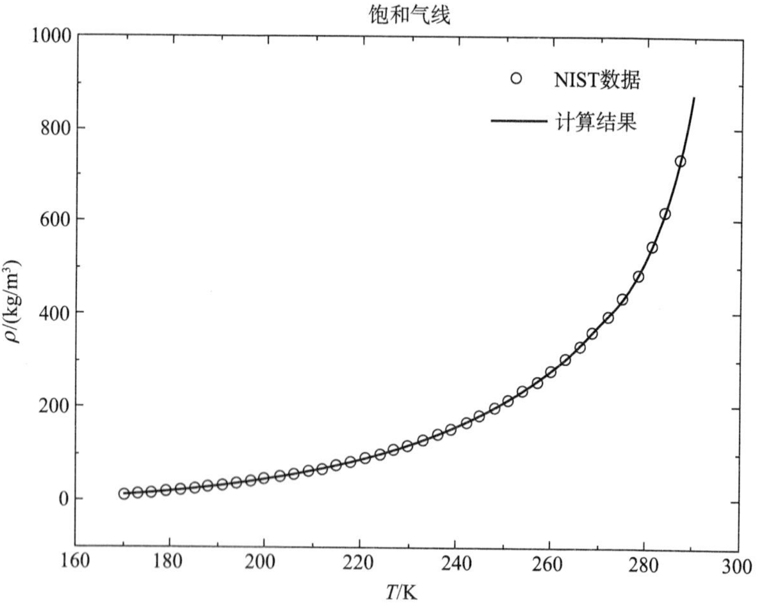

图 6-58 Xe 的饱和气线

$$P(T)=P_1T^4+P_2T^3+P_3T+P_4;T<289.74\ \mathrm{K}$$
$$P_1=3.286\mathrm{E}-9$$
$$P_2=-1.098\mathrm{E}-6 \tag{6-10}$$
$$P_3=1.458\mathrm{E}-4$$
$$P_4=0.5929$$

表 6-11 NIST 数据库中 Xe 饱和点数据

	温度/K	压力/MPa	液相密度/(kg/m³)	气相密度/(kg/m³)
1	170	0.133 43	2 908.8	12.884
2	172.5	0.152 35	2 891.8	14.553
3	175	0.173 25	2 874.6	16.38
4	177.5	0.196 27	2 857.3	18.373
5	180	0.221 53	2 839.9	20.542

续表

	温度/K	压力/MPa	液相密度/(kg/m³)	气相密度/(kg/m³)
6	182.5	0.249 17	2 822.3	22.898
7	185	0.279 33	2 804.5	25.451
8	187.5	0.312 14	2 786.5	28.211
9	190	0.347 74	2 768.4	31.189
10	192.5	0.386 28	2 750	34.396
11	195	0.427 89	2 731.4	37.846
12	197.5	0.472 71	2 712.6	41.55
13	200	0.520 91	2 693.6	45.521
14	202.5	0.572 61	2 674.3	49.773
15	205	0.627 97	2 654.8	54.322
16	207.5	0.687 13	2 635	59.181
17	210	0.750 25	2 614.9	64.368
18	212.5	0.817 46	2 594.5	69.9
19	215	0.888 93	2 573.7	75.796
20	217.5	0.964 8	2 552.7	82.077
21	220	1.045 2	2 531.3	88.762
22	222.5	1.130 4	2 509.4	95.878
23	225	1.220 3	2 487.2	103.45
24	227.5	1.315 4	2 464.6	111.5
25	230	1.415 5	2 441.5	120.07
26	232.5	1.521 1	2 417.9	129.18
27	235	1.632 1	2 393.8	138.88
28	237.5	1.748 7	2 369.1	149.21
29	240	1.871 2	2 343.8	160.21

续表

	温度/K	压力/MPa	液相密度/(kg/m³)	气相密度/ (kg/m³)
30	242.5	1.999 7	2 317.8	171.93
31	245	2.134 4	2 291.2	184.45
32	247.5	2.275 4	2 263.7	197.82
33	250	2.422 9	2 235.4	212.13
34	252.5	2.577 1	2 206.1	227.47
35	255	2.738 2	2 175.7	243.96
36	257.5	2.906 5	2 144.2	261.71
37	260	3.082	2 111.4	280.89
38	262.5	3.265 2	2 077	301.7
39	265	3.456 1	2 040.9	324.37
40	267.5	3.655	2 002.8	349.21
41	270	3.862 3	1 962.2	376.62
42	272.5	4.078 3	1 918.7	407.14
43	275	4.303 2	1 871.5	441.53
44	277.5	4.537 5	1 819.4	480.9
45	280	4.781 8	1 760.8	527.01

6.4.3.2 Xe 的热力学曲线计算

为了验证程序在大范围内计算结果的有效性，对横跨液相区、气液混合区、气相区的温度和压力组合进行密度计算，来获得 Xe 的热力学曲线，并与 NIST 数据进行对比。

温度计算范围从 170 K 到 600 K，压力计算范围从 1 MPa 到 30 MPa，模型计算结果如图 6－59（a）所示。图 6－59（b）是 NIST 中的数据，可以看到，模型计算结果与 NIST 数据完全吻合。

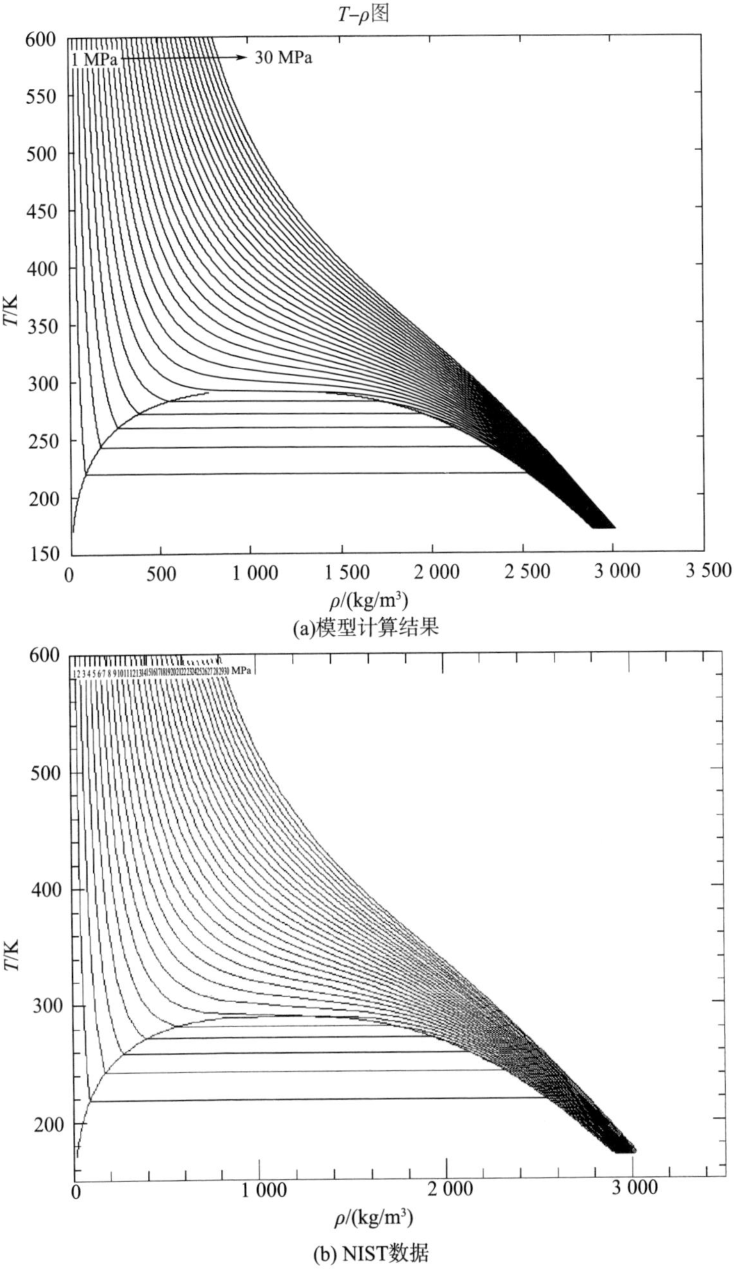

图 6－59　1～30MPa 范围内 Xe 的 $T-\rho$ 关系图

图 6－60 为压力范围为 1～200 MPa、温度范围为 170～600 K 的 Xe 的 $P-T$ 图（y 轴为对数坐标），从图中可以看出，对于电推进系统，启动、工作、存储温度要求为 20～45 ℃，温度高于临界点温度，即 Xe 始终处于气态，对于给定的等密度线，压力对温度十分敏感。因此，对于电推进系统设计，应特别注意温度的精确控制。

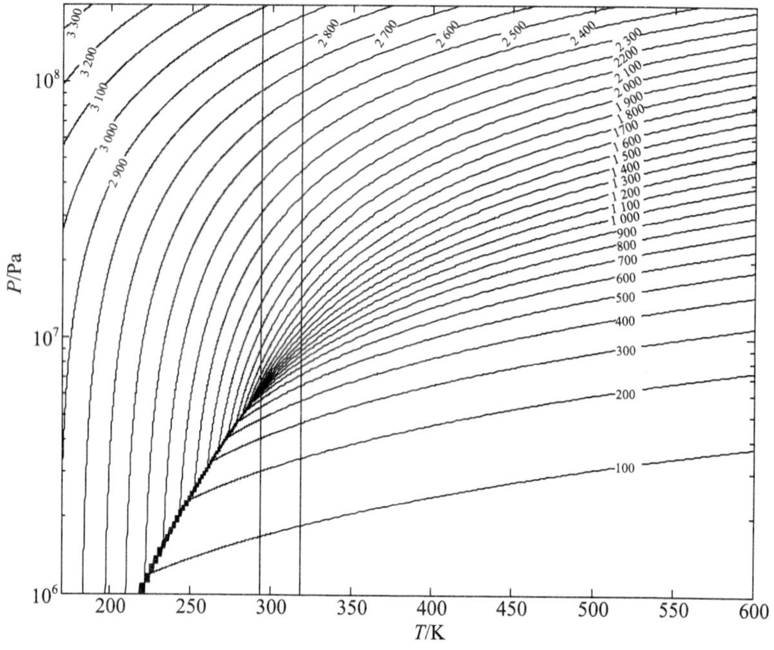

图 6－60　1～200 MPa 范围内 Xe 的 $P-T$ 图

整个计算区间 Xe 的热力学曲面如图 6－61 所示，图中的不连续间断面即为气液两相共存区域，上边界为饱和液线，下边界为饱和气线。

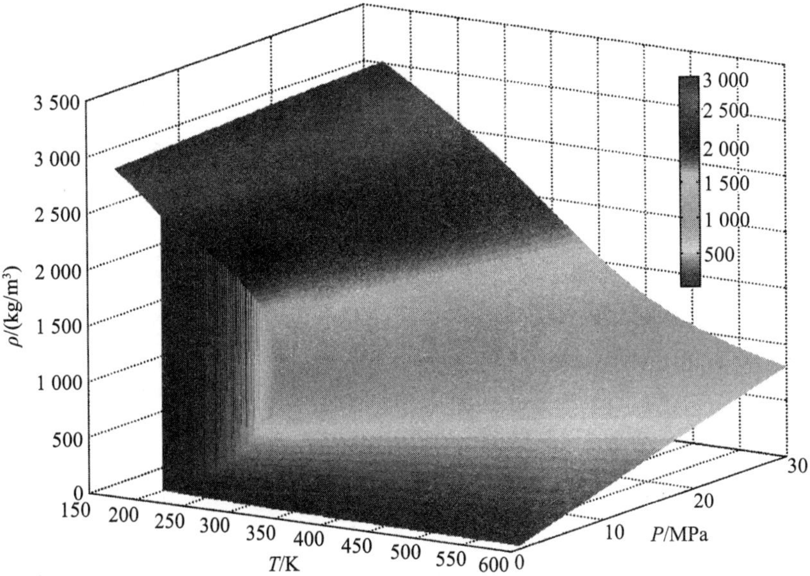

图 6-61　Xe 的热力学曲面（见彩插）

6.5　电推力器推进剂物理特性试验

6.5.1　氙气物理特性试验平台

基于 PVT 法，搭建了氙气物理特性试验平台，对氙气物理特性进行综合性试验，试验平台的组成及工作原理如图 6-62 所示，主要由温度控制和测量系统、压力测量系统、抽真空系统及控制系统等组成。其中测量系统用于监测氙气的重量，记录压力容器内温度、压力变化数据，采集频率不低于 1 Hz。高低温设备的恒温精度不大于 0.5 ℃。

6.5.2　物理特性试验测试结果

氙气物理特性试验分别在密度为 2.0 kg/L、1.8 kg/L、1.6 kg/L、1.4 kg/L、1.2 kg/L、1.12 kg/L、1.0 kg/L、0.8 kg/L 共 8 个密度下测试氙气的压力和温度。其中，温度实测范围为 −20～60 ℃，压

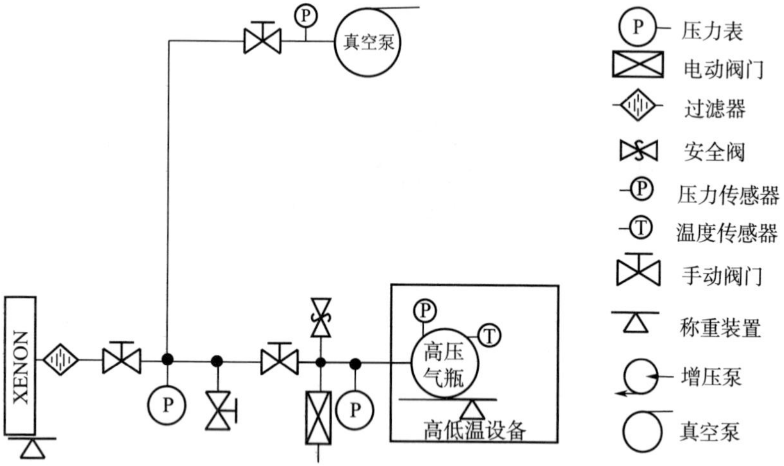

图 6-62　氙气物理特性测试平台的组成及工作原理图

力测量范围不大于 15 MPa。实际数据测量结果如图 6-63～图 6-70 所示。

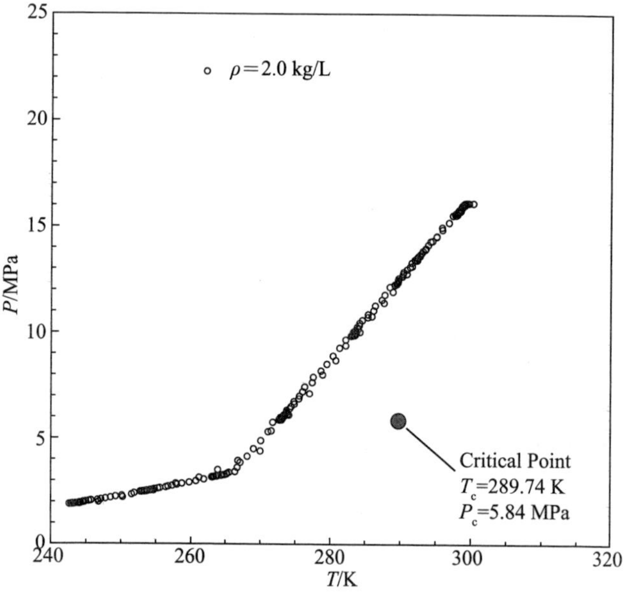

图 6-63　ρ =2.0 kg/L 氙气物理特性试验结果

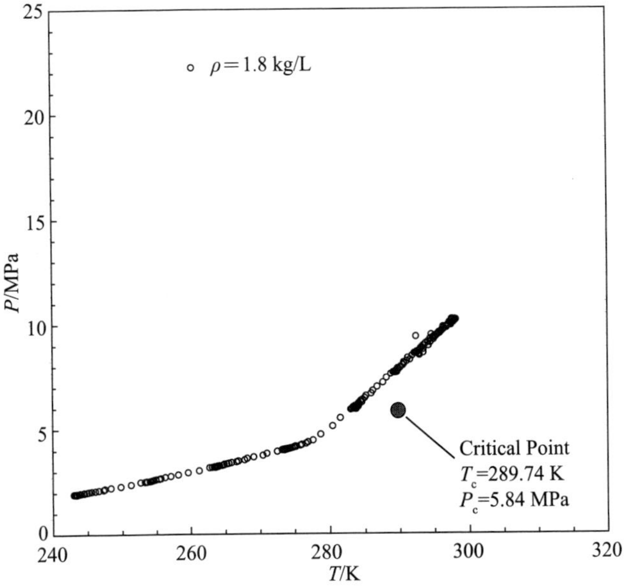

图 6-64　ρ=1.8 kg/L 氙气物理特性试验结果

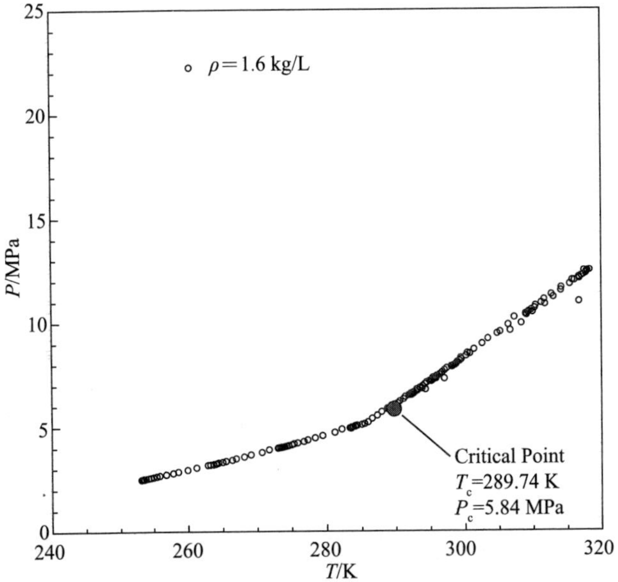

图 6-65　ρ=1.6 kg/L 氙气物理特性试验结果

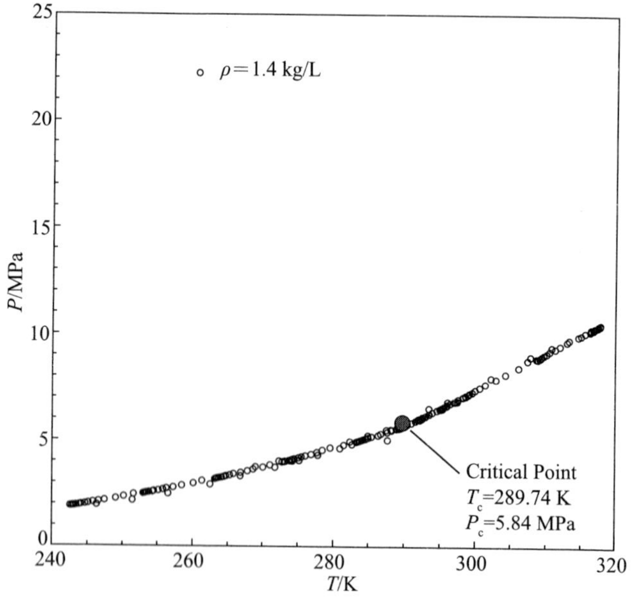

图 6-66 ρ=1.4 kg/L 氙气物理特性试验结果

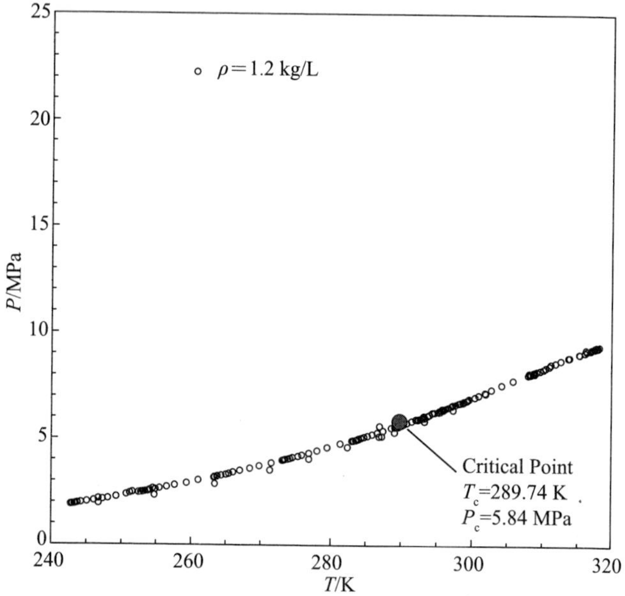

图 6-67 ρ=1.2 kg/L 氙气物理特性试验结果

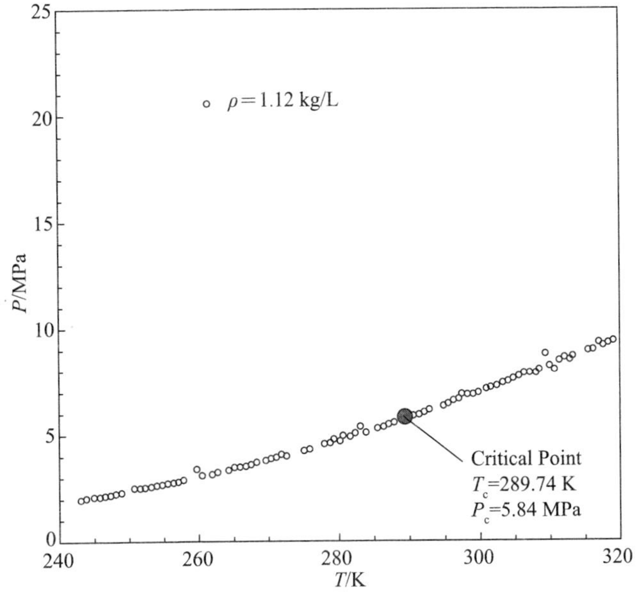

图 6-68　ρ=1.12 kg/L 氙气物理特性试验结果

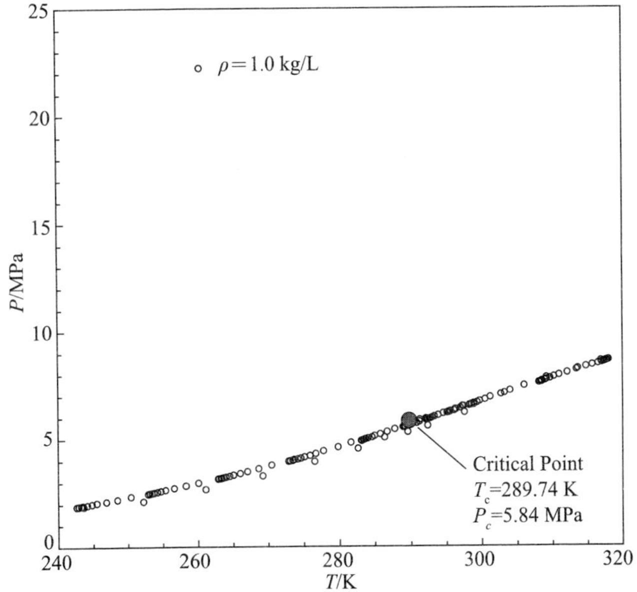

图 6-69　ρ=1.0 kg/L 氙气物理特性试验结果

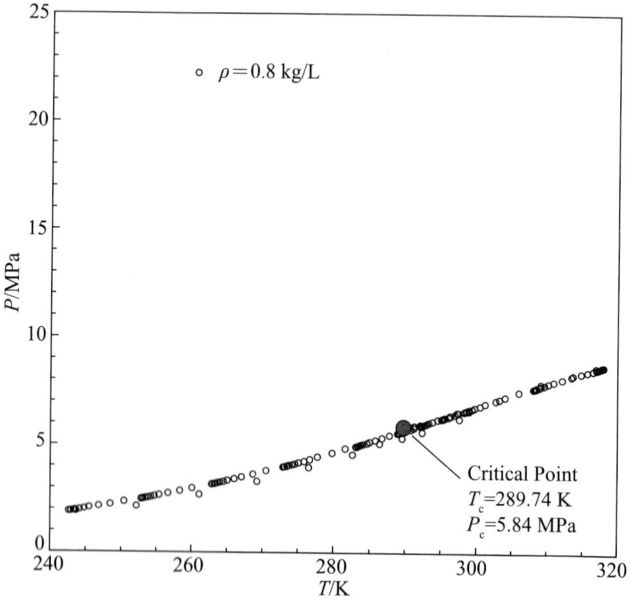

图 6-70　$\rho=0.8$ kg/L 氙气物理特性试验结果

6.5.3　试验数据与 NIST 数据对比分析

将所有测试数据汇总，并与 NIST 数据库结果对比，如图 6-71 所示，可以看出，各密度条件下，实测数据与 NIST 数据的误差不大于 1%，数据符合良好。

由图 6-71 中可以看出，在不同密度条件下，当温度逐步降低时，压力都呈下降趋势。同时，高压气瓶中 Xe 密度在临界密度附近和远离临界点时，两者的变化趋势存在显著不同。例如，$\rho=2.0$ kg/L时，$P-T$ 图中存在明显的转折点，而 $\rho=1.0$ kg/L 时，压力随温度变化平缓，曲线较为光滑。

结合 Xe 三相图在密度-压力平面的投影，即图 6-72 中的 $\rho-P$ 图可以发现，在不同密度条件下，随着温度（或压力）的降低，Xe 经历的相变并不相同。当密度大于临界密度 1.102 9 kg/L 时，Xe 从 40 ℃降低到−30 ℃过程中，会经历从超临界态变为液态，再到气液

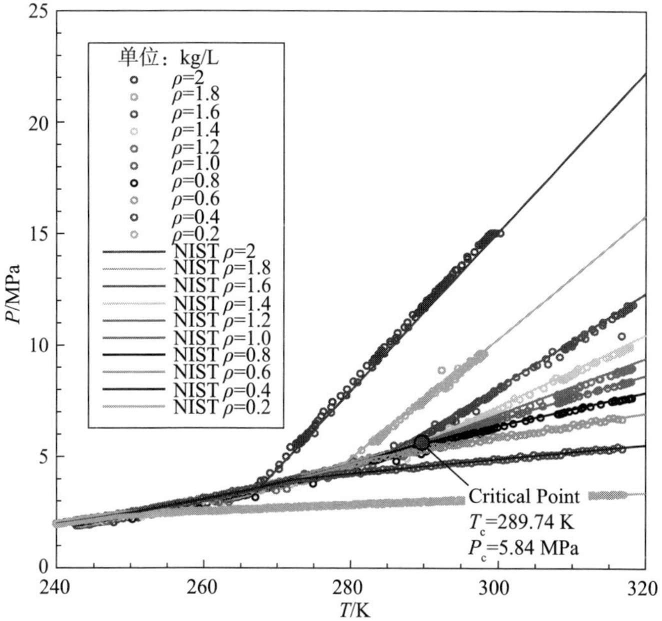

图 6-71　氙气试验数据与 NIST 数据对比图（见彩插）

混合态的情形；而当密度小于 1.102 9 kg/L 时，会经历从超临界态变为气态，再到气液混合态的情形。这是 $P-T$ 中不同密度条件下变化趋势存在区别的原因。

各密度试验条件下，随着温度的降低，最终高压气瓶中的 Xe 都处于气液混合态。此时，对应的温度和压力即为饱和温度和饱和压力。因此图中的各条曲线在低温区域重合，收敛到同一条曲线。这条曲线就是 Xe 的气化线。

6.5.4　试验数据与理论分析模型结果对比分析

试验数据与理论分析模型计算结果对比如图 6-73 所示。由图可以发现，同 NIST 数据一样，理论分析模型结果与试验数据吻合良好，验证了理论分析模型的有效性和正确性。

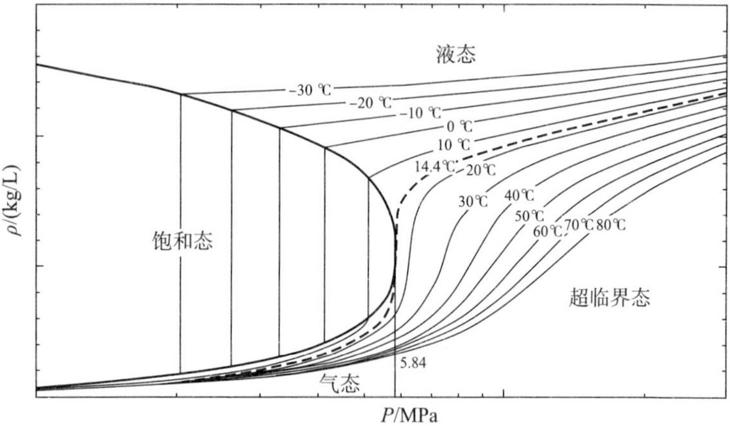

图 6-72　NIST 的氙气 $\rho-P$ 图

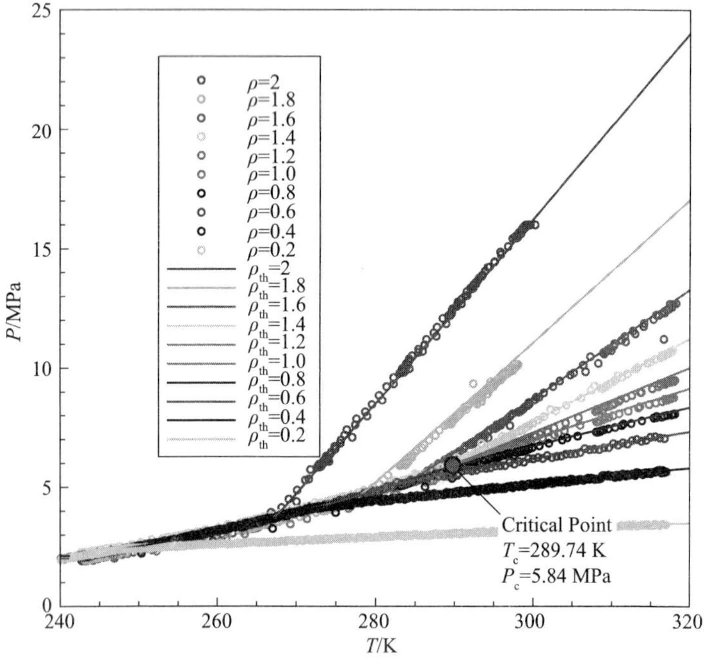

图 6-73　氙气试验数据与理论分析模型计算结果对比图（见彩插）

第7章　载人航天生活用液体贮存与管理

空间站一直是卓越的多系统集成平台，空间站中的各种类型的水（饮用水、工业级用水、冷凝水、废水、冷却循环水）位于三个系统中：环境控制和生命保障系统（ECLSS），舱外活动（EVA）系统以及内部主动热控系统（IATCS）。空间站通用水箱是空间站环境控制和生命保障系统通用贮水容器，水箱内贮存或接触的介质包括添加银离子的航天员饮用水、冷凝水、添加预处理剂后的尿液、蒸馏后的预处理尿液残渣、尿处理净化后的超纯水等各类生活用液体。

载人航天生活用液体的存储一般采用软式内囊作为贮存的容器，称之为软体贮箱。本章将介绍载人航天生活用液体贮存与管理装置——软体贮箱的材料选择、相容性设计以及制造等。

7.1　软体贮箱概述

国际空间站上使用蓄水箱进行水的运输和储存，常用的有应急水容器（Contingency Water Container，CWC）、有效载荷水容器（PWR）、Rodnik、EDV、ATV和KTO等多种水箱。CWC和PWR是便携式、可折叠结构软体水箱或水袋。其中，CWC的额定容积为44 L，其最初开发目的是应用于航天飞机内部储水。最新设计的CWC使用了较厚Combitherm VPCXX－140薄膜作为水箱囊体材料。PWR是一种多用途的10 L容器，使用FEP作为水箱囊体材料，这些可折叠的容器均用Nomex材料作为外部保护套，使囊体能够承受增压和抵抗穿刺。Rodnik和EDV均为俄罗斯设计的通用水箱，为软囊体和壳体结合方式；ATV和KTO分别为欧洲和日本研发的硬壳通用水箱。

7.2 空间站液体介质及贮存容器

7.2.1 空间站液体介质分类

7.2.1.1 饮用水

目前在空间站上有4种类型的饮用水，分别如下：

（1）碘化水

生命供应保障系统（USOS）均使用含碘化生物杀灭剂的水。目前，国际空间站上的碘化水主要来自轨道飞行器，是飞行器在轨运行中燃料单元的副产物。这些能抑制微生物生长的碘化水存储在飞行器的2个供水容器中（共4个供水容器，另外2个容器无生物杀灭剂，用于航天器蒸发系统）。碘化水可以转存于一种被称为有效载荷水容器的小型便携水袋中，PWR应用于航天飞机的生活舱段并转至国际空间站。试验验证表明，PWR能保存碘化水长达1080天。最近，PWR被用于将碘化水供至氧气生成系统（OGS）和舱外活动单元（EMU）。未来的再生水恢复系统（WRS）将使用通过生命供应保障系统产生的碘化水。

（2）CWC饮用水

CWC饮用水也来自飞行器燃料副产物，并将饮用水去碘化，CWC将处理后的饮用水从航天飞机的工作段转移至国际空间站。应急水容器灌装的饮用水包括银质生物杀灭剂、矿物质（有机盐中包含了钙和镁），该饮用水具有64周的保质期。通过俄罗斯水分配系统，生活舱段的航天员能在应急水容器中直接灌装银离子饮用水，供航天员直接饮用。

（3）俄罗斯地面供应水

该种介质由俄罗斯的航天器提供，主要来自天然矿物质水，并加入了银离子防止细菌滋生。这种水在地面上就得到加工并装载于航天器上，水能存储于Rodnik水箱或者EDV水箱中。当航天器到达国际空间站时，水会被转移至Rodnik水箱和EDV水箱并长期储存。这种类型的水能在 Rodnik 水箱中存储长达 3 年，在 EDV 水箱中存储长达 2 年。这种俄罗斯地面供应水能用作航天员的食物用水，也能用作厕所冲洗用水和电离制氧用水。由于其较长的保质期限且对国际空间站堆装物体积无影响，加上其通用性，Rodnik 水箱是国际空间站的主要储水容器。总之，Rodnik 水可以在所有的饮用水被使用完之后得到使用。

（4）欧洲地面供应水

2008 年，欧空局（ESA）发射第一艘自动转移飞行器（ATV）。按照计划，此飞行器具有从地面存储大量水并带至太空的能力。验证表明，ATV 能为 USOS 提供碘化水或者为空间站俄罗斯舱段提供俄罗斯式水（含银离子的天然矿物质水）。若转移碘化水，碘化水会转至与碘相容的水容器（ICWC）中，其同时具备 PWR 和 CWC 的特征。这些容器中的碘化水至少能存储 1 年，但在测试中需要验证该容器能够存储更长的时间。

7.2.1.2　冷凝水

冷凝水为空间站所收集到的冷凝废水，含有大量的无机和有机物成分，用水箱储存。目前国际空间站的冷凝水的主要有机物成分为乙醇、乙酸、乙二醇、异丙醇、丙二醇、甲醇、甲酸、甲醛、丙酮和己内酰胺，主要无机物成分为氯化钠、硫酸钾、硫酸钠、氨水等。

7.2.1.3　尿液

尿是无菌的液体，并且已知尿中含有 100 多种微量活性物质，其中 95%左右为水介质，其余为固体部分。固体物中，无机物质有钠、钾、氯、硫酸盐、磷酸盐、铵盐、钙离子等；有机物质主要有尿素、尿激酶、表皮生长因子、生长激素、促红细胞生长素、促性腺激素、血管舒缓素和抗肿瘤肽类物质等。

7.2.1.4　工业级 CWC 水

俄罗斯生命保障系统均使用含银质生物杀灭剂的水。由于国际空间站的生命保障系统大部分位于俄罗斯舱段，因此需要将碘从飞行器燃料电池水中分离并加至银质生物杀灭剂中。通过生活碘转移装置（GIRA）将水从在轨飞行器转至故障水容器。通过一种碳/碘转换壳（ACTEX）将碘转移，通过氟化银注射器将银质生物杀灭剂注入流动路径中。这些仅有银质生物杀灭剂的水称为工业级 CWC 水，因为这些水主要用于电离氧，仅有一小部分用于舱段人员的生活。

7.2.2 国际空间站通用水箱

7.2.1.1 美国 CWC 水箱

由于人的生活和载荷试验都需要水，所以无论是短期还是长期的太空任务，蓄水都是一个值得重点关注的问题。在航天飞机的计划中，应急水容器作为一种便携式可折叠水箱为和平号空间站提供饮用水。应急水容器通常能将水存储几个月时间且能保证水的饮用安全。航天飞机的经验表明，与水接触的材料对水的特性和存放时间有着重要的影响。从那时起，约翰逊航天中心开始着手水的长期储存课题的研究。分别利用 Combitherm VPCXX - 140 和 Teflon FEP 材料制成的小水袋作为研究的对象。其中，Combitherm VPCXX - 140 薄膜用于食品包装和对气密性要求低的领域。

美国国家航空航天局机组和热系统部将应急水容器的重新设计工作交给了洛克希德·马丁公司。新应急水容器的设计特点是：囊材料依然采用 Combitherm VPCXX - 140，所不同的是新应急水容器的内囊膜的厚度较以前更厚（0.15 mm），同时制造方法更加简便。Combitherm VPCXX - 140 能够阻止尿液气味的渗透，这是国际空间站对应急水容器的一个很关键的要求。无论是 Combitherm VPCXX - 140 外表面和内部的潮湿表面，都是由透明的聚乙烯和多层材料粘合而成，其密封效果好。新应急水容器的内囊由美国航空制造实验室制造，形状为圆柱形，容量为78 L。双层 Nomex 约束外保护套由洛克希德·马丁公司制造，形状亦为圆柱形，用以包裹住内囊体，但外保护套的容积小于内囊体容积。新应急水容器的结构示意图如图 7－1 所示，其功能如表 7－1 所示。国际空间站常用水袋参数如表 7－2 所示。

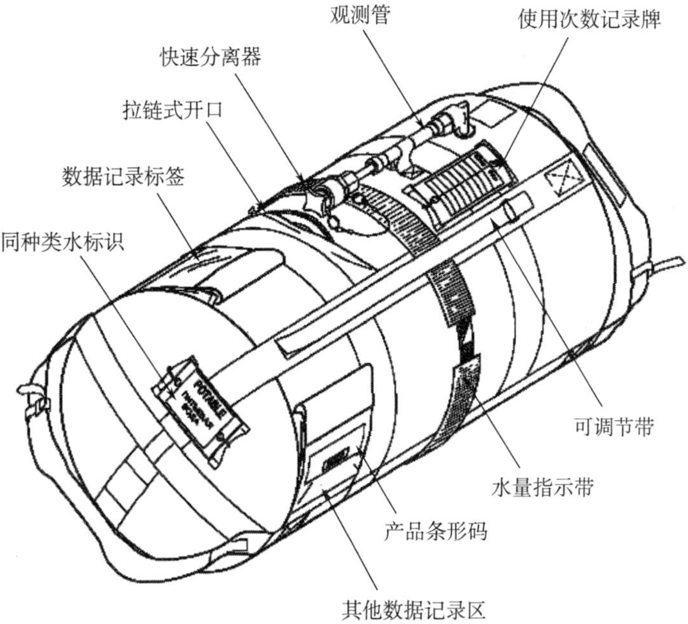

图 7－1　新应急水容器的结构示意图

表 7－1　新应急水容器软体水箱功能表

名称	功能概述
加强筋	对软体贮箱进行轴向、径向加强
手提带	方便人员对贮箱进行搬运
工质标识卡	通过指示牌颜色以及文字较为明显地显示工质的类别
拉链开口	放入内囊，外囊可以多次重复使用
记次标签	标记使用次数
容量调节带	调节容积
体积指示标尺	显示软体贮箱内液体的容积大小，警示航天员不要过满灌装液体
资料标签袋	防伪标识码，存放小工具和相关资料
透明管段	观察液体流动情况

表 7-2 国际空间站常用水袋参数

参数	PWR	CWC	RSB	TSB
产品编号	SEG46117689-301	SEG33113140-301	SED46114379-301	KLSK270288-305
额定容量/L	10	44	0.75	0.75
最大容量/L	12	67	1.0	1.0
净重/g	588	1270	64	31
空袋长/cm	61	60	36.8	36.8
空袋宽/cm	34	50	13.7	14.6
空袋高/cm	3.2	7.6	1.3	1.3
额定长/cm	54	60	35	35
额定直径/cm	22	35	8.9	8.6
囊体材料	Teflon FEP 500 L	Combitherm VPCXX-140 介质接触面:PE	Teflon FEP 500 L	Teflon FEP 500 L
外支撑材料	Nomex	Nomex	Nomex	—
最大工作压力/kPa	60	60	101.3	—
验证压力/kPa	68.9	103.4	34.5	34.5

续表

参数	PWR	CWC	RSB	TSB
爆破压力/kPa	316.9	289.38	344.5	—
重复使用次数	11	23	1	1
当前应用范围	1)舱外活动单元(EMU)液体补给;2)空间站内部主动热控系统(IATCS)冷却用水;3)收集航天飞机燃料电池副产物(水)	1)将航天飞机产生的水转移至国际空间站;2)用于国际空间站水的存贮;3)贮存空间站美国舱段内冷凝水;4)贮存空间运输系统产生的废水/冷凝水	1)取样空间站内的冷凝废水;2)取样特定区域液体	1)取样空间站内的饮用水;2)取样空间站美国舱段内冷凝水

最新设计的应急水容器的验证试验包括：气体压力衰减测试、水压测试、爆裂测试以及一些其他试验，图 7－2 为新应急水容器的压力测试试验。

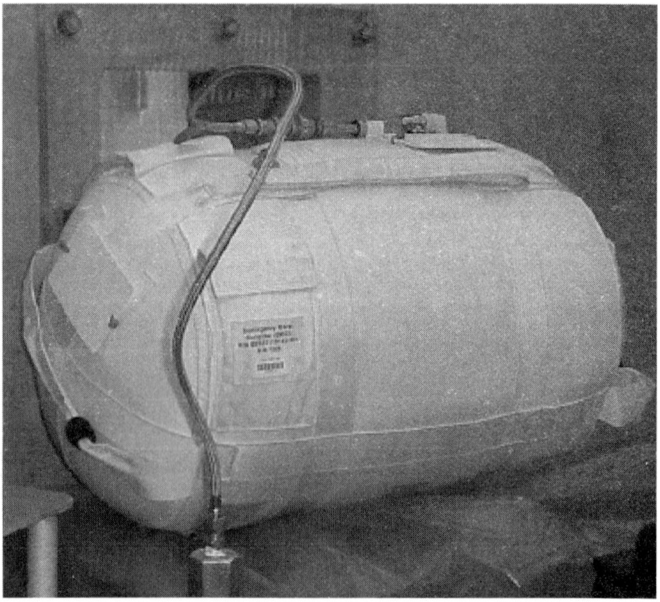

图 7－2　新应急水容器的压力测试试验

在飞行之前需要做的准备工作有：用过氧化氢溶液对应急水容器进行消毒，干燥并过滤空气和抽取真空。新应急水容器正常工作条件下其容量是 44 L，而最大容量比正常容量高 50%左右。在国际空间站使用时，航天员要对应急水容器进行灌装，地面控制人员将灌装到应急水容器中的水控制到接近 44 L，利用弹性指标带为航天员在灌装过程提供视觉参考。使用过程中严格禁止在轨对应急水容器进行超过额定容量的灌装，因为一旦该量级的饮用水发生泄漏，将会产生灾难性的危害。最新设计的应急水容器可进行多次冲排循环（共 25 次循环，包括 2 次地面循环），应急水容器上安装有快速分离装置（QD），如图 7－3 所示。

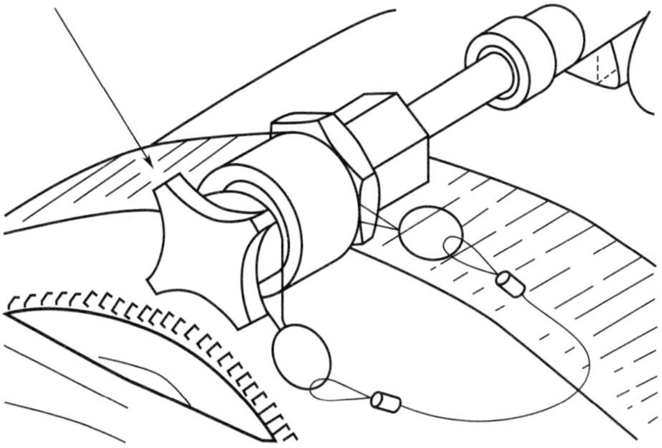

图 7－3　应急水容器的快速分离装置

对于国际空间站（ISS）而言，每一个水系统的快速分离装置（QD）都是独一无二的。例如，不同水系统的 QD 有不同的尺寸，male 或 female 型，keyed 或 unkeyed 型，这样设计可以阻止不同水系统之间的混合（如废水系统和饮用水系统）。同样，某一水系统硬件设备一般不会使用多种类型的水（如俄罗斯水和美国水），以免不同水之间发生掺混。然而，许多不同的 QD 就意味着需要更多的水箱、软管等设备。QD 在国际空间站有过几次事故。舱内活动（IVA）系统上的 QD 有两级密封功能以防止水泄漏，在使用过程中发现一些快速分离装置的第二级密封功能失效，这是由于第二级密封的匹配设计存在问题。

旧式 CWC 中的水被使用完之后，将由航天飞机（飞船）将它们带回地球。目前只有 2 只旧式 CWC 水袋留在轨道上为航天员提供服务，它们将随下一艘飞船返回地球。最新统计，国际空间站轨道上有 33 个新 CWC 水袋，另外地面上还有 19 个水袋以供将来使用。国际空间站水储存的峰值是 2002 年 10 月，当时有 24 个满存储的 CWC 和正在使用的另外 3～4 个应急水容器。应急水容器的其他应用包括冷却剂的存储以及收集各种废水。

7.2.1.2 美国 PWR 水袋

PWR 是由美国研制的一种便携式、可折叠的小型容器，其容积可达 10 L，主要功能为满足植物、动物（如昆虫）等有效载荷试验用水。

PWR 的内囊材料为与碘化水兼容性较好的 Teflon FEP（由美国 Fluoroseal 公司制造），PWR 由采用激光焊缝技术的 FEP 薄膜与 0.25 英寸的 FEP 管口组成，PWR 有一个 0.64 cm 长的 female 快速分离装置（用于加注/排除液体），PWR 内囊结构如图 7-4 所示。

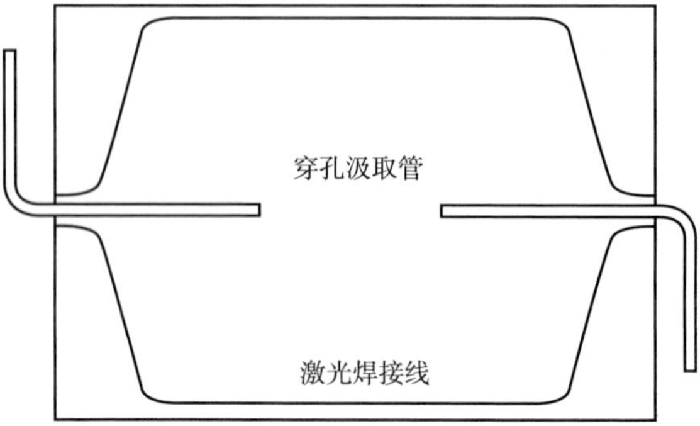

图 7-4　PWR 内囊结构示意图

两端的管口都深入到囊体内部，以防止在水被抽取时发生泄漏。PWR 的保护外套为双层 Nomex 材料，该材料能约束内囊体形状，但外保护套的尺寸（容积）应小于内囊体尺寸以防止内囊过压。PWR 的其他特点包括手柄、标签窗口和尼龙搭扣，PWR 的保护外套结构如图 7-5 所示。

PWR 正常工作的容积是 10 L，但是能够强行加到 12 L，内囊在没有约束状态下的设计容积大约是 15 L，可重复使用次数为 11 次。PWR 的第一次任务是给国际空间站内美国的内部主动热控系统提供冷却水。长期存储的冷却剂与 Teflon FEP 袋的相容性也被多次航天任务所验证。研究结果证实，FEP 能将冷却剂高质量储存至少 1 年以上。

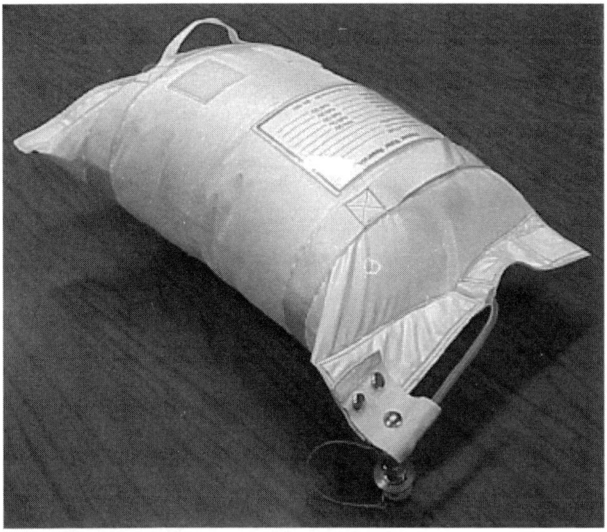

图 7－5　PWR 的保护外套结构

PWR 也被用作舱外活动单元（EMU）的补给水箱。PWR 中的碘化水来自航天飞机供水辅助端口（见图 7－6），PWR 存放在国际空间站上以用作舱外活动（EVA）。PWR 中的水是用来冷却设备的，不能用作饮用水。PWR 中碘化水的保质期最初定为 180 天，但通过对全尺寸内囊进行地面测试，将水的保质期延长到 600 天。目前公认 CWC 对饮用水的存储时间为 1 070 天，对内部主动热控系统（IATCS）所需水的存储时间为 103 周。而 CWC 不适合存储碘化水，因为 Combitherm VPCXX－140 薄膜会迅速吸收碘且该过程不可逆转。由于碘是一种十分有效的杀菌剂，碘的损失会使细菌生长难以抑制。此外，对 CWC 的内囊体和外保护套进行了部分改进设计，以提高水的化学成分的稳定性。

为实现对抽查的饮用水样本进行水质监测，美国国家航空航天局考虑到样品的完整性，选取 300 mL 和 1 000 mL 容量的 Teflon FEP 水袋为国际空间站上的样品水袋，如图 7－7 所示。热控系统的冷却液样本也是类似的 150 mL 的水袋，这些袋子是由美国

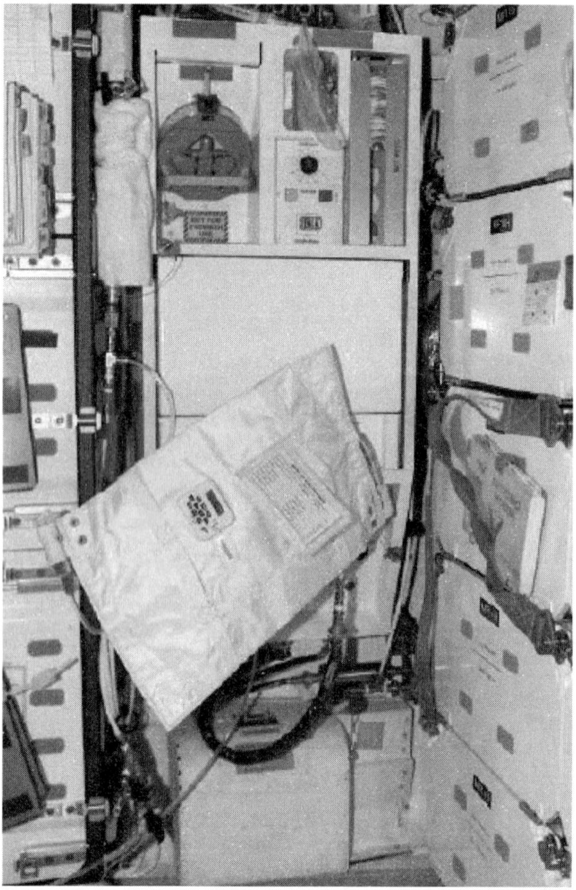

图 7-6 装有碘化水并用于 EMU 的 PWR 水袋

Fluoroseal 公司将 Teflon FEP 利用二维激光焊接而成，其中鲁尔锁（Luer-lock）和标签（Label）均在发射之前安装。由于 Teflon FEP 为惰性材质，既不从样品中吸收物质，也不向样品释放任何物质，故其通常用于环境样品容器。

因为 Teflon 具有高温熔融特性，三维 Teflon 薄膜的结构制造非常困难，且制造成本极高。薄膜热封技术和管/内囊接口经过精心设计，能够提高水袋的可靠性。

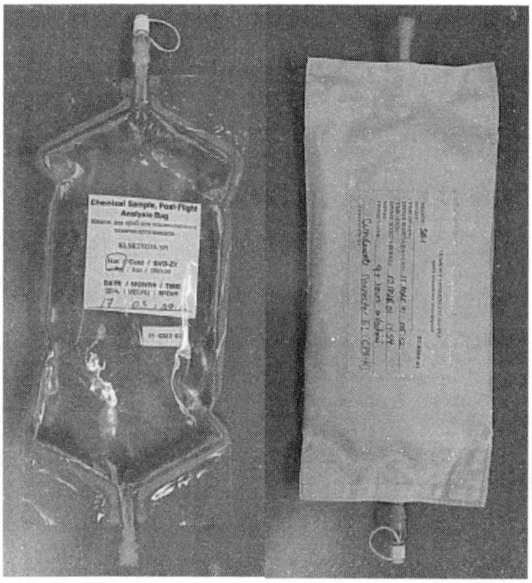

图 7－7　1 L Teflon FEP 样品水袋

7.2.1.3　俄罗斯 Rodnik 水箱

俄罗斯飞船一次携带两个容积均为 210 L 的 Rodnik 水箱（满载），如图 7－8 所示，当飞船与国际空间站交会对接时将水运输至空间站。当 Rodnik 水箱中的水耗尽之后，该水箱能够存储和处理废水。两个 Rodnik 水箱也可以与空间站中俄罗斯的服务舱相连，使用寿命达三年之久。由于该水箱没有占用空间站的内部空间且具有较长的使用周期，因此 Rodnik 水箱通常用于所有的环境控制与生命保障系统（ECLS），同时 Rodnik 水箱也是国际空间站的主要应急水贮存设备。

7.2.1.4　俄罗斯 EDV 水箱

EDV 是一种由俄罗斯研发的容积为 22 L 的水箱，其内囊为柔性材料，外壳为金属材质。EDV 还有能检测内囊是否充满液体的功能，其外壳底端可以卸去并可以安装到其他的 EDV 中以节省空间。EDV 上的主要连接装置是俄罗斯生产的液压连接器。图 7－9 为

图 7-8　地面试验的俄罗斯 Rodnik 水箱

EDV 外壳和内囊。图 7-10 为 EDV 水箱顶端面板实物图，其在空间站的布局如图 7-11 所示。

图 7-9　EDV 外壳和内囊

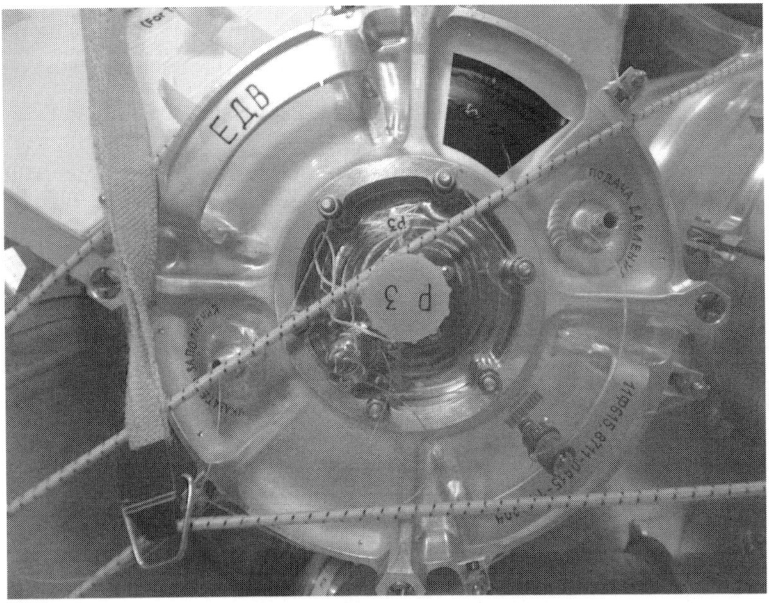

图 7－10　EDV 水箱顶端面板实物图

图 7－11　EDV 水箱在国际空间站安装情况

7.2.1.5 欧洲 ATV 水箱

ATV 水箱具有装运俄罗斯水和美国水到国际空间站的能力，其与这两种水均相容。ATV 水箱在意大利都灵制造，单个贮箱可容纳 280 kg 水介质，如图 7－12 所示。在 ATV 上设计有三个 ATV 水箱，根据任务每个水箱可装运不同类型的水。例如，儒勒·凡尔纳号 ATV 水箱携带的是俄罗斯标准的航天员饮用水，ATV 水箱中的水为意大利都灵山区的矿泉水，因为那里的矿泉水水质更接近莫斯科的矿泉水。然而，ATV 水箱装运的美国标准的航天员饮用水则来自海拔高度较高的阿尔卑斯山，因为那里的矿物质含量相对较低，水质更接近美国水的标准。

图 7－12 欧空局 ATV 水箱

7.2.1.6 日本 KTO 水箱

日本 KTO 水箱结构类似于俄罗斯 EDV 水箱，但是 KTO 水箱无内囊，如图 7－13 所示。

图 7－13　KTO 水箱

在轨使用经验表明：PWR 和新 CWC 具有较高的耐用性和实用性。对于国际空间站目前的水资源管理，两种水箱将继续发挥不可或缺的作用。一旦美国新一代水回收系统和生命保障系统达到发射系统的硬件要求，届时将需要更大尺寸的贮存水箱来长期存储碘化水。PWR 的尺寸规模将进一步增加，一个 22 L 的大号 PWR（目前国际空间站使用的是 10 L）已经制造并完成了相关评估。至于 1 L 样品袋，可以用来为航天员提供营养液，也可以存储其他小型有效载荷所需的非危险性流体。

1）柔性材质的水箱在水耗尽后可以折叠，这为往返的飞船节省了大量的空间和重量。

2）柔性水箱也有其缺点，如柔性外保护套不能承受较高的内压，CWC 可承受极限压力（1.7 atm）至少 10 min。与俄罗斯的 EDV 相比，在加注时航天员必须时刻关注 CWC 以防止过压致其爆裂。

3）正如前面所描述的那样，CWC 的囊材料和位于 EMU 中的导管材料均吸收美国使用的抑菌剂——碘。内囊体热密封需要重新设计以防止接缝分离，否则会发生流体泄漏。

4）CWC 上安装了体积指示带以帮助航天员观察填充的液体是否接近满装。由于微重力空间中液体的流动过程与地面大不一样，因此用肉眼观察指示带的效果并不是很好。俄罗斯的 EDV 上安装了指示器，当 EDV 的内囊充满了液体时，囊会将指示器弹出，这样航天员就能直观地观察了。

5）由于泄漏事件的发生，CWC 与快速分离装置的连接也经过了重新设计。泄漏的根本原因是不同材料的差异性，当 CWC 加压时由于水的冲击导致塑料出现应力，从而使塑料出现破裂。任何泄漏都会导致微生物在 CWC 的表面繁殖。

6）在水被抽出水箱时，任何泄漏都会导致水中出现气泡。当柔软的保护外套处于空的状态（即便是接近真空的条件下）时也会形成气泡，这会妨碍 CWC 在 IATCS 或者 EMU 中的下一次使用。

7.3　水箱囊体材料及相容性试验

为评估囊材料与流体的兼容性，分别采用两种囊材料（即 Combitherm VPCXX－140 薄膜和 FEP）与不同流体进行长期浸泡试验。Combitherm 横断面图各层材料如图 7－14 所示。NASA 约翰逊航天中心使用热冲压密封方法进行密封。

德国 Bayes 生产复合膜的子公司 Wol55 Walsrode 提供 Combitherm 薄膜，用于包装航天食品和封装太空站中产生的废水。此外，还开发了用于食品工业的新复合膜 Comlithenm TC，是用吹塑薄膜共挤的方法生产的。

美国 Fluoroseal 公司采用标准 Luer－Lock 和 0.15 mm 厚的 FEP 制作了 1 L 的 PWR 水袋。测试时包括第一类去离子水（水中添

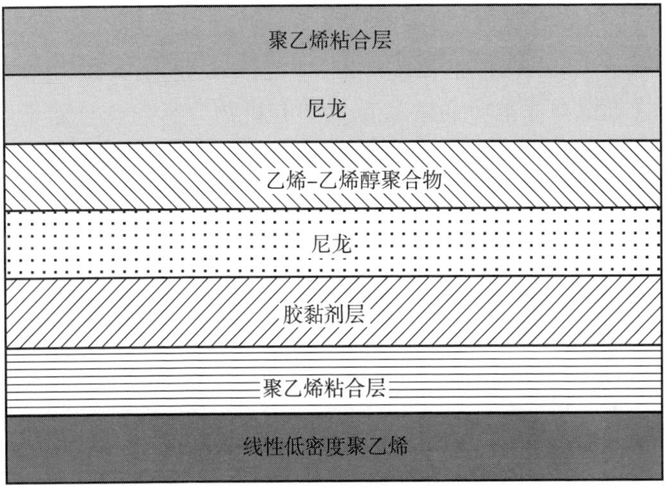

图 7-14　多层、对称结构的 Combitherm 薄膜

加 4～5 mg/L 碘分子）和第二类去离子水（水中添加 0.5 mg/L 氟化银），第一类去离子水为航天员在航天飞机和国际空间站美国 USOS 所需的饮用水，第二类去离子水对应国际空间站俄罗斯相关设备的工业级用水。测试的水袋被放置在常温无光照的环境中，放置的时间为 64 周。期间，会有一到两个水袋被抽干用于分析。被抽干的空水袋将送往 NASA 约翰逊航天中心先进材料实验室进行力学特性分析。

NASA 约翰逊航天中心的水与食物分析实验室对流体的化学特性进行分析，分析的指标有 TOC、pH 值、电导率、浑浊度、银含量和碘含量。

7.3.1　Combitherm 薄膜测试结果

Combitherm 水袋（装有氟化银的去离子水）试验结果如图 7-15 所示，银浓度几乎为常数。然而，TOC 浓度达到了 10.5 mg/L，48 周之后 TOC 浓度不在增加。通过对有机物的成分分析发现，己内酰胺为 TOC 的主要贡献者。从第 48 周到第 64 周，己内酰胺的平均含量为 15 mg/L，其对应的碳含量为 9.7 mg/L。浑浊度（<0.03 NTU）和电导率（4.9 μS/cm）均处于较低水平。此外，pH 在 5～9 之间变化。通过对选择样本中的微量金属和有机物分析发现，除了己内酰胺增加明显外，其他物质无明显增加。

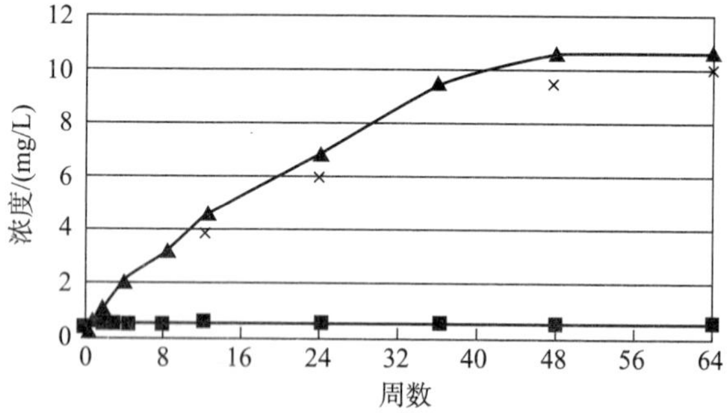

图 7-15　Combitherm 水袋（装有氟化银的去离子水）试验结果

（实心方形标号为银离子含量，实心三角形标号表示 TOC，×表示由己内酰胺贡献的 TOC，约为 90%）

TOC 浓度一直增加直到第 48 周，此后 TOC 浓度维持稳定。己内酰胺对 TOC 浓度的贡献约 90%，银浓度维持常数（0.48 mg/L）。

Combitherm 水袋（装有碘化水，碘浓度为 4 mg/L）中的碘在一周之后消失，这是由于 Combitherm 薄膜会吸收碘。TOC 浓度也会不断增加，直到第 48 周达到 11 mg/L，之后维持平衡。

由于容积和己内酰胺的影响，国际空间站上一般不采用 CWC 对水进行长期储存，特别是饮用水的储存，以避免航天员接触己内酰胺。

7.3.2 FEP 薄膜测试结果

研究存储水水质好坏的最重要的两个指标是水中生物杀菌剂（碘或银）的稳定性和来自塑料膜的有机碳含量——TOC。用“银化水”来研究 FEP，FEP 水袋中银浓度在 48 周中一直很稳定，如图 7-16 所示。此外，水中的 TOC 没有显著增加，没有明显的微量金属聚集，也没有合成新的有机物。浑浊度（<0.02NTU）和电导率（4.1 μS/cm）始终保持常数。pH 值在 5.5～8.8 之间变化，同时由于二氧化碳渗透到存储水中，水的 pH 值趋于降低（NASA 对可饮用水 pH 值界定为 5.5～9），银浓度和 TOC 浓度均近似为常数。

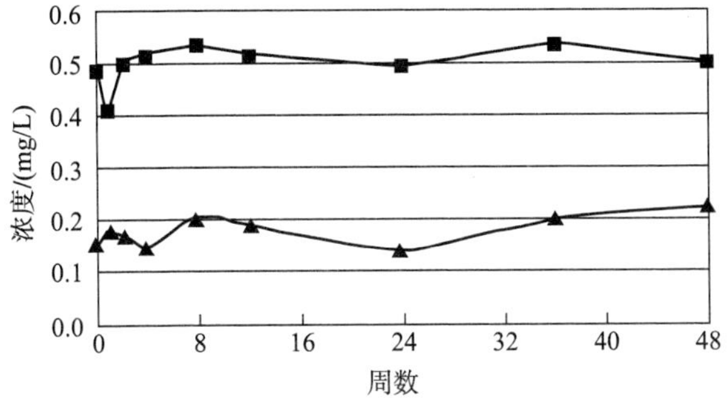

图 7-16　FEP 水袋（装有氟化银的去离子水）试验结果

（实心方形标号为银离子含量，实心三角形标号表示 TOC）

对于 FEP 水袋中的碘化水而言，也获得了一个极为类似的结论：存储水中碘的含量稳定和 TOC 变化幅度较低。没有出现明显的有机物或非有机物聚集现象。浑浊度维持在较低的水平（0.02NTU），pH 在 5.2～7.9 之间变化，电导率仅为 2 μS/cm，碘浓度和 TOC 没有出现明显的波动，如图 7-17 所示。

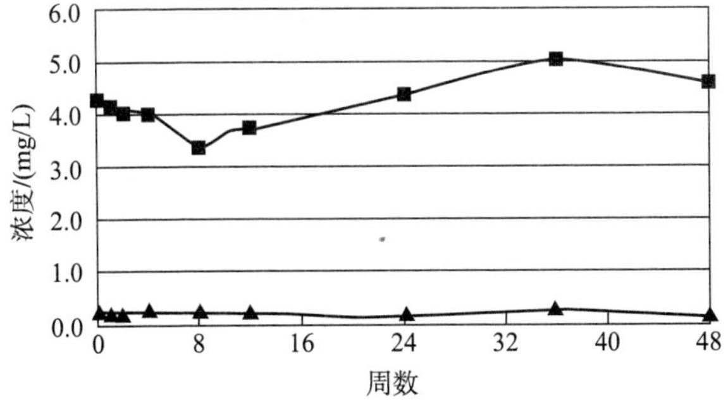

图 7-17　FEP 水袋（装有碘的去离子水，碘含量为 4.3 mg/L）试验结果

（实心方形标号为碘离子含量，实心三角形标号表示 TOC）

流体与薄膜的相容性测试结果证实：无论是银化水或碘化水，Teflon FEP 均能长时间地储存，同时能保持水质良好。FEP 中存储的水不会在储存过程出现有机碳含量（TOC）的增加。FEP 也有其自身的缺点：FEP 薄膜不能阻止空气中的二氧化碳通过薄膜进入存储水中，导致存储水在长期存储条件下 pH 值趋于降低。通过对多层 Combitherm 薄膜存储水的测试证实：对于存储俄罗斯用水（银化水）是足够用的。新的 CWC 也可用于航天员尿液的存储。Combitherm 薄膜不能用于存储碘化水，因为其会迅速吸收碘。Combitherm 薄膜的其他缺点是：它会向存储水释放有机碳，主要是己内酰胺，但一年之内不会影响存储的饮用水的饮用安全，然而美国国家航空航天局毒理学委员会规定己内酰胺必须低于 15 mg/L 才能饮用，而存储水的主要泄漏途径在 Combitherm 囊体接缝处。

7.4 软体贮箱关键技术

7.4.1 材料特性

7.4.1.1 内囊材料及特性分析

(1) FEP 材料

聚全氟乙丙烯 FEP (Fluorinated ethylene propylene)，是四氟乙烯和六氟丙烯共聚而成的，又称 F－46，是聚四氟乙烯（F4）的改性材料。

FEP 结晶熔化点为 304 ℃，密度为 2.15 g/cm^3，它是一种软性塑料，其拉伸强度、耐磨性、抗蠕变性低于许多工程塑料。它是化学惰性的，在很宽的温度和频率范围内具有较低的介电常数。该材料不易燃，可阻止火焰的扩散。它具有优良的耐候性，摩擦系数较低，从低温到 200 ℃均可使用。该材料可制成用于挤塑和模塑的粒状产品，用作流化床和静电涂饰的粉末，也可制成水分散液。半成品有膜、板、棒和单纤维。美国市场经销的 FEP 有 Dupont 公司的 Teflon 牌、Daikin 公司的 Neoflo 牌、Hoechst Celanese 公司的

IHoustaflow 牌。其主要的用途是用于制作管和化学设备的内衬、滚筒的面层及各种电线和电缆。

FEP 既具有与聚四氟乙烯相似的特性，又具有热塑性塑料的良好加工性能。因而它弥补了聚四氟乙烯加工困难的不足，使其成为代替聚四氟乙烯的材料。根据加工需要，FEP 可分为粒料、分散液和漆料三种。其中，粒料按其熔融指数的不同，可供模压、挤出和注射成型用，分散液供浸渍烧结用，漆料供喷涂等用途。

①FEP 的结构特点

FEP 和聚四氟乙烯一样，也是完全氟化的结构，不同的是聚四氟乙烯主链的部分氟原子被三氟甲基（$-CF_3$）所取代，由此可见，FEP 和聚四氟乙烯虽都由碳、氟元素组成，碳链周围完全被氟原子包围着，但 FEP 大分子的主链上有分支和侧链。这种结构上的差别对于材料在长期应力下的温度范围上限来看，无很大影响，FEP 的上限温度为 200 ℃，而聚四氟乙烯的最高使用温度是 260 ℃。但是，这种结构上的差别，却使 FEP 具有相当确定的熔点，并可用一般的热塑性加工方法成型加工，使加工工艺大为简化。这是聚四氟乙烯所不具备的。这便是用六氟丙烯改性聚四氟乙烯的主要目的。

②FEP 的性能

FEP 中六氟丙烯的含量对共聚体的性能是有一定影响的。目前生产的 FEP 的六氟丙烯的含量，通常在 14%～15%（质量分数）。

对于 FEP 的分子量测定，目前尚无可行的方法。但它在 380 ℃时的熔融黏度要比聚四氟乙烯低，为 $10^3 \sim 10^4$ Pa·s。可见 FEP 的分子量比聚四氟乙烯低得多。

FEP 的熔点随共聚体的组分不同而有一定的差异，共聚体中六氟丙烯的含量增加时，熔点变低。按差热分析法所测得的结果，国产 FEP 的熔点大多在 250～270 ℃之间，比聚四氟乙烯低。

FEP 是一种结晶性高聚物，结晶度比聚四氟乙烯低一些，当 FEP 熔体缓慢冷却到晶体熔点以下温度时，大分子重新结晶，结晶度在 50%～60%之间；当熔体以淬火方式迅速冷却时，结晶度较小，在 40%～50%之间。FEP 的晶体结构形态，均为球晶结构，并随树脂和加工成型温度及热处理方式的不同而有一定的差异。

1）电绝缘性能：FEP 的电绝缘性能和聚四氟乙烯十分相近。它的介电系数从深冷到最高工作温度，从 50 Hz 到 1 010 Hz 超高频的范围内几乎不变，并且很低。介质损耗角正切随频率的变化则有些变化，但随温度变化不大。

FEP 的体积电阻率很高，且随温度变化甚微，也不受水和潮气的影响，耐电弧大于 165 s。

FEP 的击穿场随厚度的减小而提高，当厚度大于 1 mm 时，击穿场强在 30 kV/mm 以上，但不随温度的变化而变化。

2）热性能：FEP 的耐热性能仅次于聚四氟乙烯，能在－85～＋200 ℃的温度范围内连续使用。即使在－200 ℃和＋260 ℃的极限情况下，其性能也不恶化，可以短时间使用。

FEP 的热分解温度高于熔点温度，在 400 ℃以上才发生显著的热分解，分解产物主要是四氟乙烯和六氟丙烯。由于 FEP 大分子通常带有的等端基在熔点以上温度时也会分解，因此在 300 ℃以上进行加工时必须注意适当的通风。FEP 在熔点温度以下是相当稳定的，但在 200 ℃高温下机械强度损失较大。

FEP 在－250 ℃时仍不完全硬脆，还保持有很小的伸长率和一定的曲挠性，比聚四氟乙烯甚至更好一些，是其他所有各类塑料所不及的。

3）耐化学稳定性：FEP 的耐化学稳定性与聚四氟乙烯相似，具有优异的耐化学稳定性。除与高温下的氟元素、熔融的碱金属和三氟化氯等发生反应外，与其他化学药品接触时均不被腐蚀。

4）力学性能：FEP 与聚四氟乙烯相比，硬度及抗拉强度略有提高，摩擦系数也比聚四氟乙烯略大。常温下 FEP 具有较好的耐蠕变性能；但当温度高于 100 ℃时，耐蠕变性能反而不及聚四氟乙烯。

5）其他性能：FEP 在大气中抗氧化性能非常好，耐大气稳定性高。FEP 的耐辐照性要比聚四氟乙烯好，略逊于聚乙烯。在空气中和室温下，FEP 开始出现性能变化的最小吸收剂量为 $10^5 \sim 10^6$ rad，即 $10^3 \sim 10^4$ Gy，故可作耐辐照材料使用。

（2）Teflon 涂层

Teflon 涂层可以应用在炭钢、不锈钢、铝、铜、镁以及各种合金等金属材质上，也可以应用在玻璃、玻纤以及一些橡胶塑料等非金属材质上。Teflon 涂层具有以下优越性能：

1）不粘性：涂层表面有极低的表面张力，因而表现出极强的不粘性，极少固态物质可以永久粘在涂层上，虽然胶状物质对其表面有可能会有一定粘附，但绝大多数材料在其表面都很容易清洗。

2）低摩擦系数：Teflon 涂层在所有固体材料中具有最低的摩擦系数，其范围大概在 0.05～0.2，取决于表面压力、滑动速度以及运用何涂层。

3）不湿性：涂层表面具有极强的疏水疏油性，因此清洗就更加容易彻底。事实上，很多情况下涂层表现出自洁性。

4）极高的表面电阻。通过特殊配方或工业处理后，涂层甚至能具有一定的导电性，可以用作抗静电涂料。

5）耐高温：涂层具有极强的耐高温及耐火性能，这是由于 Teflon 有很高的熔点和自燃点，以及极低的导热性。Teflon 涂层工作温度最高可以达到 290 ℃，间断性的工作温度甚至可以达到 315 ℃。

6）耐化学性：通常，Teflon 涂层不受化学环境的影响。至今所知道影响 Teflon 涂层的化学品只有熔融的碱金属和高温下的氟化剂。

7）低温稳定性：许多 Teflon 工业涂料能忍受严酷的绝对零度而不损失机械特性。Teflon 工业涂料可在低达－270 ℃温度下使用。

Teflon 涂层杰出的滑动性能已经被广泛地认可，它跟大多数材质接触时都有很低的摩擦系数，主要取决于负荷、滑动速度和所使用的 Teflon 涂料品种。在生产诸如金属、塑料、纸张、食品的过程中，Teflon 涂层使它们的传送变得更加容易，经 Teflon 涂料处理过的表面具有干润滑的效果。因此常常被应用在对摩擦系数要求高的机械零部件上，降低摩擦系数增加耐磨性的同时，也可以自润滑。

(3) Combitherm 复合材料

Combitherm 复合材料由 7 层材料组成，如表 7－3 所示，分别是聚乙烯粘合层、尼龙（PA 尼龙膜）、乙烯－乙烯醇共聚物（EVAL）、尼龙（PA 尼龙膜）、胶黏剂层、聚乙烯粘合层、低密度聚乙烯（LLDPE）。

表 7－3 Combitherm 复合材料构成

复合层数	材料名称
1	聚乙烯粘合层
2	尼龙
3	乙烯-乙烯醇共聚物
4	尼龙
5	胶黏剂层
6	聚乙烯粘合层
7	线性低密度聚乙烯

作为中间层材料的乙烯-乙烯醇共聚物（Ethylene vinyl－alcohol copolymer，EVAL）是近年来发展的一种新型高阻隔性薄膜，它透明性好，有极佳的隔氧、保香性和耐油性。但它的吸湿性强，吸湿后使其阻隔性降低，具有阻气性能强、气密性高、无毒、材质柔软的特点。

尼龙（Nylon），又称聚酰胺纤维，英文名称为 Polyamide（简称 PA），密度为 1.15 g/cm^3。尼龙（PA 尼龙薄膜）制成的薄膜透明、伸长率大、气密性好。尼龙薄膜可定向拉伸，有较好保香性能；机械性能优异，抗张强度是聚乙烯的三倍；耐穿刺强度高，印刷性能好，是一种高级包装薄膜。但尼龙薄膜吸水性大，透湿率高，虽然适用于蒸气消毒，但在潮湿条件下气密性下降、尺寸不稳定、刚性较差、易起皱、热合性也不好，因此常需聚偏二氯乙烯涂布或与聚乙烯复合以增加其耐水抗湿性能，改善热封性。采用第 4 层和第 6 层组合的方式，交错布置的尼龙可减小气体穿过因制造缺陷出现微小漏洞的概率。

线性低密度聚乙烯（Linear Low Density Polyethylene，LLDPE）通常在更低温度和压力下，由乙烯和高级的烯烃如丁烯、己烯或辛烯共聚合而生成，特别适用于薄膜挤出工艺，可产出高质的 LLDPE 产品。LLDPE 具有抗拉伸、抗穿透、抗冲击和抗撕裂的性能，以及优异的抗环境应力开裂性、抗低温冲击性和抗翘曲性。LLDPE 的流变性可概括为“剪切时刚性”和“延伸时柔软”。具体特性如下：

1）热封性。LLDPE 薄膜热封性良好，只要达到最低的起封温度就具有良好的热封强度，封口抗污染能力强。

2）熔融性能。熔融性能决定于相对分子质量、相对分子质量分布、长支链等因素。LLDPE 熔融黏度高，所以挤出成型时挤出的载荷增大，发热量也增大，熔融应力松弛时间短，注射成型品内残留应力小，因此收缩率小，翘曲也小。

3）热性能。聚乙烯的熔点与结晶的完全程度、晶粒大小成比例，薄膜的热封性能与完全熔融的热封温度相应，LLDPE 热封温度比 LDPE 高 10～15 ℃，而且 LLDPE 比 LDPE 熔点范围更窄，所以薄膜的热封性能良好，且可耐更低的温度。

4）物理力学性能。LLDPE 的拉伸数量、拉伸屈服强度大，特别是拉伸断裂强度和断裂伸长率大，一般可从应力-应变曲线面积求出断裂时所需要的能量，以此作为树脂刚性的指标。LLDPE 薄膜的物理机械性能优，具有柔软性、韧性、耐寒性、耐穿刺性。

茂金属聚乙烯（MLLDPE）是一种新颖热塑性塑料，是 20 世纪 90 年代聚烯烃工业最重要的技术进展，是继 LLDPE 生产技术后的一项重要革新。MLLDPE 是使用茂金属（MAO）为聚合催化剂生产出来的聚乙烯，MAO 是二甲基铝和水在聚合体系以外条件下合成的高齐聚度甲基铝氧烷，在性能上与传统的Ziegler-Natta催化剂聚合而成的PE有显著的不同。茂金属催化剂用于合成茂金属聚乙烯独特的优良性能和应用，此新产品通常可以超越以LLDPE为主配方薄膜的力学性能要求，它也能显著提高以LDPE为主配方薄膜的韧性，使高达20%的薄膜减薄成为可能。

（4）TPU材料

TPU是Thermoplastic Urethane的简称，中文名称为热塑性聚氨酯，TPU是由二苯甲烷二异氰酸酯（MDI）、甲苯二异氰酸酯（TDI）和大分子多元醇、扩链剂共同反应聚合而成的高分子材料。它的分子结构是由二苯甲烷二异氰酸酯（MDI）、甲苯二异氰酸酯（TDI）和扩链剂反应得到的刚性嵌段以及二苯甲烷二异氰酸酯（MDI）、甲苯二异氰酸酯（TDI）和大分子多元醇反应得到的柔性链段交替构成的。热塑性聚氨酯（TPU）是一类可加热、可以塑化、溶剂可以溶解的聚氨酯。与混炼型和浇注型聚氨酯比较，其化学结构上没有或很少有化学交联，其分子基本上是线性的，然而却存在一定量的物理交换，因此，这类聚氨酯称为热塑性聚氨酯。

热塑性聚氨酯弹性体按分子结构可分为聚酯型和聚醚型两种，按加工方式可分为注塑级、挤出级、吹塑级等，按制成品用途可分为异型件（各种机械零件）、管材（护套、棒型材）和薄膜（薄片、薄板），以及胶粘剂、涂料和纤维等。

热塑性聚氨酯弹性体介于橡胶和塑料之间，具有高张力、高拉力、强韧和耐老化的特性，是一种成熟的环保材料。目前，TPU已广泛应用于医疗卫生、电子电器、工业及体育等方面，其具有其他塑料材料所无法比拟的强度高、韧性好、耐磨、耐寒、耐油、耐水、耐老化、耐气候等特性，同时它具有高防水性、透湿性、防风、防寒、抗菌、防霉、保暖、抗紫外线以及能量释放等许多优异的功能。具体性能特点如下：

1）优异的耐磨性能。其Taber磨耗值为0.35～0.5 mg，是塑料中最小的，加入润滑剂可降低磨擦，从而进一步提高耐磨程度；

2）拉伸强度和拉伸率：TPU 的拉伸强度是天然橡胶和合成橡胶的 2～3 倍，聚酯型 TPU 的拉伸强度＞60 MPa，伸长率为 410%，聚醚型 TPU 的拉伸强度为 50 MPa，伸长率为 550%；

3）耐油：TPU 的耐油性能优于丁腈橡胶，具有极好的耐油寿命；

4）耐低温、耐候性、耐臭氧性能：TPU 的耐气候老化性能优于天然橡胶和其他合成橡胶，它的耐臭氧、耐射线的特点在航天工业有特殊的用途；

5）食品医疗卫生：TPU 具有生物相容性和抗血凝性，医用 TPU 应用越来越广泛。TPU 不含增塑剂、无毒无味，广泛应用于食品行业。

TPU 是一种高性能环保型材料。TPU 有优越的机械性能，良好的耐磨性，耐低温特性，高强度的耐冲击性及耐撕裂性，并具有高延伸性及拉力强度。

下面简单介绍其力学性能和物理性能。

①TUP 力学性能

TPU 弹性体的力学性能主要包括：硬度、拉伸强度、压缩性能、撕裂性能、回弹性和耐磨性、耐屈挠性等，而 TPU 弹性塑料的力学性能，除这些性能外，还有剪切强度和冲击韧性等。

1）硬度：硬度是材料抵抗变形、刻痕和划伤能力的一种指标。TPU 硬度通常用邵尔 A 型和邵尔 D 型硬度计测定，邵尔 A 型硬度计用于较软的 TPU，邵尔 D 型硬度计用于较硬的 TPU。TPU 硬度范围很宽，在邵尔 A60 至邵尔 D80 之间，跨越了橡胶和塑料的硬度。

TPU 的硬度与许多性能有关，随硬度的增加，TPU 的如下性能发生变化：拉伸模量和撕裂强度增加，刚性和压缩应力（负荷能力）增加，伸长率降低，密度和动态生热增加，耐环境性能增强。

2）拉伸性能：拉伸性能是指单向拉伸，即应力-应变性能。从 TPU 的应力-应变曲线可以获得如下信息：拉伸强度、扯断伸长率

（简称伸长率）、拉伸强度（杨氏模量）、定伸应力、扯断永久变形（简称拉伸永久变形）和韧性等。

影响拉伸强度和伸长率的因素有材料、后硫化、吸湿、化学交联、分子量以及制作方法等。

表 7-4 给出了 TUP 与其他材料拉伸强度和伸长率的比较。可见聚醚型 TPU 的拉伸强度和伸长率远优于聚氯乙烯塑料和橡胶，此外 TPU 在加工过程不加或加入很少助剂，就能满足食品工业要求，这也是其他材料如 PVC、橡胶等难以达到的。

表 7-4　TPU 与其他材料拉伸强度和伸长率的比较

性能	PET-TPU		PVC		丁腈橡胶	氯丁橡胶	天然橡胶
	95A	85A	85	80			
硬度(邵尔)	96	90	94	87	78	70	77
拉伸强度/MPa	34.3	25.3	16.0	16.3	11.6	10.3	16.3
伸长率/%	700	570	308	350	400	400	574

TPU 的性能强烈地受到微区形态的影响。在加热或处理 TPU 期间，发生相混合，而在快速冷却时，出现相分离。TPU 的分离过程（脱混过程），由于其高黏度，决定于时间；而 TPU 的力学性能又强烈地关系到与时间有关的微区形态。因此，为了获得最佳性能，TPU 应进行后硫化。后硫化条件随 TPU 材料变化，TPU 达到最优性能可以通过室温贮存一周或高温下硫化以便缩短时间周期。

3）回弹性：TPU 的回弹性是指形变应力解除后迅速恢复其原状的程度，用恢复能表示，即形变回缩功与产生形变所需要的功之比。它是弹性体动态模量和内摩擦的函数，并对温度非常敏感。

表 7-5 给出了 TPU 回弹性与室温以下不同温度的关系。TPU 软段为 PTMG、PCL、PBA，相对分子质量分别为 1 000 和 2 000；回弹随温度的下降而降低，直到某一温度，弹性又迅速增加。这个温度是软段结晶温度，决定于大分子二醇的结构，聚醚型 TPU 较聚

酯型 TPU 低。在结晶温度以下的温度，弹性体变得很硬且失去了它的弹性。

表 7-5　TPU 回弹性与室温以下温度的关系

软段结构	硬度（邵尔 D）	在室温以下温度的弹性/%							弹性最低温度/℃
		25 ℃	7 ℃	2 ℃	−4 ℃	−12 ℃	−18 ℃	−26 ℃	
PTMG-1000	55	48	39	33	33	33	36	38	−9
PTMG-2000	31	65	58	56	42	42	35	37	−18
PCL-1250	45	38	27	24	28	31	41	48	−12
PCL-2000	33	50	40	32	26	31	33	33	−4
PBA-1000	62	42	38	37	29	38	42	42	−9
PBA-2000	40	45	35	33	32	37	37	38	−7

②TPU 物理性能

TPU 弹性体的物理性能包括密度、线性膨胀系数、摩擦系数、气体扩散系数、传热系数、玻璃化转变温度、熔点、熔融热、比热容和特性黏度等。

1）密度：TPU 的密度大约在 1.10～1.25 g/cm^3 之间，在同等硬度时聚醚型 TPU 密度比聚酯型 TPU 低。TPU 密度决定于软段种类、分子量、硬段或软段含量以及 TPU 聚集态。

TPU 密度与橡胶和塑料的比较见表 7-6。由此可见，TPU 密度与其他橡胶和塑料无显著差异。

表 7-6　TPU 与橡胶和塑料密度的比较

性能	TPU	热塑性橡胶	聚酯弹性体	软乙烯塑料	氯丁橡胶	尼龙
硬度(邵尔)	75A～75D	65A～90A	90A～70D	40A～90A	20A～90A	60R～115R
密度/(g/cm^3)	1.05～1.25	0.83～1.20	1.17～1.22	1.2～1.4	1.23	1.0～1.15

2）透气性：透气性（Q）是指在一定的温度和压力下，气体透过试样规定面积的扩散速率，以每单位时间、压力、面积透过一定厚度的气体体积表示［10^{-18} m^2/（s·Pa）］。不同气体的渗透率 Q 差别较大，TPU 对空气的 Q 值一般为（3～14）×10^{-18} m^2/（s·Pa）。

Elastollan TPU 弹性体聚酯型与聚醚型扩散系数的比较见表 7－7。对空气、氮气、氧气和二氧化碳四种气体的 Q 值，聚酯型 TPU 普遍低于聚醚型。

表 7－7 聚酯型与聚醚型 TPU 的扩散系数的比较

TPU 软段	扩散系数 $Q\times10^{-18}/[m^2/(s\cdot Pa)]$			
	空气	氮气	氧气	二氧化碳
聚酯型	3～12	1～4	4～14	20～200
聚醚型	6～14	3～6	8～21	90～230

3）TPU 的熔融热：TPU 弹性体的熔融热 ΔH 主要指硬段相结晶、次晶、有序结构熔化所吸收的热量，以 J/g 表示。ΔH 的大小取决于硬段的含量、长度和 TPU 热力史，软段分子量亦有一定影响。TPU 的 ΔH 为 2.0～25 J/g。

（5）EPDM 材料

乙丙橡胶（Ethylene propylene Rubber，EPDM）由乙烯及丙烯共聚合而成，因此耐热性、耐老化性、耐臭氧性、安定性均非常优秀。

三元乙丙橡胶是乙烯、丙烯以及非共轭二烯烃的三元共聚物。二烯烃具有特殊的结构，三元乙丙橡胶的主要聚合物链是完全饱和的。这个特性使得三元乙丙橡胶可以抵抗热、光、氧气，尤其是臭氧。乙丙橡胶最主要的特性就是其优越的耐氧化、抗臭氧和抗侵蚀的能力。由于三元乙丙橡胶属于聚烯烃家族，它具有极好的硫化特性。在所有橡胶当中，乙丙橡胶具有最低的比重。三元乙丙橡胶本质上是无极性的，对极性溶液和化学物具有抗性，吸水率低，具有良好的绝缘特性。在三元乙丙橡胶生产过程中，通过改变三单体的数量、乙烯丙烯比、分子量可以调整其特性。

1）低密度高填充性：乙丙橡胶的密度是较低的一种橡胶，其密度为 0.87 g/cm^3。加之可大量充油和加入填充剂，因而可降低橡胶制品的成本，弥补了乙丙橡胶生胶价格高的缺点，并且对高门尼值的乙丙橡胶来说，高填充后物理机械能降低幅度不大。

2）耐老化性：乙丙橡胶有优异的耐天候、耐臭氧、耐热、耐酸碱、耐水蒸气、颜色稳定性、电性能、充油性及常温流动性。乙丙橡胶制品在 120 ℃下可长期使用，在 150～200 ℃下可短暂或间歇使用。加入适宜防老剂可提高其使用温度。以过氧化物交联的三元乙丙橡胶可在苛刻的条件下使用。三元乙丙橡胶在臭氧浓度 50 pphm、拉伸率 30%的条件下，可达 150 h 以上不龟裂。

3）耐腐蚀性：由于乙丙橡胶缺乏极性，不饱和度低，因而对各种极性化学品如醇、酸、碱、氧化剂、制冷剂、洗涤剂、动植物油、酮和脂等均有较好的抗耐性；但在脂属和芳属溶剂（如汽油、苯等）及矿物油中稳定性较差。在浓酸长期作用下性能也会下降。

4）耐水蒸气性能：乙丙橡胶有优异的耐水蒸气性能。在 230 ℃过热水蒸气中，近 100 h 后外观无变化。而氟橡胶、硅橡胶、氟硅橡胶、丁基橡胶、丁腈橡胶、天然橡胶在同样条件下，经历较短时间外观就会发生明显劣化现象。

5）耐过热水性能：乙丙橡胶耐过热水性能亦较好，但与硫化系统密切相关。以 TMTD 为硫化系统的乙丙橡胶，在 125℃过热水中浸泡 15 个月后，力学性能变化甚小，体积膨胀率仅 0.3%。

6）电性能：乙丙橡胶具有优异的电绝缘性能和耐电晕性，电性能优于或接近于丁苯橡胶、氯磺化聚乙烯、聚乙烯和交联聚乙烯。

7）弹性：由于乙丙橡胶分子结构中无极性取代基，分子内聚能低，分子链可在较宽范围内保持柔顺性，仅次于天然橡胶和顺丁橡胶，并在低温下仍能保持。

8）粘结性：乙丙橡胶由于分子结构缺少活性基团，内聚能低，加上胶料易于喷霜，自粘性和互粘性很差。

（6）TufQuin TFT 复合材料

TufQuin TFT 复合材料，是一系列高性能绝缘纸的复合产品。TufQuin110 和聚酯薄膜复合，典型的结构是一层薄 TufQuin 绝缘纸，双面复合了聚酯薄膜，用于高温绝缘系统。

TufQuin TFT 复合材料，是电气、热性能均衡的产品，通过绝缘材料性能的提升而提高设备工作的可靠性。

TufQuin 耐热绝缘纸由美国 Quin－T 公司开发和生产。它以无机成分为主，具有良好耐热性和绝缘性，其长期工作温度在单独使用时为 180 ℃，在绝缘系统中可达 200 ℃。由于含有部分耐热有机纤维，因而显著提高了纸的机械强度，使其具有良好的抗张强度和抗撕强度。同时保持纸页特有的柔韧性、适形性和吸漆性。

7.4.1.2 外套支撑材料及特性分析

(1) Nomex

Nomex 是杜邦公司为芳族聚酰胺纤维注册的一个商标，具有极好的阻燃性，很好的纺织特性，尺寸稳定性好，对很多的化学药品和工业溶剂有抗分解能力。

①张力和热学性质

在低温（—195.6 ℃）条件下，Nomex 不会变脆也不会分解。在室温条件下，其张力性质与尼龙、涤纶相同，这使它在纺织机械上容易加工。表 7－8 总结列出了 Nomex 品牌纤维的张力和热学性质。

②干热的影响

对 Nomex 455 型进行热重量分析，在高约 400 ℃的空气或氮气中，纤维重量损失率小于 10%。在 427 ℃（801 ℉）以上可以看到重量迅速下降。在 350 ℃（662 ℉）的空气中，织物在 30 s 内即被烧焦或炭化，温度的升高会减少炭化的时间。

Nomex 不会熔化也不会产生熔滴。暴露在热浪中的 Nomex 张力是时间、温度和环境的函数。

在绝大多数其他合成纤维的熔点温度以上，Nomex 具有良好的应力应变性质。把 Nomex 纤维暴露在 260 ℃（500 ℉）的干空气中 1 000 h，然后返回室温，Nomex 的断裂强度和韧性约为原来的 65%。

表 7－8　Nomex 品牌纤维的张力和热学性质

牌号		430 型	430 型	450 型	455/462 型	N301 型
测试的产品		1200D 2dpf	1600D 2dpf	1.5dpf 32/2CC	1.5dpf 32/2CC	1.5dpf 22/1CC
密度/(g/cm^3)		1.38	1.38	1.37	—	—
水分/%	—装运时 —交易时	4.0 4.5	4.0 4.5	8.2 4.5	8.3 4.5	8.3 4.5
张力性质 直接测试	强度/(g/den) 断裂伸长/% 初始模量/(g/den)	5.0 30.5 94	4.9 31.0 85	2.9 22 —	2.6 21 —	2.8 19 —
环状测试	强度/(g/den)	4.1	3.9	—	—	—
热学性质 燃烧热量	BTU/LB① J/kg	12 100 28.1×10^6	— —	12 100 28.1×10^6	12 100 28.1×10^6	12 100 28.1×10^6
77 ℉(25 ℃)特定热量/[(cal/(g·℃)]		0.30	—	0.30	0.26	0.29
212 ℉(100 ℃)的沸水收缩率/%		0.13	1.1	4.0max	0.5	—
在 545 ℉(285 ℃)的干空气中 30 min 的收缩率	最小 最大	1.5 4.0	1.2 4.0	— —	— —	— —

续表

牌号	430 型	430 型	450 型	455/462 型	N301 型
热导率					
[W/(m · °K)]	0.25	—	—	—	—
[BTU · in/h · ft² · ℉]	1.7	—	—	—	—
线性膨胀系数					
78～266 ℉(26～130 ℃)					
cm/(cm · ℃)	1.8×10^{-5}	1.8×10^{-5}	1.8×10^{-5}	1.8×10^{-5}	1.8×10^{-5}
in/(in · ℉)	1.0×10^{-5}	1.0×10^{-5}	1.0×10^{-5}	1.0×10^{-5}	1.0×10^{-5}
长丝截面形状					
腰圆形					
主要直径/μm;范围	20;17～22	—	17;15～18	18;15～20	18;15～20
次要直径/μm;范围	11;9～13	—	10;8～12	10;8～12	10;8～12

注:①BTU/LB 为英制热值单位,1 BTU/LB=2 326 J/kg。

③水分的影响

即使在高温下，空气或其他气体中含有的少量水蒸气对 Nomex 的张力性质没有明显的影响。在室温下，相对湿度从5%～95%的变化对 Nomex 的张力没有实质上的影响。

试验表明，随温度的升高，内部含水或饱和水蒸气的 Nomex 纤维的张力损失增加。密封管的试验表明，Nomex 纤维在 149 ℃（300 ℉），空气中水蒸气已经饱和的条件下暴露 1 000 h，其张力损失约为70%。相比之下，在相同条件下，尼龙在 100 h 之内就全部破坏了。

④回潮率和尺寸稳定性

回潮率指纺织材料所含水重量占纺织材料干重的百分率。相对湿度对吸湿率和吸湿平衡有很大的影响。相对湿度越高，在吸湿的初始阶段 Nomex 吸湿越快，最后的平衡值也越高。Nomex 的回潮率比涤纶大得多，比尼龙略大，比棉小。

Nomex 品牌纤维的纵向稳定性实质上不受相对湿度变化的影响。在 260 ℃（500 ℉）的干空气中，Nomex 430 型在几秒内的长度收缩约为1%。在暴露的最初 10 min 内产生约0.7%的附加收缩。在这一温度下，延长暴露时间对纱线的长度基本上没有进一步的影响。

Nomex 在湿热条件下比干热条件下收缩大，因为它能更充分消除纤维的内应力。比如在沸水中，Nomex 430 型立即产生大约1.3%的收缩。在沸水中浸泡 5 min 后，收缩进一步加剧，重复 100 次后其总的收缩率为3.8%。

适当结构的 Nomex 过滤织物在204℃以下的使用温度下伸长或收缩不超过1%，相对湿度的变化对长度的影响是很小的。

⑤耐磨性

耐磨性是过滤材料需考虑的一个重要因素。Nomex 的短纤纱机织物表现出的耐磨性一直明显优于涤/棉混纺和100%棉结构织物（见表7-9）。

表 7-9 经过工业洗烫后的织物强度

织物	洗烫的次数	曲磨次数		强力/(kg/cm)		撕裂强力/g	
		经	纬	经	纬	经	纬
4.5 oz/yd²① Nomex ⅢA	新	1 725	1 990	83.2	84.3	4 676	4 495
	25	862	856	82.6	81.0	4 540	4 540
	50	631	652	82.6	81.5	4 404	4 177
	75	636	721	79.4	77.7	4 540	4 358
	100	783	1086	79.9	78.8	4 268	4 767
7.0 oz/yd² Indru FRT(阻燃处理)棉	新	590	578	77.2	36.4	3 632	2 769
	25	133	249	75.0	37.5	2 088	1 725
	50	79	135	71.2	42.4	1 816	1 453
	75	64	109	57.1	33.7	1 317	1 135
	100	54	140	44.0	35.3	1 090	1 135

注：①1 oz=28.35 g；1 yd=0.914 4 m。

⑥耐化学性

一般说来，Nomex 纤维对很多化学试剂有很好的抵抗能力，尤其耐绝大多数的碳氢化合物和有机溶剂。使用过程中的耐化学性及洗涤过程中的抗化学试剂和溶剂，是 Nomex 具有卓越的耐久性和使用寿命的重要原因。

另外，Nomex 的耐酸性优于尼龙，但不及涤纶。然而，随着温度的升高，Nomex 的耐酸性气体的性能优于涤纶。在室温下，Nomex 具有极好的耐碱性，但在高温下，会被强碱分解。在高温下，Nomex 能够抵抗含氟橡胶、树脂、缓和剂的分解。

⑦气体

Nomex 对气体的抗降解性是在热气体过滤运用方面需考虑的一个重要因素（根据热气体的浓度）。酸性气体，如氯化氢、二氧化硫和氮氧化合物，可明显降低 Nomex 制成的滤尘袋的使用寿命。有机气体通常对 Nomex 没什么影响。

⑧紫外线

Nomex 与其他天然、合成的纺织材料一样，会因长期在阳光和人造光源产生的紫外线的辐射下受影响。

⑨微生物和细菌

Nomex 不会腐烂或被微生物破坏。Nomex 射流喷网法织物，包含与 Nomex 纤维一样的聚合物，经 ASTM G 21－80“合成聚合材料抗菌测试法”的测试，有抗菌的性能。

⑩毒物学

Nomex 品牌纤维从 20 世纪 60 年代早期已经开始生产并加工成有用的产品，其没有任何可鉴定不利健康的影响。最终产品没有出现任何已知的不利健康或环境的影响。

（2）陶瓷纤维

陶瓷纤维是一种纤维状轻质耐火材料，是指以 Al_2O_3、SiO_2 或以氧化铝为主要成分，耐火度大于 1 580 ℃的非晶质和晶质纤维状材料的总称。非晶质纤维是物质由熔融的流液态在冷却中形成的一种无定型玻璃态纤维；多晶纤维的生产采用“胶体喷吹法（或甩丝法）”成纤，高温煅烧生成。

陶瓷纤维两个重要的特性是体积密度低和导热系数小，陶瓷纤维具有良好的节能效果，关键就在于这两个特性。

①体积密度

体积密度是陶瓷纤维的重要质量指标，它是指单位体积陶瓷纤维的质量。陶瓷纤维制品的容重一般为：毡（200～220 kg/m^3）、板（200～240 kg/m^3，300～340 kg/m^3）、纤维组件（180～240 kg/m^3）、纤维毯（64 kg/m^3、96 kg/m^3、128 kg/m^3、160 kg/m^3）。由于陶瓷纤维的容重很小，而炉衬的蓄热损失又与炉衬材料的容重成正比，所以，采用陶瓷纤维作炉衬，不仅可以大大减少炉墙的蓄热损失，而且还可以大大减小炉子的重量。此外，还可以大大缩短升温时间。

②导热系数

导热系数是物质的一种物理性质，它表征物质的导热能力，导热系数的数值大小就是单位时间内每单位长度温度差为 1 ℃时每单位面积所通过的热量，其单位为 W/（m·k）；是衡量材料绝热保温性能优劣的主要指标。陶瓷纤维的另一个重要特性就是导热系数小，因而保温性能好。

③抗气流冲刷性能

对于燃料炉以及采用强循环的炉子，要求陶瓷纤维具有一定的抗气流冲刷性能，表 7-10 是陶瓷纤维制品在炉衬热面抗气流冲刷的最大风速参考数据。

表 7-10　陶瓷纤维的抗气流冲刷的最大风速

制品名称	纤维针刺毯	真空成型毡	真空成型板	纤维模块	纤维喷涂	纤维浇注料
最大风速/(m/s)	≤15	≤24	≥25	20—25	≤40	≥35

如果气流速度超过表 7-10 所列数值范围，应对纤维制品表面进行硬化处理。

④热化学稳定性

陶瓷纤维的热稳定性是任何致密或轻质耐火材料无法比拟的，一般致密耐火砖在经过若干次骤冷骤热后便会产生龟裂、甚至剥落破损。而陶瓷纤维制品是由直径 2～5 μm 的纤维相互交织在一起构成的多孔制品，即使温度急剧变化，也不会产生结构应力，在急冷急热条件下，不但不会发生剥落现象，而且还能有效抵御弯折、扭曲等机械振动。因此，从理论上讲它不受任何温度急变的限制。由于陶瓷纤维制品本身是一种柔软富有弹性的多孔材料，单体纤维的膨胀为纤维制品本身吸收，因此在使用时可完全不考虑留膨胀缝及烘炉问题，窑炉钢结构也无须考虑纤维制品的膨胀应力，使结构更加轻型化，节约了筑炉钢材用量。

⑤弹性及抗透气性

陶瓷纤维用作高温气体的密封材料和垫衬材料，要求具有弹性（压缩复原性）和抗透气性。陶瓷纤维的压缩回弹率随纤维制品的体积密度增大而提高，其透气阻力也相应增大，即纤维制品的透气性减小，因此，作为高温气体的密封材料和垫衬材料时，应选体积密度大（至少 128 kg/m^3）的纤维制品，以提高其压缩回弹率和透气阻力。此外，含结合剂的纤维制品比不含结合剂纤维制品的压缩回弹性大。

⑥热容量

陶瓷纤维的热容量是指：陶瓷纤维炉衬当炉子升温时、自身温度每升高 1 ℃所吸收的热量。

7.4.2 成型工艺

7.4.2.1 多层共挤吹塑薄膜成型

Combitherm 复合材料采用适用于吹制各种液体包装膜的多层共挤复合吹塑机组制成。国内复合薄膜的层数已达 7～9 层，并向更多层发展，共挤机头采用平面叠加机头和锥形叠加机头，牵引系统采用水平旋转和垂直旋转，采用国外先进配置，如纠偏装置、称重喂料和测厚装置、自动风环等，引进国外先进的闭环控制系统，向全自动方向发展。

从国外塑料薄膜吹塑设备厂商的产品介绍中可看出，目前可生产 11 层的共挤吹塑薄膜设备，都配置全自动称重喂料系统、自动风环、全自动卷取机等，并且配有水平旋转牵引和垂直旋转牵引以及多种形式的卷曲装置可供选择，机头采用平面或锥形叠加机头以及低中心机头，并且对生产线进行模块化设计，同时提高相关自动控制系统的功能，从而使设备具有高度的灵活性以及优化组合能力。

加拿大 MACRO 机械工程有限公司的薄膜生产线采用模块设计，机头为 AMT MACROPACK 叠加共挤机头，采用 ACCUPRO 自动厚度控制系统和 D10 PRO 自动双唇风环，牵引系统为 INFINITI 360H 旋转水平牵引，卷取装置为 AUTOMAX 表面或翻转卷取和新型纠偏装置，如图 7 - 18 所示。D10 PRO 自动双唇风环结合了可重负荷工作的 D10 双风环，具有优异的薄膜厚度均匀性和冷却效果。

图 7-18　加拿大 MACRO 机械工程有限公司的薄膜吹塑设备

采用国内塑料薄膜吹塑设备，可制成由 9 层材料组成的 Combitherm 复合材料，9 层材料分别是线性低密度聚乙烯（LLDPE）、聚乙烯粘合层、胶黏剂层、尼龙（PA 尼龙膜）、乙烯-乙烯醇共聚物（EVAL）、尼龙（PA 尼龙膜）、胶黏剂层、聚乙烯粘合层、线性低密度聚乙烯（LLDPE）。为减少水中 TOC，在尼龙外层各增加一层阻隔层，防止尼龙产生的己内酰胺进入溶液中，总层数可增加至 11 层，如图 7-19 所示。

7.4.2.2　热封加工

热压封合是用某种方式加热封口处材料，使其达到粘流状态后加压使之粘封，一般用热压封口装置或热压封口机完成。热封头是热压封合的执行机构，根据热封头的结构形式及加热方法的不同，热压封口的方法可分为：普通热压封合法、熔断封合、脉冲封合、

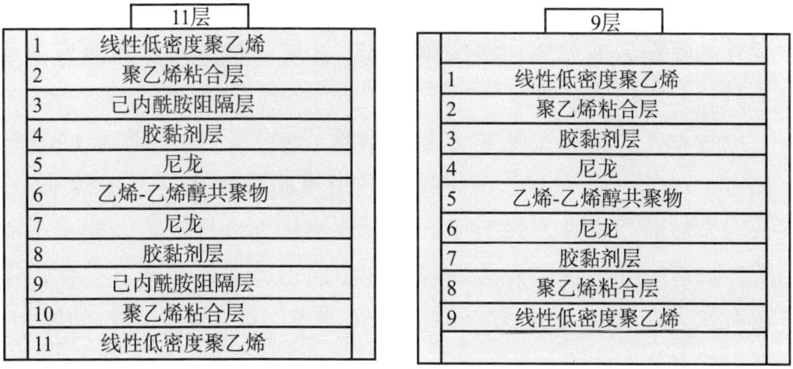

图 7-19　Combitherm 复合材料组成

超声波封合、高频热封、以及感应热封合几种。薄膜特性不同，适用的热封方法也不同，例如超声波封合和高频热封更适用于易热变形的薄膜，然而最常用的热封方法还是普通热压封合法。普通热压封合法又有平板热封、圆盘热封、带式热封以及滑动夹封合几种，平板热封的应用最为普及。

材料的热封性能（Heatsealability）包括在热封口仍然比较热（尚未冷却到环境温度）时检测它的热粘力（Hot Tack）以及热封口冷却稳定后的热封强度（Ultimate Strength）两方面，要评价材料的热封性能需要对材料进行这两方面的综合检测。一般认为包装材料的热封性能主要由热封温度、热封压力以及热封时间来决定，其中热封温度是最关键的参数，而热封强度是判断材料热封性能优劣的依据。

由于 Combitherm 复合材料薄膜内层采用 LLDPE 材料，具有良好的热塑性，采用热封技术即可实现密封，而 FEP 膜较厚时，采用热封技术较难实现材料密封。

7.4.2.3　激光焊接

利用激光可把两件塑料部件焊接，首先把部件夹紧在一起，然后以近红外线激光 NIR（波长 810～1 064 nm），透射过第一个部件，然后被第二个部件吸收，所吸收的近红外线激光转化为热能，将两个部件的接触表面熔化，形成焊接区。这种焊接方法，能够造出超过原材料强度的焊接缝。

应用激光焊接熔接塑料部件，其优点包括：焊接缝尺寸精密、牢固、不透气及不漏水；在焊接过程中树脂降解少、产生碎屑少。部件表面能够严密地连接起来；与其他熔接方法比较，大幅减小制品的振动应力和热应力；能够将多种不同塑料焊接起来（其他焊接方法有较大限制）；擅长焊接具有复杂外形（甚至是三维）的制品；能够焊接其他方法不易达到的区域。

（1）激光的波长

在金属材料的激光焊接工艺中，一般采用 YAG 或者 CO_2 激光作为光源，塑料焊接也不例外。随着半导体材料工业的快速发展，半导体激光作为光源也逐渐得到了应用。

（2）塑料材料

能够被激光焊接的塑料均属于热塑性塑料。理论上，所有热塑性塑料都能够被激光焊接。塑料激光焊接技术对被焊接塑料的要求为：在热作用区内的材料，要求对激光光波的吸收性好；不属于热作用区部分的材料，则要求对光波的透过性好，尤其在对两件薄塑料件进行叠焊时更是如此。一般向热作用区塑料中添加吸收剂可以达到目的。目前能够使用激光焊接的单种成分塑料包括：

PMMA［聚甲基丙烯酸甲脂（有机玻璃）］，PC 塑料，ABS 塑料，LDPE（低密度聚乙烯塑料），HDPE（高密度聚乙烯塑料），PVC（聚氯乙稀塑料），Nylon 6（尼龙 6），Nylon 66（尼龙 66），PS（PS 树脂）等。

上述各种塑料制成的塑料件，如模制的塑料品、塑料板、薄膜、人造橡胶、纤维甚至纺织物都可以作为被焊接的对象。由于激光焊接具有传统焊接不具备的热作用区小、控制精确容易的特点，因此上述各种单体材料之间也可以进行焊接。

(3) 吸收剂

吸收剂的应用是塑料激光焊接工艺中非常重要的工艺。如前所述，塑料激光焊接的本质是将热作用区的待焊接塑料融化，随后冷却自然实现塑料件的接合。让塑料融化需要使塑料件吸收足够的激光能量。塑料自身能够以较高吸收率吸收激光能量自然最好，但一般在不添加吸收剂的情况下，塑料对光波的吸收性不是很好，吸收效率很低，融化效率不理想。

(4) 其他参数

与金属焊接不同，塑料激光焊接需要的激光功率并不是越大越好。焊接激光功率越大，塑料件上的热作用区就越大、越深，将导致材料过热、变形、甚至损坏。应该根据需要融化的深度来选择激光功率。塑料激光焊接的速度比较快，一般得到 1 mm 厚焊缝的焊接速度可达 20 m/min；而采用高功率的 CO_2 激光器焊接塑料薄膜，最高速度可以达到 750 m/min。

利用高能激光器，可将聚丙烯（PP）和玻璃纤维增强的缩醛塑料两种材料焊接；或用于将聚酯和聚丙烯制造的薄膜，与管道及连接器焊接起来；再复杂的焊接形状，如圆形或螺旋形，也能使用这种方式。此技术能生成更细更精确的焊接缝（焊接缝只有 0.1 mm)，而且焊接缝的宽度可以变化。为配合激光焊接的发展，塑料生产商均积极研究能够配合激光焊接的材料。聚合物对近红外线激光的透射率至少达到 20%～50%，才能获得优良的焊接效果，而绝大多数的本色塑料和很多有色的半透明塑料都能达到此透光率要求。

对于较厚的 FEP 膜，国外采用激光焊接的方式，目前国内无法实现较厚 FEP 膜的激光焊接，只能采用热密封技术对较薄的 FEP 膜进行密封。对于 Combitherm 复合材料薄膜，其内层材料为线性低密度聚乙烯，非常适合于热塑性加工工艺，采用热密封和激光焊接技术均可实现材料密封。

7.4.2.4　内囊搭接

当压力较大时接缝容易发生剥离，故内囊体缝接方案采用重叠剪切缝，这样可以使接缝更加牢固不易发生剥离。此接缝方式还允许将接口热密封在内囊上而不是粘贴在内囊上，以提高结构的强度。

为了解决通用软体贮箱内囊材料分离而产生的泄漏问题，通常采用三层重叠搭接热密封技术，内囊搭接方案如图 7－20 所示。

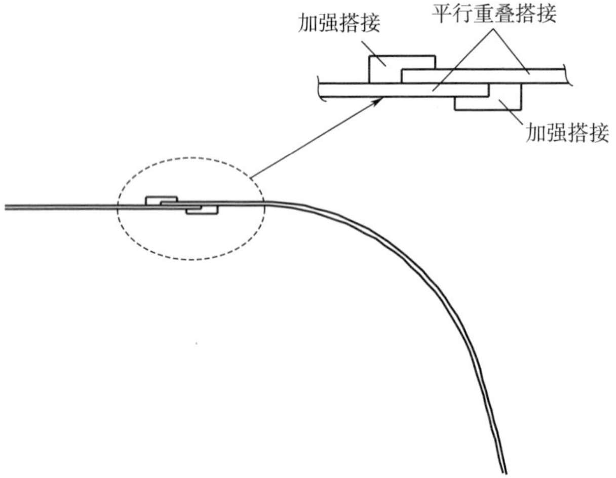

图 7－20　内囊搭接方案

采用 Combitherm 材料将两部分内囊重叠搭接，为了确保搭接不分离，在搭接接缝处增加 Combitherm 材料带条进行加强搭接，实现三层重叠搭接，加强搭接强度。Combitherm 材料为对称式结构，内外层的线性低密度聚乙烯具有良好的热密封性能，能够实现三层重叠搭接。

7.4.2.5　排出管接头设计与搭接

新式 CWC 水箱不能实现完全意义上的质量与空间的节约，这是由于其设计的内囊密封配件存在问题，该密封配件由一个植入聚乙烯的六边形金属构成。2002 年试验人员发现在金属棱角处的聚乙烯存在裂纹，结果分析表明在聚乙烯铸模的时候于棱角处引入了应力，当六边形金属构件预埋入聚乙烯中时产生了局部应力集中，在使用过程中应力慢慢积累，最终导致泄漏。

借鉴新式 CWC 水箱的经验，一般接头可由基座、密封管接头、固定螺帽组成，原理结构如图 7－21 所示。

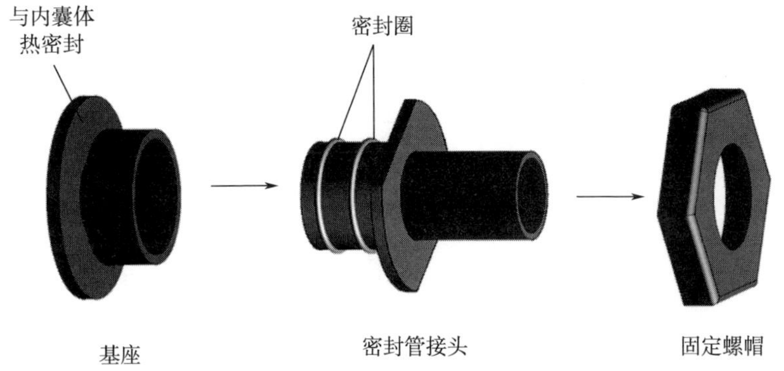

图 7－21　排出管接头设计结构图

基座通常采用 F4 材料，与内囊体采用热密封的方式连接，这样可以大大增加连接强度。密封管接头通过密封圈与基座连接，固定螺帽与基座通过螺纹固定。此种连接方式不会造成基座因应力集中产生破裂，不会发生泄漏现象。

7.4.2.6　外囊设计及加工

为了提高软体贮箱支撑外套的强度，在贮箱支撑外套外侧交叉缝制了加固绑带，绑带采用双层 Nomex 材料。

考虑到可搬运设计，在软体贮箱的两侧可缝制提手带，便于在轨徒手搬运，满足工效学要求。

7.4.3　空间液体测量

在地面，测量液体量是相当普通而成熟的工作。已经应用的各种测量方法和技术可靠性好、操作简单方便。而在空间，情况有着很大的不同。由于空间特殊环境条件的影响和限制，相对于地面液体量测量，空间液体量测量是一件非常困难的事情，甚至成为航天技术中的难题之一。通过对空间液体所处环境条件因素及其对液体量测量影响的分析，可以归纳出造成这种状况的主要原因来自以下方面：

1）空间飞行器上的液体通常处于微重力或零重力状态。没有可以利用的足够大的加速度和与之相应的浮力。使得地面常用的依赖于常规重力加速度或相应浮力的称重法、静压差法、浮子液位计法等测量技术不能应用。

2）微重力条件下液体的表面张力起主导作用，加上容器内部液体管理元件的影响，使得容器内液气相界面为复杂曲面。而各种随机扰动产生的加速度跳动，又使得液体的位置和液气相界面随之变化，造成确定液气界面的辐射法、光学法等地面测量技术也不能在空间应用。

3）空间应用液体种类多，物理化学性质差别大，给测量方法和测量技术的通用性造成障碍。

4）航天器载荷对测量设备质量、体积、结构等方面轻、小、简的要求和限制等。

考虑到产品的可靠性和维护的成本，利用弹性带的颜色变化来标识软体贮箱容量的大小。如：绿色区表示贮箱内液体为安全加注容量，黄色区为额定加注容量，红色区为危险加注容量。

（1）工作原理

标有红黄绿三色相间的弹性带一端固定，另一端被白色布料包裹。

工作过程如下：当软体贮箱内没有液体时，白色布将所有颜色遮蔽，航天员不能看见任何色彩，如图 7－22 所示。

当软体贮箱内加注液量不断增加软体贮箱外囊材料逐渐膨胀，弹性带周向受力。加注液体处于安全加注容量范围以内时，液体容量显示带为绿色区域，如图 7－23 所示。

加注液体处于额定加注容量时，液体容量显示带为黄色区域，如图 7－24 所示，建议停止加注。

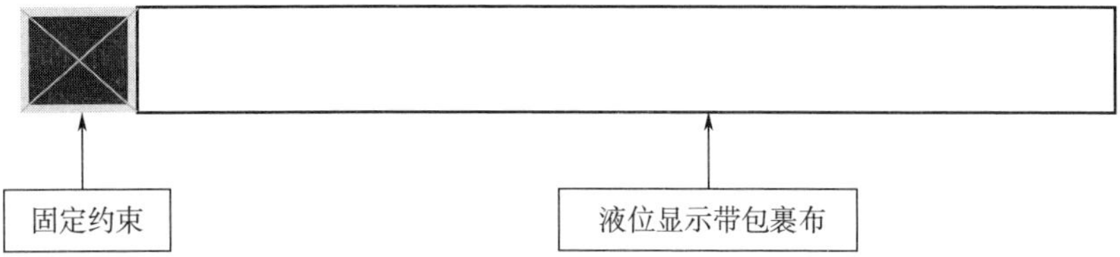

图 7－22　无加注液体条件下软体贮箱液体容量指示带（见彩插）

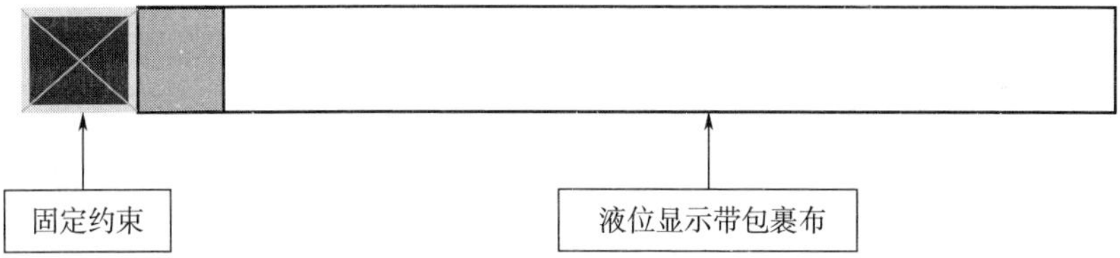

图 7－23　安全加注容量条件下软体贮箱内液体容量指示带（见彩插）

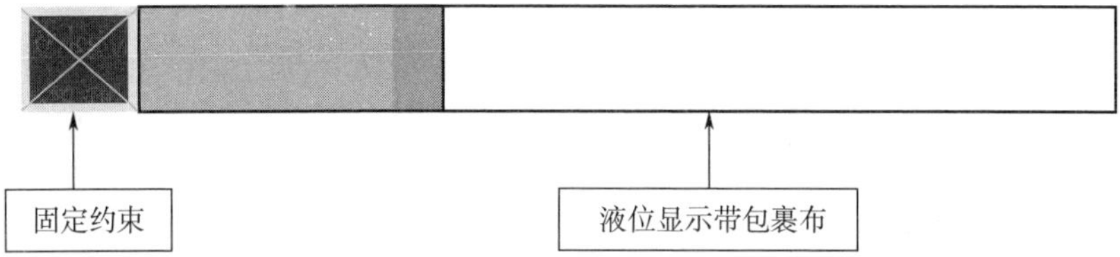

图 7－24　额定加注容量条件下软体贮箱内液体容量指示带（见彩插）

加注液体处于危险加注容量时，液体容量显示带为红色区域，如图 7－25 所示，需立刻停止加注。

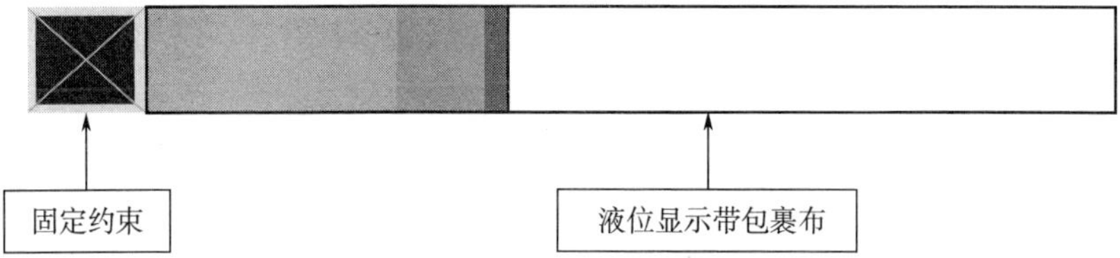

图 7－25　危险加注容量条件下软体贮箱内液体容量指示带（见彩插）

（2）特点

软体水箱上使用的液体容量显示带具有结构简单、可靠性高、质量小、液体容量显示直观清晰等优点，但其液体容量显示精度则相对不高。

（3）试验

为验证液体容量显示带原理在实际产品上使用的可行性，将液体容量显示带安装在软体贮箱上。在软体贮箱两端施加拉力（模拟其周向受力），显示带颜色呈现变化，如图 7-26 所示。因此，液体容量显示带的显示原理在实际产品上是可行的。

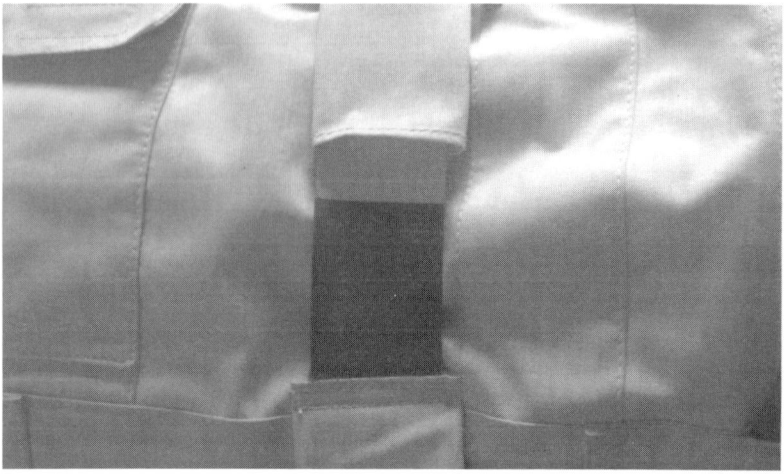

图 7-26　液体容量显示带试验（见彩插）

7.5　我国空间站软体贮箱研制

美国通用软体贮箱 CWC 为国际空间站（ISS）生命保障系统的核心单机。我国已开展了自主研发的通用软体水箱的设计、制造和试验工作，并开展了工程应用。

7.5.1　内囊体材料研发

空间站软体水箱内需存储添加银离子的航天员饮用水、冷凝水、添加预处理剂后的尿液、蒸馏后的预处理尿液残渣、尿处理装置净化后的超纯水等五种介质，因此水箱内囊必须具有高阻水、阻气性能，强耐化学稳定性。

九层高抗阻复合膜材料作为内囊由 9 层不同材料组成，如表 7－11 所示，分别是茂金属聚乙烯（MLLDPE）、聚乙烯粘合层、胶黏剂层、尼龙（PA 尼龙膜）、乙烯-乙烯醇共聚物（EVAL）、尼龙（PA 尼龙膜）、胶黏剂层、聚乙烯粘合层、茂金属聚乙烯（MLLDPE）。其中中间层（第 5 层）为乙烯-乙烯醇共聚物，两侧呈对称分布，茂金属聚乙烯（第 1 层和第 9 层）为最外层材料。

表 7－11　九层高阻抗复合膜成分及各层布局

复合层数	材料名称
1	茂金属聚乙烯(MLLDPE)
2	聚乙烯粘合层(Polyethylene tie layer)
3	胶黏剂层(Adhesive layer)
4	尼龙(Nylon,PA)
5	乙烯-乙烯醇共聚物(EVAL)
6	尼龙(Nylon,PA)
7	胶黏剂层(Adhesive layer)
8	聚乙烯粘合层(Polyethylene tie layer)
9	茂金属聚乙烯(MLLDPE)

考虑热封、相容性要求，最外层采用茂金属聚乙烯材料，同时可以有效阻止尼龙中产生的己内酰胺渗入贮箱溶液中；采用第 4 层和第 6 层组合的方式，交错布置的尼龙可减小气体穿过因制造缺陷出现微小漏洞的概率；最内层采用乙烯-乙烯醇共聚物可阻止空气中

的二氧化碳进入溶液而造成 pH 值降低，同时能够阻止尿液、尿液残渣中的氨气渗入外部空气中而造成环境污染。

根据实际功能需求，针对复合膜各层材料进行合理的配比，是确保功能实现的基础。综合考虑九层高阻抗复合膜高阻水、阻气、耐化学稳定性、相容性以及力学性能要求，制定复合膜各层材料厚度配比。

九层高阻抗复合膜采用了茂金属聚乙烯作为最外层材料，材料为全新一代聚乙烯，各层材料的配比均为自行设计；与国际空间站 CWC 采用的 Combitherm 薄膜相比，该复合膜具有极佳的热封性、熔融性能、物理力学性能，具有超强的阻水、阻气性能和优异的耐化学稳定性，能够与五种溶液相容，是一种全新的设计。

九层高阻抗复合膜的所有原料的送料、过程温度、厚度控制等均由电脑自动控制，相关控制精度和产品质量均达国际先进水平。九层高阻抗复合膜采用进口九层共挤机组，将不同塑料一次性组合成薄膜，经共挤复合而成。产品克服了单一品种塑料原料性能上的缺陷，具有对氧气、水、二氧化碳、物料气味等高阻隔作用，超过一般塑料包装的强度，并具有低温热封性能。

7.5.2 内囊体热封

塑料薄膜的热封即利用外界条件（电加热、高频电压、超声波等）使塑料薄膜的封口部位变成黏流状态，并借助外界的压力，使上下两层薄膜彼此融合为一体，冷却后能保持一定的强度，如 LLDPE、HOPE、LLDPE、PP、OPP、PVC 等塑料薄膜的热合。薄膜热封质量涉及热封时间、压力和热封温度，它们构成了影响塑料薄膜热封质量的热封三要素。高频电压热合机可通过变频器实现高、中、低三挡平滑调速。克服了传统的电加热方法中热合的强度难以把握、稳定性很差的弱点。提高了生产效率，节约了材料，降低了成本。

7.5.3　外囊材料研制

对于支撑外囊材料，除力学性能要求外，还需兼具有抑菌、阻燃、防霉、防静电、燃烧无毒、逸出气体无毒等多种功能。

利用纯壳聚糖纤维所具有的优异的生物相容性，良好的抑菌和防霉祛臭功能以及一定的防辐射性能，结合杜邦公司生产的 NomexⅢA 纤维（由三种纤维组成：芳纶 1313，芳纶 1414 和抗静电纤维）及其织物具有良好的阻燃和抗静电功能，形成混纺抗菌壳聚糖材料作为支撑外囊层。试验表明，该面料稳定性好，耐候性好，阻燃性能十分出色。

混纺抗菌壳聚糖材料的原材料纺纱、混纺时，将纤维按照一定配比设置。

为了提高织物的阻燃性能，采用三股线 48S/3 纺纱的工艺流程如图 7 - 27 所示。

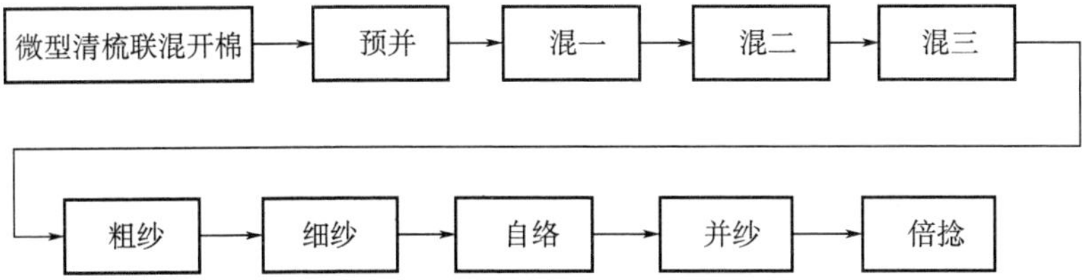

图 7 - 27　纺纱的工艺流程

工艺原则：由于壳聚糖纤维强力较低，纤维间抱合力小，所以应坚持清棉“低速度、重定量”，梳棉“低速度、重定量、小张力”，并、粗、细“小隔距，大捻度、低张力、低速度”的工艺原则。

重点解决了粗纱和络纱工艺。粗纱是较难生产的工序之一，主要是由于壳聚糖纤维间抱合力小，如果按传统化纤品种纺纱，本工序与后工序很难生产出合格的纱线。所以应采取以下措施加大纤维抱合力：熟条定量、粗纱定量、粗纱捻系数应偏大，减少粗纱机后断头；粗纱应压掌绕 2 圈，机前张力应偏小。络纱张力一定要小，络纱速度要低，相对湿度应控制在75%～80%之间。

织布的工艺流程如图7-28所示。

图7-28 织布的工艺流程

去除浆纱工艺，使特种壳聚糖纤维布不存在任何的浆料成分，大大提高了织物的抑菌性能；从织造工艺上加大密度、增加紧度，增强特种壳聚糖纤维布的阻燃性能。织造工艺为经向密度348根/10 cm，经向紧度65%；纬向密度196根/10 cm，纬向紧度35%；后整理工艺的皂洗用中性皂洗剂，使壳聚糖纤维不受任何损失，保证了特种壳聚糖纤维布的抑菌功能。

在抗菌处理剂的选择上，优先选用安全性最好的银。银不仅具有优异的抗菌性能和抗菌效率，而且银是无毒的。织物的抗菌后整理一般采用整理液浸泡的方式，支撑外囊材料可采用原位还原银离子至银纳米颗粒，在少量的有机硅季铵盐（道康宁5700）作用下形成相对稳定的胶体水溶液。

对支撑外囊材料成品依据GB/T 20944.3—2008《纺织品 抗菌性能的评价》，防霉的测试方法依据GB/T 24346—2009《纺织品 防霉性能的评价》。测试结果见表7-12。

表7-12 抗菌测试结果汇总（未经洗涤）

项目	大肠杆菌	金黄色葡萄球菌	白色念珠菌	备注
样品一	99%	90%	76%	
样品二	99%	99%	98%	
样品三	99%	99%	88%	

支撑外囊混纺材料抗菌防霉处理流程如图7-29所示。

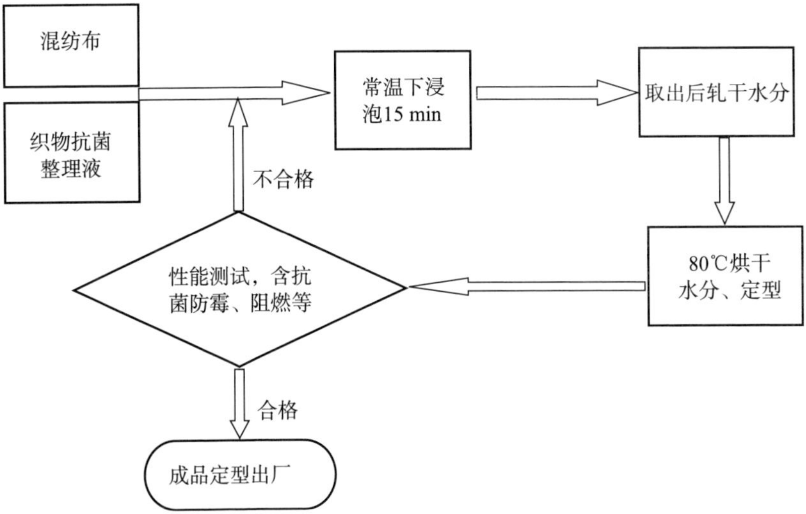

图 7-29　抗菌防霉处理的工艺流程

7.5.4　外囊制造

支撑外囊的加工工艺与质量控制措施见表 7-13。

表 7-13　支撑外囊的加工工艺与质量控制措施

项目	工序	工艺要求	质量控制措施及检验方法
生产前准备	标准及工艺图纸、技术要求、样板、漏板资料	工艺方案制定	制定检验规程
	配色、量幅	按 4 级色差执行，幅宽分类	配色、钢直尺量幅
裁剪	领原材料 ⇩ 铺布、漏粉 ⇩ 冲孔	1)每板不超过 30 层，码齐布边； 2)按样板或漏板裁剪； 3)上下偏差不超 1.5 mm； 4)直线偏歪不超 1 mm	1)目测、量测验证； 2)检查布匹疵点、布边是否码齐； 3)检查冲孔位置是否准确； 4)检查上下层是否偏歪

续表

项目	工序	工艺要求	质量控制措施及检验方法
水箱工序	缝制各零部件	1)制作零部件,各尺寸符合要求; 2)各缝制部位不允许出现断线、跳线,缝纫线迹应美观,牢固	1)目测外观及加工质量; 2)测量各零部件成品尺寸
	绱加强筋、容量调节带	1)缝纫加强筋、调节带; 2)位置不得偏歪; 3)各缝制部位不允许出现断线、跳线,缝纫线迹应美观,牢固	目测、量测验证
	开口、绱拉链	1)按图纸位置开口及缝纫拉链; 2)各缝制部位不允许出现断线、跳线,缝纫线迹应美观,牢固	目测、量测验证
	合成	1)缝制其他部件,并将加强筋穿入侧圆定位袢中,并按位置缝纫提带; 2)修剪顺直,偏歪不超过1 mm; 3)合成线要求双线,合成包边同样为双线	1)目测各部位是否符合要求; 2)测量尺寸是否符合规定

7.5.5　液体容量显示

利用松紧带的颜色变化来标识软体贮箱容量的大小。绿色区表示贮箱内液体为安全加注容量，黄色区为额定加注容量，红色区为危险加注容量。

7.5.6 贮箱设计制造和试验

试验涉及排出效率试验、鉴定级力学环境试验、压力验证试验、漏率检测试验、爆破压力试验、相容性试验、内囊材料阻水/阻气性能试验、内囊材料强度试验、内囊爆破试验、内囊材料热封强度试验、支撑外囊材料综合性能试验、支撑外囊缝制强度试验、支撑外囊毒性试验和水量指示机构标定试验等近 20 项试验内容。图 7-30 为空间站软体水箱的试验样机。

图 7-30　空间站软体水箱的试验样机

第 8 章　航天器在轨推进剂加注

航天器推进剂在轨加注技术是航天器主要的在轨服务模式之一，它是延长航天器有效工作寿命、提高航天器经济效益的主要技术手段。航天器寿命受到航天器上可消耗物质装载量的限制，航天器上可消耗流体物质包括推进剂、制冷剂、电源介质甚至生保气体等。航天器变轨和轨道保持需要消耗推进剂，对于长期工作的航天器，其推进剂决定了航天器轨道保持的性能和寿命，在空间轨道上建立长期运行的空间实验室（如国际空间站），要消耗大量的流体物质，需要定期加注推进剂；航天大国正积极开展深空探测活动，一次火星探测任务需要大量的推进剂，但由于空间系统在质量或体积上受到运载系统发射能力的约束，需要进行多次发射才能完成一次火星探测任务；天基激光器需要的相当数量的化学燃料，也只能通过多次发射来完成；哈勃太空望远镜，也需要额外的辅助发射。从这些任务来看，运载器和轨道器实现对接后，需要由专门的轨道加注系统完成消耗物质的补给。

航天器寿命受到推进剂的限制。现今，由于发射成本很高，大多数国家都选择发射不需要后勤支持的长寿命卫星，因而只能在发射时将卫星充满足够的推进剂，这样降低了卫星的有效载荷和寿命。如果通过给卫星补充推进剂来延长寿命，不但减小了发射重量，减少了地面试验时间，还可以把发射系统做得更小，降低发射成本。卫星越大、越昂贵，通过再加注减小发射重量的意义就越明显。

8.1　航天器在轨加注技术的基本概念

航天器推进剂在轨加注是指将推进剂通过特定装备从服务航天

器传输至目标航天器的过程。目前，在轨或正在研制的航天器寿命主要取决于其携带的用于轨道保持和姿态控制的推进剂量，一旦推进剂耗尽，便会失去控制能力，即使航天器其他系统仍然完好。因此，推进剂的在轨补给是延长航天器寿命的有效途径之一。随着空间技术的发展，各类航天器的构造越来越复杂，造价也越来越昂贵，为了节省航天任务费用、延长航天器工作寿命、提高执行多种任务的能力，急需发展能够为航天器提供各种空间操作的在轨服务体系，但从目前在轨服务的迫切需求来看，推进剂在轨补给技术处于核心地位，是带动发展其他在轨服务技术的先导和基础。

8.1.1　航天器推进剂在轨加注技术的必要性

流体是航天器关键的组成部分，例如，没有推进剂飞行器就无法入轨或者无法进行轨道保持；充足的推进剂是卫星到达预定位置的保障条件，对于载人任务和空间试验，除了推进剂，还需要其他流体。虽然流体再加注对每个航天系统不是必需的，但是，在轨补充流体在以下几个方面增强了飞行器性能。

(1) 增加寿命

由于研发和发射空间飞行器成本高昂，在正常情况下尽可能提高寿命会带来经济上的好处。卫星的首次发射包含巨大风险，可能造成巨额经费顷刻间损失。运载火箭与卫星在大气层外成功分离后，另一个需要克服的重大困难是建立工作模式，如果任何一个例行任务如天线、机构和太阳能电池板不能正常工作，都会导致整个任务失败。

卫星在轨再加注能力允许卫星尽可能地以最大势能运行在空间轨道；由于具备在轨加注功能，在向空间发射时，卫星就可以装载最小质量的初始推进剂，这意味着在设计卫星时，有更多的重量和体积分配给其他关键卫星部件或冗余系统；由于在轨再加注功能，使得卫星在轨使用寿命变得更加长久。

(2) 维持轨道高度

中低轨道卫星，特别是低轨道要面对其他高轨道卫星不会遇到的气动力，轨道越低大气浓度越大。卫星上承受的大气阻力使得卫星减速，结果卫星轨道衰减。给定轨道卫星在大气阻力作用下的轨道衰减情况如图 8－1 所示，为了减少这种轨道高度损失，卫星必须利用推进剂获得一定的速度增量，以保持所期望的轨道高度，图 8－2 给出了维持轨道高度的速度增量与飞行高度之间的关系。轨道小于 400 km 的飞行器发动机必须长时间进行点火以保持卫星正常工作，卫星再加注可提供必要的推进剂以提升轨道防止其衰减。

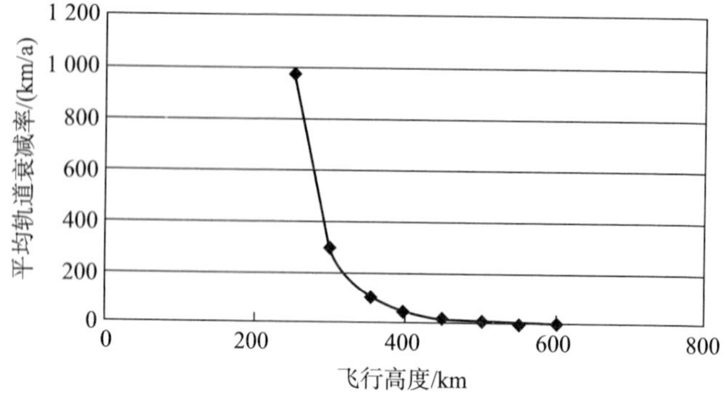

图 8－1 大气阻力作用下的轨道衰减

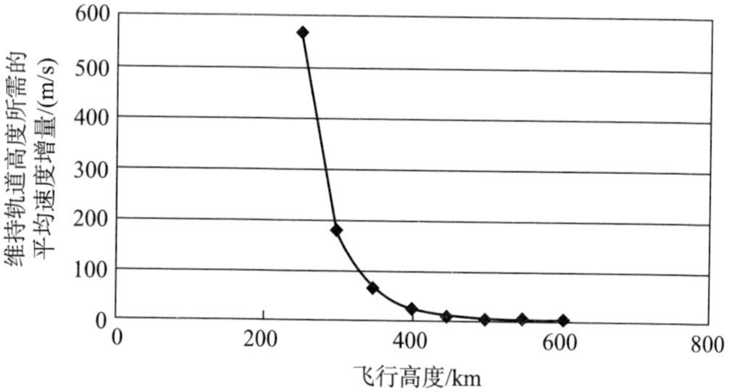

图 8－2 速度增量与飞行高度之间的关系

（3）满足操纵要求

在卫星运行期间，必须经过几次轨道位置改变以完成任务，几乎每次卫星位置改变都要消耗宝贵的推进剂。当今，军方通常利用侦察卫星获取何时何地打击敌方等决策信息，这些信息时间紧迫而且是任务成功的主要因素。如果侦察卫星不在预期的地面位置的上方，地面人员要么必须等待卫星经过事发地点，要么需要移动卫星，最可能的选择是重新定位卫星，那么就要消耗星载推进剂，若推进剂消耗完，将来就不可能操纵卫星了，实际上等于“耗尽”了卫星寿命，卫星在轨再加注使昂贵的卫星持续完成任务成为可能。

对于卫星星座，星座中经常包括在轨候补星，以替换任何不能正常工作的卫星，如果星座的目标是提供全球覆盖，寿命终结的卫星必须提前做离轨处理，这种操作需要依赖于完成位置改变所需的大量推进剂。卫星在轨加注是解决这种问题的一种较好的办法。

（4）用于载人和星际任务

进行星际任务（包括探月任务）的航天器需要发动机一系列点火才能到达预定轨道，因此需要消耗大量推进剂。NASA 是进行星际探测的推动力量，他们组织了空间再加注技术需求的研究，从公开发表文献看他们对此项技术很关注，焦点在流体管理技术，包括在轨流体加注，这些技术是未来完成空间探测的主要因素，如国际空间站、未来月球与火星开拓任务。为了延长寿命，需要进行推进剂、反应物等流体在轨再加注，载人任务可能是航天器流体再加注系统的最大受益者。

（5）在轨其他服务

在轨服务飞行器除了流体再加注外还应该具有其他的功能，至少，服务飞行器须有一些能锁定目标飞行器所必需的外部机械臂。机械臂能用于释放未能展开的太阳帆板或重力杆，也可以用于替换如电池组等在用设备。政府和公司投入了大量的资金开展长寿命轨道航天器研究，但仍然会出现各类不能自修复的在轨问题，而服务飞行器能解决这个问题，外部机械臂增强了航天器流体再加注的能力。

总之，在轨加注技术的研究是非常必要的，该项技术不仅可以提高空间飞行器的寿命，而且大大增强其执行任务的能力。对于航天器的推进系统而言，在轨加注主要是对推进剂与增压气体的补充，这是因为要实现长时间在轨驻留，仅靠发射时自身携带的推进剂装填量是不够的，不利于延长推进系统寿命。为了保障平台的快速机动能力，加注航天器的推进系统须具备在轨加注能力，以突破推进剂不足限制的瓶颈，增强完成任务需求的灵活性，并减少加注航天器的一次发射成本。因此，开展航天器的空间加注技术研究具有重要的意义。

8.1.2 微重力下流体传输机理研究和热力学特性

微重力环境下流体流动机理的研究有两种途径，一种是进行微重力下的试验研究，另一种是进行微重力环境下流动的数值模拟。

微重力试验一般通过落塔试验来完成，对加注前气体和液体的分布情况，以及加注和排气过程中气液界面的分布情况进行研究，得到微重力环境下内部流体的分布规律和气液界面的变化规律。

由于落塔试验的持续时间短，不能对流体传输的全过程做验证，因此，使用数值模拟的方法对微重力环境下流体传输进行模拟。通过数值模拟，可以计算出流体加注的时间、加注过程中各个阶段的液体和气体分布。对于气液界面的计算一般使用 VOF 两相流动模型来实现。

8.2 航天器在轨加注技术研究进展

自首颗人造地球卫星发射以来，实现航天器在空间的自由机动一直是空间技术发展的重要方向之一。早在 1969 年 10 月，苏联用三艘联盟号飞船在 200 km×225 km 轨道上实现了战机式的编队飞行。整个编队飞行持续了 24 h，飞行中各飞船之间仅相距几千米。

为了保持编队的队形，三艘飞船共进行了 31 次变轨机动。这次飞行既表明了轨道间自由机动的可能性，也显示了轨道机动所需付出的高昂代价。进入 20 世纪 80 年代，空间控制和对抗成为大国军事斗争的新领域，航天器空间机动飞行技术再次得到重视。海湾战争和科索沃战争中，美国对其部分军事卫星频繁实施轨道机动，显示了航天器轨道机动能力的巨大价值和需求。欧美等国家先后提出了自动转移飞行器（ATV）、轨道快车（Express）、轨道机动飞行器（SMV）、试验卫星系列（XSS）等计划，大力加强空间自由机动技术的发展。

8.2.1　在轨加注技术发展现状分析

在轨加注技术是许多航天器设计者所关心的重要航天高技术之一，未来的任务如人类探索太阳系都需要加注大量的低温推进剂；最近，美国空军对 GPS 星座应用在轨加注技术非常感兴趣；自从礼炮 6 号以来每个空间站都进行了推进剂加注，新的国际空间站也不例外。然而，在轨加注有一定的风险及技术本身内在的不确定性，在飞行器发射前加注系统必须进行详细规划和设计。

到目前为止，掌握了在轨推进剂及挤压气体加注技术的国家只有俄罗斯/苏联、美国和中国，俄罗斯/苏联是首先实现在轨加注应用的国家，其加注方式采用压缩机式，所使用的推进剂贮箱为铝金属膜贮箱。美国也进行过推进剂在轨加注，已经掌握了推进剂在轨加注的关键技术，而且技术更先进，可以进行低温推进剂的在轨加注。中国开展了一系列在轨加注关键技术的试验。除此之外，欧空局和日本也在积极开展这方面的研究，力求掌握这项技术。下面分别介绍各航天大国的发展概况。

（1）俄罗斯/苏联的在轨加注实施情况

苏联在 1978 年和 1982 年发射了具有两个对接口的礼炮号空间站，通过进步号无人货运飞船对接实现对空间站的加注，从而使空间站寿命延长到 5 年以上，在 5 年寿命期间，进行了 12 次加注。礼炮号空间站设计的对接口可为空间站提供试验设备、食品、空气、饮用水、个人用品，更重要的是给空间站上推进剂贮箱进行推进剂加注。推进剂加注管位于空间站的后部对接口，对接后，加注管与飞船自动连接，共有两个加注器：一个用于加注燃料（肼），一个用于加注氧化剂。礼炮号空间站共有六个贮箱，三个氧化剂贮箱和三个燃料贮箱。为避免推进剂相变以及气液混合，其贮箱内置一个柔性膜，把挤压气体与液体隔离开来。通过贮箱增压，完成液体输送。进步号飞船包括装有 870 kg 的推进剂再供给贮箱（两个四氧化二氮贮箱和两个 UDMH 贮箱），高压氮气作为挤压气体，将推进剂从较低压力的加注贮箱输送到被加注贮箱内，用压缩机完成输送氮气到高压存贮气瓶。这个模块在 1978 年 1 月第一次使用，后来的每个空间站包括和平号空间站和国际空间站（ISS）上其都得到应用，国际空间站在 2000 年 8 月第一次采用这种技术。

苏联的在轨加注采用压缩机式，所使用的推进剂贮箱为铝金属膜贮箱，隔膜贮箱将推进剂和压缩气体分开，可以通过挤压进行排出，而不用担心有气泡被吸入。这种隔膜式系统的缺点是：隔膜的使用寿命短，重量较大，不能够消除由内部散布的液体所形成的蒸气泡，不过，苏联已经使用这种加注箱在轨加注了 870 kg 的推进剂(两箱氧化剂，两箱燃料)。所使用压缩气体为高压氮气。在接收箱内部使用一个压缩机来降低压力，它把贮箱内的氮气反排给高压气瓶。当燃料的漏率检查完毕后，接着进行氧化剂的传输。输送模式是在管路检漏后，先加注燃料后加注氧化剂，一次输送一种推进剂组分到空间站，两种液体分开传输减少了泄漏造成的危害。这个加注过程可以在地面站控制，也可以在空间站上操作。

苏联第一次进行推进剂的在轨加注是 1978 年 1 月 20 日，之后其他空间站也进行了推进剂供给：和平号空间站和国际空间站，其中国际空间站第一次加注是在 2000 年 8 月。进步号飞船和联盟号飞船一直是作为空间站的加注飞船和人员运输船，并以其安全性和可靠性为世界各国所称道，尽管从技术上讲它不是最先进的。

（2）美国的在轨加注研究及规划

美国从 20 世纪 80 年代就开始了在航天飞机上的在轨加注试验，到目前为止共进行了 5 次。

①ORS（On Orbital Refueling System Flight Demonstration）项目

该试验是 1984 年 10 月由 NASA 的约翰逊航天中心主持的，试验目的如下：演示对现有卫星地面加注阀门的空间再次操作；演示从航天飞机轨道器货舱操作液体的转注，建立操作程序；建立机组人员和轨道器暴露在无水肼环境下的操作程序；只做很少的修改加工一套系统，能够满足类似 LANDSAT 卫星的在轨加注。

②SFMD（Storable Fluid Management Demonstration）项目

该项目是 1985 年 1 月由马歇尔航天飞行中心主持的，其目的主要是：验证低重力环境下推进剂贮箱的再加注；验证表面张力贮箱的挤出过程；测量挤出效率；研究轨道器进行反作用控制时液体的动静态特性。

③FARE1（Fluid Acquisition and Resupply Experiment）项目

该项目是 1992 年 11 月由马歇尔航天飞行中心空间推进部门管理，马丁·玛丽埃塔公司为承包商来完成的，其目的主要是：研究微重力加注过程中液体和气泡的定位和控制技术，更好地理解网式 PMD 贮箱在微重力环境下的挤出特性；研究低重力下的液体晃动；研究在各种加速度和流量条件下的加注和排放特性；第一次演示在轨排气加注能力。

④FARE2（Fluid Acquisition and Resupply Experiment）项目

该项目是 1993 年 6 月同样由马歇尔航天飞行中心空间推进部门管理，马丁·玛丽埃塔公司为承包商来完成的，其目的主要是：研究板式 PMD 贮箱的在轨挤出性能；研究板式 PMD 贮箱的在轨排气加注性能；研究板式 PMD 贮箱中液体的定位和静动特性。

⑤VTRE（The Vented Tank Resupply Experiment）项目

该项目是 1996 年 5 月由洛克希德·马丁公司和刘易斯研究中心

主持的，其目的主要是：研究板式 PMD 贮箱的性能极限；研究球形和柱形贮箱在轨加注时推进剂的定位；研究不同加注流量下排气加注的填充比例；研究当加速度超过 PMD 维持能力后 PMD 的恢复能力。

美国通过多年的研究和在轨试验，已经掌握了这项技术，而且技术先进，应用范围广泛，可以推广到低温推进剂在轨加注。

1999 年 11 月由美国国防部高级研究计划局（DARPA）正式公布“轨道快车”计划。该计划用于研发支持未来美国国家安全和商业航天卫星的在轨加注及重构技术。根据初步设想，“轨道快车”工作时，先由 Astro 从加注航天器中取出推进剂、电子部件等物品，并将其运送到 NextSat 附近，然后，由 Astro 上的机器臂捕获 NextSat，并将其拉近，当 Astro 与 NextSat 间的距离不足 10 cm 时，由 Astro 上的对接机构固定住 NextSat 上的目标部位，完成“软对接”。接着，在 Astro 与 NextSat 之间建立传输数据的链路，两者的燃料口也实现对接，形成密封的管路。之后，Astro 就可以将加注品更新在 NextSat 的适当部位。通过这种工作模式，可实现在轨卫星的推进剂补充、电池更换、部件升级等维修工作，延长卫星的工作寿命，增强卫星的机动能力，从而大幅降低卫星的成本。

美国计划采取如下的步骤：首先将推进剂和所需的电子部件等物品发射到太空中，进入推进剂保存轨道，形成一个空间存储库，然后通过空间自动运输系统从存储库中取出物品运送到需要进行补充的目标星上，实现整个在轨加注和物品补充的操作。

美国已在 2010 年实现了“轨道快车”计划的部署，完成了空间存储库的发射，建立了往返于存储库和目标星之间的运输通道，实现了在轨加注和更换。

2019 年 10 月 9 日，俄罗斯国际发射公司的一枚质子运载火箭成功发射了人类第一个实用型高轨在轨维护飞行器 MEV-1。MEV-1 在轨维护飞行器，能够让 5 颗同步轨道通信卫星的寿命各自延长 5 年。按照目前通信卫星 15 年的预期寿命，相当于在太空新创造了

1.67 颗卫星。

(3) 我国在轨加注研究相关进展

国内开展推进剂在轨补加技术研究的单位主要有北京控制工程研究所、国防科技大学和航天 801 所。

北京控制工程研究所针对卫星推进系统在轨加注需求，开展了基于板式表面张力贮箱的在轨加注技术研究，如图 8-3 所示。区别于压缩机式的在轨加注技术，基于板式表面张力贮箱的排气式在轨加注技术具有重量小、可重复使用、大流量加注、加注量可调的特点。该技术针对目前卫星常用的双组元推进系统的板式表面张力贮箱，对现有双组元推进系统影响较小，并兼顾了未来空间技术发展，具有一定的先进性。

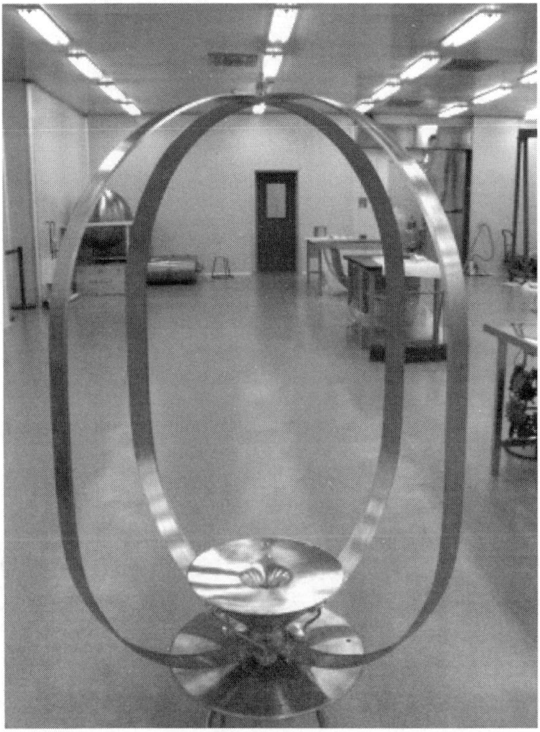

图 8-3　大型板式表面张力贮箱 PMD 产品

北京控制工程研究所与国防科技大学合作，已经完成了在轨加注流体管理与传输模块研制，作为天源一号卫星的主试验单元随长征七号火箭发射升空，按照预定计划完成了卫星推进剂管理和重复补加试验，试验图像资料和数据顺利下传，搭载试验取得圆满成功，标志着我国卫星在轨加注验证工作迈出了坚实的一步，试验情况如图 8-4～图 8-5 所示。

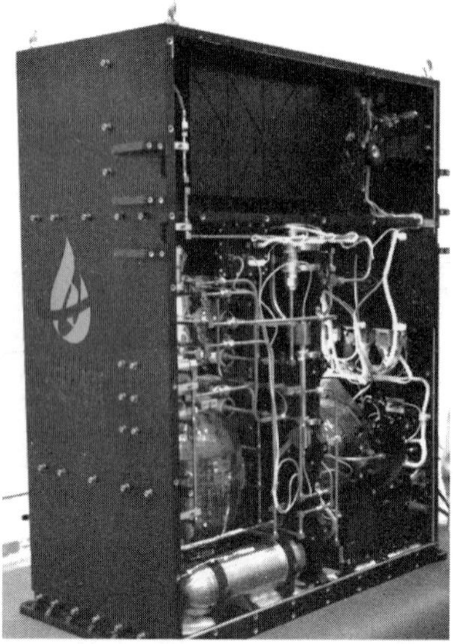

图 8-4　在轨加注系统流体在轨加注试验模块

总的来看，国内在轨加注技术仍然处于研制的初级阶段与技术的验证阶段，仍需要继续深入开展各类关键技术的验证，其中包括在轨加注的系统技术、加注程序及相关策略的试验验证。

国防科技大学开展了在轨加注技术的地面试验，提出了一种地面模拟系统，该系统由气浮平台、航天器模拟器、光学测量系统、地面控制系统、自主对接和流体加注机构等组成，演示航天器在轨加注任务的全过程。该试验验证系统完成了两个航天器在地面的自主对接、分离以及导航控制等方面的操作，以模拟在轨运行状态。

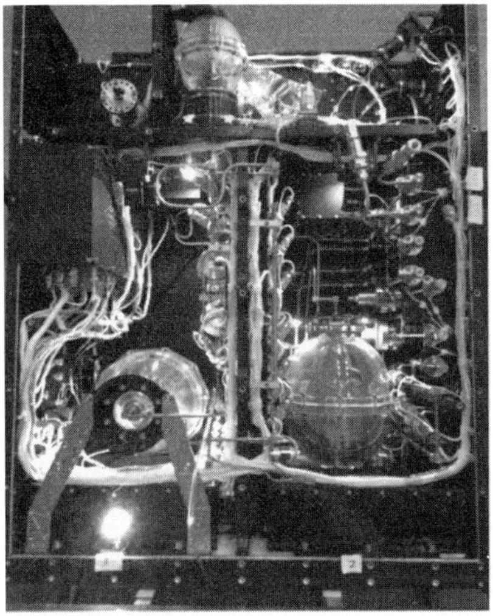

图 8－5　在轨试验验证情况

航天 801 所针对载人空间站在轨加注需求，开展了基于膜盒贮箱的压缩机式的在轨加注技术研究，该技术借鉴了俄罗斯的成熟在轨加注技术。

（4）其他国家的在轨加注研究相关进展

除了俄罗斯和美国之外，欧洲和日本也在积极开展与在轨加注技术相关的研究，并且在其中一些相关领域，尤其是空间机器人和交汇对接装置研究方面取得了较大进展。

欧空局在 20 世纪 80 年代为其哥伦布空间站计划开展了在轨推进剂再加注研究，该项研究工作包括：评价推进剂再加注模式，提出在轨加注的一般要求，并提供了几种可选的加注方案，通过安装在对接装置上的流体连接器和电连接装置把推进剂和挤压气体从供应飞行器输送到接收飞行器，在加注过程中，两个飞行器对接由对接装置实现硬对接。该系统的特点是：推进剂由电动泵输送，挤压气体的回收和再压缩由电动压缩机完成；通过一个基于微处理机的控制器实现完全自动的再加注，同时，还具有人可干预的能力。

日本于 1997 到 1999 年间通过 ETS－Ⅶ卫星研究了空间机器人技术、空间交会对接技术，完成了世界上首次在太空中通过空间机器人抓取自由活动的在轨卫星的试验。试验中包括两个在轨可分离的目标卫星和追踪卫星，追踪卫星上装有约 2 m 长的机器人臂，在地面上通过远程遥操作控制机器人的行为。

1997 年德国宇航中心（DLR）提出了机器人航天员的概念，当时的背景是一颗刚刚发射的卫星 TV－SAT－1 在进入轨道后其太阳能电池板不能自动打开，而卫星所在的轨道是载人航天器无法到达的轨道。因此 DLR 提出了一个在移动卫星上安装两个轻型机器人手臂、两个多指灵巧手及两台立体摄像机的设想。由机器人航天员去捕获、对接故障卫星，进而去维修它，同样可以通过遥操作该机器人航天员进行在轨加注服务。

综上所述，世界上主要的航天大国都已经掌握了在轨加注关键技术。苏联从 1978 年就已经实施了在轨加注，到目前为止已经成功地实施了多次在轨加注，而美国从 20 世纪 80 年代初就开始了在轨加注技术的研究，对该项技术进行了充分的研究与发展，并提出了庞大的在轨加注计划。还有一些国家已经开始了这方面技术的探索。在轨加注技术对于大型航天器和空间武器来说是必不可少的一种技术；对于造价昂贵、结构复杂的卫星来说，在轨加注技术可以延长卫星寿命，节省造价，提高效能；在轨加注技术还可以大规模地提高卫星的机动能力，为具有攻防能力的卫星提供足够的推进剂。

8.2.2 轨道快车（Orbital Express）

自主交会对接是在轨服务中一项非常关键的技术，自从 1966 年 3 月 16 日美国双子星座 8 号飞船与阿金纳火箭实现了世界上第 1 次手动交会对接，至今已有 38 年历史，空间交会对接技术有了很大发展，据初步统计，全世界成功实现在轨交会对接已经接近 300 次，这些交会对接大部分是非自主的，也就是说要依赖地面站操作与控制。近十几年来人们大力发展自主自动交会对接技术，所谓自主就是不依赖地面站的帮助，确切定义是不依赖航天器外部资源；所谓自动就是不依赖航天员和地面站手控操作，美国轨道快车计划中进行了自主交会对接技术及其空间飞行演示和验证试验。

美国国防部高级研究计划局在1999年公布了轨道快车计划，目的在于开发研究未来航天器推进剂在轨加注和修复与重构技术，并通过在轨飞行演示和验证达到发展该技术的目的。在轨飞行演示的具体要求包括：

1）研制和验证非专利卫星在轨服务接口技术的要求与指标；

2）研制和验证自主交会对接的制导导航与控制系统以及追踪星（服务星）和目标星技术；

3）在轨飞行验证自主交会、靠近操作技术以及捕获与对接方式；

4）从追踪星到目标星在轨推进剂输送技术的飞行验证；

5）在轨飞行验证轨道更换单元（ORU）输送。

轨道快车计划分为2个阶段，第1阶段为概念研究（2000年9月—2002年2月）；第2阶段为工程研制（2002年3月—2005年3月）。在2005年年初开始组装卫星，在2006年9月开始飞行验证试验。轨道快车计划研制了两颗卫星（见图8-6），一颗称为自主空间运输和机器人轨道器Astro，也就是交会对接追踪星，该星由卫星平台、推进剂输送系统、轨道更换单元、对接机械臂系统、交会接近敏感器与捕获系统六个模块组成；另一颗称为目标星NextSat，是接受追踪星提供服务、模拟需要维修或加注的卫星，星上装有与追踪星相对应的交会接近操作辅助设备、十字形网络天线、与追踪星相匹配的机械电气接口、分离机构、轨道更换单元和贮存舱以及推进剂输送模块（包括34 kg燃料贮箱）。

为了满足飞行演示的目的，轨道快车安排了20项有关自主交会对接在轨飞行演示和试验，几乎每项试验开始和结束时两星都处在联结状态，每项试验都按照以下基本程序进行：具备姿态机动到分离所要求状态；具备释放和分离能力；完成交会靠近操作机动；逼

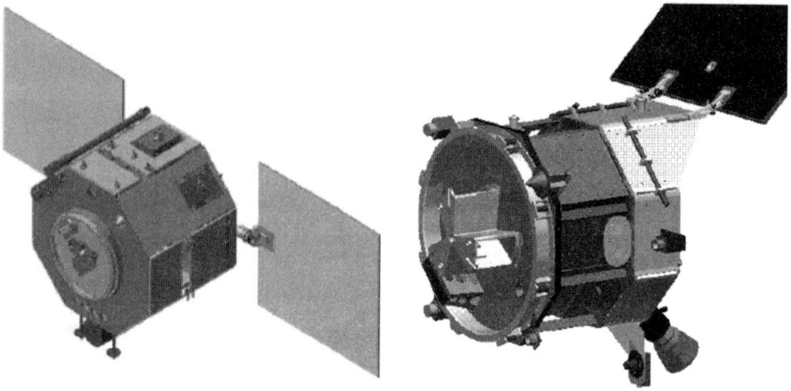

图 8-6　轨道快车的两颗卫星（追踪星 Astro 与目标星 NextSat）

近位置保持、捕获和对接；完成所要求推进剂输送和轨道单元的更换。20 项试验项目需要 132 天时间，消耗推进剂为 144 kg，若考虑各项试验交替转换时间估计前后需要 1 年时间。

轨道快车计划主要是开发研究在轨加注技术，从而延长卫星寿命，扩大卫星应用范围。通过实际的飞行演示试验解决了一些关键技术，如自主交会对接技术、通用接口设备技术、推进剂输送技术以及部件更换技术等。

8.2.3　自由转移飞行器（ATV）

另一个具有轨道机动、交会对接与在轨加注能力的航天器是自由转移飞行器（ATV），该飞行器是欧洲空间局为国际空间站提供的重要设施，ATV 为欧洲未来的空间探索计划提供所需的新技术，如自动交会对接和在轨加注。2007 年欧洲将从库鲁发射场用阿里安 5 火箭发射新型货运飞船——“自动转移飞行器”（ATV），这将是欧洲履行国际空间站义务的重要里程碑。

ATV 由欧洲航空防务与航天公司（EADS）的航天运输部和意大利阿莱尼亚航天公司为首的承包商集团研制，共建造 7 艘。但是由于欧洲在对接系统和在轨加注方面的研制能力不足，由俄罗斯能源联合体提供 ATV 的对接系统和推进剂加注设备。

自动转移飞行器具有自动交会对接能力，与空间站对接时不需要航天员或地面操作人员的干预，作为服务于空间站的后勤保障航天器，同时具备 3 种能力：补充推进剂、运送物资和运走垃圾。这也是俄罗斯进步号货运飞船所具备的特点。自动转移飞行器的优势在于，它是迄今为止运载能力最大的飞船，其最大货运量达 7 200 kg，几乎是进步号货运飞船的 3 倍，从空间站带走的垃圾量最多可达 6 400 kg。此外，自动转移飞行器还具有另一项使命，就是提升空间站的轨道和调整空间站的姿态，ATV 依靠自身的推力器，为空间站的姿态控制和轨道再提升提供动力，所消耗的推进剂大约 4.7 t。

自动转移飞行器由 3 部分构成：推进舱、电子设备舱和加压舱。在 45 m^2 的加压舱中装有 8 个货架，当它飞往空间站时，货架上将放着打好包的 1 500～5 500 kg 干货，其中包括加注品、科学硬件、食物、邮件及家庭录音带或 VCD 等。除此之外，加压舱中还放置了几个液体贮箱和气瓶，贮箱和气瓶中装有 840 kg 饮用水、860 kg 推进剂及 100 kg 空气。加压舱的最前端是俄罗斯制造的对接设备和各种交会遥感器，届时将与空间站进行对接。

自动转移飞行器的最大发射质量为 20 750 kg，推进系统由主推进系统和姿态控制系统组成，主推进系统有 4 台 490 N 发动机，姿态控制系统有 28 台 220 N 的推力器，推进剂为甲基肼和四氧化氮。8 个推进剂贮箱，两个增压气瓶，贮箱内装载 7 t 的推进剂，用于 ATV 的自由飞行和空间站轨道再提升。在整个飞行阶段及紧急模式下，由 24 个推力器提供所需推力和力矩。具体为：4 个 490 N 发动机用于转移飞行机动、最终离轨烧毁以及空间站再提升；20 个 220 N 推力器，分为 4 组，用于姿控和精确位移；在综合货运舱的顶部装有 8 个 220 N 推力器，由推进舱的贮箱提供推进剂，在对接时的关键机动过程中，为快速横向运动提供动力。

除了飞行和返回过程中使用一部分推进剂外，在与空间站对接的 6 个月期间，每隔一段时间，它就用自身的推进剂为空间站提升轨道高度，另外还用于空间站的姿态控制和空间碎片规避机动。假若空间站上发生紧急情况，飞船能在 10 min 内撤离。

ATV 的对接工作模式为：飞船与火箭分离后，导航系统开始工作；推力器点火，将其送入另一条转移轨道；经过 3 天的轨道调整之后，飞船将进入空间站的“视线”内，这时与空间站的水平距离为 30 km，垂直距离为 5 km；最后，船载计算机开始发出逼近机动指令，飞船慢慢靠近空间站，直到与空间站对接，如图 8－7 所示。

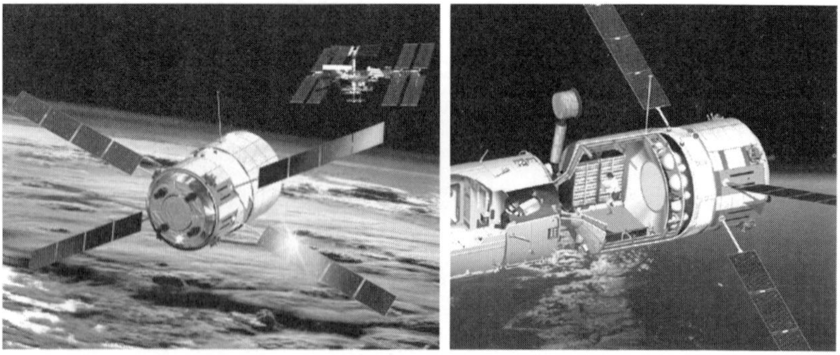

图 8－7 自动转移飞行器 ATV 与 ISS 对接

8.2.4 试验卫星系列（XSS）

小型化是航天器发展的重要方向之一，美国试验卫星系列是具备接近伴飞、在轨交会、近距离机动能力的小型航天器的代表。试验卫星系列（XSS）是美国空军研究实验室（AFRL）、空军航天与导弹系统中心、海军研究室等机构联合开展的一项研究项目。实施试验卫星系列计划的目的是研制一种全自主控制的微小卫星，并且其具备在轨检查、交会对接以及围绕轨道物体近距离机动的能力。这种微小卫星最终将增强美国空军航天司令部执行太空维护、维修以及其他任务的能力。XSS－10 卫星是 XSS 计划中第一个系统（见图 8－8），2003 年入轨；XSS－11 卫星是 XSS 计划中第二个系统（见图 8－9），2005 年入轨。

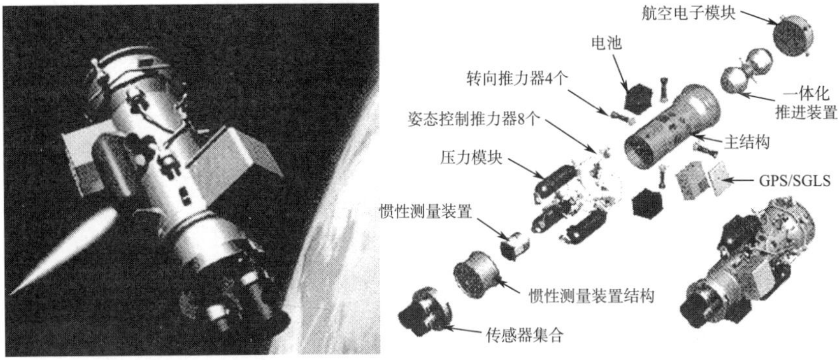

图 8-8　美国 XSS-10 卫星外形及其组成

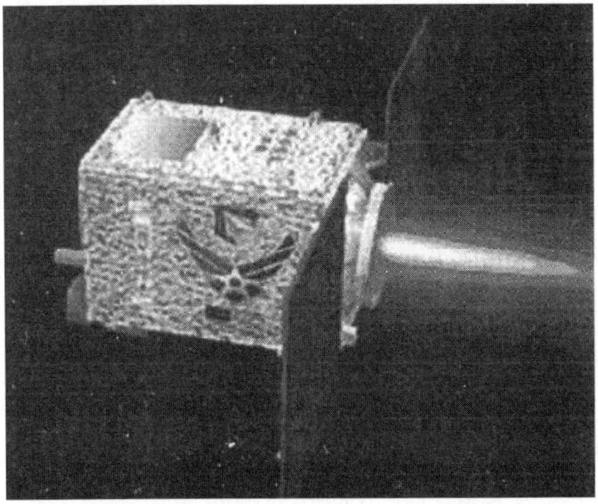

图 8-9　美国 XSS-11 卫星外形图

XSS-10 卫星约重 31.26 kg，为圆柱形，长 81.28 cm，直径为 38.1 cm。设计寿命为 24 h，运行在远地点 524 km、近地点 841 km 的椭圆轨道。XSS-10 卫星是一个半自主的航天器，采用三轴稳定控制模式，卫星携带 2.58 kg 的推进剂，燃料为甲基肼，氧化剂为四氧化二氮；此外，卫星还携带了 0.7 kg 的氮气。推进系统用于卫星姿态控制，4 个转向推力器采用双组元模式，8 个姿态控制推力器采用气态氮作为工质。推进系统由推进模块、压力模块、转向推力器、姿态控制推力器组成。一体化的推进装置包括推进剂贮箱和整体转向歧管，集成在主结构中。该微小卫星还具有对驻留空间目标进行拍照的功能，具备演示验证空间飞行器之间的近距离检查操作以及自主导航等技术能力。在轨运行寿命期间，成功完成整个任务。

XSS－11 卫星是在 XSS－10 卫星的技术基础上研制的，与 XSS－10 卫星不同之处在于寿命提高到在轨运行至少一年，并对多个目标实施紧密接近操作。XSS－11 卫星重 145 kg，结构为盒形，尺寸为 60 cm×100 cm，功率为 300 W，设计寿命为 12～18 个月，提供的速度增量大于 600 m/s，该卫星采用三轴稳定控制的模式。该试验系统的主要目标有：检查飞行器状态，获取目标飞行器的照片；协助地面人员对在轨卫星进行综合诊断，为在轨维修奠定基础；实现自主共轨式飞行能力；最后实现航天器推进剂在轨加注操作。XSS－11 卫星的主要任务是验证星载监视设备对目标的监视能力、验证先进的轨道机动和位置保持能力、演示自身对空间威胁的感知能力、感知自身是否受到干扰或者激光武器的攻击。总之，XSS－11 卫星的实质就是结合空间自主交会控制与对接技术，演示自主运行及其与空间目标汇合的能力。

星箭分离后，XSS－11 卫星环绕半人马座火箭上面级飞行（绕飞）。试验结果优于预期结果，推进剂消耗和效率均较理想，无重大技术故障和异常。在执行任务期间，卫星与位于同一轨道内的 6～7 个空间物体进行了自主交会。这些空间物体包括失效的火箭上面级与休眠卫星。其首次交会任务在上天后的 3～6 周内进行。在距离半人马座火箭上面级 1.6 kg 的位置与其进行交会。后来与半人马座上面级又交会 3～4 次，交会距离最近至 0.5 km，以测试交会敏感器及其相关技术。2005 年秋，XSS－11 卫星完成飞行任务，在一年多的飞行中，每次交会试验都有几个确定的演示目标，与数个临近其轨道的太空物体进行汇合和接近，演示验证了高自主性。

XSS－11 卫星运用先进的传感器和微电子等技术，验证了微小型航天器在近距离围绕空间目标进行的多种类型机动，包括位置保持、运动转换以及通过软件算法来实现快速脱离目标和进入轨道的能力，展现了具有显著特色的新技术。

8.2.5　哈勃机器人服务平台（HRST）

哈勃太空望远镜的在轨服务与离轨任务的主要目标是延长哈勃太空望远镜的寿命，提升其科研观测能力，并且为离轨做准备。此外，还要完成给现有系统增加电池和陀螺仪，更换两个科学仪器的任务，以提高和改进探测能力。

哈勃太空望远镜机器人服务平台计划发射到哈勃太空望远镜的轨道，完成空间交会后，进行捕获、对接，利用自动与遥操作相混合的模式开展在轨服务任务，任务包括离轨模块的附着，推进和导航模块使哈勃太空望远镜更具安全离轨能力。离轨模块装载有交会敏感器组件、电源和姿态控制系统。其他的任务硬件安装在弹射模块中，所谓弹射模块是指在最后任务阶段，从哈勃望远镜上分开且连接在离轨模块上。弹射模块装载有替换设备、机械臂和灵巧机器人、一组供灵巧机器人使用可满足不同任务的定制工具及其他附属设备。一旦完成哈勃太空望远镜的服务任务，当弹射模块分离哈勃望远镜与离轨模块后，弹射模块作为独立的航天器继续在轨运行。

哈勃机器人服务平台重达 10 669 kg，该平台装载有抓取系统、灵巧机器人系统及其数据系统、机器人服务工具和处理系统、电源生成和管理系统、姿态确定和控制系统、推进系统、遥测遥控系统、视频系统以及其他设备等。图 8－10 是哈勃机器人服务平台独立运行时的总体结构，灵巧机器人没有展开，太阳帆板展开过程中机械臂保持展开状态。

在哈勃机器人服务平台的分离界面，具备电源连接器、数据连接器以及音像通道连接器等接口，环形对接接口用于其他飞行器停靠与对接的匹配，结构、连接器等与相应的系统相适应。除了哈勃望远镜外，具有对接能力与接口的无人探测飞行器也非常适合与哈勃机器人服务平台进行对接，无人探测飞行器利用自身的交会敏感器寻找哈勃机器人服务平台，并与之完成交会，实现对接。图 8-11 给出的是交会对接后，哈勃机器人服务平台机械臂抓取无人探测飞行器并且对接的示意图，无人探测飞行器装载空间加注系统的推进剂贮箱、泵、控制阀门以及输送管路，通过界面接口实现对哈勃机器人服务平台的加注。

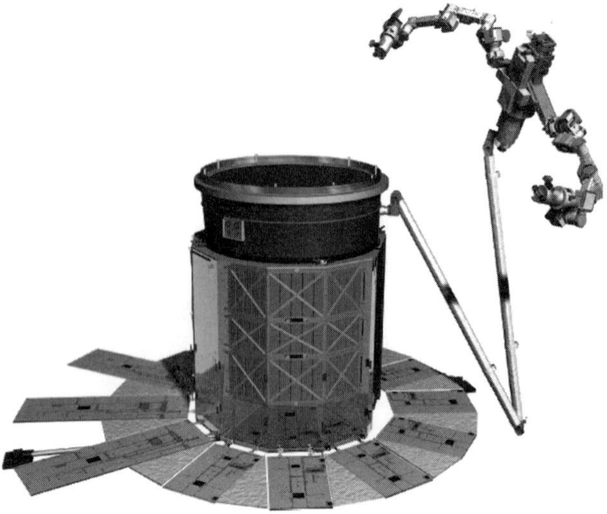

图 8-10　哈勃机器人服务平台

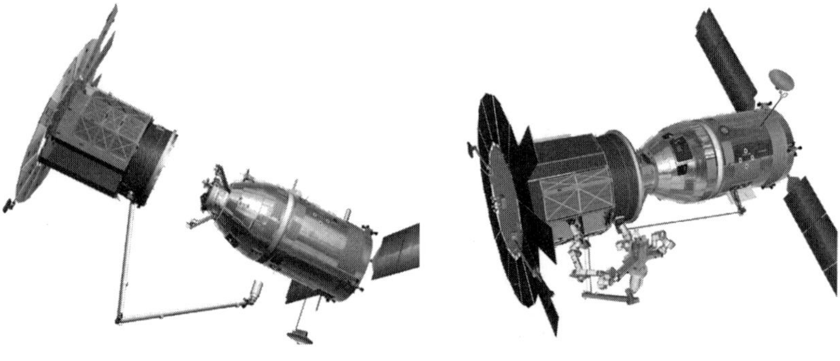

图 8-11　哈勃机器人服务平台与无人探测飞行器对接及在轨加注

8.2.6 自主交会技术验证（DART）卫星

DART 项目是 NASA 为研制未来探索太阳系的技术而选定的第一个项目，由马歇尔航天飞行中心负责，DART 卫星由主承包商轨道科学公司研制，包括了轨道飞行、试验组装及发射等。DART 卫星于 2005 年 4 月 15 日由飞马座空射火箭发射，其主要任务是在无人干涉的情况下，在轨道上实施机动，与一颗名为多波束超视距通信微小卫星 MUBLCOM 进行一系列自主交会、逼近和绕飞操作，验证 DART 所携带的遥感器、推进系统及软件的性能。飞行试验中，DART 卫星向 760 km 的轨道高度运行的目标星接近到 91 m，在试验中 DART 卫星到达目标卫星，但由于推进剂耗尽提前终止试验。

DART 卫星呈圆柱形，长 1.829 m，直径为 0.92 m，包括推进剂在内的总质量为 363 kg。这颗卫星实际上是由两部分组成的：一部分是卫星的主体，它装有先进视频制导敏感器（AVGS）、视频成像仪、肼辅助推进系统和 GPS 接收机及电子设备等；另一部分原本作为飞马座火箭的第四级，也是圆柱形，直径比卫星的主体稍大一些。这两部分通过特殊的连接装置结合在一起，成为了一个航天器，卫星结构如图 8－12 所示。任务期间 DART 卫星运行在远地点 659.1 km、近地点 639.5 km、倾角为 97.754 8°的极轨道上。

从发射到最终完成任务，DART 卫星需要经历发射和进入初始轨道、自主交会、逼近操作、撤离与返回四个阶段，持续时间是 16～24 h，其中 DART 卫星追赶目标需要大约 9.5 h，图 8－12 右图为 DART 与 MUBLCOM 交会示意图。通过先进视频制导敏感器，实现目标卫星的周向逼近、目标卫星法向逼近以及绕飞，最终完成逼近操作。

DART 卫星的推进系统提供顺利完成任务的动力，其中肼辅助推进系统（HAPS）携带有 56.88 kg 的肼燃料，由 3 个单组元肼推力器组成，每个推力器能提供 222 N 的推力，主要用于 DART 卫星

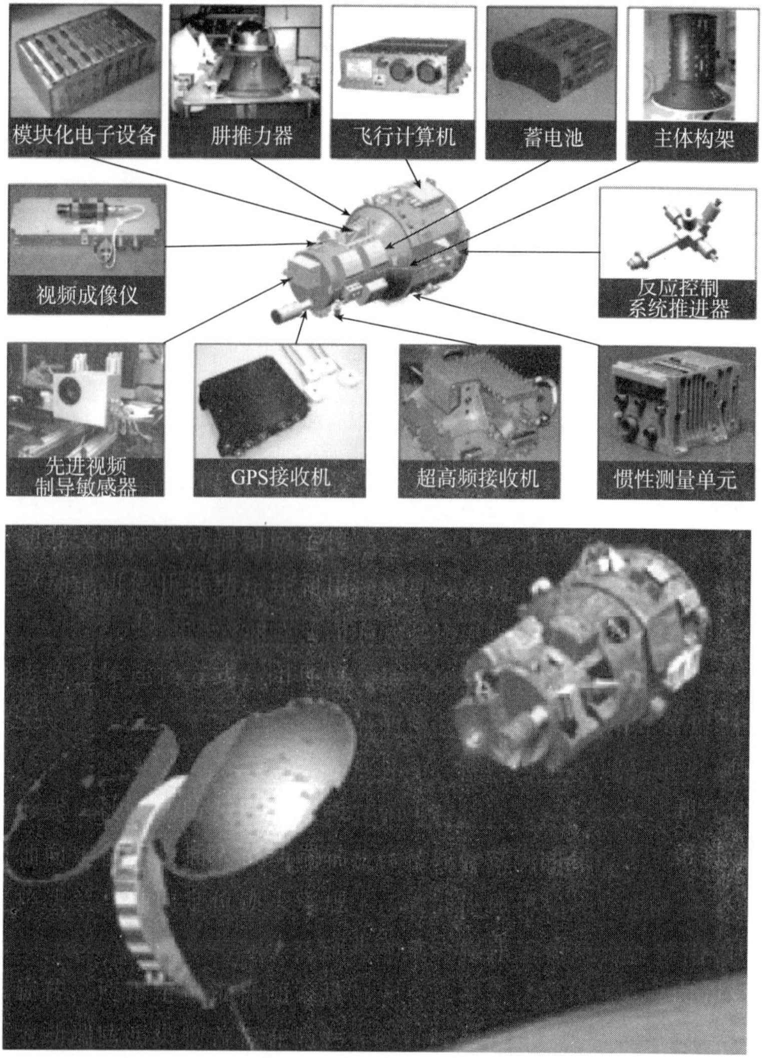

图 8-12　DART 卫星的结构组成及其与目标星的交会示意图

的入轨和任务完成后的撤离，提供完成任务的主要动力。DART 卫星还具有 6 个氮气推力器组成的反作用控制模块，其中每个氮气推力器提供 111 N 的推力，用于肼推力器工作时的三轴姿态控制。另外，星上还携带有 16 个氮气推力器，每个推力器能提供 3.6 N 的推力，主要用于 DART 逼近 MUBLCOM 的操作，如移动和姿态控制等。

美国通过 DART 项目，试验了航天器机动并接近其他航天器时执行复杂操作所需的传感器、推进系统及制导软件，部分验证了自主交会和逼近操作等在轨服务中的至关重要的技术，甚至验证了轨道拦截技术，对未来深空探测任务及太空军事活动有极其重要的意义。

8.2.7　其他

20 多年来美国一直坚持用可重复使用的航天飞机向太空运送设备及货物，但由于航天飞机复杂而昂贵，这种做法未必经济，哥伦比亚号航天飞机的解体使这一运输途径严重受挫，而新一代天地往返运输工具——空天飞机的投入使用似乎还很遥远。因此在近 20 年内，成本较低的无人驾驶运输加注飞船仍然是一种必需的工具，货运飞船（Supplies Pods，如图 8－13 所示）就属于这类航天器。俄

图 8－13　货运飞船

罗斯多年来一直使用进步号货运飞船为空间站进行加注，哥伦比亚号失事后，国际空间站（ISS）也只能靠进步号货运飞船来加注和提升轨道。而美国也并未放弃无人货运飞船的研制，在20世纪80年代就曾研制轨道机动飞行器（OMV，如图8－14所示），虽然没能完成，但获得了有价值的经验。近年来又提出了一种OMV的简化形式，即低成本的小型轨道转移飞行器（OTV），每次可向国际空间站运送350 kg加注品。

图8－14　轨道机动飞行器

8.3　航天器在轨加注的关键技术

8.3.1　在轨加注相关检测技术

加注过程的实时监测及故障诊断技术在加注过程中实现实时监测、故障诊断和辅助决策，提高加注过程的安全性和可靠性。

（1）推进剂剩余量的精确测量技术

推进剂剩余量的精确测量技术是采用一种基于推进剂加注产生

的自激励效应，利用配置在贮箱上的温度、压力传感器和推进剂管路上的流量计等测量设备来进行推进剂剩余量测量的方法。该项技术要考虑推进剂密度随温度的变化、推进剂蒸气的影响，必须进行压力容器受压膨胀的影响研究、实际气体与理想气体的差异研究。

(2) 推进剂泄漏检测技术

推进剂泄漏检测技术是实现在轨加注和航天器正常运行的关键技术之一。为提高泄漏检测的可靠性，可利用质谱检测的高分辨能力和敏感膜的高灵敏度，实现推进剂泄漏检测。

8.3.2 加注过程的应急处理与安全保障可靠性技术

保障加注过程的安全性是在轨加注系统着重考虑的因素，该项技术是在轨加注安全实施的重要保障，具体实施措施为：

1) 对接锁紧装置，对接后需要锁紧，以保证连接的刚度和密封性要求；

2) 对接完成后，驱动电机将自动地切断指令，然后才能进行流体的输送；

3) 应该考虑在紧急情况下使航天器在轨流体加注系统分离的解锁装置；

4) 考虑所有传输管路的碎片防护罩设计；

5) 为了确保任务的成功，应该设计一个备用的航天器在轨流体加注系统；

6) 把电子控制系统放置在航天器仪器舱内，可放宽各种环境对电子控制系统的影响。

特别是用航天器在轨流体加注系统来传输双组元推进剂时，安全问题是一个首要问题，即如何减少在氧化剂和燃料混合过程中所发生的溢流和泄漏。在带压操作时，对接配合面允许有小量的泄漏(允许最大泄漏值为 1.0×10^{-3} Pa · m^3/s)；在传输推进剂时，彼此间的距离尽可能远；在某个时刻只能传输一个组分，在传输不同组分之间应该安排一个消散时间（即泄漏的推进剂组分扩散所需的时间）；系统管路在注入燃料或氧化剂之前，在管路中充满带压氦气进行密封性检查；在不使用时，管路应该卸压，并用氦气清洗干净；传输完后在分离过程中，在带压操作情况下允许有一个最大溢流值（允许最大溢流值为 $1.64\times10^{-6}\,m^3$）。

8.3.3 遥操作加注策略

针对空间对接捕获的初始条件要求，运用视频识别与数字处理等方法，分析 AVGS 的响应特性、位姿精度与重复精度，提出有针对性的抗干扰措施，确定基于 AVGS 引导的对接面精确对准控制策略；针对空间机器人的捕获操作必须对服务航天器姿态影响尽可能小的要求，运用角动量守恒定律等分析动力学的相关理论，建立漂浮基空间机器人的动力学模型，研究漂浮基空间机器人的系统动力学行为，揭示空间机器人质量分布与结构的变化对服务航天器姿态的影响规律，建立漂浮基空间机器人的自适应协调控制模型；考虑到在轨捕获任务的复杂性和信息传输的大时延特点，运用可重构的组件技术和虚拟现实等技术，构建空间机器人遥操作系统。

针对捕获与连接过程中出现的碰撞行为，运用碰撞动力学、分析动力学及非线性有限元法等相关理论，对空间对接过程中的接触力、动能、动量及角动量的传递形式进行分析，建立对接碰撞的瞬态动力学模型及其快速求解算法，揭示对接碰撞行为的时空演变规律；针对空间对接过程中快速抑制冲击振荡要求，综合运用自适应控制和模态分析等理论与方法，建立缓冲阻尼系统的动力学模型，分析缓冲阻尼系统的动态特性，确定缓冲阻尼系统的模态参数以及动态稳定性条件，提出缓冲阻尼系统的主动变刚度-阻尼控制算法，研究抑制冲击振荡的有效机制，使航天器在冲击力受控的条件下，实现“有计划的软碰撞”。

应用网络技术、可编程控制技术全自动控制加注过程，来提高安全性、智能化和可靠性，减少人为误差，确保加注精度。

上述空间机器人在轨加注遥操作技术可以由控制系统的研究人员进行研究。对于推进系统在轨加注，重点关注遥操作的加注程序。

众所周知，只有在完成服务星与目标星对接后，航天器在轨流体加注系统才能开始启动工作，当服务星与目标星对接后，航天器在轨流体加注系统的主动侧和被动侧所有流体接头对接面处于就位状态，彼此保持一定的间距，主要完成的操作有各流体传输管路的自动对接和断开。

（1）流体传输管路的自动对接

当轨道流体传输系统驱动电机接到指令时，在主动侧的中央，动力轴向被动侧延伸，并进入被动侧的定位插孔；当轴延伸到终点时轴旋转一定角度（一般为 90°），将轴锁紧在被动侧，在轴旋转时主动侧运动托架（运动托架被支撑在支座上，支座为主动侧的固定部分，即安装基座）的锁紧装置跟随打开，在驱动过程中需要打开在主动侧和被动侧流体接头的碎片防护罩。

配合面的密封力靠耦合副相互接触所产生的轴向线性力实现，不需要其他外力，配合完成后驱动电机将自动地切断指令，流体的传输才能开始进行。

（2）流体传输管路的断开

完成了所有的流体传输操作后，开始对流体管路进行卸压；当压力降到小于某一定压力值后，轨道流体传输系统驱动电机接上反转指令（与配合操作的转向相反），这种分离操作使运动托架回到收工状态，在运动托架离开配合面时要求瞬即关闭每个流路。在分离过程中，动力轴反转某个角度，打开被动侧轴的锁紧装置，将动力轴收回并把运动托架锁紧在主动侧的支座上，关闭两侧的碎片防护罩，电机才可关闭；在锁紧过程中通过动力轴预加载，把运动托架锁紧在支座上，收起预加载主要是避免因发射或再入过程的载荷冲击而发生意外。

8.3.4 对接与加注接口装置

目前，国际上应用的对接与加注接口装置有以下四种：电磁式对接机构、软轴式对接机构、冠状锁紧式对接机构以及三叉式对接机构。每一种对接与加注接口装置都有其特点，下面进行详细分析。

（1）电磁式对接机构

据美国 NASA 网站 2005 年 6 月 15 日报道，约翰逊航天中心针对排球大小的“微型自主舱外机械摄像机”（Mini AERCam）的在轨加注需求，研制了以航天飞机为平台的电磁式对接机构，首次对接系统试验已经取得成功，如图 8－15 所示。

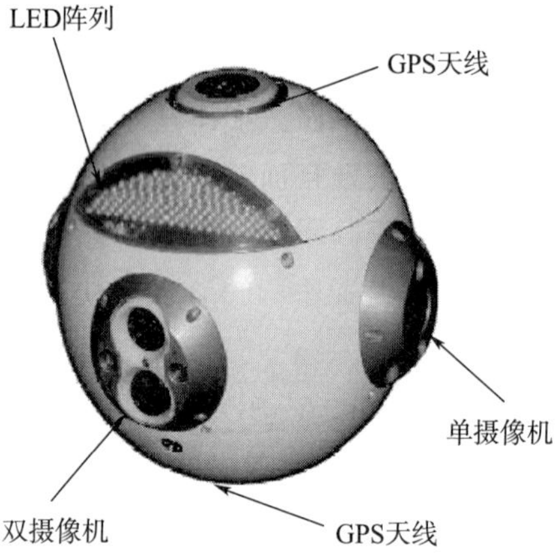

图 8－15　微型自主舱外机械摄像机

在电磁式对接机构主动组件一侧，装有针刺、电磁单元、带有弹簧的相机锁、马达、脊骨（Spine）（作为相关功能模块的安装平台，并提供 GN_2 推进剂、电路、数据连接的通道）等；在被动组件一侧装有铁盘（电磁作用的对象）、GN_2 推进剂快速加注接头（自密封的 GN_2 通道）、电路和数据接头等。

电磁式对接机构工作过程如下：自由飞行器接通电源后，停机棚打开；针刺马达驱动针刺伸展，带动电路、GN_2 推进剂加注接头离开阀座；针刺完全伸展后，弹簧相机锁撤回，允许自由飞行器飞离停机棚；自由飞行器在太空飞行，完成任务后回到停机棚；自由飞行器机动到针刺和电磁单元上空的预定对接位置；当自由飞行器被拉下来时，针刺校正系统纠正轴向和角度上的偏差；一旦电磁单元将自由飞行器拉向相机锁，即获得软对接；电磁单元拉近自由飞行器，针刺回撤，驱使相机锁定，将自由飞行器预载在停机棚结构上，同时 GN_2 推进剂加注接头和电路接头入位；针刺停止运动，标志对接过程结束，此时即可开始 GN_2 推进剂加注、电池充电、数据传输等操作。

（2）软轴式对接机构

美国密歇根宇航公司（Michigan Aerospace Corporation，MAC）从 1991 年开始研制用于卫星在轨服务的空间对接装置，经过十多年的研究先后开发了四代卫星对接装置：ARDS（Autonomous Rendezvous and Docking system）、ASDS（Autonomous Satellite Docking System）、AMDS（Autonomous Micro - Satellite Docking System）以及 ASDS - Ⅱ（Autonomous Satellite Docking System Ⅱ）。最新的 ASDS - Ⅱ 弥补了前三代装置各自的缺点与不足，代表了 MAC 最新的研究成果。ASDS - Ⅱ 由主动组件（active component）和被动组件（passive component）两部分组成，其工作原理是：先通过软轴进行目标的预捕获，然后收缩软轴将主被动组件拉近并通过三个自动对齐加载栓（Auto - alignment load - bearing post）实现轴线与对接面的自动对齐，同时在硬对接探头（Hard - dock probe head）、预加载凸轮（Pre - load cam）以及预加载止动扣（Pre - load activator stop）的联合作用下实现两对接面的刚性连接，ASDS - Ⅱ 的结构如图 8 - 16 所示。

（3）冠状锁紧式对接机构

为了延长卫星的使用寿命，美国的轨道复原有限公司（Orbital Recovery Corporation）及其在英国的子公司正在研制轨道延寿飞行器。其目的是通过空间对接，使轨道延寿飞行器与目标卫星建立永

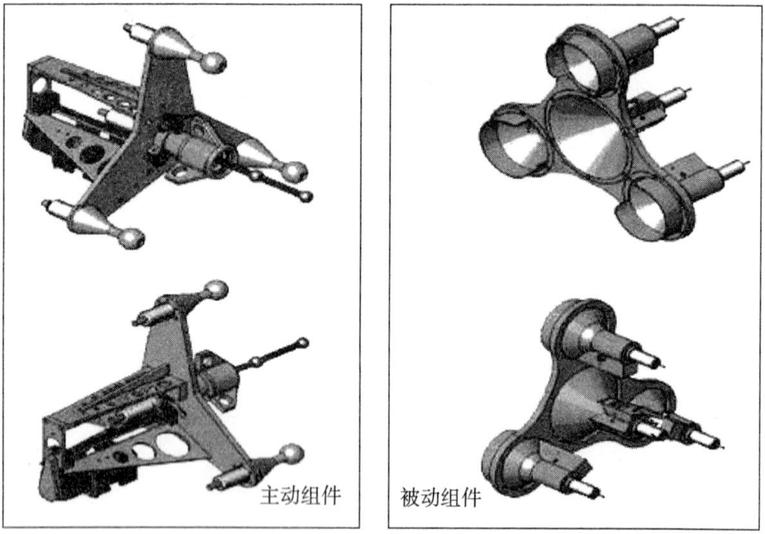

图 8－16　ASDS－Ⅱ的结构

久的刚性连接，从而用轨道延寿飞行器取代推进剂已经耗尽的原卫星的姿态和轨道控制系统。对接机构的主体是一个外形细长的抓捕器，头部带有 6 个敏感器探头和 1 个冠状锁紧机构。敏感器向地面的遥操作人员提供反馈信息以便确定抓捕器深入受援卫星远地点发动机内的位置，当抓捕器完全伸入远地点发动机的喉部以后，抓捕器头部的冠状锁紧机构展开，四周伸出针状物与发动机壁紧密连接使整个轨道延寿飞行器与受援卫星连接成一个刚性整体，其捕获过程如图 8－17 所示。

（4）三叉式对接机构

美国国防部高级研究计划局（DARPA）早在 1999 年就公布了轨道快车计划，目的在于开发研究在轨服务、加注和维持技术，从而延长卫星寿命，扩大卫星应用范围。轨道快车计划的追踪星（Astro）和目标星（NextSat）的捕获方式有 2 种：直接捕获与对接方式；自由飞行机械臂捕获方式。这 2 种方式都要在飞行演示试验中得到验证。追踪星由 6 个模块组成：卫星平台；推进剂输送系统；

图 8-17　轨道延寿飞行器在轨捕获

轨道更换单元；对接机械臂系统；交会、接近敏感器；三叉形对接机构（如图 8-18 所示）。目标星上装有下列主要部件：配合对接的辅助设备，如被动对接敏感器、反向反射器和叉形对接机构；十字形网络天线；与追踪星相匹配的机械电气接头；分离机构；轨道更换单元和贮存舱；推进剂输送模块。追踪星和目标星对接面上功能结构的布局如图 8-19 所示。

直接捕获与对接方式是把追踪星机动到制导捕获包络线的区域内，然后保持位姿，一直到三叉形对接机构启动，把两颗卫星连接在一起。这种直接捕获与对接方式所允许的位姿保持精度，完全取决于制导捕获包络线的大小、先进视频制导敏感器及姿控系统的精度。

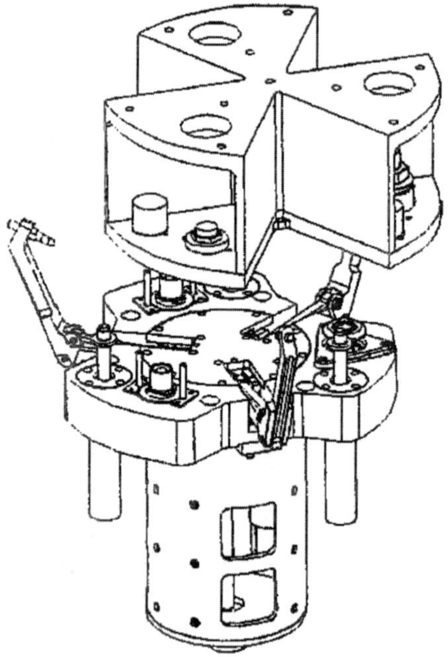

图 8-18　三叉形对接装置

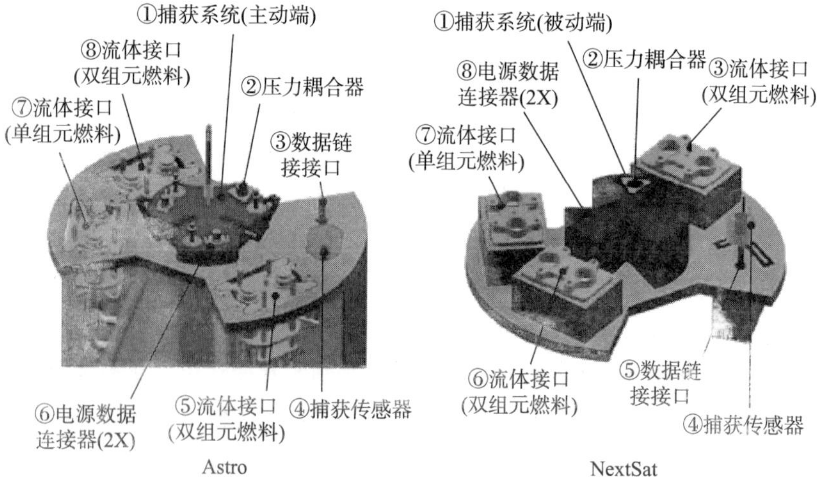

图 8-19　功能结构的布局

自由飞行机械臂捕获方式是采用机械臂在一定范围内抓住目标星，然后收缩机械臂实现停靠，最后启动三叉形对接机构，把两颗卫星连接在一起，捕获对接过程如图 8－20 所示。这种捕获方式所允许的捕获包络线的大小，与机械臂长短有关。在近距离轨道机动时，这种捕获方式还能减少喷气羽焰对目标星的污染。

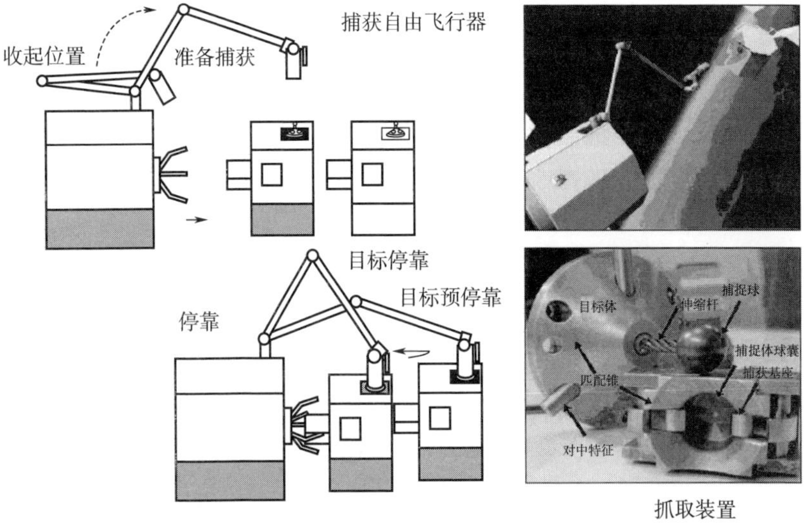

图 8－20　机械臂捕获对接过程

三叉形对接机构主要由主、被动两个组件构成。主动组件的执行机构是一套联动的三组四连杆机构，执行机构上的三个抓杆在滚珠丝杠驱动下同时运动，滚珠丝杠正向运动时，三个抓杆向目标上的被动组件运动并同时张开，抓住目标后，滚珠丝杆反向运动带动抓杆收缩并向主动组件靠拢。由于三个抓杆的联动，可使目标组件自动与主动组件同轴对齐，当抓杆收缩到主被动组件接触后，被动组件会被主动组件上的锁钩锁住，最终实现两者的刚性连接。

在上述四种具有代表性的对接方案中，电磁式对接机构是专门针对球形微型航天器对接和加注试验而设计的，对于小型、中型和大型航天器而言，由于很难屏蔽电磁干扰，因而不具有通用性，再者，这种对接方案不具备周向定位能力，也不适用于一般形状航天器的在轨加注；在软轴式对接方案中，由于空行程比较大，难以精确控制轴向相对位置，容易产生碰撞，更重要的是在这种对接方案中没有考虑推进剂和电路连接接口；冠状锁紧式对接机构必须根据目标卫星的远地点发动机喷管喉部结构定制，不能重复使用；相比较而言，三叉式在轨加注对接方案考虑得比较全面，似乎是一种比较可行的方案，然而，就这种方案而言，仍有许多问题需要研究，如：对接装置的结构设计、漂浮基空间机器人的协调控制、快速准确的捕获技术、主被动组件对接过程中的非线性动力学行为、抑制冲击振荡的主动变刚度-阻尼控制、流体迁移行为及其控制等。

此外，在轨运行时，在轨加注对接装置需要在高真空、微重力的太空环境中经受高低温交变和突变的考验，一旦出现故障，将直接导致加注任务失败。因此，开展在轨加注对接装置可靠性研究的重要意义是显而易见的。为了保证在轨加注对接装置在复杂的太空环境中正常稳定工作，避免可能发生的故障，还有必要对在轨加注对接装置的可靠性进行研究。主要内容如下：

（1）对接装置的结构布局与参数确定

对接装置的结构是指其本体结构和附着在对接装置上的功能部件结构。为了增强连接强度，需要对本体及功能结构进行协同设计；为了便于对接，提高对接成功率，需要对空间对接装置的工作空间进行分析，优化相关结构的布局；为了保证空间对接装置在复杂太空环境下长期稳定正常工作，必须对其进行可靠性的分析和评估。

①对接与加注接口装置的结构布局优化

建立对接过程中的运动传递模型和对接操作的顺应性模型，对空间对接平台的可达工作空间和灵活工作空间进行研究，以顺应性导向和灵巧性操作的要求为目标，优化对接装置本体的结构布局，以及捕获与连接机构、推进剂加注与电路接口等功能部件在对接装置本体上的结构布局。

②连接强度分析与结构参数的确定

建立空间对接过程中的力传递模型，以及拓扑结构、尺寸和材料与连接强度的关联模型，对空间对接装置在复杂太空环境下的连接强度进行研究，以轻量化、抗冲击能力和连接强度的要求为目标，确定空间对接装置的结构参数。

（2）对接装置的可靠性分析与预计

在空间对接过程中，为了对可能出现的故障进行准确的预测，有必要对空间对接系统进行可靠性预计和故障诊断方法的研究，在此基础上采取有效的预防措施来提高对接装置工作的可靠性。研究内容包括：

①对接与加注接口装置的故障树分析

分析对接装置系统的故障模式，研究对接装置相关单元故障模式的内在联系；构建对接系统的故障树模型，对空间对接装置可能出现的故障进行定性和定量分析；开发故障树分析系统，为改进和完善对接装置提供支撑。

②对接与加注接口装置的可靠性预计

采用串联和并联组合的方式建立对接装置可靠性分析的逻辑关系模型，分析各种结构单元可能的失效模式；针对不同的失效模式，提出相应的失效率分析方法，对各功能部件的可靠性进行预计；采用系统集成方法，建立整体可靠性预计模型，对空间对接装置的可靠性进行预计。

8.4　贯通式快速大流量卫星推进剂在轨加注

8.4.1　在轨补给技术应用对象

在当前卫星的技术水平和使用模式下，推进剂携带量是影响卫星在轨寿命的主要因素。随着卫星功能扩展和性能提升，载荷重量不断增加，受限于运载发射能力与成本限制，推进剂初始携带量与卫星在轨寿命间的矛盾日益突出，迫切需要改变当前推进系统地面一次性加注的使用模式，实现推进系统在轨多次重复加注的技术变革。目前，有在轨加注需求的典型卫星类型包括：高轨大型长寿命卫星、低轨大型遥感卫星。

（1）高轨大型长寿命卫星

高轨卫星通常采用大型卫星平台，功能强大且造价昂贵，延寿价值较高。高轨卫星定点后，推进剂消耗主要用于卫星的南北位保和东西位保，年消耗量较为固定。以当前典型高轨卫星平台——东方红四号卫星平台为例，卫星位保推进剂年消耗量为 50～60 kg，如果能在运行模式对其实施在轨加注，单次补加推进剂 200 kg 即可以使卫星延寿 4 年，产生较高的经济效益。

同时，在高轨部署补加服务飞行器资源利用率较高，可实现“一对多补加”任务，达到较高的效费比。若高轨卫星的定点经度分布范围为 0°E～170°E，假定在这一范围的中点即 85°E 位置布置补加服务飞行器，不考虑紧急快速机动任务的条件下，不需要消耗太多推进剂，即可以提供“一对多”推进剂补加服务。考虑使用火箭发射，若初始发射质量为 5 400 kg，补加服务飞行器干重 1 200 kg，携带推进剂 4 200 kg，完成 GTO 至 GEO 轨道转移消耗推进剂为 2 500 kg，定点后剩余推进剂约 1 700 kg。除去漂星和交会对接的推进剂消耗，单颗星可以延寿 5 年，1 次飞行加注任务至少能够向 6 颗卫星提供延寿服务，效益巨大。

（2）低轨大型遥感卫星

低轨大型遥感平台为了实现对地高分辨率成像，配置大口径光学载荷，整星规模较大，重量较大，该类型卫星运行轨道较低，轨道维持需要消耗大量推进剂；同时为了满足战时热点地区详查的任务要求，需要通过轨道机动快速进入战时轨道，单次消耗的推进剂将缩短整星 3～4 年寿命，在轨加注需求迫切。以美国 KH－12 卫星为例，采用与哈勃望远镜类似的镜头，造价昂贵。整星质量为 17 t，对地分辨率达到 0.1 m，运行轨道为 270～1 000 km，由于其兼顾普查与详查功能，因此推进剂消耗量巨大，设计寿命仅有 8 年。首颗卫星 1990 年发射，推进系统具备在轨可加注能力，可由航天飞机对其进行推进剂补加。进入 21 世纪后，随着航天飞机的退役，技术路线逐渐转变为利用低成本的轨道服务飞行器实现同一轨道“一对多”补加。

8.4.2　典型在轨加注方案对比

根据被加注贮箱推进剂管理装置类型分类，推进剂在轨加注模式可总体分为隔离式和贯通式两类。按照推进剂传输驱动方式，在轨加注方法可分为压缩机式和贯通式（见表 8－1）。

表 8－1　典型加注方案对比分析

典型方案	优点	缺点	应用和验证情况
压缩机式	目标航天器的增压气体实现了循环利用，不需要由服务飞行器供气，减轻了服务飞行器的负担	对目标航天器的推进剂管理方式要求较高，使得目标航天器的推进系统功耗大，一般适用于大型空间平台，且仅适合于被加注方贮箱是气液物理隔离的膜盒贮箱	国际空间站；欧洲研制的自动转移飞行器（ATV）；我国天宫二号
贯通式	实现等压状态下的加注；产生的压缩热量最低，无污染	操作比倍压式要复杂，需要增加液体驱动泵，需要使用流量计测量加注量；同时需要确定接收箱内气垫的位置	美国的轨道快车采用闭路循环泵压式加注方法对贯通式加注技术进行了验证；我国长征七号火箭搭载的天源一号卫星进行了闭循环泵输送法的推进剂补加试验

（1）压缩机式

采取增压气体回用式补加方法，必须在目标航天器上装有压缩机。加注前，需要压缩机提前工作，在目标航天器内部将贮箱气垫内的气体送至气瓶，使目标航天器贮箱形成低压，然后再利用服务航天器的高压气体将推进剂挤入目标航天器贮箱。这种加注方式较为复杂，压缩机安装在目标航天器上增加了目标航天器的结构质量，同时压缩机需要很大的功耗，而且目标航天器增压气路系统恢复到初始状态的时间也很长，因而其使用范围受到很大限制，一般目标航天器是类似空间站的大型空间平台，而且根据其工作原理，对气液接触的表面张力贮箱是不适用的。但这种加注方式实现了目标航天器内增压气体的循环利用，不需要由服务航天器供气，没有高压气路的对接问题，减轻了服务航天器的负担，其原理图如图 8－21 所示。

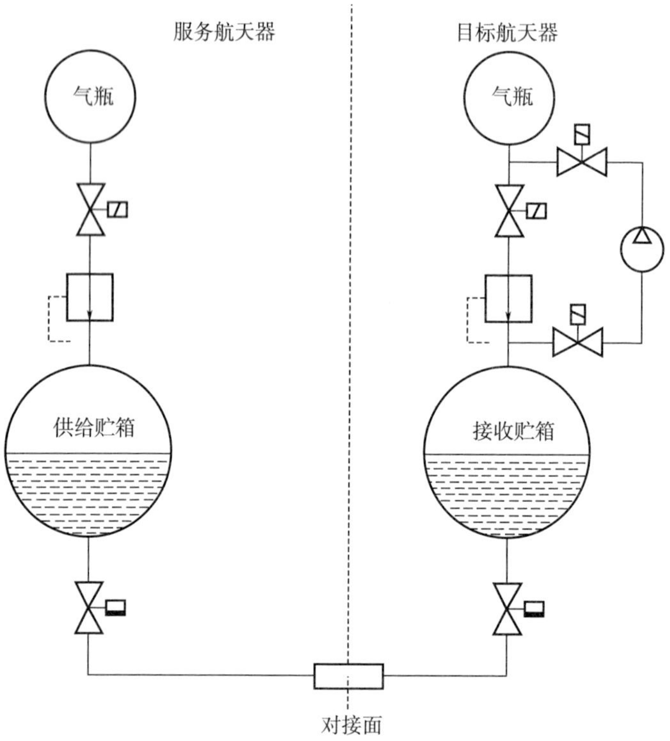

图 8－21　增压气体回用式加注原理图

（2）贯通式

贯通式在轨加注方案是将被加注系统和加注系统中的贮箱气垫

贯通起来，使两个贮箱内的压力一致，依靠泵的作用将推进剂由服务贮箱输送到目标贮箱，目标贮箱内气垫内的气体受推进剂挤压，通过气路连接管道回流至服务贮箱内气垫，如图 8－22 所示。这种加注方式的优点是没有对内部气体进行压缩，不需要考虑压缩过程中造成的传热问题；同时补加过程不需要向系统外排放，对整星影响较小，避免了排气式加注的技术风险。

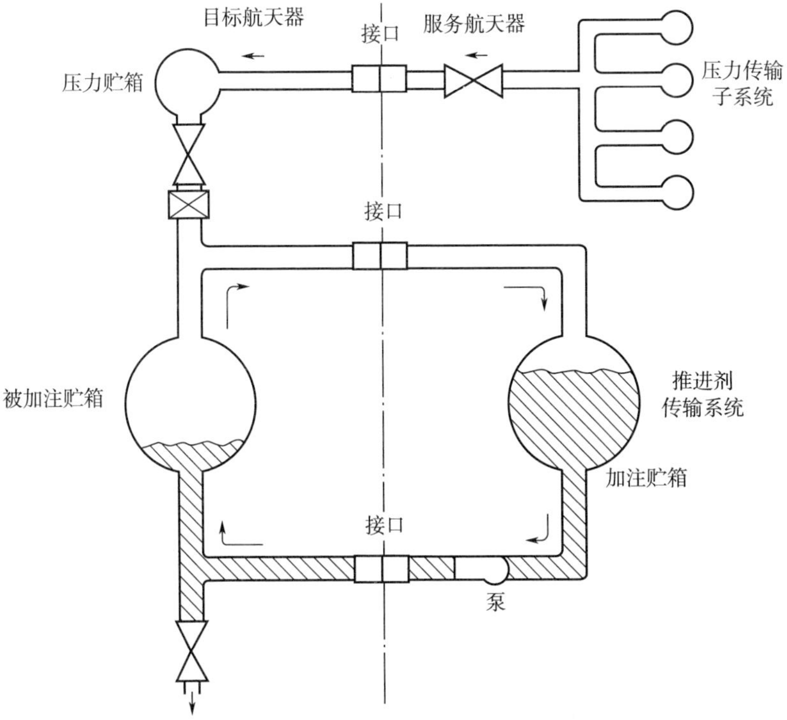

图 8－22　贯通式在轨加注示意图

对于挤压气体的补给，可以采用直接补给法，利用服务航天器高压气瓶与目标航天器增压气瓶连通，自动实现挤压气体的直接补给，无需压缩机，该方法原理简单，补给设备结构不复杂。

8.4.3 在轨加注方案适用性分析

补加方案选择主要是由推进系统所采用的推进剂存贮方案决定的，对于卫星推进系统，由于采用表面张力贮箱，因此通常选用贯通式补加方法。贯通式补加方法主要技术优势如下：

(1) 新一代板式表面张力贮箱适合贯通式补加方案

空间站推进系统使用的膜盒贮箱属于第一代贮箱，卫星推进系统使用的板式表面张力贮箱是第三代贮箱，板式贮箱在重量和可重复加注能力方面具有巨大优势。针对板式贮箱的在轨加注通常采取贯通式补加方案。目前国际上正在开展的卫星在轨加注任务均采用基于闭循环泵输送法和排气法的贯通式推进剂补加技术。2007 年，DARPA 在轨道快车计划中完成了该技术的在轨验证。

对于膜盒贮箱，目前国外主流航天器平台均已对其完成了升级换代。膜盒贮箱的优势是不存在液体晃动问题，但其推进剂消耗过程中质心将不断下移，也会对整器姿态控制造成困难。膜盒贮箱工作过程中，涉及金属膜盒的大变形和材料屈服问题，重复补加次数有限，可靠性低；同时，膜盒贮箱结构复杂，本身干重较大，不适合于大型航天器。例如，空间站上的膜盒贮箱容积只有 300 L，而质量达到 60 kg；实践二十号卫星上容积为 880 L 的板式表面张力贮箱只有 42.5 kg。

板式表面张力全管理贮箱是第三代贮箱，是国际主流产品和技术发展方向，结构简单，无活动部件，与膜盒贮箱相比，具有重量小、可靠性高、重复加注性好的特点。

(2) 贯通式补加方案对系统资源占用较少

板式表面张力贮箱无需金属膜片，仅通过管理装置即可实现内部的气液分离。在服务贮箱和目标贮箱气液出口均处于连通状态时，仅需要一个小功率流体传输泵即可完成推进剂的转运，而不需要通过高压气体挤压金属膜片驱动流体传输。同时由于两个贮箱间的压力平衡，不存在对流体介质的挤压，因此传输过程中不存在热管理问题，基于上述特点补加系统仅需要通过一组低功率循环加注泵即可完成推进剂传输，而无须配备压缩机和液冷模块，将大幅降低补加系统的重量、功耗和复杂程度，提升推进及补加系统的可靠性。

两种补加系统核心模块对比见表 8－2。

表 8－2 两种补加系统核心模块对比

序号	补加方式	核心单机	单台质量	单机功率	核心单机总质量
1	贯通式	循环加注泵(4 台)	0.5 kg	20 W	2 kg
2	压缩机式	压缩机(3 台)	78 kg	700 W	234 kg

（3）贯通式补加方案补加速度较快

受制于膜盒贮箱工作原理，推进剂开始传输前需要压缩机首先对被加注贮箱气垫进行抽气，2017 年开展了货运飞船对空间站的加注试验，压缩机首先工作了 6.5 h，随后进行了 150 L 推进剂的传输，传输速度为 2.4 L/min。

若采用贯通式补加方案，无须压缩机提前工作，对接后即可立即开展在轨补加工作，由于液体传输阻力较小，因此液体传输速度能够达到 5 L/min，150 L 推进剂传输仅需要 0.5 h。两种补加方案耗费时间对比见表 8－3。

表 8－3 两种补加方案耗费时间对比

序号	补加方式	补加推进剂量	推进剂传输速度	任务总耗时
1	贯通式	150 L	5 L/min	0.5 h
2	压缩机式	150 L	压缩机先工作 6.5 h 2.4 L/min	7.5 h

对比可见，贯通式在轨加注方案系统流阻小，工作压力低，通过空间微泵即可实现大流量快速补加，对卫星能源和重量资源需求低，是当前在轨加注技术的主流技术方向。该方法没有对内部气体进行压缩，不需要考虑压缩过程中造成的传热问题；同时补加过程不需要向系统外排放，对整星影响较小，避免了排气式加注的技术风险。

8.4.4　在轨加注接口方案及装置

推进剂在轨加注接口装置被动端安装在目标星上，被设计成纯机械结构，其集成在轨加注接口模块和轻量化星间对接被动模块，无需整星提供电接口。

推进剂在轨加注接口装置主动端安装在服务星上，由机电、密封、控制等模块构成，用于完成在轨加注过程中二次定位、轴向锁紧、接口对接、接口锁紧、锁紧保持、接口断开、接口防护等功能。

综合考虑在轨加注的任务需求和工作特点，推进剂在轨加注接口装置的总体设计方案必须满足下列条件：

1）推进剂在轨加注接口装置的结构必须采取模块化设计、能够针对不同加注任务采取不同的配置方式，对接接口和传动机构能够满足模块化和通用性要求；

2）推进剂在轨加注接口装置具备污染物防护能力，污染物挡板能够进行沿顺时针方向和逆时针方向旋转，且能够准确控制挡板每次的停止位置；

3）推进剂在轨加注接口装置传动及定位机构采取伺服方式，从而满足对接过程位置和载荷的高精度要求；

4）推进剂在轨加注接口装置还必须具备在紧急状态下快速分离的能力；

5）硬件尺寸最小化，且能够安置于航天器侧面；

6）推进剂在轨加注接口装置的控制部分应该与机械结构分开，从而可以将控制装置放置于航天飞机的舱内，降低控制装置中电子元器件对温度及环境的要求。

8.4.4.1　在轨加注接口方案

对接补加一体化装置气液接口阀体模块包括气液接口阀体主动端和气液接口阀体被动端两部分。根据在轨加注任务的特点可知，气液接口阀体主动端和气液接口阀体被动端应该具备自动对中、接口锁紧、接口密封以及快速断接等功能。在轨加注过程中推进剂在轨加注接口装置在对接过程中必须能够容许一定程度的同轴度和平行度误差，因此接口阀体模块必须具备自动对中功能；在流体传输过程中的流体压力较高，因此接口阀体间必须具备接口锁紧功能，防止接口在流体压力作用下脱开。

对接补加一体化装置气液接口阀体模块方案如图 8 - 23 所示。对接补加一体化装置气液接口分为接口阀体主动端和接口阀体被动端两部分。接口阀体主动端由主动端自动对中装置、主动端快速通断接头、主动端接口锁紧装置、可伸缩柔性管路构成；接口阀体被动端由被动端自动对中装置、被动端快速通断接头、被动端接口锁紧装置、可伸缩柔性管路构成。

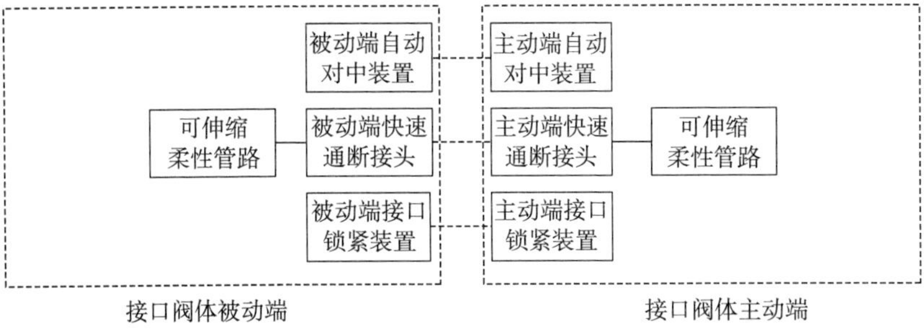

图 8 - 23　对接补加一体化装置气液接口阀体模块方案

当在轨加注航天器和被加注航天器完成初步对接后，在轨加注主动端的机械传动系统开始工作，使在轨加注主动端与在轨加注被动端完成轴向定位。随后，防污染物盖板被打开，在轨加注接口主动端阵列沿轴线方向伸出，在轨加注接口主动端与被动端通过三个步骤实现流体传输通道的建立：首先，在主动端自动对中装置和被动端自动对中装置的作用下，接口两端实现自动对中和静密封；随后，主动端快速通断接头和被动端快速通断接头相互作用，建立流体传输通道；最后，锁紧装置工作，将主动端锁紧装置和被动端锁紧装置锁紧，使得接口主动端和被动端之间能够承受足够的传输压力。接口主动端和被动端完成锁紧动作后，流体在循环泵作用下实现传输。

8.4.4.2 柔顺对接功能协调性

（1）与轻量化对接模块功能协调性设计

对接补加一体化装置在轨工作过程分为两个阶段：1）通过轻量化对接模块，完成目标星和服务星的对接、拉近和锁紧；2）通过在轨加注模块，完成在轨加注接口的对接、锁紧及各项功能性验证和测试。其中，在轨加注模块需要轻量化对接模块完成对接后，能够满足一定的相对位置误差要求及一定的连接刚度。这是由于：

1）对接补加一体化装置气液接口模块不包含整星对接装置，仅包含一组局部位置调整用导向锥杆和浮动对接补偿装置。为实现目标星和服务星之间的对接，目标星和服务星需满足一定的对接精度。

2）在轨加注任务过程中要求对接补加一体化装置接口阀体模块不承受力和弯矩，以防止接口变形，从而造成密封失效或接口卡死无法脱出。接口阀体模块的设计强度不满足整星固连要求，无法代替星间对接装置的功能。在轨加注任务过程中，目标星推进系统工作受到限制，需要服务星提供两颗卫星的姿态控制；若星间没有通过固连装置连接，则在轨加注接口成为两颗卫星间唯一的刚性连接，当姿控推力器工作时，在轨加注接口将承受很大弯矩，造成损坏和密封失效。

因此，为了满足模块功能协调性设计要求，对接补加一体化装置气液接口模块设计过程中应充分考虑以下几个因素：

①轻量化对接模块的对接精度

在轻量化对接模块设计过程中需要同时考虑目标端和服务端的结构匹配和连接刚度，机械导向方案是较为合适的方案之一。首先，利用在轻量化对接模块中的导向花瓣、导向切槽完成粗定位；随后，利用锥座和小锥套进行进一步定位；最后利用三爪机构进行锁紧，利用各接触面进行最终的精确定位。轻量化对接模块所能提供的对接精度通过加工精度保证。

②气液接口模块和轻量化对接模块的相对位置

气液接口模块和轻量化对接模块安装在一个安装平板上，其中轻量化对接模块的核心机构被布置在中心位置，气液接口模块位于轻量化星间对接装置一侧。

在设计过程中，应尽可能将在轨加注模块布置在靠近中心的位置，从而提高目标星和服务星气液接口模块的相对位置精度。但是，在具体设计过程中还需要考虑服务星在轨加注装置和星间对接装置的结构特点以及对接加注服务模块安装支架的结构和安装需求。

（2）接口阀体主动端与被动端的协调性设计

对接补加一体化装置气液接口模块的主要功能是在空间环境下完成在轨加注任务，在推进剂补加过程中气液接口模块需要完成对接、锁定、建立并保持密封状态、解锁、分离等动作。因此，在气液接口模块设计过程中，需要充分考虑气液接口模块主动端与被动端之间的协调性问题。

气液接口模块在具体设计过程中需要考虑以下方面的协调性设计：

1）对接密封过程协调性设计；

2）阀体相对位置误差补偿设计；

3）导向锥面角度协调性设计；

4）锁紧凹槽位置和深度的协调性设计；

5）密封面协调性设计；

6）阀芯顶杆长度协调性设计。

（3）阀体相对位置误差补偿设计

在轨加注接口和在轨加注服务接口通过安装支架分别安装在目标星和服务星上，考虑到加工和装配误差，接口对接面之间必然存在着角度和位置偏差。该偏差会造成在轨加注接口和在轨加注服务接口无法对正，从而造成无法对接、对接过程中密封圈损坏或密封面失效泄漏等故障，影响整个在轨加注任务的实施，因此，有必要通过一套自适应误差补偿机构实现误差补偿，图 8－24 为典型的位置误差补偿机构组件。

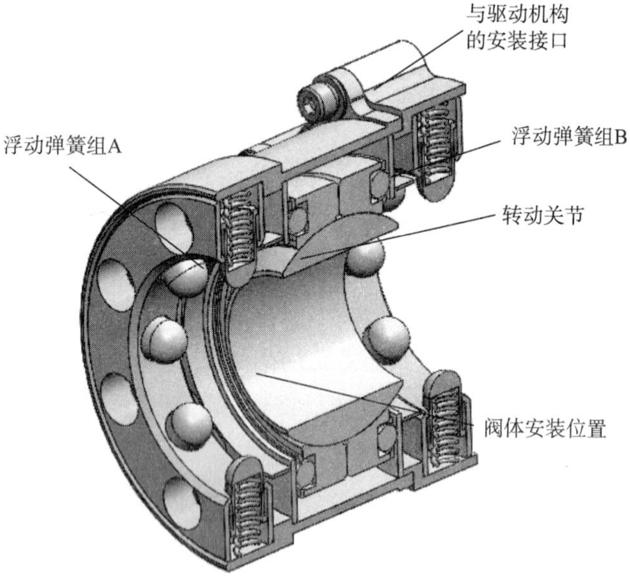

图 8-24　位置误差补偿机构组件

8.4.4.3　在轨加注接口装置

在轨加注接口装置被动端的主要功能是依据一定要求实现液体和气体回路的连接和断开，配合在轨加注接口装置主动端完成流体密封通道的通断及密封保持。

（1）在轨加注接口装置被动端

在轨加注接口装置被动端由导向锥面机构、防污盖板、安装端面和对接阀体被动端等部分组成。在轨加注任务前后，防污盖板处于关闭状态；在轨加注任务期间，防污盖板处于开启状态，露出对接阀体被动端，配合对接阀体主动端完成流体传输通道建立，如图 8-25 和图 8-26 所示。

（2）在轨加注接口装置主动端

在轨加注接口装置主动端，主要用于驱动在轨补加对接装置被动端完成对接分离、气液密封、通道保持等任务，如图 8-27 所示。

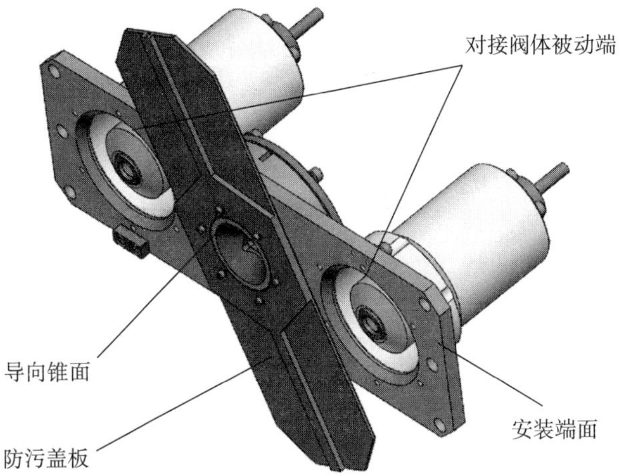

图 8-25 在轨加注接口装置被动端防污盖板开启状态

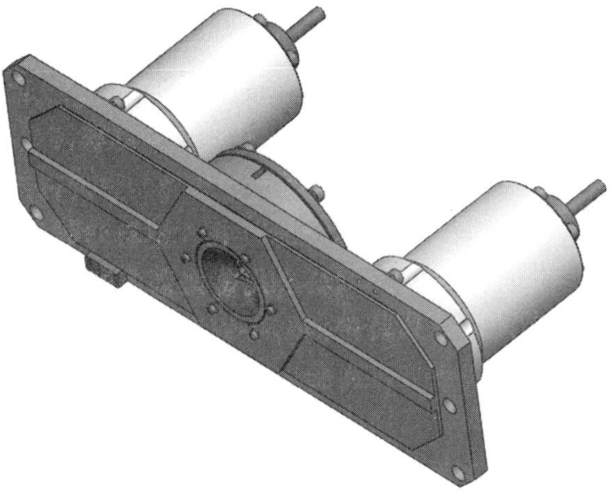

图 8-26 在轨加注接口装置被动端防污盖板关闭状态

服务接口装置应同时适用于对接机构对接和机械臂对接两种星体连接方式。装置须具备自动对中功能，且能够承受流体传输所产生的液体分离力。综合考虑在轨加注的任务需求和工作特点，在轨加注接口装置设计方案必须满足下列条件：

1）采取模块化设计、能够针对不同加注任务采取不同的配置方式，对接接口阀体和传动机构能够满足模块化和通用性要求。

2）具备污染物防护能力，污染物挡板能够进行沿顺时针方向和逆时针方向旋转，且能够准确控制挡板每次的停止位置。

3）传动及定位机构采取伺服方式，从而满足对接过程位置和载荷的高精度要求。

4）具备在紧急状态下快速分离的能力。

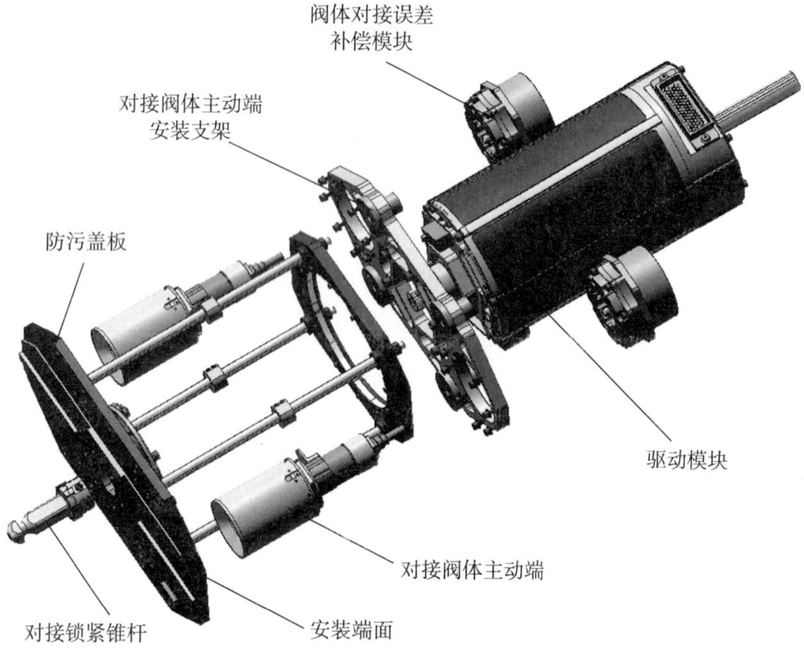

图 8－27　在轨加注接口装置主动端组成

在轨加注接口装置主动端采取模块化设计，产品各模块具有通用性，模块间机械接口及安装关系采取标准化设计，可灵活配置，后续可扩展至高压气体接口及电气接口对接。可同时适应对接机构驱动的服务接口对接模式和基于机械臂操作的服务接口对接等多种模式。在轨补加服务接口包括安装支架模块、对接导向主动端模块、阀体对接误差补偿模块、对接阀体主动端模块，各模块描述如下：

1）安装支架模块应具备能够将补加服务接口各活动部件压紧，满足产品在卫星发射入轨阶段的力学环境要求，同时安装支架模块应具备对空间环境的防护能力，为对接阀体主动端提供长期防护，防止对接阀体在恶劣空间环境下失效，并防止加注任务前后及卫星在轨期间各阶段多余物对密封副的污染和破坏。

2）对接导向主动端模块用于引导补加服务接口与标准化气液补加接口完成对接过程中的相对位置调整。对接导向主动端模块应能够与标准化气液补加接口配合，实现到位指示功能，完成对接导向后，补加服务接口能够向分系统提供到位信号。

3）对接阀体主动端模块应具备到位自动锁紧、电磁驱动解锁功能，同时配置对接密封组件，能够与对接阀体被动端建立完整可靠的密封副，同时主动端阀体自身应具备自密封功能，具备阀体分离后系统与空间环境间的长期隔离功能。

4）阀体对接误差补偿模块为纯机械机构，具备相对位置与相对角度的小范围被动式误差补偿功能，能够实现对接密封阀体密封副的柔顺对接分离，防止对接分离过程中密封面的卡死与损伤。

（3）在轨加注接口装置对接过程

在轨加注接口装置在加注任务过程中，通过 8 个动作实现双星间密封流体通道的建立与断开。图 8－28 中左侧为标准化气液补加接口，右侧为在轨加注接口装置主动端。

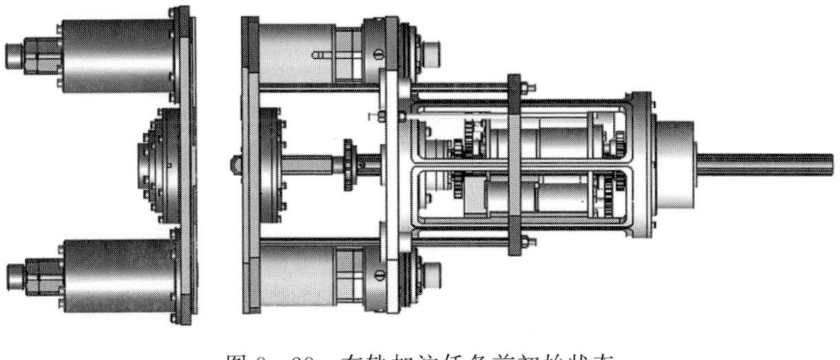

图 8－28　在轨加注任务前初始状态

在轨加注接口装置的标准工作流程如图 8－29 所示。

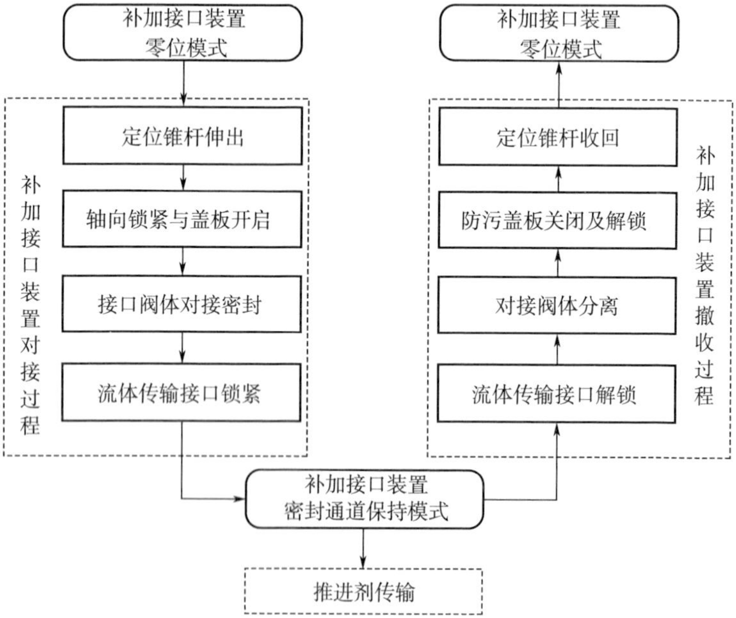

图 8－29　在轨加注接口装置的标准工作流程

①初始模式

初始状态下，主动端防污染物盖板处于关闭状态，在轨加注接口阀体主动端前端面与主动端防污染物盖板接触，实现在轨加注接口阀体主动端的轴向限位。由于在轨加注接口主动端与主动端轴向进给平台固连，因此主动端轴向进给平台被限制于初始位置。初始状态下，防污盖板关闭，对接锁紧锥杆收回。

②定位锥杆伸出

在传动箱驱动模块 A 作用下，滚珠丝杠锁定初始位置，使得滚珠丝杠无法转动；与此同时，滚珠丝杠螺母在驱动模块 B 作用下旋转。滚珠丝杠在滚珠丝杠螺母作用下轴向进给。轴向定位锥杆随滚珠丝杠沿轴向平移伸出，如图 8－30 所示。

定位锥杆伸出过程有两种工作模式：1）开环控制方式，控制线

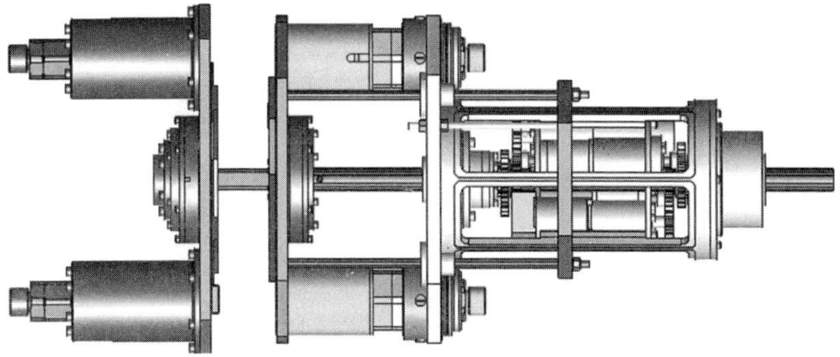

图 8 - 30　锥杆轴向伸出与对中

路直接向驱动电机给出正向转动圈数指令，电机驱动定位锥杆伸出一定距离后停止，并利用制动器锁死；2）闭环控制方式，控制线路只给出正向转动指令，定位锥杆前端微动开关触碰被动端轴向定位锁扣底部后向控制线路反馈到位信号，驱动电机停止转动，并利用制动器锁死。

开环控制方式适用于采取机械臂对接的星体连接方式，闭环控制方式适用于对接机构对接的星体连接方式。

③轴向锁紧与盖板开启

轴向定位锥杆的直杆部分采取花键形式，被动端防污染物盖板连接法兰中间孔也采取花键孔形式。当轴向定位锁头插入被动端轴向定位锁扣时，被动端防污染物盖板连接法兰与轴向定位锁头实现花键配合。

随后，滚珠丝杠在驱动电机作用下旋转，使得定位锥杆随滚珠丝杠旋转，实现轴向定位锥杆的锁死。主动端防污染物盖板在防污染物盖板离合器作用下旋转，实现主动端防污染物盖板的开启；被动端防污染物盖板在被动端防污染物盖板连接法兰中间花键孔的作用下旋转，实现被动端防污染物盖板的开启，如图 8 - 31 所示。

④接口阀体对接密封

轴向锁紧与盖板开启同时，主动端防污染物盖板和在轨加注接

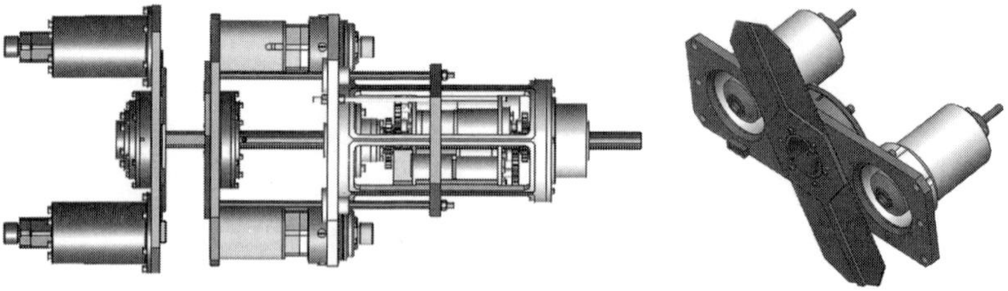

图 8 - 31　轴向锁紧与盖板开启

口主动端前端面轴向限位取消。在传动箱驱动模块 A 作用下，滚珠丝杠制动，滚珠丝杠此时功能为固定在轨加注主动端与被动端之间的直线运动导轨。

滚珠丝杠螺母在传动箱驱动模块 B 驱动下旋转，使得主动端轴向进给平台沿滚珠丝杠轴向进行轴向平移，带动在轨加注接口主动端平移。接口阀体主动端由主动端前面板伸出，其头部与接口阀体被动端头部接触，自动对中装置与偏差位置补偿装置开始工作，实现在轨加注接口主动端与被动端的对中。

在轨加注接口装置主动端与被动端完成对中后，在主动端轴向进给平台作用下继续向前推进，建立对接密封通道；继续插入过程中，在阀芯顶杆作用下，在轨加注接口两端的密封阀芯均被打开，形成快速通断接头流体通道，如图 8 - 32 所示。

对接过程中，接口阀体主动端尾部波纹管伸长。

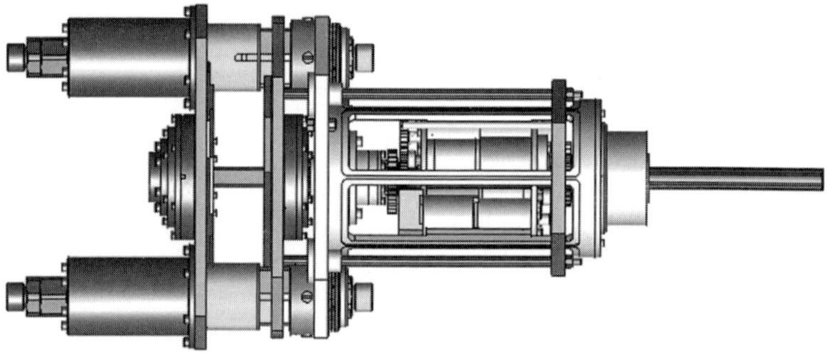

图 8 - 32　接口阀体对接密封

⑤流体传输接口锁紧

在轨加注接口装置主动端与被动端完成对中后，在轨加注接口主动端沿轴向移动，主动端锁紧装置电磁线圈通电，主动端锁紧装置电磁阀芯移动，主动端接口锁紧钢珠被压入被动端球槽内，在轨加注接口主动端与被动端实现锁紧。

⑥密封通道保持模式

在轨加注接口主动端与被动端完成锁紧之后，系统进入密封通道保持模式，如图 8－33 所示，在双星间建立长期稳定密封传输通道，流体管理模块开始进行推进剂加注，加注完成后进行管路吹除。

图 8－33　密封通道保持模式

⑦流体传输接口解锁

主动端锁紧装置电磁线圈通电，主动端锁紧装置电磁阀芯反向移动，主动端接口锁紧钢珠处于自由状态。在轨加注接口主动端反向平移，主动端接口锁紧钢珠在被动端球槽侧壁作用下挤出被动端球槽，在轨加注接口主动端和被动端解锁。

⑧对接阀体分离

随在轨加注接口主动端进一步反向平移，对接阀体断开，主动端和被动端单向阀工作，实现流体通道的各自密封。在轨加注接口主动端反向平移至在轨加注接口主动端尾部与主动端加注接口后面板接触，使主动端轴向进给平台处于轴向限位状态。

⑨防污盖板关闭及解锁

驱动电机驱动滚珠丝杠花键转动，主动端防污染物盖板在复位弹簧作用下，恢复至关闭状态。轴向定位锁头从被动端轴向定位锁扣中脱出，滚珠丝杠在传动箱作用下收回至初始位置，在轨加注接口装置主动端和被动端断开。

对补加接口装置需要开展各项性能测试，测试内容包括压力验证检测、漏率检测试验、驱动模块功能及性能试验、对接功能及性能测试、流体传输试验等。图 8 - 34 为北京控制工程研究所研制的在轨补加接口装置工程样机实物，并开展了相关性能测试。

（1）零位模式

（2）密封通道保持模式

图 8 - 34　在轨补加接口装置工程样机实物

在真空舱开展了热真空试验条件下的自密封及对接密封性能试验，试验在真空中完成，使用高低温真空检漏试验设备和在轨加注装置整机测试专用设备完成。在真空舱内，阀体内部气体压力在一定条件下，开展了鉴定级真空检漏试验，在试验温度范围进行了主动端与被动端的对接密封性能试验。

8.5　航天器在轨加注研究及试验

航天器推进系统在轨补给是一项非常复杂的任务，要确保该项任务的完成，必须在地面上通过演示试验对在轨补给的整个过程和关键技术进行验证。通过地面演示验证试验，对在轨补给加注程序的合理性、在轨加注相关技术的成熟度、应急措施的可行性等内容进行充分验证，并通过地面试验充分暴露在轨加注时可能出现的问题，并提出有效的应对措施。本节针对基于表面张力贮箱的双组元在轨加注方案设计了相应的地面演示方案，并对地面演示试验的内容和所设计的关键技术进行了详细论述。

8.5.1　真空环境下真实推进剂排气式加注过程试验

（1）地面演示系统介绍

制定真空环境下在轨加注的地面试验系统方案，研制用于真空罐环境下进行在轨加注试验的试验系统。根据排气式加注过程的演示试验要求，在真空罐内搭建简易的地面试验演示系统。该简易地面演示系统可以进行排气式加注方案的地面演示验证，以对该方案的可行性进行验证。该系统由加注贮箱、被加注贮箱、控制阀门、排气阀门、连接管路等组件构成，使用真实推进剂，利用氦气作为压缩气体，能够实现推进剂的加注、压缩气体排放、流量控制等功能。由于该系统仅为真空罐内的原理试验演示系统，不包含对接接口、控制装置和在线检测装置。

确定的排气式在轨加注过程地面演示系统原理图如图 8－35 所示。

（2）真空罐及试验环境监测系统

真空罐及试验环境监测系统如图 8－36 所示。

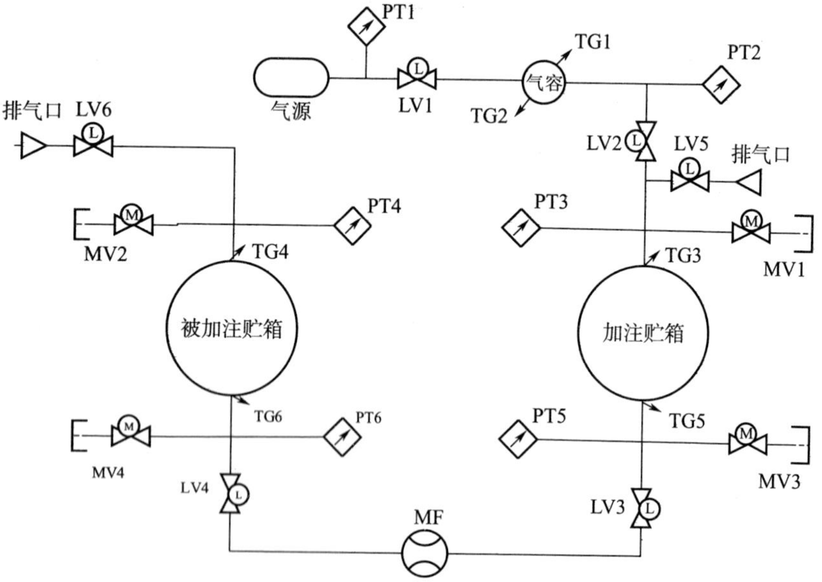

图 8-35　地面演示系统原理图

（3）地面演示目的

在模拟真空环境下进行排气式在轨加注试验，可进行在轨加注排气技术验证、加注流量实时动态测量技术验证、贮箱内推进剂剩余量测量技术验证、推进剂加注量控制技术验证、自主加注控制技术验证。具体目的包括：

1）验证真空环境下真实推进剂排气式加注过程试验方案的可行性；

2）模拟真空环境下的排气式加注过程，验证排气式在轨加注的加注流程，记录加注系统各部分的压力、流量及温度数据的变化情况，记录系统的工作特性；

3）验证真空环境下推进剂加注流量测量技术，用超声波流量计可进行加注过程推进剂的流量测量；

4）验证真空环境下加注贮箱与被加注贮箱内推进剂测量技术，验证适用于在轨加注的气体激励法测量推进剂剩余量的精度；

图 8 - 36　真空罐及试验环境监测系统

5）验证排气控制技术和策略，验证排气时间、频率、排气时机与推进剂加注量之间的关系，以及加注量控制技术；

6）验证气体排放口排出混合气体能力和效果；

7）在真空环境下，利用真实推进剂进行排气式加注试验，验证其数据采集和控制系统的数据处理能力。

8.5.2　地面真空环境试验方案

卫星推进剂在轨加注技术地面试验验证是在地面搭建排气式在轨加注的试验系统，开展真空环境下的试验研究。在完成在轨加注的地面试验系统研制后，在真空罐内搭建缩比在轨加注的地面试验系统，利用真实推进剂，开展真空环境下的试验研究。验证真空环境下的排气加注方法，同时验证在轨加注流量测量装置及加注量测量装置的工作性能，也可验证仿真结果可靠性。

图 8-37 为排气式在轨加注地面试验系统方案，整个试验系统的组成为：

1）真空罐及其试验环境监测系统；

2）在轨加注试验验证系统；

3）控制系统；

4）测量系统；

5）温控系统。

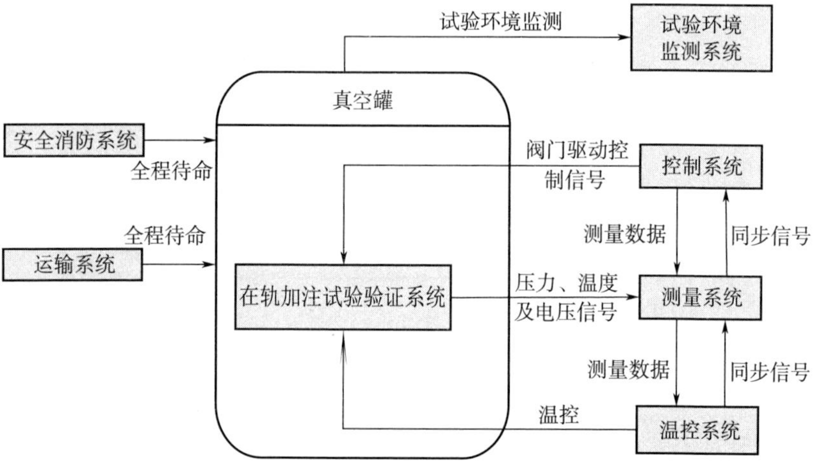

图 8-37　排气式在轨加注地面试验系统方案

8.5.3　地面真空试验结果及分析

根据上述试验流程，在搭建的地面系统上进行试验，按照不同试验内容，得到无水肼测量质量、流量计测量流量和加注贮箱与被加注贮箱内压力、温度等参数。

（1）气体激励法对加注贮箱进行质量测量

气体注入法计算模型为

$$V_{l}=\frac{\dfrac{P_{pi}}{T_{pi}Z_{pi}}-\dfrac{P_{pf}}{T_{pf}Z_{pf}}}{\dfrac{P_{ui}-P_{si}}{T_{ui}Z_{ui}}-\dfrac{P_{uf}-P_{sf}}{T_{uf}Z_{uf}}}\cdot V_{p}+V_{t}$$

式中，V 是体积，P 是压力，T 是温度，Z 是氦气压缩因子（一个简单的拟合公式为 $Z=1+1.9572205\times P\times T-1.062213$，其中 P 单位是 MPa，T 单位是 K），下标 p 是气容，下标 i 是初态，下标 f 是末态，下标 u 是贮箱内气体，下标 s 是推进剂蒸气，下标 l 是推进剂，下标 t 是贮箱。

气体激励法测量共进行了 3 次，计算结果见表 8－4。从表中可以看出，对于推进剂的测量精度达到 0.5%。

表 8－4　试验前推进剂质量计算结果

序号	加注贮箱内推进剂质量/kg	计算误差/%
1	9.97	－0.14
2	10.1	0.48
3	10.09	0.43
平均	10.05	0.26

注：计算误差是计算值与真实值的偏差相对于贮箱总容量的百分比。

（2）被加注贮箱泄压与两贮箱恒压加注试验

图 8－38 和图 8－39 分别是加注贮箱和被加注贮箱内的压力变化情况。从图看出，液路阀门打开后，加注贮箱开始向被加注贮箱加

注，当被加注贮箱压力到达 1.26 MPa 时，排气装置自动打开，被加注贮箱泄压，当被加注贮箱内压力降到 1.14 MPa 时排气装置关闭，压力上升，由此验证了被加注贮箱的泄压能力良好。

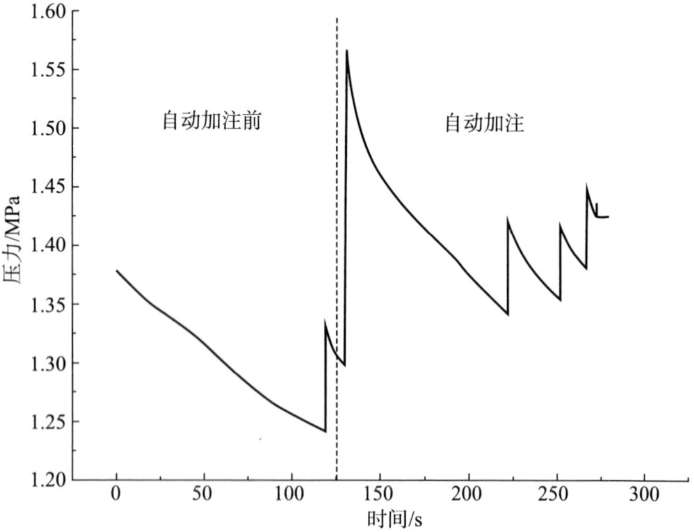

图 8－38　加注贮箱内的压力变化情况

110 s 后手动对加注贮箱加压到 1.55 MPa，130 s 开始给加注贮箱加气。从图 8－38 和图 8－39 可以看出，两贮箱基本保证恒定压差范围变化，由此验证了两贮箱恒压加注的可行性。

图 8－40 和图 8－41 分别为加注贮箱与被加注贮箱内气体温度变化情况。由图可以看出，加注过程中，当加注贮箱内不加压，同时打开液路自锁阀时，加注贮箱内压力明显下降，温度也明显下降；被加注贮箱内温度上升不明显，是由于被加注贮箱加压到 1.26 MPa 时开始泄压造成的。当加注贮箱内加压时，加注贮箱温度明显上升，被加注贮箱泄压时，被加注贮箱温度明显下降，但温度变化不大，并且由于贮箱热容较大，测量的是贮箱壁温，因此温度变化滞后。

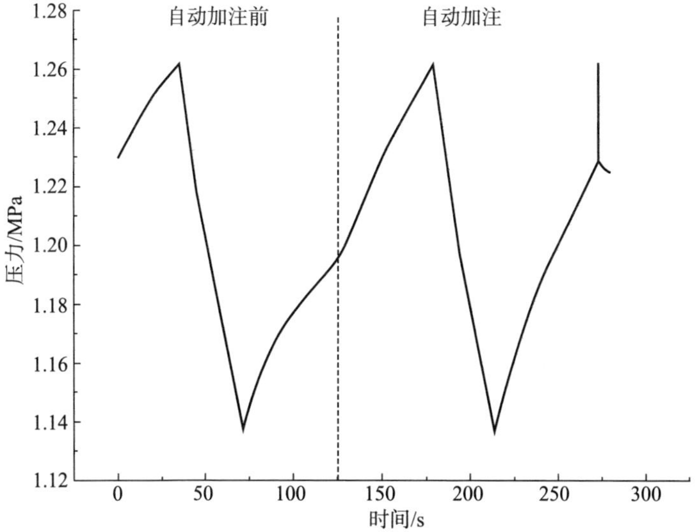

图8-39 被加注贮箱内的压力变化情况

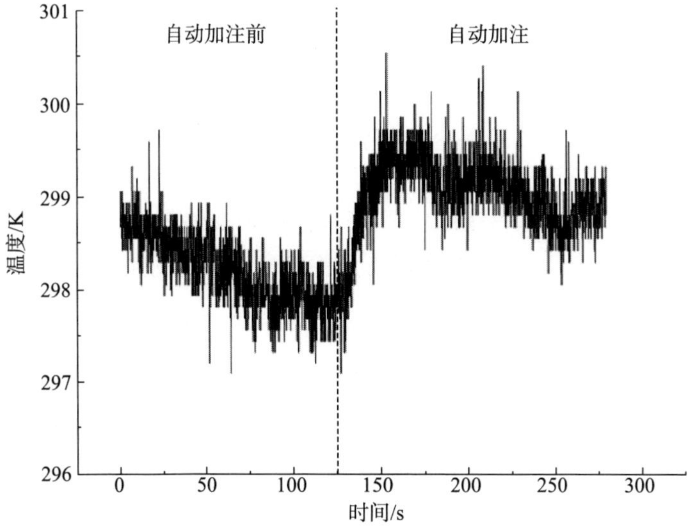

图8-40 加注贮箱内温度变化情况

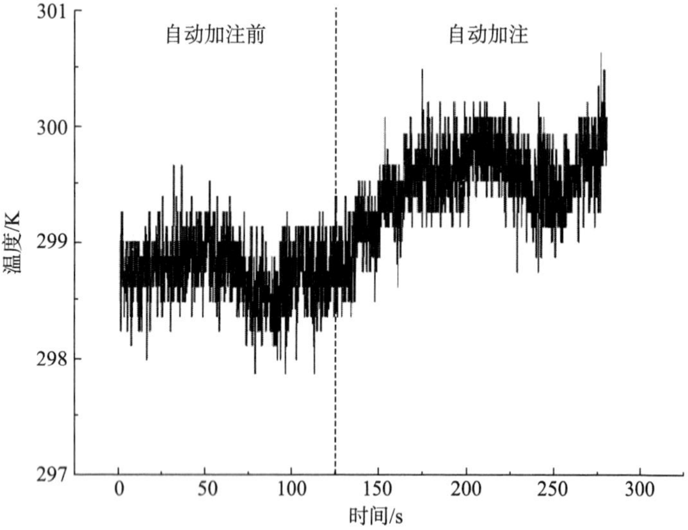

图 8-41　被加注贮箱内温度变化情况

(3) 加注末期气体激励法对加注贮箱进行质量测量

气体激励试验在氧箱和燃箱分别进行了 3 次，最后进行试验称重，测量结果见表 8-5。

表 8-5　试验后推进剂质量计算结果

序号	加注贮箱内推进剂质量/kg	计算误差/%
1	1.275	0.12
2	1.33	0.38
3	1.347	0.46
平均	1.317	0.32

注:计算误差是计算值与真实值的偏差相对于贮箱总容量的百分比。

8.5.4　对接补加装置全物理仿真试验验证

试验系统主要包括两方面的试验内容：1）对接机构对接试验，实现对合作目标对接机构被动端的可靠连接和稳定控制，验证强机动补加星交会对接控制技术、对接机构性能；2）补加接口密封通道建立试验，在对接机构可靠连接的基础上，实现补加接口的连通。地面缩合试验系统如图 8－42 所示。

（a）补加星对接端面

（b）目标星对接端面

（c）全物理仿真试验系统

图 8－42　地面综合试验系统

在轨补加接口装置主动端和被动端完成各项验证试验，并与通用分布式对接锁紧机构联合完成了对接加注过程的全物理仿真试验，试验结果表明，在轨补加接口装置和通用分布式对接锁紧机构具有良好的协调性，能够满足未来双星间对接固连与在轨加注任务要求。

8.5.5 在轨加注系统配置及试验流程

8.5.5.1 适用于落压推进系统的在轨加注系统

配置表面张力贮箱，并采取落压工作的卫星推进系统，主要面向高轨大型长寿命卫星平台，定点后采取落压工作模式。相应补加子系统设计同样适用于采取落压工作模式的单组元推进系统。

该补加子系统设计适用于倍压式、排气式、循环泵式补加。

在原有推进系统的基础上，需增加在轨加注接口装置被动端和相应的阀门，形成补加子系统。根据功能可划分为 6 个模块，分别是氧化剂加注气路管理模块、氧化剂加注液路管理模块、燃料加注气路管理模块、燃料加注液路管理模块、氧化剂补加接口模块、燃料补加接口模块，目标星推进及补加系统配置方案如图 8-43 所示。

氧、燃气路管理模块分别连接至氧、燃贮箱气口（减压器/单向阀下游）；氧、燃液路管理模块分别连接至氧、燃贮箱液口的主管路上游。

补加任务过程中通过自锁阀 LV8、LV9、LV12、LV13 的通断实现对系统中的流路进行控制。

常闭电爆阀 PV20～PV23、PV28～PV31 用于将补加子系统与推进分系统主管路隔离，起爆后才将补加流路管理模块与原有推进系统连通。

低压常开电爆阀 PV24～PV27 主要用于自锁阀的备份，当系统内自锁阀 LV8～LV13 出现泄漏故障时，通过起爆常开电爆阀实现故障流路的切断。

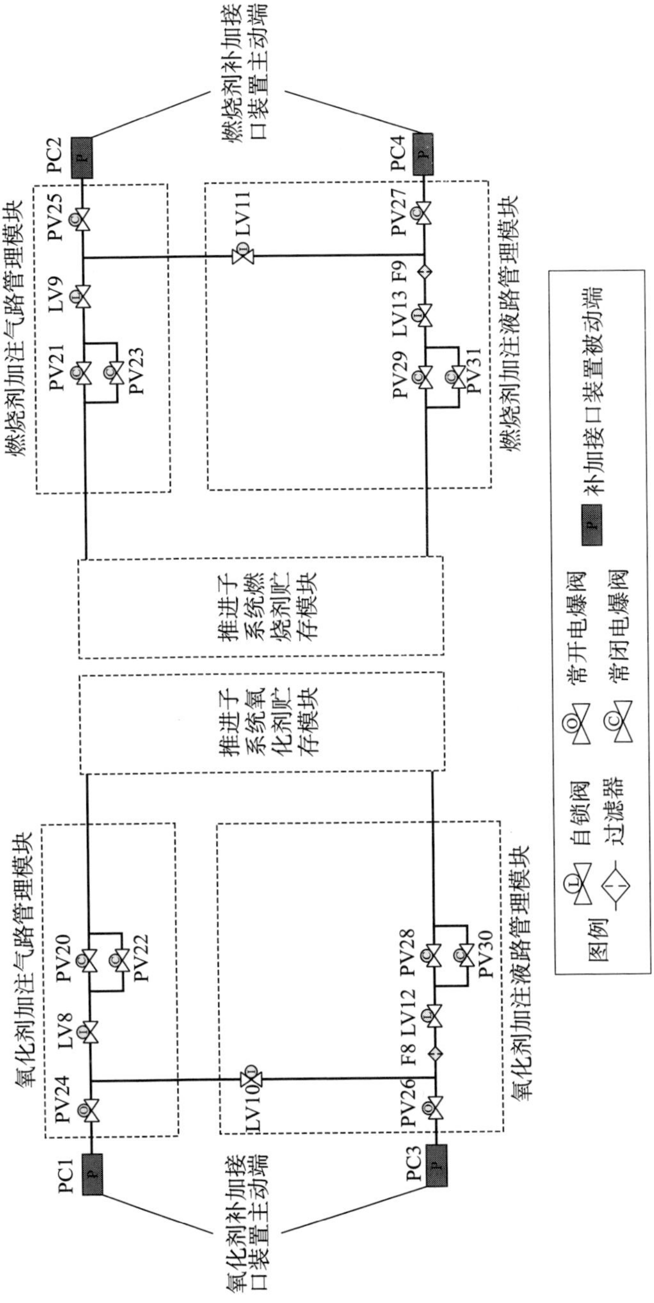

图 8－43　补加子系统方案

8.5.5.2 适用于恒压式推进系统的在轨加注系统

（1）在轨加注系统适用范围

采用恒压工作模式的双组元卫星，全寿命期间不切断高压气路。典型应用为遥感卫星平台。该类型卫星变轨时机不定，因此不能在入轨初期完成切断气路的操作；要求贮箱重复装填率高，同时需要补充增压气体。

补加子系统设计适用于倍压式、排气式、循环泵式补加，同时可用于增加气体补加。

（2）目标星在轨加注系统配置

补加子系统包括在轨加注接口装置和补加流路管理模块两部分（见图 8-44）。在轨加注接口装置和主系统之间通过补加流路管理模块连接。补加流路管理模块能够满足贯通式及排气式补加技术要求，同时兼容倍压式补加方案。补加流路管理模块由电爆阀、自锁阀和过滤器构成，用于实现服务星补加系统与其之间的流路通断控制，并能够配合服务星补加系统实现密封检漏、排气、吹除等功能。

补加流路管理模块由三部分构成，分别是：高压气路补加模块、氧化剂补加模块、燃料补加模块。

高压气路补加模块由 1 个高压补加接口 HPC1、1 个高压自锁阀 LV23 和一组高压常闭电爆阀 PV33 和 PV34 构成。发射状态及在轨正常工作状态下，主推进系统和补加模块间通过电爆阀隔绝。首次进行推进剂补给时，首先通过 HPC1 在服务星气路补加模块间建立流体通道，随后服务星气路补加模块对新建立的流体通道进行检漏，满足漏率指标要求后，起爆 PV33、PV34，开始进行高压气路补给，补给完成后关闭自锁阀 LV19。再次进行推进剂补给时，通过自锁阀 LV19 控制流体通道通断。

氧化剂补加模块和燃料补加模块组成完成一致，均由 2 个气液补加接口、1 个高压自锁阀、3 个低压大流量自锁阀和 2 组低压常闭电爆阀构成。发射状态及在轨正常工作状态下，主推进系统和

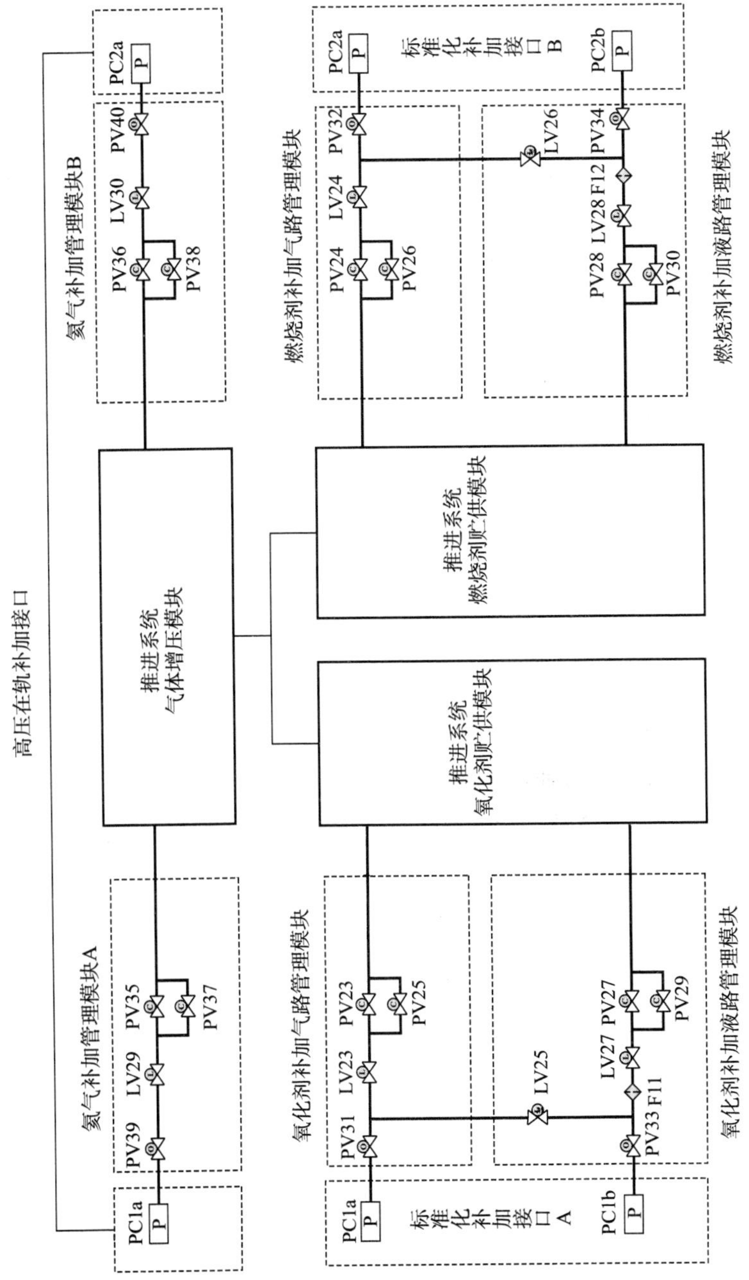

图 8-44　补加子系统原理图

补加模块间通过电爆阀隔绝。首次进行推进剂补给时，先通过气液补加接口分别在服务星推进剂补加模块及燃料补加模块间建立流体通道，随后服务星补加模块对新建立的流体通道分别进行检漏，满足漏率指标要求后，起爆相应电爆阀，开始进行推进剂补给，补给完成后通过电爆阀与气液补加接口间的自锁阀断开流体通道。气液补加接口间的低压大流量自锁阀在检漏和排气过程中开启，用于流路控制。再次进行推进剂补给时，通过自锁阀控制流体通道通断。

（3）服务星在轨加注系统配置

服务星应满足对目标星的对接及补加要求。服务星推进及补加分系统依然可分为六个模块：气体增压模块、推进剂贮存模块、推进剂控制模块、发动机和推力器模块、气液补加控制模块、推进及热控线路模块。

8.5.5.3 推进剂在轨加注工作过程

服务星与目标星完成对接与固连后首先完成补加接口密封检测，如果气液补加接口检测结果满足漏率指标要求，则按照正常补加模式开展推进剂在轨补加任务；如果漏率指标不满足要求，则继续判断接口泄漏模式，若仅气路接口泄漏，则进入预排气式加注模式 1，进入故障模式 1 下的补加流程；若仅液路接口泄漏，则进入预排气式加注模式 2，进入故障模式 2 下的补加流程；若气液路接口均发生泄漏，则终止加注任务。

补加过程中需要对系统状态进行监控，正常补加模式中出现故障需要对故障模式进一步判断，如果循环泵出现故障，则转入排气式加注模式；如果发生系统泄漏，则根据泄漏位置，分别转入预排气式加注模式；如果气液路接口均发生泄漏，则加注任务终止，关闭所有阀门，进行吹除后断开目标星与服务星间的流体传输通道。

正常补加模式或排气式加注模式下完成加注任务后进行正向吹除，预排气式加注模式完成加注任务后进行反向吹除，吹除完成后断开流体通道。

（1）在轨加注接口装置对接

服务星与目标星完成对接与固连后，气液补加服务接口驱动装置工作，将气液补加服务接口沿轴向推出，在误差补偿机构的作用下，完成与气液接口的对接。气液补加服务接口轴向移动至设计位置时，触发位置开关，驱动装置停止工作。电机抱闸断电锁死，气液补加服务接口电磁锁紧机构锁死。

（2）接口密封检测

开启服务星自锁阀和目标星自锁阀，在气液补加服务接口密封面两侧管路内形成密封腔体。开启服务星自锁阀，气路模块工作，完成密封腔体内充气；通过保压法对接口密封性进行检测。

（3）密封检测后排气

接口密封性检测完成后，开启服务星自锁阀和目标星自锁阀，由于外部环境为真空，可将管路内气体完全排空。排空完成后关闭服务星自锁阀和目标星自锁阀，做好在轨补加准备。

（4）循环泵式正向补加

密封检测通过后进入循环泵式补加环节，首先开启服务星自锁阀和目标星自锁阀，确保服务星贮箱和目标星贮箱气口连接，短时间静置后，服务星贮箱和目标星贮箱间实现压力平衡。随后开启正向补加支路自锁阀和目标星自锁阀，连通服务贮箱和目标贮箱间液路，循环加注泵开始工作，实现流体由服务星贮箱向目标星贮箱的转移。

（5）循环泵式反向补加

密封检测通过后进入循环泵式补加环节，首先开启服务星反向自锁阀和目标星反向自锁阀，确保服务星贮箱和目标星贮箱气口连接，短时间静置后，服务星贮箱和目标星贮箱间实现压力平衡。随后开启反向补加支路自锁阀和目标星自锁阀，连通服务贮箱和目标贮箱间液路，循环加注泵开始工作，实现流体由目标星贮箱向服务星贮箱的转移。

（6）补加过程中的加注量控制

通过服务星贮箱下游的流量计测量服务星各贮箱中的推进剂流出量，通过目标星贮箱下游的流量计测量目标星各贮箱中的推进剂流入量，若贮箱间的加注量出现偏差，则通过各自贮箱上下游自锁阀进行调节，实现在轨补加过程中的平衡加注。

（7）补加过程中状态监控

补加过程中通过压力传感器、流量计、温度传感器实现对补加过程的监控，监控内容包括：

1）系统是否发生泄漏，若发生泄漏，通过进一步判断转入相应的故障模式；

2）循环泵是否发生故障，故障后转入相应故障模式；

3）加注量测量，通过流量计累计获得加注量测量值，达到目标值时，关闭补加模块气液路所有自锁阀，并转入吹除模式；

4）补加完成后通过 PVT 法和热容法进行剩余量测量，与流量计测量数据对比，获得总加注量。

（8）正向吹除

补加完成后，为了防止气液接口断开时管路内残余液体流出，需要对管路内残余液体进行吹除处理。打开服务星自锁阀和目标星自锁阀，通过服务星气路模块进行脉冲式吹气，将管路内气液混合物吹至收集容器，在容器中完成气液分离，贮存液体的同时将气体排出。

（9）补加完成后接口分离

补加完成后，补加服务接口驱动装置工作，气液补加服务接口沿轴向退回，气液接口分离，完成补加。

8.5.5.4 在轨加注技术在轨试验验证

2016 年 6 月，北京控制工程研究所与国防科技大学合作通过 CZ－7 火箭搭载的天源一号卫星成功完成了“在轨加注试验系统”的各项在轨验证项目。按照预定计划完成了四轮贯通循环式在轨加注试验，试验图像资料和数据于 2016 年 6 月 26 日顺利下传，本次搭载试验取得圆满成功。该试验卫星验证了板式贮箱间的推进剂传输过程，验证了板式贮箱、超声波流量计、循环加注泵等新研关键单机，同时验证了补加过程的流路控制和过程监控技术。

通过对补加过程图像资料和数据的分析表明，在轨加注系统在轨工作正常，按照预定计划完成了四轮试验，采用贯通式加注方法通过循环加注泵共完成了约 15 L 推进剂模拟液的传输，加注贮箱和被加注贮箱均完成了 10 次重复补加。试验结果表明，板式表面张力贮箱能够在空间环境下实现气液分离，具备可重复补加能力，贯通式在轨加注方法可以应用于卫星的在轨加注，如图 8 - 45 所示。

图 8 - 45 板式贮箱实现对推进剂在轨有效管理

参考文献

[1] W H Tam, W D Lay, M S Hersh, et al. Design, Development, Qualification, and Manufacture of the HS 601 Propellant Tank [A]. AIAA96-2748.

[2] W H Tam, D E Jaekle Jr. Design and Manufacture of the HS 601 Block Ⅱ Propellant Tank Assembly [A]. AIAA98-3199.

[3] W H Tam, M D Drey, D E Jaekle Jr. Design and Manufacture of an Oxidizer Tank Assembly [A]. AIAA2001-3825.

[4] Paul S Griffin, Ian A Ballinger, D E Jaekle Jr. Design and Manufacture of a Lightweight Fuel Tank Assembly [A]. AIAA2003-4606.

[5] Michael J, Debreceni, T K Kuo, D E Jaekle Jr. Development of a Composite Wrapped Propellant Tank [A]. AIAA2004-3505.

[6] Walter H Tam, D E Jaekle Jr. Design and Manufacture of an Oxidizer Tank with a Surface Tension PMD [A]. AIAA2005-3734.

[7] M J Debreceni, W D Lay, T K Kuo, D E Jaekle Jr. Propellant Tank for an Advanced Communications Satellite [A]. AIAA2001-3826.

[8] M J Debreceni, D E Jaekle Jr. Design and Development of the AXAF-IPS PMD and PMD Integration [A]. AIAA97-2812.

[9] M J Debreceni, W D Lay, T K Kuo, D E Jaekle Jr. Design and Development of a Communications Satellite Propellant Tank [A]. AIAA96-2749.

[10] E Ducret, R Arnaud, R Rigolet. Design and Development of the EUROSTAR 2000+Propellant Tank [A]. AIAA96-3289.

[11] Gaston Netter, Ulrich Renner, Michael Dreyer. Design and Verification of a Standard Surface Tension Propellant Tank [A]. AIAA99-2178.

[12] Walter H Tam, D E Jaekle Jr. Design and Manufacture of a Propellant Tank Assembly [A]. AIAA97-2813.

[13] M J Debreceni, W D Lay, J M Newell, D E Jaekle Jr. Design and Development of a Communications Satellite Propellant Tank [A]. AIAA95 - 2529.

[14] Walter H Tam, D E Jaekle Jr. Design and Manufacture of a Propellant Tank Assembly [A] . AIAA2000 - 3444.

[15] Walter H Tam, D E Jaekle Jr. Design and Manufacture of an Ultra - lightweight Propellant Management Device [A] . AIAA2002 - 4137.

[16] D E Jaekle Jr. Propellant Management Device Conceptual Design and Analysis: Vanes [A] . AIAA91 - 2172.

[17] D E Jaekle Jr. Propellant Management Device Conceptual Design and Analysis: Sponges [A] . AIAA93 - 1970.

[18] D E Jaekle Jr. Propellant Management Device Conceptual Design and Analysis: Traps and Troughs [A] . AIAA95 - 2531.

[19] D E Jaekle Jr. Propellant Management Device Conceptual Design and Analysis: Gallery [A] . AIAA97 - 2811.

[20] J Tegart, N T Wright. Double perforated plate as a capillary barrier. AIAA - 83 - 1379.

[21] M K Reagan, W J Bowman. Analytical and experimental modeling of zero/low gravity fluid behavior. AIAA87 - 1865.

[22] M K Reagan, W J Bowman. Transient studies of G - induced capillary flow [J] . Journal of Thermophysics and Heat Transfer. v13, n4, 1999. p537 - 543.

[23] M Strange, G Wolk, M Dreyer, et al. Drop Tower Tests on Capillary Flow in Open Vanes under Lateral Acceleration. AIAA2000 - 3443.

[24] De Lazzer, Armin Stange, Michael Dreyer, et al. Influence of lateral acceleration on capillary interfaces between parallel plates [J]. Microgravity Science and Technology. v14, n4, 2003, p3 - 20.

[25] Steven H Collicott. Convergence behavior of Surface Evolver applied to a generic propellant - management device [J] . Journal of Propulsion and Power. v17, n4, July/August 2001, p845 - 851.

[26] Weislogel M M. Capillary flow in interior corners: The infinite column [J]. Physics of Fluids. v13, n11, November 2001, p3101 - 3107.

[27] Chen Y, Weislogel M M, Nardin C L. Capillary - driven flows along rounded interior corners [J] . Journal of Fluid Mechanics, Vol. 566, 2006, p235 - 271.

[28] E Ducret, L Le Moullec, B Spencer, P Balaam. Propellant Management Device Studies Computational Methods and Neutral Buoyancy Tests [A]. AIAA92 - 3611.

[29] S Dominick, J Tegart. Orbital Test Results of a Vaned Liquid Acquisition Device [A] . AIAA94 - 3027.

[30] David J, Timothy A. Vented Tank Resupply Experiment - Flight Test Results [A] . AIAA97 - 2815.

[31] George C. Marshall Space Flight Center, NASA's Microgravity Science Research Program 1996 ANNUAL REPORT, Marshall Space Flight Center, Alabama 35812, NASA TM - 108536 National Aeronautics and Space Administration.

[32] George C. Marshall Space Flight Center, NASA's Microgravity Science Research Program 1997 ANNUAL REPORT, Marshall Space Flight Center, Alabama 35812, NASA/TM - 1998 - 208418 National Aeronautics and Space Administration.

[33] George C. Marshall Space Flight Center, NASA's Microgravity Science Research Program 1998 ANNUAL REPORT, Marshall Space Flight Center, Alabama 35812, NASA/TM - 1999 - 209757 National Aeronautics and Space Administration.

[34] George C. Marshall Space Flight Center, NASA's Microgravity Science Research Program 1999 ANNUAL REPORT, Marshall Space Flight Center, Alabama 35812, NASA/TM - 210615, National Aeronautics and Space Administration.

[35] George C. Marshall Space Flight Center, NASA PHYSICAL SCIENCE DIVISION 2000 ANNUAL REPORT, Marshall Space Flight Center, Alabama 35812, National Aeronautics and Space Administration.

[36] George C. Marshall Space Flight Center, NASA PHYSICAL SCIENCE DIVISION 2001 - 2002 ANNUAL REPORT, Marshall Space Flight Center, Alabama 35812, National Aeronautics and Space Administration.

[37] George C. Marshall Space Flight Center, NASA PHYSICAL SCIENCE DIVISION 2003 ANNUAL REPORT, Marshall Space Flight Center, Alabama 35812, National Aeronautics and Space Administration.

[38] Thomas J Sutliff. Lewis Research Center, Requirements and Development of an Acceleration Measurement System for International Space Station Microgravity Science Payloads, NASA Technical Memorandum 107484, 1997.

[39] Microgravity Research Program Office, NASA Reduced - Gravity Carriers For Experiment Operations, Marshall Space Flight Center, National Aeronautics and Space Administration.

[40] M Heppener. A WORLD WITHOUT GRAVITY, chapter5 The future of microgravity ressarch. ESA, SP - 1251.

[41] G Seibent. A WORLD WITHOUT GRAVITY, chapter4 The Growth of microgravity ressarch - from skylab to international space station. ESA, SP - 1251.

[42] G Seibent, A WORLD WITHOUT GRAVITY, chapter3 From basic research to commercial application. ESA, SP - 1251.

[43] J M Garcia - Ruiz, J. Drenth , M. Ries - Kardieu. A WORLD WITHOUT GRAVITY, chapter2. 3 Physical sciences and application. ESA, SP - 1251.

[44] B Fitton, G Seibert . A WORLD WITHOUT GRAVITY, chapterl Introduction. ESA, SP - 1251.

[45] K Kirsch, H C Gunga. A WORLD WITHOUT GRAVITY, chapter 2 Aspects of current microgravity ressarch. ESA, SP - 1251.

[46] J Krige, A Russo, L Sebesta. A History of the European Space Agency (1958 - 1987) [C] . SP - 1235, April 2000.

[47] Directorate of Manned Spaceflight and Microgravity Direction des Vols Habités et de la Microgravity, Columbus: Europe's Laboratory on the international space station, R. N. Eberhardt, et al. Orbital Fluid Management [J] . AIAA85 - 1234.

[48] Leon J Hastings, et al. The Marshall Space Flight Center Cryogenic Fluid Management Program [J] . AIAA93 - 4224.

[49] S Dominick, et al. Fluid Acquisition and Resupply Experiment (FARE I)

Flight Results [J] . AIAA93 - 2424.

[50] S Dominick, et al. Orbital Test Results of a Vaned Liquid Acquisition Device [J] . AIAA94 - 3027.

[51] N Dipprey, et al. Orbital Express Propellant Resupply Servicing [J]. AIAA2003 - 4898.

[52] A S Johnston, et al. Orbital Fluid Transfer System [J] . AIAA98 - 5233.

[53] O S Jones, et al. Conceptual Design of the Subscale Orbital Fluid Transfer Experiment (SOFTE) [J] . AIAA90 - 2378.

[54] G Schmidt, et al. Cryogenic Fluid Management Program at MSFC [J]. AIAA90 - 3711.

[55] Peter Kittel, Orbital Resupply of Liquid Helium. AIAA85 - 0959.

[56] S Dominick, et al. Fluid Dynamics and Thermodynamics of a Low Gravity Liquid Tank Filling Method. AIAA90 - 0509.

[57] Gaston Netter, et al. Design of a new Refillable Reservoir for a Standard Sueface Tension Tank [J] . AIAA2000 - 3446.

[58] M H Blatt, et al. Capillary Device Refilling [J] . AIAA80 - 1095.

[59] M J Debreceni, et al. Design and Development of a Communications Satellite Propellant Tank [J] . AIAA96 - 2749.

[60] M J Debreceni, et al. Propellant Tank for an Advanced Communications Satellite [J] . AIAA2001 - 3826.

[61] 达道安，等. 空间低温技术 [M] . 北京：宇航出版社，1991.

[62] 张天平，等，空间系统应用压力容器的未来需求和技术发展研究 [J] . 2003.

[63] Stager, Michael A. Mobile Servicing System (MSS) to User (Generic) Interface Control Document—Part 1. International Space Station Program, SSP 42004, Rev. E, Pt. 1, NASA Johnson Space Center, May 22, 1997.

[64] Stager, Michael A. Mobile Servicing System to User (Generic) Interface Control Document— Part 2. International Space Station Program, SSP 42004, Rev. A, Pt. 2, NASA Johnson Space Center, May 22, 1997.

[65] Stager, Michael A. Space Station Manned Base to Mobile Servicing System Interface Control Document— Part 2. International Space Station

Program. SSP 42003, Rev. A, Pt. 2, NASA Johnson Space Center, May 22, 1997.

[66] Anon. International Space Station Catalogue of IVA Government Furnished Equipment Flight Crew Equipment. JSC 28533, NASA Johnson Space Center, May 2000.

[67] Anon. International Space Station Flight Crew Integration Standard. Space Station Office, SSP 50005, Rev. B, (NASA - STD 3000/T), NASA Johnson Space Center, Nov. 1998.

[68] Anon. International Space Station User's Guide, Release 2. 0. International Space Station Program, updated April 27, 2000.

[69] Anon. Joint Crew Provisioning Catalog. International Space Station Program, SSP 50477, NASA Johnson Space Center, Feb. 2000.

[70] Lang W. Reflextions on the future of microsystems [J] . Sensor and Actuators A, 1999, 72 (1): 1 - 15.

[71] 王立鼎，刘冲．微机电系统科学与技术发展趋势［J］．大连理工大学学报，2000，40（5）：505－508.

[72] 罗先武，张瑶，彭俊奇，等．叶轮进口几何参数对离心泵空化性能的影响［J］．清华大学学报（自然科学版），2008，48（5）：836－839.

[73] 罗先武，许洪元，刘树红．叶片倾斜对微型泵水力性能的影响［J］．清华大学学报，2005，45：704－707.

[74] S Liu, M Nishi, K Yoshida, Impeller geometry suitable for mini turbo - pump, Trans. of ASME [J] . J. Fluids Engineering, 2001, Vol. 123, 500 - 506.

[75] 胡敏，周兆英，等．微型单杆螺旋泵［J］．机械设计与研究，1997（4）：29－30.

[76] 李明海，等．航天器热控系统中的热泵-蓄冷组合方案［J］．宇航学报，2002，V23（2）：1－5.

[77] P A Watterson, J C Woodard, V S Ramsden, J A Reizes. Ventr - assist hydrodynamically suspended, open, centrifugal blood pump [J]. Artificial Organs, 24 (2000), pp475 - 477.

[78] K Watanabe, S Ichikawa, T Asai, T Motomura, A Hata, S Ito, T Shinohara, S Tsujimura, J A Glueck, D J Oestmann and

Yukihiko. Nosé. Centrifugal blood pump with a hydraulically - levitated impeller for a permanently implantable biventricular assist device [J]. Artificial Organs, 28 (2004), pp556 - 563.

[79] Tsutahara M, Kimura T. An application of the Weis - Fogh mechanism to ship propulsion [J] . J. Fluids Eng, 1987, 109 (2): 107 - 113.

[80] 杨帆 . 微小型泵内部流动的 LBM 模拟与试验研究 [D] . 北京: 清华大学, 2005.

[81] Yang F, Liu S H, Tang X L, et al. Numerical study on transverse - axis viscous pump and hydropulser mechanism [J] . International Journal of nonlinear sciences and numerical simulation, 2006, 7 (3): 263 - 268.

[82] Odell G M, Kovasznay L S G. A new type of water channel with density stratification [J] . J. Fluid Mech, 1971, 50 (3): 535 - 543.

[83] Liang W J, Liou J A. Flow around a rotating cylinder near a plane boundary [J] . J. Chinese Institute Eng, 1995, 18 (11): 35 - 49.

[84] Hello M, Coutanceau M. Cellular Stokes flow induced by rotation of a cylinder in a closed channel [J] . J. Fluid Mech, 1992, 236: 557 - 577.

[85] Kang C S, Jun C H. Steady flow induced by a rotating cylinder in a rectangular tank [J] . Proc. First Triennial International Symposium on Fluid Control and Measurement, 1986, 657 - 662.

[86] Kovalenko V M, Bychkov N M, Kisel G A, et al. Flow over rotating and nonrotating circular cylinders situated over a flat plate [J] . Part I: Flow over rotating cylinders. Fluid Mechanics, Soviet Research, 1985, 14: 52 - 69.

[87] Sen M, Wajerski D, and Gad - el - Hak M. A novel pump for MEMS applications [J] . J. Fluids Eng. , 1996, 118: 624 - 627.

[88] 李金伟 . 微小型粘性泵的内部流动基础研究 [D] . 北京: 清华大学, 2005.

[89] Yandong Gao, Teck Neng Wong, Chun Yang, et a1. Two - fluid electroosmotic flow in microchannels [J] Journal of Colloid and Interface Science, V01. 284, Issue 1, 2005: 306 · 314.

[90] Shuhuai Yao and Juan G Santiago. Porous glass electroosmotic pumps: theory [J] . Journal of Colloid and Interface Science, Volume 268, Issue1, 2003: 133 - 142.

[91] Ok Chan Jeong, Sang Sik Yang, Fabrication and test of a thermopneumatic micropump with a corrugated diaphragm [J] . Sensors and Actuatom, A, 83 (2000), PP. 249. 255.

[92] Van de P FCM, Van Lintel HTG, Elwenspoek M. A thermo - pneumatic micropump based on micro engineering techniques [J] . Sensors and Actuators, 1990, A21 - 23: 198 - 202.

[93] Bernard W, Kahn H. Thin - film shape memory alloy actuated micropumps [J], Journal of Microelectro - mechanical Systems. Vol 7, pp. 245 - 251, 1998.

[94] J A Walker, K J Gabriel, M Mehregany. Thin - film Processing of TiNi Shape Memory Alloy [J] . Sensors and Actuators, A21 - A23, PP. 243 - 246, 1990.

[95] E Makino, T Mitsuya, T Nakatsuji, T Shibata. Patterning and bonding of TiNi shape memory thin film for fabrication of micropump [J], Symposium on Design, Test and Microfabrication of MEMS/MOEMS, SPIE, Paris, France, PP. 1030 - 1037, 1999.

[96] Xu D, Wang L, et a1. Characteristics and fabrication of NiTi/Si diaphragm micropump [J] . Sensors and Actuators. Vol 93, 87 - 92.

[97] Private conversation vitll Dr. Valery V Martiynov, Institute of Metal Physics, National Academy of Sciences [C] . Kiev, Ukraine, August 18, 1994.

[98] T Bourouina, A Bosseboeuf, J P Grandchamp, Design and simulation of an electrostatic micropump for drug delivery applications [C]. Micromech. Microeng. 7, 186 - 188, 1997.

[99] Stanley D, Cook S, Connolly J, et al. NASA's exploration systems architecture study [R] . NASA TM - 2005 - 214062, 2005.

[100] Chato D J. Cryogenic technology development for exploration missions [R]. AIAA2007 - 0953, NASA/ TM - 2007 - 214824, 2007.

[101] 李鹏，孙培杰，包铁颖，等．低温推进剂长期在轨储存技术研究概述 [J]．载人航天，2012，18 (1)：30 - 35.

[102] Hastings L J, Hedayat A, Brown T M. Analytical modeling and test correlation of variable density multilayer insulation for cryogenic storage

[R] . NASA/ TM - 2004 - 213175，M - 1109，2004.
[103] Plachta D. Results of an advanced development zero boil - off cryogenic propellant storage test [R] . AIAA2004 - 3837，2004.
[104] Mustafi S，Francis J，Li Xiaoyi，et al. Long - term cryogenic propellant storage for the titan orbiter polar surveyor (TOPS) mission [R] . GSFC - E - DAA - TN24554，2015.
[105] 吴胜宝，申麟，董晓琳，等 . 低温推进剂在轨贮存与管理系统方案研究 [J] . 载人航天，2017，23 (3)：365 - 368.
[106] 胡伟峰，申麟，等 . 低温推进剂长时间在轨的蒸发量控制技术进展 [J]. 导弹与航天运载技术，2009 (6)：28 - 34.
[107] Motil L T，Susan M M. NASA's Cryogenic Fluid Management Technology Project [J] . AIAA2008 - 7622，2008.
[108] Jonathan R Stephens，Wesley L Johnson. Cryogenic Fluid Management Technology Development Roadmaps. NASA Pathways Beyond Low Earth Orbit In - Space Chemical Propulsion Technical Interchange Meeting (TIM) . 4 - 6 April，2017.
[109] S M Motil，M L Meyer，S P Tucker. Cryogenic Fluid management technologies for advanced green propulsion systems. Technical Report TM - 2007- 214810，NASA，2007.
[110] C B Muratov，V V Osipov，V N Smelyanskiy. Issues of Long - Term Cryogenic Propellant Storage in Microgravity. Technical Report TM - 2011 - 215988，NASA，2011.
[111] Drake B G，Hoffman S J，Beaty D W. Human exploration of Mars，design reference architecture 5. 0 [R] . JSC - CN - 21290，2010.
[112] Les Johnson. In - Space Propulsion and Power For Human Space Flight [C] . Briefing to the National Research Council Committee on Human Spaceflight. March 27，2013.
[113] Bonnie M Birckenstaedt，Josh Hopkins，Bernard F Kutter，et al. Lunar Lander Configurations Incorporating Accessibility，Mobility，and Centaur Cryogenic Propulsion Experience [J] . AIAA2006.
[114] 张辰威，张博明 . 复合材料贮箱在航天飞行器低温推进系统上的应用与关键技术 [J] . 航空学报，2014，35 (10)：2747 - 2753.

[115] Shannon White, Mike Aller, Tim Franta, et al. Integrated Insulation System for Automotive Cryogenic Storage Tanks [C]. DOE Annual Merit Review, June 9, 2017.

[116] 庄方方，吴胜宝，闫指江，等．低温贮箱连接支撑结构优化设计 [J]．载人航天，2016，22 (2)：161－163.

[117] G M Reynolds, Vassar R H, Parmley R T, Read D, Reeve W, et al. Payload and Spacecraft Technology for GP－B [J]. Advances in Space Research, 2000, 25 (6): 1193－1197.

[118] Martin Sippel, Alexander Kopp. Progress on Advanced Cryo－Tanks Structural Design Achieved in CHATT－Project. 2016.

[119] Phil S, Steve C. Refinements in the design of the Ares V cargo launch vehicle for NASA's exploration strategy [C] //44th AIAA/ ASME/ SAE/ ASEE Joint Propulsion Conference & Exhibit, 20008: 21－23.

[120] Mital S K, Gyekenyesi J Z, Arnold S M, et al. Review of current state of the art and key design issues with potential solutions for liquid hydrogen cryogenic storage tank structures for aircraft applications [R]. NASA/ TM－2006－214346, E－15621, 2006.

[121] 闫指江，吴胜宝，赵一博，等．应用于低温推进剂在轨贮存的组合绝热材料综述 [J]．载人航天，2016，22 (3)：295.

[122] 王基祥．国外航天运载器液氢箱绝热系统 [J]．低温工程，1993，73 (3)：1－6.

[123] Fesmire J E, Augustynowicz S D. Cryogenic thermal insulation systems [C] //16th Thermal and Fluids Analysis Workshop, 2005.

[124] Harris C E, Starnes J H, Shuart M J. Design and manufacturing of aerospace composite structures, state－of－the－art assessment [J]. Journal of Aircraft, 2002, 39 (4): 545－560.

[125] Kaushik M, John C, Kevin R, et al. An integrated systematic approach to linerless composite tank development [C] //46th AIAA/ ASME/ ASCE/ AHS/ ASC Structures, Structural Dynamics & Material Conference, 2005: 2089.

[126] Steitz D E. NASA tests game changing composite cryogenic fuel tank [EB/OL]. 2017－11－30.

[127] Mark D. Klem, Timothy D. Smith. Propulsion and Cryogenics Advanced Development (PCAD) Project Propulsion Technologies for the Lunar Lander. February 12, 2008.

[128] Monica C Guzik, Thomas M Tomsik. An Active Broad Area Cooling Model of A Cryogenic Propellant Tank with A Single Stage Reverse Turbo - Brayton Cycle Cryocooler. TFAWS 2011, August 15 - 19, 2011.

[129] Michael P Doherty, Michael L Meyer, Susan M Motil, et al. Cryogenic Propellant Storage and Transfer (CPST) Technology Maturation: Establishing a Foundation for a Technology Demonstration Mission (TDM), Space 2013 Conference, San Diego California. September 11, 2013.

[130] 果琳丽，王平，梁鲁，等．载人月面着陆及起飞技术初步研究 [J]．航天返回与遥感，2013，34 (4)：13.

[131] 王莹，厉彦忠，陈鹏玮．空间燃料贮箱变密度多层绝热结构传热性能研究 [J]．低温工程，2015 (5)：58 - 63.

[132] Michael D, Kirk A, Bernard K. Design and development of an in - space deployable sun shield for the atlas centaur [R]. AIAA2008 - 7764, 2008.

[133] Jonathan A G, Bernard F K. Frank Z, et al. Realistic Near - Term Propellant Depots: Implementation of a Critical Spacefaring Capability [J]. AIAA2009 - 6756, 2009.

[134] Plachta D W, Christie R J, Jurns J M, et al. Passive ZBO Storage of Liquid Hydrogen and Liquid Oxygen Applied to Space Science Mission Concepts [J]. Cryogenics, 2006, 46: 89 - 97.

[135] Frank D, Roth E, Olson J, et al. Development of a Cryocooler to Provide Zero Boil - Off of a Cryogenic Propellant Tank [J]. International Cryocooler Conference, 2007, 583 - 588.

[136] Canavan E, Boyle R, Mustafi S. Active Costorage of Cryogenic Propellants for Exploration [J]. AIP Conf. Proc., 2008, 733 - 740.

[137] Christie R J, Plachta D W, Guzik M C. Integration of a reverse turbo - brayton cryocooler with a broad area cooling shield and a heat pipe radiator [C]. Daytona Beach: Presented at Thermal & Fluids Analysis Workshop, 2013.

[138] 张少华，张晓屿，等．低温推进剂贮箱大面积冷屏热分析及成本优化[J]．低温工程，2017 (01)：1－5.

[139] Johnson W L, Kelly A O, Fesmire J E. Thermal degradation of multilayer insulation due to the presence of penetrations [C]. Anchorage: Presented at the Cryogenic Engineering Conference, 2013.

[140] 张少华，曹岭，刘海飞，等．NASA 低温推进剂长期在轨贮存与传输技术验证及启示[J]．导弹与航天运载技术．2017 (03)：49－53.

[141] Plachta D W. Hybrid thermal control testing of a cryogenic propellant tank [J]. Advances in cryogenic engineering, 2000, 45: 465－472.

[142] 胡伟峰，申麟，彭小波，等．低温推进剂长时间在轨的蒸发量控制关键技术分析[J]．低温工程，2011 (3)：59－66.

[143] Lusby B S, Miranda B M, Collins J A. Cryogenic propellant feed system analytical tool development [R]. AIAA2011－5684, 2011.

[144] 陈国邦，张鹏．低温绝热与传热技术[M]．北京：科学出版社，2004.

[145] Hastings L J, Tucker S P, Flachbart R H, et al. Marshall space flight center in－space cryogenic fluid management program overview [R]. AIAA2005－3561, 2005.

[146] Jeswin Joseph, Gagan Agrawal, Deepak Kumar Agarwal, et al. Effect of insulation thickness on pressure evolution and thermal stratification in a cryogenic tank [J]. Applied Thermal Engineering 111 (2017) 1629－1639.

[147] 刘展，厉彦忠，王磊．低温推进剂热分层研究[J]．宇航学报，2015, 36 (6)：613－621.

[148] 刘展，孙培杰，李鹏．微重力下低温液氧贮箱热分层研究[J]．低温工程，2016 (1)：26－31.

[149] Hedayat A, Bailey J W, Hastings L J, Flachbart R H. Test Data Analysis of A Spray Bar Zero－Gravity Liquid Hydrogen Vent System For Upper Stages [J]. AIP Conf. Proc., 2003.

[150] Jason W. Hartwig. A Detailed Historical Review of Propellant Management Devices for Low Gravity Propellant Acquisition [J]. AIAA. 2017.

[151] 胡伟峰，申麟，杨建民，等．低温推进剂长时间在轨的蒸发量控制技术进展[J]．导弹与航天运载技术，2009, 289 (6)：28－34.

[152] Allan Y L. Preliminary Design of the Guidance, Navigation, and Control

System of the Altair Lunar [C]. AIAAGuidance, Navigation, and Control Conference, AIAA, 2010: 1 - 61.

[153] Hastings L J, Plachta D W, Salerno L, et al. An overview of NASA efforts on zero boil off storage of cryogenics propellants [J]. Cryogenics, 2002, 41: 833 - 839.

[154] Plachta D W, Christie R J, Feller J R, et al. Cryogenic boil - off reduction system testing [C] //50th AIAA/ ASME/ SAE/ ASEE Joint Propulsion Conference, Cleveland, OH, 2014: 3579.

[155] 王博杰，耑锐，张亮，等．低温推进剂在轨零蒸发贮存研究进展 [J]．载人航天，2017，23 (2)：236 - 243.

[156] Haberbusch M S, Stochl R J, Culler A J. Thermally optimized zero boil - off densified cryogen storage system for space [J]. Cryogenics, 2004, 44 (6): 485 - 491.

[157] Doherty M P, Meyer M L, Motil S M, et al. Cryogenic Propellant Storage and Transfer (CPST) technology maturation: establishing a foundation for a technology demonstration mission (TDM) [C]. San Diego: AIAA SPACE 2013 Conference and Exposition, 2013.

[158] Liggett M W. Space - Based LH_2 Propellant Storage System: Subscale Ground Testing Results [J]. Cryogenics, 1993, 33 (4): 438 - 442.

[159] 张周卫，厉彦忠，等．空间低温冷屏蔽系统及表面温度分布研究 [J]．西安交通大学学报，2009，43 (8)：116 - 124.

[160] Christie R J, Tomsik T M, Elchert J P, et al. Broad area cooler concepts for cryogenic propellant tanks [C] // Thermal & Fluids Analysis Workshop, Hampton, VA, 2011: 23.

[161] R J Christie, T M Tomsik, J P Elchert, M C Guzik. Broad Area Cooler Concepts for Cryogenic Propellant Tanks. 2011.

[162] 朱洪来，孙沂昆，张阿莉，等．低温推进剂在轨贮存与管理技术研究 [J]．载人航天，2015，21 (1)：14 - 17.

[163] W Chen and A L Niblick. A highly reliable cryogenic mixing pump with no mechanical moving parts [C]. 2017 IOP Conf. Ser.: Mater. Sci. Eng. 278 012001.

[164] 刘展，厉彦忠，王磊，等．低温推进剂长期在轨压力管理技术研究进展

[J]．宇航学报，2014（3）：254－261.

[165] 郑建朋，崔晨，陈六彪，等．低温推进剂贮箱绝热性能实验研究［J］．真空与低温，2016，22（1）：26－29.

[166] Xiaodai X，Sixian W，Chen C，et al. Thermal performance study for hybrid SOFI and MLI system used in space［C］//American Institute of Physics Conference Series. 2014，1573：716－719.

[167] Kontogiannis G，Rudman T，and Shepard W. Fluid management and propulsion experience from Titan IV/Centaur flights（TC－12 and TC－13）．AIAA1996－2747，1996.

[168] Doherty M，Joseph G，Salerno L，et al. Cryogenic fluid management technology for moon and mars missions［R］．NASA/ TM－2010－216070，AIAA2009－6532，2009.

[169] VanOverbeke T J，Thermodynamic Vent System Test in a Low Earth Orbit Simulation［C］，NASA/TM－2004－213193（2004）.

[170] Jurns J M. Clogging of Joule－Thomson Devices in Liquid Hydrogen－Lunar Lander Descent Stage Operating Regime［C］．Cryogenic Engineering Conference and International Cryogenic Materials Conference（2009）.

[171] Michael G Conley. A New Space Enterprise［M］．2010.

[172] Dacid J C. Flight Development for Cryogenic Fluid Management in Support of Exploration Missions［J］．AIAA－2006－0940.

[173] Meyer M L，Chato D J，et al.，Mastering Cryogenic Propellants［J］，J. Aerosp. Eng. Vol. 26，No. 2，April 1，2013，pp. 343－351.

[174] Wollen M A，Gravlee M，and Johnson W L. CRYOTE（Cryogenic Orbital Testbed）Goals，Progress，and Potential［C］．Presented at the 57th JANNAF Propulsion Meeting，May 2010.

[175] Wesley L Johnson，Noah O Rhys，David E Bradley，et al. Cryogenic Orbital Testbed（CRYOTE）Ground Test Article Final Report. October 2015.

[176] Sakla S，Kutter B，and Wall J. Centaur Test Bed（CTB）for Cryogenic Fluid Management，NASA/CR－2006－214410，AIAA－2006－4603，2006.

[177] Chato D J. Experimentation for the Maturation of Deep Space Cryogenic Refueling Technologies, NASA/TP-2008-214929, 2008.

[178] Jonathan Stephens, Jim Martin, James Smith, et al. Cryogenic Orbital Test Bed 3 (CRYOTE3) Overview and Status. October 2015.

[179] George C. Marshall Space Flight Center. Evolvable Cryogenics Project (eCryo). NASA facts. FS-2016-09-108-MSFC.

[180] NASA Marshall Space Flight Center. Evolvable Cryogenics (eCryo) Project Technology Workshop with Industry - Welcome and Introductions// Engineering Development Unit (EDU) Workshop. November 18-19, 2014.

[181] Jonathan R. Stephens. Cryogenic Propellant Tank Sub-Surface Pressurization with Bang-Bang Control//eCryo Industry Workshop. July 11th and 12th, 2016.

[182] 段传辉，陈荔莹，GEO卫星全电推进技术研究及启示［J］. 航天器工程，2013，22（3）：99-103.

[183] 黄良甫. 电推进系统发展概况与趋势［J］. 真空与低温，2005，11（1）：1-9.

[184] 边炳秀，魏延明. 电推进系统在静止轨道卫星平台上应用的关键技术［J］. 空间控制技术与应用，2008，34（1）：20-24.

[185] 周志成，王敏，李烽. 我国通信卫星电推进技术的工程应用［J］. 国际太空，2013（6）：40-45.

[186] 李永，潘海林，李永，赵春章，魏延明. 大容量表面张力贮箱流阻特性的计算分析［J］. 空间控制技术与应用，2008，34：23-29.

[187] 李永，潘海林，魏延明，赵春章. 板式贮箱内部流动的定常和非定常数值模拟［J］. 宇航学报，2007，28：115-119.

[188] G Noci, G Matticari. Advanced fluidic components for Electric and Cold Gas Propulsion applications review of status of achievements at TAS-I Florence. IEPC-2007-155.

[189] G Matticari. Cold Gas Micro Propulsion Prototype for very fine spacecraft attitude/position control [C]. 42nd AIAA/ASME/SAE/ASEE Joint Propulsion Conference & Exhibit 9-12 July 2006, Sacramento, California. AIAA2006-4872.

[190] G Noci, G Matticari. Cold Gas Micro Propulsion System for Scientific

Satellites fine pointing: Review of Development and Qualification activities at Thales Alenia Space Italia [C] . 45th AIAA/ASME/SAE/ASEE Joint Propulsion Conference & Exhibit 2 - 5 August 2009, Denver, Colorado. AIAA2009 - 5127.

[191] DANIEL B DEBRA. Propulsion Requirements for Drag - Free Satellites [J] . J. Spacecraft. Vol. 8, No. 4.

[192] Brian St. Rock. Propulsion Requirements for Drag - Free Operation of Spacecraft in Low Earth Orbit [J] . JOURNAL OF SPACECRAFT AND ROCKETS, Vol. 43, No. 3, May - June 2006.

[193] Paul Marchetti, John J Blandino. Electric Propulsion and Controller Design for Drag - Free Spacecraft Operation [J] . JOURNAL OF SPACECRAFT AND ROCKETS, Vol. 45, No. 6, November - December 2008.

[194] 朱朋．微推进器点火桥阵列制作及性能研究 [D] ．南京：南京理工大学，2007.

[195] 庄保堂，李永，潘海林，等．微重力环境下导流叶片流体传输速度的试验研究 [J] ．空间控制技术与应用，2012，38 (6)：1 - 5.

[196] 庄保堂，李永，潘海林，等．微重力环境下蓄液器流体蓄留特性的试验研究 [J] ．空间控制技术与应用，2014，40 (1)：27 - 30.

[197] 马相孚．低温流体空化特性数值研究 [D] ．哈尔滨：哈尔滨工业大学，2013.

[198] Zhuang Baotang, Li Yong, Pan Hailin, et al. Experiment Investigation on Fluid Storage Characteristic and Transportation Performance of Propellant Refillable Reservoir in Microgravity Environment [J] . Applied Mechanics and Materials, 2013, 309.

[199] Schappel D T, Scarduffa E, Smith P, Solvay N, Advances in Marotta Electric Propulsion and Small Satellite Propulsion Fluid Control Activities [C] . 41st AAIA/ASME/SAE/ASEE JPC, Tucson, Arizona, July 2005, paper AIAA2005 - 4055.

[200] Nicolini D, Chesta E, et al. , Thrust Characterization of the Cryosat Cold Gas Propulsion System [C] . 40th AAIA/ASME/SAE/ASEE JPC, Fort Lauderdale, Florida, July 2004, paper AIAA2004 - 4150.

[201] Rock B S, Blandino J, Demetriou. Application of Micronewton Thruster

for Control of Multispacecraft Formation in Earth Orbit [C] . 40th AAIA/ASME/SAE/ASEE JPC, Fort Lauderdale, Florida, July 2004, paper AIAA2004 - 3811.

[202] Smith P, Edward S, Solway N. Cryosat Cold Gas System and Component Development [C] . 40th AAIA/ASME/SAE/ASEE JPC, Fort Lauderdale, Florida, July 2004, paper AIAA2004 - 3859.

[203] Solvay N, McLellan R, Smith P. Micronewton Proportional Thruster Test Results [C] . 41st AAIA/ASME/SAE/ASEE JPC, Tucson, Arizona, July 2005, paper AIAA2005 - 4053.

[204] Stone W C. Fast Variable - Amplitude Cold Gas Thruster [C], Journal of Spacecraft and Rockets, Vol. 32, No. 2, March - April 1995.

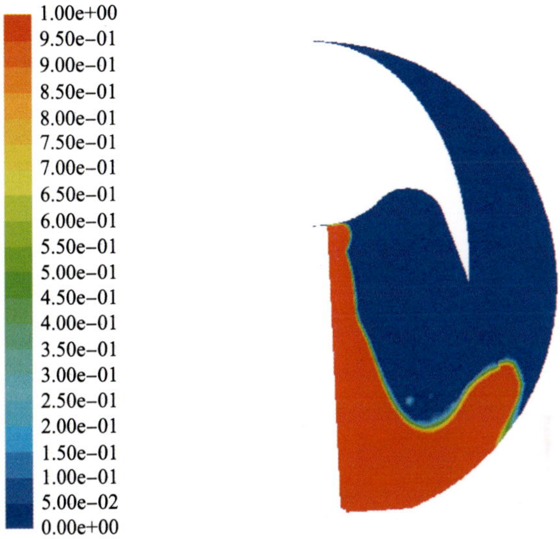

图 2-9　两相三维分布图（P62）

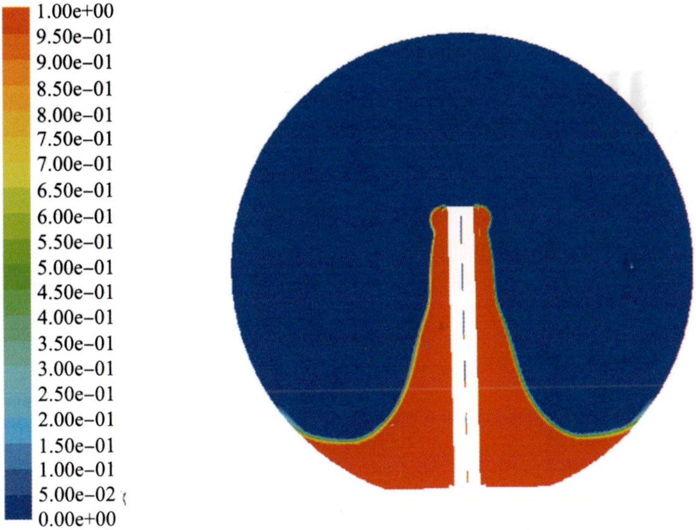

图 2-10　中间界面的两相分布图（P63）

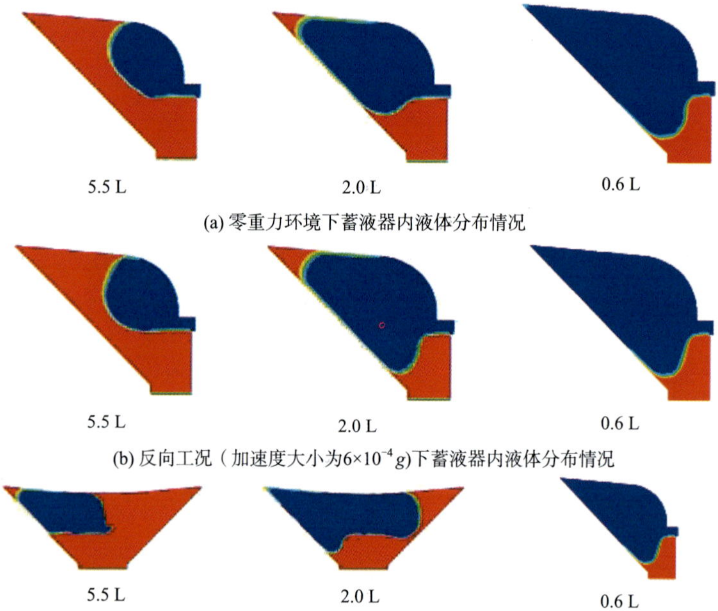

(a) 零重力环境下蓄液器内液体分布情况

(b) 反向工况（加速度大小为$6\times10^{-4}g$)下蓄液器内液体分布情况

(c) 南北位置保持工况（加速度大小为$7.5\times10^{-4}g$)下蓄液器内液体分布情况

图 3-41　蓄液器内不同液体容积时液体分布情况（P119）

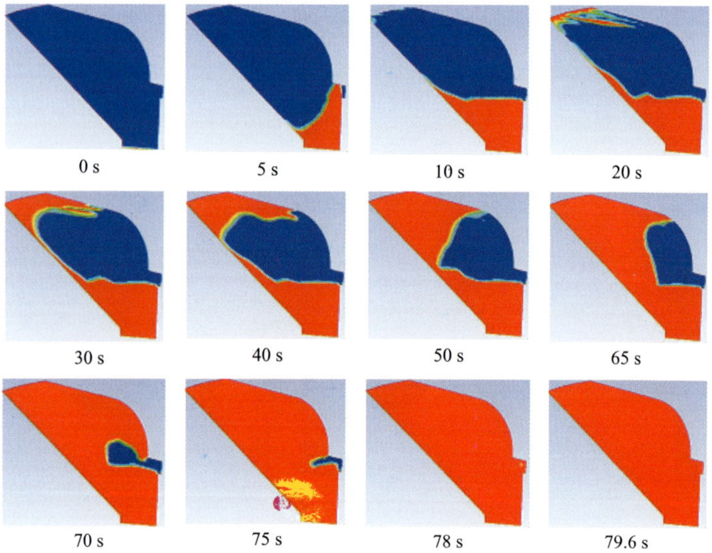

图 3-42　零重力环境下蓄液器内液体蓄液过程（P120）

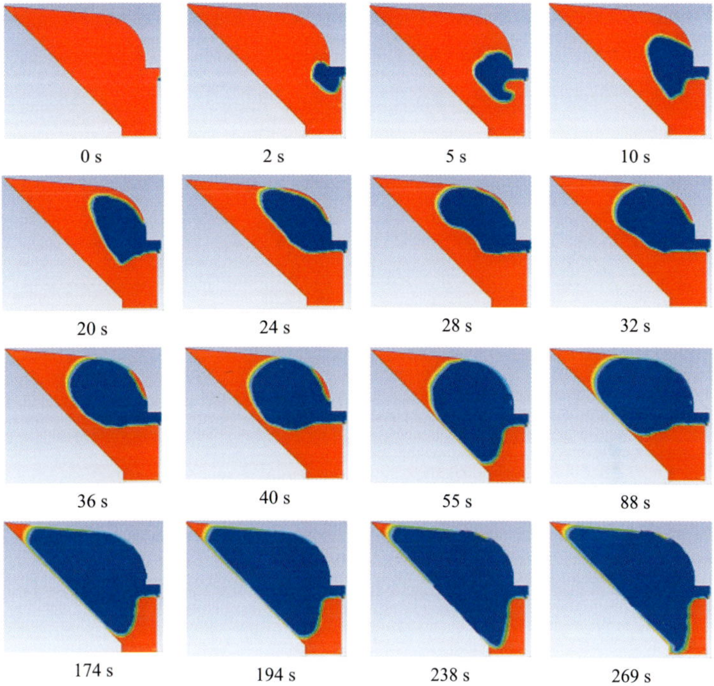

图 3－43　微重力环境下蓄液器内液体排出过程（P121）

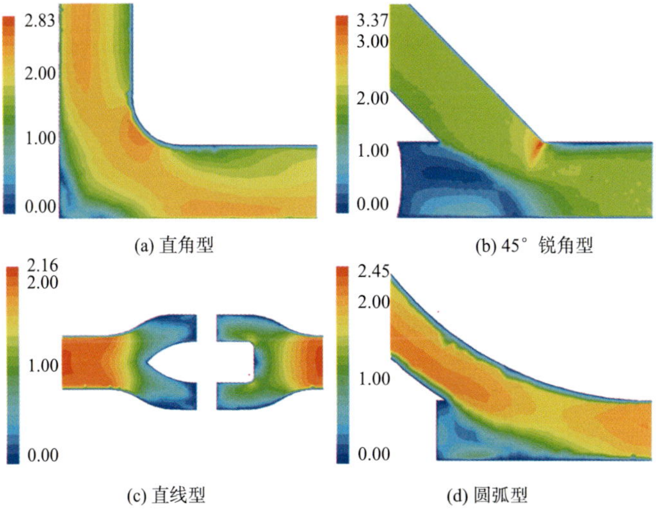

图 4－21　管路流场仿真（P194）

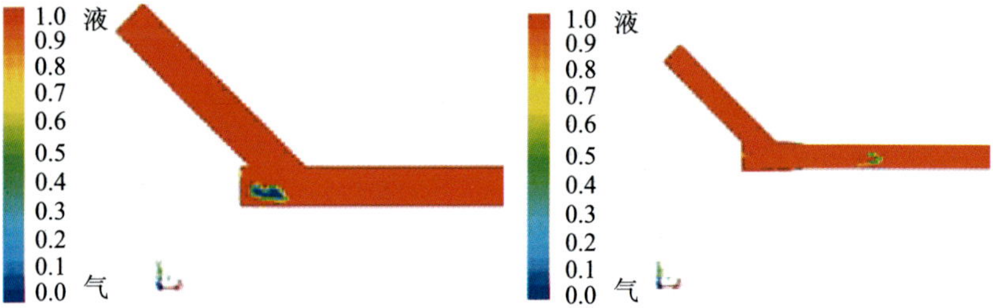

(a) 优化前气液分布 (b) 优化后气液分布

图 4 - 22 管路气泡驱离仿真（P194）

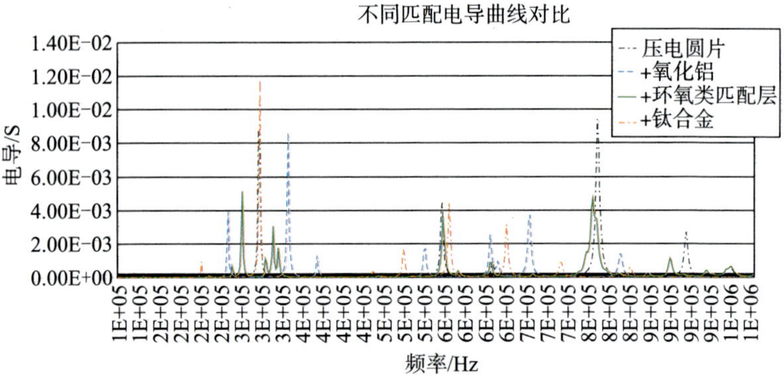

图 4 - 24 压电圆片及其与不同匹配材料电导曲线对比（P195）

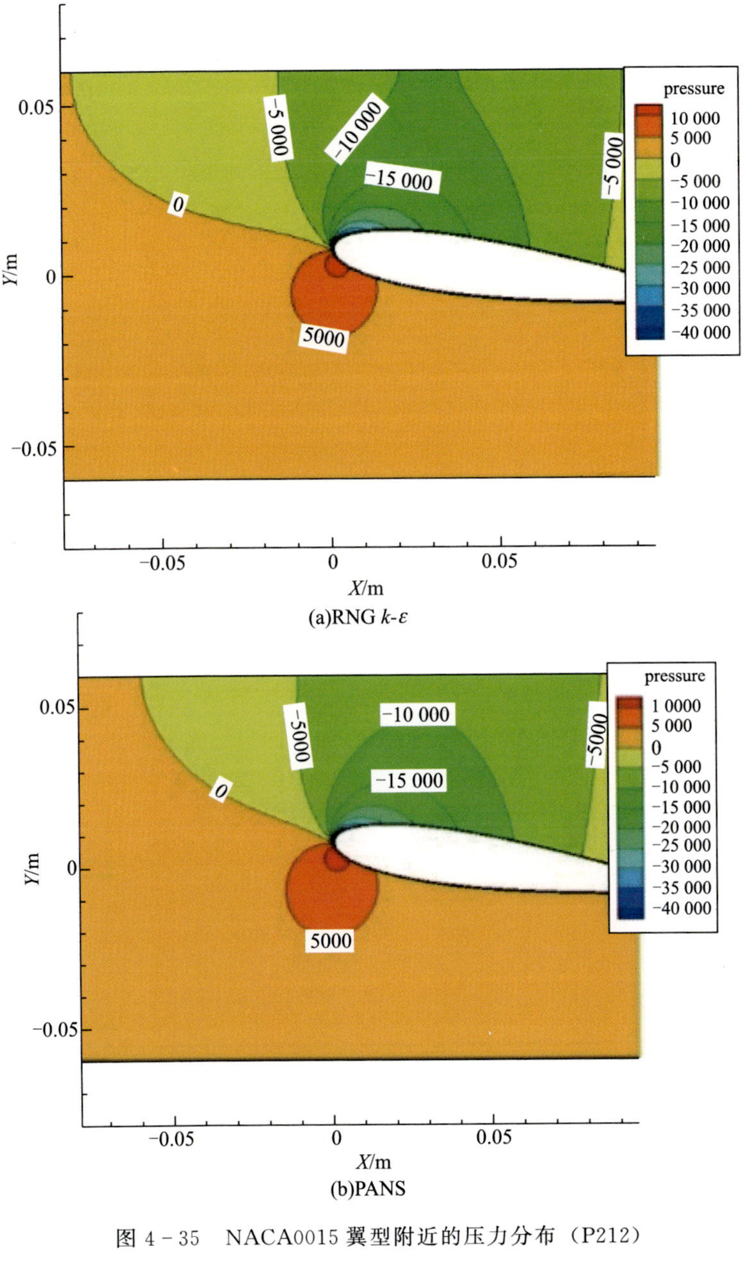

(a)RNG k-ε

(b)PANS

图 4-35　NACA0015 翼型附近的压力分布（P212）

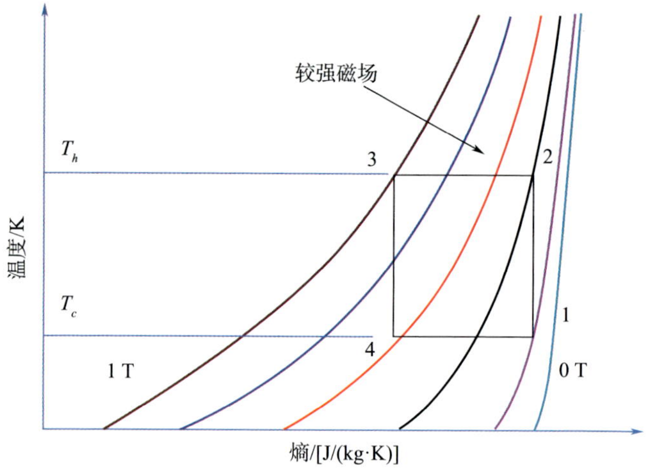

(a) 循环图

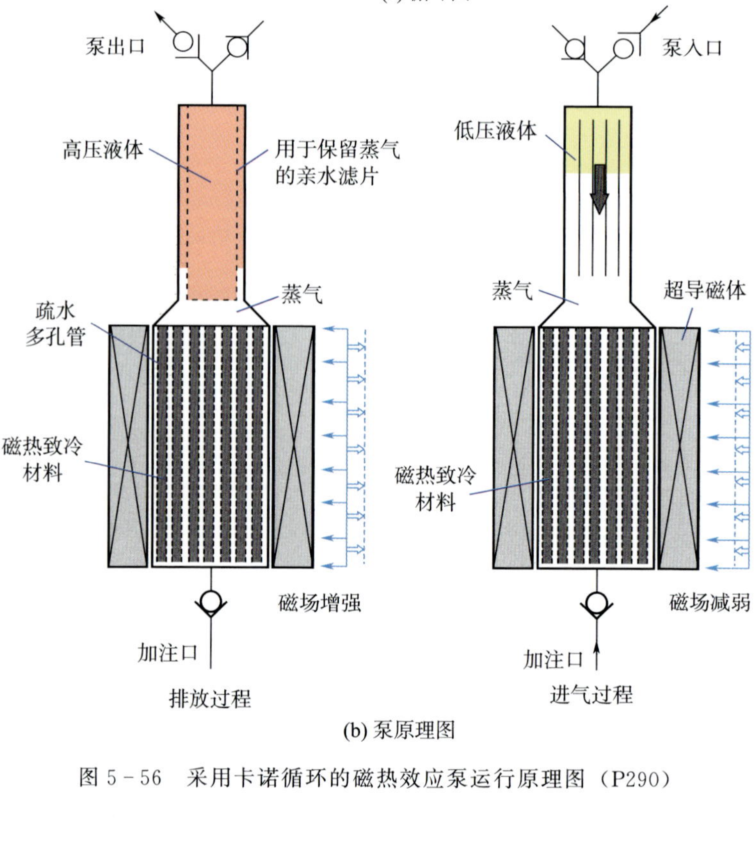

(b) 泵原理图

图 5-56　采用卡诺循环的磁热效应泵运行原理图（P290）

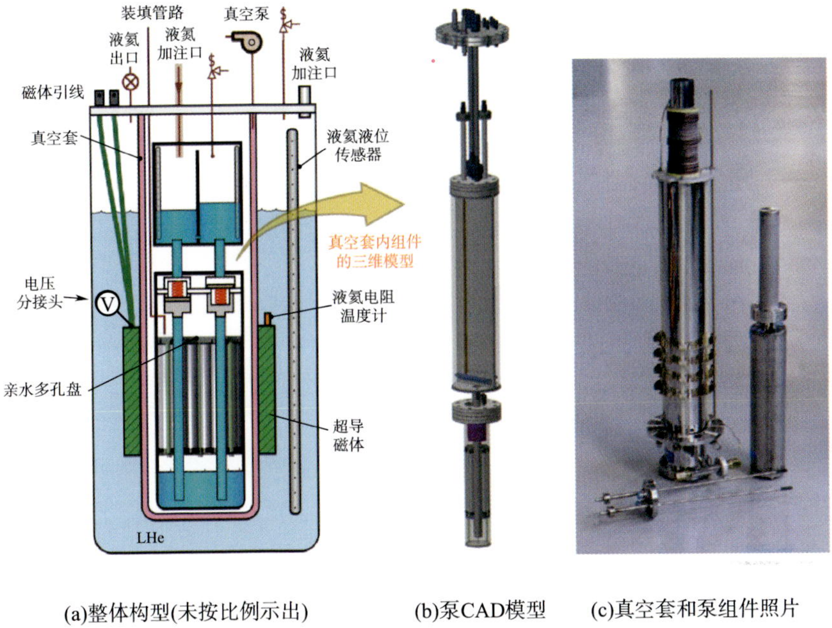

图 5-57　磁热效应液氮混合泵演示机及其关键部件构型（P292）

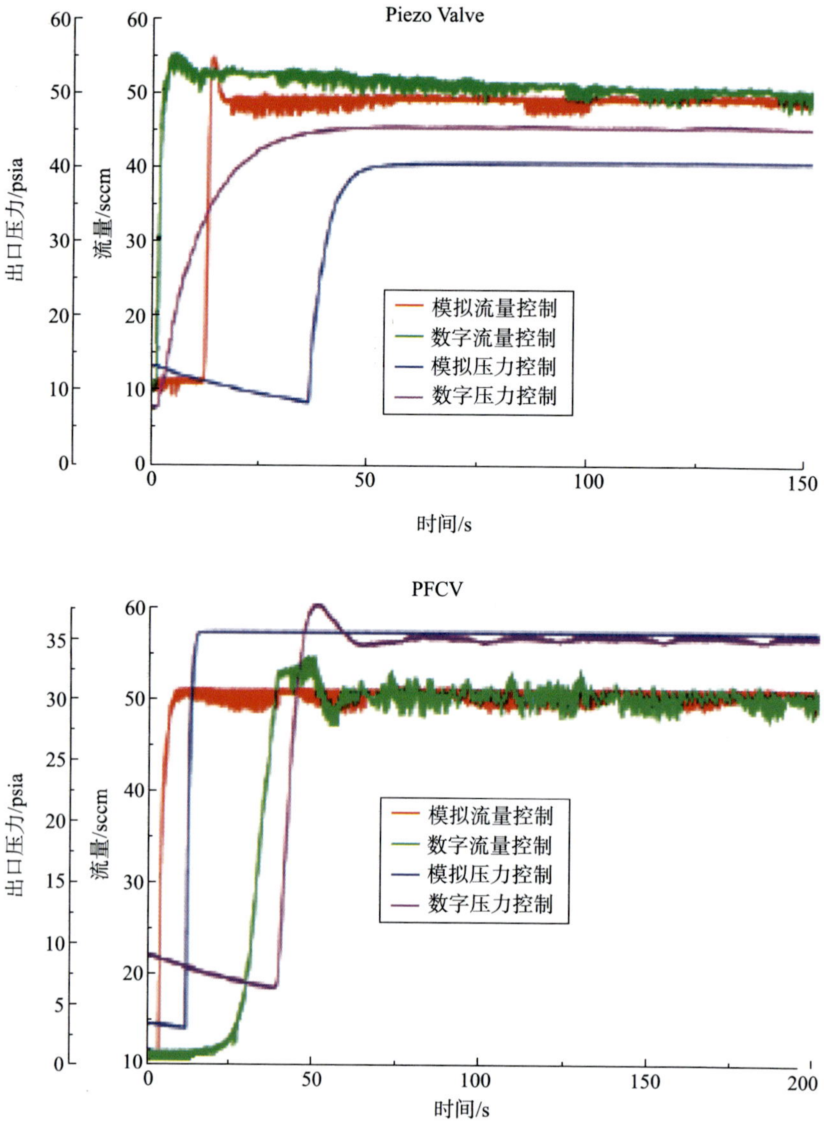

图 6-47 压电阀在 20.67 MPa 压力下及电磁比例阀在 13.78 MPa 压力下闭环控制结果（P360）

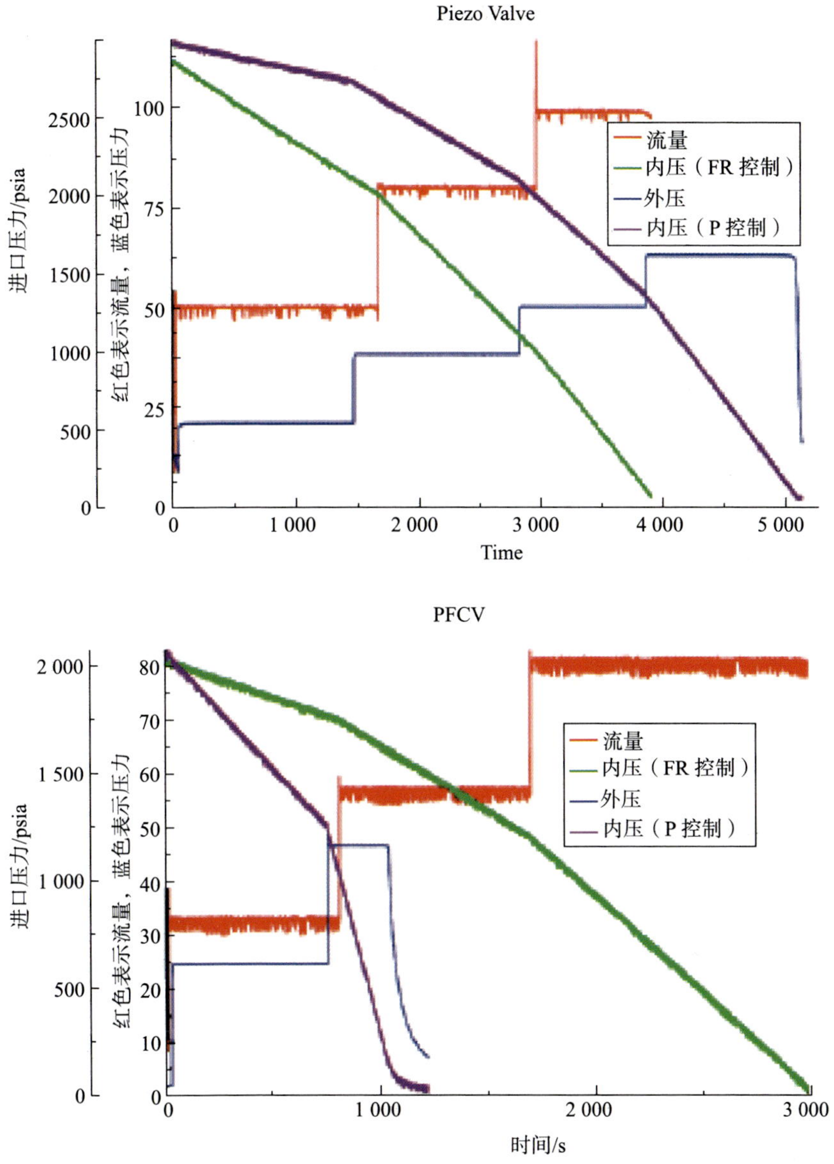

图 6-48　落压工作模式下的模拟闭环控制效果（P361）

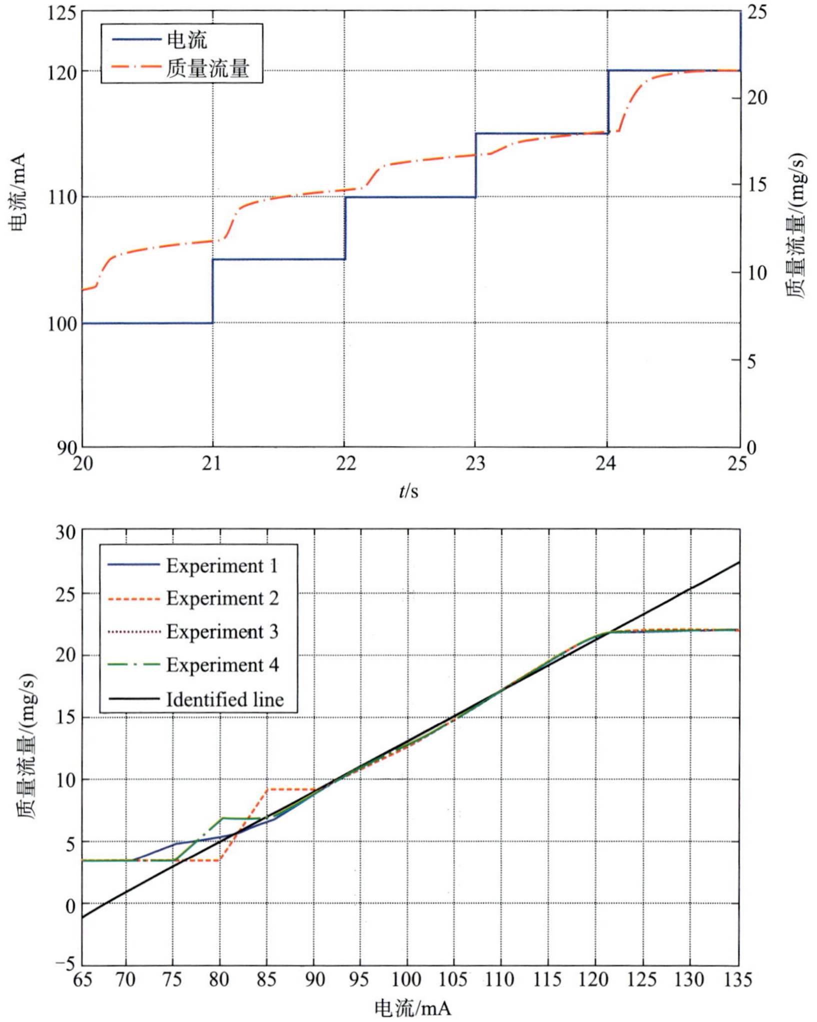

图 6-49 电流—流量递增曲线及其拟合曲线（P363）

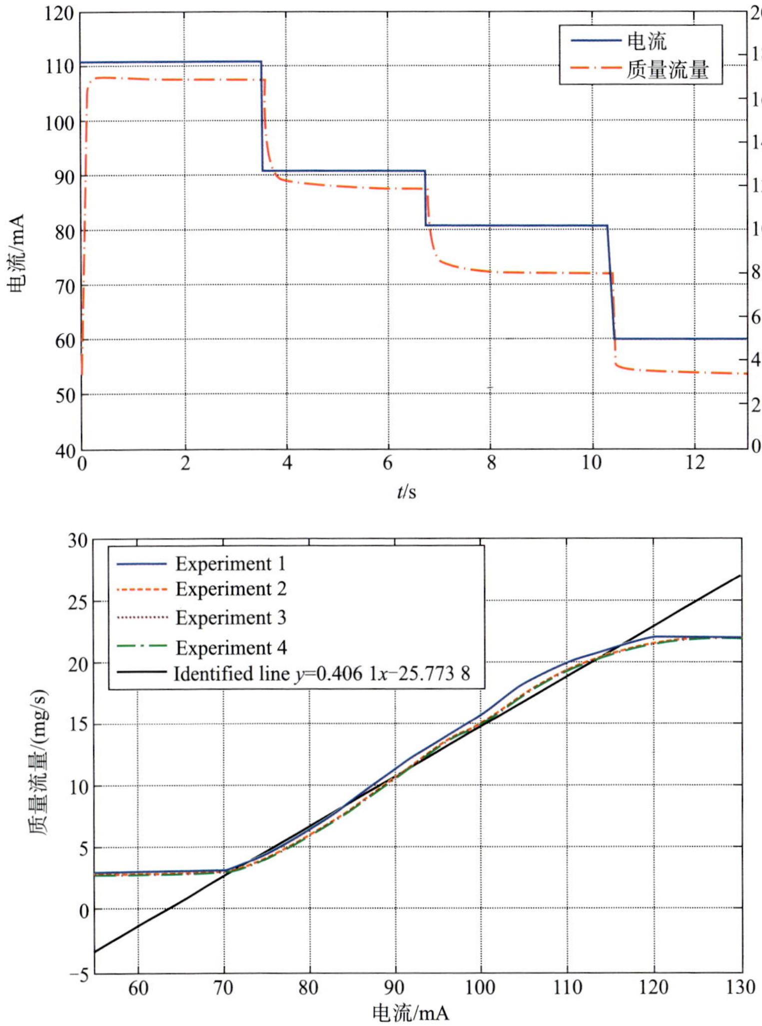

图 6-50 电流—流量递减曲线及其拟合曲线（P364）

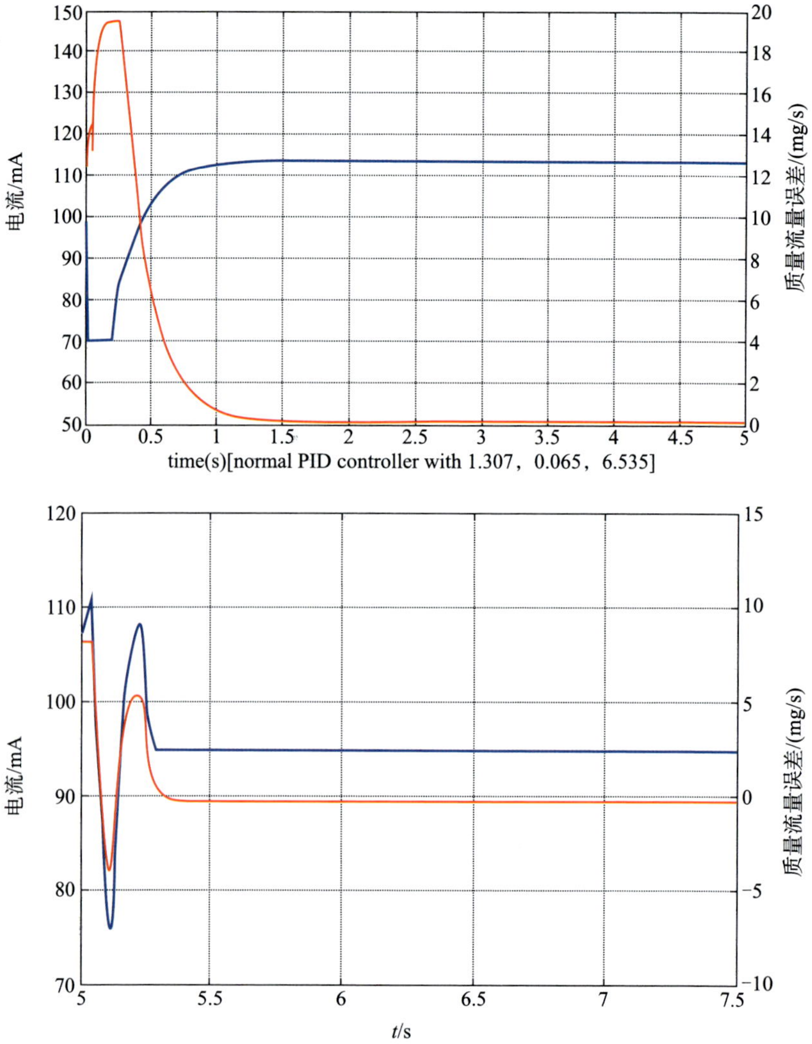

图 6－51　不同 PID 参数的调节效果（P365）

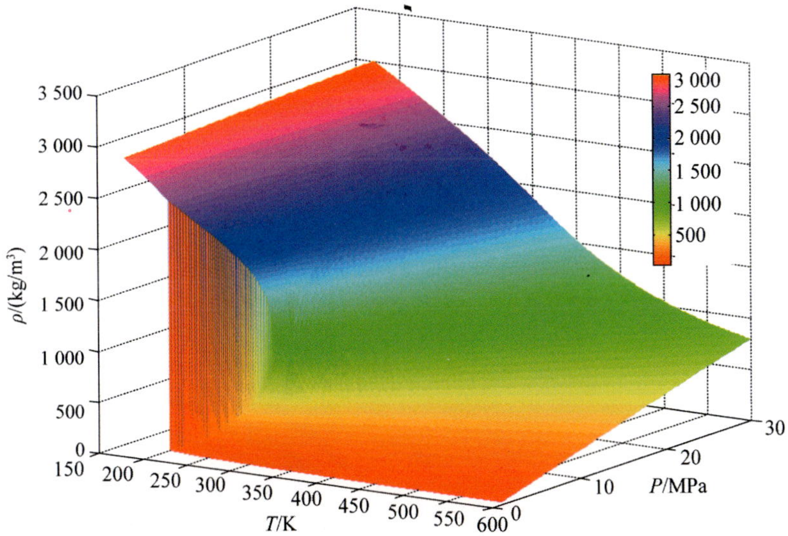

图 6－61　Xe 的热力学曲面（P379）

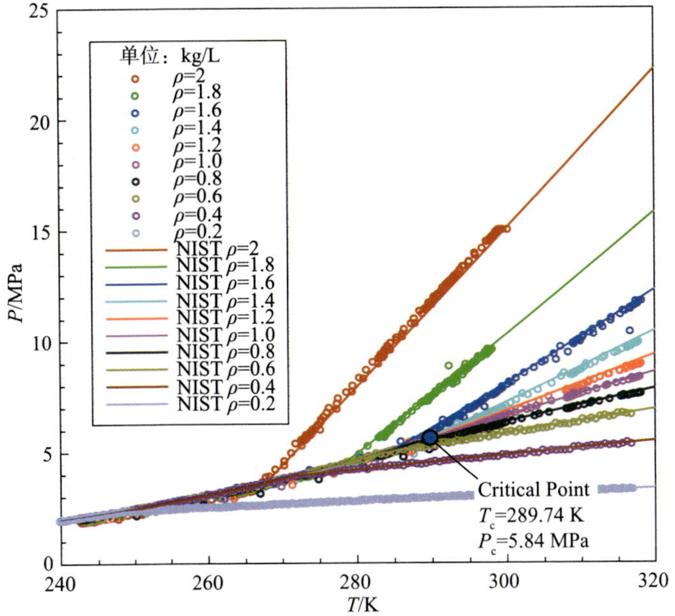

图 6－71　氙气试验数据与 NIST 数据对比图（P385）

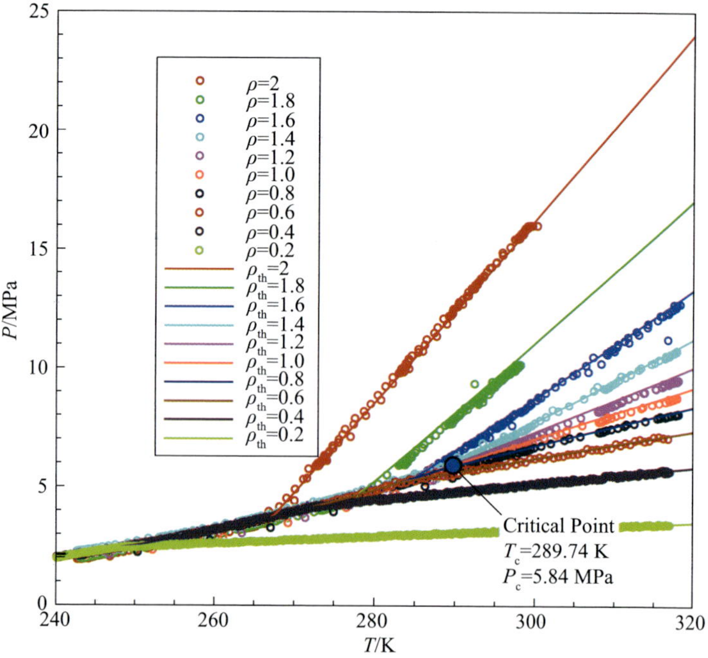

图 6－73　氙气试验数据与理论分析模型计算结果对比图（P386）

图 7－22　无加注液体条件下软体贮箱液体容量指示带（P435）

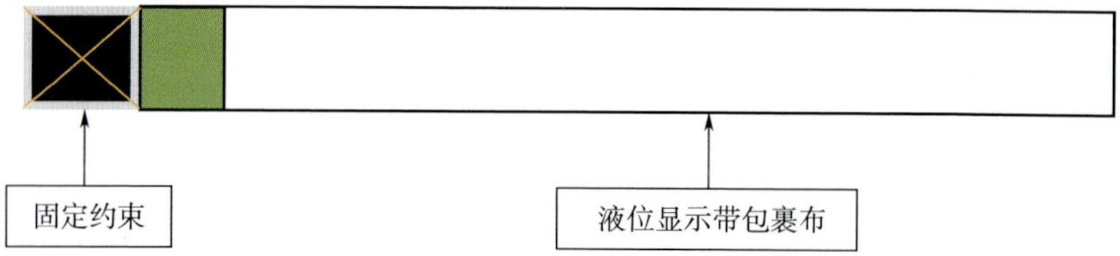

图 7－23　安全加注容量条件下软体贮箱内液体容量指示带（P435）

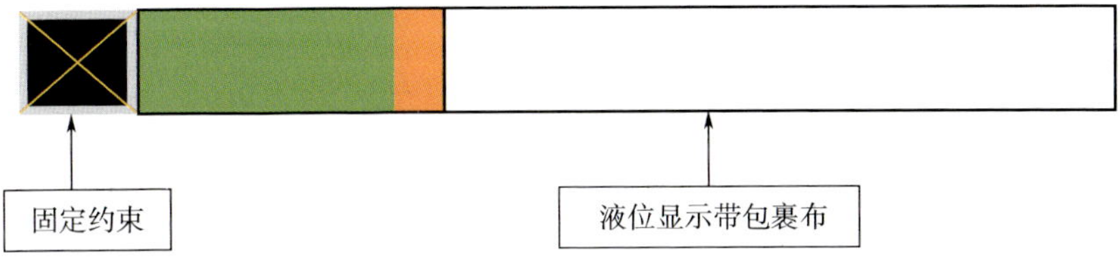

图 7-24　额定加注容量条件下软体贮箱内液体容量指示带（P435）

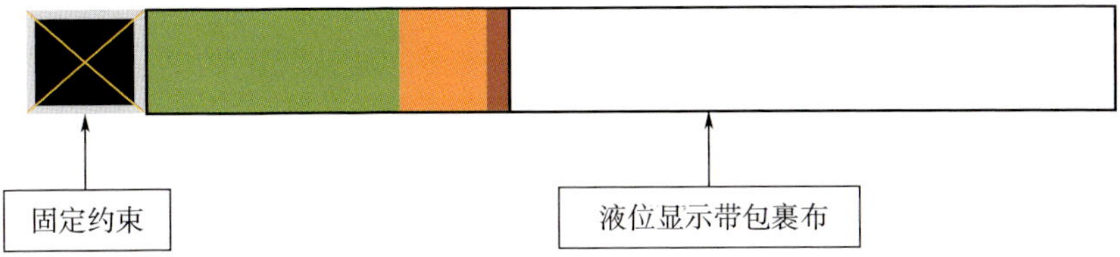

图 7-25　危险加注容量条件下软体贮箱内液体容量指示带（P435）

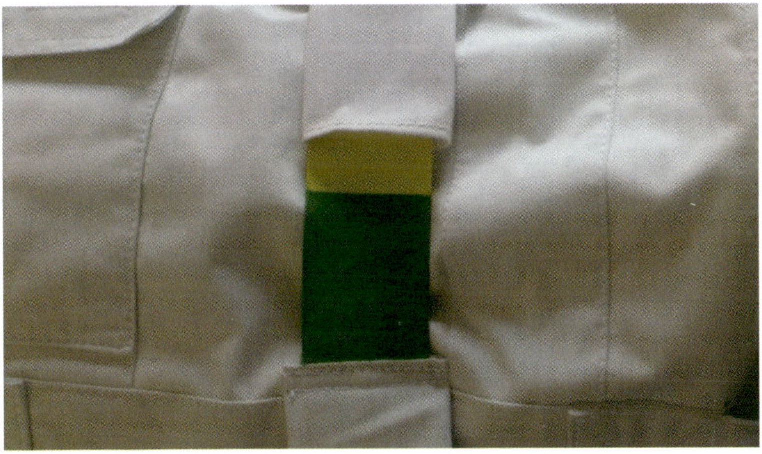

图 7-26　液体容量显示带试验（P436）